数学·统计学系列

数学不等式（第2卷）——对称有理不等式与对称无理不等式

Mathematical Inequalities (Volume 2)—Symmetric Rational and Nonrational Inequalities

● ［罗］瓦西里·切尔托阿杰 (Vasile Cîrtoaje) 著

● 易桂如　文湘波　译

哈尔滨工业大学出版社
HARBIN INSTITUTE OF TECHNOLOGY PRESS

黑版贸审字 08—2020—219

内 容 简 介

这是 5 卷本《数学不等式》的第 2 卷,介绍和发展了主要类型的初等不等式.前 3 卷提供了一个很好的机会来研究许多不等式,以及解决它们的基本步骤:第 1 卷——对称多项式不等式;第 2 卷——对称有理不等式与对称无理不等式;第 3 卷——循环不等式与非循环不等式.作为一个规则,这些卷中的不等式根据变量的数量,按 $2,3,4,\cdots,n$ 个变量排序.最后两卷(第 4 卷——Jensen 不等式的扩展和加细,第 5 卷——创造不等式与解决不等式的其他方法)提出了解决不等式的精美和原始的方法,如半/部分凸函数法,等变量法,算术补偿法,最高系数抵消法,pqr 法等.

本书面向高中生、大学生和教师,许多问题和方法可以作为优秀的高中学生的小组项目.

图书在版编目(CIP)数据

数学不等式.第 2 卷,对称有理不等式与对称无理不等式/(罗)瓦西里·切尔托阿杰(Vasile Cirtoaje)著;易桂如,文湘波译.—哈尔滨:哈尔滨工业大学出版社,2022.5

书名原文:Mathematical Inequalities:Volume 2,Symmetric Rational and Nonrational Inequalities

ISBN 978-7-5603-9693-4

Ⅰ.①数… Ⅱ.①瓦…②易…③文… Ⅲ.①不等式Ⅳ.①O178

中国版本图书馆 CIP 数据核字(2021)第 199085 号

策划编辑　刘培杰　张永芹

责任编辑　关虹玲　毛　婧

封面设计　孙茵艾

出版发行　哈尔滨工业大学出版社

社　　址　哈尔滨市南岗区复华四道街 10 号　邮编 150006

传　　真　0451—86414749

网　　址　http://hitpress. hit. edu. cn

印　　刷　哈尔滨市工大节能印刷厂

开　　本　787 mm×1 092 mm　1/16　印张 27.5　字数 469 千字

版　　次　2022 年 5 月第 1 版　2022 年 5 月第 1 次印刷

书　　号　ISBN 978-7-5603-9693-4

定　　价　88.00 元

不等式是我们数学工作者常常遇到的内容,正如数学家越民义先生所说:"当我们求解一个数学问题时,常常会遇到一个复杂的表达式,很难判断它的大小,而这正是我们所关心的,希望有一个较简单的式子去代替它,这时就出现了不等式."当作者解决了他的问题之后,作为过渡工具的不等式往往遭到遗弃,因此同样一个不等式可能在不同的时间、不同的场合多次出现,但每次出现,作者的注意力只限于解决他当时所考虑的问题,从普遍性和完整性的角度看,这总会带来某些缺陷.因此,要去搜集众多的不等式,将它们加以整理,发现它们之间的关系,并加以推广,使之完善,以便有更广泛的应用,的确是一件重要而艰难的工作.

本书作者 Vasile Cîrtoaje 是罗马尼亚普罗伊斯蒂石油天然气大学自动控制和计算机系的教授.自 1970 年以来,他在罗马尼亚期刊和网站上发表了许多数学问题、解答和文章.此外,他与 Titu Andreescu,Gabriel Dospinescu 和 Mircea Lascu 合作出版了《旧的和新的不等式》,与 Vo Quoc Ba Can 和 Tran Quoc Anh 合作写了《不等式与美丽的解》,他个人出版了《代数不等式——新旧方法》与《数学不等式(第 1 卷～第 5 卷)》.

1

我们眼前的这部著作就是由数学家 Vasile Cîrtoaje 经过多年的辛勤劳动完成的. 在本书中详细介绍了作者过去和现在创建和解决不等式的十种新方法:包括 Jensen 型离散不等式的半凸函数法(HCF 法),Jensen 型离散不等式的部分凸函数法(PCF 法),Jensen 型有序变量离散不等式,实变量或非负变量的相等变量法(EV 法),算术补偿法(AC 法),实变量六次对称齐次多项式不等式的充要条件,非负变量六次对称齐次多项式不等式的充要条件,实变量中六次和八次对称齐次多项式不等式的最高系数抵消法(HCC 法),非负变量中六、七、八次对称齐次多项式的最高系数抵消法,实变量或非负变量的四次循环齐次不等式的 pqr 方法等问题的相应的处理方法. 这既是一本关于不等式的经典著作,又是一本学习和研究不等式的工具书,读者从中不仅可以看到许多著名的不等式,而且还可以学到如何处理问题,如何将一个问题加以推广并扩大其应用范围使之臻于完美.

本书是在原书第 2 版的基础上翻译出来的中译本,在这里我要感谢熊昌进先生的推荐,还要感谢审稿人提供的宝贵意见.

译者　易桂如　文湘波
2021 年 1 月

作者 Vasile Cîrtoaje 是罗马尼亚普罗伊斯蒂大学的教授，在他还是高中学生的时候（在普拉霍瓦山谷，位于 Breaza 市），就因其在数学不等式领域的杰出表现而闻名. 作为一名学生（很久以前，哦，是的！），我已经熟悉 Vasile Cîrtoaje 的名字. 对于我和许多同龄人来说，这是一个帮助我在数学上成长的人的名字，尽管我从未见过他. 这个名字是涉及不等式的艰难而美丽的问题的同义词. 当你提到 Vasile Cîrtoaje（"问题解决艺术"网站的 Vasc 用户名）时，你说的是不等式. 我记得当我解决了 Cîrtoaje 教授在 *Gazeta Matematica* 或者是在 *Revista Matematica Timisoara* 上提出的一个问题时，我是多么的开心.

这套书的前三卷为读者提供了一个很好的机会，可以使读者看到并了解许多应用新旧基础知识求解数学不等式的方法，如第 1 卷——对称多项式不等式（实变量和非负实变量），第 2 卷——对称有理不等式与对称无理不等式，第 3 卷——循环不等式与非循环不等式. 通常，这些卷中每个部分的不等式都是按照变量的数量来排序的：$2,3,4,5,6$ 和 n 个变量.

最后两卷（第 4 卷——Jensen 不等式的扩展与加细，第 5 卷——创建不等式与解决不等式的其他方法）包含了用新的美丽和有效的原始方法来创建和解决不等式：半凸或部分凸函数法——对于琴生型不等式，相等变量法——对于非负或实变量，算术补偿法——对于对称不等式，最高系数消去法——对于非负或实变量中六、七、八次对称齐次多项式不等式，对于实变量或非负变量的四次循环齐次多项式不等式的 *pqr* 法等.

本书中的很多问题,我想说大多数问题都是作者自己原创的,章节和卷是相互独立的.你可以打开书的某个地方去解决一个不等式或者只读它的解答.如果你仔细研究这本书,你会发现你解决不等式问题的能力有了很大的提高.

这套书包含了 1 000 多个美丽的不等式的提示、解答和证明方法,其中一些在过去的十年里由作者和其他有创造力的数学家发布在"问题解题艺术"网站上(Vo Quoc Ba Can,Pham Kim Hung,Michael Rozenberg,Nguyen Van Quy,Gabriel Dospinescu,Darij Grinberg,Pham Huu Duc,Tran Quoc Anh,Le Huu Dien Khue,Marius Stanean,Cezar Lupu,Nguyen Anh Tuan,Pham Van Thuan,Bin Zhao,Ji Chen 等).

本书中大多数不等式和方法都是由作者自己原创的.其中,我想指出以下的不等式

$$(a^2+b^2+c^2)^2 \geqslant 3(a^3b+b^3c+c^3a), a,b,c \in \mathbf{R}$$

$$\sum (a-kb)(a-kc)(a-b)(a-c) \geqslant 0, a,b,c,k \in \mathbf{R}$$

$$\left(\frac{a}{a+b}\right)^2+\left(\frac{b}{b+c}\right)^2+\left(\frac{c}{c+d}\right)^2+\left(\frac{d}{d+a}\right)^2 \geqslant 1, a,b,c,d \geqslant 0$$

$$\sum_{i=1}^4 \frac{1}{1+a_i+a_i^2+a_i^3} \geqslant 1, a_1,a_2,a_3,a_4 > 0, a_1a_2a_3a_4=1$$

$$\frac{a_1}{a_1+(n-1)a_2}+\frac{a_2}{a_2+(n-1)a_3}+\cdots+\frac{a_n}{a_n+(n-1)a_1} \geqslant 1$$
$$a_1,a_2,\cdots,a_n \geqslant 0$$

$$a^{ea}+b^{eb} \geqslant a^{eb}+b^{ea}, a,b > 0, e \approx 2.718\ 281\ 8$$

$$a^{3b}+b^{3a} \leqslant 2, a,b \geqslant 0, a+b=2$$

这套书代表了美丽、严肃和深刻的数学的丰富来源,处理古典、新方法和技术,提高读者解决不等式的能力、直觉和创造力.因此,它适合于不同的读者,如高中生和教师、大学生等,数学教育家和数学家将会在这里发现一些有趣的东西.每个问题都有一个提示,许多问题都有多个解决方案,几乎所有的解决方案都非常巧妙,这并不奇怪.几乎所有的不等式都需要仔细地思考和分析,那些对数学奥林匹克的问题和不等式领域的发展感兴趣的人来说,这套书是非常值得一读的.有许多问题和方法可以作为中学生的小组项目.

是什么让这套书如此吸引人?答案很简单:大量的不等式,它们的质量和新鲜度,以及原创和富有灵感的处理不等式的手段和方法.当然,任何对不等式感兴趣的读者都会注意到作者在创建和解决棘手不等式方面的坚韧、热情和能力.这套书不仅是大师的著作,而且是大师的杰作,我强烈地推荐它.

Marian Tetiva

对称有理不等式

1.1　应　　用

1.1　如果 a,b 是非负实数，求证：$\dfrac{1}{(1+a)^2}+\dfrac{1}{(1+b)^2}\geqslant\dfrac{1}{1+ab}$.

1.2　设 a,b,c 是正实数，求证：

（1）如果 $abc\leqslant 1$，那么

$$\frac{1}{2a+1}+\frac{1}{2b+1}+\frac{1}{2c+1}\geqslant 1$$

（2）如果 $abc\geqslant 1$，那么

$$\frac{1}{a+2}+\frac{1}{b+2}+\frac{1}{c+2}\leqslant 1$$

1.3　如果 $0\leqslant a,b,c\leqslant 1$，求证

$$2\left(\frac{1}{a+b}+\frac{1}{b+c}+\frac{1}{c+a}\right)\geqslant 3\left(\frac{1}{2a+1}+\frac{1}{2b+1}+\frac{1}{2c+1}\right)$$

1.4　如果 a,b,c 是非负实数且满足 $a+b+c\leqslant 3$，求证

$$2\left(\frac{1}{a+b}+\frac{1}{b+c}+\frac{1}{c+a}\right)\geqslant 5\left(\frac{1}{2a+3}+\frac{1}{2b+3}+\frac{1}{2c+3}\right)$$

1.5　如果 a,b,c 是非负实数，求证

$$\frac{a^2-bc}{3a+b+c}+\frac{b^2-ca}{3b+c+a}+\frac{c^2-ab}{3c+a+b}\geqslant 0$$

1.6　如果 a,b,c 是正实数，求证

1

$$\frac{4a^2 - b^2 - c^2}{a(b+c)} + \frac{4b^2 - c^2 - a^2}{b(c+a)} + \frac{4c^2 - a^2 - b^2}{c(a+b)} \leqslant 3$$

1.7 已知 a,b,c 是非负实数,不存在两个同时为零,求证:

(1) $\dfrac{1}{a^2 + bc} + \dfrac{1}{b^2 + ca} + \dfrac{1}{c^2 + ab} \geqslant \dfrac{3}{ab + bc + ca}$;

(2) $\dfrac{1}{2a^2 + bc} + \dfrac{1}{2b^2 + ca} + \dfrac{1}{2c^2 + ab} \geqslant \dfrac{2}{ab + bc + ca}$;

(3) $\dfrac{1}{a^2 + 2bc} + \dfrac{1}{b^2 + 2ca} + \dfrac{1}{c^2 + 2ab} > \dfrac{2}{ab + bc + ca}$.

1.8 已知 a,b,c 是非负实数,不存在两个同时为零,求证

$$\frac{a(b+c)}{a^2 + bc} + \frac{b(c+a)}{b^2 + ca} + \frac{c(a+b)}{c^2 + ab} \geqslant 2$$

1.9 已知 a,b,c 是非负实数,不存在两个同时为零,求证

$$\frac{a^2}{b^2 + c^2} + \frac{b^2}{c^2 + a^2} + \frac{c^2}{a^2 + b^2} \geqslant \frac{a}{b+c} + \frac{b}{c+a} + \frac{c}{a+b}$$

1.10 已知 a,b,c 是正实数,求证

$$\frac{1}{b+c} + \frac{1}{c+a} + \frac{1}{a+b} \geqslant \frac{a}{a^2 + bc} + \frac{b}{b^2 + ca} + \frac{c}{c^2 + ab}$$

1.11 已知 a,b,c 是正实数,求证

$$\frac{1}{b+c} + \frac{1}{c+a} + \frac{1}{a+b} \geqslant \frac{2a}{3a^2 + bc} + \frac{2b}{3b^2 + ca} + \frac{2c}{3c^2 + ab}$$

1.12 已知 a,b,c 是非负实数,不存在两个同时为零,求证:

(1) $\dfrac{a}{b+c} + \dfrac{b}{c+a} + \dfrac{c}{a+b} \geqslant \dfrac{13}{6} - \dfrac{2(ab + bc + ca)}{3(a^2 + b^2 + c^2)}$;

(2) $\dfrac{a}{b+c} + \dfrac{b}{c+a} + \dfrac{c}{a+b} - \dfrac{3}{2} \geqslant (\sqrt{3} - 1)\left(1 - \dfrac{ab + bc + ca}{a^2 + b^2 + c^2}\right)$.

1.13 设 a,b,c 是正实数.求证

$$\frac{1}{a^2 + 2bc} + \frac{1}{b^2 + 2ca} + \frac{1}{c^2 + 2ab} \leqslant \left(\frac{a+b+c}{ab + bc + ca}\right)^2$$

1.14 设 a,b,c 是非负实数,不存在两个同时为零.求证

$$\frac{a^2(b+c)}{b^2 + c^2} + \frac{b^2(c+a)}{c^2 + a^2} + \frac{c^2(a+b)}{a^2 + b^2} \geqslant a + b + c$$

1.15 设 a,b,c 是非负实数,不存在两个同时为零.求证

$$\frac{a^2 + b^2}{a+b} + \frac{b^2 + c^2}{b+c} + \frac{c^2 + a^2}{c+a} \leqslant \frac{3(a^2 + b^2 + c^2)}{a+b+c}$$

1.16 设 a,b,c 是正实数.求证

$$\frac{1}{a^2 + ab + b^2} + \frac{1}{b^2 + bc + c^2} + \frac{1}{c^2 + ca + a^2} \geqslant \frac{9}{(a+b+c)^2}$$

1.17 设 a,b,c 是非负实数,不存在两个同时为零.求证

$$\frac{a^2}{(2a+b)(2a+c)}+\frac{b^2}{(2b+c)(2b+a)}+\frac{c^2}{(2c+a)(2c+b)}\leqslant\frac{1}{3}$$

1.18 设 a,b,c 是正实数.求证:

(1) $\displaystyle\sum\frac{a}{(2a+b)(2a+c)}\leqslant\frac{1}{a+b+c}$;

(2) $\displaystyle\sum\frac{a^3}{(2a^2+b^2)(2a^2+c^2)}\leqslant\frac{1}{a+b+c}$.

1.19 如果 a,b,c 是正实数,求证

$$\sum\frac{1}{(a+2b)(a+2c)}\geqslant\frac{1}{(a+b+c)^2}+\frac{2}{3(ab+bc+ca)}$$

1.20 设 a,b,c 是非负实数,不存在两个同时为零.求证:

(1) $\displaystyle\frac{1}{(a-b)^2}+\frac{1}{(b-c)^2}+\frac{1}{(c-a)^2}\geqslant\frac{4}{ab+bc+ca}$;

(2) $\displaystyle\frac{1}{a^2-ab+b^2}+\frac{1}{b^2-bc+c^2}+\frac{1}{c^2-ca+a^2}\geqslant\frac{3}{ab+bc+ca}$;

(3) $\displaystyle\frac{1}{a^2+b^2}+\frac{1}{b^2+c^2}+\frac{1}{c^2+a^2}\geqslant\frac{5}{2(ab+bc+ca)}$.

1.21 设 a,b,c 是正实数,不存在两个同时为零.求证

$$\frac{(a^2+b^2)(a^2+c^2)}{(a+b)(a+c)}+\frac{(b^2+c^2)(b^2+a^2)}{(b+a)(b+c)}+\frac{(c^2+a^2)(c^2+b^2)}{(c+a)(c+b)}$$
$$\geqslant a^2+b^2+c^2$$

1.22 设 a,b,c 是正实数且满足 $a+b+c=3$.求证

$$\frac{1}{a^2+b+c}+\frac{1}{b^2+c+a}+\frac{1}{c^2+a+b}\leqslant1$$

1.23 设 a,b,c 是实数且满足 $a+b+c=3$.求证

$$\frac{a^2-bc}{a^2+3}+\frac{b^2-ca}{b^2+3}+\frac{c^2-ab}{c^2+3}\geqslant0$$

1.24 设 a,b,c 是非负实数且满足 $a+b+c=3$.求证

$$\frac{1-bc}{5+2a}+\frac{1-ca}{5+2b}+\frac{1-ab}{5+2c}\geqslant0$$

1.25 设 a,b,c 是正实数且满足 $a+b+c=3$.求证

$$\frac{1}{a^2+b^2+2}+\frac{1}{b^2+c^2+2}+\frac{1}{c^2+a^2+2}\leqslant\frac{3}{4}$$

1.26 设 a,b,c 是正实数且满足 $a+b+c=3$.求证

$$\frac{1}{4a^2+b^2+c^2}+\frac{1}{4b^2+c^2+a^2}+\frac{1}{4c^2+a^2+b^2}\leqslant\frac{1}{2}$$

1.27 设 a,b,c 是非负实数且满足 $a+b+c=2$.求证

$$\frac{bc}{a^2+1}+\frac{ca}{b^2+1}+\frac{ab}{c^2+1}\leqslant1$$

1.28 设 a,b,c 是非负实数且满足 $a+b+c=1$. 求证

$$\frac{bc}{a+1}+\frac{ca}{b+1}+\frac{ab}{c+1}\leqslant\frac{1}{4}$$

1.29 设 a,b,c 是正实数且满足 $a+b+c=1$. 求证

$$\frac{1}{a(2a^2+1)}+\frac{1}{b(2b^2+1)}+\frac{1}{c(2c^2+1)}\leqslant\frac{3}{11abc}$$

1.30 设 a,b,c 是正实数且满足 $a+b+c=3$. 求证

$$\frac{1}{a^3+b+c}+\frac{1}{b^3+c+a}+\frac{1}{c^3+a+b}\leqslant1$$

1.31 设 a,b,c 是正实数且满足 $a+b+c=3$. 求证

$$\frac{a^2}{1+b^3+c^3}+\frac{b^2}{1+c^3+a^3}+\frac{c^2}{1+a^3+b^3}\geqslant1$$

1.32 设 a,b,c 是非负实数且满足 $a+b+c=3$. 求证

$$\frac{1}{6-ab}+\frac{1}{6-bc}+\frac{1}{6-ca}\leqslant\frac{3}{5}$$

1.33 设 a,b,c 是非负实数且满足 $a+b+c=3$. 求证

$$\frac{1}{2a^2+7}+\frac{1}{2b^2+7}+\frac{1}{2c^2+7}\leqslant\frac{1}{3}$$

1.34 设 a,b,c 是非负实数且满足 $a+b+c=3$. 求证

$$\frac{1}{2a^2+3}+\frac{1}{2b^2+3}+\frac{1}{2c^2+3}\geqslant\frac{3}{5}$$

1.35 设 a,b,c 是非负实数且满足 $ab+bc+ca=3$. 求证

$$\frac{1}{a+b}+\frac{1}{b+c}+\frac{1}{c+a}\geqslant\frac{a+b+c}{6}+\frac{3}{a+b+c}$$

1.36 设 a,b,c 是非负实数且满足 $ab+bc+ca=3$. 求证

$$\frac{1}{a^2+1}+\frac{1}{b^2+1}+\frac{1}{c^2+1}\geqslant\frac{3}{2}$$

1.37 设 a,b,c 是正实数且满足 $ab+bc+ca=3$. 求证

$$\frac{a^2}{a^2+b+c}+\frac{b^2}{b^2+c+a}+\frac{c^2}{c^2+a+b}\geqslant1$$

1.38 设 a,b,c 是正实数且满足 $ab+bc+ca=3$. 求证

$$\frac{bc+4}{a^2+4}+\frac{ca+4}{b^2+4}+\frac{ab+4}{c^2+4}\leqslant3\leqslant\frac{bc+2}{a^2+2}+\frac{ca+2}{b^2+2}+\frac{ab+2}{c^2+2}$$

1.39 设 a,b,c 是非负实数且满足 $ab+bc+ca=3$. 如果

$$k\geqslant2+\sqrt{3}$$

求证

$$\frac{1}{a+k}+\frac{1}{b+k}+\frac{1}{c+k}\leqslant\frac{3}{1+k}$$

1.40　设 a,b,c 是非负实数且满足 $a^2+b^2+c^2=3$. 求证

$$\frac{a(b+c)}{1+bc}+\frac{b(c+a)}{1+ca}+\frac{c(a+b)}{1+ab}\leqslant 3$$

1.41　设 a,b,c 是正实数且满足 $a^2+b^2+c^2=3$. 求证

$$\frac{a^2+b^2}{a+b}+\frac{b^2+c^2}{b+c}+\frac{c^2+a^2}{c+a}\geqslant 3$$

1.42　设 a,b,c 是正实数且满足 $a^2+b^2+c^2=3$. 求证

$$\frac{ab}{a+b}+\frac{bc}{b+c}+\frac{ca}{c+a}+2\leqslant\frac{7}{6}(a+b+c)$$

1.43　设 a,b,c 是正实数且满足 $a^2+b^2+c^2=3$. 求证：

(1) $\dfrac{1}{3-ab}+\dfrac{1}{3-bc}+\dfrac{1}{3-ca}\leqslant\dfrac{3}{2}$；

(2) $\dfrac{1}{5-2ab}+\dfrac{1}{5-2bc}+\dfrac{1}{5-2ca}\leqslant 1$；

(3) $\dfrac{1}{\sqrt{6}-ab}+\dfrac{1}{\sqrt{6}-bc}+\dfrac{1}{\sqrt{6}-ca}\leqslant\dfrac{3}{\sqrt{6}-1}$.

1.44　设 a,b,c 是正实数且满足 $a^2+b^2+c^2=3$. 求证

$$\frac{1}{1+a^5}+\frac{1}{1+b^5}+\frac{1}{1+c^5}\geqslant\frac{3}{2}$$

1.45　设 a,b,c 是正实数且满足 $abc=1$. 求证

$$\frac{1}{a^2+a+1}+\frac{1}{b^2+b+1}+\frac{1}{c^2+c+1}\geqslant 1$$

1.46　设 a,b,c 是正实数且满足 $abc=1$. 求证

$$\frac{1}{a^2-a+1}+\frac{1}{b^2-b+1}+\frac{1}{c^2-c+1}\leqslant 3$$

1.47　设 a,b,c 是正实数且满足 $abc=1$. 求证

$$\frac{3+a}{(1+a)^2}+\frac{3+b}{(1+b)^2}+\frac{3+c}{(1+c)^2}\geqslant 3$$

1.48　设 a,b,c 是正实数且满足 $abc=1$. 求证

$$\frac{7-6a}{2+a^2}+\frac{7-6b}{2+b^2}+\frac{7-6c}{2+c^2}\geqslant 1$$

1.49　设 a,b,c 是正实数且满足 $abc=1$. 求证

$$\frac{a^6}{1+2a^5}+\frac{b^6}{1+2b^5}+\frac{c^6}{1+2c^5}\geqslant 1$$

1.50　设 a,b,c 是正实数且满足 $abc=1$. 求证

$$\frac{a}{a^2+5}+\frac{b}{b^2+5}+\frac{c}{c^2+5}\leqslant\frac{1}{2}$$

1.51　设 a,b,c 是正实数且满足 $abc=1$. 求证

$$\frac{1}{(1+a)^2}+\frac{1}{(1+b)^2}+\frac{1}{(1+c)^2}+\frac{2}{(1+a)(1+b)(1+c)}\geqslant 1$$

1.52 设 a,b,c 是非负实数且满足

$$\frac{1}{a+b}+\frac{1}{b+c}+\frac{1}{c+a}=\frac{3}{2}$$

求证

$$\frac{3}{a+b+c}\geqslant\frac{2}{ab+bc+ca}+\frac{1}{a^2+b^2+c^2}$$

1.53 设 a,b,c 是非负实数且满足

$$7(a^2+b^2+c^2)=11(ab+bc+ca)$$

求证

$$\frac{51}{28}\leqslant\frac{a}{b+c}+\frac{b}{c+a}+\frac{c}{a+b}\leqslant 2$$

1.54 设 a,b,c 是非负实数,不存在两个同时为零.求证

$$\frac{1}{a^2+b^2}+\frac{1}{b^2+c^2}+\frac{1}{c^2+a^2}\geqslant\frac{10}{(a+b+c)^2}$$

1.55 设 a,b,c 是非负实数,不存在两个同时为零.求证

$$\frac{1}{a^2-ab+b^2}+\frac{1}{b^2-bc+c^2}+\frac{1}{c^2-ca+a^2}\geqslant\frac{3}{\max\{ab,bc,ca\}}$$

1.56 设 a,b,c 是非负实数,不存在两个同时为零.求证

$$\frac{a(2a+b+c)}{b^2+c^2}+\frac{b(2b+c+a)}{c^2+a^2}+\frac{c(2c+a+b)}{a^2+b^2}\geqslant 6$$

1.57 设 a,b,c 是非负实数,不存在两个同时为零.求证

$$\frac{a^2(b+c)^2}{b^2+c^2}+\frac{b^2(c+a)^2}{c^2+a^2}+\frac{c^2(a+b)^2}{a^2+b^2}\geqslant 2(ab+bc+ca)$$

1.58 设 a,b,c 是实数且满足 $abc>0$,求证

$$3\sum\frac{a}{b^2-bc+c^2}+5\left(\frac{a}{bc}+\frac{b}{ca}+\frac{c}{ab}\right)\geqslant 8\left(\frac{1}{a}+\frac{1}{b}+\frac{1}{c}\right)$$

1.59 设 a,b,c 是非负实数,不存在两个同时为零.求证:

$(1)\ 2abc\left(\dfrac{1}{a+b}+\dfrac{1}{b+c}+\dfrac{1}{c+a}\right)+a^2+b^2+c^2\geqslant 2(ab+bc+ca)$;

$(2)\ \dfrac{a^2}{a+b}+\dfrac{b^2}{b+c}+\dfrac{c^2}{c+a}\leqslant\dfrac{3(a^2+b^2+c^2)}{2(a+b+c)}$.

1.60 设 a,b,c 是非负实数,不存在两个同时为零.求证:

$(1)\ \dfrac{a^2-bc}{b^2+c^2}+\dfrac{b^2-ca}{c^2+a^2}+\dfrac{c^2-ab}{a^2+b^2}+\dfrac{3(ab+bc+ca)}{a^2+b^2+c^2}\geqslant 3$;

$(2)\ \dfrac{a^2}{b^2+c^2}+\dfrac{b^2}{c^2+a^2}+\dfrac{c^2}{a^2+b^2}+\dfrac{ab+bc+ca}{a^2+b^2+c^2}\geqslant\dfrac{5}{2}$;

(3) $\dfrac{a^2+bc}{b^2+c^2}+\dfrac{b^2+ca}{c^2+a^2}+\dfrac{c^2+ab}{a^2+b^2}\geqslant\dfrac{ab+bc+ca}{a^2+b^2+c^2}+2.$

1.61 设 a,b,c 是非负实数,不存在两个同时为零.求证

$$\frac{a^2}{b^2+c^2}+\frac{b^2}{c^2+a^2}+\frac{c^2}{a^2+b^2}\geqslant\frac{(a+b+c)^2}{2(ab+bc+ca)}$$

1.62 设 a,b,c 是非负实数,不存在两个同时为零.求证

$$\frac{2ab}{(a+b)^2}+\frac{2bc}{(b+c)^2}+\frac{2ca}{(c+a)^2}+\frac{a^2+b^2+c^2}{ab+bc+ca}\geqslant\frac{5}{2}$$

1.63 设 a,b,c 是非负实数,不存在两个同时为零.求证

$$\frac{ab}{(a+b)^2}+\frac{bc}{(b+c)^2}+\frac{ca}{(c+a)^2}+\frac{1}{4}\geqslant\frac{ab+bc+ca}{a^2+b^2+c^2}$$

1.64 设 a,b,c 是非负实数,不存在两个同时为零.求证

$$\frac{3ab}{(a+b)^2}+\frac{3bc}{(b+c)^2}+\frac{3ca}{(c+a)^2}\leqslant\frac{ab+bc+ca}{a^2+b^2+c^2}+\frac{5}{4}$$

1.65 设 a,b,c 是非负实数,不存在两个同时为零.求证:

(1) $\dfrac{a^3+abc}{b+c}+\dfrac{b^3+abc}{c+a}+\dfrac{c^3+abc}{a+b}\geqslant a^2+b^2+c^2$;

(2) $\dfrac{a^3+2abc}{b+c}+\dfrac{b^3+2abc}{c+a}+\dfrac{c^3+2abc}{a+b}\geqslant\dfrac{1}{2}(a+b+c)^2$;

(3) $\dfrac{a^3+3abc}{b+c}+\dfrac{b^3+3abc}{c+a}+\dfrac{c^3+3abc}{a+b}\geqslant 2(ab+bc+ca).$

1.66 设 a,b,c 是非负实数,不存在两个同时为零.求证

$$\frac{a^3+3abc}{(b+c)^2}+\frac{b^3+3abc}{(c+a)^2}+\frac{c^3+3abc}{(a+b)^2}\geqslant a+b+c$$

1.67 设 a,b,c 是非负实数,不存在两个同时为零.求证:

(1) $\dfrac{a^3+3abc}{(b+c)^3}+\dfrac{b^3+3abc}{(c+a)^3}+\dfrac{c^3+3abc}{(a+b)^3}\geqslant\dfrac{3}{2}$;

(2) $\dfrac{3a^3+13abc}{(b+c)^3}+\dfrac{3b^3+13abc}{(c+a)^3}+\dfrac{3c^3+13abc}{(a+b)^3}\geqslant 6.$

1.68 设 a,b,c 是非负实数,不存在两个同时为零.求证:

(1) $\dfrac{a^3}{b+c}+\dfrac{b^3}{c+a}+\dfrac{c^3}{a+b}+ab+bc+ca\geqslant\dfrac{3}{2}(a^2+b^2+c^2)$;

(2) $\dfrac{2a^2+bc}{b+c}+\dfrac{2b^2+ca}{c+a}+\dfrac{2c^2+ab}{a+b}\geqslant\dfrac{9(a^2+b^2+c^2)}{2(a+b+c)}.$

1.69 设 a,b,c 是非负实数,不存在两个同时为零.求证

$$\frac{a(b+c)}{b^2+bc+c^2}+\frac{b(c+a)}{c^2+ca+a^2}+\frac{c(a+b)}{a^2+ab+b^2}\geqslant 2$$

1.70 设 a,b,c 是非负实数,不存在两个同时为零.求证

$$\frac{a(b+c)}{b^2+bc+c^2}+\frac{b(c+a)}{c^2+ca+a^2}+\frac{c(a+b)}{a^2+ab+b^2}\geqslant 2+4\prod\left(\frac{a-b}{a+b}\right)^2$$

1.71 设 a,b,c 是非负实数,不存在两个同时为零. 求证

$$\frac{ab-bc+ca}{b^2+c^2}+\frac{ab+bc-ca}{c^2+a^2}+\frac{bc+ca-ab}{a^2+b^2}\geqslant\frac{3}{2}$$

1.72 设 a,b,c 是非负实数,不存在两个同时为零. 如果 $k>-2$,那么

$$\sum\frac{ab+(k-1)bc+ca}{b^2+kbc+c^2}\geqslant\frac{3(k+1)}{k+2}$$

1.73 设 a,b,c 是非负实数,不存在两个同时为零. 如果 $k>-2$,那么

$$\sum\frac{3bc-a(b+c)}{b^2+kbc+c^2}\leqslant\frac{3}{k+2}$$

1.74 设 a,b,c 是非负实数且满足 $ab+bc+ca=3$. 求证

$$\frac{ab+1}{a^2+b^2}+\frac{bc+1}{b^2+c^2}+\frac{ca+1}{c^2+a^2}\geqslant\frac{4}{3}$$

1.75 设 a,b,c 是非负实数且满足 $ab+bc+ca=3$. 求证

$$\frac{5ab+1}{(a+b)^2}+\frac{5bc+1}{(b+c)^2}+\frac{5ca+1}{(c+a)^2}\geqslant 2$$

1.76 设 a,b,c 是非负实数,不存在两个同时为零. 求证

$$\frac{a^2-bc}{2b^2-3bc+2c^2}+\frac{b^2-ca}{2c^2-3ca+2a^2}+\frac{c^2-ab}{2a^2-3ab+2b^2}\geqslant 0$$

1.77 设 a,b,c 是非负实数,不存在两个同时为零. 求证

$$\frac{2a^2-bc}{b^2-bc+c^2}+\frac{2b^2-ca}{c^2-ca+a^2}+\frac{2c^2-ab}{a^2-ab+b^2}\geqslant 3$$

1.78 设 a,b,c 是非负实数,不存在两个同时为零. 求证

$$\frac{a^2}{2b^2-bc+2c^2}+\frac{b^2}{2c^2-ca+2a^2}+\frac{c^2}{2a^2-ab+2b^2}\geqslant 1$$

1.79 设 a,b,c 是非负实数,不存在两个同时为零. 求证

$$\frac{1}{4b^2-bc+4c^2}+\frac{1}{4c^2-ca+4a^2}+\frac{1}{4a^2-ab+4b^2}\geqslant\frac{9}{7(a^2+b^2+c^2)}$$

1.80 设 a,b,c 是非负实数,不存在两个同时为零. 求证

$$\frac{2a^2+bc}{b^2+c^2}+\frac{2b^2+ca}{c^2+a^2}+\frac{2c^2+ab}{a^2+b^2}\geqslant\frac{9}{2}$$

1.81 设 a,b,c 是非负实数,不存在两个同时为零. 求证

$$\frac{2a^2+3bc}{b^2+bc+c^2}+\frac{2b^2+3ca}{c^2+ca+a^2}+\frac{2c^2+3ab}{a^2+ab+b^2}\geqslant 5$$

1.82 设 a,b,c 是非负实数,不存在两个同时为零. 求证

$$\frac{2a^2+5bc}{(b+c)^2}+\frac{2b^2+5ca}{(c+a)^2}+\frac{2c^2+5ab}{(a+b)^2}\geqslant\frac{21}{4}$$

1.83 设 a,b,c 是非负实数,不存在两个同时为零. 如果 $k > -2$,那么

$$\sum \frac{2a^2 + (2k+1)bc}{b^2 + kbc + c^2} \geqslant \frac{3(2k+3)}{k+2}$$

1.84 设 a,b,c 是非负实数,不存在两个同时为零. 如果 $k > -2$,那么

$$\sum \frac{3bc - 2a^2}{b^2 + kbc + c^2} \leqslant \frac{3}{k+2}$$

1.85 设 a,b,c 是非负实数,不存在两个同时为零. 那么

$$\frac{a^2 + 16bc}{b^2 + c^2} + \frac{b^2 + 16ca}{c^2 + a^2} + \frac{c^2 + 16ab}{a^2 + b^2} \geqslant 10$$

1.86 设 a,b,c 是非负实数,不存在两个同时为零. 那么

$$\frac{a^2 + 128bc}{b^2 + c^2} + \frac{b^2 + 128ca}{c^2 + a^2} + \frac{c^2 + 128ab}{a^2 + b^2} \geqslant 46$$

1.87 设 a,b,c 是非负实数,不存在两个同时为零. 那么

$$\frac{a^2 + 64bc}{(b+c)^2} + \frac{b^2 + 64ca}{(c+a)^2} + \frac{c^2 + 64ab}{(a+b)^2} \geqslant 18$$

1.88 设 a,b,c 是非负实数,不存在两个同时为零. 如果 $k \geqslant -1$,那么

$$\sum \frac{a^2(b+c) + kabc}{b^2 + kbc + c^2} \geqslant a + b + c$$

1.89 设 a,b,c 是非负实数,不存在两个同时为零. 如果 $k \geqslant -\frac{3}{2}$,那么

$$\sum \frac{a^3 + (k+1)abc}{b^2 + kbc + c^2} \geqslant a + b + c$$

1.90 设 a,b,c 是非负实数,不存在两个同时为零. 如果 $k > 0$,那么

$$\frac{2a^k - b^k - c^k}{b^2 - bc + c^2} + \frac{2b^k - c^k - a^k}{c^2 - ca + a^2} + \frac{2c^k - a^k - b^k}{a^2 - ab + b^2} \geqslant 0$$

1.91 如果 a,b,c 是三角形的边长,那么:

(1) $\dfrac{b+c-a}{b^2 - bc + c^2} + \dfrac{c+a-b}{c^2 - ca + a^2} + \dfrac{a+b-c}{a^2 - ab + b^2} \geqslant \dfrac{2(a+b+c)}{a^2 + b^2 + c^2}$;

(2) $\dfrac{a^2 - 2bc}{b^2 - bc + c^2} + \dfrac{b^2 - 2ca}{c^2 - ca + a^2} + \dfrac{c^2 - 2ab}{a^2 - ab + b^2} \leqslant 0.$

1.92 如果 a,b,c 是非负实数,那么:

(1) $\dfrac{a^2}{5a^2 + (b+c)^2} + \dfrac{b^2}{5b^2 + (c+a)^2} + \dfrac{c^2}{5c^2 + (a+b)^2} \leqslant \dfrac{1}{3}$;

(2) $\dfrac{a^3}{13a^3 + (b+c)^3} + \dfrac{b^3}{13b^3 + (c+a)^3} + \dfrac{c^3}{13c^3 + (a+b)^3} \leqslant \dfrac{1}{7}$.

1.93 如果 a,b,c 是非负实数,那么

$$\frac{b^2 + c^2 - a^2}{2a^2 + (b+c)^2} + \frac{c^2 + a^2 - b^2}{2b^2 + (c+a)^2} + \frac{a^2 + b^2 - c^2}{2c^2 + (a+b)^2} \geqslant \frac{1}{2}$$

1.94 设 a,b,c 是非负实数. 如果 $k > 0$,那么

$$\frac{3a^2 - 2bc}{ka^2 + (b-c)^2} + \frac{3b^2 - 2ca}{kb^2 + (c-a)^2} + \frac{3c^2 - 2ab}{kc^2 + (a-b)^2} \leqslant \frac{3}{k}$$

1.95　设 a,b,c 是非负实数. 不存在两个同时为零. 如果 $k \geqslant 3+\sqrt{7}$,那么:

(1) $\dfrac{a}{a^2 + kbc} + \dfrac{b}{b^2 + kca} + \dfrac{c}{c^2 + kab} \geqslant \dfrac{9}{(1+k)(a+b+c)}$;

(2) $\dfrac{1}{ka^2 + bc} + \dfrac{1}{kb^2 + ca} + \dfrac{1}{kc^2 + ab} \geqslant \dfrac{9}{(k+1)(ab + bc + ca)}$.

1.96　设 a,b,c 是非负实数. 不存在两个同时为零. 求证

$$\frac{1}{2a^2 + bc} + \frac{1}{2b^2 + ca} + \frac{1}{2c^2 + ab} \geqslant \frac{6}{a^2 + b^2 + c^2 + ab + bc + ca}$$

1.97　设 a,b,c 是非负实数. 不存在两个同时为零. 求证

$$\frac{1}{22a^2 + 5bc} + \frac{1}{22b^2 + 5ca} + \frac{1}{22c^2 + 5ab} \geqslant \frac{1}{(a+b+c)^2}$$

1.98　设 a,b,c 是非负实数. 不存在两个同时为零. 求证

$$\frac{1}{2a^2 + bc} + \frac{1}{2b^2 + ca} + \frac{1}{2c^2 + ab} \geqslant \frac{8}{(a+b+c)^2}$$

1.99　设 a,b,c 是非负实数. 不存在两个同时为零. 求证

$$\frac{1}{a^2 + bc} + \frac{1}{b^2 + ca} + \frac{1}{c^2 + ab} \geqslant \frac{12}{(a+b+c)^2}$$

1.100　设 a,b,c 是非负实数. 不存在两个同时为零. 求证:

(1) $\dfrac{1}{a^2 + 2bc} + \dfrac{1}{b^2 + 2ca} + \dfrac{1}{c^2 + 2ab} \geqslant \dfrac{1}{a^2 + b^2 + c^2} + \dfrac{2}{ab + bc + ca}$;

(2) $\dfrac{a(b+c)}{a^2 + 2bc} + \dfrac{b(c+a)}{b^2 + 2ca} + \dfrac{c(a+b)}{c^2 + 2ab} \geqslant 1 + \dfrac{ab + bc + ca}{a^2 + b^2 + c^2}$.

1.101　设 a,b,c 是非负实数. 不存在两个同时为零. 求证:

(1) $\dfrac{a}{a^2 + 2bc} + \dfrac{b}{b^2 + 2ca} + \dfrac{c}{c^2 + 2ab} \leqslant \dfrac{a+b+c}{ab + bc + ca}$;

(2) $\dfrac{a(b+c)}{a^2 + 2bc} + \dfrac{b(c+a)}{b^2 + 2ca} + \dfrac{c(a+b)}{c^2 + 2ab} \leqslant 1 + \dfrac{a^2 + b^2 + c^2}{ab + bc + ca}$.

1.102　设 a,b,c 是非负实数. 不存在两个同时为零. 求证:

(1) $\dfrac{a}{2a^2 + bc} + \dfrac{b}{2b^2 + ca} + \dfrac{c}{2c^2 + ab} \geqslant \dfrac{a+b+c}{a^2 + b^2 + c^2}$;

(2) $\dfrac{b+c}{2a^2 + bc} + \dfrac{c+a}{2b^2 + ca} + \dfrac{a+b}{2c^2 + ab} \geqslant \dfrac{6}{a+b+c}$.

1.103　设 a,b,c 是非负实数. 不存在两个同时为零. 求证

$$\frac{a(b+c)}{a^2 + bc} + \frac{b(c+a)}{b^2 + ca} + \frac{c(a+b)}{c^2 + ab} \geqslant \frac{(a+b+c)^2}{a^2 + b^2 + c^2}$$

1.104　设 a,b,c 是非负实数,不存在两个同时为零. 如果 $k > 0$,那么

10

$$\frac{b^2+c^2+\sqrt{3}\,bc}{a^2+kbc}+\frac{c^2+a^2+\sqrt{3}\,ca}{b^2+kca}+\frac{a^2+b^2+\sqrt{3}\,ab}{c^2+kab}\geqslant\frac{3(2+\sqrt{3}\,)}{1+k}$$

1.105 设 a,b,c 是非负实数,不存在两个同时为零.求证

$$\frac{1}{a^2+b^2}+\frac{1}{b^2+c^2}+\frac{1}{c^2+a^2}+\frac{8}{a^2+b^2+c^2}\geqslant\frac{6}{ab+bc+ca}$$

1.106 如果 a,b,c 分别是三角形的三边,那么

$$\frac{a(b+c)}{a^2+2bc}+\frac{b(c+a)}{b^2+2ca}+\frac{c(a+b)}{c^2+2ab}\leqslant2$$

1.107 如果 a,b,c 是实数,那么

$$\frac{a^2-bc}{2a^2+b^2+c^2}+\frac{b^2-ca}{a^2+2b^2+c^2}+\frac{c^2-ab}{a^2+b^2+2c^2}\geqslant0$$

1.108 如果 a,b,c 是实数,那么

$$\frac{3a^2-bc}{2a^2+b^2+c^2}+\frac{3b^2-ca}{a^2+2b^2+c^2}+\frac{3c^2-ab}{a^2+b^2+2c^2}\leqslant\frac{3}{2}$$

1.109 如果 a,b,c 是非负实数,那么

$$\frac{(b+c)^2}{4a^2+b^2+c^2}+\frac{(c+a)^2}{a^2+4b^2+c^2}+\frac{(a+b)^2}{a^2+b^2+4c^2}\geqslant2$$

1.110 如果 a,b,c 是正实数,那么:

(1) $\displaystyle\sum\frac{1}{11a^2+2b^2+2c^2}\leqslant\frac{3}{5(ab+bc+ca)}$;

(2) $\displaystyle\sum\frac{1}{4a^2+b^2+c^2}\leqslant\frac{1}{2(a^2+b^2+c^2)}+\frac{1}{ab+bc+ca}$.

1.111 如果 a,b,c 是非负实数且满足 $ab+bc+ca=3$,那么

$$\frac{\sqrt{a}}{b+c}+\frac{\sqrt{b}}{c+a}+\frac{\sqrt{c}}{a+b}\geqslant\frac{3}{2}$$

1.112 如果 a,b,c 是非负实数且满足 $ab+bc+ca\geqslant3$,那么

$$\frac{1}{2+a}+\frac{1}{2+b}+\frac{1}{2+c}\geqslant\frac{1}{1+b+c}+\frac{1}{1+c+a}+\frac{1}{1+a+b}$$

1.113 如果 a,b,c 分别是三角形的边,求证:

(1) $\dfrac{a^2-bc}{3a^2+b^2+c^2}+\dfrac{b^2-ca}{a^2+3b^2+c^2}+\dfrac{c^2-ab}{a^2+b^2+3c^2}\leqslant0$;

(2) $\dfrac{a^4-b^2c^2}{3a^4+b^4+c^4}+\dfrac{b^4-c^2a^2}{a^4+3b^4+c^4}+\dfrac{c^4-a^2b^2}{a^4+b^4+3c^4}\leqslant0$.

1.114 如果 a,b,c 分别是三角形的边,那么

$$\frac{bc}{4a^2+b^2+c^2}+\frac{ca}{a^2+4b^2+c^2}+\frac{ab}{a^2+b^2+4c^2}\geqslant\frac{1}{2}$$

1.115 如果 a,b,c 分别是三角形的边,那么

$$\frac{1}{b^2+c^2}+\frac{1}{c^2+a^2}+\frac{1}{a^2+b^2}\leqslant\frac{9}{2(ab+bc+ca)}$$

11

1.116 如果 a,b,c 分别是三角形的边,那么:

(1) $\left| \dfrac{a+b}{a-b} + \dfrac{b+c}{b-c} + \dfrac{c+a}{c-a} \right| > 5$;

(2) $\left| \dfrac{a^2+b^2}{a^2-b^2} + \dfrac{b^2+c^2}{b^2-c^2} + \dfrac{c^2+a^2}{c^2-a^2} \right| \geqslant 3$.

1.117 如果 a,b,c 分别是三角形的边,那么

$$\dfrac{b+c}{a} + \dfrac{c+a}{b} + \dfrac{a+b}{c} + 3 \geqslant 6\left(\dfrac{a}{b+c} + \dfrac{b}{c+a} + \dfrac{c}{a+b} \right)$$

1.118 设 a,b,c 是非负实数,不存在两个同时为零.求证

$$\sum \dfrac{3a(b+c)-2bc}{(b+c)(2a+b+c)} \geqslant \dfrac{3}{2}$$

1.119 设 a,b,c 是非负实数,不存在两个同时为零.求证

$$\sum \dfrac{a(b+c)-2bc}{(b+c)(3a+b+c)} \geqslant 0$$

1.120 设 a,b,c 是正实数且满足 $a^2+b^2+c^2 \geqslant 3$.求证

$$\dfrac{a^5-a^2}{a^5+b^2+c^2} + \dfrac{b^5-b^2}{b^5+c^2+a^2} + \dfrac{c^5-c^2}{c^5+a^2+b^2} \geqslant 0$$

1.121 设 a,b,c 是正实数且满足 $a^2+b^2+c^2 = a^3+b^3+c^3$.求证

$$\dfrac{a^2}{b+c} + \dfrac{b^2}{c+a} + \dfrac{c^2}{a+b} \geqslant \dfrac{3}{2}$$

1.122 如果 $a,b,c \in [0,1]$,那么

$$\dfrac{a}{bc+2} + \dfrac{b}{ca+2} + \dfrac{c}{ab+2} \leqslant 1$$

1.123 如果 a,b,c 是正实数且满足 $a+b+c=2$,求证

$$5(1-ab-bc-ca)\left(\dfrac{1}{1-ab} + \dfrac{1}{1-bc} + \dfrac{1}{1-ab} \right) + 9 \geqslant 0$$

1.124 设 a,b,c 是非负实数且满足 $a+b+c=2$,求证

$$\dfrac{2-a^2}{2-bc} + \dfrac{2-b^2}{2-ca} + \dfrac{2-c^2}{2-ab} \leqslant 3$$

1.125 设 a,b,c 是非负实数且满足 $a+b+c=3$,求证

$$\dfrac{3+5a^2}{3-bc} + \dfrac{3+5b^2}{3-ca} + \dfrac{3+5c^2}{3-ab} \geqslant 12$$

1.126 设 a,b,c 是非负实数且满足 $a+b+c=2$.如果

$$-\dfrac{1}{7} \leqslant m \leqslant \dfrac{7}{8}$$

那么

$$\dfrac{a^2+m}{3-2bc} + \dfrac{b^2+m}{3-2ca} + \dfrac{c^2+m}{3-2ab} \geqslant \dfrac{3(4+9m)}{19}$$

1.127　设 a,b,c 是非负实数且满足 $a+b+c=3$. 求证

$$\frac{47-7a^2}{1+bc}+\frac{47-7b^2}{1+ca}+\frac{47-7c^2}{1+ab}\geqslant 60$$

1.128　设 a,b,c 是非负实数且满足 $a+b+c=3$. 求证

$$\frac{26-7a^2}{1+bc}+\frac{26-7b^2}{1+ca}+\frac{26-7c^2}{1+ab}\leqslant\frac{57}{2}$$

1.129　如果 a,b,c 是非负实数，不存在两个同时为零，那么

$$\sum\frac{5a(b+c)-6bc}{a^2+b^2+c^2+bc}\leqslant 3$$

1.130　设 a,b,c 是非负实数，不存在两个同时为零，并设

$$x=\frac{a^2+b^2+c^2}{ab+bc+ca}$$

求证：

$$(1)\ \frac{a}{b+c}+\frac{b}{c+a}+\frac{c}{a+b}+\frac{1}{2}\geqslant x+\frac{1}{x};$$

$$(2)\ 6\left(\frac{a}{b+c}+\frac{b}{c+a}+\frac{c}{a+b}\right)\geqslant 5x+\frac{4}{x};$$

$$(3)\ \frac{a}{b+c}+\frac{b}{c+a}+\frac{c}{a+b}-\frac{3}{2}\geqslant\frac{1}{3}\left(x-\frac{1}{x}\right).$$

1.131　如果 a,b,c 是实数，那么

$$\frac{1}{a^2+7(b^2+c^2)}+\frac{1}{b^2+7(c^2+a^2)}+\frac{1}{c^2+7(a^2+b^2)}\leqslant\frac{9}{5(a+b+c)^2}$$

1.132　如果 a,b,c 是实数，那么

$$\frac{bc}{3a^2+b^2+c^2}+\frac{ca}{3a^2+3b^2+c^2}+\frac{ab}{a^2+b^2+3c^2}\leqslant\frac{3}{5}$$

1.133　如果 a,b,c 是实数且满足 $a+b+c=3$，那么

$$\frac{1}{8+5(b^2+c^2)}+\frac{1}{8+5(c^2+a^2)}+\frac{1}{8+5(a^2+b^2)}\leqslant\frac{1}{6}$$

1.134　如果 a,b,c 是实数，那么

$$\frac{(a+b)(a+c)}{a^2+4(b^2+c^2)}+\frac{(b+c)(b+a)}{b^2+4(c^2+a^2)}+\frac{(c+a)(c+b)}{c^2+4(a^2+b^2)}\leqslant\frac{4}{3}$$

1.135　设 a,b,c 是非负实数，不存在两个同时为零. 求证

$$\sum\frac{1}{(b+c)(7a+b+c)}\leqslant\frac{1}{2(ab+bc+ca)}$$

1.136　设 a,b,c 是非负实数，不存在两个同时为零. 求证

$$\sum\frac{1}{b^2+c^2+4a(b+c)}\leqslant\frac{9}{10(ab+bc+ca)}$$

1.137　设 a,b,c 是非负实数且满足 $a+b+c=3$，那么

$$\frac{1}{3-ab}+\frac{1}{3-bc}+\frac{1}{3-ca}\leqslant\frac{9}{2(ab+bc+ca)}$$

1.138　如果 a,b,c 是非负实数且满足 $a+b+c=3$,那么

$$\frac{bc}{a^2+a+6}+\frac{ca}{b^2+b+6}+\frac{ab}{c^2+c+6}\leqslant\frac{3}{8}$$

1.139　如果 a,b,c 是非负实数且满足 $ab+bc+ca=3$,那么

$$\frac{1}{8a^2-2bc+21}+\frac{1}{8b^2-2ca+21}+\frac{1}{8c^2-2ab+21}\geqslant\frac{1}{9}$$

1.140　如果 a,b,c 是非负实数,不存在两个同时为零.求证:

(1) $\dfrac{a^2+bc}{b^2+c^2}+\dfrac{b^2+ca}{c^2+a^2}+\dfrac{c^2+ab}{a^2+b^2}\geqslant\dfrac{(a+b+c)^2}{a^2+b^2+c^2}$;

(2) $\dfrac{a^2+3bc}{b^2+c^2}+\dfrac{b^2+3ca}{c^2+a^2}+\dfrac{c^2+3ab}{a^2+b^2}\geqslant\dfrac{6(ab+bc+ca)}{a^2+b^2+c^2}$.

1.141　如果 a,b,c 是实数且满足 $ab+bc+ca\geqslant0$,不存在两个同时为零.求证

$$\frac{a(b+c)}{b^2+c^2}+\frac{b(c+a)}{c^2+a^2}+\frac{c(a+b)}{a^2+b^2}\geqslant\frac{3}{10}$$

1.142　如果 a,b,c 是正实数且满足 $abc>1$,那么

$$\frac{1}{a+b+c-3}+\frac{1}{abc-1}\geqslant\frac{4}{ab+bc+ca-3}$$

1.143　设 a,b,c 是正实数,不存在两个同时为零.求证

$$\sum\frac{(4b^2-ac)(4c^2-ab)}{b+c}\leqslant\frac{27}{2}abc$$

1.144　设 a,b,c 是非负实数,不存在两个同时为零,且满足 $a+b+c=3$.求证

$$\frac{a}{3a+bc}+\frac{b}{3b+ca}+\frac{c}{3c+ab}\geqslant\frac{2}{3}$$

1.145　设 a,b,c 是正实数且满足

$$(a+b+c)\left(\frac{1}{a}+\frac{1}{b}+\frac{1}{c}\right)=10$$

求证

$$\frac{19}{12}\leqslant\frac{a}{b+c}+\frac{b}{c+a}+\frac{c}{a+b}\leqslant\frac{5}{3}$$

1.146　设 a,b,c 是非负实数,不存在两个同时为零且满足 $a+b+c=3$.求证

$$\frac{9}{10}<\frac{a}{2a+bc}+\frac{b}{2b+ca}+\frac{c}{2c+ab}\leqslant1$$

1.147　设 a,b,c 是非负实数,不存在两个同时为零.求证

$$\frac{a^3}{2a^2+bc}+\frac{b^3}{2b^2+ca}+\frac{c^3}{2c^2+ab}\leqslant\frac{a^3+b^3+c^3}{a^2+b^2+c^2}$$

1.148　设 a,b,c 是非负实数,不存在两个同时为零.求证

14

$$\frac{a^3}{4a^2+bc}+\frac{b^3}{4b^2+ca}+\frac{c^3}{4c^2+ab}\geqslant\frac{a+b+c}{5}$$

1.149 设 a,b,c 是正实数,那么

$$\frac{1}{(2+a)^2}+\frac{1}{(2+b)^2}+\frac{1}{(2+c)^2}\geqslant\frac{3}{6+ab+bc+ca}$$

1.150 设 a,b,c 是正实数,那么

$$\frac{1}{1+3a}+\frac{1}{1+3b}+\frac{1}{1+3c}\geqslant\frac{3}{3+abc}$$

1.151 设 a,b,c 是实数,不存在两个同时为零. 如果 $1<k\leqslant3$,那么

$$\left(k+\frac{2ab}{a^2+b^2}\right)\left(k+\frac{2bc}{b^2+c^2}\right)\left(k+\frac{2ca}{c^2+a^2}\right)\geqslant(k-1)(k^2-1)$$

1.152 如果 a,b,c 非零且互不相同,那么

$$\frac{1}{a^2}+\frac{1}{b^2}+\frac{1}{c^2}+3\left[\frac{1}{(a-b)^2}+\frac{1}{(b-c)^2}+\frac{1}{(c-a)^2}\right]\geqslant\left(\frac{1}{ab}+\frac{1}{bc}+\frac{1}{ca}\right)$$

1.153 设 a,b,c 是正数,并设

$$A=\frac{a}{b}+\frac{b}{a}+k, B=\frac{b}{c}+\frac{c}{b}+k, C=\frac{c}{a}+\frac{a}{c}+k$$

其中 $-2<k\leqslant4$. 求证

$$\frac{1}{A}+\frac{1}{B}+\frac{1}{C}\leqslant\frac{1}{k+2}+\frac{4}{A+B+C-(k+2)}$$

1.154 如果 a,b,c 是非负实数,不存在两个同时为零,那么

$$\frac{1}{b^2+bc+c^2}+\frac{1}{c^2+ca+a^2}+\frac{1}{a^2+ab+b^2}\geqslant\frac{1}{2a^2+bc}+\frac{1}{2b^2+ca}+\frac{1}{2c^2+ab}$$

1.155 如果 a,b,c 是非负实数且满足 $a+b+c\leqslant3$,那么:

(1) $\frac{1}{2a+1}+\frac{1}{2b+1}+\frac{1}{2c+1}\geqslant\frac{1}{a+2}+\frac{1}{b+2}+\frac{1}{c+2}$;

(2) $\frac{1}{2ab+1}+\frac{1}{2bc+1}+\frac{1}{2ca+1}\geqslant\frac{1}{a^2+2}+\frac{1}{b^2+2}+\frac{1}{c^2+2}$.

1.156 如果 a,b,c 是非负实数且满足 $a+b+c=4$,那么

$$\frac{1}{ab+2}+\frac{1}{bc+2}+\frac{1}{ca+2}\geqslant\frac{1}{a^2+2}+\frac{1}{b^2+2}+\frac{1}{c^2+2}$$

1.157 如果 a,b,c 是非负实数,不存在两个同时为零,那么:

(1) $\frac{ab+bc+ca}{a^2+b^2+c^2}+\frac{(a-b)^2(b-c)^2(c-a)^2}{(a^2+b^2)(b^2+c^2)(c^2+a^2)}\leqslant1$;

(2) $\frac{ab+bc+ca}{a^2+b^2+c^2}+\frac{(a-b)^2(b-c)^2(c-a)^2}{(a^2-ab+b^2)(b^2-bc+c^2)(c^2-ca+a^2)}\leqslant1$

1.158 如果 a,b,c 是非负实数,不存在两个同时为零,那么

$$\frac{a^2+b^2+c^2}{ab+bc+ca}\geqslant1+\frac{9(a-b)^2(b-c)^2(c-a)^2}{(a+b)^2(b+c)^2(c+a)^2}$$

15

1.159 如果 a,b,c 是非负实数,不存在两个同时为零,那么

$$\frac{a^2+b^2+c^2}{ab+bc+ca} \geqslant 1+(1+\sqrt{2})^2 \frac{(a-b)^2(b-c)^2(c-a)^2}{(a^2+b^2)(b^2+c^2)(c^2+a^2)}$$

1.160 如果 a,b,c 是非负实数,不存在两个同时为零,那么

$$\frac{2}{a+b}+\frac{2}{b+c}+\frac{2}{c+a} \geqslant \frac{5}{3a+b+c}+\frac{5}{a+3b+c}+\frac{5}{a+b+3c}$$

1.161 如果 a,b,c 是实数,不存在两个同时为零,那么:

(1) $\dfrac{8a^2+3bc}{b^2+bc+c^2}+\dfrac{8b^2+3ca}{c^2+ca+a^2}+\dfrac{8c^2+3ab}{a^2+ab+b^2} \geqslant 11$;

(2) $\dfrac{8a^2-5bc}{b^2-bc+c^2}+\dfrac{8b^2-5ca}{c^2-ca+a^2}+\dfrac{8c^2-5ab}{a^2-ab+b^2} \geqslant 9$.

1.162 如果 a,b,c 是实数,不存在两个同时为零,那么

$$\frac{4a^2+bc}{4b^2+7bc+4c^2}+\frac{4b^2+ca}{4c^2+7ca+4a^2}+\frac{4c^2+ab}{4a^2+7ab+4b^2} \geqslant 1$$

1.163 如果 a,b,c 是实数,任何两个实数不相等,那么

$$\frac{1}{(a-b)^2}+\frac{1}{(b-c)^2}+\frac{1}{(c-a)^2} \geqslant \frac{27}{4(a^2+b^2+c^2-ab-bc-ca)}$$

1.164 如果 a,b,c 是实数,不存在两个同时为零,那么

$$\frac{1}{a^2-ab+b^2}+\frac{1}{b^2-bc+c^2}+\frac{1}{c^2-ca+a^2} \geqslant \frac{14}{3(a^2+b^2+c^2)}$$

1.165 如果 a,b,c 是实数,那么

$$\frac{a^2+bc}{2a^2+b^2+c^2}+\frac{b^2+ca}{a^2+2b^2+c^2}+\frac{c^2+ab}{a^2+b^2+2c^2} \geqslant \frac{1}{6}$$

1.166 如果 a,b,c 是实数,那么

$$\frac{2b^2+2c^2+3bc}{(a+3b+3c)^2}+\frac{2c^2+2a^2+3ca}{(b+3c+3a)^2}+\frac{2a^2+2b^2+3ab}{(c+3a+3b)^2} \geqslant \frac{3}{7}$$

1.167 如果 a,b,c 是实数,那么

$$\frac{6b^2+6c^2+13bc}{(a+2b+2c)^2}+\frac{6c^2+6a^2+13ca}{(b+2c+2a)^2}+\frac{6a^2+6b^2+13ab}{(c+2a+2b)^2} \leqslant 3$$

1.168 如果 a,b,c 是非负实数且满足 $a+b+c=3$,那么

$$\frac{3a^2+8bc}{9+b^2+c^2}+\frac{3b^2+8ca}{9+c^2+a^2}+\frac{3c^2+8ab}{9+a^2+b^2} \leqslant 3$$

1.169 如果 a,b,c 是非负实数且满足 $a+b+c=3$,那么

$$\frac{5a^2+6bc}{9+b^2+c^2}+\frac{5b^2+6ca}{9+c^2+a^2}+\frac{5c^2+6ab}{9+a^2+b^2} \geqslant 3$$

1.170 如果 a,b,c 是非负实数且满足 $a+b+c=3$,那么

$$\frac{1}{a^2+bc+12}+\frac{1}{b^2+ca+12}+\frac{1}{c^2+ab+12} \leqslant \frac{3}{14}$$

1.171　如果 a,b,c 是非负实数,不存在两个同时为零,那么

$$\frac{1}{a^2+b^2}+\frac{1}{b^2+c^2}+\frac{1}{c^2+a^2}\geqslant\frac{45}{8(a^2+b^2+c^2)+2(ab+bc+ca)}$$

1.172　如果 a,b,c 是实数,不存在两个同时为零,那么

$$\frac{a^2-7bc}{b^2+c^2}+\frac{b^2-7ca}{c^2+a^2}+\frac{c^2-7ab}{a^2+b^2}+\frac{9(ab+bc+ca)}{a^2+b^2+c^2}\geqslant0$$

1.173　如果 a,b,c 是非负实数,不存在两个同时为零,那么

$$\frac{a^2-4bc}{b^2+c^2}+\frac{b^2-4ca}{c^2+a^2}+\frac{c^2-4ab}{a^2+b^2}+\frac{9(ab+bc+ca)}{a^2+b^2+c^2}\geqslant\frac{9}{2}$$

1.174　如果 a,b,c 是实数且满足 $abc\neq0$,那么

$$\frac{(b+c)^2}{a^2}+\frac{(c+a)^2}{b^2}+\frac{(a+b)^2}{c^2}\geqslant2+\frac{10(a+b+c)^2}{3(a^2+b^2+c^2)}$$

1.175　设 a,b,c 是实数且满足 $ab+bc+ca\geqslant0$,不存在两个同时为零.求证:

(1) $\dfrac{a}{b+c}+\dfrac{b}{c+a}+\dfrac{c}{a+b}\geqslant\dfrac{3}{2}$;

(2) 如果 $ab\leqslant0$,那么

$$\frac{a}{b+c}+\frac{b}{c+a}+\frac{c}{a+b}\geqslant2$$

1.176　如果 a,b,c 是非负实数,那么

$$\frac{a}{7a+b+c}+\frac{b}{a+7b+c}+\frac{c}{a+b+7c}\geqslant\frac{ab+bc+ca}{(a+b+c)^2}$$

1.177　设 f 是一个定义在区间 I 上的实函数,对于任意 $x,y,s\in I$ 且满足 $x+my=(1+m)s$,其中 $m>0$.求证:不等式

$$f(x)+mf(y)\leqslant(1+m)f(s)$$

成立的充要条件是

$$h(x,y)\geqslant0$$

其中

$$h(x,y)=\frac{g(x)-g(y)}{x-y},g(u)=\frac{f(u)-f(s)}{u-s}$$

1.178　设 $a,b,c\leqslant8$ 是实数且满足 $a+b+c=3$.求证

$$\frac{13a-1}{a^2+23}+\frac{13b-1}{b^2+23}+\frac{13c-1}{c^2+23}\leqslant\frac{3}{2}$$

1.179　设 $a,b,c\neq\dfrac{3}{4}$ 是非负实数且满足 $a+b+c=3$.求证

$$\frac{1-a}{(4a-3)^2}+\frac{1-b}{(4b-3)^2}+\frac{1-c}{(4c-3)^2}\geqslant0$$

1.180　如果 a,b,c 分别是三角形的三条边,那么

$$\frac{a^2}{4a^2+5bc}+\frac{b^2}{4b^2+5ca}+\frac{c^2}{4c^2+5ab}\geqslant\frac{1}{3}$$

1.181 如果 a,b,c 分别是三角形的三条边,那么

$$\frac{1}{7a^2+b^2+c^2}+\frac{1}{a^2+7b^2+c^2}+\frac{1}{a^2+b^2+7c^2}\geqslant\frac{3}{(a+b+c)^2}$$

1.182 如果 a,b,c 分别是三角形的三条边. 如果 $k>-2$,那么

$$\sum\frac{a(b+c)+(k+1)bc}{b^2+kbc+c^2}\leqslant\frac{3(k+3)}{k+2}$$

1.183 如果 a,b,c 分别是三角形的三条边. 如果 $k>-2$,那么

$$\sum\frac{2a^2+(4k+9)bc}{b^2+kbc+c^2}\leqslant\frac{3(4k+11)}{k+2}$$

1.184 如果 $a\geqslant b\geqslant c\geqslant d$ 且满足 $abcd=1$,那么

$$\frac{1}{1+a}+\frac{1}{1+b}+\frac{1}{1+c}\geqslant\frac{3}{1+\sqrt[3]{abc}}$$

1.185 设 a,b,c,d 是正实数且满足 $abcd=1$. 求证

$$\sum\frac{1}{1+ab+bc+ca}\leqslant1$$

1.186 设 a,b,c,d 是正实数且满足 $abcd=1$. 求证

$$\frac{1}{(1+a)^2}+\frac{1}{(1+b)^2}+\frac{1}{(1+c)^2}+\frac{1}{(1+d)^2}\geqslant1$$

1.187 设 $a,b,c,d\neq\frac{1}{3}$ 是正实数且满足 $abcd=1$. 求证

$$\frac{1}{(3a-1)^2}+\frac{1}{(3b-1)^2}+\frac{1}{(3c-1)^2}+\frac{1}{(3d-1)^2}\geqslant1$$

1.188 设 a,b,c,d 是正实数且满足 $abcd=1$. 求证

$$\frac{1}{1+a+a^2+a^3}+\frac{1}{1+b+b^2+b^3}+\frac{1}{1+c+c^2+c^3}+\frac{1}{1+d+d^2+d^3}\geqslant1$$

1.189 设 a,b,c,d 是正实数且满足 $abcd=1$. 求证

$$\frac{1}{1+a+2a^2}+\frac{1}{1+b+2b^2}+\frac{1}{1+c+2c^2}+\frac{1}{1+d+2d^2}\geqslant1$$

1.190 设 a,b,c,d 是正实数且满足 $abcd=1$. 求证

$$\frac{1}{a}+\frac{1}{b}+\frac{1}{c}+\frac{1}{d}+\frac{9}{a+b+c+d}\geqslant\frac{25}{4}$$

1.191 如果 a,b,c,d 是实数且满足 $a+b+c+d=0$,那么

$$\frac{(a-1)^2}{3a^2+1}+\frac{(b-1)^2}{3b^2+1}+\frac{(c-1)^2}{3c^2+1}+\frac{(d-1)^2}{3d^2+1}\leqslant4$$

1.192 如果 $a,b,c,d\geqslant-5$ 且满足 $a+b+c+d=4$,那么

$$\frac{1-a}{(1+a)^2}+\frac{1-b}{(1+b)^2}+\frac{1-c}{(1+c)^2}+\frac{1-d}{(1+d)^2}\geqslant0$$

1.193 如果 $a_1,a_2,\cdots,a_n$ 是正实数且满足 $a_1+a_2+\cdots+a_n=n$,那么

$$\sum \frac{1}{(n+1)a_1^2+a_2^2+\cdots+a_n^2} \leqslant \frac{1}{2}$$

1.194 如果 $a_1,a_2,\cdots,a_n$ 是正实数且满足 $a_1+a_2+\cdots+a_n=0$,那么

$$\frac{(a_1+1)^2}{a_1^2+n-1}+\frac{(a_2+1)^2}{a_2^2+n-1}+\cdots+\frac{(a_n+1)^2}{a_n^2+n-1} \geqslant \frac{n}{n-1}$$

1.195 如果 $a_1,a_2,\cdots,a_n$ 是正实数且满足 $a_1a_2\cdots a_n=1$,求证:

(1) $\dfrac{1}{1+(n-1)a_1}+\dfrac{1}{1+(n-1)a_2}+\cdots+\dfrac{1}{1+(n-1)a_n} \geqslant 1$;

(2) $\dfrac{1}{a_1+n-1}+\dfrac{1}{a_2+n-1}+\cdots+\dfrac{1}{a_n+n-1} \leqslant 1$.

1.196 如果 $a_1,a_2,\cdots,a_n$ 是正实数且满足 $a_1a_2\cdots a_n=1$.求证

$$\frac{1}{1-a_1+na_1^2}+\frac{1}{1-a_2+na_2^2}+\cdots+\frac{1}{1-a_n+na_n^2} \geqslant 1$$

1.197 设 $a_1,a_2,\cdots,a_n$ 是正实数且满足

$$a_1,a_2,\cdots,a_n \geqslant \frac{k(n-k-1)}{kn-k-1},k>1,$$

和

$$a_1a_2\cdots a_n=1$$

求证

$$\frac{1}{a_1+k}+\frac{1}{a_2+k}+\cdots+\frac{1}{a_n+k} \leqslant \frac{n}{1+k}$$

1.198 如果 $a_1,a_2,\cdots,a_n \geqslant 0$,那么

$$\frac{1}{1+na_1}+\frac{1}{1+na_2}+\cdots+\frac{1}{1+na_n} \geqslant \frac{n}{n+a_1a_2\cdots a_n}$$

1.2 问题解决方案

问题 1.1 如果 a,b 是非负实数,求证

$$\frac{1}{(1+a)^2}+\frac{1}{(1+b)^2} \geqslant \frac{1}{1+ab}$$

证明 1 应用柯西 — 施瓦兹(Cauchy-Schwarz)不等式,我们有

$$\frac{1}{(1+a)^2}+\frac{1}{(1+b)^2}-\frac{1}{1+ab} \geqslant \frac{(a+b)^2}{b^2(1+a)^2+a^2(1+b)^2}-\frac{1}{1+ab}$$

$$=\frac{ab[a^2+b^2-2(a+b)+2]}{[b^2(1+a)^2+a^2(1+b)^2](1+ab)}$$

$$= \frac{ab\left[(a-1)^2+(b-1)^2\right]}{\left[b^2(1+a)^2+a^2(1+b)^2\right](1+ab)}$$
$$\geqslant 0$$

等号适用于 $a=b=1$.

证明 2 应用柯西－施瓦兹不等式,得

$$(a+b)\left(a+\frac{1}{b}\right)\geqslant(a+1)^2,(a+b)\left(\frac{1}{a}+b\right)\geqslant(1+b)^2$$

因此

$$\frac{1}{(1+a)^2}+\frac{1}{(1+b)^2}\geqslant\frac{1}{(a+b)\left(a+\frac{1}{b}\right)}+\frac{1}{(a+b)\left(b+\frac{1}{a}\right)}=\frac{1}{1+ab}$$

证明 3 期望不等式可由下列恒等式得到

$$\frac{1}{(1+a)^2}+\frac{1}{(1+b)^2}-\frac{1}{1+ab}=\frac{ab(a-b)^2+(1-ab)^2}{(1+a)^2(1+b)^2(1+ab)}\geqslant 0$$

备注 分别用 $\frac{a}{x}$ 代替 a,用 $\frac{b}{x}$ 代替 b,其中 x 为正实数,我们得到不等式

$$\frac{1}{(x+a)^2}+\frac{1}{(x+b)^2}\geqslant\frac{1}{x^2+ab}$$

对于任意 $x,a,b\geqslant 0$ 是有效的.

问题 1.2 设 a,b,c 是正实数,求证:

(1) 如果 $abc\leqslant 1$,那么

$$\frac{1}{2a+1}+\frac{1}{2b+1}+\frac{1}{2c+1}\geqslant 1$$

(2) 如果 $abc\geqslant 1$,那么

$$\frac{1}{a+2}+\frac{1}{b+2}+\frac{1}{c+2}\leqslant 1$$

证明 (1) 利用代换

$$a=\frac{kx^2}{yz},b=\frac{ky^2}{zx},c=\frac{kz^2}{xy}$$

其中 $x,y,z>0$ 和 $0<k\leqslant 1$.应用柯西－施瓦兹不等式,我们有

$$\sum\frac{1}{a+2}=\sum\frac{yz}{2kx^2+yz}\geqslant\sum\frac{yz}{2x^2+yz}\geqslant\frac{\left(\sum yz\right)^2}{\sum yz(2x^2+yz)}=1$$

等号适用于 $a=b=c=1$.

(2) 分别用 $\frac{1}{a},\frac{1}{b},\frac{1}{c}$ 代替 a,b,c,期望不等式就变成了(1)中的不等式.等号适用于 $a=b=c=1$.

问题 1.3 如果 $0\leqslant a,b,c\leqslant 1$,求证

20

$$2\left(\frac{1}{a+b}+\frac{1}{b+c}+\frac{1}{c+a}\right)\geqslant 3\left(\frac{1}{2a+1}+\frac{1}{2b+1}+\frac{1}{2c+1}\right)$$

证明 将不等式写为 $E(a,b,c)\geqslant 0$. 假设 $0\leqslant a\leqslant b\leqslant c\leqslant 1$, 我们将证明

$$E(a,b,c)\geqslant E(a,b,1)\geqslant E(a,1,1)\geqslant 0$$

不等式 $E(a,b,c)\geqslant E(a,b,1)$ 等价于

$$2\left(\frac{1}{b+c}-\frac{1}{b+1}\right)+2\left(\frac{1}{c+a}-\frac{1}{1+a}\right)-3\left(\frac{1}{2c+1}-\frac{1}{3}\right)\geqslant 0$$

$$(1-c)\left[\frac{1}{(b+c)(b+1)}+\frac{1}{(c+a)(1+a)}-\frac{1}{2c+1}\right]\geqslant 0$$

我们有

$$\frac{1}{(b+c)(b+1)}+\frac{1}{(c+a)(1+a)}-\frac{1}{2c+1}$$

$$\geqslant \frac{1}{(1+c)(1+1)}+\frac{1}{(c+1)(1+1)}-\frac{1}{2c+1}$$

$$=\frac{c}{(c+1)(2c+1)}>0.$$

不等式 $E(a,b,1)\geqslant E(a,1,1)$ 等价于

$$2\left(\frac{1}{a+b}-\frac{1}{a+1}\right)+2\left(\frac{1}{1+b}-\frac{1}{2}\right)-3\left(\frac{1}{2b+1}-\frac{1}{3}\right)\geqslant 0$$

$$(1-b)\left[\frac{2}{(a+b)(a+1)}+\frac{1}{1+b}-\frac{2}{2b+1}\right]\geqslant 0$$

我们有

$$\frac{2}{(a+b)(a+1)}+\frac{1}{1+b}-\frac{2}{2b+1}$$

$$\geqslant \frac{2}{(1+b)(1+1)}+\frac{1}{1+b}-\frac{2}{2b+1}$$

$$=\frac{2b}{(1+b)(2b+1)}$$

$$>0$$

最后

$$E(a,1,1)=\frac{2a(1-a)}{(a+1)(2a+1)}\geqslant 0$$

等号适用于 $a=b=c=1$, 也适用于 $a=0$ 和 $b=c=1$(或其任意循环排列).

问题 1.4 如果 a,b,c 是非负实数且满足 $a+b+c\leqslant 3$, 求证

$$2\left(\frac{1}{a+b}+\frac{1}{b+c}+\frac{1}{c+a}\right)\geqslant 5\left(\frac{1}{2a+3}+\frac{1}{2b+3}+\frac{1}{2c+3}\right)$$

证明 证明齐次不等式

$$\sum\left(\frac{2}{b+c}-\frac{5}{3a+b+c}\right)\geqslant 0$$

21

即可. 我们利用 SOS(sum-of-squares) 方法. 不妨假设

$$a \geqslant b \geqslant c$$

将不等式写成

$$\sum \frac{2a-b-c}{(b+c)(3a+b+c)} \geqslant 0$$

$$\sum \frac{a-b}{(b+c)(3a+b+c)} + \sum \frac{a-c}{(b+c)(3a+b+c)} \geqslant 0$$

$$\sum \frac{a-b}{(b+c)(3a+b+c)} + \sum \frac{b-a}{(c+a)(3b+c+a)} \geqslant 0$$

$$\sum (a-b)\left[\frac{1}{(b+c)(3a+b+c)} - \frac{1}{(c+a)(3b+c+a)}\right] \geqslant 0$$

$$\sum (a-b)^2(a+b-c)(a+b)(3c+a+b) \geqslant 0$$

考虑非平凡情况 $a > b+c$. 因为 $a+b-c > 0$,所以只需证明

$$(a-c)^2(a+c-b)(a+c)(3b+c+a)$$
$$\geqslant (b-c)^2(a-b-c)(b+c)(3a+b+c)$$

这个不等式是成立的,因为

$$(a-c)^2 \geqslant (b-c)^2, a+c-b \geqslant a-b-c$$

和

$$(a+c)(3b+c+a) \geqslant (b+c)(3a+b+c)$$

最后一个不等式等价于

$$(a-b)(a+b-c) \geqslant 0$$

等号适用于 $a=b=c=1$,也适用于 $a=b=\frac{3}{2}$ 和 $c=0$(或其任意循环排列).

问题 1.5 如果 a,b,c 是非负实数,求证

$$\frac{a^2-bc}{3a+b+c} + \frac{b^2-ca}{3b+c+a} + \frac{c^2-ab}{3c+a+b} \geqslant 0$$

证明 因为

$$(a-b)(a+c) + (a+b)(a-c) = 2(a^2-bc)$$

我们应用 SOS 方法,由于不等式的对称性,不妨设

$$a \geqslant b \geqslant c$$

我们有

$$2\sum \frac{a^2-bc}{3a+b+c} = \sum \frac{(a-b)(a+c)+(a+b)(a-c)}{3a+b+c}$$

$$= \sum \frac{(a-b)(a+c)}{3a+b+c} + \sum \frac{(b+c)(b-a)}{3b+c+a}$$

$$= \sum \frac{(a+b-c)(a-b)^2}{(3a+b+c)(3b+c+a)}$$

由于 $a+b-c \geqslant 0$,因此只需证

$$(3a+b+c)(b+c-a)(b-c)^2+(3b+c+a)(c+a-b)(c-a)^2 \geqslant 0$$

也就是

$$(3b+c+a)(c+a-b)(a-c)^2 \geqslant (3a+b+c)(a-b-c)(b-c)^2$$

这是由下列四式相乘得到的(不需考虑 $a-b-c$ 的正负情况)

$$c+a-b \geqslant a-b-c$$
$$b^2(a-c)^2 \geqslant a^2(b-c)^2$$
$$a(3b+c+a) \geqslant b(3a+b+c)$$
$$a \geqslant b$$

等式适用于 $a=b=c$,也适用于 $a=b,c=0$(或其任意循环排列).

问题 1.6　如果 a,b,c 是正实数,求证

$$\frac{4a^2-b^2-c^2}{a(b+c)}+\frac{4b^2-c^2-a^2}{b(c+a)}+\frac{4c^2-a^2-b^2}{c(a+b)} \leqslant 3$$

(Vasile Cîrtoaje,2006)

证明　利用 SOS 方法进行证明,我们将不等式重新改写为

$$\sum\left(1-\frac{4a^2-b^2-c^2}{a(b+c)}\right) \geqslant 0$$

等价于不等式序列

$$\sum\frac{b^2+c^2-4a^2+ab+ac}{a(b+c)} \geqslant 0$$

$$\sum\frac{(b^2-a^2)+(c^2-a^2)+a(b-a)+a(c-a)}{a(b+c)} \geqslant 0$$

$$\sum\frac{(b-a)(2a+b)+(c-a)(2a+c)}{a(b+c)} \geqslant 0$$

$$\sum\frac{(b-a)(2a+b)}{a(b+c)}+\sum\frac{(a-b)(2b+a)}{b(c+a)} \geqslant 0$$

$$\sum\frac{(ac+bc-ab)(a-b)^2}{ab(c+a)(b+c)} \geqslant 0$$

$$\sum c(a+b)(ac+bc-ab)(a-b)^2 \geqslant 0$$

由于不等式的对称性,不妨设

$$a \geqslant b \geqslant c$$

因为 $ac+ab-bc > 0$,于是只需证

$$b(c+a)(ab+bc-ca)(c-a)^2+c(a+b)(ac+bc-ab)(a-b)^2 \geqslant 0$$

也就是

$$b(c+a)(ab+bc-ca)(a-c)^2 \geqslant c(a+b)(ab-ac-bc)(a-b)^2$$

对于非平凡情况 $ab-bc-ca > 0$,这个不等式由下列不等式相乘得到

$$b(c+a) \geqslant c(a+b)$$

23

$$ab + bc - ca \geqslant ab - ac - bc$$
$$(a-c)^2 \geqslant (a-b)^2$$

等号适用于 $a = b = c$.

问题 1.7 已知 a,b,c 是非负实数,不存在两个同时为零,求证:

(1) $\dfrac{1}{a^2 + bc} + \dfrac{1}{b^2 + ca} + \dfrac{1}{c^2 + ab} \geqslant \dfrac{3}{ab + bc + ca}$;

(2) $\dfrac{1}{2a^2 + bc} + \dfrac{1}{2b^2 + ca} + \dfrac{1}{2c^2 + ab} \geqslant \dfrac{2}{ab + bc + ca}$;

(3) $\dfrac{1}{a^2 + 2bc} + \dfrac{1}{b^2 + 2ca} + \dfrac{1}{c^2 + 2ab} > \dfrac{2}{ab + bc + ca}$.

(Vasile Cîrtoaje,2005)

证明 (1) 因为

$$\frac{ab + bc + ca}{a^2 + bc} = 1 + \frac{a(b + c - a)}{a^2 + bc}$$

我们可以把不等式写成

$$\frac{a(b+c-a)}{a^2 + bc} + \frac{b(c+a-b)}{b^2 + ca} + \frac{c(a+b-c)}{c^2 + ab} \geqslant 0$$

由于不等式的对称性,不妨设

$$a = \min\{a,b,c\}$$

因为 $b + c - a > 0$,所以只需证

$$\frac{b(c+a-b)}{b^2 + ca} + \frac{c(a+b-c)}{c^2 + ab} \geqslant 0$$

这等价于下列每一个不等式

$$b(c+a-b)(c^2+ab) + c(a+b-c)(b^2+ca) \geqslant 0$$
$$a^2(b^2+c^2) + bc\,(b-c)^2 - a(b+c)(b^2 - 3bc + c^2) \geqslant 0$$
$$a^2\,(b-c)^2 - a(b+c)\,(b-c)^2 + abc(2a+b+c) + bc\,(b-c)^2 \geqslant 0$$
$$(b-c)^2(b-a)(c-a) + abc(2a+b+c) \geqslant 0$$

最后一个不等式显然成立. 等号适用于 $a = 0, b = c$(或其任意循环排列).

(2) 利用恒等式

$$2a^2 + bc = a(2a - b - c) + ab + bc + ca$$
$$2b^2 + ca = b(2b - c - a) + ab + bc + ca$$
$$2c^2 + ab = c(2c - a - b) + ab + bc + ca$$

将不等式改写成

$$\frac{1}{1+x} + \frac{1}{1+y} + \frac{1}{1+z} \geqslant 2$$

其中

$$x=\frac{a(2a-b-c)}{ab+bc+ca},y=\frac{b(2b-c-a)}{ab+bc+ca},z=\frac{c(2c-a-b)}{ab+bc+ca}$$

由于不等式的对称性,不妨设 $a=\min\{a,b,c\}$,因为

$$x\leqslant 0,\frac{1}{1+x}\geqslant 1$$

所以只需证明

$$\frac{1}{1+y}+\frac{1}{1+z}\geqslant 1$$

此不等式等价于

$$1\geqslant yz$$

$$(ab+bc+ca)^2\geqslant bc(2b-c-a)(2c-a-b)$$

$$a^2(b^2+c^2+bc)+3abc(b+c)+2bc(b-c)^2\geqslant 0$$

最后一个不等式明显成立.等号适用于 $a=0,b=c$(或其任意循环排列).

(3)根据恒等式

$$a^2+2bc=(a-b)(a-c)+ab+bc+ca$$
$$b^2+2ca=(b-c)(b-a)+ab+bc+ca$$
$$c^2+2ab=(c-a)(c-b)+ab+bc+ca$$

所证不等式等价于

$$\frac{1}{x+1}+\frac{1}{y+1}+\frac{1}{z+1}>2$$

其中

$$x=\frac{(a-b)(a-c)}{ab+bc+ca},y=\frac{(b-c)(b-a)}{ab+bc+ca},z=\frac{(c-a)(c-b)}{ab+bc+ca}$$

因为

$$(a-b)(b-c)(c-a)[(a-b)+(b-c)+(c-a)]=0$$
$$xy+yz+zx=0$$

和

$$xyz=-\frac{(a-b)^2(b-c)^2(c-a)^2}{(ab+bc+ca)^3}\leqslant 0$$

我们有

$$\frac{1}{x+1}+\frac{1}{y+1}+\frac{1}{z+1}-2=\frac{1-2xyz}{(1+x)(1+y)(1+z)}>0$$

问题 1.8 设 a,b,c 是非负实数,不存在两个同时为零,求证

$$\frac{a(b+c)}{a^2+bc}+\frac{b(c+a)}{b^2+ca}+\frac{c(a+b)}{c^2+ab}\geqslant 2$$

(Pham Kim Hung,2006)

证明 由于不等式的对称性,不妨设 $a\geqslant b\geqslant c$,不等式可写成

25

$$\frac{b(c+a)}{b^2+ca} \geqslant \frac{(a-b)(a-c)}{a^2+bc} + \frac{(a-c)(b-c)}{c^2+ab}$$

因为

$$\frac{(a-b)(a-c)}{a^2+bc} \leqslant \frac{(a-b)a}{a^2+bc} \leqslant \frac{a-b}{a}$$

和

$$\frac{(a-c)(b-c)}{c^2+ab} \leqslant \frac{a(b-c)}{c^2+ab} \leqslant \frac{b-c}{b}$$

所以只需证明

$$\frac{b(c+a)}{b^2+ca} \geqslant \frac{a-b}{a} + \frac{b-c}{b}$$

这个不等式等价于

$$b^2(a-b)^2 - 2abc(a-b) + a^2c^2 + ab^2c \geqslant 0$$
$$(ab-b^2-ac)^2 + ab^2c \geqslant 0$$

等号适用于 $a=b,c=0$(或其任意循环排列).

问题 1.9 已知 a,b,c 是非负实数,不存在两个同时为零,求证

$$\frac{a^2}{b^2+c^2} + \frac{b^2}{c^2+a^2} + \frac{c^2}{a^2+b^2} \geqslant \frac{a}{b+c} + \frac{b}{c+a} + \frac{c}{a+b}$$

(Vasile Cîrtoaje,2002)

证明 采用 SOS 方法. 我们有

$$\sum \left(\frac{a^2}{b^2+c^2} - \frac{a}{b+c} \right)$$

$$= \sum \frac{ab(a-b) + ac(a-c)}{(b^2+c^2)(b+c)}$$

$$= \sum \frac{ab(a-b)}{(b^2+c^2)(b+c)} + \sum \frac{ba(b-a)}{(c^2+a^2)(c+a)}$$

$$= (a^2+b^2+c^2+ab+bc+ca) \sum \frac{ab(a-b)^2}{(b^2+c^2)(c^2+a^2)(c+a)(b+c)}$$

$$\geqslant 0$$

等号适用于 $a=b=c$,也适用于 $a=0,b=c$(或其任意循环排列).

问题 1.10 已知 a,b,c 是正实数,求证

$$\frac{1}{b+c} + \frac{1}{c+a} + \frac{1}{a+b} \geqslant \frac{a}{a^2+bc} + \frac{b}{b^2+ca} + \frac{c}{c^2+ab}$$

证明 1 由于不等式的对称性,不妨设 $a=\min\{a,b,c\}$,因为

$$\sum \frac{1}{b+c} - \sum \frac{a}{a^2+bc} = \sum \left(\frac{1}{b+c} - \frac{a}{a^2+bc} \right)$$

$$= \sum \frac{(a-b)(a-c)}{(a^2+bc)(b+c)}$$

和 $(a-b)(a-c) \geqslant 0$,所以只需证

$$\frac{(b-c)(b-a)}{(b^2+ca)(c+a)}+\frac{(c-a)(c-b)}{(c^2+ab)(a+b)} \geqslant 0$$

这个不等式等价于

$$(b-c)\left[(b^2-a^2)(c^2+ab)+(a^2-c^2)(b^2+ca)\right] \geqslant 0$$

$$a(b-c)^2(b^2+c^2-a^2+ab+bc+ca) \geqslant 0$$

最后一个不等式明显成立,等号适用于 $a=b=c$.

证明 2 因为

$$\sum \frac{1}{b+c}=\sum \frac{b+c}{(b+c)^2}$$

$$=\sum \left[\frac{b}{(b+c)^2}+\frac{c}{(b+c)^2}\right]$$

$$=\sum a\left[\frac{1}{(a+b)^2}+\frac{1}{(c+a)^2}\right]$$

不等式可写成

$$\sum a\left[\frac{1}{(a+b)^2}+\frac{1}{(c+a)^2}-\frac{1}{a^2+bc}\right] \geqslant 0$$

这是成立的,因为根据问题 1.1 的备注,我们有

$$\frac{1}{(a+b)^2}+\frac{1}{(c+a)^2}-\frac{1}{a^2+bc}=\frac{bc(b-c)^2+(a^2-bc)^2}{(a+b)^2(c+a)^2(a^2+bc)} \geqslant 0$$

我们也可以用柯西－施瓦兹不等式来证明这个不等式

$$\frac{1}{(a+b)^2}+\frac{1}{(c+a)^2}-\frac{1}{a^2+bc}$$

$$=\frac{c^2}{c^2(a+b)^2}+\frac{b^2}{b^2(c+a)^2}-\frac{1}{a^2+bc}$$

$$\geqslant \frac{(b+c)^2}{c^2(a+b)^2+b^2(c+a)^2}-\frac{1}{a^2+bc}$$

$$=\frac{(b+c)^2(a^2+bc)-\left[c^2(a+b)^2+b^2(c+a)^2\right]}{\left[c^2(a+b)^2+b^2(c+a)^2\right](a^2+bc)}$$

$$=\frac{bc\left[2a^2-2a(b+c)+b^2+c^2\right]}{\left[c^2(a+b)^2+b^2(c+a)^2\right](a^2+bc)}$$

$$=\frac{bc\left[(2a-b-c)^2+(b-c)^2\right]}{2\left[c^2(a+b)^2+b^2(c+a)^2\right](a^2+bc)}$$

$$\geqslant 0$$

问题 1.11 已知 a,b,c 是正实数,求证

$$\frac{1}{b+c}+\frac{1}{c+a}+\frac{1}{a+b} \geqslant \frac{2a}{3a^2+bc}+\frac{2b}{3b^2+ca}+\frac{2c}{3c^2+ab}$$

(Vasile Cîrtoaje,2005)

27

证明 因为

$$\sum \frac{1}{b+c} - \sum \frac{2a}{3a^2+bc} = \sum \frac{3a^2+bc-2ab-2ac}{(b+c)(3a^2+bc)}$$
$$= \sum \frac{(a-b)(a-c)+a(2a-b-c)}{(b+c)(3a^2+bc)}$$

所以只需证

$$\sum \frac{(a-b)(a-c)}{(b+c)(3a^2+bc)} \geqslant 0$$

和

$$\sum \frac{a(2a-b-c)}{(b+c)(3a^2+bc)} \geqslant 0$$

为证第一个不等式,不妨设 $a = \min\{a,b,c\}$,因为

$$(a-b)(a-c) \geqslant 0$$

所以只需证

$$\frac{(b-c)(b-a)}{(c+a)(3b^2+ca)} + \frac{(c-a)(c-b)}{(a+b)(3c^2+ab)} \geqslant 0$$

这个不等式等价于明显成立的不等式

$$a(b-c)^2(b^2+c^2-a^2+3ab+bc+3ca) \geqslant 0$$

第二个不等式可用 SOS 方法证明,我们有

$$\sum \frac{a(2a-b-c)}{(b+c)(3a^2+bc)}$$
$$= \sum \frac{a(a-b)+a(a-c)}{(b+c)(3a^2+bc)}$$
$$= \sum \frac{a(a-b)}{(b+c)(3a^2+bc)} + \sum \frac{b(b-a)}{(c+a)(3b^2+ca)}$$
$$= \sum (a-b)\left[\frac{a}{(b+c)(3a^2+bc)} - \frac{b}{(c+a)(3b^2+ca)} \right]$$
$$= \sum \frac{c(a-b)^2\left[(a-b)^2+c(a+b)\right]}{(b+c)(c+a)(3a^2+bc)(3b^2+ca)}$$
$$\geqslant 0$$

等式适用于 $a=b=c$.

问题 1.12 已知 a,b,c 是非负实数,不存在两个同时为零,求证:

(1) $\dfrac{a}{b+c} + \dfrac{b}{c+a} + \dfrac{c}{a+b} \geqslant \dfrac{13}{6} - \dfrac{2(ab+bc+ca)}{3(a^2+b^2+c^2)}$;

(2) $\dfrac{a}{b+c} + \dfrac{b}{c+a} + \dfrac{c}{a+b} - \dfrac{3}{2} \geqslant (\sqrt{3}-1)\left(1 - \dfrac{ab+bc+ca}{a^2+b^2+c^2}\right).$

(Vasile Cîrtoaje, 2006)

证明 (1) 我们利用 SOS 方法,将不等式写为

28

$$\frac{a}{b+c}+\frac{b}{c+a}+\frac{c}{a+b}-\frac{3}{2}\geqslant\frac{2}{3}\left(1-\frac{ab+bc+ca}{a^2+b^2+c^2}\right)$$

因为

$$\sum\left(\frac{a}{b+c}-\frac{1}{2}\right)=\sum\frac{(a-b)+(a-c)}{2(b+c)}$$

$$=\sum\frac{a-b}{2(b+c)}+\sum\frac{a-c}{2(b+c)}$$

$$=\sum\frac{a-b}{2(b+c)}+\sum\frac{b-a}{2(c+a)}$$

$$=\sum\frac{a-b}{2}\left(\frac{1}{b+c}-\frac{1}{c+a}\right)$$

$$=\sum\frac{(a-b)^2}{2(b+c)(c+a)}$$

和

$$\frac{2}{3}\left(1-\frac{ab+bc+ca}{a^2+b^2+c^2}\right)=\sum\frac{(a-b)^2}{3(a^2+b^2+c^2)}$$

不等式可以重新表述为

$$\sum\left[\frac{1}{2(b+c)(c+a)}-\frac{1}{3(a^2+b^2+c^2)}\right](a-b)^2\geqslant0$$

这一不等式成立,因为

$$3(a^2+b^2+c^2)-2(b+c)(c+a)=(a+b-c)^2+2(a-b)^2\geqslant0$$

等号适用于 $a=b=c$.

(2) 设

$$p=a+b+c,q=ab+bc+ca,r=abc$$

我们有

$$\sum\frac{a}{b+c}=\sum\left(\frac{a}{b+c}+1\right)-3=p\sum\frac{1}{b+c}-3=\frac{p(p^2+q)}{pq-r}-3$$

根据第 1 卷 3.57(1),对于固定的 p,q,当 $a=0$ 或 $b=c$ 时,$r=abc$ 取得最小值. 因此,只需证明当 $a=0$ 和 $b=c=1$ 时的不等式成立.

情形 1 $a=0$. 原不等式为

$$\frac{b}{c}+\frac{c}{b}-\frac{3}{2}\geqslant(\sqrt{3}-1)\left(1-\frac{bc}{b^2+c^2}\right)$$

我们只需证明

$$\frac{b}{c}+\frac{c}{b}-\frac{3}{2}\geqslant1-\frac{bc}{b^2+c^2}$$

记

$$t=\frac{b^2+c^2}{bc},t\geqslant2$$

29

所证不等式变成

$$t - \frac{3}{2} \geqslant 1 - \frac{1}{t}$$

$$(t-2)(2t-1) \geqslant 0$$

情形 2 $b = c = 1.$ 原不等式变为

$$\frac{a}{2} + \frac{2}{1+a} - \frac{3}{2} \geqslant (\sqrt{3}-1)\left(1 - \frac{2a+1}{a^2+2}\right)$$

$$\frac{(a-1)^2}{2(a+1)} \geqslant \frac{(\sqrt{3}-1)(a-1)^2}{a^2+2}$$

$$(a-1)^2 (a-\sqrt{3}+1)^2 \geqslant 0$$

等号适用于 $a = b = c$，也适用于 $b = c = \dfrac{a}{\sqrt{3}-1}$（或其任意循环排列）.

问题 1.13 设 a, b, c 是正实数. 求证

$$\frac{1}{a^2+2bc} + \frac{1}{b^2+2ca} + \frac{1}{c^2+2ab} \leqslant \left(\frac{a+b+c}{ab+bc+ca}\right)^2$$

（Vasile Cîrtoaje, 2006）

证明 1 由于不等式的对称性，不妨设 $a \geqslant b \geqslant c$. 所证不等式等价于

$$\frac{(a+b+c)^2}{ab+bc+ca} - 3 \geqslant \sum\left(\frac{ab+bc+ca}{a^2+2bc} - 1\right)$$

$$\frac{(a-b)^2 + (b-c)^2 + (a-b)(b-c)}{ab+bc+ca} + \sum \frac{(a-b)(a-c)}{a^2+2bc} \geqslant 0$$

因为

$$(a-b)(a-c) \geqslant 0, (c-a)(c-b) \geqslant 0$$

所以只需证明

$$(a-b)^2 + (b-c)^2 + (a-b)(b-c) + \frac{(ab+bc+ca)(b-a)(b-c)}{b^2+2ca} \geqslant 0$$

这个不等式等价于

$$(a-b)^2 + (b-c)^2 - \frac{(b-a)^2 (b-c)^2}{b^2+2ca} \geqslant 0$$

$$(b-c)^2 + \frac{c(b-a)^2(2a+2b-c)}{b^2+2ca} \geqslant 0$$

显然这个不等式成立. 等号适用于 $a = b = c$.

证明 2 假设 $a \geqslant b \geqslant c$，将期望不等式写成

$$\frac{(a+b+c)^2}{ab+bc+ca} - 3 \geqslant \sum\left(\frac{ab+bc+ca}{a^2+2bc} - 1\right)$$

$$\frac{1}{ab+bc+ca} \sum (a-b)(a-c) + \sum \frac{(a-b)(a-c)}{a^2+2bc} \geqslant 0$$

30

$$\sum\left(1+\frac{ab+bc+ca}{a^2+2bc}\right)(a-b)(a-c)\geqslant 0$$

因为$(c-a)(c-b)\geqslant 0$ 和 $a-b\geqslant 0$,所以只需证

$$\left(1+\frac{ab+bc+ca}{a^2+2bc}\right)(a-c)+\left(1+\frac{ab+bc+ca}{b^2+2ca}\right)(c-b)\geqslant 0$$

把这个不等式写成

$$a-b+(ab+bc+ca)\left(\frac{a-c}{a^2+2bc}+\frac{c-b}{b^2+2ca}\right)\geqslant 0$$

$$(a-b)\left[1+\frac{(ab+bc+ca)(3ac+3bc-ab-2c^2)}{(a^2+2bc)(b^2+2ca)}\right]\geqslant 0$$

因为$a-b\geqslant 0$ 和 $2ac+3bc-2c^2>0$,所以只需证

$$1+\frac{(ab+bc+ca)(ac-ab)}{(a^2+2bc)(b^2+2ca)}\geqslant 0$$

我们有

$$1+\frac{(ab+bc+ca)(ac-ab)}{(a^2+2bc)(b^2+2ca)}=1+\frac{(ab+bc+ca)(ac-ab)}{a^2(b^2+2ca)}$$

$$=\frac{(a+b)c^2+(a^2-b^2)c}{a^2(b^2+2ca)}$$

$$>0$$

问题 1.14 设 a,b,c 是非负实数,不存在两个同时为零.求证

$$\frac{a^2(b+c)}{b^2+c^2}+\frac{b^2(c+a)}{c^2+a^2}+\frac{c^2(a+b)}{a^2+b^2}\geqslant a+b+c$$

(Darij Grinberg,2004)

证明 1 采用 SOS 方法.我们有

$$\sum\frac{a^2(b+c)}{b^2+c^2}-\sum a=\sum\left[\frac{a^2(b+c)}{b^2+c^2}-a\right]$$

$$=\sum\frac{ab(a-b)+ac(a-c)}{b^2+c^2}$$

$$=\sum\frac{ab(a-b)}{b^2+c^2}+\sum\frac{ba(b-a)}{c^2+a^2}$$

$$=\sum\frac{ab(a+b)(a-b)^2}{(b^2+c^2)(c^2+a^2)}$$

$$\geqslant 0$$

等式适用于 $a=b=c$,也适用于 $a=0$ 和 $b=c$(或其任意循环排列).

证明 2 根据柯西 — 施瓦兹不等式,我们有

$$\sum\frac{a^2(b+c)}{b^2+c^2}\geqslant\frac{\left[\sum a^2(b+c)\right]^2}{\sum a^2(b+c)(b^2+c^2)}$$

于是只需证

31

$$\left[\sum a^2(b+c)\right]^2 \geqslant \left(\sum a\right)\left[\sum a^2(b+c)(b^2+c^2)\right]$$

设 $p=a+b+c, q=ab+bc+ca$. 因为

$$\left[\sum a^2(b+c)\right]^2 = (pq-3abc)^2 = p^2q^2 - 6abcpq + 9a^2b^2c^2$$

和

$$\begin{aligned}
\sum a^2(b+c)(b^2+c^2) &= \sum(b+c)\left[(a^2b^2+b^2c^2+c^2a^2)-b^2c^2\right] \\
&= 2p(a^2b^2+b^2c^2+c^2a^2) - \sum b^2c^2(p-a) \\
&= p(a^2b^2+b^2c^2+c^2a^2) + abcq \\
&= p(q^2-2abcp) + abcq
\end{aligned}$$

不等式可以写成

$$p^2q^2 - 6abcpq + 9a^2b^2c^2 \geqslant p^2(q^2-2abcp) + abcpq$$
$$abc(2p^3 + 9abc - 7pq) \geqslant 0$$

利用舒尔(Schur)不等式

$$p^3 + 9abc - 4pq \geqslant 0$$

我们有

$$2p^3 + 9abc - 7pq = (p^3+9abc-4pq) + p(p^2-3q) \geqslant p(p^3-3q) \geqslant 0$$

问题 1.15 设 a,b,c 是非负实数,不存在两个同时为零. 求证

$$\frac{a^2+b^2}{a+b} + \frac{b^2+c^2}{b+c} + \frac{c^2+a^2}{c+a} \leqslant \frac{3(a^2+b^2+c^2)}{a+b+c}$$

证明 采用 SOS 方法.

方法 1 不等式两边同时乘以 $a+b+c$,不等式依次变为

$$\sum\left(1+\frac{a}{b+c}\right)(b^2+c^2) \leqslant 3(a^2+b^2+c^2)$$

$$\sum\frac{a(b^2+c^2)}{b+c} \leqslant \sum a^2$$

$$\sum a\left(a-\frac{b^2+c^2}{b+c}\right) \geqslant 0$$

$$\sum\frac{ab(a-b)-ac(c-a)}{b+c} \geqslant 0$$

$$\sum\frac{ab(a-b)}{b+c} - \sum\frac{ba(a-b)}{c+a} \geqslant 0$$

$$\sum\frac{ab(a-b)^2}{(b+c)(c+a)} \geqslant 0$$

等号适用于 $a=b=c$,也适用于 $a=0$ 和 $b=c$(或其任意循环排列).

方法 2 不等式两边同时减去 $a+b+c$,所得不等式为

$$\sum\left(\frac{a^2+b^2}{a+b} - \frac{a+b}{2}\right) \leqslant \frac{3(a^2+b^2+c^2)}{a+b+c} - (a+b+c)$$

$$\sum \frac{(a-b)^2}{a+b+c} \geqslant \sum \frac{(a-b)^2}{2(a+b)}$$

$$\sum \frac{(a+b-c)(a-b)^2}{a+b} \geqslant 0$$

不妨设 $a \geqslant b \geqslant c$. 因为 $a+b-c \geqslant 0$,所以只需证

$$\frac{(c+a-b)(c-a)^2}{c+a} \geqslant \frac{(a-b-c)(b-c)^2}{b+c}$$

这个不等式成立,因为

$$a+c-b \geqslant a-b-c, a-c \geqslant b-c, \frac{a-c}{a+c} \geqslant \frac{b-c}{b+c}$$

最后一个不等式可简化为 $c(a-b) \geqslant 0$.

方法 3　将不等式写成

$$\sum \left[\frac{3(a^2+b^2)}{2(a+b+c)} - \frac{a^2+b^2}{a+b} \right] \geqslant 0$$

$$\sum \frac{(a^2+b^2)(a+b-2c)}{a+b} \geqslant 0$$

$$\sum \frac{(a^2+b^2)(a-c)}{a+b} + \sum \frac{(a^2+b^2)(b-c)}{a+b} \geqslant 0$$

$$\sum \frac{(a^2+b^2)(a-c)}{a+b} + \sum \frac{(b^2+c^2)(c-a)}{b+c} \geqslant 0$$

$$\sum \frac{(a-c)^2(ab+bc-ca-b^2)}{(a+b)(b+c)} \geqslant 0$$

于是只需证

$$\sum \frac{(a-c)^2(ab+bc-ca-b^2)}{(a+b)(b+c)} \geqslant 0$$

因为

$$ab+bc-ca-b^2 = (b-c)(a-b)$$

这个不等式等价于

$$(a-b)(b-c)(c-a) \sum \frac{c-a}{(a+b)(b+c)} \geqslant 0$$

这个不等式是成立的,因为

$$\sum \frac{c-a}{(a+b)(b+c)} = 0$$

问题 1.16　设 a,b,c 是正实数. 求证

$$\frac{1}{a^2+ab+b^2} + \frac{1}{b^2+bc+c^2} + \frac{1}{c^2+ca+a^2} \geqslant \frac{9}{(a+b+c)^2}$$

（Vasile Cîrtoaje,2000）

证明 1　由于齐次性,我们可以假设

$$a+b+c=1$$

设 $q = ab + bc + ca$. 因为
$$b^2 + bc + c^2 = (a + b + c)^2 - a(a + b + c) - (ab + bc + ca) = 1 - a - q$$
我们可将不等式写成
$$\sum \frac{1}{1 - a - q} \geqslant 9$$
$$9q^3 - 6q^2 - 3q + 1 + 9abc \geqslant 0$$
由舒尔不等式
$$(a + b + c)^3 + 9abc \geqslant 4(a + b + c)(ab + bc + ca)$$
我们得到
$$1 + 9abc - 4q \geqslant 0$$
因此
$$9q^3 - 6q^2 - 3q + 1 + 9abc = (-4q + 1 + 9abc) + q(3q - 1)^2 \geqslant 0$$
等号适用于 $a = b = c$.

证明 2 不等式两边同时乘以 $a^2 + b^2 + c^2 + ab + bc + ca$, 不等式可写为
$$(a + b + c) \sum \frac{c}{a^2 + ab + b^2} + \frac{9(ab + bc + ca)}{(a + b + c)^2} \geqslant 6$$

由柯西 — 施瓦兹不等式, 我们有
$$\sum \frac{a}{a^2 + ab + b^2} \geqslant \frac{(a + b + c)^2}{\sum a(b^2 + bc + c^2)} = \frac{a + b + c}{ab + bc + ca}$$

于是只需证
$$\frac{(a + b + c)^2}{ab + bc + ca} + \frac{9(ab + bc + ca)}{(a + b + c)^2} \geqslant 6$$

这可直接由 AM $-$ GM 不等式得到.

问题 1.17 设 a, b, c 是非负实数, 不存在两个同时为零. 求证
$$\frac{a^2}{(2a + b)(2a + c)} + \frac{b^2}{(2b + c)(2b + a)} + \frac{c^2}{(2c + a)(2c + b)} \leqslant \frac{1}{3}$$

(Tigran Sloyan, 2005)

证明 1 不等式等价于下列每一个不等式
$$\sum \left[\frac{a^2}{(2a + b)(2a + c)} - \frac{a}{3(a + b + c)} \right] \leqslant 0$$
$$\sum \frac{a(a - c)(a - b)}{(2a + b)(2a + c)} \geqslant 0$$
由于对称性, 不妨设 $a \geqslant b \geqslant c$. 因为
$$c(c - a)(c - b) \geqslant 0$$
所以只需证明
$$\frac{a(a - c)(a - b)}{(2a + b)(2a + c)} + \frac{b(b - a)(b - c)}{(2b + a)(2b + c)} \geqslant 0$$

这个不等式等价于一个明显的不等式

$$(a-b)^2[(a+b)(2ab-c^2)+c(a^2+b^2+5ab)] \geqslant 0$$

等式适用于 $a=b=c$，也适用于 $a=b$ 和 $c=0$(或其任意循环排列).

证明 2(Vo Quoc Ba Can)　在下列方法中应用柯西－施瓦兹不等式

$$\frac{9a^2}{(2a+b)(2a+c)}=\frac{(2a+a)^2}{2a(a+b+c)+(2a^2+bc)} \leqslant \frac{2a}{a+b+c}+\frac{a^2}{2a^2+bc}$$

那么

$$\sum \frac{9a^2}{(2a+b)(2a+c)} \leqslant 2+\sum \frac{a^2}{2a^2+bc} \leqslant 3$$

对于非平凡情况 $a,b,c>0$，右边不等式等价于

$$\sum \frac{1}{2+\dfrac{bc}{a^2}} \leqslant 1$$

这可由问题 1.2(2) 立刻得到

备注　从问题 1.17 中的不等式和赫尔德不等式(Hölder's inequality)

$$\sum \frac{a^2}{(2a+b)(2a+c)}\left[\sum \sqrt{a(2a+b)(2a+c)}\right]^2 \geqslant (a+b+c)^3$$

我们得到下列结论：

如果 a,b,c 是非负实数且满足 $a+b+c=3$，那么

$$\sqrt{a(2a+b)(2a+c)}+\sqrt{b(2b+c)(2b+a)}+\sqrt{c(2c+a)(2c+b)} \geqslant 9$$

等式适用于 $a=b=c=1,(a,b,c)=\left(0,\dfrac{3}{2},\dfrac{3}{2}\right)$(或其任意循环排列).

问题 1.18　设 a,b,c 是正实数. 求证：

(1) $\displaystyle\sum \frac{a}{(2a+b)(2a+c)} \leqslant \frac{1}{a+b+c}$；

(2) $\displaystyle\sum \frac{a^3}{(2a^2+b^2)(2a^2+c^2)} \leqslant \frac{1}{a+b+c}$.

(Vasile Cîrtoaje,2005)

证明　(1) 将不等式写成

$$\sum \left[\frac{1}{3}-\frac{a(a+b+c)}{(2a+b)(2a+c)}\right] \geqslant 0$$

$$\sum \frac{(a-b)(a-c)}{(2a+b)(2a+c)} \geqslant 0$$

假设

$$a \geqslant b \geqslant c$$

因为 $(a-b)(a-c) \geqslant 0$，所以只需证明

$$\frac{(b-c)(b-a)}{(2b+c)(2b+a)}+\frac{(a-c)(b-c)}{(2c+a)(2c+b)} \geqslant 0$$

因为 $b-c \geqslant 0$ 和 $a-c \geqslant a-b \geqslant 0$,所以只需证

$$\frac{1}{(2c+a)(2c+b)} \geqslant \frac{1}{(2b+c)(2b+a)}$$

这个等价于明显的不等式

$$(b-c)(a+4b+4c) \geqslant 0$$

等号适用于 $a=b=c$.

（2）我们通过对不等式求和得到期望不等式

$$\frac{a^3}{(2a^2+b^2)(2a^2+c^2)} \leqslant \frac{a}{(a+b+c)^2}$$

$$\frac{b^3}{(2b^2+c^2)(2b^2+a^2)} \leqslant \frac{b}{(a+b+c)^2}$$

$$\frac{c^3}{(2c^2+a^2)(2c^2+b^2)} \leqslant \frac{c}{(a+b+c)^2}$$

这些是柯西－施瓦兹不等式的结果. 例如,从

$$(a^2+a^2+b^2)(c^2+a^2+a^2) \geqslant (ac+a^2+ba)^2$$

得到第一个不等式. 等号适用于 $a=b=c$.

问题 1.19　如果 a,b,c 是正实数,求证

$$\sum \frac{1}{(a+2b)(a+2c)} \geqslant \frac{1}{(a+b+c)^2} + \frac{2}{3(ab+bc+ca)}$$

证明　不等式可写为

$$\sum \left[\frac{1}{(a+2b)(a+2c)} - \frac{1}{(a+b+c)^2} \right] \geqslant \frac{2}{3(ab+bc+ca)} - \frac{2}{(a+b+c)^2}$$

$$\sum \frac{(b-c)^2}{(a+2b)(a+2c)} \geqslant \sum \frac{(b-c)^2}{3(ab+bc+ca)}$$

$$(a-b)(b-c)(c-a) \sum \frac{b-c}{(a+2b)(a+2c)} \geqslant 0$$

因为

$$\sum \frac{b-c}{(a+2b)(a+2c)} = \sum \left[\frac{b-c}{(a+2b)(a+2c)} - \frac{b-c}{3(ab+bc+ca)} \right]$$

$$= \frac{(a-b)(b-c)(c-a)}{3(ab+bc+ca)} \sum \frac{1}{(a+2b)(a+2c)}$$

期望不等式等价于不等式

$$(a-b)^2(b-c)^2(c-a)^2 \sum \frac{1}{(a+2b)(a+2c)} \geqslant 0$$

等号适用于 $a=b$ 或 $b=c$ 或 $c=a$.

问题 1.20　设 a,b,c 是非负实数,不存在两个同时为零. 求证:

（1）$\dfrac{1}{(a-b)^2} + \dfrac{1}{(b-c)^2} + \dfrac{1}{(c-a)^2} \geqslant \dfrac{4}{ab+bc+ca}$;

（2） $\dfrac{1}{a^2-ab+b^2}+\dfrac{1}{b^2-bc+c^2}+\dfrac{1}{c^2-ca+a^2}\geqslant\dfrac{3}{ab+bc+ca}$；

（3） $\dfrac{1}{a^2+b^2}+\dfrac{1}{b^2+c^2}+\dfrac{1}{c^2+a^2}\geqslant\dfrac{5}{2(ab+bc+ca)}$．

证明　设 $E_k(a,b,c)=\dfrac{ab+bc+ca}{a^2-kab+b^2}+\dfrac{ab+bc+ca}{b^2-kbc+c^2}+\dfrac{ab+bc+ca}{c^2-kca+a^2}$，其中 $k\in[0,2]$．我们将证明

$$E_k(a,b,c)\geqslant\alpha_k$$

其中

$$\alpha_k=\begin{cases}\dfrac{5-2k}{2-k},&0\leqslant k\leqslant1\\[2mm]2+k,&1\leqslant k\leqslant2\end{cases}$$

假设 $a\leqslant b\leqslant c$，并证明

$$E_k(a,b,c)\geqslant E_k(0,b,c)\geqslant\alpha_k$$

左边不等式是成立的，因为

$$\frac{E_k(a,b,c)-E_k(0,b,c)}{a}$$

$$=\frac{b^2+(1+k)bc-ac}{b(a^2-kab+b^2)}+\frac{b+c}{b^2-kbc+c^2}+\frac{c^2+(1+k)bc-ab}{c(c^2-kca+a^2)}$$

$$>\frac{bc-ac}{b(a^2-kab+b^2)}+\frac{b+c}{b^2-kbc+c^2}+\frac{bc-ab}{c(c^2-kca+a^2)}$$

$$>0$$

为了证明右边不等式 $E_k(a,b,c)\geqslant\alpha_k$，其中

$$E_k(0,b,c)=\frac{bc}{b^2-kbc+c^2}+\frac{b}{c}+\frac{c}{b}$$

我们将利用 AM－GM 不等式．因此，对于 $k\in[1,2]$，我们有

$$E_k(0,b,c)=\frac{bc}{b^2-kbc+c^2}+\frac{b^2-kbc+c^2}{bc}+k\geqslant2+k$$

同样，对于 $k\in[0,1]$，我们有

$$E_k(0,b,c)=\frac{bc}{b^2-kbc+c^2}+\frac{b^2-kbc+c^2}{(2-k)^2bc}+$$

$$\left[1-\frac{1}{(2-k)^2}\right]\left(\frac{b}{c}+\frac{c}{b}\right)+\frac{k}{(2-k)^2}$$

$$\geqslant\frac{2}{2-k}+2\left[1-\frac{1}{(2-k)^2}\right]+\frac{k}{(2-k)^2}$$

$$=\frac{5-2k}{2-k}$$

当 $k\in[1,2]$ 时，等号适用于 $a=0$ 和 $\dfrac{b}{c}+\dfrac{c}{b}=1+k$（或其任意循环排列）．当

$k \in [0,1]$ 时,等号适用于 $a=0$ 和 $b=c$(或其任意循环排列).

问题 1.21 设 a,b,c 是正实数,不存在两个同时为零.求证

$$\frac{(a^2+b^2)(a^2+c^2)}{(a+b)(a+c)} + \frac{(b^2+c^2)(b^2+a^2)}{(b+c)(b+a)} + \frac{(c^2+a^2)(c^2+b^2)}{(c+a)(c+b)}$$
$$\geqslant a^2+b^2+c^2$$

(Vasile Cîrtoaje,2011)

证明 利用恒等式

$$(a^2+b^2)(a^2+c^2)=a^2(a^2+b^2+c^2)+b^2c^2$$

我们可将不等式写成

$$\sum \frac{b^2c^2}{(a+b)(a+c)} \geqslant (a^2+b^2+c^2)\left[1-\sum \frac{a^2}{(a+b)(a+c)}\right]$$

$$\sum b^2c^2(b+c) \geqslant 2abc(a^2+b^2+c^2)$$

$$\sum a^3(b^2+c^2) \geqslant 2\sum a^3bc$$

$$\sum a^3(b-c)^2 \geqslant 0$$

最后一个不等式明显成立,证明完成.等式适用于 $a=b=c$.

问题 1.22 设 a,b,c 是正实数且满足 $a+b+c=3$.求证

$$\frac{1}{a^2+b+c} + \frac{1}{b^2+c+a} + \frac{1}{c^2+a+b} \leqslant 1$$

证明 1 借助于柯西－施瓦兹不等式,我们有

$$(a^2+b+c)(1+b+c) \geqslant (a+b+c)^2$$

因此

$$\sum \frac{1}{a^2+b+c} \leqslant \sum \frac{1+b+c}{(a+b+c)^2} = \frac{3+2(a+b+c)}{(a+b+c)^2} = 1$$

等号适用于 $a=b=c=1$.

证明 2 不等式可写为

$$\frac{1}{a^2-a+3} + \frac{1}{b^2-b+3} + \frac{1}{c^2-c+3} \leqslant 1$$

我们发现,当 $a=b=c=1$ 时等号成立,因此,如果存在实数 k 满足

$$\frac{1}{a^2-a+3} \leqslant k+\left(\frac{1}{3}-k\right)a$$

对于所有的 $a \in [0,3]$ 成立,那么

$$\sum \frac{1}{a^2-a+3} \leqslant \sum \left[k+\left(\frac{1}{3}-k\right)a\right] = 3k+\left(\frac{1}{3}-k\right)\sum a = 1$$

我们有

$$k+\left(\frac{1}{3}-k\right)a - \frac{1}{a^2-a+3} = \frac{(a-1)f(a)}{3(a^2-a+3)}$$

其中

$$f(a)=(1-3k)a^2+3ka+3(1-3k)$$

由于 $f(1)=0$,我们得到 $k=\dfrac{4}{9}$.因此令 $k=\dfrac{4}{9}$,我们得到

$$k+\left(\frac{1}{3}-k\right)a-\frac{1}{a^2-a+3}=\frac{(a-1)^2(3-a)}{9(a^2-a+3)}\geqslant 0$$

问题 1.23 设 a,b,c 是实数且满足 $a+b+c=3$.求证

$$\frac{a^2-bc}{a^2+3}+\frac{b^2-ca}{b^2+3}+\frac{c^2-ab}{c^2+3}\geqslant 0$$

(Vasile Cîrtoaje,2005)

证明 应用 SOS 方法.我们有

$$2\sum\frac{a^2-bc}{a^2+3}=\sum\frac{(a-b)(a+c)+(a-c)(a+b)}{a^2+3}$$

$$=\sum\frac{(a-b)(a+c)}{a^2+3}+\sum\frac{(b-a)(b+c)}{b^2+3}$$

$$=\sum(a-b)\left(\frac{a+c}{a^2+3}-\frac{b+c}{b^2+3}\right)$$

$$=(3-ab-bc-ca)\sum\frac{(a-b)^2}{(a^2+3)(b^2+3)}$$

$$\geqslant 0$$

因此,只需证明

$$3-ab-bc-ca\geqslant 0$$

这可由熟知的不等式

$$(a+b+c)^2\geqslant 3(ab+bc+ca)$$

等价于

$$(a-b)^2+(b-c)^2+(c-a)^2\geqslant 0$$

立刻得到.等号适用于 $a=b=c=1$.

问题 1.24 设 a,b,c 是非负实数且满足 $a+b+c=3$.求证

$$\frac{1-bc}{5+2a}+\frac{1-ca}{5+2b}+\frac{1-ab}{5+2c}\geqslant 0$$

证明 采用 SOS 方法.因为

$$9(1-bc)=(a+b+c)^2-9bc$$

可将不等式写为

$$\sum\frac{a^2+b^2+c^2+2a(b+c)-7bc}{5+2a}\geqslant 0$$

从

$$(a-b)(a+kb+mc)+(a-c)(a+kc+mb)$$

39

$$= 2a^2 - k(b^2 + c^2) + (k+m-1)a(b+c) - 2mbc$$

选择 $k = -2, m = 7$，我们得到

$$(a-b)(a-2b+7c) + (a-c)(a-2c+7b)$$

$$= 2[a^2 + b^2 + c^2 + 2a(b+c) - 7bc]$$

因此，期望不等式就变成

$$\sum \frac{(a-b)(a-2b+7c)}{5+2a} + \sum \frac{(a-c)(a-2c+7b)}{5+2a} \geqslant 0$$

$$\sum \frac{(a-b)(a-2b+7c)}{5+2a} + \sum \frac{(b-a)(b-2a+7c)}{5+2b} \geqslant 0$$

$$\sum (a-b)(5+2c)[(5+2b)(a-2b+7c) - (5+2a)(b-2a+7c)] \geqslant 0$$

$$\sum (a-b)^2(5+2c)(15+4a+4b-14c) \geqslant 0$$

$$\sum (a-b)^2(5+2c)(a+b-c) \geqslant 0$$

不失一般性，假设 $a \geqslant b \geqslant c$，显然，只需证

$$(a-c)^2(5+2b)(c+a-b) \geqslant (b-c)^2(5+2a)(a-b-c)$$

因为 $a-c \geqslant b-c \geqslant 0$ 和 $a+c-b \geqslant a-b-c$，所以只需证

$$(a-c)(5+2b) \geqslant (b-c)(5+2a)$$

事实上

$$(a-c)(5+2b) - (b-c)(5+2a) = (a-b)(5+2c) \geqslant 0$$

等式适用于 $a=b=c=1$，也适用于 $c=0$ 和 $a=b=\dfrac{3}{2}$（或其任意循环排列）.

问题 1.25　设 a,b,c 是正实数且满足 $a+b+c=3$. 求证

$$\frac{1}{a^2+b^2+2} + \frac{1}{b^2+c^2+2} + \frac{1}{c^2+a^2+2} \leqslant \frac{3}{4}$$

(Vasile Cîrtoaje,2006)

证明　因为

$$\frac{2}{a^2+b^2+2} = 1 - \frac{a^2+b^2}{a^2+b^2+2}$$

不等式变为

$$\frac{a^2+b^2}{a^2+b^2+2} + \frac{b^2+c^2}{b^2+c^2+2} + \frac{c^2+a^2}{c^2+a^2+2} \geqslant \frac{3}{2}$$

根据柯西-施瓦兹不等式，我们有

$$\sum \frac{a^2+b^2}{a^2+b^2+2} \geqslant \frac{\left(\sum \sqrt{a^2+b^2}\right)^2}{\sum (a^2+b^2+2)}$$

$$= \frac{2\sum a^2 + 2\sum \sqrt{(a^2+b^2)(a^2+c^2)}}{2\sum a^2 + 6}$$

$$\geqslant \frac{2\sum a^2 + 2\sum(a^2+bc)}{2\sum a^2 + 6}$$

$$=\frac{3\sum a^2 + 9}{2\sum a^2 + 6}=\frac{3}{2}$$

等号适用于 $a=b=c=1$.

问题 1.26 设 a,b,c 是正实数且满足 $a+b+c=3$. 求证

$$\frac{1}{4a^2+b^2+c^2}+\frac{1}{4b^2+c^2+a^2}+\frac{1}{4c^2+a^2+b^2}\leqslant\frac{1}{2}$$

(Vasile Cîrtoaje, 2007)

证明 根据柯西－施瓦兹不等式,我们有

$$\frac{9}{4a^2+b^2+c^2}=\frac{(a+b+c)^2}{2a^2+(a^2+b^2)+(a^2+c^2)}\leqslant\frac{1}{2}+\frac{b^2}{a^2+b^2}+\frac{c^2}{a^2+c^2}$$

因此

$$\sum\frac{9}{4a^2+b^2+c^2}\leqslant\frac{3}{2}+\sum\frac{b^2}{a^2+b^2}+\sum\frac{c^2}{a^2+c^2}$$

$$=\frac{3}{2}+\sum\frac{b^2}{a^2+b^2}+\sum\frac{a^2}{b^2+a^2}$$

$$=\frac{3}{2}+3=\frac{9}{2}$$

等号适用于 $a=b=c=1$.

问题 1.27 设 a,b,c 是非负实数且满足 $a+b+c=2$. 求证

$$\frac{bc}{a^2+1}+\frac{ca}{b^2+1}+\frac{ab}{c^2+1}\leqslant 1$$

(Pham Kim Hung, 2005)

证明 设

$$p=a+b+c=2, q=ab+bc+ca, q\leqslant\frac{p^2}{3}=\frac{4}{3}$$

如果 a,b,c 中有一个为零,那么不等式显然成立. 此外,对于 $a,b,c>0$,不等式写成

$$\sum\frac{1}{a(a^2+1)}\leqslant\frac{1}{abc}$$

$$\sum\left(\frac{1}{a}-\frac{a}{a^2+1}\right)\leqslant\frac{1}{abc}$$

$$\sum\frac{a}{a^2+1}\geqslant\frac{1}{a}+\frac{1}{b}+\frac{1}{c}-\frac{1}{abc}$$

$$\sum\frac{a}{a^2+1}\geqslant\frac{q-1}{abc}$$

41

利用不等式

$$\frac{2}{a^2+1} \geqslant 2-a$$

这等价于 $a(a-1)^2 \geqslant 0$，我们得到

$$\sum \frac{a}{a^2+1} \geqslant \sum \frac{a(2-a)}{2} = \sum \frac{a(b+c)}{2} = q$$

因此，只需证明

$$1+abcq \geqslant q$$

根据四阶舒尔不等式，我们有

$$abc \geqslant \frac{(p^2-q)(4q-p^2)}{6p} = \frac{(4-q)(q-1)}{3}$$

因此

$$1+abcq-q \geqslant 1+\frac{q(4-q)(q-1)}{3}-q = \frac{(3-q)(q-1)^2}{3} \geqslant 0$$

等号适用于 $a=0$ 和 $b=c=1$（或其任意循环排列）.

问题 1.28　设 a,b,c 是非负实数且满足 $a+b+c=1$. 求证

$$\frac{bc}{a+1}+\frac{ca}{b+1}+\frac{ab}{c+1} \leqslant \frac{1}{4}$$

（Vasile Cîrtoaje,2009）

证明 1　我们有

$$\begin{aligned}
\sum \frac{bc}{a+1} &= \sum \frac{bc}{(a+b)+(a+c)} \\
&\leqslant \frac{1}{4} \sum bc\left(\frac{1}{a+b}+\frac{1}{a+c}\right) \\
&= \frac{1}{4} \sum \frac{bc}{a+b}+\frac{1}{4} \sum \frac{bc}{c+a} \\
&= \frac{1}{4} \sum \frac{bc}{a+b}+\frac{1}{4} \sum \frac{ca}{a+b} \\
&= \frac{1}{4} \sum \frac{bc+ca}{a+b} = \frac{1}{4} \sum c = \frac{1}{4}
\end{aligned}$$

等号适用于 $a=b=c=\frac{1}{3}$，也适用于 $a=0$ 和 $b=c=\frac{1}{2}$（或其任意循环排列）.

证明 2　很容易验证 a,b,c 中的一个为零时，不等式为真. 此外，将不等式写成

$$\frac{1}{a(a+1)}+\frac{1}{b(b+1)}+\frac{1}{c(c+1)} \leqslant \frac{1}{4abc}$$

因为

$$\frac{1}{a(a+1)} = \frac{1}{a}-\frac{1}{a+1}$$

42

我们可以把所需要的不等式写成

$$\frac{1}{a+1}+\frac{1}{b+1}+\frac{1}{c+1}\geqslant\frac{1}{a}+\frac{1}{b}+\frac{1}{c}-\frac{1}{4abc}$$

根据柯西－施瓦兹不等式

$$\frac{1}{a+1}+\frac{1}{b+1}+\frac{1}{c+1}\geqslant\frac{9}{a+b+c+3}=\frac{9}{4}$$

因此，只需证

$$\frac{9}{4}\geqslant\frac{1}{a}+\frac{1}{b}+\frac{1}{c}-\frac{1}{4abc}$$

这等价于舒尔不等式

$$(a+b+c)^3+9abc\geqslant 4(a+b+c)(ab+bc+ca)$$

问题 1.29 设 a,b,c 是正实数且满足 $a+b+c=1$. 求证

$$\frac{1}{a(2a^2+1)}+\frac{1}{b(2b^2+1)}+\frac{1}{c(2c^2+1)}\leqslant\frac{3}{11abc}$$

（Vasile Cîrtoaje,2009）

证明 因为

$$\frac{1}{a(2a^2+1)}=\frac{1}{a}-\frac{2a}{2a^2+1}$$

我们可以把不等式写成

$$\sum\frac{2a}{2a^2+1}\geqslant\frac{1}{a}+\frac{1}{b}+\frac{1}{c}-\frac{3}{11abc}$$

根据柯西－施瓦兹不等式，我们有

$$\sum\frac{a}{2a^2+1}\geqslant\frac{\left(\sum a\right)^2}{\sum a(2a^2+1)}=\frac{1}{2(a^3+b^3+c^3)+1}$$

因此，只需证

$$\frac{2}{2(a^3+b^3+c^3)+1}\geqslant\frac{11q-3}{11abc}$$

其中

$$q=ab+bc+ca,q\leqslant\frac{1}{3}(a+b+c)^2=\frac{1}{3}$$

由于

$$a^3+b^3+c^3=3abc+(a+b+c)^3-3(a+b+c)(ab+bc+ca)=3abc+1-3q$$

所以我们只需证明

$$22abc\geqslant(11q-3)(6abc+3-6q)$$

或者

$$2(20-33q)abc\geqslant 3(11q-3)(1-2q)$$

从舒尔不等式

43

$$(a+b+c)^3 + 9abc \geqslant 4(a+b+c)(ab+bc+ca)$$

我们得到

$$9abc \geqslant 4q-1$$

因此

$$2(20-33q)abc - 3(11q-3)(1-2q)$$

$$\geqslant \frac{2(20-33q)(4q-1)}{9} - 3(11q-3)(1-2q)$$

$$= \frac{330q^2 - 233q + 41}{9} = \frac{(1-3q)(41-110q)}{9}$$

$$\geqslant 0$$

这就完成了证明. 等号适用于 $a=b=c=\dfrac{1}{3}$.

问题 1.30 设 a,b,c 是正实数且满足 $a+b+c=3$. 求证

$$\frac{1}{a^3+b+c} + \frac{1}{b^3+c+a} + \frac{1}{c^3+a+b} \leqslant 1$$

（Vasile Cîrtoaje,2009）

证明 将不等式写成如下形式

$$\frac{1}{a^3-a+3} + \frac{1}{b^3-b+3} + \frac{1}{c^3-c+3} \leqslant 1$$

假设 $a \geqslant b \geqslant c$, 下面分两种情况讨论.

情形 1 $2 \geqslant a \geqslant b \geqslant c$. 期望不等式由下列不等式相加得到

$$\frac{1}{a^3-a+3} \leqslant \frac{5-2a}{9}$$

$$\frac{1}{b^3-b+3} \leqslant \frac{5-2b}{9}$$

$$\frac{1}{c^3-c+3} \leqslant \frac{5-2c}{9}$$

这些不等式都成立, 因为

$$\frac{1}{a^3-a+3} - \frac{5-2a}{9} = \frac{(a-1)^2(a-2)(2a+3)}{9(a^3-a+3)} \leqslant 0$$

情形 2 $a > 2$. 由 $a+b+c=3$, 我们得到 $b+c<1$. 因为

$$\sum \frac{1}{a^3-a+3} < \frac{1}{a^3-a+3} + \frac{1}{3-b} + \frac{1}{3-c} < \frac{1}{9} + \frac{1}{3-b} + \frac{1}{3-c}$$

所以, 只需证

$$\frac{1}{3-b} + \frac{1}{3-c} \leqslant \frac{8}{9}$$

我们有

$$\frac{1}{3-b} + \frac{1}{3-c} - \frac{8}{9} = \frac{-3 - 15(1-b-c) - 8bc}{9(3-b)(3-c)} < 0$$

等号适用于 $a=b=c=1$.

问题 1.31 设 a,b,c 是正实数且满足 $a+b+c=3$. 求证

$$\frac{a^2}{1+b^3+c^3}+\frac{b^2}{1+c^3+a^3}+\frac{c^2}{1+a^3+b^3}\geqslant 1$$

证明 应用柯西－施瓦兹不等式,我们有

$$\sum\frac{a^2}{1+b^3+c^3}\geqslant\frac{\left(\sum a^2\right)^2}{\sum a^2(1+b^3+c^3)}$$

这还有待证明

$$(a^2+b^2+c^2)^2\geqslant a^2+b^2+c^2+\sum a^2b^2(a+b)$$

设

$$p=a+b+c,q=ab+bc+ca,q\leqslant 3$$

因为 $a^2+b^2+c^2=9-2q$ 和

$$\sum a^2b^2(a+b)=\sum a^2b^2(3-c)=3\sum a^2b^2-qabc=3q^2-(q+18)abc$$

欲证的不等式可以写成

$$(9-2q)^2\geqslant 9-2q+3q^2-(q+18)abc$$

$$q^2-34q+72+(q+18)abc\geqslant 0$$

当 $q\leqslant 2$ 时,这个不等式显然成立.进一步考虑 $2<q\leqslant 3$ 的情况.根据四阶舒尔不等式,我们得到

$$abc\geqslant\frac{(p^2-q)(4q-p^2)}{6p}=\frac{(9-q)(4q-9)}{18}$$

因此

$$q^2-34q+72+(q+18)abc\geqslant q^2-34q+72+\frac{(q+18)(9-q)(4q-9)}{18}$$

$$=\frac{(3-q)(4q^2+21q-54)}{18}$$

$$\geqslant 0$$

等号适用于 $a=b=c=1$.

问题 1.32 设 a,b,c 是非负实数且满足 $a+b+c=3$. 求证

$$\frac{1}{6-ab}+\frac{1}{6-bc}+\frac{1}{6-ca}\leqslant\frac{3}{5}$$

证明 将不等式改写为

$$108-48(ab+bc+ca)+13abc(a+b+c)-3a^2b^2c^2\geqslant 0$$

$$4[9-4(ab+bc+ca)+3abc]+abc(1-abc)\geqslant 0$$

根据 AM－GM 不等式

$$1=\left(\frac{a+b+c}{3}\right)^3\geqslant abc$$

因此,只需证明
$$9 - 4(ab + bc + ca) + 3abc \geqslant 0$$
我们发现这个不等式的齐次形式就是三阶舒尔不等式
$$(a + b + c)^3 + 9abc \geqslant 4(a + b + c)(ab + bc + ca)$$
等号适用于 $a = b = c = 1$,同样也适用于 $a = 0$ 和 $b = c = \dfrac{3}{2}$(或其任意循环排列).

问题 1.33 设 a, b, c 是非负实数且满足 $a + b + c = 3$. 求证
$$\frac{1}{2a^2 + 7} + \frac{1}{2b^2 + 7} + \frac{1}{2c^2 + 7} \leqslant \frac{1}{3}$$

(Vasile Cîrtoaje, 2005)

证明 采用整合变量方法. 假设 $a = \max\{a, b, c\}$ 并证明
$$E(a, b, c) \leqslant E(a, s, s) \leqslant \frac{1}{3}$$
其中
$$s = \frac{b + c}{2}, 0 \leqslant s \leqslant 1$$
和
$$E(a, b, c) = \frac{1}{2a^2 + 7} + \frac{1}{2b^2 + 7} + \frac{1}{2c^2 + 7}$$
我们有
$$\begin{aligned}
E(a, s, s) - E(a, b, c) &= \left(\frac{1}{2s^2 + 7} - \frac{1}{2b^2 + 7} \right) + \left(\frac{1}{2s^2 + 7} - \frac{1}{2c^2 + 7} \right) \\
&= \frac{1}{2s^2 + 7} \left[\frac{(b - c)(b + s)}{2b^2 + 7} + \frac{(c - b)(c + s)}{2c^2 + 7} \right] \\
&= \frac{(b - c)^2 (7 - 4s^2 - 2bc)}{(2s^2 + 7)(2b^2 + 7)(2c^2 + 7)}
\end{aligned}$$
因为 $bc \leqslant s^2 \leqslant 1$,这说明
$$7 - 4s^2 - 2bc = 1 + 4(1 - s^2) + 2(1 - bc) > 0$$
因此 $E(a, b, c) \leqslant E(a, s, s)$. 同样
$$\frac{1}{3} - E(a, s, s) = \frac{1}{3} - E(3 - 2s, s, s) = \frac{4(s - 1)^2 (2s - 1)^2}{3(2a^2 + 7)(2s^2 + 7)} \geqslant 0$$
等号适用于 $a = b = c = 1$,也适用于 $a = 2$ 和 $b = c = \dfrac{1}{2}$(或其任意循环排列).

问题 1.34 设 a, b, c 是非负实数且满足 $a + b + c = 3$. 求证
$$\frac{1}{2a^2 + 3} + \frac{1}{2b^2 + 3} + \frac{1}{2c^2 + 3} \geqslant \frac{3}{5}$$

(Vasile Cîrtoaje, 2005)

证明 1(Nguyen Van Quy) 将不等式写成

$$\sum \left(\frac{1}{3} - \frac{1}{2a^2 + 3}\right) \leqslant \frac{2}{5}$$

$$\sum \frac{a^2}{2a^2 + 5} \leqslant \frac{3}{5}$$

利用柯西－施瓦兹不等式，得到

$$\frac{25}{3(2a^2 + 3)} = \frac{25}{6a^2 + (a+b+c)^2}$$

$$= \frac{(2+2+1)^2}{2(2a^2 + bc) + 2a(a+b+c) + a^2 + b^2 + c^2}$$

$$\leqslant \frac{2^2}{2(2a^2 + bc)} + \frac{2^2}{2a(a+b+c)} + \frac{1}{a^2 + b^2 + c^2}$$

因此

$$\sum \frac{25a^2}{3(2a^2 + 3)} \leqslant \sum \frac{2a^2}{2a^2 + bc} + \sum \frac{2a}{a+b+c} + \sum \frac{a^2}{a^2 + b^2 + c^2}$$

$$= \sum \frac{2a^2}{2a^2 + bc} + 3$$

因此，只需证

$$\sum \frac{a^2}{2a^2 + bc} \leqslant 1$$

对于非平凡情况 $a, b, c > 0$，这个不等式等价于

$$\sum \frac{1}{2 + \dfrac{bc}{a^2}} \leqslant 1$$

这可由问题 $1.2(2)$ 立即得到. 等号适用于 $a = b = c = 1$，也适用于 $a = 0$ 和 $b = c = \dfrac{3}{2}$（或其任意循环排列）.

证明 2 首先，我们可以检验，对于 $a = b = c = 1$，以及 $a = 0$ 和 $b = c = \dfrac{3}{2}$，需证的不等式为等式. 然后考虑不等式 $f(x) \geqslant 0$，其中

$$f(x) = \frac{1}{2x^2 + 3} - A - Bx$$

$$f'(x) = -\frac{4x}{(2x^2 + 3)^2} - B$$

由条件 $f(1) = 0$ 和 $f'(1) = 0$，我们得到 $A = \dfrac{9}{25}, B = -\dfrac{4}{25}$，同样从条件 $f\left(\dfrac{3}{2}\right) = f'\left(\dfrac{3}{2}\right) = 0$，我们得到 $A = \dfrac{22}{75}, B = -\dfrac{8}{75}$，由 A, B 的这些值，我们可推出恒等式

$$\frac{1}{2x^2 + 3} - \frac{9 - 4x}{25} = \frac{2(x-1)^2(4x-1)}{25(2x^2 + 3)}$$

47

$$\frac{1}{2x^2+3}-\frac{22-8x}{75}=\frac{(2x-3)^2(4x+1)}{75(2x^2+3)}$$

和不等式

$$\frac{1}{2x^2+3}\geqslant\frac{9-4x}{25},x\geqslant\frac{1}{4}$$

$$\frac{1}{2x^2+3}\geqslant\frac{22-8x}{75},x\geqslant0$$

不失一般性,设 $a\geqslant b\geqslant c$. 下面分三种情况讨论.

情形 1 $a\geqslant b\geqslant c\geqslant\frac{1}{4}$. 通过对不等式求和

$$\frac{1}{2a^2+3}\geqslant\frac{9-4a}{25},\frac{1}{2b^2+3}\geqslant\frac{9-4b}{25},\frac{1}{2c^2+3}\geqslant\frac{9-4c}{25}$$

我们得到

$$\frac{1}{2a^2+3}+\frac{1}{2b^2+3}+\frac{1}{2c^2+3}\geqslant\sum\frac{9-4a}{25}=\frac{27-4(a+b+c)}{25}=\frac{3}{5}$$

情形 2 $a\geqslant b\geqslant\frac{1}{4}\geqslant c$. 我们有

$$\frac{1}{2a^2+3}+\frac{1}{2b^2+3}+\frac{1}{2c^2+3}\geqslant\frac{22-8a}{75}+\frac{22-8b}{75}+\frac{1}{2c^2+3}$$

$$=\frac{44-8(a+b)}{75}+\frac{1}{2c^2+3}$$

$$=\frac{20+8c}{75}+\frac{1}{2c^2+3}$$

因此,只需证明

$$\frac{20+8c}{75}+\frac{1}{2c^2+3}\geqslant\frac{3}{5}$$

这等价于明显的不等式

$$c(8c^2-25c+12)\geqslant0$$

情形 3 $a\geqslant\frac{1}{4}\geqslant b\geqslant c$. 我们有

$$\sum\frac{1}{2a^2+3}>\frac{1}{2b^2+3}+\frac{1}{2c^2+3}\geqslant\frac{2}{\frac{1}{8}+3}>\frac{3}{5}$$

问题 1.35 设 a,b,c 是非负实数且满足 $ab+bc+ca=3$. 求证

$$\frac{1}{a+b}+\frac{1}{b+c}+\frac{1}{c+a}\geqslant\frac{a+b+c}{6}+\frac{3}{a+b+c}$$

(Vasile Cîrtoaje,2007)

证明 1 记

$$x=a+b+c,x\geqslant3$$

我们有

$$\frac{1}{a+b}+\frac{1}{b+c}+\frac{1}{c+a}=\frac{(a+b+c)^2+ab+bc+ca}{(a+b+c)(ab+bc+ca)-abc}=\frac{x^2+3}{3x-abc}$$

那么,不等式变成

$$\frac{x^2+3}{3x-abc}\geqslant\frac{x}{6}+\frac{3}{x}$$

$$3(x^3+9abc-12x)+abc(x^2-9)\geqslant0$$

这个不等式成立,因为

$$x^2-9\geqslant0,x^3+9abc-12x\geqslant0$$

上方的第二个不等式就是三阶舒尔不等式

$$(a+b+c)^3+9abc\geqslant4(a+b+c)(ab+bc+ca)$$

等号适用于 $a=b=c=1$ 和 $a=0,b=c=\sqrt{3}$(或其任意循环排列).

证明 2 应用 SOS 方法.将不等式写成

$$\frac{1}{a+b}+\frac{1}{b+c}+\frac{1}{c+a}\geqslant\frac{a+b+c}{2(ab+bc+ca)}+\frac{3}{a+b+c}$$

$$2(a+b+c)\left(\frac{1}{a+b}+\frac{1}{b+c}+\frac{1}{c+a}\right)\geqslant\frac{(a+b+c)^2}{ab+bc+ca}+6$$

$$[(a+b)+(b+c)+(c+a)]\left(\frac{1}{a+b}+\frac{1}{b+c}+\frac{1}{c+a}\right)-9\geqslant\frac{(a+b+c)^2}{ab+bc+ca}-3$$

$$\sum\frac{(b-c)^2}{(a+b)(c+a)}\geqslant\frac{1}{2(ab+bc+ca)}\sum(b-c)^2$$

$$\sum\frac{ab+bc+ca-a^2}{(a+b)(c+a)}(b-c)^2\geqslant0$$

$$\sum\frac{3-a^2}{3+a^2}(b-c)^2\geqslant0$$

不失一般性,假设 $a\geqslant b\geqslant c$.因为 $3-c^2\geqslant0$,所以只需证

$$\frac{3-a^2}{3+a^2}(b-c)^2+\frac{3-b^2}{3+b^2}(a-c)^2\geqslant0$$

考虑到

$$3-b^2=ab+bc+ca-b^2\geqslant b(a-b)\geqslant0,(a-c)^2\geqslant(b-c)^2$$

于是只需证

$$\frac{3-a^2}{3+a^2}+\frac{3-b^2}{3+b^2}\geqslant0$$

这个不等式成立,因为

$$\frac{3-a^2}{3+a^2}+\frac{3-b^2}{3+b^2}=\frac{2(9-a^2b^2)}{(3+a^2)(3+b^2)}$$

$$=\frac{2(3-ab)(3+ab)}{(3+a^2)(3+b^2)}$$

49

$$= \frac{2c(a+b)(3+ab)}{(3+a^2)(3+b^2)}$$

$$\geqslant 0$$

问题 1.36　设 a,b,c 是非负实数且满足 $ab+bc+ca=3$. 求证

$$\frac{1}{a^2+1}+\frac{1}{b^2+1}+\frac{1}{c^2+1} \geqslant \frac{3}{2}$$

(Vasile Cîrtoaje, 2005)

证明 1　将不等式展开后, 可以重新表述为

$$a^2+b^2+c^2+3 \geqslant a^2b^2+b^2c^2+c^2a^2+3a^2b^2c^2$$

从

$$(a+b+c)(ab+bc+ca)-9abc = a(b-c)^2+b(c-a)^2+c(a-b)^2 \geqslant 0$$

我们得到

$$a+b+c \geqslant 3abc$$

所以, 只需证

$$a^2+b^2+c^2+3 \geqslant a^2b^2+b^2c^2+c^2a^2+abc(a+b+c)$$

它等价于齐次不等式

$$(ab+bc+ca)(a^2+b^2+c^2)+(ab+bc+ca)^2$$

$$\geqslant 3(a^2b^2+b^2c^2+c^2a^2)+3abc(a+b+c)$$

$$\sum ab(a^2+b^2) \geqslant 2\sum a^2b^2$$

$$\sum ab(a-b)^2 \geqslant 0$$

等号适用于 $a=b=c=1$, 也适用于 $a=0$ 和 $b=c=\sqrt{3}$ (或其任意循环排列).

证明 2　不失一般性, 设

$$a=\min\{a,b,c\}, bc \geqslant 1$$

从 $ab+bc+ca=3$, 我们得到 $bc \geqslant 1$, 同样从

$$(a+b+c)(ab+bc+ca)-9abc = a(b-c)^2+b(c-a)^2+c(a-b)^2 \geqslant 0$$

我们得到

$$a+b+c \geqslant 3abc$$

期望不等式是对下面的不等式求和得到的

$$\frac{1}{b^2+1}+\frac{1}{c^2+1} \geqslant \frac{2}{bc+1}$$

$$\frac{1}{a^2+1}+\frac{2}{bc+1} \geqslant \frac{3}{2}$$

我们有

$$\frac{1}{b^2+1}+\frac{1}{c^2+1}-\frac{2}{bc+1} = \frac{b(c-b)}{(b^2+1)(bc+1)}+\frac{c(b-c)}{(c^2+1)(bc+1)}$$

$$= \frac{(b-c)^2(bc-1)}{(b^2+1)(c^2+1)(bc+1)}$$

$$\geqslant 0$$

和

$$\frac{1}{a^2+1} + \frac{2}{bc+1} - \frac{3}{2} = \frac{a^2-bc+3-3a^2bc}{2(a^2+1)(bc+1)}$$

$$= \frac{a(a+b+c-3abc)}{2(a^2+1)(bc+1)}$$

$$\geqslant 0$$

证明 3   因为

$$\frac{1}{a^2+1} = 1 - \frac{a^2}{a^2+1}, \frac{1}{b^2+1} = 1 - \frac{b^2}{b^2+1}, \frac{1}{c^2+1} = 1 - \frac{c^2}{c^2+1}$$

我们可将不等式写为

$$\frac{a^2}{a^2+1} + \frac{b^2}{b^2+1} + \frac{c^2}{c^2+1} \leqslant \frac{3}{2}$$

或者写成齐次形式

$$\sum \frac{a^2}{3a^2+ab+bc+ca} \leqslant \frac{1}{2}$$

根据柯西－施瓦兹不等式,我们有

$$\frac{4a^2}{3a^2+ab+bc+ca} = \frac{(a+a)^2}{a(a+b+c)+(2a^2+bc)}$$

$$\leqslant \frac{a}{a+b+c} + \frac{a^2}{2a^2+bc}$$

因此

$$\sum \frac{4a^2}{3a^2+ab+bc+ca} \leqslant 1 + \sum \frac{a^2}{2a^2+bc}$$

于是只需证明

$$\sum \frac{a^2}{2a^2+bc} \leqslant 1$$

对于非平凡情况 $a,b,c>0$,不等式等价于

$$\sum \frac{1}{2+\frac{bc}{a^2}} \leqslant 1$$

这由问题 1.2(2) 立即得到.

备注   我们可以把问题 1.36 的不等式写成齐次形式

$$\frac{1}{1+\frac{3a^2}{ab+bc+ca}} + \frac{1}{1+\frac{3b^2}{ab+bc+ca}} + \frac{1}{1+\frac{3c^2}{ab+bc+ca}} \geqslant \frac{3}{2}$$

然后用 $\frac{1}{x},\frac{1}{y},\frac{1}{z}$ 分别代替 a,b,c,我们得到

$$\frac{x}{x+\dfrac{3yz}{x+y+z}}+\frac{y}{y+\dfrac{3zx}{x+y+z}}+\frac{z}{z+\dfrac{3xy}{x+y+z}}\geqslant\frac{3}{2}$$

由此,我们发现了下列结论.

如果 x,y,z 是正实数且满足 $x+y+z=3$,那么

$$\frac{x}{x+yz}+\frac{y}{y+zx}+\frac{z}{z+xy}\geqslant\frac{3}{2}$$

问题 1.37 设 a,b,c 是正实数且满足 $ab+bc+ca=3$.求证

$$\frac{a^2}{a^2+b+c}+\frac{b^2}{b^2+c+a}+\frac{c^2}{c^2+a+b}\geqslant 1$$

(Vasile Cîrtoaje,2005)

证明 我们在下面的式子中应用柯西－施瓦兹不等式

$$\sum\frac{a^2}{a^2+b+c}\geqslant\frac{\left(\sum a^{\frac{3}{2}}\right)^2}{\sum a(a^2+b+c)}=\frac{\sum a^3+2\sum(ab)^{\frac{3}{2}}}{\sum a^3+6}$$

然后,我们继续证明

$$(ab)^{\frac{3}{2}}+(bc)^{\frac{3}{2}}+(ca)^{\frac{3}{2}}\geqslant 3$$

根据 $AM-GM$ 不等式

$$(ab)^{\frac{3}{2}}=\frac{(ab)^{\frac{3}{2}}+(ab)^{\frac{3}{2}}+1}{2}-\frac{1}{2}\geqslant\frac{3ab}{2}-\frac{1}{2}$$

因此

$$\sum(ab)^{\frac{3}{2}}\geqslant\frac{3}{2}(ab+bc+ca)-\frac{3}{2}=3$$

等号适用于 $a=b=c=1$.

问题 1.38 设 a,b,c 是正实数且满足 $ab+bc+ca=3$.求证

$$\frac{bc+4}{a^2+4}+\frac{ca+4}{b^2+4}+\frac{ab+4}{c^2+4}\leqslant 3\leqslant\frac{bc+2}{a^2+2}+\frac{ca+2}{b^2+2}+\frac{ab+2}{c^2+2}$$

(Vasile Cîrtoaje,2007)

证明 更一般地,使用 SOS 方法,我们将证明

$$(k-3)\left(\frac{bc+k}{a^2+k}+\frac{ca+k}{b^2+k}+\frac{ab+k}{c^2+k}-3\right)\leqslant 0$$

其中 $k>0$.这个不等式等价于

$$(k-3)\sum\frac{a^2-bc}{a^2+k}\geqslant 0$$

因为

$$2\sum\frac{a^2-bc}{a^2+k}=\sum\frac{(a-b)(a+c)+(a+b)(a-c)}{a^2+k}$$

$$= \sum \frac{(a-b)(a+c)}{a^2+k} + \sum \frac{(b-a)(b+c)}{b^2+k}$$

$$= (k-ab-bc-ca) \sum \frac{(a-b)^2}{(a^2+k)(b^2+k)}$$

$$= (k-3) \sum \frac{(a-b)^2}{(a^2+k)(b^2+k)}$$

我们有

$$2(k-3) \sum \frac{a^2-bc}{a^2+k} = (k-3)^2 \sum \frac{(a-b)^2}{(a^2+k)(b^2+k)} \geqslant 0$$

两个不等式中的等号适用于 $a=b=c=1$.

问题 1.39 设 a,b,c 是非负实数且满足 $ab+bc+ca=3$. 如果

$$k \geqslant 2+\sqrt{3}$$

求证

$$\frac{1}{a+k} + \frac{1}{b+k} + \frac{1}{c+k} \leqslant \frac{3}{1+k}$$

(Vasile Cîrtoaje,2007)

证明 记

$$p=a+b+c, p \geqslant 3$$

展开后,不等式变为

$$k(k-2)p + 3abc \geqslant 3(k-1)^2$$

因为对于 $p \geqslant \frac{3(k-1)^2}{k^2-2k}$,不等式显然成立.进一步考虑

$$p \leqslant \frac{3(k-1)^2}{k^2-2k}$$

由舒尔不等式

$$(a+b+c)^3 + 9abc \geqslant 4(a+b+c)(ab+bc+ca)$$

我们得到

$$9abc \geqslant 12p - p^3$$

因此,只需证

$$3k(k-2)p + 12p - p^3 \geqslant 9(k-1)^2$$

或者写为

$$(p-3)[3(k-1)^2 - p^2 - 3p] \geqslant 0$$

因此,只需证明

$$3(k-1)^2 - p^2 - 3p \geqslant 0$$

因为 $p \leqslant \frac{3(k-1)^2}{k^2-2k}$ 和 $k \geqslant 2+\sqrt{3}$,我们有

$$3(k-1)^2 - p^2 - 3p \geqslant 3(k-1)^2 - \frac{9(k-1)^4}{k^2(k-2)^2} - \frac{9(k-1)^2}{k(k-2)}$$

53

$$= \frac{3(k-1)^2(k^2-3)(k^2-4k+1)}{k^2(k-2)^2}$$

$$\geqslant 0$$

等号适用于 $a = b = c = 1$. 在 $k = 2+\sqrt{3}$ 的情况下, 这个等号也适用于 $a = 0$ 和 $b = c = \sqrt{3}$ (或任何循环排列).

问题 1.40 设 a, b, c 是非负实数且满足 $a^2 + b^2 + c^2 = 3$. 求证

$$\frac{a(b+c)}{1+bc} + \frac{b(c+a)}{1+ca} + \frac{c(a+b)}{1+ab} \leqslant 3$$

(Vasile Cîrtoaje, 2010)

证明 将等式写成齐次形式

$$\sum \frac{a(b+c)}{a^2+b^2+c^2+3bc} \leqslant 1$$

或

$$\sum \left[\frac{a(b+c)}{a^2+b^2+c^2+3bc} - \frac{a}{a+b+c} \right] \leqslant 0$$

$$\sum \frac{a(a-b)(a-c)}{a^2+b^2+c^2+3bc} \geqslant 0$$

不失一般性, 设 $a \geqslant b \geqslant c$, 那么, 只需证

$$\frac{a(a-b)(a-c)}{a^2+b^2+c^2+3bc} + \frac{b(b-c)(b-a)}{a^2+b^2+c^2+3ca} \geqslant 0$$

这是成立的, 如果

$$\frac{a(a-c)}{a^2+b^2+c^2+3bc} \geqslant \frac{b(b-c)}{a^2+b^2+c^2+3ca}$$

因为

$$a(a-c) \geqslant b(b-c)$$

和

$$\frac{1}{a^2+b^2+c^2+3bc} \geqslant \frac{1}{a^2+b^2+c^2+3ca}$$

故结论成立. 等号适用于 $a = b = c = 1$, 也适用于 $a = b = \sqrt{\dfrac{3}{2}}$ 和 $c = 0$ (或其任意循环排列).

问题 1.41 设 a, b, c 是正实数且满足 $a^2 + b^2 + c^2 = 3$. 求证

$$\frac{a^2+b^2}{a+b} + \frac{b^2+c^2}{b+c} + \frac{c^2+a^2}{c+a} \geqslant 3$$

(Cezar Lupu, 2005)

证明 1 我们将应用 SOS 方法. 将不等式写成齐次形式

$$\sum \left(\frac{b^2+c^2}{b+c} - \frac{b+c}{2} \right) \geqslant \sqrt{3(a^2+b^2+c^2)} - a - b - c$$

或

$$\sum \frac{(b-c)^2}{2(b+c)} \geqslant \frac{\sum (b-c)^2}{\sqrt{3(a^2+b^2+c^2)}+a+b+c}$$

因为

$$\sqrt{3(a^2+b^2+c^2)}+a+b+c \geqslant 2(a+b+c) > 2(b+c)$$

故结论成立. 等式适用于 $a=b=c=1$.

证明 2 根据柯西－施瓦兹不等式,我们得到

$$\sum \frac{a^2+b^2}{a+b} \geqslant \frac{\left(\sum \sqrt{a^2+b^2}\right)^2}{\sum (a+b)}$$

$$= \frac{2\sum a^2 + 2\sum \sqrt{(a^2+b^2)(a^2+c^2)}}{2\sum a}$$

$$\geqslant \frac{2\sum a^2 + 2\sum (a^2+bc)}{2\sum a}$$

$$= \frac{3\sum a^2 + \left(\sum a\right)^2}{2\sum a}$$

$$= \frac{9 + \left(\sum a\right)^2}{2\sum a}$$

$$= 3 + \frac{\left(\sum a - 3\right)^2}{2\sum a}$$

$$\geqslant 3$$

问题 1.42 设 a,b,c 是正实数且满足 $a^2+b^2+c^2=3$. 求证

$$\frac{ab}{a+b} + \frac{bc}{b+c} + \frac{ca}{c+a} + 2 \leqslant \frac{7}{6}(a+b+c)$$

(Vasile Cîrtoaje,2011)

证明 我们将采用 SOS 方法. 把不等式写成

$$3\sum \left(b+c-\frac{4bc}{b+c}\right) \geqslant 8(3-a-b-c)$$

因为

$$b+c-\frac{4bc}{b+c} = \frac{(b-c)^2}{b+c}$$

$$3-a-b-c = \frac{9-(a+b+c)^2}{3+a+b+c} = \frac{3(a^2+b^2+c^2)-(a+b+c)^2}{3+a+b+c}$$

$$= \frac{1}{3+a+b+c}\sum (b-c)^2$$

我们可将不等式写成
$$S_a(b-c)^2 + S_b(c-a)^2 + S_c(a-b)^2 \geqslant 0$$
其中
$$S_a = \frac{3}{b+c} - \frac{8}{3+a+b+c}$$
不失一般性,假设 $a \geqslant b \geqslant c$. 这意味着 $S_a \geqslant S_b \geqslant S_c$. 如果
$$S_b + S_c \geqslant 0$$
那么
$$S_a \geqslant S_b \geqslant 0$$
因此
$$S_a(b-c)^2 + S_b(c-a)^2 + S_c(a-b)^2 \geqslant S_b(c-a)^2 + S_c(a-b)^2$$
$$\geqslant (S_b + S_c)(a-b)^2 \geqslant 0$$
根据柯西－施瓦兹不等式我们有
$$S_b + S_c = 3\left(\frac{1}{a+c} + \frac{1}{a+b}\right) - \frac{16}{3+a+b+c}$$
$$\geqslant \frac{12}{(a+c)+(a+b)} - \frac{16}{3+a+b+c}$$
$$= \frac{4(9-5a-b-c)}{(2a+b+c)(3+a+b+c)}$$
因此,我们仅需证明
$$9 \geqslant 5a+b+c$$
这可由柯西－施瓦兹不等式立刻得到
$$(25+1+1)(a^2+b^2+c^2) \geqslant (5a+b+c)^2$$
这样,证明就完成了. 等号适用于 $a=b=c=1$, 也适用于 $a=\frac{5}{3}, b=c=\frac{1}{3}$(或任何循环排列).

问题 1.43 设 a,b,c 是正实数且满足 $a^2+b^2+c^2=3$. 求证:

(1) $\dfrac{1}{3-ab} + \dfrac{1}{3-bc} + \dfrac{1}{3-ca} \leqslant \dfrac{3}{2}$;

(2) $\dfrac{1}{5-2ab} + \dfrac{1}{5-2bc} + \dfrac{1}{5-2ca} \leqslant 1$;

(3) $\dfrac{1}{\sqrt{6}-ab} + \dfrac{1}{\sqrt{6}-bc} + \dfrac{1}{\sqrt{6}-ca} \leqslant \dfrac{3}{\sqrt{6}-1}$.

(Vasile Cîrtoaje, 2005)

证明 (1) 因为
$$\frac{3}{3-ab} = 1 + \frac{ab}{3-ab} = 1 + \frac{2ab}{a^2+b^2+2c^2+(a-b)^2}$$

$$\leqslant 1 + \frac{2ab}{a^2 + b^2 + 2c^2} \leqslant 1 + \frac{(a+b)^2}{2(a^2+b^2+2c^2)}$$

于是,只需证明

$$\sum \frac{(a+b)^2}{a^2+b^2+2c^2} \leqslant 3$$

根据柯西－施瓦兹不等式,我们有

$$\frac{(a+b)^2}{a^2+b^2+2c^2} = \frac{(a+b)^2}{(a^2+c^2)+(b^2+c^2)}$$

$$\leqslant \frac{a^2}{a^2+c^2} + \frac{b^2}{b^2+c^2}$$

因此

$$\sum \frac{(a+b)^2}{a^2+b^2+2c^2} \leqslant \sum \frac{a^2}{a^2+c^2} + \sum \frac{b^2}{b^2+c^2}$$

$$= \sum \frac{a^2}{a^2+c^2} + \sum \frac{c^2}{c^2+a^2}$$

$$= 3$$

等号适用于 $a=b=c=1$.

（2）将不等式写成齐次式

$$\sum \frac{a^2+b^2+c^2}{5(a^2+b^2+c^2)-6bc} \leqslant 1$$

因为

$$\frac{2(a^2+b^2+c^2)}{5(a^2+b^2+c^2)-6abc} = 1 - \frac{3a^2+3(b-c)^2}{5(a^2+b^2+c^2)-6bc}$$

这不等式等价于

$$\sum \frac{a^2+(b-c)^2}{5(a^2+b^2+c^2)-6bc} \geqslant \frac{1}{3}$$

假设

$$a \geqslant b \geqslant c$$

根据柯西－施瓦兹不等式,我们有

$$\sum \frac{a^2}{5(a^2+b^2+c^2)-6bc} \geqslant \frac{\left(\sum a\right)^2}{\sum[5(a^2+b^2+c^2)-6bc]}$$

$$= \frac{\sum a^2 + 2\sum ab}{15\sum a^2 - 6\sum bc}$$

$$\sum \frac{(b-c)^2}{5(a^2+b^2+c^2)-6bc} \geqslant \frac{[(b-c)+(a-c)+(a-b)]^2}{\sum[5(a^2+b^2+c^2)-6bc]}$$

$$= \frac{4(a-c)^2}{15\sum a^2 - 6\sum ab}$$

57

因此,只需证明

$$\frac{\sum a^2 + 2\sum ab + 4(a-c)^2}{15\sum a^2 - 6\sum ab} \geqslant \frac{1}{3}$$

这等价于

$$\sum ab + (a-c)^2 \geqslant \sum a^2$$
$$(a-b)(b-c) > 0$$

(3) 根据问题 1.32,下面不等式成立

$$\frac{1}{6-a^2 b^2} + \frac{1}{6-b^2 c^2} + \frac{1}{6-c^2 a^2} \leqslant \frac{3}{5}$$

因为

$$\frac{2\sqrt{6}}{6-a^2 b^2} = \frac{1}{\sqrt{6}-ab} + \frac{1}{\sqrt{6}+ab}$$

这个不等式就变成

$$\sum \frac{1}{\sqrt{6}-ab} + \sum \frac{1}{\sqrt{6}+ab} \leqslant \frac{6\sqrt{6}}{5}$$

因此,只需证明

$$\sum \frac{1}{\sqrt{6}+ab} \geqslant \frac{3}{\sqrt{6}+1}$$

因为 $ab + bc + ca \leqslant a^2 + b^2 + c^2 = 3$,由柯西 — 施瓦兹不等式,我们有

$$\sum \frac{1}{\sqrt{6}+ab} \geqslant \frac{9}{\sum(\sqrt{6}+ab)}$$
$$= \frac{9}{3\sqrt{6}+ab+bc+ca}$$
$$\geqslant \frac{3}{\sqrt{6}+1}$$

等号适用于 $a=b=c=1$.

问题 1.44 设 a,b,c 是正实数且满足 $a^2 + b^2 + c^2 = 3$. 求证

$$\frac{1}{1+a^5} + \frac{1}{1+b^5} + \frac{1}{1+c^5} \geqslant \frac{3}{2}$$

(Vasile Cîrtoaje,2007)

证明 设 $a = \min\{a,b,c\}$,分两种情况讨论.

情形 1 $a \geqslant \frac{1}{2}$. 期望不等式是对不等式求和得到的

$$\frac{8}{1+a^5} \geqslant 9-5a^2, \quad \frac{8}{1+b^5} \geqslant 9-5b^2, \quad \frac{8}{1+c^5} \geqslant 9-5c^2$$

为了得到这些不等式, 我们考虑不等式

$$\frac{8}{1+x^5} \geqslant p + qx^2$$

实系数 p, q 将由多项式

$$P(x) = 8 - (1+x^5)(p+qx^2)$$

确定, 其中 $(x-1)^2$ 是多项式的因式. 很容易发现 $P(1)=0$ 且包含 $p+q=4$, 因此

$$P(x) = 4(2-x^2-x^7) - p(1-x^2+x^5-x^7) = (1-x)Q(x)$$

其中

$$Q(x) = 4(2+2x+x^2+x^3+x^4+x^5+x^6) - p(1+x+x^5+x^6)$$

由 $Q(1)=0$ 得 $p=9$, 因此

$$P(x) = (1-x)^2(5x^5+10x^4+6x^3+2x^2-2x-1)$$
$$= (1-x)^2\left[x^5 + (2x-1)(2x^4+6x^3+6x^2+4x+1)\right]$$

其中, 当 $x \geqslant \dfrac{1}{2}$ 时, $P(x) \geqslant 0$.

情形 2 $a \leqslant \dfrac{1}{2}$. 不等式写为

$$\frac{1}{1+a^5} - \frac{1}{2} \geqslant \frac{b^5c^5-1}{(1+b^5)(1+c^5)}$$

因为

$$\frac{1}{1+a^5} - \frac{1}{2} \geqslant \frac{32}{33} - \frac{1}{2}$$
$$= \frac{31}{66}$$

和

$$(1+b^5)(1+c^5) \geqslant \left(1+\sqrt{b^5c^5}\right)^2$$

于是只需证

$$31\left(1+\sqrt{b^5c^5}\right)^2 \geqslant 66(b^5c^5-1)$$

对于非平凡情况 $bc > 1$, 这个不等式等价于

$$31(1+\sqrt{b^5c^5}) \geqslant 66(b^5c^5-1)$$
$$bc \leqslant \left(\frac{97}{35}\right)^{\frac{2}{5}}$$

事实上, 从

$$3 = a^2+b^2+c^2 > b^2+c^2 \geqslant 2bc$$

我们得到

$$bc < \frac{3}{2} < \left(\frac{97}{35}\right)^{\frac{2}{5}}$$

59

这就完成了证明. 等号适用于 $a = b = c = 1$.

问题 1.45 设 a, b, c 是正实数且满足 $abc = 1$. 求证

$$\frac{1}{a^2 + a + 1} + \frac{1}{b^2 + b + 1} + \frac{1}{c^2 + c + 1} \geqslant 1$$

证明 1 作代换

$$a = \frac{yz}{x^2}, b = \frac{zx}{y^2}, c = \frac{xy}{z^2}$$

其中 x, y, z 为正数, 不等式变成

$$\sum \frac{x^4}{x^4 + x^2 yz + y^2 z^2} \geqslant 1$$

根据柯西 - 施瓦兹不等式, 我们有

$$\sum \frac{x^4}{x^4 + x^2 yz + y^2 z^2} \geqslant \frac{\left(\sum x^2\right)^2}{\sum (x^4 + x^2 yz + y^2 z^2)}$$

$$= \frac{\sum x^4 + 2 \sum y^2 z^2}{\sum x^4 + xyz \sum x + \sum y^2 z^2}$$

因此, 只需证明

$$\sum y^2 z^2 \geqslant xyz \sum x$$

这等价于 $\sum x^2 (y - z)^2 \geqslant 0$. 等号适用于 $a = b = c = 1$.

证明 2 作代换 $a = \dfrac{y}{x}, b = \dfrac{z}{y}, c = \dfrac{x}{z}$, 其中 $x, y, z > 0$. 我们需要证明

$$\frac{x^2}{x^2 + xy + y^2} + \frac{y^2}{y^2 + yz + z^2} + \frac{z^2}{z^2 + zx + x^2} \geqslant 1$$

因为

$$\frac{x^2 (x^2 + y^2 + z^2 + xy + yz + zx)}{x^2 + xy + y^2} = x^2 + \frac{x^2 z(x + y + z)}{x^2 + xy + y^2}$$

乘以 $x^2 + y^2 + z^2 + xy + yz + zx$, 不等式变成

$$\sum \frac{x^2 z}{x^2 + xy + y^2} \geqslant \frac{xy + yz + zx}{x + y + z}$$

根据柯西 - 施瓦兹不等式, 我们有

$$\sum \frac{x^2 z}{x^2 + xy + y^2} \geqslant \frac{\left(\sum xz\right)^2}{\sum z(x^2 + xy + y^2)}$$

$$= \frac{xy + yz + zx}{x + y + z}$$

备注 问题 1.45 中的不等式是以下更普遍的不等式的一个特例 (Vasile Cîrtoaje, 2009).

60

设 $a_1, a_2, \cdots, a_n (n \geqslant 3)$ 是正实数且满足 $a_1 a_2 \cdots a_n = 1$. 如果 $p, q \geqslant 0$ 且 $p + q = n - 1$, 那么

$$\sum_{i=1}^{n} \frac{1}{1 + p a_i + q a_i^2} \geqslant 1$$

问题 1.46 设 a, b, c 是正实数且满足 $abc = 1$. 求证

$$\frac{1}{a^2 - a + 1} + \frac{1}{b^2 - b + 1} + \frac{1}{c^2 - c + 1} \leqslant 3$$

证明 1 因为

$$\frac{1}{a^2 - a + 1} + \frac{1}{a^2 + a + 1} = \frac{2(a^2 + 1)}{a^4 + a^2 + 1} = 2 - \frac{2a^4}{a^4 + a^2 + 1}$$

我们将不等式写成

$$2 \sum \frac{a^4}{a^4 + a^2 + 1} + \sum \frac{1}{a^2 + a + 1} \geqslant 3$$

因此, 只需证明

$$\sum \frac{1}{a^2 + a + 1} \geqslant 1$$

和

$$\sum \frac{a^4}{a^4 + a^2 + 1} \geqslant 1$$

第一个不等式恰好是问题 1.45 中的不等式. 第二个则是在第一个的基础上, 把 a, b, c 分别用 a^{-2}, b^{-2}, c^{-2} 代替. 等号适用于 $a = b = c = 1$.

证明 2 不等式可写成

$$\sum \left(\frac{4}{3} - \frac{1}{a^2 - a + 1} \right) \geqslant 1$$

$$\sum \frac{(2a - 1)^2}{a^2 - a + 1} \geqslant 3$$

设 $p = a + b + c, q = ab + bc + ca$. 根据柯西－施瓦兹不等式, 我们有

$$\sum \frac{(2a - 1)^2}{a^2 - a + 1} \geqslant \frac{\left(2 \sum a - 3 \right)^2}{\sum (a^2 - a + 1)}$$

$$= \frac{(2p - 3)^2}{p^2 - 2q - p + 3}$$

因此, 只需证

$$(2p - 3)^2 \geqslant 3(p^2 - 2q - p + 3)$$

这等价于

$$p^2 + 6q - 9p \geqslant 0$$

由熟知不等式

$$(ab + bc + ca)^2 \geqslant 3abc(a + b + c)$$

我们得到 $q^2 \geqslant 3p$. 利用这个不等式和 AM$-$GM 不等式, 我们得到

$$p^2 + 6q = p^2 + 3q + 3q \geqslant 3\sqrt[3]{9p^2 q^2} \geqslant 3\sqrt[3]{9p^2 (3p)} = 9p$$

问题 1.47　设 a,b,c 是正实数且满足 $abc = 1$. 求证

$$\frac{3+a}{(1+a)^2} + \frac{3+b}{(1+b)^2} + \frac{3+c}{(1+c)^2} \geqslant 3$$

证明　利用问题 1.1, 我们有

$$\sum \frac{3+a}{(1+a)^2} = \sum \frac{2}{(1+a)^2} + \sum \frac{1}{1+a}$$

$$= \left(\sum \frac{1}{(1+a)^2} + \sum \frac{1}{(1+b)^2} \right) + \sum \frac{1}{1+c}$$

$$\geqslant \sum \frac{1}{1+ab} + \sum \frac{ab}{1+ab}$$

$$= 3$$

等号适用于 $a = b = c = 1$.

问题 1.48　设 a,b,c 是正实数且满足 $abc = 1$. 求证

$$\frac{7-6a}{2+a^2} + \frac{7-6b}{2+b^2} + \frac{7-6c}{2+c^2} \geqslant 1$$

(Vasile Cîrtoaje, 2008)

证明　将不等式写为

$$\left(\frac{7-6a}{2+a^2} + 1 \right) + \left(\frac{7-6b}{2+b^2} + 1 \right) + \left(\frac{7-6c}{2+c^2} + 1 \right) \geqslant 4$$

$$\frac{(3-a)^2}{2+a^2} + \frac{(3-b)^2}{2+b^2} + \frac{(3-c)^2}{2+c^2} \geqslant 4$$

分别用 $\frac{1}{a}, \frac{1}{b}, \frac{1}{c}$ 替换 a,b,c, 于是只需证 $abc = 1$ 包含

$$\frac{(3a-1)^2}{2a^2+1} + \frac{(3b-1)^2}{2b^2+1} + \frac{(3c-1)^2}{2c^2+1} \geqslant 4$$

根据柯西$-$施瓦兹不等式, 我们有

$$\sum \frac{(3a-1)^2}{2a^2+1} \geqslant \frac{\left(3\sum a - 3\right)^2}{\sum(2a^2+1)} = \frac{9\sum a^2 + 18\sum ab - 18\sum a + 9}{2\sum a^2 + 3}$$

因此只需证

$$9\sum a^2 + 18\sum ab - 18\sum a + 9 \geqslant 4\left(2\sum a^2 + 3\right)$$

这等价于

$$f(a) + f(b) + f(c) \geqslant 3$$

其中

$$f(x) = x^2 + 18\left(\frac{1}{x} - x\right)$$

我们使用整合变量的方法.不妨设

$$a = \max\{a,b,c\}, a \geqslant 1, bc \leqslant 1$$

因为

$$f(b) + f(c) - 2f(\sqrt{bc}) = (b-c)^2 + 18 (\sqrt{b} - \sqrt{c})^2 \left(\frac{1}{bc} - 1\right) \geqslant 0$$

于是只需证明

$$f(a) + 2f(\sqrt{bc}) \geqslant 3$$

这等价于

$$f(x^2) + 2f\left(\frac{1}{x}\right) \geqslant 3, \ x = \sqrt{a}$$

$$x^6 - 18x^4 + 36x^3 - 3x^2 - 36x + 20 \geqslant 0$$

$$(x-1)^2 (x-2)^2 (x+1)(x+5) \geqslant 0$$

等式适用于 $a=b=c=1$,也适用于 $a=\frac{1}{4}$ 和 $b=c=2$(或其任意循环排列).

问题 1.49　设 a,b,c 是正实数且满足 $abc = 1$.求证

$$\frac{a^6}{1+2a^5} + \frac{b^6}{1+2b^5} + \frac{c^6}{1+2c^5} \geqslant 1$$

(Vasile Cîrtoaje,2008)

证明　利用代换

$$a = \sqrt{\frac{x^2}{yz}}, b = \sqrt{\frac{y^2}{zx}}, c = \sqrt{\frac{z^2}{xy}}$$

不等式变成

$$\sum \frac{x^4}{y^2 z^2 + 2x^3 \sqrt[3]{xyz}} \geqslant 1$$

根据柯西－施瓦兹不等式,我们有

$$\sum \frac{x^4}{y^2 z^2 + 2x^3 \sqrt[3]{xyz}} \geqslant \frac{\left(\sum x^2\right)^2}{\sum (y^2 z^2 + 2x^3 \sqrt[3]{xyz})} = \frac{\left(\sum x^2\right)^2}{\sum x^2 y^2 + 2\sqrt[3]{xyz} \sum x^3}$$

因此,我们仅需证明

$$\left(\sum x^2\right)^2 \geqslant \sum x^2 y^2 + 2\sqrt[3]{xyz} \sum x^3$$

因为根据 AM－GM 不等式

$$x + y + z \geqslant 3\sqrt[3]{xyz}$$

我们只需证

$$3\left(\sum x^2\right)^2 \geqslant 3\sum x^2 y^2 + 2\left(\sum x\right)\left(\sum x^3\right)$$

也就是

$$\sum x^4 + 3\sum x^2 y^2 \geqslant 2\sum xy(x^2 + y^2)$$

$$\sum (x-y)^4 \geqslant 0$$

等号适用于 $a=b=c=1$.

问题 1.50 设 a,b,c 是正实数且满足 $abc=1$. 求证

$$\frac{a}{a^2+5}+\frac{b}{b^2+5}+\frac{c}{c^2+5} \leqslant \frac{1}{2}$$

（Vasile Cîrtoaje,2008）

证明 设

$$F(a,b,c)=\frac{a}{a^2+5}+\frac{b}{b^2+5}+\frac{c}{c^2+5}$$

不失一般性,设 $a=\min\{a,b,c\}$.

情形 1 $a \leqslant \frac{1}{5}$. 我们有

$$F(a,b,c) < \frac{a}{5}+\frac{b}{2\sqrt{5b^2}}+\frac{c}{2\sqrt{5c^2}}$$

$$\leqslant \frac{1}{25}+\frac{1}{\sqrt{5}} < \frac{1}{2}$$

情形 2 $a > \frac{1}{5}$. 我们将证明

$$F(a,b,c) \leqslant F(a,x,x) \leqslant \frac{1}{2}$$

其中

$$x=\sqrt{bc},\ a=\frac{1}{x^2},\ x<\sqrt{5}$$

左边不等式 $F(a,b,c) \leqslant F(a,x,x)$ 等价于

$$(\sqrt{b}-\sqrt{c})^2 [10x(b+c)+10x^2-25-x^4] \geqslant 0$$

这是成立的,因为

$$10x(b+c)+10x^2-25-x^4 \geqslant 20x^2+10x^2-25x^2-x^4=x^2(5-x^2)>0$$

右边不等式 $F(a,x,x) \leqslant \frac{1}{2}$ 也是成立的,它等价于

$$(x-1)^2(5x^4-10x^3-2x^2+6x+5) \geqslant 0$$

这也是成立的,因为

$$5x^4-10x^3-2x^2+6x+5=5(x-1)^4+2x(5x^2-16x+13)$$

和

$$5x^2+13 \geqslant 2\sqrt{65}x > 16x$$

等号适用于 $a=b=c=1$.

问题 1.51 设 a,b,c 是正实数且满足 $abc=1$. 求证

64

$$\frac{1}{(1+a)^2} + \frac{1}{(1+b)^2} + \frac{1}{(1+c)^2} + \frac{2}{(1+a)(1+b)(1+c)} \geqslant 1$$

(Pham Van Thuan, 2006)

证明 1 a,b,c 中有两个大于或等于 1，或小于或等于 1. 设 b 和 c 满足这一条件；即 $(1-b)(1-c) \geqslant 0$. 因为

$$\frac{1}{(1+b)^2} + \frac{1}{(1+c)^2} \geqslant \frac{1}{1+bc}$$

(参见问题 1.1)，于是只需证

$$\frac{1}{(1+a)^2} + \frac{1}{1+bc} + \frac{2}{(1+a)(1+b)(1+c)} \geqslant 1$$

这个不等式等价于

$$\frac{b^2 c^2}{(1+bc)^2} + \frac{1}{1+bc} + \frac{2bc}{(1+bc)(1+b)(1+c)} \geqslant 1$$

可以写成明显的形式

$$\frac{bc(1-b)(1-c)}{(1+bc)(1+b)(1+c)} \geqslant 0$$

等号适用于 $a=b=c=1$.

证明 2 设

$$a = \frac{yz}{x^2}, b = \frac{zx}{y^2}, c = \frac{xy}{z^2}$$

其中 $x,y,z > 0$. 不等式变成

$$\sum \frac{x^4}{(x^2+yz)^2} + \frac{2x^2 y^2 z^2}{(x^2+yz)(y^2+zx)(z^2+xy)} \geqslant 1$$

根据柯西不等式，我们有

$$\sum \frac{x^4}{(x^2+yz)^2} \geqslant \sum \frac{x^4}{(x^2+y^2)(x^2+z^2)}$$

$$= 1 - \frac{2x^2 y^2 z^2}{(x^2+y^2)(y^2+z^2)(x^2+z^2)}$$

于是只需证

$$(x^2+y^2)(y^2+z^2)(x^2+z^2) \geqslant (x^2+yz)(y^2+zx)(z^2+xy)$$

这个不等式是由下列不等式相乘得到的

$$(x^2+y^2)(x^2+z^2) \geqslant (x^2+yz)^2$$
$$(y^2+z^2)(x^2+z^2) \geqslant (z^2+xy)^2$$
$$(y^2+z^2)(y^2+x^2) \geqslant (y^2+zx)^2$$

证明 3 我们作代换

$$\frac{1}{1+a} = \frac{1+x}{2}, \frac{1}{1+b} = \frac{1+y}{2}, \frac{1}{1+c} = \frac{1+z}{2}$$

也就是

65

$$a = \frac{1-x}{1+x}, b = \frac{1-y}{1+y}, c = \frac{1-z}{1+z}$$

其中

$$-1 < x, y, z < 1, x + y + z + xyz = 0$$

期望不等式变成

$$(1+x)^2 + (1+y)^2 + (1+z^2) + (1+x)(1+y)(1+z) \geqslant 4$$
$$x^2 + y^2 + z^2 + (x+y+z)^2 + 4(x+y+z) \geqslant 0$$

借助于 AM$-$GM 不等式,我们有

$$x^2 + y^2 + z^2 + (x+y+z)^2 + 4(x+y+z)$$
$$= x^2 + y^2 + z^2 + x^2 y^2 z^2 - 4xyz$$
$$\geqslant 4\sqrt[4]{x^4 y^4 z^4} - 4xyz$$
$$= 4 \mid xyz \mid - 4xyz$$
$$\geqslant 0$$

问题 1.52 设 a, b, c 是非负实数且满足

$$\frac{1}{a+b} + \frac{1}{b+c} + \frac{1}{c+a} = \frac{3}{2}$$

求证

$$\frac{3}{a+b+c} \geqslant \frac{2}{ab+bc+ca} + \frac{1}{a^2+b^2+c^2}$$

证明 将不等式写成齐次形式

$$\frac{2}{a+b+c}\left(\frac{1}{a+b} + \frac{1}{b+c} + \frac{1}{c+a}\right) \geqslant \frac{2}{ab+bc+ca} + \frac{1}{a^2+b^2+c^2}$$

由于齐次性,我们可以假设

$$a+b+c = 1, 0 \leqslant a, b, c < 1$$

记 $q = ab + bc + ca$. 由熟知不等式 $(a+b+c)^2 \geqslant 3(ab+bc+ca)$,我们得到

$$1 - 3q \geqslant 0$$

期望不等式改写成

$$2\left(\frac{1}{1-a} + \frac{1}{1-b} + \frac{1}{1-c}\right) \geqslant \frac{2}{q} + \frac{1}{1-2q}$$

$$\frac{2(q+1)}{q-abc} \geqslant \frac{2-3q}{q(1-2q)}$$

$$q^2(1-4q) + (2-3q)abc \geqslant 0$$

根据舒尔不等式,我们有

$$(a+b+c)^3 + 9abc \geqslant 4(a+b+c)(ab+bc+ca)$$

$$1 - 4q \geqslant -9abc$$

那么

$$q^2(1-4q)+(2-3q)abc \geqslant q^2(-9abc)+(2-3q)abc$$
$$=(1-3q)(2+3q)abc$$
$$\geqslant 0$$

等号适用于 $a=b=c=1$. 也适用于 $a=0$ 和 $b=c=\dfrac{5}{3}$（或其任意循环排列）.

问题 1.53 设 a,b,c 是非负实数且满足
$$7(a^2+b^2+c^2)=11(ab+bc+ca)$$
求证
$$\frac{51}{28} \leqslant \frac{a}{b+c}+\frac{b}{c+a}+\frac{c}{a+b} \leqslant 2$$

证明 由于齐次性，可以假定 $b+c=2$，记
$$x=bc, 0 \leqslant x \leqslant 1$$
根据假设 $7(a^2+b^2+c^2)=11(ab+bc+ca)$，我们得到
$$x=\frac{7a^2-22a+28}{25}$$
由 $0 \leqslant x \leqslant 1$ 得到
$$\frac{1}{7} \leqslant a \leqslant 3$$
因为
$$\frac{a}{b+c}+\frac{b}{c+a}+\frac{c}{a+b}=\frac{a}{b+c}+\frac{a(b+c)+(b+c)^2-2bc}{a^2+a(b+c)+bc}$$
$$=\frac{a}{2}+\frac{2a+4-2x}{a^2+2a+x}=\frac{4a^3+27a+11}{8a^2+7a+7}$$
待证的不等式变成
$$\frac{51}{28} \leqslant \frac{4a^3+27a+11}{8a^2+7a+7} \leqslant 2$$
我们有
$$\frac{4a^3+27a+11}{8a^2+7a+7}-\frac{51}{28}=\frac{(7a-1)(4a-7)^2}{28(8a^2+7a+7)} \geqslant 0$$
$$2-\frac{4a^3+27a+11}{8a^2+7a+7}=\frac{(3-a)(2a-1)^2}{8a^2+7a+7} \geqslant 0$$
这就完成了证明. 左边的不等式当 $7a=b=c$（或任何循环排列）时变成了等式，而右边的不等式当 $\dfrac{a}{3}=b=c$（或任何循环排列）时变成了等式.

问题 1.54 设 a,b,c 是非负实数，不存在两个同时为零. 求证
$$\frac{1}{a^2+b^2}+\frac{1}{b^2+c^2}+\frac{1}{c^2+a^2} \geqslant \frac{10}{(a+b+c)^2}$$

证明 不妨设 $a=\min\{a,b,c\}$，并记

$$x = b + \frac{a}{2}, y = c + \frac{a}{2}$$

因为
$$a^2 + b^2 \leqslant x^2, b^2 + c^2 \leqslant x^2 + y^2, c^2 + a^2 \leqslant y^2$$
$$(a + b + c)^2 = (x + y)^2 \geqslant 4xy$$

于是只需证
$$\frac{1}{x^2} + \frac{1}{x^2 + y^2} + \frac{1}{y^2} \geqslant \frac{5}{2xy}$$

我们有
$$\frac{1}{x^2} + \frac{1}{x^2 + y^2} + \frac{1}{y^2} - \frac{5}{2xy} = \left(\frac{1}{x^2} + \frac{1}{y^2} - \frac{2}{xy} \right) + \left(\frac{1}{x^2 + y^2} - \frac{1}{2xy} \right)$$
$$= \frac{(x - y)^2}{x^2 y^2} - \frac{(x - y)^2}{2xy(x^2 + y^2)}$$
$$= \frac{(x - y)^2 (2x^2 - xy + 2y^2)}{2x^2 y^2 (x^2 + y^2)}$$
$$\geqslant 0$$

等号适用于 $a = 0$ 和 $b = c$(或其任意循环排列).

问题 1.55 设 a, b, c 是非负实数,不存在两个同时为零.求证
$$\frac{1}{a^2 - ab + b^2} + \frac{1}{b^2 - bc + c^2} + \frac{1}{c^2 - ca + a^2} \geqslant \frac{3}{\max\{ab, bc, ca\}}$$

证明 假设
$$a = \min\{a, b, c\}, bc = \max\{ab, bc, ca\}$$

因为
$$\frac{1}{a^2 - ab + b^2} + \frac{1}{b^2 - bc + c^2} + \frac{1}{c^2 - ca + a^2} \geqslant \frac{1}{b^2} + \frac{1}{b^2 - bc + c^2} + \frac{1}{c^2}$$

于是只需证
$$\frac{1}{b^2} + \frac{1}{b^2 - bc + c^2} + \frac{1}{c^2} \geqslant \frac{3}{bc}$$

我们有
$$\frac{1}{b^2} + \frac{1}{b^2 - bc + c^2} + \frac{1}{c^2} - \frac{3}{bc} = \frac{(b - c)^4}{b^2 c^2 (b^2 - bc + c^2)} \geqslant 0$$

等号适用于 $a = b = c$,也适用于 $a = 0$ 和 $b = c$(或其任意循环排列).

问题 1.56 设 a, b, c 是非负实数,不存在两个同时为零.求证
$$\frac{a(2a + b + c)}{b^2 + c^2} + \frac{b(2b + c + a)}{c^2 + a^2} + \frac{c(2c + a + b)}{a^2 + b^2} \geqslant 6$$

证明 根据柯西—施瓦兹不等式,我们有
$$\sum \frac{a(2a + b + c)}{b^2 + c^2} \geqslant \frac{\left[\sum a(2a + b + c) \right]^2}{\sum a(2a + b + c)(b^2 + c^2)}$$

因此，我们只需证明

$$2\left(\sum a^2 + \sum ab\right)^2 \geqslant 3\sum a(2a+b+c)(b^2+c^2)$$

这等价于

$$2\sum a^4 + 2abc\sum a + \sum ab(a^2+b^2) \geqslant 6\sum a^2b^2$$

因为四次舒尔不等式

$$\sum a^4 + abc\sum a \geqslant \sum ab(a^2+b^2)$$

和

$$\sum ab(a^2+b^2) \geqslant 2\sum a^2b^2$$

上述不等式分别乘以2和3相加即得期望不等式. 当 $a=b=c$，和 $a=0$ 和 $b=c$（任何循环排列）时，不等式变成等式.

问题 1.57 设 a,b,c 是非负实数，不存在两个同时为零. 求证

$$\frac{a^2(b+c)^2}{b^2+c^2} + \frac{b^2(c+a)^2}{c^2+a^2} + \frac{c^2(a+b)^2}{a^2+b^2} \geqslant 2(ab+bc+ca)$$

证明 我们应用 SOS 方法. 由

$$\frac{a^2(b+c)^2}{b^2+c^2} = a^2 + \frac{2a^2bc}{b^2+c^2}$$

我们可以把不等式写成

$$2\left(\sum a^2 - \sum ab\right) - \sum a^2\left(1 - \frac{2bc}{b^2+c^2}\right) \geqslant 0$$

$$\sum (b-c)^2 - \sum \frac{a^2(b-c)^2}{b^2+c^2} \geqslant 0$$

$$\sum \left(1 - \frac{a^2}{b^2+c^2}\right)(b-c)^2 \geqslant 0$$

不失一般性，设 $a \geqslant b \geqslant c$，因为 $1 - \frac{c^2}{a^2+b^2} > 0$，因此只需证

$$\left(1 - \frac{a^2}{b^2+c^2}\right)(b-c)^2 + \left(1 - \frac{b^2}{c^2+a^2}\right)(a-c)^2 \geqslant 0$$

等价于

$$\frac{(c^2+a^2-b^2)(a-c)^2}{a^2+c^2} \geqslant \frac{(a^2-b^2-c^2)(b-c)^2}{b^2+c^2}$$

这个不等式是由两个不等式相乘得到的

$$c^2+a^2-b^2 \geqslant a^2-b^2-c^2$$

$$\frac{(a-c)^2}{a^2+c^2} \geqslant \frac{(b-c)^2}{b^2+c^2}$$

最后一个不等式是正确的，因为

$$\frac{(a-c)^2}{a^2+c^2} - \frac{(b-c)^2}{b^2+c^2} = \frac{2bc}{b^2+c^2} - \frac{2ac}{a^2+c^2} = \frac{2c(a-b)(ab-c^2)}{(b^2+c^2)(a^2+c^2)} \geqslant 0$$

等号适用于 $a=b=c$,也适用于 $a=b$ 和 $c=0$(或其任意循环排列).

问题 1.58 设 a,b,c 是实数且满足 $abc>0$,求证

$$3\sum\frac{a}{b^2-bc+c^2}+5\left(\frac{a}{bc}+\frac{b}{ca}+\frac{c}{ab}\right)\geqslant 8\left(\frac{1}{a}+\frac{1}{b}+\frac{1}{c}\right)$$

(Vasile Cîrtoaje,2011)

证明 为了应用 SOS 方法,我们将不等式乘以 abc,写成如下形式

$$8\left(\sum a^2-\sum ab\right)-3\sum a^2\left(1-\frac{bc}{b^2-bc+c^2}\right)\geqslant 0$$

$$4\sum(b-c)^2-3\sum\frac{a^2(b-c)^2}{b^2-bc+c^2}\geqslant 0$$

$$\sum\frac{(4b^2-4bc+4c^2-3a^2)(b-c)^2}{b^2-bc+c^2}\geqslant 0$$

不失一般性,设 $a\geqslant b\geqslant c$. 因为

$$4a^2-4ab+4b^2-3c^2=(2a-b)^2+3(b^2-c^2)\geqslant 0$$

于是只需证

$$\frac{(4c^2-4ca+4a^2-3b^2)(c-a)^2}{c^2-ca+a^2}\geqslant\frac{(3a^2-4b^2+4bc-4c^2)(b-c)^2}{b^2-bc+c^2}$$

注意到

$$4c^2-4ca+4a^2-3b^2=(a-2c)^2+3(a^2-b^2)\geqslant 0$$

因此,通过不等式相乘,就得到了想要的不等式

$$4c^2-4ca+4a^2-3b^2\geqslant 3a^2-4b^2+4bc-4c^2$$

$$\frac{(c-a)^2}{c^2-ca+a^2}\geqslant\frac{(b-c)^2}{b^2-bc+c^2}$$

第一个不等式等价于

$$(a-2c)^2+(b-2c)^2\geqslant 0$$

同样,我们有

$$\frac{(c-a)^2}{c^2-ca+a^2}-\frac{(b-c)^2}{b^2-bc+c^2}=\frac{bc}{b^2-bc+c^2}-\frac{ca}{c^2-ca+a^2}$$

$$=\frac{c(a-b)(ab-c^2)}{(b^2-bc+c^2)(c^2-ca+a^2)}$$

$$\geqslant 0$$

等号适用于 $a=b=c$,也适用于 $2a=b=c$(或其任意循环排列).

问题 1.59 设 a,b,c 是非负实数,不存在两个同时为零. 求证:

$(1)\,2abc\left(\dfrac{1}{a+b}+\dfrac{1}{b+c}+\dfrac{1}{c+a}\right)+a^2+b^2+c^2\geqslant 2(ab+bc+ca)$;

$(2)\,\dfrac{a^2}{a+b}+\dfrac{b^2}{b+c}+\dfrac{c^2}{c+a}\leqslant\dfrac{3(a^2+b^2+c^2)}{2(a+b+c)}$.

证明 **(1) 方法 1** 我们有

$$2abc \sum \frac{1}{b+c} + \sum a^2 = \sum \frac{a(2bc+ab+ac)}{b+c}$$

$$= \sum \frac{ab(c+a)}{b+c} + \sum \frac{ac(b+a)}{b+c}$$

$$= \sum \frac{ab(c+a)}{b+c} + \sum \frac{ba(b+c)}{c+a}$$

$$= \sum ab \left(\frac{c+a}{b+c} + \frac{b+c}{c+a} \right)$$

$$\geqslant 2 \sum ab$$

等号适用于 $a=b=c$,也适用于 $a=0$ 和 $b=c$(或其任意循环排列).

方法 2　将不等式写成

$$\sum \left(\frac{2abc}{b+c} + a^2 - ab - ac \right) \geqslant 0$$

我们有

$$\sum \left(\frac{2abc}{b+c} + a^2 - ab - ac \right) = \sum \frac{ab(a-b) + ac(a-c)}{b+c}$$

$$= \sum \frac{ab(a-b)}{b+c} + \sum \frac{ba(b-a)}{c+a}$$

$$= \sum \frac{ab (a-b)^2}{(b+c)(c+a)}$$

$$\geqslant 0$$

(2) 因为

$$\sum \frac{a^2}{a+b} = \sum \left(a - \frac{ab}{a+b} \right) = a+b+c - \sum \frac{ab}{a+b}$$

我们可以把期望不等式写成

$$\sum \frac{ab}{a+b} + \frac{3(a^2+b^2+c^2)}{2(a+b+c)} \geqslant a+b+c$$

乘以 $2(a+b+c)$,不等式可写为

$$2 \sum \left(1 + \frac{a}{b+c} \right) bc + 3(a^2+b^2+c^2) \geqslant 2 (a+b+c)^2$$

或

$$2abc \sum \frac{1}{b+c} + a^2 + b^2 + c^2 \geqslant 2(ab+bc+ca)$$

这就是(1)中的不等式.

问题 1.60　设 a,b,c 是非负实数,不存在两个同时为零. 求证:

(1) $\dfrac{a^2-bc}{b^2+c^2} + \dfrac{b^2-ca}{c^2+a^2} + \dfrac{c^2-ab}{a^2+b^2} + \dfrac{3(ab+bc+ca)}{a^2+b^2+c^2} \geqslant 3$;

(2) $\dfrac{a^2}{b^2+c^2} + \dfrac{b^2}{c^2+a^2} + \dfrac{c^2}{a^2+b^2} + \dfrac{ab+bc+ca}{a^2+b^2+c^2} \geqslant \dfrac{5}{2}$;

(3) $\dfrac{a^2+bc}{b^2+c^2}+\dfrac{b^2+ca}{c^2+a^2}+\dfrac{c^2+ab}{a^2+b^2} \geqslant \dfrac{ab+bc+ca}{a^2+b^2+c^2}+2.$

(Vasile Cîrtoaje,2014)

证明 (1)应用 SOS 方法.把不等式写成

$$\sum \left(\dfrac{2a^2}{b^2+c^2}-1\right)+\sum \left(1-\dfrac{2bc}{b^2+c^2}\right)-\dfrac{6(ab+bc+ca)}{a^2+b^2+c^2}-6 \geqslant 0$$

$$\sum \dfrac{2a^2-b^2-c^2}{b^2+c^2}+\sum \dfrac{(b-c)^2}{b^2+c^2}-3\sum \dfrac{(b-c)^2}{a^2+b^2+c^2} \geqslant 0$$

因为

$$\begin{aligned}
\sum \dfrac{2a^2-b^2-c^2}{b^2+c^2} &= \sum \dfrac{a^2-b^2}{b^2+c^2}+\sum \dfrac{a^2-c^2}{b^2+c^2}\\
&= \sum \dfrac{a^2-b^2}{b^2+c^2}+\sum \dfrac{b^2-a^2}{c^2+a^2}\\
&= \sum \dfrac{(a^2-b^2)^2}{(b^2+c^2)(c^2+a^2)}\\
&= \sum \dfrac{(b^2-c^2)^2}{(a^2+b^2)(c^2+a^2)}
\end{aligned}$$

可将不等式写成

$$\sum (b-c)^2 S_a \geqslant 0$$

其中

$$S_a = \dfrac{(b+c)^2}{(a^2+b^2)(c^2+a^2)}+\dfrac{1}{b^2+c^2}-\dfrac{3}{a^2+b^2+c^2}$$

对于所有非负实数 a,b,c 且不存在两个同时为 0,我们将证明 $S_a,S_b,S_c \geqslant 0$.记 $x^2=b^2+c^2$,我们有

$$S_a = \dfrac{x^2+2bc}{a^4+a^2x^2+b^2c^2}+\dfrac{1}{x^2}-\dfrac{3}{a^2+x^2}$$

不等式 $S_a \geqslant 0$ 变成

$$(a^2-2x^2)b^2c^2+2x^2(a^2+x^2)bc+(a^2+x^2)(a^2-x^2)^2 \geqslant 0$$

显然,这是成立的,如果

$$-2x^2b^2c^2+2x^4bc \geqslant 0$$

事实上

$$-2x^2b^2c^2+2x^4bc=2x^2bc(x^2-bc)=2bc(b^2+c^2)(b^2-bc+c^2) \geqslant 0$$

等号适用于 $a=b=c$,也适用于 $a=0$ 和 $b=c$(或其任意循环排列).

(2) **方法 1** 我们把在(1)中的不等式和如下不等式相加就得到了想要证明的不等式

$$\dfrac{bc}{b^2+c^2}+\dfrac{ca}{c^2+a^2}+\dfrac{ab}{a^2+b^2}+\dfrac{1}{2} \geqslant \dfrac{2(ab+bc+ca)}{a^2+b^2+c^2}$$

72

这个不等式等价于

$$\sum \left(\frac{2bc}{b^2+c^2}+1 \right) \geqslant \frac{4(ab+bc+ca)}{a^2+b^2+c^2}+2$$

$$\sum \frac{(b+c)^2}{b^2+c^2} \geqslant \frac{2(a+b+c)^2}{a^2+b^2+c^2}$$

根据柯西－施瓦兹不等式,我们有

$$\sum \frac{(b+c)^2}{b^2+c^2} \geqslant \frac{\left[\sum (b+c) \right]^2}{\sum (b^2+c^2)}$$

$$= \frac{2(a+b+c)^2}{a^2+b^2+c^2}$$

等号适用于 $a=b=c$,也适用于 $a=0$ 和 $b=c$(或其任意循环排列)

方法 2 设

$$p=a+b+c, q=ab+bc+ca, r=abc$$

根据柯西－施瓦兹不等式,我们有

$$\sum \frac{a^2}{b^2+c^2} \geqslant \frac{\left(\sum a^2 \right)^2}{\sum a^2(b^2+c^2)}$$

$$= \frac{(p^2-2q)^2}{2(q^2-2pr)}$$

因此,只需证

$$\frac{(p^2-2q)^2}{q^2-2pr}+\frac{2q}{p^2-2q} \geqslant 5 \qquad (*)$$

考虑两种情况: $p^2 \geqslant 4q$ 和 $3q \leqslant p^2 < 4q$.

情形 1 $p^2 \geqslant 4q$. 不等式 $(*)$ 成立,当

$$\frac{(p^2-2q)^2}{q^2}+\frac{2q}{p^2-2q} \geqslant 5$$

这等价于一个明显的不等式

$$(p^2-4q)\left[(p^2-q)^2-2q^2 \right] \geqslant 0$$

情形 2 $3q \leqslant p^2 < 4q$. 应用舒尔不等式

$$6pr \geqslant (p^2-q)(4q-p^2)$$

不等式 $(*)$ 是成立的,如果

$$\frac{3(p^2-2q)^2}{3q^2-(p^2-q)(4q-p^2)}+\frac{2q}{p^2-2q} \geqslant 5$$

这等价于一个明显的不等式

$$(p^2-3q)(p^2-4q)(2p^2-5q) \leqslant 0$$

方法 3(Nguyen Van Quy) 将不等式 $(*)$ 写成如下形式

$$\frac{(a^2+b^2+c^2)^2}{a^2b^2+b^2c^2+c^2a^2}+\frac{2(ab+bc+ca)}{a^2+b^2+c^2} \geqslant 5$$

$$\frac{(a^2+b^2+c^2)^2}{a^2b^2+b^2c^2+c^2a^2} - 3 \geqslant 2 - \frac{2(ab+bc+ca)}{a^2+b^2+c^2}$$

$$\frac{a^4+b^4+c^4-\sum a^2b^2}{a^2b^2+b^2c^2+c^2a^2} \geqslant \frac{2\left(\sum a^2 - \sum ab\right)}{a^2+b^2+c^2}$$

因为

$$2\sum a^2b^2 \leqslant \sum ab(a^2+b^2) \leqslant \sum ab \sum a^2$$

于是只需证

$$\frac{\sum a^4 - \sum a^2b^2}{\sum ab} \geqslant \sum a^2 - \sum ab$$

这就是四次舒尔不等式

$$\sum a^4 + abc \sum a \geqslant \sum ab(a^2+b^2)$$

(3)我们通过问题(1)和下列不等式相加得到了我们想要的不等式

$$\frac{2bc}{b^2+c^2} + \frac{2ca}{c^2+a^2} + \frac{2ab}{a^2+b^2} + 1 \geqslant \frac{4(ab+bc+ca)}{a^2+b^2+c^2}$$

这在问题(2)中的第一种解法中已经证明. 等号适用于 $a=b=c$,也适用于 $a=0$ 和 $b=c$(或其任意循环排列).

问题 1.61 设 a,b,c 是非负实数,不存在两个同时为零. 求证

$$\frac{a^2}{b^2+c^2} + \frac{b^2}{c^2+a^2} + \frac{c^2}{a^2+b^2} \geqslant \frac{(a+b+c)^2}{2(ab+bc+ca)}$$

(Vasile Cîrtoaje,2014)

证明 应用柯西－施瓦兹不等式,我们得到

$$\sum \frac{a^2}{b^2+c^2} \geqslant \frac{\left(\sum a^2\right)^2}{\sum a^2(b^2+c^2)} = \frac{\left(\sum a^2\right)^2}{2\sum a^2b^2}.$$

因此只需证明

$$\frac{\left(\sum a^2\right)^2}{2\sum a^2b^2} \geqslant \frac{(a+b+c)^2}{2(ab+bc+ca)}$$

这个不等式等价于

$$\frac{\left(\sum a^2\right)^2}{\sum a^2b^2} - 3 \geqslant \frac{(a+b+c)^2}{ab+bc+ca} - 3$$

$$\frac{\sum a^4 - \sum a^2b^2}{\sum a^2b^2} \geqslant \frac{\sum a^2 - \sum ab}{\sum ab}$$

因为 $\sum a^2b^2 \leqslant \left(\sum ab\right)^2$,于是只需证

$$\sum a^4 - \left(\sum a^2b^2\right) \geqslant \left(\sum a^2 - \sum ab\right)\sum ab$$

这恰好就是四次舒尔不等式

$$\sum a^4 + abc \sum a \geqslant ab \sum (a^2 + b^2)$$

等号适用于 $a=b=c$，也适用于 $a=0$ 和 $b=c$（或其任意循环排列）.

问题 1.62 设 a,b,c 是非负实数，不存在两个同时为零. 求证

$$\frac{2ab}{(a+b)^2} + \frac{2bc}{(b+c)^2} + \frac{2ca}{(c+a)^2} + \frac{a^2+b^2+c^2}{ab+bc+ca} \geqslant \frac{5}{2}$$

(Vasile Cîrtoaje, 2006)

证明 1 我们采用 SOS 方法. 不等式写成如下形式

$$\frac{a^2+b^2+c^2}{ab+bc+ca} - 1 \geqslant \sum \left[\frac{1}{2} - \frac{2bc}{(b+c)^2} \right]$$

$$\frac{\sum (b-c)^2}{\sum ab} \geqslant \sum \frac{(b-c)^2}{(b+c)^2}$$

$$\sum (b-c)^2 S_a \geqslant 0$$

其中

$$S_a = 1 - \frac{ab+bc+ca}{(b+c)^2}, S_b = 1 - \frac{ab+bc+ca}{(c+a)^2}, S_c = 1 - \frac{ab+bc+ca}{(a+b)^2}$$

不失一般性，设 $a \geqslant b \geqslant c$，我们有 $S_c > 0$ 和

$$S_b \geqslant 1 - \frac{(c+a)(c+b)}{(c+a)^2} = \frac{a-b}{c+a} \geqslant 0.$$

如果 $b^2 S_a + a^2 S_b \geqslant 0$，那么

$$\sum S_a (b-c)^2 \geqslant (b-c)^2 S_a + (c-a)^2 S_b \geqslant (b-c)^2 S_a + \frac{a^2}{b^2}(b-c)^2 S_b$$

$$= \frac{(b-c)^2 (b^2 S_a + a^2 S_b)}{b^2}$$

$$\geqslant 0$$

我们有

$$b^2 S_a + a^2 S_b = a^2 + b^2 - (ab+bc+ca)\left[\left(\frac{b}{b+c} \right)^2 + \left(\frac{a}{c+a} \right)^2 \right]$$

$$\geqslant a^2 + b^2 - (b+c)(c+a)\left[\left(\frac{b}{b+c} \right)^2 + \left(\frac{a}{c+a} \right)^2 \right]$$

$$= a^2 \left(1 - \frac{b+c}{c+a} \right) + b^2 \left(1 - \frac{c+a}{b+c} \right)$$

$$= \frac{(a-b)^2 (ab+bc+ca)}{(b+c)(c+a)}$$

$$\geqslant 0$$

等号适用于 $a=b=c$，也适用于 $a=b$ 和 $c=0$（或其任意循环排列）.

证明 2 不等式乘以 $ab + bc + ca$，变成

$$\sum \frac{2a^2b^2}{(a+b)^2} + 2abc \sum \frac{1}{a+b} + a^2 + b^2 + c^2 \geqslant \frac{5}{2}(ab + bc + ca)$$

$$2abc \sum \frac{1}{a+b} + a^2 + b^2 + c^2 - 2\sum ab - \sum \frac{1}{2}ab\left[1 - \sum \frac{4ab}{(a+b)^2}\right] \geqslant 0$$

根据问题 1.59(1) 的方法 2，我们可以把不等式写成如下形式

$$\sum \frac{ab(a-b)^2}{(b+c)(c+a)} - \sum \frac{ab(a-b)^2}{2(a+b)^2} \geqslant 0$$

$$(b-c)^2 S_a + (c-a)^2 S_b + (a-b)^2 S_c \geqslant 0$$

其中

$$S_a = \frac{bc}{b+c}\left[2(b+c)^2 - (a+b)(c+a)\right]$$

$$S_b = \frac{ca}{c+a}\left[2(c+a)^2 - (c+a)(c+b)\right]$$

$$S_c = \frac{ab}{a+b}\left[2(a+b)^2 - (c+a)(c+b)\right]$$

不妨设 $a \geqslant b \geqslant c$. 我们有 $S_c \geqslant 0$ 和

$$S_b = \frac{ca}{c+a}\left[2(c+a)^2 - (b+a)(c+b)\right]$$

$$\geqslant \frac{ca}{c+a}\left[2(c+a)^2 - 2a(c+a)\right]$$

$$= \frac{2ac^2(a+c)}{a+c}$$

$$\geqslant 0$$

如果 $S_a + S_b \geqslant 0$，那么

$$\sum (b-c)^2 S_a \geqslant (b-c)^2 S_a + (a-c)^2 S_b \geqslant (b-c)^2 (S_a + S_b) \geqslant 0$$

不等式 $S_a + S_b \geqslant 0$ 等价于

$$\frac{ca}{c+a}\left[2(c+a)^2 - (a+b)(c+b)\right] \geqslant \frac{bc}{b+c}\left[(a+b)(c+a) - 2(b+c)^2\right]$$

因为

$$\frac{ca}{c+a} \geqslant \frac{bc}{b+c}$$

于是只需证

$$2(c+a)^2 - (c+a)(c+b) \geqslant (a+b)(c+a) - 2(b+c)^2$$

不等式成立，因为它等价于

$$(a-b)^2 + 2c(a+b) + 4c^2 \geqslant 0$$

问题 1.63 设 a, b, c 是非负实数，不存在两个同时为零. 求证

76

$$\frac{ab}{(a+b)^2}+\frac{bc}{(b+c)^2}+\frac{ca}{(c+a)^2}+\frac{1}{4}\geqslant\frac{ab+bc+ca}{a^2+b^2+c^2}$$

(Vasile Cîrtoaje,2011)

证明 1   我们使用 SOS 方法. 不等式写成

$$1-\frac{ab+bc+ca}{a^2+b^2+c^2}\geqslant\sum\left[\frac{1}{4}-\frac{bc}{(b+c)^2}\right]$$

$$2\sum\frac{(b-c)^2}{a^2+b^2+c^2}\geqslant\sum\frac{(b-c)^2}{(b+c)^2}$$

$$\sum(b-c)^2\left[2-\frac{a^2+b^2+c^2}{(b+c)^2}\right]\geqslant0$$

因为

$$2-\frac{a^2+b^2+c^2}{(b+c)^2}=1+\frac{2bc-a^2}{(b+c)^2}$$

$$\geqslant1-\left(\frac{a}{b+c}\right)^2$$

于是只需证

$$(b-c)^2S_a+(c-a)^2S_b+(a-b)^2S_c\geqslant0$$

其中

$$S_a=1-\left(\frac{a}{b+c}\right)^2,S_b=1-\left(\frac{b}{c+a}\right)^2,S_c=1-\left(\frac{c}{a+b}\right)^2$$

不失一般性,设 $a\geqslant b\geqslant c$,因为 $S_b\geqslant0,S_c\geqslant0$,如果 $b^2S_a+a^2S_b\geqslant0$,那么

$$\sum(b-c)^2S_a\geqslant(b-c)^2S_a+(c-a)^2S_b$$

$$\geqslant(b-c)^2S_a+\frac{a^2}{b^2}(b-c)S_b$$

$$=\frac{(b-c)^2(b^2S_a+a^2S_b)}{b^2}$$

$$\geqslant0$$

我们有

$$b^2S_a+a^2S_b=a^2+b^2-\left(\frac{ab}{b+c}\right)^2-\left(\frac{ab}{c+a}\right)^2$$

$$=a^2\left[1-\left(\frac{b}{b+c}\right)^2\right]+b^2\left[1-\left(\frac{a}{c+a}\right)^2\right]$$

$$\geqslant0$$

等号适用于 $a=b=c$,也适用于 $a=b$ 和 $c=0$(或其任意循环排列).

证明 2   因为 $(a+b)^2\leqslant2(a^2+b^2)$,只需证

$$\sum\frac{ab}{2(a^2+b^2)}+\frac{1}{4}\geqslant\frac{ab+bc+ca}{a^2+b^2+c^2}$$

这等价于

$$\sum \frac{2ab}{a^2+b^2}+1 \geqslant \frac{4(ab+bc+ca)}{a^2+b^2+c^2}$$

$$\sum \frac{(a+b)^2}{a^2+b^2} \geqslant 2+\frac{4(ab+bc+ca)}{a^2+b^2+c^2}$$

$$\sum \frac{(a+b)^2}{a^2+b^2} \geqslant \frac{2(a+b+c)^2}{a^2+b^2+c^2}$$

最后一个不等式由柯西－施瓦兹不等式立刻得到

$$\sum \frac{(a+b)^2}{a^2+b^2} \geqslant \frac{\left[\sum (a+b)\right]^2}{\sum (a^2+b^2)}$$

备注　对问题 1.62 和问题 1.63 中的不等式成立.

设 a,b,c 是非负实数,不存在两个同时为零.如果 $0 \leqslant k \leqslant 2$,那么

$$\sum \frac{4ab}{(a+b)^2}+k\frac{a^2+b^2+c^2}{ab+bc+ca} \geqslant 3k-1+2(2-k)\frac{ab+bc+ca}{a^2+b^2+c^2}$$

等号适用于 $a=b=c$,也适用于 $a=0$ 和 $b=c$(或其任意循环排列).

问题 1.64　设 a,b,c 是非负实数,不存在两个同时为零.求证

$$\frac{3ab}{(a+b)^2}+\frac{3bc}{(b+c)^2}+\frac{3ca}{(c+a)^2} \leqslant \frac{ab+bc+ca}{a^2+b^2+c^2}+\frac{5}{4}$$

（Vasile Cîrtoaje,2011）

证明　我们使用 SOS 方法.把不等式写成

$$3\sum \left[\frac{1}{4}-\frac{bc}{(b+c)^2}\right] \geqslant 1-\frac{ab+bc+ca}{a^2+b^2+c^2}$$

$$3\sum \frac{(b-c)^2}{(b+c)^2} \geqslant 2\sum \frac{(b-c)^2}{a^2+b^2+c^2}$$

$$(b-c)^2 S_a+(c-a)^2 S_b+(a-b)^2 S_c \geqslant 0$$

其中

$$S_a=\frac{3(a^2+b^2+c^2)}{(b+c)^2}-2$$

$$S_b=\frac{3(a^2+b^2+c^2)}{(c+a)^2}-2$$

$$S_c=\frac{3(a^2+b^2+c^2)}{(a+b)^2}-2$$

不失一般性,假设 $a \geqslant b \geqslant c$,因为 $S_a>0$ 和

$$S_b=\frac{a^2+3b^2+c^2-4ac}{(c+a)^2}=\frac{(a-2c)^2+3(b^2-c^2)}{(c+a)^2} \geqslant 0$$

如果 $S_b+S_c \geqslant 0$,那么

$$\sum (b-c)^2 S_a \geqslant (c-a)^2 S_b+(a-b)^2 S_c \geqslant (a-b)^2(S_b+S_c) \geqslant 0$$

利用柯西－施瓦兹不等式,我们有

$$S_b + S_c = 3(a^2 + b^2 + c^2)\left[\frac{1}{(c+a)^2} + \frac{1}{(a+b)^2}\right] - 4$$

$$\geqslant \frac{12(a^2 + b^2 + c^2)}{(c+a)^2 + (a+b)^2} - 4$$

$$= \frac{4(a-b-c)^2 + 4(b-c)^2}{(c+a)^2 + (a+b)^2}$$

$$\geqslant 0$$

等号适用于 $a = b = c$，也适用于 $\frac{a}{2} = b = c$（或其任意循环排列）.

问题 1.65 设 a, b, c 是非负实数，不存在两个同时为零. 求证：

(1) $\dfrac{a^3 + abc}{b+c} + \dfrac{b^3 + abc}{c+a} + \dfrac{c^3 + abc}{a+b} \geqslant a^2 + b^2 + c^2$；

(2) $\dfrac{a^3 + 2abc}{b+c} + \dfrac{b^3 + 2abc}{c+a} + \dfrac{c^3 + 2abc}{a+b} \geqslant \dfrac{1}{2}(a+b+c)^2$；

(3) $\dfrac{a^3 + 3abc}{b+c} + \dfrac{b^3 + 3abc}{c+a} + \dfrac{c^3 + 3abc}{a+b} \geqslant 2(ab+bc+ca)$.

证明 （1）将不等式写成

$$\sum\left(\frac{a^3 + abc}{b+c} - a^2\right) \geqslant 0$$

$$\sum \frac{a(a-b)(a-c)}{b+c} \geqslant 0$$

假设 $a \geqslant b \geqslant c$，因为 $(c-a)(c-b) \geqslant 0$ 和

$$\frac{a(a-b)(a-c)}{b+c} + \frac{b(b-a)(b-c)}{a+c} = \frac{(a-b)^2(a^2 + b^2 + c^2 + ab)}{(b+c)(c+a)} \geqslant 0$$

由此可知结论成立. 等号适用于 $a = b = c$，也适用于 $a = b$ 和 $c = 0$（或其任意循环排列）.

（2）考虑到（1）中的不等式，就只需证明

$$\frac{abc}{b+c} + \frac{abc}{c+a} + \frac{abc}{a+b} + a^2 + b^2 + c^2 \geqslant \frac{1}{2}(a+b+c)^2$$

这就是问题 1.59(1) 中的不等式. 等号适用于 $a = b = c$，也适用于 $a = b$ 和 $c = 0$（或其任意循环排列）.

（3）通过将（1）中的不等式与问题 1.59(1) 中的不等式相加，就得到了所需要的不等式. 等号适用于 $a = b = c$，也适用于 $a = b$ 和 $c = 0$（或其任意循环排列）.

问题 1.66 设 a, b, c 是非负实数，不存在两个同时为零. 求证

$$\frac{a^3 + 3abc}{(b+c)^2} + \frac{b^3 + 3abc}{(c+a)^2} + \frac{c^3 + 3abc}{(a+b)^2} \geqslant a+b+c$$

（Vasile Cîrtoaje，2005）

证明 我们使用 SOS 方法. 我们有

$$\sum \left[\frac{a^3 + 3abc}{(b+c)^2} - a \right]$$

$$= \sum \frac{a^3 - a(b^2 - bc + c^2)}{(b+c)^2}$$

$$= \sum \frac{a^3(b+c) - a(b^3 + c^3)}{(b+c)^3}$$

$$= \sum \frac{ab(a^2 - b^2) + ca(a^2 - c^2)}{(b+c)^3}$$

$$= \sum \frac{ab(a^2 - b^2)}{(b+c)^3} + \sum \frac{ba(b^2 - a^2)}{(c+a)^3}$$

$$= \sum \frac{ab(a^2 - b^2)\left[(c+a)^3 - (b+c)^3\right]}{(b+c)^3 (c+a)^3}$$

$$= \sum \frac{ab(a+b)(a-b)^2\left[(c+a)^2 + (c+a)(b+c) + (b+c)^2\right]}{(b+c)^3 (c+a)^3}$$

$$\geqslant 0$$

等号适用于 $a = b = c$，也适用于 $a = 0$ 和 $b = c$（或其任意循环排列）.

问题 1.67　设 a, b, c 是非负实数，不存在两个同时为零. 求证：

(1) $\dfrac{a^3 + 3abc}{(b+c)^3} + \dfrac{b^3 + 3abc}{(c+a)^3} + \dfrac{c^3 + 3abc}{(a+b)^3} \geqslant \dfrac{3}{2}$；

(2) $\dfrac{3a^3 + 13abc}{(b+c)^3} + \dfrac{3b^3 + 13abc}{(c+a)^3} + \dfrac{3c^3 + 13abc}{(a+b)^3} \geqslant 6$.

（Vasile Cîrtoaje, Ji Chen, 2005）

证明　（1）**方法 1**　使用 SOS 方法. 我们有

$$\sum \frac{a^3 + 3abc}{(b+c)^3} = \sum \frac{a(b+c)^2 + a(a^2 + bc - b^2 - c^2)}{(b+c)^3}$$

$$= \sum \frac{a}{b+c} + \sum \frac{a(a^2 + bc - b^2 - c^2)}{(b+c)^3}$$

$$\geqslant \frac{3}{2} + \sum \frac{a^3(b+c) - a(b^3 + c^3)}{(b+c)^4}$$

$$= \frac{3}{2} + \sum \frac{ab(a^2 - b^2) + ca(a^2 - c^2)}{(b+c)^4}$$

$$= \frac{3}{2} + \sum \frac{ab(a^2 - b^2)}{(b+c)^4} + \sum \frac{ba(b^2 - a^2)}{(c+a)^4}$$

$$= \frac{3}{2} + \sum \frac{ab(a+b)(a-b)\left[(c+a)^4 - (b+c)^4\right]}{(b+c)^4 (c+a)^4}$$

$$\geqslant 0$$

这个等式适用于 $a = b = c$.

方法 2　假设 $a \geqslant b \geqslant c$. 因为

$$\frac{a^3 + 3abc}{b + c} \geqslant \frac{b^3 + 3abc}{c + a} \geqslant \frac{c^3 + 3abc}{a + b}$$

$$\frac{1}{(b + c)^2} \geqslant \frac{1}{(c + a)^2} \geqslant \frac{1}{(a + b)^2}$$

根据切比雪夫不等式(Chebyshev's inequality),我们得到

$$\sum \frac{a^3 + 3abc}{(b + c)^3} \geqslant \frac{1}{3} \left(\sum \frac{a^3 + 3abc}{b + c} \right) \sum \frac{1}{(b + c)^2}$$

于是只需证

$$\left(\sum \frac{a^3 + 3abc}{b + c} \right) \sum \frac{1}{(b + c)^2} \geqslant \frac{9}{2}$$

我们可以通过如下已知的不等式(Iran,1996)

$$\sum \frac{1}{(b + c)^2} \geqslant \frac{9}{4(ab + bc + ca)}$$

和问题 1.65(3)

$$\frac{a^3 + 3abc}{b + c} + \frac{b^3 + 3abc}{c + a} + \frac{c^3 + 3abc}{a + b} \geqslant 2(ab + bc + ca)$$

相乘得到.

（2）我们有

$$\sum \frac{3a^3 + 13abc}{(b + c)^3}$$

$$= \sum \frac{3a(b + c)^2 + 4abc + 3a(a^2 + bc - b^2 - c^2)}{(b + c)^3}$$

$$= \sum \frac{3a}{b + c} + 4abc \sum \frac{1}{(b + c)^3} + 3 \sum \frac{a^3 - a(b^2 - bc + c^2)}{(b + c)^3}$$

因为

$$\sum \frac{1}{(b + c)^3} \geqslant \frac{3}{(a + b)(b + c)(c + a)}$$

（根据 AM－GM 不等式）和

$$\sum \frac{a^3 - a(b^2 - bc + c^2)}{(b + c)^3}$$

$$= \sum \frac{a^3(b + c) - a(b^3 + c^3)}{(b + c)^4}$$

$$= \sum \frac{ab(a^2 - b^2) + ac(a^2 - c^2)}{(b + c)^4}$$

$$= \sum \frac{ab(a^2 - b^2)}{(b + c)^4} + \sum \frac{ab(b^2 - a^2)}{(c + a)^4}$$

$$= \sum \frac{ab(a + b)(a - b)[(c + a)^4 - (b + c)^4]}{(b + c)^4 (a + c)^4}$$

$$\geqslant 0$$

81

于是只需证明

$$\sum \frac{3a}{b+c} + \frac{12abc}{(a+b)(b+c)(c+a)} \geqslant 6$$

这个不等式等价于三次舒尔不等式

$$a^3 + b^3 + c^3 + 3abc \geqslant \sum ab(a+b)$$

等式适用于 $a=b=c$,也适用于 $a=0$ 和 $b=c$(或其任意循环排列).

问题 1.68 设 a,b,c 是非负实数,不存在两个同时为零.求证

(1) $\dfrac{a^3}{b+c} + \dfrac{b^3}{c+a} + \dfrac{c^3}{a+b} + ab + bc + ca \geqslant \dfrac{3}{2}(a^2+b^2+c^2)$;

(2) $\dfrac{2a^2+bc}{b+c} + \dfrac{2b^2+ca}{c+a} + \dfrac{2c^2+ab}{a+b} \geqslant \dfrac{9(a^2+b^2+c^2)}{2(a+b+c)}$.

(Vasile Cîrtoaje,2006)

证明 (1) 使用 SOS 方法.把不等式写成

$$\sum \left(\frac{2a^3}{b+c} - a^2 \right) \geqslant \sum (a-b)^2$$

因为

$$\begin{aligned}
\sum \left(\frac{2a^3}{b+c} - a^2 \right) &= \sum \frac{a^2(a-b) + a^2(a-c)}{b+c} \\
&= \sum \frac{a^2(a-b)}{b+c} + \sum \frac{a^2(a-c)}{b+c} \\
&= \sum \frac{a^2(a-b)}{b+c} + \sum \frac{b^2(b-a)}{c+a} \\
&= \sum \frac{(a-b)^2(a^2+b^2+ab+bc+ca)}{(b+c)(c+a)}
\end{aligned}$$

我们可将不等式写成

$$(b-c)^2 S_a + (c-a)^2 S_b + (a-b)^2 S_c \geqslant 0$$

其中

$$S_a = (b+c)(-a^2+b^2+c^2)$$
$$S_b = (c+a)(a^2-b^2+c^2)$$
$$S_c = (a+b)(a^2+b^2-c^2)$$

不失一般性,设 $a \geqslant b \geqslant c$,显然 $S_b \geqslant 0, S_c \geqslant 0$,和

$$S_a + S_b = (a+b)(a-b)^2 + c^2(a+b+2c) \geqslant 0$$

我们有

$$\begin{aligned}
(b-c)^2 S_a + (c-a)^2 S_b + (a-b)^2 S_c &\geqslant (b-c)^2 S_a + (c-a)^2 S_b \\
&\geqslant (b-c)^2 (S_a + S_b) \\
&\geqslant 0
\end{aligned}$$

等式适用于 $a=b=c$,也适用于 $a=b$ 和 $c=0$(或其任意循环排列).

（2）乘以 $a+b+c$，不等式可以写成

$$\sum \left(1+\frac{a}{b+c}\right)(2a^2+bc) \geqslant \frac{9}{2}(a^2+b^2+c^2)$$

$$\sum bc + \sum \frac{2a^3+abc}{b+c} \geqslant \frac{5}{2}(a^2+b^2+c^2)$$

这个不等式是由（1）中的不等式和问题 1.59 中的第一个不等式推出的.当 $a=b=c$，或 $a=b$ 和 $c=0$（或任何循环排列）时，等式成立.

问题 1.69 设 a,b,c 是非负实数，不存在两个同时为零.求证

$$\frac{a(b+c)}{b^2+bc+c^2}+\frac{b(c+a)}{c^2+ca+a^2}+\frac{c(a+b)}{a^2+ab+b^2} \geqslant 2$$

证明 1 应用 SOS 方法.我们有

$$(a+b+c)\left(\sum \frac{a(b+c)}{b^2+bc+c^2}-2\right)$$

$$=\sum \left[\frac{a(b+c)(a+b+c)}{b^2+bc+c^2}-2a\right]$$

$$=\sum \frac{a(ab+ac-b^2-c^2)}{b^2+bc+c^2}$$

$$=\sum \frac{ab(a-b)-ca(c-a)}{b^2+bc+c^2}$$

$$=\sum \frac{ab(a-b)}{b^2+bc+c^2}-\sum \frac{ca(c-a)}{b^2+bc+c^2}$$

$$=\sum \frac{ab(a-b)}{b^2+bc+c^2}-\sum \frac{ab(a-b)}{c^2+ca+a^2}$$

$$=(a+b+c)\sum \frac{ab\ (a-b)^2}{(b^2+bc+c^2)(c^2+ca+a^2)}$$

$$\geqslant 0$$

等式适用于 $a=b=c$，也适用于 $a=0$ 和 $b=c$（或其任何循环序列）

证明 2 根据 AM－GM 不等式，我们有

$$4(b^2+bc+c^2)(ab+bc+ca) \leqslant (b^2+bc+c^2+ab+bc+ca)^2$$

$$=(b+c)^2\ (a+b+c)^2$$

因此

$$\sum \frac{a(b+c)}{b^2+bc+c^2} = \sum \frac{a(b+c)(ab+bc+ca)}{(b^2+bc+c^2)(ab+bc+ca)}$$

$$\geqslant \sum \frac{4a(ab+bc+ca)}{(b+c)\ (a+b+c)^2}$$

$$=\frac{4(ab+bc+ca)}{(a+b+c)^2}\sum \frac{a}{b+c}$$

于是只需证

$$\sum \frac{a}{b+c} \geqslant \frac{(a+b+c)^2}{2(ab+bc+ca)}$$

这个不等式可由柯西 — 施瓦兹不等式立即得到

$$\sum \frac{a}{b+c} \geqslant \frac{(a+b+c)^2}{\sum a(b+c)}$$

证明 3 根据柯西 — 施瓦兹不等式,我们有

$$\sum \frac{a(b+c)}{b^2+bc+c^2} \geqslant \frac{\left(\sum a\right)^2}{\sum \dfrac{a(b^2+bc+c^2)}{b+c}}$$

因此,只需证

$$(a+b+c)^2 \geqslant 2\sum \frac{a(b^2+bc+c^2)}{b+c}$$

因为

$$\frac{a(b^2+bc+c^2)}{b+c} = a\left(b+c-\frac{bc}{b+c}\right) = ab+ac-\frac{abc}{b+c}$$

$$\sum \frac{a(b^2+bc+c^2)}{b+c} = 2(ab+bc+ac) - abc\left(\frac{1}{b+c}+\frac{1}{c+a}+\frac{1}{a+b}\right)$$

这个不等式等价于

$$2abc\sum \frac{1}{b+c} + \sum a^2 \geqslant 2\sum ab$$

这恰好就是问题 1.59 中的不等式(1).

证明 4 通过直接计算,我们可以把不等式写成

$$\sum ab(a^4+b^4) \geqslant \sum a^2 b^2(a^2+b^2)$$

这等价于明显的不等式

$$\sum ab(a-b)(a^3-b^3) \geqslant 0$$

问题 1.70 设 a,b,c 是非负实数,不存在两个同时为零. 求证

$$\frac{a(b+c)}{b^2+bc+c^2} + \frac{b(c+a)}{c^2+ca+a^2} + \frac{c(a+b)}{a^2+ab+b^2} \geqslant 2 + 4\prod \left(\frac{a-b}{a+b}\right)^2$$

(Vasile Cîrtoaje,2011)

证明 对于 $b=c=1$,不等式化为 $a(a-1)^2 \geqslant 0$. 进一步假设

$$a > b > c$$

如同问题 1.69 中第一种的证明一样,我们有

$$\sum \frac{a(b+c)}{b^2+bc+c^2} - 2 = \sum \frac{bc\,(b-c)^2}{(a^2+ab+b^2)(a^2+ca+c^2)}$$

因此,还有待证明

$$\sum \frac{bc\,(b-c)^2}{(a^2+ab+b^2)(a^2+ca+c^2)} \geqslant 4\prod \left(\frac{a-b}{a+b}\right)^2$$

因为

$$(a^2 + ab + b^2)(a^2 + ca + c^2) \leqslant (a+b)^2 (a+c)^2$$

于是只需证

$$\sum \frac{bc\,(b-c)^2}{(a+b)^2\,(a+c)^2} \geqslant 4 \prod \left(\frac{a-b}{a+b}\right)^2$$

这等价于

$$\sum \frac{bc\,(b+c)^2}{(a-b)^2\,(c-a)^2} \geqslant 4$$

我们有

$$\sum \frac{bc\,(b+c)^2}{(a-b)^2\,(c-a)^2} \geqslant \frac{ab\,(a+b)^2}{(a-c)^2\,(b-c)^2}$$

$$\geqslant \frac{ab\,(a+b)^2}{a^2 b^2}$$

$$= \frac{(a+b)^2}{ab}$$

$$\geqslant 4$$

等号适用于 $a=b=c$,也适用于 $a=b$ 和 $c=0$(或其任意循环排列).

问题 1.71 设 a,b,c 是非负实数,不存在两个同时为零.求证

$$\frac{ab-bc+ca}{b^2+c^2} + \frac{ab+bc-ca}{c^2+a^2} + \frac{bc-ab+ca}{a^2+b^2} \geqslant \frac{3}{2}$$

证明 使用 SOS 方法.我们有

$$\sum \left(\frac{ab-bc+ca}{b^2+c^2} - \frac{1}{2}\right) = \sum \frac{(b+c)(2a-b-c)}{2(b^2+c^2)}$$

$$= \sum \frac{(b+c)(a-b)}{2(b^2+c^2)} + \sum \frac{(b+c)(a-c)}{2(b^2+c^2)}$$

$$= \sum \frac{(b+c)(a-b)}{2(b^2+c^2)} + \sum \frac{(c+a)(b-a)}{2(c^2+a^2)}$$

$$= \sum \frac{(a-b)^2(ab+bc+ca-c^2)}{2(b^2+c^2)(c^2+a^2)}$$

因为

$$ab+bc+ca-c^2 = (b-c)(c-a) + 2ab \geqslant (b-c)(c-a)$$

因此,只需证

$$\sum (a^2+b^2)\,(a-b)^2\,(b-c)(c-a) \geqslant 0$$

这个不等式等价于

$$(a-b)(b-c)(c-a) \sum (a^2+b^2)(a-b) \geqslant 0$$

$$(a-b)^2\,(b-c)^2\,(c-a)^2 \geqslant 0$$

等号适用于 $a=b=c$,也适用于 $a=0$ 和 $b=c$(或其任意循环排列).

85

问题 1.72 设 a,b,c 是非负实数,不存在两个同时为零. 如果 $k>-2$,那么

$$\sum \frac{ab+(k-1)bc+ca}{b^2+kbc+c^2} \geqslant \frac{3(k+1)}{k+2}$$

(Vasile Cîrtoaje, 2005)

证明 1 使用 SOS 方法. 将不等式写为

$$\sum \left[\frac{ab+(k-1)bc+ca}{b^2+kbc+c^2} - \frac{k+1}{k+2} \right] \geqslant 0$$

$$\sum \frac{A}{b^2+kbc+c^2} \geqslant 0$$

其中

$$A=(b+c)(2a-b-c)+k(ab+ac-b^2-c^2)$$

因为

$$A=(b+c)[(a-b)+(a-c)]+k[b(a-b)+c(a-c)]$$
$$=(a-b)[(k+1)b+c]+(a-c)[(k+1)c+b]$$

不等式等价于

$$\sum \frac{(a-b)[(k+1)b+c]}{b^2+kbc+c^2} + \sum \frac{(a-c)[(k+1)c+b]}{b^2+kbc+c^2} \geqslant 0$$

$$\sum \frac{(a-b)[(k+1)b+c]}{b^2+kbc+c^2} + \sum \frac{(b-a)[(k+1)a+c]}{c^2+kca+a^2} \geqslant 0$$

$$\sum (b-c)^2 R_a S_a \geqslant 0$$

其中

$$R_a=b^2+kbc+c^2, \quad S_a=a(b+c-a)+(k+1)bc$$

不失一般性,不妨设

$$a \geqslant b \geqslant c$$

情形 1 $k \geqslant -1$. 因为 $S_a \geqslant a(b+c-a)$,$R_a>0$,于是只需证

$$\sum a(b+c-a)(b-c)^2 R_a \geqslant 0$$

我们有

$$\sum a(b+c-a)(b-c)^2 R_a$$
$$\geqslant a(b+c-a)(b-c)^2 R_a + b(c+a-b)(c-a)^2 R_b$$
$$\geqslant (b-c)^2[a(b+c-a)R_a+b(c+a-b)R_b]$$

因此,只需证

$$a(b+c-a)R_a+b(c+a-b)R_b \geqslant 0$$

因为 $b+c-a \geqslant b-a-c$,我们有

$$a(b+c-a)R_a+b(c+a-b)R_b \geqslant (c+a-b)(bR_b-aR_a)$$
$$=(c+a-b)(a-b)(ab-c^2)$$

$$\geqslant 0$$

情形 2 $-2 < k \leqslant 1$. 因为
$$S_a = (a-b)(c-a) + (k+2)bc$$
$$\geqslant (a-b)(c-a)$$

我们有
$$\sum (b-c)^2 R_a S_a \geqslant (a-b)(b-c)(c-a) \sum (b-c) R_a$$

从
$$\sum (b-c) R_a = \sum (b-c) [b^2 + bc + c^2 - (1-k)bc]$$
$$= \sum (b^3 - c^3) - (1-k) \sum bc(b-c)$$
$$= (1-k)(a-b)(b-c)(c-a)$$

我们得到
$$(a-b)(b-c)(c-a) \sum (b-c) R_a$$
$$= (1-k)(a-b)^2 (b-c)^2 (c-a)^2$$
$$\geqslant 0$$

这就完成了证明. 对于 $a=b=c$，或 $a=b$ 和 $c=0$(或任何循环排列)，等式成立.

证明 2 利用最高系数对消法(参见第 1 卷问题 3.76). 设
$$p = a+b+c, q = ab+bc+ca$$

将不等式写成 $f_6(a,b,c) \geqslant 0$，其中
$$f_6(a,b,c) = (k+2) \sum [a(b+c) + (k-1)bc](a^2 + kab + b^2)(c^2 + kca + a^2) -$$
$$3(k+1) \prod (b^2 + kbc + c^2)$$

因为
$$a(b+c) + (k-1)bc = (k-2)bc + q$$
$$(a^2 + kab + b^2)(a^2 + kac + c^2) = (p^2 - 2q + kab - c^2)(p^2 - 2q + kac - b^2)$$
$f_6(a,b,c)$ 的最高系数 A 与
$$(k+2)(k-2)P_2(a,b,c) - 3(k+1)P_4(a,b,c)$$

相同,其中
$$P_2(a,b,c) = \sum bc(kab - c^2)(kac - b^2)$$
$$P_4(a,b,c) = \prod (b^2 + kbc + c^2)$$

根据第 1 卷问题 2.75 的备注 2
$$A = (k+2)(k-2)P_2(1,1,1) - 3(k+1)(k-1)^3 = -9(k-1)^2$$
因为 $A \leqslant 0$,根据第 1 卷问题 3.76 的(1),只需证明原始不等式对于 $b=c=1$ 和 $a=0$ 时成立.

对于 $b=c=1$,不等式变为

$$\frac{2a+k-1}{k+2}+\frac{2(ka+1)}{a^2+ka+1}\geqslant\frac{3(k+1)}{k+2}$$

$$\frac{a-k-2}{k+2}+\frac{ka+1}{a^2+ka+1}\geqslant 0$$

$$\frac{a(a-1)^2}{(k+2)(a^2+ka+1)}\geqslant 0$$

对于 $a=0$,不等式变为

$$\frac{(k-1)bc}{b^2+c^2+kbc}+\frac{b}{c}+\frac{c}{b}\geqslant\frac{3(k+1)}{k+2}$$

$$\frac{k-1}{x+k}+x\geqslant\frac{3(k+1)}{k+2},x=\frac{b}{c}+\frac{c}{b},x\geqslant 2$$

$$\frac{(x-2)[(k+2)x+k^2+k+1]}{(k+2)(x+k)}\geqslant 0$$

$$(b-c)^2[(k+2)(b^2+c^2)+(k^2+k+1)bc]\geqslant 0$$

备注 对于 $k=1$ 和 $k=0$,从问题 1.72,我们分别得到了问题 1.69 和问题 1.71 中的不等式.此外,对于 $k=2$,我们得到著名的不等式(Iran,1996)

$$\frac{1}{(a+b)^2}+\frac{1}{(b+c)^2}+\frac{1}{(c+a)^2}\geqslant\frac{9}{4(ab+bc+ca)}$$

问题 1.73 设 a,b,c 是非负实数,不存在两个同时为零.如果 $k>-2$,那么

$$\sum\frac{3bc-a(b+c)}{b^2+kbc+c^2}\leqslant\frac{3}{k+2}$$

(Vasile Cîrtoaje,2011)

证明 把问题 1.72 中的不等式写成

$$\sum\left[1-\frac{ab+(k-1)bc+ca}{b^2+kbc+c^2}\right]\leqslant\frac{3}{k+2}$$

$$\sum\left[\frac{b^2+c^2+bc-a(b+c)}{b^2+kbc+c^2}\right]\leqslant\frac{3}{k+2}$$

因为 $b^2+c^2\geqslant 2bc$,我们得到

$$\sum\left[\frac{3bc-a(b+c)}{b^2+kbc+c^2}\right]\leqslant\frac{3}{k+2}$$

这就是我们想要的不等式.等号适用于 $a=b=c$.

问题 1.74 设 a,b,c 是非负实数且满足 $ab+bc+ca=3$.求证

$$\frac{ab+1}{a^2+b^2}+\frac{bc+1}{b^2+c^2}+\frac{ca+1}{c^2+a^2}\geqslant\frac{4}{3}$$

证明 将不等式写成齐次形式 $E(a,b,c)\geqslant 4$,其中

$$E(a,b,c)=\frac{4ab+bc+ca}{a^2+b^2}+\frac{4bc+ca+ab}{b^2+c^2}+\frac{4ca+ab+bc}{c^2+a^2}$$

不失一般性,假设 $a = \min\{a,b,c\}$,我们将证明

$$E(a,b,c) \geqslant E(0,b,c) \geqslant 4$$

我们有

$$\frac{E(a,b,c) - E(0,b,c)}{a} = \frac{4b^2 + c(b-a)}{b(a^2+b^2)} + \frac{b+c}{b^2+c^2} + \frac{4c^2 + b(c-a)}{c(c^2+a^2)} > 0$$

$$E(0,b,c) - 4 = \frac{b}{c} + \frac{4bc}{b^2+c^2} + \frac{c}{b} - 4 = \frac{(b-c)^4}{bc(b^2+c^2)} \geqslant 0$$

等号适用于 $a=0$ 和 $b=c=\sqrt{3}$(或其任意循环排列).

问题 1.75 设 a,b,c 是非负实数且满足 $ab+bc+ca=3$. 求证

$$\frac{5ab+1}{(a+b)^2} + \frac{5bc+1}{(b+c)^2} + \frac{5ca+1}{(c+a)^2} \geqslant 2$$

证明 将不等式写成齐次形式 $E(a,b,c) \geqslant 6$,其中

$$E(a,b,c) = \frac{16ab+bc+ca}{(a+b)^2} + \frac{16bc+ca+ab}{(b+c)^2} + \frac{16ca+ab+bc}{(c+a)^2}$$

不失一般性,假设 $a \leqslant b \leqslant c$.

情形 1 $16b^2 \geqslant c(a+b)$,我们将证明

$$E(a,b,c) \geqslant E(0,b,c) \geqslant 6$$

事实上,我们有

$$\frac{E(a,b,c) - E(0,b,c)}{a} = \frac{16b^2 - c(b+a)}{b(a+b)^2} + \frac{1}{b+c} + \frac{16c^2 - b(c+a)}{c(c+a)^2} > 0$$

$$E(0,b,c) - 6 = \frac{b}{c} + \frac{16bc}{(b+c)^2} + \frac{c}{b} - 6 = \frac{(b-c)^4}{bc(b+c)^2} \geqslant 0$$

情形 2 $16b^2 < c(a+b)$,我们得到

$$E(a,b,c) - 6 > \frac{16ab+bc+ca}{(a+b)^2} - 6 > \frac{16ab+16b^2}{(a+b)^2} - 6 = \frac{2(5b-3a)}{a+b} > 0$$

等号适用于 $a=0$ 和 $b=c=\sqrt{3}$(或其任意循环排列).

问题 1.76 设 a,b,c 是非负实数,不存在两个同时为零. 求证

$$\frac{a^2-bc}{2b^2-3bc+2c^2} + \frac{b^2-ca}{2c^2-3ca+2a^2} + \frac{c^2-ab}{2a^2-3ab+2b^2} \geqslant 0$$

(Vasile Cîrtoaje,2005)

证明 提示是当我们使分数中的分子非负且尽可能小时应用柯西－施瓦兹不等式. 因此,我们把不等式写成

$$\sum \left(\frac{a^2-bc}{2b^2-3bc+2c^2} + 1 \right) \geqslant 3$$

$$\sum \frac{a^2+2(b-c)^2}{2b^2-3bc+2c^2} \geqslant 3$$

不失一般性,假设 $a \geqslant b \geqslant c$.

根据柯西－施瓦兹不等式得到

$$\sum \frac{a^2}{2b^2 - 3bc + 2c^2} \geqslant \frac{\left(\sum a^2\right)^2}{\sum a^2(2b^2 - 3bc + 2c^2)}$$

$$= \frac{\sum a^4 + 2\sum a^2 b^2}{4\sum a^2 b^2 - 3abc\sum a}$$

和

$$\sum \frac{(b-c)^2}{2b^2 - 3bc + 2c^2} \geqslant \frac{\left[a(b-c) + b(a-c) + c(a-b)\right]^2}{\sum a^2(2b^2 - 3bc + 2c^2)}$$

$$= \frac{4b^2(a-c)^2}{4\sum a^2 b^2 - 3abc\sum a}$$

因此,只需证

$$\frac{\sum a^4 + 2\sum a^2 b^2 + 8b^2(a-c)^2}{4\sum a^2 b^2 - 3abc\sum a} \geqslant 3$$

根据四阶舒尔不等式,我们有

$$\sum a^4 + abc\sum a \geqslant \sum ab(a^2 + b^2) \geqslant 2\sum a^2 b^2$$

因此,还有待证明

$$\frac{4\sum a^2 b^2 - abc\sum a + 8b^2(a-c)^2}{4\sum a^2 b^2 - 3abc\sum a} \geqslant 3$$

于是只需证

$$abc\sum a + b^2(a-c)^2 \geqslant \sum a^2 b^2$$

$$ac(a-b)(b-c) \geqslant 0$$

等号适用于 $a = b = c$,也适用于 $a = 0$ 和 $b = c$(或其任意循环排列).

问题 1.77 设 a, b, c 是非负实数,不存在两个同时为零. 求证

$$\frac{2a^2 - bc}{b^2 - bc + c^2} + \frac{2b^2 - ca}{c^2 - ca + a^2} + \frac{2c^2 - ab}{a^2 - ab + b^2} \geqslant 3$$

(Vasile Cîrtoaje,2005)

证明 将不等式写下来,比如分子部分为负,且越小越好

$$\sum \left(\frac{2a^2 - bc}{b^2 - bc + c^2} + 1\right) \geqslant 6$$

$$\sum \frac{2a^2 + (b-c)^2}{b^2 - bc + c^2} \geqslant 6$$

根据柯西－施瓦兹不等式,我们得到

$$\sum \frac{2a^2 + (b-c)^2}{b^2 - bc + c^2} \geqslant \frac{4\left(2\sum a^2 - \sum ab\right)^2}{\sum \left[2a^2 + (b-c)^2\right](b^2 - bc + c^2)}$$

于是只需证

$$2\left(2\sum a^2 - \sum ab\right)^2 \geqslant 3\sum\left[2a^2 + (b-c)^2\right](b^2 - bc + c^2)$$

这个不等式等价于

$$2\sum a^4 + 2abc\sum a + \sum ab(a^2 + b^2) \geqslant 6\sum a^2 b^2$$

我们可以把四阶舒尔不等式

$$\sum a^4 + abc\sum a \geqslant \sum ab(a^2 + b^2)$$

和

$$\sum ab(a^2 + b^2) \geqslant 2\sum a^2 b^2$$

分别乘以 2 和 3 相加得到. 等式适用于 $a=b=c$,以及 $a=0,b=c$(或任何循环排列).

问题 1.78 设 a,b,c 是非负实数,不存在两个同时为零. 求证

$$\frac{a^2}{2b^2 - bc + 2c^2} + \frac{b^2}{2c^2 - ca + 2a^2} + \frac{c^2}{2a^2 - ab + 2b^2} \geqslant 1$$

$$(\text{Vasile Cîrtoaje},2005)$$

证明 根据柯西—施瓦兹不等式,我们得到

$$\sum\frac{a^2}{2b^2 - bc + 2c^2} \geqslant \frac{\left(\sum a^2\right)^2}{\sum a^2(2b^2 - bc + 2c^2)}$$

于是只需证

$$\left(\sum a^2\right)^2 \geqslant \sum a^2(2b^2 - bc + 2c^2)$$

等价于

$$\sum a^4 + abc\sum a \geqslant 2\sum a^2 b^2$$

我们可以把四阶舒尔不等式

$$\sum a^4 + abc\sum a \geqslant \sum ab(a^2 + b^2)$$

和

$$\sum ab(a^2 + b^2) \geqslant 2\sum a^2 b^2$$

相加得到. 等号适用于 $a=b=c$,以及 $a=0,b=c$(或任意循环排列).

问题 1.79 设 a,b,c 是非负实数,不存在两个同时为零. 求证

$$\frac{1}{4b^2 - bc + 4c^2} + \frac{1}{4c^2 - ca + 4a^2} + \frac{1}{4a^2 - ab + 4b^2} \geqslant \frac{9}{7(a^2 + b^2 + c^2)}$$

$$(\text{Vasile Cîrtoaje},2005)$$

证明 我们使用 SOS 方法. 在不失一般性的前提下,假设 $a \geqslant b \geqslant c$. 我们把不等式写成

$$\sum \left[\frac{7(a^2 + b^2 + c^2)}{4b^2 - bc + 4c^2} - 3 \right] \geqslant 0$$

$$\sum \frac{7a^2 - 5b^2 - 5c^2 + 3bc}{4b^2 - bc + 4c^2} \geqslant 0$$

$$\sum \frac{5(2a^2 - b^2 - c^2) - 3(a^2 - bc)}{4b^2 - bc + 4c^2} \geqslant 0$$

因为

$$2a^2 - b^2 - c^2 = (a - b)(a + b) + (a - c)(a + c)$$

和

$$2(a^2 - bc) = (a - b)(a + c) + (a - c)(a + b)$$

我们有

$$10(2a^2 - b^2 - c^2) - 6(a^2 - bc)$$

$$= 10(a^2 - b^2) - 3(a - b)(a + c) + 10(a^2 - c^2) - 3(a - c)(a + b)$$

$$= (a - b)(7a + 10b - 3c) + (a - c)(7a + 10c - 3b)$$

因此,我们可以把期望的不等式写成如下形式

$$\sum \frac{(a - b)(7a + 10b - 3c)}{4b^2 - bc + 4c^2} + \sum \frac{(a - c)(7a + 10c - 3b)}{4b^2 - bc + 4c^2} \geqslant 0$$

$$\sum \frac{(a - b)(7a + 10b - 3c)}{4b^2 - bc + 4c^2} + \sum \frac{(b - a)(7b + 10a - 3c)}{4c^2 - ca + 4a^2} \geqslant 0$$

$$\sum \frac{(a - b)^2 (28a^2 + 28b^2 - 9c^2 + 68ab - 19bc - 19ca)}{(4b^2 - bc + 4c^2)(4c^2 - ca + 4a^2)} \geqslant 0$$

$$\sum \frac{(a - b)^2 \left[(b - c)(28b + 9c) + a(28a + 68b - 19c) \right]}{(4b^2 - bc + 4c^2)(4c^2 - ca + 4a^2)} \geqslant 0$$

$$(b - c)^2 R_a S_a + (c - a)^2 R_b S_b + (a - b)^2 R_c S_c \geqslant 0$$

其中

$$R_a = 4b^2 - bc + 4c^2, R_b = 4c^2 - ca + 4a^2, R_c = 4a^2 - ab + 4b^2$$

$$S_a = (c - a)(28c + 9a) + b(-19a + 68c + 28b)$$

$$S_b = (a - b)(28a + 9b) + c(-19b + 68a + 28c)$$

$$S_c = (b - c)(28b + 9c) + a(-19c + 68b + 28a)$$

因为 $S_b \geqslant 0, S_c \geqslant 0$,和 $R_c \geqslant R_b \geqslant R_a > 0$,我们有

$$\sum (b - c)^2 R_a S_a \geqslant (b - c)^2 R_a S_a + (a - c)^2 R_b S_b$$

$$\geqslant (b - c)^2 R_a S_a + (b - c)^2 R_a S_b$$

$$= (b - c)^2 R_a (S_a + S_b)$$

因此,我们只需证 $S_a + S_b \geqslant 0$,事实上

$$S_a + S_b = 19(a - b)^2 + 49(a - b)c + 56c^2 \geqslant 0$$

等号适用于 $a = b = c$,和 $a = b, c = 0$(或任何循环排列).

92

问题 1.80 设 a,b,c 是非负实数,不存在两个同时为零.求证

$$\frac{2a^2+bc}{b^2+c^2}+\frac{2b^2+ca}{c^2+a^2}+\frac{2c^2+ab}{a^2+b^2}\geqslant\frac{9}{2}$$

(Vasile Cîrtoaje,2005)

证明 1 我们采用 SOS 方法.因为

$$\sum\left(\frac{4a^2+2bc}{b^2+c^2}-3\right)=2\sum\frac{2a^2-b^2-c^2}{b^2+c^2}-\sum\frac{(b-c)^2}{b^2+c^2}$$

和

$$\begin{aligned}
\sum\frac{2a^2-b^2-c^2}{b^2+c^2}&=\sum\frac{a^2-b^2}{b^2+c^2}+\sum\frac{a^2-c^2}{b^2+c^2}\\
&=\sum\frac{a^2-b^2}{b^2+c^2}+\sum\frac{b^2-a^2}{c^2+a^2}\\
&=\sum(a^2-b^2)\left(\frac{1}{b^2+c^2}-\frac{1}{c^2+a^2}\right)\\
&=\sum\frac{(a^2-b^2)^2}{(b^2+c^2)(c^2+a^2)}\\
&\geqslant\sum\frac{(a-b)^2(a^2+b^2)}{(b^2+c^2)(c^2+a^2)}
\end{aligned}$$

于是只需证

$$2\sum\frac{(b-c)^2(b^2+c^2)}{(c^2+a^2)(a^2+b^2)}\geqslant\sum\frac{(b-c)^2}{b^2+c^2}$$

或

$$(b-c)^2S_a+(c-a)^2S_b+(a-b)^2S_c\geqslant0$$

其中

$$S_c=2(a^2+b^2)^2-(c^2+a^2)(a^2+b^2)$$

不妨设 $a\geqslant b\geqslant c$.意味着 $S_a\leqslant S_b\leqslant S_c$.如果

$$S_a+S_b\geqslant0$$

那么

$$S_c\geqslant S_b\geqslant0$$

因此

$$\begin{aligned}
(b-c)^2S_a+(c-a)^2S_b+(a-b)^2S_c&\geqslant(b-c)^2S_a+(c-a)^2S_b\\
&\geqslant(b-c)^2(S_a+S_b)\\
&\geqslant0
\end{aligned}$$

我们有

$$S_a+S_b=(a^2-b^2)^2+2c^2(a^2+b^2+2c^2)>0$$

等号适用于 $a=b=c$,和 $a=b,c=0$(或任意循环排列).

证明 2 因为

93

$$bc \geqslant \frac{2b^2c^2}{b^2+c^2}$$

我们有

$$\sum \frac{2a^2+bc}{b^2+c^2} \geqslant \sum \frac{2a^2+\dfrac{2b^2c^2}{b^2+c^2}}{b^2+c^2}$$

$$= 2(a^2b^2+b^2c^2+c^2a^2) \sum \frac{1}{(b^2+c^2)^2}$$

因此,只需证

$$\sum \frac{1}{(b^2+c^2)^2} \geqslant \frac{9}{4(a^2b^2+b^2c^2+c^2a^2)}$$

这就是众所周知的 Iran,1996 不等式(参见问题 1.72 的备注).

证明 3 我们通过对问题 1.60(1) 中的不等式求和得到期望的不等式,也就是

$$\frac{2a^2-2bc}{b^2+c^2}+\frac{2b^2-2ca}{c^2+a^2}+\frac{2c^2-2ab}{a^2+b^2}+\frac{6(ab+bc+ca)}{a^2+b^2+c^2} \geqslant 6$$

和不等式

$$\frac{3bc}{b^2+c^2}+\frac{3ca}{c^2+a^2}+\frac{3ab}{a^2+b^2}+\frac{3}{2} \geqslant \frac{6(ab+bc+ca)}{a^2+b^2+c^2}$$

这个不等式等价于

$$\sum \left(\frac{2bc}{b^2+c^2}+1 \right) \geqslant \frac{4(ab+bc+ca)}{a^2+b^2+c^2}+2$$

$$\sum \frac{(b+c)^2}{b^2+c^2} \geqslant \frac{2(a+b+c)^2}{a^2+b^2+c^2}$$

根据柯西－施瓦兹不等式,我们有

$$\sum \frac{(b+c)^2}{b^2+c^2} \geqslant \frac{\left[\sum(b+c) \right]^2}{\sum(b^2+c^2)}$$

$$= \frac{2(a+b+c)^2}{a^2+b^2+c^2}$$

问题 1.81 设 a,b,c 是非负实数,不存在两个同时为零.求证

$$\frac{2a^2+3bc}{b^2+bc+c^2}+\frac{2b^2+3ca}{c^2+ca+a^2}+\frac{2c^2+3ab}{a^2+ab+b^2} \geqslant 5$$

(Vasile Cîrtoaje,2005)

证明 我们采用 SOS 方法.将不等式写成

$$\sum \left(\frac{6a^2+9bc}{b^2+bc+c^2}-5 \right) \geqslant 0$$

或

$$\sum \frac{6a^2 + 4bc - 5b^2 - 5c^2}{b^2 + bc + c^2} \geqslant 0$$

因为

$$2a^2 - b^2 - c^2 = (a-b)(a+b) + (a-c)(a+c)$$

和

$$2(a^2 - bc) = (a-b)(a+c) + (a-c)(a+b)$$

我们有

$$6a^2 + 4bc - 5b^2 - 5c^2$$
$$= 5(2a^2 - b^2 - c^2) - 4(a^2 - bc)$$
$$= 5(a^2 - b^2) - 2(a-b)(a+c) + 5(a^2 - c^2) - 2(a-c)(a+b)$$
$$= (a-b)(3a + 5b - 2c) + (a-c)(3a + 5c - 2b)$$

因此,我们可以把期望的不等式写成如下形式

$$\sum \frac{(a-b)(3a+5b-2c)}{b^2 + bc + c^2} + \sum \frac{(a-c)(3a+5c-2b)}{b^2 + bc + c^2} \geqslant 0$$

$$\sum \frac{(a-b)(3a+5b-2c)}{b^2 + bc + c^2} + \sum \frac{(b-a)(3b+5a-2c)}{c^2 + ca + a^2} \geqslant 0$$

$$\sum \frac{(a-b)^2(3a^2 + 3b^2 - 4c^2 + 8ab + bc + ca)}{(b^2 + bc + c^2)(c^2 + ca + a^2)} \geqslant 0$$

$$(b-c)^2 S_a + (c-a)^2 S_b + (a-b)^2 S_c \geqslant 0$$

其中

$$S_a = (b^2 + bc + c^2)(3b^2 + 3c^2 - 4a^2 + 8bc + ca + ab)$$
$$S_b = (c^2 + ca + a^2)(3c^2 + 3a^2 - 4b^2 + 8ca + ab + bc)$$
$$S_c = (a^2 + ab + b^2)(3a^2 + 3b^2 - 4c^2 + 8ab + bc + ca)$$

假设 $a \geqslant b \geqslant c$,显然 $S_c \geqslant 0$,且

$$S_b = (c^2 + ca + a^2)[(a-b)(3a+4b) + c(8a + b + 3c)] \geqslant 0$$
$$S_a + S_b \geqslant (b^2 + bc + c^2)(b-a)(3b+4a) + (c^2 + ca + a^2)(a-b)(3a+4b)$$
$$= (a-b)^2[3(a+b)(a+b+c) + ab - c^2]$$
$$\geqslant 0$$

等号适用于 $a = b = c$,和 $a = 0, b = c$(或任意循环排列).

问题 1.82　设 a, b, c 是非负实数,不存在两个同时为零.求证

$$\frac{2a^2 + 5bc}{(b+c)^2} + \frac{2b^2 + 5ca}{(c+a)^2} + \frac{2c^2 + 5ab}{(a+b)^2} \geqslant \frac{21}{4}$$

(Vasile Cîrtoaje,2005)

证明　我们应用 SOS 方法.将不等式写成

$$\sum \left(\frac{2a^2 + 5bc}{(b+c)^2} - \frac{7}{4} \right) \geqslant 0$$

$$\sum \frac{4(a^2-b^2)+4(a^2-c^2)-3(b-c)^2}{(b+c)^2} \geqslant 0$$

$$4\sum \frac{b^2-c^2}{(c+a)^2}+4\sum \frac{c^2-b^2}{(a+b)^2}-3\sum \frac{(b-c)^2}{(b+c)^2} \geqslant 0$$

$$4\sum \frac{(b-c)^2(b+c)(2a+b+c)}{(c+a)^2(a+b)^2}-3\sum \frac{(b-c)^2}{(b+c)^2} \geqslant 0$$

作代换 $b+c=x,c+a=y,a+b=z$,我们可将不等式写成

$$(y-z)^2 S_x + (z-x)^2 S_y + (x-y)^2 S_z \geqslant 0$$

其中

$$S_x = 4x^3(y+z)-3y^2 z^2$$
$$S_y = 4y^3(z+x)-3z^2 x^2$$
$$S_z = 4z^3(x+y)-3x^2 y^2$$

不失一般性,设

$$0 < x \leqslant y \leqslant z, z \leqslant x+y$$

这意味着 $S_x \leqslant S_y \leqslant S_z$. 如果

$$S_x + S_y \geqslant 0$$

那么

$$S_z \geqslant S_y \geqslant 0$$

因此

$$(y-z)^2 S_x + (z-x)^2 S_y + (x-y)^2 S_z \geqslant (y-z)^2 S_x + (z-x)^2 S_y$$
$$\geqslant (y-z)^2(S_x+S_y)$$
$$\geqslant 0$$

我们有

$$S_x + S_y = 4xy(x^2+y^2)+4(x^3+y^3)z-3(x^2+y^2)z^2$$
$$\geqslant 4xy(x^2+y^2)+4(x^3+y^3)z-3(x^2+y^2)(x+y)z$$
$$= 4xy(x^2+y^2)+(x^2-4xy+y^2)(x+y)z$$

对于非平凡情况 $x^2-4xy+y^2 < 0$,我们得到

$$S_x + S_y \geqslant 4xy(x^2+y^2)+(x^2-4xy+y^2)(x+y)^2$$
$$\geqslant 2xy(x+y)^2+(x^2-4xy+y^2)(x+y)^2$$
$$= (x+y)^2(x-y)^2$$

等号适用于 $a=b=c$,以及 $a=0,b=c$(或任意循环排列).

问题 1.83 设 a,b,c 是非负实数,不存在两个同时为零. 如果 $k>-2$,那么

$$\sum \frac{2a^2+(2k+1)bc}{b^2+kbc+c^2} \geqslant \frac{3(2k+3)}{k+2}$$

(Vasile Cîrtoaje,2005)

证明 1 分两种情况讨论.

数学不等式(第二卷)
对称有理不等式与对称无理不等式

情形 1 $-2 < k \leqslant -\dfrac{1}{2}$.将不等式写成

$$\sum \left[\frac{2a^2 + (2k+1)bc}{b^2 + kbc + c^2} - \frac{2k+1}{k+2} \right] \geqslant \frac{6}{k+2}$$

$$\sum \frac{2(k+2)a^2 - (2k+1)(b-c)^2}{b^2 + kbc + c^2} \geqslant 6$$

因为当 $-2 < k \leqslant -\dfrac{1}{2}$ 时，$2(k+2)a^2 - (2k+1)(b-c)^2 \geqslant 0$，我们可以应用柯西－施瓦兹不等式.因此，只需证明

$$\frac{\left[2(k+2)\sum a^2 - (2k+1)\sum (b-c)^2 \right]^2}{\sum (b^2 + kbc + c^2)\left[2(k+2)a^2 - (2k+1)(b-c)^2 \right]} \geqslant 6$$

等价于

$$\frac{2\left[(1-k)\sum a^2 + (2k+1)\sum ab \right]^2}{\sum (b^2 + kbc + c^2)\left[2(k+2)a^2 - (2k+1)(b-c)^2 \right]} \geqslant 3$$

$$2(k+2)\sum a^4 + 2(k+2)abc\sum a - (2k+1)\sum ab(a^2 + b^2) \geqslant 6\sum a^2 b^2$$

$$2(k+2)\left[\sum a^4 + abc\sum a - \sum ab(a^2 + b^2) \right] + 3\sum ab(a-b)^2 \geqslant 0$$

最后一个不等式是成立的，根据舒尔的四阶不等式，我们有

$$\sum a^4 + abc\sum a - \sum ab(a^2 + b^2) \geqslant 0$$

情形 2 当 $k \geqslant -\dfrac{9}{5}$.使用 SOS 方法.不失一般性，假设 $a \geqslant b \geqslant c$，不等式表示为

$$\sum \left[\frac{2a^2 + (2k+1)bc}{b^2 + kbc + c^2} - \frac{2k+3}{k+2} \right] \geqslant 0$$

$$\sum \frac{2(k+2)a^2 - (2k+3)(b^2 + c^2) + 2(k+1)bc}{b^2 + kbc + c^2} \geqslant 0$$

$$\sum \frac{(2k+3)(2a^2 - b^2 - c^2) - 2(k+1)(a^2 - bc)}{b^2 + kbc + c^2} \geqslant 0$$

因为

$$2a^2 - b^2 - c^2 = (a-b)(a+b) + (a-c)(a+c)$$

和

$$2(a^2 - bc) = (a-b)(a+c) + (a-c)(a+b)$$

我们有

$$(2k+3)(2a^2 - b^2 - c^2) - 2(k+1)(a^2 - bc)$$
$$= (2k+3)(a^2 - b^2) - (k+1)(a-b)(a+c) + (2k+3)(a^2 - c^2) -$$
$$(k+1)(a-c)(a+b)$$

97

$$= (a-b)[(k+2)a+(2k+3)b-(k+1)c]+$$
$$(a-c)[(k+2)a+(2k+3)c-(k+1)b]$$

因此,期望不等式可写成

$$\sum \frac{(a-b)[(k+2)a+(2k+3)b-(k+1)c]}{b^2+kbc+c^2}+$$
$$\sum \frac{(a-c)[(k+2)a+(2k+3)c-(k+1)b]}{b^2+kbc+c^2}$$
$$\geqslant 0$$

或

$$\sum \frac{(a-b)[(k+2)a+(2k+3)b-(k+1)c]}{b^2+kbc+c^2}+$$
$$\sum \frac{(b-a)[(k+2)b+(2k+3)a-(k+1)c]}{c^2+kca+a^2}$$
$$\geqslant 0$$

或

$$(b-c)^2 R_a S_a + (c-a)^2 R_b S_b + (a-b)^2 R_c S_c \geqslant 0$$

其中

$$R_a = b^2+kbc+c^2, R_b = c^2+kca+a^2, R_c = a^2+kab+b^2$$
$$S_a = (k+2)(b^2+c^2)-(k+1)^2 a^2+(3k+5)bc+(k^2+k-1)a(b+c)$$
$$= -(a-b)[(k+1)^2 a+(k+2)b]+$$
$$c[(k^2+k-1)a+(3k+5)b+(k+2)c]$$
$$S_b = (k+2)(c^2+a^2)-(k+1)^2 b^2+(3k+5)ca+(k^2+k-1)b(c+a)$$
$$= (a-b)[(k+1)^2 b+(k+2)a]+$$
$$c[(k^2+k-1)b+(3k+5)a+(k+2)c]$$
$$S_c = (k+2)(a^2+b^2)-(k+1)^2 c^2+(3k+5)ab+(k^2+k-1)c(a+b)$$
$$= (k+2)(a^2+b^2)+(3k+5)ab+c[(k^2+k-1)(a+b)-(k+1)^2 c]$$
$$\geqslant (5k+9)ab+c[(k^2+k-1)(a+b)-(k+1)^2 c]$$

我们有 $S_b \geqslant 0$,因为对于非平凡情况

$$(3k+5)a+(k^2+k-1)b+(k+2)c < 0$$

我们得到

$$S_b = (a-b)[(k+1)^2 b+(k+2)a]+$$
$$b[(k^2+k-1)b+(3k+5)a+(k+2)c]$$
$$\geqslant (a-b)[(k+1)^2 b+(k+2)a]+$$
$$b[(k^2+k-1)b+(3k+5)a+(k+2)c]$$
$$= (k+2)(a^2-b^2)+(k+2)^2 ab+(k+2)bc$$
$$> 0$$

同样，对于 $k \geqslant -\dfrac{9}{5}$，我们也有 $S_c \geqslant 0$，因为

$$(5k+9)ab + c[(k^2+k-1)(a+b)-(k+1)^2 c]$$
$$\geqslant (5k+9)ac + c[(k^2+k-1)(a+b)-(k+1)^2 c]$$
$$= (k+2)(k+4)ac + (k^2+k-1)bc - (k+1)^2 c^2$$
$$\geqslant (2k^2+7k+7)bc - (k+1)^2 c^2$$
$$\geqslant (k+2)(k+3)c^2 \geqslant 0$$

因此，只需证明 $R_a S_a + R_b S_b \geqslant 0$. 从

$$bR_b - aR_a = (a-b)(ab-c^2) \geqslant 0$$

我们得到

$$R_a S_a + R_b S_b \geqslant R_a \Big(S_a + \frac{a}{b}S_b\Big)$$

因此，只需证明

$$S_a + \frac{a}{b}S_b \geqslant 0$$

我们有

$$bS_a + aS_b = (k+2)(a+b)(a-b)^2 + cf(a,b,c)$$
$$\geqslant 2(k+2)b(a-b)^2 + cf(a,b,c)$$

因此

$$S_a + \frac{a}{b}S_b \geqslant 2(k+2)(a-b)^2 + \frac{c}{b}f(a,b,c)$$

其中

$$f(a,b,c) = b[(k^2+k-1)a + (3k+5)b] +$$
$$a[(3k+5)a + (k^2+k-1)b] + (k+2)c(a+b)$$
$$= (3k+5)(a^2+b^2) + 2(k^2+k-1)ab + (k+2)c(a+b)$$

对于非平凡情况 $f(a,b,c) < 0$，我们有

$$S_a + \frac{a}{b}S_b \geqslant 2(k+2)(a-b)^2 + f(a,b,c)$$
$$\geqslant 2(k+2)(a-b)^2 + (3k+5)(a^2+b^2) + 2(k^2+k-1)ab$$
$$= (5k+9)(a^2+b^2) + 2(k^2-k-5)ab \geqslant 2(k+2)^2 ab$$
$$\geqslant 0$$

证明完成了. 这个等号适用于 $a=b=c$，以及 $a=b,c=0$（或任意循环排列）.

证明 2 我们采用系数对消法（参见第 1 卷问题 3.76）. 设

$$p = a+b+c, q = ab+bc+ca$$

将不等式写成 $f_6(a,b,c) \geqslant 0$，其中

$$f_6(a,b,c) = (k+2)\sum [2a^2 + (2k+1)bc](c^2+kbc+a^2)(a^2+kab+b^2) -$$

99

$$3(2k+3)\prod(a^2+kab+b^2)$$

因为

$$(a^2+kab+b^2)(a^2+kac+c^2)=(p^2-2q+kab-c^2)(p^2-2q+kac-b^2)$$

所以 $f_6(a,b,c)$ 与下式有相同的最高系数 A

$$(k+2)P_2(a,b,c)-3(2k+3)P_4(a,b,c)$$

其中

$$P_2(a,b,c)=\sum[2a^2+(2k+1)bc](kab-c^2)(kac-b^2)$$

$$P_4(a,b,c)=\prod(b^2+kbc+c^2)$$

根据第 1 卷问题 2.75 的证明中的备注 2,我们有

$$A=(k+2)P_2(1,1,1)-3(2k+3)(k-1)^3=9(2k+3)(k-1)^2$$

另一方面

$$f_6(a,1,1)=2(k+2)a(a^2+ka+1)(a-1)^2(a+k+2)\geqslant 0$$

$$\frac{f_6(0,b,c)}{(b-c)^2}=2(k+2)(b^2+c^2)^2+2(k+2)^2bc(b^2+c^2)+(4k^2+6k-1)b^2c^2$$

当 $-2<k\leqslant-\dfrac{3}{2}$ 时,我们有 $A\leqslant 0$. 根据第 1 卷问题 3.76(1),只需证明 $f_6(a,1,1)\geqslant 0$ 和 $f_6(0,b,c)\geqslant 0$ 对于所有的 $a,b,c\geqslant 0$. 第一个条件显然是满足的. 第二个条件对于所有的 $k>-2$ 也是满足的,因为

$$2(k+2)(b^2+c^2)^2+(4k^2+6k-1)b^2c^2$$

$$\geqslant[8(k+2)+4k^2+6k-1]b^2c^2(4k^2+14k+15)b^2c^2\geqslant 0$$

当 $k>-\dfrac{3}{2}$ 时,$A>0$,我们将使用最高系数对消法. 考虑两种情况:$p^2\leqslant 4q$ 和 $p^2>4q$.

情形 1 $p^2\leqslant 4q$. 因为

$$f_6(1,1,1)=f_6(0,1,1)=0$$

定义齐次函数

$$P(a,b,c)=abc+B(a+b+c)^3+C(a+b+c)(ab+bc+ca)$$

满足 $P(1,1,1)=P(0,1,1)=0$,就是说

$$P(a,b,c)=abc+\frac{1}{9}(a+b+c)^3-\frac{4}{9}(a+b+c)(ab+bc+ca)$$

我们将证明更强的不等式 $g_6(a,b,c)\geqslant 0$,其中

$$g_6(a,b,c)=f_6(a,b,c)-9(2k+3)(k-1)^2P^2(a,b,c)$$

显然,$g_6(a,b,c)$ 的系数最大 $A=0$. 然后,根据第 1 卷问题 3.76 证明中的备注 1,证明对于 $0\leqslant a\leqslant 4$ 时,$g_6(a,1,1)\geqslant 0$ 即可. 我们有

$$P(a,1,1)=\frac{a(a-1)^2}{9}$$

因此

$$g_6(a,1,1) = f_6(a,1,1) - 9(2k+3)(k-1)^2 P^2(a,1,1)$$
$$= \frac{a(a-1)^2 g(a)}{9}$$

其中

$$g(a) = 18(k+2)(a^2+ka+1)(a+k+2) - (2k+3)(k-1)^2 a(a-1)^2$$

因为 $a^2 + ka + 1 \geqslant (k+2)a$，于是只需证明

$$18(k+2)^2(a+k+2) \geqslant (2k+3)(k-1)^2(a-1)^2$$

同样，因为 $(a-1)^2 \leqslant 2a+1$，于是只需证明 $h(a) \geqslant 0$，其中

$$h(a) = 18(k+2)^2(a+k+2) - (2k+3)(k-1)^2(2a+1)$$

因为 $h(a)$ 是线性函数，当 $h(0) \geqslant 0$ 和 $h(4) \geqslant 0$ 时，不等式 $h(a) \geqslant 0$ 成立.
设 $x = 2k+3, x > 0$，我们得到

$$h(0) = 18(k+2)^3 - (2k+3)(k-1)^2 = \frac{1}{4}(8x^3 + 37x^2 + 2x + 9) > 0$$

也有

$$\frac{1}{9}h(4) = 2(k+2)^2(k+6) - (2k+3)(k-1)^2 = 3(7k^2 + 20k + 15) > 0$$

情形 2 $p^2 > 4q$，我们将考虑更强的不等式 $g_6(a,b,c) \geqslant 0$，其中
$$g_6(a,b,c) = f_6(a,b,c) - 9(2k+3)(k-1)^2 a^2 b^2 c^2$$
我们发现 $g_6(a,b,c)$ 的存在的最大系数 $A = 0$. 根据第1卷问题 3.76 证明中的备注 1，可以证明当 $a > 4$ 时，$g_6(a,1,1) \geqslant 0$，和当 $b,c \geqslant 0$ 时，$g_6(0,b,c) \geqslant 0$. 我们有

$$g_6(a,1,1)$$
$$= f_6(a,1,1) - 9(2k+3)(k-1)^2 a^2$$
$$= a[2(k+2)(a^2+ka+1)(a-1)^2(a+k+2) - 9(2k+3)(k-1)^2 a]$$

因为

$$a^2 + ka + 1 \geqslant (k+2)a, (a-1)^2 > 9$$

于是只需证

$$2(k+2)^2(a+k+2) \geqslant (2k+3)(k-1)^2$$

事实上

$$2(k+2)^2(a+k+2) - (2k+3)(k-1)^2$$
$$> 2(k+2)^2(k+6) - (2k+3)(k-1)^2$$
$$= 3(7k^2 + 20k + 15)$$
$$> 0$$

也有

$$g_6(0,b,c) = f_6(0,b,c) \geqslant 0$$

问题1.84 设 a,b,c 是非负实数,不存在两个同时为零.如果 $k > -2$,那么

$$\sum \frac{3bc - 2a^2}{b^2 + kbc + c^2} \leqslant \frac{3}{k+2}$$

(Vasile Cîrtoaje,2011)

证明 1 将不等式写成

$$\sum \left(\frac{2a^2 - 3bc}{b^2 + kbc + c^2} + \frac{3}{k+2} \right) \geqslant \frac{6}{k+2}$$

$$\sum \frac{2(k+2)a^2 + 3(b-c)^2}{b^2 + kbc + c^2} \geqslant 6$$

应用柯西－施瓦兹不等式,只需证

$$\frac{\left[2(k+2)\sum a^2 + 3\sum (b-c)^2 \right]^2}{\sum (b^2 + kbc + c^2)\left[2(k+2)a^2 + 3(b-c)^2 \right]} \geqslant 6$$

等价于下面的每一个不等式

$$\frac{2\left[(k+5)\sum a^2 - 3\sum ab \right]^2}{\sum (b^2 + kbc + c^2)\left[2(k+2)a^2 + 3(b-c)^2 \right]} \geqslant 3$$

$$2(k+8)\sum a^4 + 2(2k+19)\sum a^2 b^2 \geqslant 6(k+2)abc\sum a + 21\sum ab(a^2 + b^2)$$

$$2(k+2)f(a,b,c) + 3g(a,b,c) \geqslant 0$$

其中

$$f(a,b,c) = \sum a^4 + 2\sum a^2 b^2 - 3abc\sum a$$

$$g(a,b,c) = 4\sum a^4 + 10\sum a^2 b^2 - 7\sum ab(a^2 + b^2)$$

我们需要证明 $f(a,b,c) \geqslant 0, g(a,b,c) \geqslant 0$,事实上

$$f(a,b,c) = \left(\sum a^2 \right)^2 - 3abc\sum a$$

$$\geqslant 3\left(\sum ab \right)^2 - 3abc\sum a \geqslant 0$$

$$g(a,b,c) = 2\sum a^4 + 2\sum b^4 + 10\sum a^2 b^2 - 7\sum ab(a^2 + b^2)$$

$$= \sum \left[2a^4 + 2b^4 + 10a^2 b^2 - 7ab(a^2 + b^2) \right]$$

$$= \sum (a-b)^2 (2a^2 - 3ab + 2b^2)$$

$$\geqslant 0$$

等号适用于 $a = b = c$.

证明 2 把问题 1.83 中的不等式写成

$$\sum \left[2 - \frac{2a^2 + (2k+1)bc}{b^2 + kbc + c^2} \right] \leqslant \frac{3}{k+2}$$

$$\sum \frac{2(b^2 + c^2) - bc - 2a^2}{b^2 + kbc + c^2} \leqslant \frac{3}{k+2}$$

102

因为 $b^2 + c^2 \geqslant 2bc$，我们得到

$$\sum \frac{3bc - 2a^2}{b^2 + kbc + c^2} \leqslant \frac{3}{k+2}$$

这就是我们想要的不等式.

问题 1.85 设 a,b,c 是非负实数,不存在两个同时为零.那么

$$\frac{a^2 + 16bc}{b^2 + c^2} + \frac{b^2 + 16ca}{c^2 + a^2} + \frac{c^2 + 16ab}{a^2 + b^2} \geqslant 10$$

（Vasile Cîrtoaje,2005）

证明 不失一般性,设 $a \leqslant b \leqslant c$,和

$$E(a,b,c) = \frac{a^2 + 16bc}{b^2 + c^2} + \frac{b^2 + 16ca}{c^2 + a^2} + \frac{c^2 + 16ab}{a^2 + b^2}$$

考虑两种情况.

情形 1 $16b^3 \geqslant ac^2$,我们将证明

$$E(a,b,c) \geqslant E(0,b,c) \geqslant 10$$

我们有

$$E(a,b,c) - E(0,b,c) = \frac{a^2}{b^2 + c^2} + \frac{a(16c^3 - ab^2)}{c^2(c^2 + a^2)} + \frac{a(16b^3 - ac^2)}{b^2(a^2 + b^2)} \geqslant 0$$

因为 $c^3 - ab^2 \geqslant 0$ 和 $16b^3 - ac^2 \geqslant 0$.

同样

$$E(0,b,c) - 10 = \frac{16bc}{b^2 + c^2} + \frac{b^2}{c^2} + \frac{c^2}{b^2} - 10 = \frac{(b-c)^4(b^2 + c^2 + 4bc)}{b^2 c^2 (b^2 + c^2)} \geqslant 0$$

情形 2 $16b^3 \leqslant ac^2$.只需证

$$\frac{c^2 + 16ab}{a^2 + b^2} \geqslant 10$$

事实上

$$\frac{c^2 + 16ab}{a^2 + b^2} - 10 \geqslant \frac{\frac{16b^3}{a} + 16ab}{a^2 + b^2} - 10 = \frac{16b}{a} - 10 \geqslant 16 - 10 > 0$$

这就完成了证明.这个等号适用于 $a = 0$ 和 $b = c$(或任意循环排列).

问题 1.86 设 a,b,c 是非负实数,不存在两个同时为零.那么

$$\frac{a^2 + 128bc}{b^2 + c^2} + \frac{b^2 + 128ca}{c^2 + a^2} + \frac{c^2 + 128ab}{a^2 + b^2} \geqslant 46$$

（Vasile Cîrtoaje,2005）

证明 设

$$a \leqslant b \leqslant c$$

$$E(a,b,c) = \frac{a^2 + 128bc}{b^2 + c^2} + \frac{b^2 + 128ca}{c^2 + a^2} + \frac{c^2 + 128ab}{a^2 + b^2}$$

考虑两种情况.

情形 1 $128b^3 \geqslant ac^2$. 我们将证明
$$E(a,b,c) \geqslant E(0,b,c) \geqslant 46$$
我们有
$$E(a,b,c) - E(0,b,c) = \frac{a^2}{b^2+c^2} + \frac{a(128c^3 - ab^2)}{c^2(c^2+a^2)} + \frac{a(128b^3 - ac^2)}{b^2(a^2+b^2)} \geqslant 0$$
同样
$$E(0,b,c) - 46 = \frac{128bc}{b^2+c^2} + \frac{b^2}{c^2} + \frac{c^2}{b^2} - 46$$
$$= \frac{(b^2+c^2-4bc)^2(b^2+c^2+8bc)}{b^2c^2(b^2+c^2)}$$
$$\geqslant 0$$

情形 2 $128b^3 \leqslant ac^2$. 只需证
$$\frac{c^2 + 128ab}{a^2 + b^2} \geqslant 46$$
事实上
$$\frac{c^2 + 128ab}{a^2 + b^2} - 46 \geqslant \frac{\dfrac{128b^3}{a} + 128ab}{a^2 + b^2} - 46$$
$$= \frac{128b}{a} - 46 \geqslant 128 - 46$$
$$> 0$$

这就完成了证明. 等号适用于 $a = 0$ 和 $\dfrac{c}{b} + \dfrac{b}{c} = 4$（或任意循环排列）.

问题 1.87 设 a,b,c 是非负实数, 不存在两个同时为零. 那么
$$\frac{a^2 + 64bc}{(b+c)^2} + \frac{b^2 + 64ca}{(c+a)^2} + \frac{c^2 + 64ab}{(a+b)^2} \geqslant 18$$

(Vasile Cîrtoaje, 2005)

证明 设
$$a \leqslant b \leqslant c$$
$$E(a,b,c) = \frac{a^2 + 64bc}{(b+c)^2} + \frac{b^2 + 64ca}{(c+a)^2} + \frac{c^2 + 64ab}{(a+b)^2}$$
考虑两种情况.

情形 1 $64b^3 \geqslant c^2(a + 2b)$. 我们将证明
$$E(a,b,c) \geqslant E(0,b,c) \geqslant 18$$
我们有
$$E(a,b,c) - E(0,b,c)$$
$$= \frac{a^2}{b^2+c^2} + \frac{a[64c^3 - b^2(a+2c)]}{c^2(c+a)^2} + \frac{a[64b^3 - c^2(a+2b)]}{b^2(a+b)^2}$$

$$\geqslant 0$$

也有

$$E(0,b,c) - 18 = \frac{64bc}{(b+c)^2} + \frac{b^2}{c^2} + \frac{c^2}{b^2} - 18$$

$$= \frac{(b-c)^4(b^2 + c^2 + 6bc)}{b^2 c^2 (b+c)^2}$$

$$\geqslant 0$$

情形 2 $64b^3 < c^2(a + 2b)$. 只需证

$$\frac{c^2 + 64ab}{(a+b)^2} \geqslant 18$$

事实上

$$\frac{c^2 + 64ab}{(a+b)^2} - 18 \geqslant \frac{\dfrac{64b^3}{a+2b} + 64ab}{(a+b)^2} - 18$$

$$= \frac{64b}{a+2b} - 18 \geqslant \frac{64}{3} - 18$$

$$> 0$$

这就完成了证明. 等号适用于 $a = 0$ 和 $b = c$（或任意循环排列）.

问题 1.88 设 a,b,c 是非负实数,不存在两个同时为零. 如果 $k \geqslant -1$,那么

$$\sum \frac{a^2(b+c) + kabc}{b^2 + kbc + c^2} \geqslant a + b + c$$

证明 我们应用 SOS 方法. 不等式写成

$$\sum \left[\frac{a^2(b+c) + kabc}{b^2 + kbc + c^2} - a \right] \geqslant 0$$

$$\sum \frac{a(ab + ac - b^2 - c^2)}{b^2 + kbc + c^2} \geqslant 0$$

$$\sum \frac{ab(a-b)}{b^2 + kbc + c^2} + \sum \frac{ac(a-c)}{b^2 + kbc + c^2} \geqslant 0$$

$$\sum \frac{ab(a-b)}{b^2 + kbc + c^2} + \sum \frac{ba(b-a)}{c^2 + kca + a^2} \geqslant 0$$

$$\sum ab(a^2 + kab + b^2)(a+b+kc)(a-b)^2 \geqslant 0$$

不失一般性,假设

$$a \geqslant b \geqslant c$$

因为 $a + b + kc \geqslant a + b - c \geqslant 0$,于是只需证

$$b(b^2 + kbc + c^2)(b + c + ka)(b-c)^2 +$$

$$a(c^2 + kca + a^2)(c + a + kb)(c-a)^2$$

$$\geqslant 0$$

因为

$$c+a+kb \geqslant c+a-b \geqslant 0, c^2+kca+a^2 \geqslant b^2+kbc+c^2$$

从而只需证

$$b(b+c+ka)(b-c)^2+a(c+a+kb)(c-a)^2 \geqslant 0$$

我们有

$$b(b+c+ka)(b-c)^2+a(c+a+kb)(c-a)^2$$
$$\geqslant [b(b+c+ka)+a(c+a+kb)](b-c)^2$$
$$=[a^2+b^2+2kab+c(a+b)](b-c)^2$$
$$\geqslant [(a-b)^2+c(a+b)](b-c)^2$$
$$\geqslant 0$$

等号适用于 $a=b=c$,也适用于 $a=b$ 和 $c=0$(或其任意循环排列).

问题 1.89 设 a,b,c 是非负实数,不存在两个同时为零.如果 $k \geqslant -\dfrac{3}{2}$,那么

$$\sum \frac{a^3+(k+1)abc}{b^2+kbc+c^2} \geqslant a+b+c$$

(Vasile Cîrtoaje,2009)

证明 使用 SOS 方法.把不等式写成

$$\sum \left[\frac{a^3+(k+1)abc}{b^2+kbc+c^2}-a\right] \geqslant 0, \sum \frac{a^3-a(b^2-bc+c^2)}{b^2+kbc+c^2} \geqslant 0$$

$$\sum \frac{a^3(b+c)-a(b^3+c^3)}{(b+c)(b^2+kbc+c^2)} \geqslant 0, \sum \frac{ab(a^2-b^2)+ac(a^2-c^2)}{(b+c)(b^2+kbc+c^2)} \geqslant 0$$

$$\sum \frac{ab(a^2-b^2)}{(b+c)(b^2+kbc+c^2)}+\sum \frac{ba(b^2-a^2)}{(c+a)(c^2+kca+a^2)} \geqslant 0$$

$$\sum (a^2-b^2)^2 ab(a^2+kab+b^2)[a^2+b^2+ab+(k+1)c(a+b+c)] \geqslant 0$$

$$\sum (b^2-c^2)^2 bc(b^2+kbc+c^2)S_a \geqslant 0$$

其中

$$S_a=b^2+c^2+bc+(k+1)a(a+b+c)$$

不失一般性,假设

$$a \geqslant b \geqslant c$$

因为 $S_c > 0$,于是只需证

$$(b^2-c^2)^2 b(b^2+kbc+c^2)S_a+(c^2-a^2)^2 a(c^2+kca+a^2)S_b \geqslant 0$$

因为

$$(c^2-a^2)^2 \geqslant (b^2-c^2)^2, a \geqslant b$$

$$c^2+kca+a^2-(b^2+kbc+c^2)=(a-b)(a+b+kc) \geqslant 0$$

$$S_b=c^2+a^2+ca+(k+1)b(a+b+c) \geqslant c^2+a^2+ca-\frac{1}{2}b(a+b+c)$$

$$= \frac{1}{2} \big[(a-b)(2a+b) + c(2a+2c-b) \big]$$

$$\geqslant 0$$

于是只需证 $S_a + S_b \geqslant 0$. 事实上

$$S_a + S_b = a^2 + b^2 + 2c^2 + c(a+b) + (k+1)(a+b)(a+b+c)$$

$$\geqslant a^2 + b^2 + 2c^2 + c(a+b) - \frac{1}{2}(a+b)(a+b+c)$$

$$= \frac{(a-b)^2 + c(a+b+4c)}{2}$$

$$\geqslant 0$$

这就完成了证明. 等号适用于 $a=b=c$,也适用于 $a=b$ 和 $c=0$(或其任意循环排列).

问题 1.90 设 a,b,c 是非负实数,不存在两个同时为零. 如果 $k>0$,那么

$$\frac{2a^k - b^k - c^k}{b^2 - bc + c^2} + \frac{2b^k - c^k - a^k}{c^2 - ca + a^2} + \frac{2c^k - a^k - b^k}{a^2 - ab + b^2} \geqslant 0$$

(Vasile Cîrtoaje,2004)

证明 设

$$X = b^k - c^k, Y = c^k - a^k, Z = a^k - b^k$$

$$A = b^2 - bc + c^2, B = c^2 - ca + a^2, C = a^2 - ab + b^2$$

不失一般性,设 $a \geqslant b \geqslant c$,这意味着

$$A \leqslant B, A \leqslant C, X \geqslant 0, Z \geqslant 0$$

因为

$$\sum \frac{2a^k - b^k - c^k}{b^2 - bc + c^2} = \frac{X+2Z}{A} + \frac{X-Z}{B} - \frac{2X+Z}{C}$$

$$= X\left(\frac{1}{A} + \frac{1}{B} - \frac{2}{C}\right) + Z\left(\frac{2}{A} - \frac{1}{B} - \frac{1}{C}\right)$$

于是只需证

$$\frac{1}{A} + \frac{1}{B} - \frac{2}{C} \geqslant 0$$

$$\frac{1}{A} - \frac{1}{C} \geqslant \frac{1}{C} - \frac{1}{B}$$

这就是

$$(a-c)(a+c-b)(a^2 - ac + c^2) \geqslant (b-c)(a-b-c)(b^2 - bc + c^2)$$

对于非平凡情况 $a > b+c$,我们可以从下列不等式中得到这个不等式

$$a+c-b \geqslant a-b-c$$

$$a-c \geqslant b-c$$

$$a^2 - ac + c^2 > b^2 - bc + c^2$$

这就完成了证明.等号适用于 $a=b=c$,也适用于 $a=b$ 和 $c=0$(或其任意循环排列).

问题 1.91　如果 a,b,c 是三角形的边长,那么

(1) $\dfrac{b+c-a}{b^2-bc+c^2}+\dfrac{c+a-b}{c^2-ca+a^2}+\dfrac{a+b-c}{a^2-ab+b^2}\geqslant\dfrac{2(a+b+c)}{a^2+b^2+c^2}$;

(2) $\dfrac{a^2-2bc}{b^2-bc+c^2}+\dfrac{b^2-2ca}{c^2-ca+a^2}+\dfrac{c^2-2ab}{a^2-ab+b^2}\leqslant 0$.

$$(\text{Vasile Cîrtoaje},2009)$$

证明　(1) 通过柯西－施瓦兹不等式,我们得到

$$\sum\frac{b+c-a}{b^2-bc+c^2}\geqslant\frac{\left[\sum(b+c-a)\right]^2}{\sum(b+c-a)(b^2-bc+c^2)}$$

$$=\frac{\left(\sum a\right)^2}{2\sum a^3-\sum a^2(b+c)+3abc}$$

另一方面,从

$$(b+c-a)(c+a-b)(a+b-c)\geqslant 0$$

我们得到

$$2abc\leqslant\sum a^2(b+c)-\sum a^3$$

因此

$$2\sum a^3-\sum a^2(b+c)+3abc\leqslant\frac{\sum a^3+\sum a^2(b+c)}{2}$$

$$=\frac{\sum a\sum a^2}{2}$$

因此

$$\sum\frac{b+c-a}{b^2-bc+c^2}\geqslant\frac{2\sum a}{\sum a^2}$$

这个等式适用于 $a=b+c$(或任何循环排列)的退化三角形.

(2) 因为

$$\frac{a^2-2bc}{b^2-bc+c^2}=2-\frac{(b-c)^2+(b+c)^2-a^2}{b^2-bc+c^2}$$

可将不等式写成

$$\sum\frac{(b-c)^2}{b^2-bc+c^2}+(a+b+c)\sum\frac{b+c-a}{b^2-bc+c^2}\geqslant 6$$

利用(1)中的结论,于是只需证

$$\sum\frac{(b-c)^2}{b^2-bc+c^2}+\frac{2(a+b+c)^2}{a^2+b^2+c^2}\geqslant 6$$

把这个不等式写成

$$\sum \frac{(b-c)^2}{b^2-bc+c^2} \geqslant \sum \frac{2(b-c)^2}{a^2+b^2+c^2}$$

$$\sum \frac{(b-c)^2(a-b+c)(a+b-c)}{b^2-bc+c^2} \geqslant 0$$

这是成立的.这个等式适用于 $a/2=b=c$(或任何循环排列),和 $a=0,b=c$(或任何循环排列)的退化三角形.

备注 下面是(2)中不等式的推广(Vasile Cîrtoaje,2009).

设 a,b,c 是三角形的边长,如果 $k \geqslant -1$,那么

$$\sum \frac{2(k+2)bc-a^2}{b^2+kbc+c^2} \geqslant 0$$

等号适用于 $a=0$ 和 $b=c$(或任何循环排列)的退化三角形.

问题 1.92 如果 a,b,c 是非负实数,那么:

(1) $\dfrac{a^2}{5a^2+(b+c)^2}+\dfrac{b^2}{5b^2+(c+a)^2}+\dfrac{c^2}{5c^2+(a+b)^2} \leqslant \dfrac{1}{3}$;

(2) $\dfrac{a^3}{13a^3+(b+c)^3}+\dfrac{b^3}{13b^3+(c+a)^3}+\dfrac{c^3}{13c^3+(a+b)^3} \leqslant \dfrac{1}{7}$.

(Vo Quoc Ba Can and Vasile Cîrtoaje,2009)

证明 (1)在下列方法中应用柯西－施瓦兹不等式

$$\frac{9}{5a^2+(b+c)^2}=\frac{(1+2)^2}{(a^2+b^2+c^2)+2(2a^2+bc)} \leqslant \frac{1}{a^2+b^2+c^2}+\frac{2}{2a^2+bc}$$

那么

$$\sum \frac{9a^2}{5a^2+(b+c)^2} \leqslant \sum \frac{a^2}{a^2+b^2+c^2}+\sum \frac{2a^2}{2a^2+bc}=1+2\sum \frac{a^2}{2a^2+bc}$$

这还有待证明

$$\sum \frac{a^2}{2a^2+bc} \leqslant 1$$

对于非平凡情况 $a,b,c>0$,这个不等式等价于

$$\sum \frac{1}{2+\dfrac{bc}{a^2}} \leqslant 1$$

这个不等式立即由问题1.2(2)得到.等式适用于 $a=b=c$,和 $a=0,b=c$(或任意循环排列).

(2)根据柯西－施瓦兹不等式,我们有

$$\frac{49}{13a^3+(b+c)^3}=\frac{(1+6)^2}{a^3+b^3+c^3+12a^3+3bc(b+c)}$$

$$\leqslant \frac{1}{a^3+b^3+c^3}+\frac{36}{12a^3+3bc(b+c)}$$

因此

$$\sum \frac{49a^3}{13a^3+(b+c)^3} \leqslant \sum \frac{a^3}{a^3+b^3+c^3} + \sum \frac{36a^3}{12a^3+3bc(b+c)}$$

$$= 1 + \sum \frac{12a^3}{4a^3+bc(b+c)}$$

因此,只需证明

$$\sum \frac{2a^3}{4a^3+bc(b+c)} \leqslant 1$$

对于非平凡情况 $a,b,c > 0$,这等价于

$$\sum \frac{1}{2+\dfrac{bc(b+c)}{2a^3}} \leqslant 1$$

因为

$$\prod \frac{bc(b+c)}{2a^3} \geqslant \prod \frac{bc\sqrt{bc}}{a^3} = 1$$

这个不等式立即由问题 1.2(2) 得到. 等号适用于 $a=b=c$,也适用于 $a=0,b=c$(或其任意循环排列).

问题 1.93 如果 a,b,c 是非负实数,那么

$$\frac{b^2+c^2-a^2}{2a^2+(b+c)^2} + \frac{c^2+a^2-b^2}{2b^2+(c+a)^2} + \frac{a^2+b^2-c^2}{2c^2+(a+b)^2} \geqslant \frac{1}{2}$$

(Vasile Cîrtoaje,2011)

证明 我们应用 SOS 方法.不等式写成如下

$$\sum \left[\frac{b^2+c^2-a^2}{2a^2+(b+c)^2} - \frac{1}{6} \right] \geqslant 0$$

$$\sum \frac{5(b^2+c^2-2a^2)+2(a^2-bc)}{2a^2+(b+c)^2} \geqslant 0$$

$$\sum \frac{5(b^2-a^2)+5(c^2-a^2)+(a-b)(a+c)+(a-c)(a+b)}{2a^2+(b+c)^2} \geqslant 0$$

$$\sum \frac{(b-a)[5(b+a)-(a+c)]}{2a^2+(b+c)^2} + \sum \frac{(c-a)(5c+5a-a-b)}{2a^2+(b+c)^2} \geqslant 0$$

$$\sum \frac{(b-a)(5b+5a-a-c)}{2a^2+(b+c)^2} + \sum \frac{(a-b)(5a+5b-b-c)}{2b^2+(c+a)^2} \geqslant 0$$

$$\sum (a-b)^2 [2c^2+(a+b)^2][2(a^2+b^2)+c^2+3ab-3c(b+c)]$$

$$\sum (b-c)^2 R_a S_a \geqslant 0$$

其中

$$R_a = 2a^2+(b+c)^2, S_a = a^2+2(b^2+c^2)+3bc-3a(b+c)$$

不失一般性,假设 $a \geqslant b \geqslant c$,我们有

$$S_b = b^2 + 2(c^2 + a^2) + 3ca - 3b(c+a)$$
$$= (a-b)(2a-b) + 2c^2 + 3c(a-b)$$
$$\geqslant 0$$
$$S_c = c^2 + 2(a^2 + b^2) + 3ab - 3c(a+b)$$
$$\geqslant 7ab - 3c(a+b)$$
$$\geqslant a(b-c) + 3b(a-c)$$
$$\geqslant 0$$
$$S_a + S_b = 3(a-b)^2 + 4c^2 \geqslant 0$$

因为

$$\sum (b-c)^2 R_a S_a \geqslant (b-c)^2 R_a S_a + (c-a)^2 R_b S_b$$
$$= (b-c)^2 R_a (S_a + S_b) + [(c-a)^2 R_b - (b-c)^2 R_a] S_b$$

于是只需证

$$(c-a)^2 R_b - (b-c)^2 R_a \geqslant 0$$

我们可以通过不等式相乘得到这个不等式

$$b^2 (a-c)^2 \geqslant a^2 (b-c)^2$$

和

$$a^2 R_b \geqslant b^2 R_a$$

等号适用于 $a=b=c$, 也适用于 $a=b, c=0$(或其任意循环排列).

问题 1.94 设 a, b, c 是非负实数. 如果 $k > 0$, 那么

$$\frac{3a^2 - 2bc}{ka^2 + (b-c)^2} + \frac{3b^2 - 2ca}{kb^2 + (c-a)^2} + \frac{3c^2 - 2ab}{kc^2 + (a-b)^2} \leqslant \frac{3}{k}$$

(Vasile Cîrtoaje, 2011)

证明 我们应用 SOS 方法. 不等式写成如下

$$\sum \left[\frac{1}{k} - \frac{3a^2 - 2bc}{ka^2 + (b-c)^2} \right] \geqslant 0$$

$$\sum \frac{b^2 + c^2 - 2a^2 + 2(k-1)(bc - a^2)}{ka^2 + (b-c)^2} \geqslant 0$$

$$\sum \frac{(b^2 - a^2) + (c^2 - a^2) + (k-1)(a+b)(c-a) + (k-1)(c+a)(b-a)}{ka^2 + (b-c)^2} \geqslant 0$$

$$\sum \frac{(b-a)[b+a+(k-1)(c+a)]}{ka^2 + (b-c)^2} +$$

$$\sum \frac{(c-a)[c+a+(k-1)(a+b)]}{ka^2 + (b-c)^2} \geqslant 0$$

$$\sum \frac{(b-a)[b+a+(k-1)(c+a)]}{ka^2 + (b-c)^2} +$$

$$\sum \frac{(a-b)[a+b+(k-1)(b+c)]}{ka^2 + (c-a)^2} \geqslant 0$$

111

$$\sum (a-b)^2 \big[kc^2 + (a-b)^2 \big]\big[(k-1)c^2 + 2c(a+b) +$$
$$(k^2-1)(ab+bc+ca)\big] \geqslant 0$$

当 $k \geqslant 1$ 时,不等式显然是正确的.进一步考虑 $0 < k < 1$.因为
$$(k-1)c^2 + 2c(a+b) + (k^2-1)(ab+bc+ca)$$
$$> -c^2 + 2c(a+b) - (ab+bc+ca) = (b-c)(c-a)$$

于是只需证
$$(a-b)(b-c)(c-a)\sum (a-b)\big[kc^2 + (a-b)^2 \big] \geqslant 0$$

因为
$$\sum (a-b)\big[kc^2 + (a-b)^2 \big] = k\sum (a-b)c^2 + \sum (a-b)^3$$
$$= (3-k)(a-b)(b-c)(c-a)$$

我们有
$$(a-b)(b-c)(c-a)\sum (a-b)\big[kc^2 + (a-b)^2 \big]$$
$$= (3-k)(a-b)^2(b-c)^2(c-a)^2$$
$$\geqslant 0$$

这就完成了证明.等号适用于 $a=b=c$.

问题 1.95 设 a,b,c 是非负实数.不存在两个同时为零.如果 $k \geqslant 3+\sqrt{7}$,那么

(1) $\dfrac{a}{a^2+kbc} + \dfrac{b}{b^2+kca} + \dfrac{c}{c^2+kab} \geqslant \dfrac{9}{(1+k)(a+b+c)}$;

(2) $\dfrac{1}{ka^2+bc} + \dfrac{1}{kb^2+ca} + \dfrac{1}{kc^2+ab} \geqslant \dfrac{9}{(k+1)(ab+bc+ca)}$.

(Vasile Cîrtoaje,2005)

证明 (1) 假设 $a = \max\{a,b,c\}$,设
$$t = \frac{b+c}{2}, \; t \leqslant a$$

根据柯西－施瓦兹不等式,我们得到
$$\frac{b}{b^2+kca} + \frac{c}{c^2+kab} \geqslant \frac{(b+c)^2}{b(b^2+kca) + c(c^2+kab)}$$
$$= \frac{4t^2}{8t^3 - 6bct + 2kabc}$$
$$= \frac{2t^2}{4t^3 + (ka-3t)bc}$$
$$\geqslant \frac{2t^2}{4t^3 + (ka-3t)t^2}$$
$$= \frac{2}{t+ka}$$

另一方面

$$\frac{a}{a^2+kbc}\geqslant\frac{a}{a^2+kt^2}$$

因此,只需证

$$\frac{a}{a^2+kt^2}+\frac{2}{t+ka}\geqslant\frac{9}{(k+1)(a+2t)}$$

等价于

$$(a-t)^2\big[(k^2-6k+2)a+k(4k-5)t\big]\geqslant0$$

这个不等式是正确的,因为

$$k^2-6k+2\geqslant0,4k-5>0$$

等式适用于 $a=b=c$.

（2）对于 $a=0$,不等式变成

$$\frac{1}{b^2}+\frac{1}{c^2}\geqslant\frac{k(8-k)}{(k+1)bc}$$

我们有

$$\frac{1}{b^2}+\frac{1}{c^2}-\frac{k(8-k)}{(k+1)bc}\geqslant\frac{2}{bc}-\frac{k(8-k)}{(k+1)bc}$$
$$=\frac{k^2-6k+2}{(k+1)bc}$$
$$\geqslant0$$

对于 $a,b,c>0$,通过分别用 $\frac{1}{a},\frac{1}{b},\frac{1}{c}$ 替换 a,b,c,可以得到问题(1)中的不等式.等号适用于 $a=b=c$.在 $k=3+\sqrt{7}$ 的情况下,等号也适用于 $a=0,b=c$(或任意循环排列).

问题 1.96 设 a,b,c 是非负实数.不存在两个同时为零.求证

$$\frac{1}{2a^2+bc}+\frac{1}{2b^2+ca}+\frac{1}{2c^2+ab}\geqslant\frac{6}{a^2+b^2+c^2+ab+bc+ca}$$

(Vasile Cîrtoaje,2005)

证明 应用柯西－施瓦兹不等式,我们得到

$$\sum\frac{1}{2a^2+bc}\geqslant\sum\frac{(b+c)^2}{(b+c)^2(2a^2+bc)}$$
$$=\frac{4(a+b+c)^2}{\sum(b+c)^2(2a^2+bc)}$$

因此,只需证

$$2\left(\sum a\right)^2\left(\sum a^2+\sum ab\right)\geqslant3\sum(b+c)^2(2a^2+bc)$$

等价于

$$2\sum a^4 + 3\sum ab(a^2+b^2) + 2abc\sum a \geqslant 10\sum a^2b^2$$

这个不等式是由舒尔不等式

$$2\sum a^4 + 2abc\sum a \geqslant 2\sum ab(a^2+b^2)$$

和不等式

$$5\sum ab(a^2+b^2) \geqslant 10\sum a^2b^2$$

相加得到的. 等号适用于 $a=b=c$，也适用于 $a=0, b=c$（或任意循环排列）.

问题 1.97 设 a, b, c 是非负实数. 不存在两个同时为零. 求证

$$\frac{1}{22a^2+5bc} + \frac{1}{22b^2+5ca} + \frac{1}{22c^2+5ab} \geqslant \frac{1}{(a+b+c)^2}$$

（Vasile Cîrtoaje, 2005）

证明 应用柯西 — 施瓦兹不等式，我们得到

$$\sum \frac{1}{22a^2+5bc} \geqslant \frac{\left[\sum(b+c)\right]^2}{\sum(b+c)^2(22a^2+5bc)}$$

$$= \frac{4(a+b+c)^2}{\sum(b+c)^2(22a^2+5bc)}$$

于是只需证明

$$4\left(\sum a\right)^4 \geqslant \sum(b+c)^2(22a^2+5bc)$$

等价于

$$4\sum a^4 + 11\sum ab(a^2+b^2) + 4abc\sum a \geqslant 30\sum a^2b^2$$

这个不等式是由舒尔不等式

$$4\sum a^4 + 4abc\sum a \geqslant 4\sum ab(a^2+b^2)$$

和不等式

$$15\sum ab(a^2+b^2) \geqslant 30\sum a^2b^2$$

相加得到的. 等号适用于 $a=b=c$.

问题 1.98 设 a, b, c 是非负实数. 不存在两个同时为零. 求证

$$\frac{1}{2a^2+bc} + \frac{1}{2b^2+ca} + \frac{1}{2c^2+ab} \geqslant \frac{8}{(a+b+c)^2}$$

（Vasile Cîrtoaje, 2005）

证明 1 应用柯西 — 施瓦兹不等式，我们有

$$\sum \frac{1}{2a^2+bc} \geqslant \sum \frac{(b+c)^2}{(b+c)^2(2a^2+bc)}$$

$$= \frac{4(a+b+c)^2}{\sum(b+c)^2(2a^2+bc)}$$

只需证

$$\left(\sum a\right)^4 \geqslant 2\sum (b+c)^2(2a^2+bc)$$

等价于

$$\sum a^4 + 2\sum ab(a^2+b^2) + 4abc\sum a \geqslant 6\sum a^2b^2$$

我们将证明更强的不等式

$$\sum a^4 + 2\sum ab(a^2+b^2) + abc\sum a \geqslant 6\sum a^2b^2$$

这个不等式是由舒尔不等式

$$\sum a^4 + abc\sum a \geqslant \sum ab(a^2+b^2)$$

和不等式

$$3\sum ab(a^2+b^2) \geqslant 6\sum a^2b^2$$

相加得到的.等号适用于 $a=b=c$,也适用于 $a=0$ 和 $b=c$(或任何循环排列).

证明 2 在不失一般性的前提下,我们可以假设 $a\geqslant b\geqslant c$.因为等式适用于 $c=0$ 和 $a=b$.将不等式写成

$$\frac{1}{2a^2+bc}=\frac{1}{2b^2+ca}=\frac{1}{4c^2+2ab}$$

不等式等价于

$$\frac{1}{2a^2+bc}+\frac{1}{2b^2+ca}+\frac{1}{4c^2+2ab}+\frac{1}{4c^2+2ab} \geqslant \frac{8}{(a+b+c)^2}$$

应用柯西—施瓦兹不等式,只需证

$$\frac{16}{(2a^2+bc)+(2b^2+ca)+2(4c^2+2ab)} \geqslant \frac{8}{(a+b+c)^2}$$

这个不等式等价于一个明显的不等式

$$c(a+b-2c) \geqslant 0$$

问题 1.99 设 a,b,c 是非负实数.不存在两个同时为零.求证

$$\frac{1}{a^2+bc}+\frac{1}{b^2+ca}+\frac{1}{c^2+ab} \geqslant \frac{12}{(a+b+c)^2}$$

$$(\text{Vasile Cîrtoaje},2005)$$

证明 这样的不等式中分数的分子是非负的,并且尽可能小

$$\sum\left[\frac{1}{a^2+bc}-\frac{1}{(a+b+c)^2}\right] \geqslant \frac{9}{(a+b+c)^2}$$

$$\sum\frac{(a+b+c)^2-a^2-bc}{a^2+bc} \geqslant 9$$

由于齐次性,我们可以假设 $a+b+c=1$.在这个假设下,不等式为

$$\sum\frac{1-a^2-bc}{a^2+bc} \geqslant 9$$

115

根据柯西－施瓦兹不等式,我们有

$$\sum \frac{1-a^2-bc}{a^2+bc} \geqslant \frac{\left[\sum(1-a^2-bc)\right]^2}{\sum(1-a^2-bc)^2(a^2+bc)}$$

于是只需证

$$\left(3-\sum a^2-\sum bc\right)^2 \geqslant 9\sum(a^2+bc)-9\sum(a^2+bc)^2$$

等价于

$$(1-4q)(4-7q)+36abc \geqslant 0, q=ab+bc+a$$

对于 $q \leqslant \frac{1}{4}$,这个不等式是显然成立的.进一步考虑 $q > \frac{1}{4}$,由舒尔不等式

$$(a+b+c)^3+9abc \geqslant 4(a+b+c)(ab+bc+ca)$$

我们得到 $1+9abc \geqslant 4q$,因此 $36abc \geqslant 16q-4$,因此

$$(1-4q)(4-7q)+36abc \geqslant (1-4q)(4-7q)+16q-4=7q(4q-1)>0$$

等号适用于 $a=0$ 和 $b=c$(或任何循环排列).

问题 1.100　设 a,b,c 是非负实数.不存在两个同时为零.求证:

(1) $\dfrac{1}{a^2+2bc}+\dfrac{1}{b^2+2ca}+\dfrac{1}{c^2+2ab} \geqslant \dfrac{1}{a^2+b^2+c^2}+\dfrac{2}{ab+bc+ca}$;

(2) $\dfrac{a(b+c)}{a^2+2bc}+\dfrac{b(c+a)}{b^2+2ca}+\dfrac{c(a+b)}{c^2+2ab} \geqslant 1+\dfrac{ab+bc+ca}{a^2+b^2+c^2}$.

(Vasile Cîrtoaje,2005)

证明　(1) 将不等式写为

$$\frac{\sum(b^2+2ca)(c^2+2ab)}{(a^2+2bc)(b^2+2ca)(c^2+2ab)} \geqslant \frac{ab+bc+ca+2a^2+2b^2+2c^2}{(a^2+b^2+c^2)(ab+bc+ca)}$$

因为

$$\sum(b^2+2ca)(c^2+2ab)=\sum ab\left(\sum ab+2\sum a^2\right)$$

于是只需证

$$(ab+bc+ca)^2(a^2+b^2+c^2) \geqslant (a^2+2bc)(b^2+2ca)(c^2+2ab)$$

这就是第 1 卷问题 2.16 中的不等式(1).等式适用于 $a=b$,或 $b=c$,或 $c=a$.

(2) 把(1)中的不等式写成

$$\sum \frac{ab+bc+ca}{a^2+2bc} \geqslant 2+\frac{ab+bc+ca}{a^2+b^2+c^2}$$

或

$$\sum \frac{a(b+c)}{a^2+2bc}+\sum \frac{bc}{a^2+2bc} \geqslant 2+\frac{ab+bc+ca}{a^2+b^2+c^2}$$

通过将这个不等式添加到如下不等式上,得到期望不等式

$$1 \geqslant \sum \frac{bc}{a^2+2bc}$$

116

这个不等式等价于

$$\sum \frac{a^2}{a^2 + 2bc} \geqslant 1$$

应用 AM − GM 不等式如下

$$\sum \frac{a^2}{a^2 + 2bc} \geqslant \sum \frac{a^2}{a^2 + b^2 + c^2} = 1$$

等号适用于 $a = b = c$.

问题 1.101 设 a, b, c 是非负实数. 不存在两个同时为零. 求证:

(1) $\dfrac{a}{a^2 + 2bc} + \dfrac{b}{b^2 + 2ca} + \dfrac{c}{c^2 + 2ab} \leqslant \dfrac{a + b + c}{ab + bc + ca}$;

(2) $\dfrac{a(b+c)}{a^2 + 2bc} + \dfrac{b(c+a)}{b^2 + 2ca} + \dfrac{c(a+b)}{c^2 + 2ab} \leqslant 1 + \dfrac{a^2 + b^2 + c^2}{ab + bc + ca}$.

（Vasile Cîrtoaje, 2008）

证明 （1）使用 SOS 方法. 将不等式写成

$$\sum \left[a - \frac{a(ab + bc + ca)}{a^2 + 2bc} \right] \geqslant 0, \quad \sum \frac{a(a-b)(a-c)}{a^2 + 2bc} \geqslant 0$$

假设 $a \geqslant b \geqslant c$. 因为 $(c-a)(c-b) \geqslant 0$, 于是只需证

$$\frac{a(a-b)(a-c)}{a^2 + 2bc} + \frac{b(b-a)(b-c)}{b^2 + 2ca} \geqslant 0$$

这个不等式等价于

$$c (a-b)^2 \left[2a(a-c) + 2b(b-c) + 3ab \right] \geqslant 0$$

这是显然成立的. 等号适用于 $a = b = c$, 也适用于 $a = b$ 和 $c = 0$（或其任意循环排列）.

（2）因为

$$\frac{a(b+c)}{a^2 + 2bc} = \frac{a(a + b + c)}{a^2 + 2bc} - \frac{a^2}{a^2 + 2bc}$$

我们可以把不等式写成

$$(a + b + c) \sum \frac{a}{a^2 + 2bc} - \sum \frac{a^2}{a^2 + 2bc} \leqslant 1 + \frac{a^2 + b^2 + c^2}{ab + bc + ca}$$

根据式（1）中的不等式, 只需证明

$$\frac{(a + b + c)^2}{ab + bc + ca} \leqslant 1 + \frac{a^2 + b^2 + c^2}{ab + bc + ca} + \sum \frac{a^2}{a^2 + 2bc}$$

等价于

$$\sum \frac{a^2}{a^2 + 2bc} \geqslant 1$$

事实上

$$\sum \frac{a^2}{a^2 + 2bc} \geqslant \sum \frac{a^2}{a^2 + b^2 + c^2} = 1$$

117

等号适用于 $a=b=c$.

问题 1.102 设 a,b,c 是非负实数.不存在两个同时为零.求证:

(1) $\dfrac{a}{2a^2+bc}+\dfrac{b}{2b^2+ca}+\dfrac{c}{2c^2+ab}\geqslant\dfrac{a+b+c}{a^2+b^2+c^2}$;

(2) $\dfrac{b+c}{2a^2+bc}+\dfrac{c+a}{2b^2+ca}+\dfrac{a+b}{2c^2+ab}\geqslant\dfrac{6}{a+b+c}$.

(Vasile Cîrtoaje,2008)

证明 不妨设

$$a\geqslant b\geqslant c$$

(1) 乘以 $a+b+c$,可将不等式写成如下

$$\sum\frac{a(a+b+c)}{2a^2+bc}\geqslant\frac{(a+b+c)^2}{a^2+b^2+c^2}$$

$$3-\frac{(a+b+c)^2}{a^2+b^2+c^2}\geqslant\sum\left[1-\frac{a(a+b+c)}{2a^2+bc}\right]$$

$$2\sum(a-b)(a-c)\geqslant(a^2+b^2+c^2)\sum\frac{(a-b)(a-c)}{2a^2+bc}$$

$$\sum\frac{3a^2-(b-c)^2}{2a^2+bc}(a-b)(a-c)\geqslant0$$

$$3\sum\frac{a^2}{2a^2+bc}(a-b)(a-c)-(a-b)(b-c)(a-c)\sum\frac{b-c}{2a^2+bc}\geqslant0$$

$$3f(a,b,c)+(a-b)(b-c)(c-a)g(a,b,c)\geqslant0$$

其中

$$f(a,b,c)=\sum\frac{a^2(a-b)(a-c)}{2a^2+bc},g(a,b,c)=\sum\frac{b-c}{2a^2+bc}$$

于是只需证 $f(a,b,c)\geqslant0,g(a,b,c)\leqslant0$.我们有

$$f(a,b,c)\geqslant\frac{a^2(a-b)(a-c)}{2a^2+bc}+\frac{b^2(b-a)(b-c)}{2b^2+ca}$$

$$\geqslant\frac{a^2(a-b)(b-c)}{2a^2+bc}+\frac{b^2(b-a)(b-c)}{2b^2+ca}$$

$$=\frac{a^2c(a-b)^2(b-c)(a^2+ab+b^2)}{(2a^2+bc)(2b^2+ca)}$$

$$\geqslant0$$

同样

$$g(a,b,c)=\frac{b-c}{2a^2+bc}+\frac{c-b+b-a}{2b^2+ca}+\frac{a-b}{2c^2+ab}$$

$$=(b-c)\left(\frac{1}{2a^2+bc}-\frac{1}{2b^2+ca}\right)+(a-b)\left(\frac{1}{2c^2+ab}-\frac{1}{2b^2+ca}\right)$$

$$=\frac{(a-b)(b-c)}{(2b^2+ca)}\left[\frac{2(b+c)-a}{(2c^2+ab)}-\frac{2(b+a)-c}{(2a^2+bc)}\right]$$

$$= \frac{2(a-b)(b-c)(c-a)(a^2+b^2+c^2-ab-bc-ca)}{(2a^2+bc)(2b^2+ca)(2c^2+ab)}$$

$$\leqslant 0$$

等号适用于 $a=b=c$,也适用于 $a=b$ 和 $c=0$(或其任意循环排列).

(2)我们应用 SOS 方法.不等式写成

$$\sum \left[\frac{(b+c)(a+b+c)}{2a^2+bc}-2\right]\geqslant 0$$

$$\sum \frac{b^2+ab-2a^2+c^2+ca-2a^2}{2a^2+bc}\geqslant 0$$

$$\sum \frac{(b-a)(b+2a)+(c-a)(c+2a)}{2a^2+bc}\geqslant 0$$

$$\sum \frac{(b-a)(b+2a)}{2a^2+bc}+\sum \frac{(c-a)(c+2a)}{2a^2+bc}\geqslant 0$$

$$\sum \frac{(b-a)(b+2a)}{2a^2+bc}+\sum \frac{(a-b)(a+2b)}{2b^2+ca}\geqslant 0$$

$$\sum (a-b)\left(\frac{a+2b}{2b^2+ca}-\frac{b+2a}{2a^2+bc}\right)\geqslant 0$$

$$\sum (a-b)^2(2c^2+ab)(a^2+b^2+3ab-ac-bc)\geqslant 0$$

因为

$$a^2+b^2+3ab-ac-bc\geqslant a^2+b^2+2ab-ac-bc=(a+b)(a+b-c)$$

于是只需证

$$\sum (a-b)^2(2c^2+ab)(a+b)(a+b-c)\geqslant 0$$

这个不等式是成立的,如果

$$(b-c)^2(2a^2+bc)(b+c)(b+c-a)+$$
$$(c-a)^2(2b^2+ca)(c+a)(c+a-b)\geqslant 0$$

如果 $b+c-a\geqslant 0$,不等式显然成立.

如果 $b+c-a<0$,因为

$$(a-c)^2(2b^2+ca)(c+a)(c+a-b)$$
$$\geqslant (b-c)^2(2a^2+bc)(b+c)(a-b-c)$$

于是只需证

$$(a-c)^2(2b^2+ca)(a+c)(a+c-b)\geqslant (b-c)^2(2a^2+bc)(b+c)(a-b-c)$$

因为 $a+c\geqslant b+c, a+c-b\geqslant a-b-c$,只需证

$$(a-c)^2(2b^2+ca)\geqslant (b-c)^2(2a^2+bc)$$

这个不等式是下列两个不等式乘积的结果

$$b^2(a-c)^2\geqslant a^2(b-c)^2$$

$$a^2(2b^2+ca)\geqslant b^2(2a^2+bc)$$

119

等号适用于 $a=b=c$，也适用于 $a=b$ 和 $c=0$（或其任意循环排列）.

问题 1.103 设 a,b,c 是非负实数.不存在两个同时为零.求证

$$\frac{a(b+c)}{a^2+bc}+\frac{b(c+a)}{b^2+ca}+\frac{c(a+b)}{c^2+ab}\geqslant\frac{(a+b+c)^2}{a^2+b^2+c^2}$$

（Vasile Cîrtoaje,2006）

证明 不妨设 $a\geqslant b\geqslant c$.将不等式写成

$$3-\frac{(a+b+c)^2}{a^2+b^2+c^2}\geqslant\sum\left(1-\frac{a(b+c)}{a^2+bc}\right)$$

$$2\sum(a-b)(a-c)\geqslant(a^2+b^2+c^2)\sum\frac{(a-b)(a-c)}{a^2+bc}$$

$$\sum\frac{(a-b)(a-c)(a+b-c)(a-b+c)}{a^2+bc}\geqslant0$$

于是只需证

$$\frac{(b-c)(b-a)(b+c-a)(b-c+a)}{b^2+ca}+$$

$$\frac{(c-a)(c-b)(a-b+c)(-a+b+c)}{c^2+ab}\geqslant0$$

等价于明显的不等式

$$\frac{(b-c)^2\,(c+a-b)^2(a^2+bc)}{(b^2+ca)(c^2+ab)}\geqslant0$$

等式适用于 $a=b=c$，也适用于 $a=b$ 和 $c=0$（或其任意循环排列）.

问题 1.104 设 a,b,c 是非负实数,不存在两个同时为零.如果 $k>0$,那么

$$\frac{b^2+c^2+\sqrt{3}\,bc}{a^2+kbc}+\frac{c^2+a^2+\sqrt{3}\,ca}{b^2+kca}+\frac{a^2+b^2+\sqrt{3}\,ab}{c^2+kab}\geqslant\frac{3(2+\sqrt{3})}{1+k}$$

（Vasile Cîrtoaje,2013）

证明 我们将采用最高系数对消法.不等式写成 $f_6(a,b,c)\geqslant0$,其中

$$f_6(a,b,c)=(1+k)\sum(b^2+c^2+\sqrt{3}\,bc)(b^2+kca)(c^2+kab)-$$

$$3(2+\sqrt{3})\prod(a^2+kbc)$$

显然 $f_6(a,b,c)$ 与

$$(1+k)P_2(a,b,c)-3(2+\sqrt{3})P_3(a,b,c)$$

有相同的最高系数 A,其中

$$P_2(a,b,c)=\sum(\sqrt{3}\,bc-a^2)(b^2+kca)(c^2+kab)$$

$$P_3(a,b,c)=\prod(a^2+kbc)$$

根据第 1 卷问题 2.75 中的证明的备注 2,我们有

$$A=(1+k)P_2(1,1,1)-3(2+\sqrt{3})P_3(1,1,1)$$

$$=3(\sqrt{3}-1)(k+1)^3-3(2+\sqrt{3})(k+1)^3$$
$$=-9(k+1)^3$$

因为 $A\leqslant 0$,根据第 1 卷问题 3.76(1),我们只需证明当 $b=c=1,a=0$ 时原不等式成立即可. 在第一种情况($b=c=1$)下,不等式等价于

$$\frac{2+\sqrt{3}}{a^2+k}+\frac{2(a^2+\sqrt{3}a+1)}{ka+1}\geqslant\frac{3(2+\sqrt{3})}{1+k}$$

$$\frac{2(a^2+\sqrt{3}a+1)}{ka+1}\geqslant\frac{(2+\sqrt{3})(3a^2+2k-1)}{(1+k)(a^2+k)}$$

$$(a-1)^2\left[(k+1)a^2-\left(1+\frac{\sqrt{3}}{2}\right)(k-2)a+\left(k-\frac{1+\sqrt{3}}{2}\right)^2\right]\geqslant 0$$

对于非平凡情况 $k>2$,我们有

$$(k+1)a^2+\left(k-\frac{1+\sqrt{3}}{2}\right)^2\geqslant 2\sqrt{k+1}\left(k-\frac{1+\sqrt{3}}{2}\right)a$$
$$\geqslant 2\sqrt{3}\left(k-\frac{1+\sqrt{3}}{2}\right)a$$
$$\geqslant\left(1+\frac{\sqrt{3}}{2}\right)(k-2)a$$

在第二种情况($a=0$)下,原始不等式可以写成

$$\frac{1}{k}\left(\frac{b}{c}+\frac{c}{b}+\sqrt{3}\right)+\left(\frac{b^2}{c^2}+\frac{c^2}{b^2}\right)\geqslant\frac{3(2+\sqrt{3})}{1+k}$$

这是真的,如果

$$\frac{2+\sqrt{3}}{k}+2\geqslant\frac{3(2+\sqrt{3})}{1+k}$$

这等价于

$$\left(k-\frac{1+\sqrt{3}}{2}\right)^2\geqslant 0$$

等号适用于 $a=b=c$,如果 $k=\frac{1+\sqrt{3}}{2}$,那么等号也适用于 $a=0$ 和 $b=c$(或其任意循环排列).

问题 1.105 设 a,b,c 是非负实数,不存在两个同时为零. 求证

$$\frac{1}{a^2+b^2}+\frac{1}{b^2+c^2}+\frac{1}{c^2+a^2}+\frac{8}{a^2+b^2+c^2}\geqslant\frac{6}{ab+bc+ca}$$

(Vasile Cîrtoaje,2013)

证明 不等式两边乘以 $a^2+b^2+c^2$ 后变成

$$\frac{c^2}{a^2+b^2}+\frac{b^2}{b^2+c^2}+\frac{a^2}{c^2+a^2}+11\geqslant\frac{6(a^2+b^2+c^2)}{ab+bc+ca}$$

121

因为

$$\left(\frac{c^2}{a^2+b^2}+\frac{b^2}{b^2+c^2}+\frac{a^2}{c^2+a^2}\right)(a^2b^2+b^2c^2+c^2a^2)$$

$$=a^4+b^4+c^4+a^2b^2c^2\left(\frac{1}{a^2+b^2}+\frac{1}{b^2+c^2}+\frac{1}{c^2+a^2}\right)$$

$$\geqslant a^4+b^4+c^4$$

于是只需证

$$\frac{a^4+b^4+c^4}{a^2b^2+b^2c^2+c^2a^2}+11\geqslant\frac{6(a^2+b^2+c^2)}{ab+bc+ca}$$

$$\frac{(a^2+b^2+c^2)^2}{a^2b^2+b^2c^2+c^2a^2}+9\geqslant\frac{6(a^2+b^2+c^2)}{ab+bc+ca}$$

显然,只需证

$$\left(\frac{a^2+b^2+c^2}{ab+bc+ca}\right)^2+9\geqslant\frac{6(a^2+b^2+c^2)}{ab+bc+ca}$$

这就是

$$\left(\frac{a^2+b^2+c^2}{ab+bc+ca}-3\right)^2\geqslant0$$

等号也适用于 $a=0$ 和 $\frac{b}{c}+\frac{c}{b}=3$(或其任意循环排列).

问题 1.106 如果 a,b,c 分别是三角形的三条边,那么

$$\frac{a(b+c)}{a^2+2bc}+\frac{b(c+a)}{b^2+2ca}+\frac{c(a+b)}{c^2+2ab}\leqslant2$$

(Vo Quoc Ba Can and Vasile Cîrtoaje,2010)

证明 将不等式写成

$$\sum\left(1-\frac{ab+ac}{a^2+2bc}\right)\geqslant1$$

$$\sum\frac{a^2+2bc-ab-ac}{a^2+2bc}\geqslant1$$

因为

$$a^2+2bc-ab-ac=bc-(a-c)(b-a)$$

$$\geqslant\mid b-a\mid\mid a-c\mid-(a-c)(b-a)$$

$$\geqslant0$$

根据柯西—施瓦兹不等式,我们有

$$\sum\frac{a^2+2bc-ab-ac}{a^2+2bc}\geqslant\frac{\left[\sum(a^2+2bc-ab-ac)\right]^2}{\sum(a^2+2bc)(a^2+2bc-ab-ac)}$$

因此,只需证

$$(a^2+b^2+c^2)^2\geqslant\sum(a^2+2bc)(a^2+2bc-ab-ac)$$

等价于

$$ab\ (a-b)^2 + bc\ (b-c)^2 + ca\ (c-a)^2 \geqslant 0$$

这个等号适用于等边三角形,也适用于 $a=0, b=c$(或任意循环排列)的退化三角形.

问题 1.107 如果 a, b, c 是实数,那么

$$\frac{a^2 - bc}{2a^2 + b^2 + c^2} + \frac{b^2 - ca}{a^2 + 2b^2 + c^2} + \frac{c^2 - ab}{a^2 + b^2 + 2c^2} \geqslant 0$$

(Nguyen Anh Tuan, 2005)

证明 1 将不等式改写为

$$\sum \left(\frac{1}{2} - \frac{a^2 - bc}{2a^2 + b^2 + c^2} \right) \leqslant \frac{3}{2}, \quad \sum \frac{(b+c)^2}{2a^2 + b^2 + c^2} \leqslant 3$$

如果 a, b, c 中的两个都是 0,那么不等式就是明显的. 否则,应用柯西-施瓦兹不等式,我们得到

$$
\begin{aligned}
\sum \frac{(b+c)^2}{2a^2 + b^2 + c^2} &= \sum \frac{(b+c)^2}{(a^2 + b^2) + (a^2 + c^2)} \leqslant \sum \frac{b^2}{a^2 + b^2} + \sum \frac{c^2}{a^2 + c^2} \\
&= \sum \frac{b^2}{a^2 + b^2} + \sum \frac{a^2}{b^2 + a^2} \\
&= 3
\end{aligned}
$$

等号适用于 $a = b = c$.

证明 2 采用 SOS 方法. 我们有

$$
\begin{aligned}
2 \sum \left(\frac{a^2 - bc}{2a^2 + b^2 + c^2} \right) &= \sum \frac{(a-b)(a+c) + (a-c)(a+b)}{2a^2 + b^2 + c^2} \\
&= \sum \frac{(a-b)(a+c)}{2a^2 + b^2 + c^2} + \sum \frac{(a-c)(a+b)}{2b^2 + a^2 + c^2} \\
&= \sum \frac{(a-b)(a+c)}{2a^2 + b^2 + c^2} + \sum \frac{(b-a)(b+c)}{2b^2 + c^2 + a^2} \\
&= \sum (a-b) \left(\frac{a+c}{2a^2 + b^2 + c^2} - \frac{b+c}{a^2 + 2b^2 + c^2} \right) \\
&= \left(\sum a^2 - \sum ab \right) \sum \frac{(a-b)^2}{(2a^2 + b^2 + c^2)(a^2 + 2b^2 + c^2)} \\
&\geqslant 0
\end{aligned}
$$

问题 1.108 如果 a, b, c 是实数,那么

$$\frac{3a^2 - bc}{2a^2 + b^2 + c^2} + \frac{3b^2 - ca}{a^2 + 2b^2 + c^2} + \frac{3c^2 - ab}{a^2 + b^2 + 2c^2} \leqslant \frac{3}{2}$$

(Vasile Cîrtoaje, 2008)

证明 1 将不等式写成

$$\sum \left(\frac{3}{2} - \frac{3a^2 - bc}{2a^2 + b^2 + c^2} \right) \geqslant 3, \quad \sum \frac{8bc + 3\ (b-c)^2}{2a^2 + b^2 + c^2} \geqslant 6$$

根据柯西－施瓦兹不等式,我们有

$$8bc + 3(b-c)^2 \geqslant \frac{[4bc + (b-c)^2]^2}{2bc + \frac{1}{3}(b-c)^2} = \frac{2(b+c)^4}{b^2 + c^2 + 4bc}$$

因此,只需证

$$\sum \frac{(b+c)^4}{(2a^2 + b^2 + c^2)(b^2 + c^2 + 4bc)} \geqslant 2$$

再次使用柯西－施瓦兹不等式,我们得到

$$\sum \frac{(b+c)^4}{(2a^2 + b^2 + c^2)(b^2 + c^2 + 4bc)} \geqslant \frac{\left[\sum (b+c)^2\right]^2}{\sum (2a^2 + b^2 + c^2)(b^2 + c^2 + 4bc)} = 2$$

这个等号适用于 $a=b=c$,和 $a=0, b=c$(或任意循环排列) 和 $b=c=0$(或任意循环排列).

证明 2　将不等式写为

$$\sum \left(\frac{1}{2} - \frac{3a^2 - bc}{2a^2 + b^2 + c^2}\right) \geqslant 0$$

$$\sum \frac{(b+c+2a)(b+c-2a)}{2a^2 + b^2 + c^2} \geqslant 0$$

$$\sum \frac{(b+c+2a)(b-a)}{2a^2 + b^2 + c^2} + \sum \frac{(b+c+2a)(c-a)}{2a^2 + b^2 + c^2} \geqslant 0$$

$$\sum \frac{(b+c+2a)(b-a)}{2a^2 + b^2 + c^2} + \sum \frac{(c+a+2b)(a-b)}{2b^2 + c^2 + a^2} \geqslant 0$$

$$\sum (a-b)\left(\frac{c+a+2b}{2b^2 + c^2 + a^2} - \frac{b+c+2a}{2a^2 + b^2 + c^2}\right) \geqslant 0$$

$$\sum (3ab + bc + ca - c^2)(2c^2 + a^2 + b^2)(a-b)^2 \geqslant 0$$

因为 $3ab + bc + ca - c^2 \geqslant c(a+b-c)$,于是只需证

$$\sum c(a+b-c)(2c^2 + a^2 + b^2)(a-b)^2 \geqslant 0$$

假设 $a \geqslant b \geqslant c$,需证

$$a(b+c-a)(2a^2 + b^2 + c^2)(b-c)^2 + b(c+a-b)(2b^2 + c^2 + a^2)(c-a)^2 \geqslant 0$$

也就是

$$b(c+a-b)(2b^2 + c^2 + a^2)(c-a)^2 \geqslant a(a-b-c)(2a^2 + b^2 + c^2)(b-c)^2$$

因为 $c+a-b \geqslant a-b-c$,于是只需证

$$b(2b^2 + c^2 + a^2)(c-a)^2 \geqslant a(2a^2 + b^2 + c^2)(b-c)^2$$

我们可以通过不等式相乘得到这个不等式

$$b^2(c-a)^2 \geqslant a^2(b-c)^2$$

$$a(2b^2 + c^2 + a^2) \geqslant b(2a^2 + b^2 + c^2)$$

最后一个不等式等价于

$$(a-b)\left[(a-b)^2+ab+c^2\right]\geqslant 0$$

问题 1.109　如果 a,b,c 是非负实数,那么

$$\frac{(b+c)^2}{4a^2+b^2+c^2}+\frac{(c+a)^2}{a^2+4b^2+c^2}+\frac{(a+b)^2}{a^2+b^2+4c^2}\geqslant 2$$

(Vasile Cîrtoaje,2005)

证明　根据柯西－施瓦兹不等式,我们有

$$\sum\frac{(b+c)^2}{4a^2+b^2+c^2}\geqslant\frac{\left[\sum(b+c)^2\right]^2}{\sum(b+c)^2(4a^2+b^2+c^2)}$$

$$=\frac{2\left[\sum a^4+3\sum a^2b^2+4abc\sum a+2\sum ab(a^2+b^2)\right]}{\sum a^4+5\sum a^2b^2+4abc\sum a+\sum ab(a^2+b^2)}$$

$$\geqslant 2$$

因为

$$\sum ab(a^2+b^2)\geqslant 2\sum a^2b^2$$

这个等号适用于 $a=b=c$,也适用于 $b=c=0$(或任何循环排列).

问题 1.110　如果 a,b,c 是正实数,那么:

(1) $\displaystyle\sum\frac{1}{11a^2+2b^2+2c^2}\leqslant\frac{3}{5(ab+bc+ca)}$;

(2) $\displaystyle\sum\frac{1}{4a^2+b^2+c^2}\leqslant\frac{1}{2(a^2+b^2+c^2)}+\frac{1}{ab+bc+ca}$.

(Vasile Cîrtoaje,2008)

证明　我们将证明

$$\sum\frac{k+2}{ka^2+b^2+c^2}\leqslant\frac{11-2k}{a^2+b^2+c^2}+\frac{2(k-1)}{ab+bc+ca}$$

对于任意 $k>1$. 由于齐次性,我们可以假设 $a^2+b^2+c^2=3$. 对于这个假设,我们需要证明

$$\sum\frac{k+2}{(k-1)a^2+3}\leqslant\frac{11-2k}{3}+\frac{2(k-1)}{ab+bc+ca}$$

作代换 $m=\dfrac{3}{k-1},m>0$,不等式可写为

$$m(m+1)\sum\frac{1}{a^2+m}\leqslant 3m-2+\frac{6}{ab+bc+ca}$$

根据柯西－施瓦兹不等式,我们有

$$(a^2+m)\left[m+(m+1-a)^2\right]\geqslant\left[a\sqrt{m}+\sqrt{m}(m+1-a)\right]^2=m(m+1)^2$$

因此

$$\frac{m(m+1)}{a^2+m}\leqslant\frac{m+(m+1-a)^2}{m+1}=\frac{a^2-1}{m+1}+m+2-2a$$

$$m(m+1)\sum \frac{1}{a^2+m} \leqslant \sum \left(\frac{a^2-1}{m+1}+m+2-2a\right)=3(m+2)-2\sum a$$

因此,只需证

$$3(m+2)-2\sum a \leqslant 3m-2+\frac{6}{ab+bc+ca}$$

也就是

$$(4-a-b-c)(ab+bc+ca)\leqslant 3$$

设 $p=a+b+c$,因为

$$2(ab+bc+ca)=(a+b+c)^2-(a^2+b^2+c^2)=p^2-3$$

我们得到

$$6-2(4-a-b-c)(ab+bc+ca)=6-(4-p)(p^2-3)$$
$$=(p-3)^2(p+2)$$
$$\geqslant 0$$

这就完成了证明. 等号适用于 $a=b=c$.

问题 1.111 如果 a,b,c 是非负实数且满足 $ab+bc+ca=3$,那么

$$\frac{\sqrt{a}}{b+c}+\frac{\sqrt{b}}{c+a}+\frac{\sqrt{c}}{a+b}\geqslant \frac{3}{2}$$

(Vasile Cîrtoaje,2006)

证明 根据柯西 — 施瓦兹不等式,我们有

$$\sum \frac{\sqrt{a}}{b+c}\geqslant \frac{\left(\sum a^{\frac{3}{4}}\right)^2}{\sum a(b+c)}=\frac{1}{6}\left(\sum a^{\frac{3}{4}}\right)^2$$

因此,只需证

$$a^{\frac{3}{4}}+b^{\frac{3}{4}}+c^{\frac{3}{4}}\geqslant 3$$

这由第 1 卷问题 3.33 的证明中的备注 1 立即得到. 等式适用于 $a=b=c=1$.

备注 类似地,根据第 1 卷问题 3.33 的证明中的备注 2,我们可以证明

$$\frac{a^k}{b+c}+\frac{b^k}{c+a}+\frac{c^k}{a+b}\geqslant \frac{3}{2}$$

其中 $k\geqslant 3-\frac{4\ln 2}{\ln 3}\approx 0.476$. 当 $k=3-\frac{4\ln 2}{\ln 3}$,等号适用于 $a=b=c=1$,也适用

于 $a=0$ 和 $b=c=\sqrt{3}$(或其任意循环排列).

问题 1.112 如果 a,b,c 是非负实数且满足 $ab+bc+ca\geqslant 3$,那么

$$\frac{1}{2+a}+\frac{1}{2+b}+\frac{1}{2+c}\geqslant \frac{1}{1+b+c}+\frac{1}{1+c+a}+\frac{1}{1+a+b}$$

(Vasile Cîrtoaje,2014)

证明 考虑 $c=\min\{a,b,c\}$,记

$$E(a,b,c) = \frac{1}{2+a} + \frac{1}{2+b} + \frac{1}{2+c} - \frac{1}{1+b+c} - \frac{1}{1+c+a} - \frac{1}{1+a+b}$$

如果 $c \geqslant 1$,期望不等式 $E(a,b,c) \geqslant 0$ 由下列明显不等式得到

$$\frac{1}{2+a} \geqslant \frac{1}{1+c+a}$$

$$\frac{1}{2+b} \geqslant \frac{1}{1+a+b}$$

$$\frac{1}{2+c} \geqslant \frac{1}{1+b+c}$$

进一步考虑 $c < 1$. 由

$$E(a,b,c) = \frac{1-c}{(2+a)(1+c+a)} - \frac{1}{1+a+b} + \frac{1}{2+b} + \frac{1}{2+c} - \frac{1}{1+b+c}$$

和

$$E(a,b,c) = \frac{1-c}{(2+b)(1+b+c)} - \frac{1}{1+a+b} + \frac{1}{2+a} + \frac{1}{2+c} - \frac{1}{1+c+a}$$

这说明 $E(a,b,c)$ 是关于 a 和 b 的增函数,基于此,于是只需证明期望不等式仅对

$$ab + bc + ca = 3$$

成立. 应用 $AM - GM$ 不等式,我们得到

$$3 = ab + bc + ca \geqslant 3(abc)^{\frac{2}{3}}, abc \leqslant 1$$

$$(a+b+c)^2 \geqslant 3(ab+bc+ca) = 9 \Rightarrow a+b+c \geqslant 3\sqrt[3]{abc} \geqslant 3$$

我们将证明

$$\frac{1}{2+a} + \frac{1}{2+b} + \frac{1}{2+c} \geqslant 1 \geqslant \frac{1}{1+b+c} + \frac{1}{1+c+a} + \frac{1}{1+a+b}$$

通过直接计算,我们可以证明左边不等式等价于 $abc \leqslant 1$. 事实上,右边不等式等价于 $a+b+c \geqslant 2+abc$,显然这是成立的. 证明完成,等号适用于 $a=b=c=1$.

问题 1.113　如果 a,b,c 分别是三角形的边,求证:

(1) $\dfrac{a^2-bc}{3a^2+b^2+c^2} + \dfrac{b^2-ca}{a^2+3b^2+c^2} + \dfrac{c^2-ab}{a^2+b^2+3c^2} \leqslant 0$;

(2) $\dfrac{a^4-b^2c^2}{3a^4+b^4+c^4} + \dfrac{b^4-c^2a^2}{a^4+3b^4+c^4} + \dfrac{c^4-a^2b^2}{a^4+b^4+3c^4} \leqslant 0$.

(Nguyen Anh Tuan and Vasile Cîrtoaje, 2006)

证明　(1) 应用 SOS 方法. 我们有

$$2\sum \frac{a^2-bc}{3a^2+b^2+c^2}$$

$$= \sum \frac{(a-b)(a+c) + (a-c)(a+b)}{3a^2+b^2+c^2}$$

$$= \sum \frac{(a-b)(a+c)}{3a^2+b^2+c^2} + \sum \frac{(b-a)(b+c)}{3b^2+c^2+a^2}$$

$$= \sum (a-b)\left(\frac{a+c}{3a^2+b^2+c^2} - \frac{b+c}{3b^2+c^2+a^2}\right)$$

$$= (a^2+b^2+c^2-ab-bc-ca)\sum \frac{(a-b)^2}{(3a^2+b^2+c^2)(a^2+3b^2+c^2)}$$

因为

$$a^2+b^2+c^2-ab-bc-ca = a(a-b-c)+b(b-c-a)+c(c-a-b) \leqslant 0$$

结论成立. 这个等式适用于等边三角形,也适用于 $a=0$ 和 $b=c$(或任意循环排列) 的退化三角形.

(2) 使用与上面相同的方法,我们得到

$$2\sum \frac{a^4-b^2c^2}{3a^4+b^4+c^4} = A\sum \frac{(a^2-b^2)^2}{(3a^4+b^4+c^4)(a^4+3b^4+c^4)}$$

其中

$$A = \sum a^4 - 2\sum a^2 b^2 = -(a+b+c)(a+b-c)(b+c-a)(c+a-b) \leqslant 0$$

这个等式适用于一个等边三角形,适用于一个带有 $a=b+c$(或任何循环排列) 的退化三角形.

问题 1.114 如果 a,b,c 分别是三角形的边,那么

$$\frac{bc}{4a^2+b^2+c^2} + \frac{ca}{a^2+4b^2+c^2} + \frac{ab}{a^2+b^2+4c^2} \geqslant \frac{1}{2}$$

(Vasile Cîrtoaje and Vo Quoc Ba Can,2010)

证明 我们应用 SOS 方法. 将不等式写成

$$\sum \left(\frac{2bc}{4a^2+b^2+c^2} - \frac{b^2c^2}{a^2b^2+b^2c^2+c^2a^2}\right) \geqslant 0$$

$$\sum \frac{bc(2a^2-bc)(b-c)^2}{4a^2+b^2+c^2} \geqslant 0$$

不失一般性,设 $a \geqslant b \geqslant c$,只需证明

$$\frac{c(2b^2-ca)(c-a)^2}{a^2+4b^2+c^2} + \frac{b(2c^2-ab)(a-b)^2}{a^2+b^2+4c^2} \geqslant 0$$

因为

$$2b^2-ca \geqslant c(b+c)-ca = c(b+c-a) \geqslant 0$$

和

$$2b^2-ca-(2c^2-ab) = 2(b^2-c^2)+a(b-c) \geqslant 0$$

和

$$2b^2-ca+(2c^2-ab) = 2(b^2+c^2)-a(b+c) \geqslant (b+c)^2-a(b+c)$$
$$= (b+c)(b+c-a)$$
$$\geqslant 0$$

若 $2c^2 - ab \geqslant 0$,不等式显然成立.

若 $2c^2 - ab < 0$,我们有 $2b^2 - ca \geqslant |2c^2 - ab| = ab - 2c^2$,于是,只需证

$$\frac{c(c-a)^2}{a^2 + 4b^2 + c^2} \geqslant \frac{b(a-b)^2}{a^2 + b^2 + 4c^2}$$

这个不等式是由下列两个不等式的乘积

$$c^2(a-c)^2 \geqslant b^2(a-b)^2, \quad \frac{b}{a^2 + 4b^2 + c^2} \geqslant \frac{c}{a^2 + b^2 + 4c^2}$$

这些不等式是真的,因为

$$c(a-c) - b(a-b) = (b-c)(b+c-a)$$
$$b(4c^2 + a^2 + b^2) - c(4b^2 + c^2 + a^2) = (b-c)[(b-c)^2 + a^2 - bc] \geqslant 0$$

这个等式适用于等边三角形,也适用于 $a=b$ 和 $c=0$ 的退化三角形(或任意循环排列).

问题 1.115 如果 a,b,c 分别是三角形的边,那么

$$\frac{1}{b^2 + c^2} + \frac{1}{c^2 + a^2} + \frac{1}{a^2 + b^2} \leqslant \frac{9}{2(ab + bc + ca)}$$

(Vo Quoc Ba Can,2008)

证明 我们应用 SOS 方法.将不等式写成

$$\sum \left(\frac{3}{2} - \frac{ab + bc + ca}{b^2 + c^2}\right) \geqslant 0$$

$$\sum \frac{3(b^2 + c^2) - 2(ab + bc + ca)}{b^2 + c^2} \geqslant 0$$

$$\sum \frac{3b(b-a) + 3c(c-a) + c(a-b) + b(a-c)}{b^2 + c^2} \geqslant 0$$

$$\sum \frac{(a-b)(c-3b) + (a-c)(b-3c)}{b^2 + c^2} \geqslant 0$$

$$\sum \frac{(a-b)(c-3b)}{b^2 + c^2} + \sum \frac{(b-a)(c-3a)}{c^2 + a^2} \geqslant 0$$

$$\sum (a^2 + b^2)(a-b)^2(ca + cb + 3c^2 - 3ab) \geqslant 0$$

不失一般性,设 $a \geqslant b \geqslant c$,因为

$$a(b+c) + 3a^2 - 3bc > 0$$

只需证

$$(a^2 + b^2)(a-b)^2[c(a+b) + 3c^2 - 3ab] +$$
$$(c^2 + a^2)(c-a)^2[b(c+a) + 3b^2 - 3ca] \geqslant 0$$

或等价于

$$(c^2 + a^2)(c-a)^2(3b^2 + bc + ab - 3ca)$$
$$\geqslant (a^2 + b^2)(a-b)^2(3ab - 3c^2 - ca - cb)$$

因为

$$3b^2 + bc + ab - 3ca = a\left(\frac{3b^2 + bc}{a} + b - 3c\right) \geqslant a\left(\frac{bc + 3b^2}{b+c} + b - 3c\right)$$

$$= \frac{a(b-c)(4b+3c)}{b+c}$$

$$\geqslant 0$$

和

$$(3b^2 + bc + ab - 3ca) - (3ab - 3c^2 - ca - cb)$$

$$= 3(b^2 + c^2) + 2bc - 2a(b+c)$$

$$\geqslant 3(b^2 + c^2) + 2bc - 2(b+c)^2$$

$$= (b-c)^2 \geqslant 0$$

于是只需证明

$$(c^2 + a^2)(c-a)^2 \geqslant (a^2 + b^2)(a-b)^2$$

这是真的. 因为它等价于 $(b-c)A \geqslant 0$, 其中

$$A = 2a^3 - 2a^2(b+c) + 2a(b^2 + bc + c^2) - (b+c)(b^2 + c^2)$$

$$= 2a\left(a - \frac{b+c}{2}\right)^2 + \frac{a(3b^2 + 2bc + 3c^2)}{2} - (b+c)(b^2 + c^2)$$

$$\geqslant \frac{b(3b^2 + 2bc + 3c^2)}{2} - (b+c)(b^2 + c^2)$$

$$= \frac{(b-c)(b^2 + bc + 2c^2)}{2}$$

$$\geqslant 0$$

这个等式适用于等边三角形, 也适用于 $\frac{a}{2} = b = c$ 的退化三角形 (或任何循环排列).

问题 1.116 如果 a, b, c 分别是三角形的边, 那么:

(1) $\left|\frac{a+b}{a-b} + \frac{b+c}{b-c} + \frac{c+a}{c-a}\right| > 5$;

(2) $\left|\frac{a^2 + b^2}{a^2 - b^2} + \frac{b^2 + c^2}{b^2 - c^2} + \frac{c^2 + a^2}{c^2 - a^2}\right| \geqslant 3$.

(Vasile Cîrtoaje, 2003)

证明 因为不等式是对称的, 我们考虑

$$a > b > c$$

(1) 设 $x = a - c, y = b - c$, 从 $a > b > c$ 和 $a \leqslant b + c$, 这说明

$$x > y > 0, c \geqslant x - y$$

我们有

$$\frac{a+b}{a-b} + \frac{b+c}{b-c} + \frac{c+a}{c-a} = \frac{2c + x + y}{x - y} + \frac{2c+y}{y} - \frac{2c+x}{x}$$

$$= 2c\left(\frac{1}{x-y} + \frac{1}{y} - \frac{1}{x}\right) + \frac{x+y}{x-y}$$

$$> \frac{2c}{y} + \frac{x+y}{x-y}$$

$$\geqslant \frac{2(x-y)}{y} + \frac{x+y}{x-y}$$

$$= 2\left(\frac{x-y}{y} + \frac{y}{x-y}\right) + 1$$

$$\geqslant 5$$

（2）我们将证明

$$\frac{a^2+b^2}{a^2-b^2} + \frac{b^2+c^2}{b^2-c^2} + \frac{c^2+a^2}{c^2-a^2} \geqslant 3$$

也就是

$$\frac{b^2}{a^2-b^2} + \frac{c^2}{b^2-c^2} \geqslant \frac{a^2}{a^2-c^2}$$

因为

$$\frac{a^2}{a^2-c^2} \leqslant \frac{(b+c)^2}{a^2-c^2}$$

于是只需证

$$\frac{b^2}{a^2-b^2} + \frac{c^2}{b^2-c^2} \geqslant \frac{(b+c)^2}{a^2-c^2}$$

这个不等式等价于下列不等式

$$b^2\left(\frac{1}{a^2-b^2} - \frac{1}{a^2-c^2}\right) + c^2\left(\frac{1}{b^2-c^2} - \frac{1}{a^2-c^2}\right) \geqslant \frac{2bc}{a^2-c^2}$$

$$\frac{b^2(b^2-c^2)}{a^2-b^2} + \frac{c^2(a^2-b^2)}{b^2-c^2} \geqslant 2bc$$

$$[b(b^2-c^2) - c(a^2-b^2)]^2 \geqslant 0$$

这就完成了证明. 如果 $a > b > c$，那么这个等式适用于 $a = b + c$ 和 $\frac{b}{c} = x_1$ 的退化三角形，其中 $x_1 \approx 1.532\,1$ 是方程 $x^3 - 3x - 1 = 0$ 的正根.

问题 1.117　如果 a,b,c 分别是三角形的边，那么

$$\frac{b+c}{a} + \frac{c+a}{b} + \frac{a+b}{c} + 3 \geqslant 6\left(\frac{a}{b+c} + \frac{b}{c+a} + \frac{c}{a+b}\right)$$

证明　我们应用 SOS 方法. 将不等式写成

$$\sum \frac{b+c}{a} - 6 \geqslant 3\left(\sum \frac{2a}{b+c} - 3\right)$$

因为

$$\sum \frac{b+c}{a} - 6 = \sum\left(\frac{b}{c} + \frac{c}{b}\right) - 6$$

$$= \sum \frac{(b-c)^2}{bc}$$

$$\sum \frac{2a}{b+c} - 3 = \sum \left(\frac{2a}{b+c} - 1 \right) = \sum \frac{a-b+a-c}{b+c}$$

$$= \sum \frac{a-b}{b+c} + \sum \frac{b-a}{c+a}$$

$$= \sum \frac{(b-c)^2}{(a+b)(a+c)}$$

我们可以把不等式改写成

$$\sum a(b+c)(b-c)^2 S_a \geqslant 0$$

其中

$$S_a = a(a+b+c) - 2bc$$

不失一般性,设 $a \geqslant b \geqslant c$. 因为 $S_a > 0$

$$S_b = b(a+b+c) - 2ca = (b-c)(a+b+c) + c(b+c-a) \geqslant 0$$

因此

$$\sum (b-c)^2 a(b+c) S_a \geqslant (c-a)^2 b(c+a) S_b + (a-b)^2 c(a+b) S_c$$

$$\geqslant (a-b)^2 [b(c+a) S_b + c(a+b) S_c]$$

于是只需证

$$b(c+a) S_b + c(a+b) S_c \geqslant 0$$

这个不等式等价于

$$(a+b+c)[a(b^2+c^2) + bc(b+c)] \geqslant 2abc(2a+b+c)$$

$$a(a+b+c)(b-c)^2 + (a+b+c)[2abc + bc(b+c)] \geqslant 2abc(2a+b+c)$$

$$a(a+b+c)(b-c)^2 + bc(2a+b+c)(b+c-a) \geqslant 0$$

由于最后一个不等式成立,证明就完成了. 对于等边三角形,以及 $a/2 = b = c$(或任意循环排列)的退化三角形,都是相等的.

问题 1.118 设 a,b,c 是非负实数,不存在两个同时为零. 求证

$$\sum \frac{3a(b+c) - 2bc}{(b+c)(2a+b+c)} \geqslant \frac{3}{2}$$

(Vasile Cîrtoaje,2009)

证明 使用 SOS 方法. 把不等式写为

$$\sum \left[\frac{3a(b+c) - 2bc}{(b+c)(2a+b+c)} - \frac{1}{2} \right] \geqslant 0$$

$$\sum \frac{4a(b+c) - 6bc - b^2 - c^2}{(b+c)(2a+b+c)} \geqslant 0$$

$$\sum \frac{b(b-c) + c(a-c) + 3b(a-c) + 3c(a-b)}{(b+c)(2a+b+c)} \geqslant 0$$

$$\sum \frac{(a-b)(b+3c)+(a-c)(c+3b)}{(b+c)(2a+b+c)} \geqslant 0$$

$$\sum \frac{(a-b)(b+3c)}{(b+c)(2a+b+c)} + \sum \frac{(b-a)(c+3b)}{(b+c)(2a+b+c)} \geqslant 0$$

$$\sum \frac{(a-b)(b+3c)}{(b+c)(2a+b+c)} + \sum \frac{(b-a)(a+3c)}{(c+a)(2b+c+a)} \geqslant 0$$

$$\sum (a-b)\left[\frac{b+3c}{(b+c)(2a+b+c)} - \frac{a+3c}{(c+a)(2b+c+a)}\right] \geqslant 0$$

$$(a-b)(b-c)(c-a)\sum (a^2-b^2)(a+b+2c) \geqslant 0$$

因为

$$\sum (a^2-b^2)(a+b+2c) = (a-b)(b-c)(c-a)$$

结论成立. 等号适用于 $a=b$,或 $b=c$,或 $c=a$.

问题 1.119 设 a,b,c 是非负实数,不存在两个同时为零. 求证

$$\sum \frac{a(b+c)-2bc}{(b+c)(3a+b+c)} \geqslant 0$$

(Vasile Cîrtoaje,2009)

证明 使用 SOS 方法. 因为

$$\sum \frac{a(b+c)-2bc}{(b+c)(3a+b+c)} = \sum \frac{b(a-c)+c(a-b)}{(b+c)(3a+b+c)}$$

$$= \sum \frac{c(b-a)}{(c+a)(3b+c+a)} + \sum \frac{c(a-b)}{(b+c)(3a+b+c)}$$

$$= \sum \frac{c(a+b-c)(a-b)^2}{(b+c)(c+a)(3a+b+c)(3b+c+a)}$$

不等式等价于

$$\sum c(a+b)(3c+a+b)(a+b-c)(a-b)^2 \geqslant 0$$

不失一般性,设 $a \geqslant b \geqslant c$. 因为 $a+b-c \geqslant 0$,于是只需证

$$b(c+a)(3b+c+a)(c+a-b)(a-c)^2$$
$$\geqslant a(b+c)(3a+b+c)(a-b-c)(b-c)^2$$

不等式显然成立,因为

$$c+a-b \geqslant a-b-c$$
$$b^2(a-c)^2 \geqslant a^2(b-c)^2$$
$$c+a \geqslant b+c$$
$$a(3b+c+a) \geqslant b(3a+b+c)$$

等式适用于 $a=b=c$,也适用于 $a=b$ 和 $c=0$(或其任意循环排列).

问题 1.120 设 a,b,c 是正实数且满足 $a^2+b^2+c^2 \geqslant 3$. 求证

$$\frac{a^5 - a^2}{a^5 + b^2 + c^2} + \frac{b^5 - b^2}{b^5 + c^2 + a^2} + \frac{c^5 - c^2}{c^5 + a^2 + b^2} \geqslant 0$$

（Vasile Cîrtoaje,2005）

证明 不等式等价于

$$\sum \frac{a^2 + b^2 + c^2 - (a^5 + b^2 + c^2)}{a^5 + b^2 + c^2} \leqslant 0$$

$$\sum \frac{1}{a^5 + b^2 + c^2} \leqslant \frac{3}{a^2 + b^2 + c^2}$$

设 $a = tx, b = ty, c = tz$，其中

$$x, y, z > 0, x^2 + y^2 + z^2 = 3$$

由条件 $a^2 + b^2 + c^2 \geqslant 3$ 可得 $t \geqslant 1$，不等式变为

$$\sum \frac{1}{t^3 x^5 + y^2 + z^2} \leqslant 1$$

因为

$$\sum \frac{1}{t^3 x^5 + y^2 + z^2} \leqslant \sum \frac{1}{x^5 - x^2 + 3}$$

于是只需证

$$\sum \frac{1}{x^5 - x^2 + 3} \leqslant 1$$

不失一般性，假设 $x \geqslant y \geqslant z$，有两种情况.

情形 1 $z \leqslant y \leqslant x \leqslant \sqrt{2}$，期望不等式通过下列不等式得到

$$\frac{1}{x^5 - x^2 + 3} \leqslant \frac{3 - x^2}{6}$$

$$\frac{1}{y^5 - y^2 + 3} \leqslant \frac{3 - y^2}{6}, \frac{1}{z^5 - z^2 + 3} \leqslant \frac{3 - z^2}{6}$$

我们有

$$\frac{1}{x^5 - x^2 + 3} - \frac{3 - x^2}{6} = \frac{(x-1)^2(x^5 + 2x^4 - 3x^2 - 6x - 3)}{6(x^5 - x^2 + 3)} \leqslant 0$$

因为

$$x^5 + 2x^4 - 3x^2 - 6x - 3 = x^2 \left(x^3 + 2x^2 - 3 - \frac{6}{x} - \frac{3}{x^2} \right)$$

$$\leqslant x^2 \left(2\sqrt{2} + 4 - 3 - 3\sqrt{2} - \frac{3}{2} \right)$$

$$= -x^2 \left(\sqrt{2} + \frac{1}{2} \right)$$

$$< 0$$

情形 2 $x > \sqrt{2}$. 从 $x^2 + y^2 + z^2 = 3$，说明 $y^2 + z^2 < 1$. 因为

134

$$\frac{1}{x^5 - x^2 + 3} < \frac{1}{(2\sqrt{2}-1)x^2+3} < \frac{1}{2(2\sqrt{2}-1)+3} < \frac{1}{6}$$

和

$$\frac{1}{y^5-y^2+3}+\frac{1}{z^5-z^2+3} < \frac{1}{3-y^2}+\frac{1}{3-z^2}$$

于是只需证

$$\frac{1}{3-y^2}+\frac{1}{3-z^2} \leqslant \frac{5}{6}$$

事实上,我们有

$$\frac{1}{3-y^2}+\frac{1}{3-z^2}-\frac{5}{6}=\frac{9(y^2+z^2-1)-5y^2z^2}{6(3-y^2)(3-z^2)} < 0.$$

这就完成了证明.等号适用于 $a=b=c=1$.

备注 因为 $abc \geqslant 1$ 意味着 $a^2+b^2+c^2 \geqslant 3\sqrt[3]{(abc)^2} \geqslant 3$,对于 $abc \geqslant 1$,原始不等式也是成立的,这就是 IMO $-$ 2005 中的问题(Hojoo Lee). 这个不等式的一个证明是

$$\sum \frac{a^5-a^2}{a^5+b^2+c^2} \geqslant \sum \frac{a^3-1}{a(a^2+b^2+c^2)}$$
$$= \frac{1}{a^2+b^2+c^2}\sum\left(a^2-\frac{1}{a^2}\right)$$
$$\geqslant \frac{1}{a^2+b^2+c^2}\sum(a^2-bc)$$
$$= \frac{1}{2(a^2+b^2+c^2)}\sum(a-b)^2$$
$$\geqslant 0$$

问题 1.121 设 a,b,c 是正实数且满足 $a^2+b^2+c^2=a^3+b^3+c^3$. 求证

$$\frac{a^2}{b+c}+\frac{b^2}{c+a}+\frac{c^2}{a+b} \geqslant \frac{3}{2}$$

(Pham Huu Duc,2008)

证明 1 由柯西 $-$ 施瓦兹不等式,我们有

$$\sum \frac{a^2}{b+c} \geqslant \frac{\left(\sum a^3\right)^2}{\sum a^4(b+c)} = \frac{\left(\sum a^2\right)\left(\sum a^3\right)}{\left(\sum a^3\right)\left(\sum ab\right)-abc\sum a^2}$$

因此,只需证

$$2\left(\sum a^2\right)\left(\sum a^3\right)+3abc\sum a^2 \geqslant 3\left(\sum a^3\right)\left(\sum ab\right)$$

将不等式写成

$$3\left(\sum a^3\right)\left(\sum a^2-\sum ab\right)-\left(\sum a^3-3abc\right)\left(\sum a^2\right) \geqslant 0$$
$$3\left(\sum a^3\right)\left(\sum a^2-\sum ab\right)-\left(\sum a\right)\left(\sum a^2-\sum ab\right)\sum a^2 \geqslant 0$$

$$\left(\sum a^2 - \sum ab\right)\left[3\sum a^3 - \left(\sum a\right)\left(\sum a^2\right)\right] \geqslant 0$$

最后一个不等式是成立的,因为

$$2\sum a^2 - \sum ab = \sum (a-b)^2 \geqslant 0$$

和

$$3\sum a^3 - \sum a \sum a^2 = \sum (a^3 + b^3) - \sum ab(a+b) = \sum ab (a-b)^2 \geqslant 0$$

等号适用于 $a = b = c = 1$.

证明 2 将不等式写成齐次形式 $A \geqslant B$,其中

$$A = 2\sum \frac{a^2}{b+c} - \sum a$$

$$B = \frac{3(a^3 + b^3 + c^3)}{a^2 + b^2 + c^2} - \sum a$$

因为

$$A = \sum \frac{a(a-b) + a(a-c)}{b+c}$$

$$= \sum \frac{a(a-b)}{b+c} + \sum \frac{b(b-a)}{c+a}$$

$$= (a+b+c)\sum \frac{(a-b)^2}{(b+c)(c+a)}$$

和

$$B = \frac{\sum (a^3 + b^3) - \sum ab(a+b)}{a^2 + b^2 + c^2}$$

$$= \frac{\sum (a+b)(a-b)^2}{a^2 + b^2 + c^2}$$

因此,不等式可写为

$$\sum \left[\frac{a+b+c}{(b+c)(c+a)} - \frac{a+b}{a^2 + b^2 + c^2}\right](a-b)^2 \geqslant 0$$

$$(a^3 + b^3 + c^3 - 2abc)\sum \frac{(a-b)^2}{(b+c)(c+a)} \geqslant 0$$

因为 $a^3 + b^3 + c^3 \geqslant 3abc$,结论成立.

问题 1.122 如果 $a, b, c \in [0,1]$,那么

$$\frac{a}{bc+2} + \frac{b}{ca+2} + \frac{c}{ab+2} \leqslant 1$$

(Vasile Cîrtoaje,2010)

证明 1 只需证

$$\frac{a}{abc+2} + \frac{b}{abc+2} + \frac{c}{abc+2} \leqslant 1$$

等价于

$$abc + 2 \geqslant a + b + c$$

我们有

$$abc + 2 - a - b - c = (1-b)(1-c) + (1-a)(1-bc) \geqslant 0$$

等号适用于 $a = b = c = 1$,也适用于 $a = 0$ 和 $b = c = 1$(或其任意循环排列).

证明 2　假设 $a = \max\{a,b,c\}$. 于是只需证明

$$\frac{a}{bc + 2} + \frac{b}{bc + 2} + \frac{c}{bc + 2} \leqslant 1$$

也就是

$$a + b + c \leqslant 2 + bc$$

我们有

$$a + b + c - 2 - bc = 1 - a - (1-b)(1-c) \geqslant 0$$

问题 1.123　如果 a,b,c 是正数且满足 $a + b + c = 2$,求证

$$5(1 - ab - bc - ca)\left(\frac{1}{1-ab} + \frac{1}{1-bc} + \frac{1}{1-ab}\right) + 9 \geqslant 0$$

(Vasile Cîrtoaje,2011)

证明　不等式可写为

$$24 - 5\sum \frac{a(b+c)}{1-ab} \geqslant 0$$

因为

$$4(1-bc) \geqslant 4 - (b+c)^2 = (a+b+c)^2 - (b+c)^2 = a(a+2b+2c)$$

于是只需证

$$6 - 5\left(\frac{b+c}{a+2b+2c} - \frac{c+a}{b+2c+2a} - \frac{a+b}{c+2a+2b}\right) \geqslant 0$$

等价于

$$\sum 5\left(1 - \frac{b+c}{a+2b+2c}\right) \geqslant 9$$

$$5(a+b+c)\sum \frac{1}{a+2b+2c} \geqslant 9$$

$$\left[\sum (a+2b+2c)\right]\left(\sum \frac{1}{a+2b+2c}\right) \geqslant 9$$

最后一个不等式紧跟着 AM-HM 不等式.等式适用于 $a = b = c = \frac{2}{3}$.

问题 1.124　设 a,b,c 是正数且满足 $a + b + c = 2$,求证

$$\frac{2-a^2}{2-bc} + \frac{2-b^2}{2-ca} + \frac{2-c^2}{2-ab} \leqslant 3$$

(Vasile Cîrtoaje,2011)

证明 1 不等式可写为

$$\sum \left(1 - \frac{2-a^2}{2-bc}\right) \geqslant 0$$

$$\sum \frac{a^2-bc}{2-bc} \geqslant 0$$

$$\sum (a^2-bc)(2-ab)(2-ca) \geqslant 0$$

$$\sum (a^2-bc)[4 - 2a(b+c) + a^2 bc] \geqslant 0$$

$$4 \sum (a^2-bc) - 2 \sum a(b+c)(a^2-bc) + abc \sum a(a^2-bc) \geqslant 0$$

由于 AM − GM 不等式

$$\sum a(a^2-bc) = \sum a^3 - 3abc \geqslant 0$$

那么,需要证明

$$2 \sum (a^2-bc) \geqslant \sum a(b+c)(a^2-bc)$$

事实上,我们有

$$
\begin{aligned}
\sum a(b+c)(a^2-bc) &= \sum a^3(b+c) - abc \sum (b+c)\\
&= \sum a(b^3+c^3) - abc \sum (b+c)\\
&= \sum a(b+c)(b-c)^2\\
&\leqslant \sum \left[\frac{a+(b+c)}{2}\right]^2 (b-c)^2\\
&= \sum (b-c)^2 = 2 \sum (a^2-bc)
\end{aligned}
$$

等号适用于 $a=b=c=\dfrac{2}{3}$,也适用于 $a=0$ 和 $b=c=1$(或其任意循环排列).

证明 2 我们应用 SOS 方法.不等式写成

$$\sum \frac{a^2-bc}{2-bc} \geqslant 0$$

$$\sum \frac{(a-b)(a+c)+(a-c)(a+b)}{2-bc} \geqslant 0$$

$$\sum \frac{(a-b)(a+c)}{2-bc} + \sum \frac{(a-c)(a+b)}{2-bc} \geqslant 0$$

$$\sum \frac{(a-b)(a+c)}{2-bc} + \sum \frac{(b-a)(b+c)}{2-ca} \geqslant 0$$

$$\sum \frac{(a-b)^2[2-c(a+b)-c^2]}{(2-bc)(2-ca)} \geqslant 0$$

$$\sum (a-b)^2(2-ab)(1-c) \geqslant 0$$

假设 $a \geqslant b \geqslant c$,于是只需证

$$(b-c)^2(2-bc)(1-a)+(c-a)^2(2-ca)(1-b)\geqslant 0$$

因为

$$2(1-b)=a-b+c\geqslant 0 \text{ 和} (c-a)^2\geqslant (b-c)^2$$

于是只需证

$$(2-bc)(1-a)+(2-ca)(1-b)\geqslant 0$$

我们有

$$(2-bc)(1-a)+(2-ca)(1-b)=4-2(a+b)-c(a+b)+2abc$$

$$\geqslant 4-(a+b)(2+c)$$

$$\geqslant 4-\left[\frac{(a+b)+(2+c)}{2}\right]^2$$

$$=0$$

问题 1.125 设 a,b,c 是非负实数且满足 $a+b+c=3$，求证

$$\frac{3+5a^2}{3-bc}+\frac{3+5b^2}{3-ca}+\frac{3+5c^2}{3-ab}\geqslant 12$$

$$(\text{Vasile Cîrtoaje},2010)$$

证明 使用 SOS 方法. 不等式写成

$$\sum\left(\frac{3+5a^2}{3-bc}-4\right)\geqslant 0$$

$$\sum\frac{5a^2-9+4bc}{3-bc}\geqslant 0$$

$$\sum\frac{4a^2-b^2-c^2-2ab+2bc-2ca}{3-bc}\geqslant 0$$

$$\sum\frac{(a^2-b^2)+(a^2-c^2)+2(a-b)(a-c)}{3-bc}\geqslant 0$$

$$\sum\frac{(a-b)(2a+b-c)}{3-bc}+\sum\frac{(a-c)(2a+c-b)}{3-bc}\geqslant 0$$

$$\sum\frac{(a-b)(2a+b-c)}{3-bc}+\sum\frac{(b-a)(2b+a-c)b}{3-ca}\geqslant 0$$

$$\sum\frac{(a-b)^2[3-2c(a+b)+c^2]}{(3-bc)(3-ca)}\geqslant 0$$

$$\sum\frac{(a-b)^2(c-1)^2}{(3-bc)(3-ca)}\geqslant 0$$

等号适用于 $a=b=c=1$.

问题 1.126 设 a,b,c 是非负实数且满足 $a+b+c=2$. 如果

$$-\frac{1}{7}\leqslant m\leqslant \frac{7}{8}$$

那么

$$\frac{a^2+m}{3-2bc}+\frac{b^2+m}{3-2ca}+\frac{c^2+m}{3-2ab}\geqslant\frac{3(4+9m)}{19}$$

(Vasile Cîrtoaje,2010)

证明　我们应用 SOS 方法. 将不等式写成

$$\sum\left(\frac{a^2+m}{3-2bc}-\frac{4+9m}{19}\right)\geqslant0$$

$$\sum\frac{19a^2+2(4+9m)bc-12-8m}{3-2bc}\geqslant0$$

因为

$$19a^2+2(4+9m)bc-12-8m$$
$$=19a^2+2(4+9m)bc-(3+2m)(a+b+c)^2$$
$$=(16-2m)a^2-(3+2m)(b^2+c^2+2ab+2ac)+2(1+7m)bc$$
$$=(3+2m)(2a^2-b^2-c^2)+2(5-3m)(a^2+bc-ab-ac)+$$
$$(4-10m)(ab+ac-2bc)$$
$$=(3+2m)(a^2-b^2)+(5-3m)(a-b)(a-c)+(4-10m)c(a-b)+$$
$$(3+2m)(a^2-c^2)+(5-3m)(a-c)(a-b)+(4-10m)b(a-c)$$
$$=(a-b)B+(a-c)C$$

其中

$$B=(8-m)a+(3+2m)b-(1+7m)c$$
$$C=(8-m)a+(3+2m)c-(1+7m)b$$

不等式能写成

$$B_1+C_1\geqslant0$$

其中

$$B_1=\sum\frac{(a-b)[(8-m)a+(3+2m)b-(1+7m)c]}{3-2bc}$$

$$C_1=\sum\frac{(b-a)[(8-m)b+(3+2m)a-(1+7m)c]}{3-2ca}$$

我们有

$$B_1+C_1=\sum\frac{(a-b)^2S_c}{(3-2bc)(3-2ca)}$$

其中

$$S_c=3(5-3m)-2(8-m)c(a+b)+2(1+7m)c^2$$
$$=6(2m+3)c^2-4(8-m)c+3(5-3m)$$
$$=6(2m+3)\left[c-\frac{8-m}{3(2m+3)}\right]^2+\frac{(1+7m)(7-8m)}{3(2m+3)}$$

因为对于 $-\dfrac{1}{7}\leqslant m\leqslant\dfrac{7}{8}$，$S_c\geqslant0$，我们得到 $B_1+C_1\geqslant0$，因此，证明完成. 等式

140

适用于 $a=b=c=\dfrac{2}{3}$. 当 $m=-\dfrac{3}{7}$ 时,等式适用于 $a=b=c=\dfrac{2}{3}$,也适用于 $a=0$

和 $b=c=1$(或其任意循环排列). 当 $m=\dfrac{7}{8}$ 时,等号适用于 $a=b=c=\dfrac{2}{3}$,也适

用于 $a=1$ 和 $b=c=\dfrac{1}{2}$(或其任意循环排列).

备注   下列更一般的结论成立.

设 a,b,c 是非负实数且满足 $a+b+c=3$. 如果

$$0<k\leqslant 3, \quad m_1\leqslant m\leqslant m_2$$

其中

$$m_1=\begin{cases}-\infty, & 0<k\leqslant\dfrac{3}{2}\\[3mm]\dfrac{(3-k)(4-k)}{2(3-2k)}, & \dfrac{3}{2}<k\leqslant 3\end{cases}$$

$$m_2=\frac{36-4k-k^2+4(9-k)\sqrt{3(3-k)}}{72+k}$$

那么

$$\frac{a^2+mbc}{9-kbc}+\frac{b^2+mca}{9-kca}+\frac{c^2+mab}{9-kab}\geqslant\frac{3(1+m)}{9-k}$$

等式适用于 $a=b=c=1$. 如果 $m=m_1$ 和 $\dfrac{3}{2}<k\leqslant 3$ 时,等式也适用于

$$a=0, b=c=\frac{3}{2}$$

如果 $m=m_2$ 时,等式也适用于

$$a=\frac{3k-6+2\sqrt{3(3-k)}}{k}, b=c=\frac{3-\sqrt{3(3-k)}}{k}$$

问题 1.124,问题 1.125 和问题 1.126 中的不等式是这个结论的特殊情况

(分别为 $k=2$ 和 $m=m_1=-1, k=3$ 和 $m=m_2=\dfrac{1}{5}, k=\dfrac{8}{3}$).

问题 1.127   设 a,b,c 是非负实数且满足 $a+b+c=3$. 求证

$$\frac{47-7a^2}{1+bc}+\frac{47-7b^2}{1+ca}+\frac{47-7c^2}{1+ab}\geqslant 60$$

(Vasile Cîrtoaje,2011)

证明   我们应用 SOS 方法. 不等式写成

$$\sum\left(\frac{47-7a^2}{1+bc}-20\right)\geqslant 0$$

$$\sum\frac{27-7a^2-20bc}{1+bc}\geqslant 0$$

$$\sum \frac{3(a+b+c)^2 - 7a^2 - 20bc}{1+bc} \geqslant 0$$

$$\sum \frac{-3(2a^2 - b^2 - c^2) + 2(a-b)(a-c) + 8(ab - 2bc + ca)}{1+bc} \geqslant 0$$

$$\sum \frac{-3(a-b)(a+b) + (a-b)(a-c) + 8c(a-b)}{1+bc} +$$

$$\sum \frac{-3(a-c)(a+c) + (a-b)(a-c) + 8b(a-c)}{1+bc} \geqslant 0$$

$$\sum \frac{(a-b)(-2a-3b+7c)}{1+bc} + \sum \frac{(a-c)(-2a-3c+7b)}{1+bc} \geqslant 0$$

$$\sum \frac{(a-b)(-2a-3b+7c)}{1+bc} + \sum \frac{(b-a)(-2b-3a+7c)}{1+ca} \geqslant 0$$

$$\sum \frac{(a-b)^2[1-2c(a+b)+7c^2]}{(1+bc)(1+ca)} \geqslant 0$$

$$\sum \frac{(a-b)^2(3c-1)^2}{(1+bc)(1+ca)} \geqslant 0$$

这个等号适用于 $a=b=c=1$,以及 $a=\frac{7}{3}$ 和 $b=c=\frac{1}{3}$(或任意循环排列).

备注 下列更一般结论成立.

设 a,b,c 是非负实数且满足 $a+b+c=3$.如果

$$k>0, m \geqslant m_1$$

其中

$$m_1 = \begin{cases} \dfrac{36+4k-k^2+4(9+k)\sqrt{3(3+k)}}{72-k}, & k \neq 72 \\[2ex] \dfrac{238}{5}, & k=72 \end{cases}$$

那么

$$\frac{a^2+mbc}{9+kbc} + \frac{b^2+mca}{9+kca} + \frac{c^2+mab}{9+kab} \leqslant \frac{3(1+m)}{9+k}$$

等式适用于 $a=b=c=1$.当 $m=m_1$ 时,等式也适用于

$$a=\frac{3k+6-2\sqrt{3(3+k)}}{k}, \quad b=c=\frac{\sqrt{3(3+k)}-3}{k}$$

问题 1.127 中的不等式是这个结论的特殊情况($k=9, m=m_1=\frac{47}{7}$).

问题 1.128 设 a,b,c 是非负实数且满足 $a+b+c=3$.求证

$$\frac{26-7a^2}{1+bc} + \frac{26-7b^2}{1+ca} + \frac{26-7c^2}{1+ab} \leqslant \frac{57}{2}$$

(Vasile Cîrtoaje, 2011)

证明 我们应用 SOS 方法.不等式写成

$$\sum \left(\frac{19}{2} - \frac{26 - 7a^2}{1 + bc} \right) \geqslant 0$$

$$\sum \frac{14a^2 + 19bc - 33}{1 + bc} \geqslant 0$$

$$\sum \frac{42a^2 + 57bc - 11(a + b + c)^2}{1 + bc} \geqslant 0$$

$$\sum \frac{11(2a^2 - b^2 - c^2) + 9(a - b)(a - c) - 13(ab - 2bc + ca)}{1 + bc} \geqslant 0$$

$$\sum \frac{22(a - b)(a + b) + 9(a - b)(a - c) - 26c(a - b)}{1 + bc} +$$

$$\sum \frac{22(a - c)(a + c) + 9(a - b)(a - c) - 26b(a - c)}{1 + bc}$$

$$\geqslant 0$$

$$\sum \frac{(a - b)(31a + 22b - 35c)}{1 + bc} + \sum \frac{(a - c)(31a + 22c - 35b)}{1 + bc} \geqslant 0$$

$$\sum \frac{(a - b)(31a + 22b - 35c)}{1 + bc} + \sum \frac{(b - a)(31b + 22a - 35c)}{1 + ca} \geqslant 0$$

$$\sum \frac{(a - b)^2 [9 + 31c(a + b) - 35c^2]}{(1 + bc)(1 + ca)} \geqslant 0$$

$$\sum (a - b)^2 (1 + ab)(1 + 11c)(3 - 2c) \geqslant 0$$

假设 $a \geqslant b \geqslant c$. 因为 $3 - 2c \geqslant 0$, 只需证

$$(b - c)^2 (1 + bc)(1 + 11a)(3 - 2a) + (c - a)^2 (1 + ab)(1 + 11b)(3 - 2b) \geqslant 0$$

即

$$(a - c)^2 (1 + ab)(1 + 11b)(3 - 2b) \geqslant (b - c)^2 (1 + bc)(1 + 11a)(2a - 3)$$

因为 $3 - 2b = a - b + c \geqslant 0$, 我们通过下列不等式相乘得到这个不等式

$$3 - 2b \geqslant 2a - 3$$

$$a(1 + ab) \geqslant b(1 + bc)$$

$$a(1 + 11b) \geqslant b(1 + 11a)$$

$$b^2 (a - c)^2 \geqslant a^2 (b - c)^2$$

等式适用于 $a = b = c = 1$, 也适用于 $a = 0$ 和 $b = c = \frac{3}{2}$ (或其任意循环排列).

备注 下列更一般的不等式成立.

设 a, b, c 是非负实数且满足 $a + b + c = 3$. 如果

$$k > 0, m \leqslant m_2, m_2 = \frac{(3 + k)(4 + k)}{2(3 + 2k)}$$

那么

$$\frac{a^2 + mbc}{9 + kbc} + \frac{b^2 + mca}{9 + kca} + \frac{c^2 + mab}{9 + kab} \geqslant \frac{3(1 + m)}{9 + k}$$

等号适用于 $a=b=c=1$. 当 $m=m_2$ 时,等式也适用于 $a=0, b=c=\dfrac{3}{2}$(或其任意循环排列).

问题 1.129 设 a,b,c 是非负实数,不存在两个同时为零. 求证

$$\sum \frac{5a(b+c)-6bc}{a^2+b^2+c^2+bc} \leqslant 3$$

(Vasile Cîrtoaje, 2010)

证明 1 应用 SOS 方法. 如果 a,b,c 中的两个都是 0,那么不等式就是平凡的. 进一步考虑

$$a^2+b^2+c^2=1, a \geqslant b \geqslant c, b>0$$

将不等式写为

$$\sum \left[1 - \frac{5a(b+c)-6bc}{a^2+b^2+c^2+bc} \right] \geqslant 0$$

$$\sum \frac{a^2+b^2+c^2-5a(b+c)+7bc}{a^2+b^2+c^2+bc} \geqslant 0$$

$$\sum \frac{(7b+2c-a)(c-a)-(7c+2b-a)(a-b)}{1+bc} \geqslant 0$$

$$\sum \frac{(7c+2a-b)(a-b)}{1+ca} - \sum \frac{(7c+2b-a)(a-b)}{1+bc} \geqslant 0$$

$$\sum (a-b)^2(1+ab)(3+ac+bc-7c^2) \geqslant 0$$

因为

$$3+ac+bc-7c^2 = 3a^2+3b^2+ac+bc-4c^2 \geqslant 0$$

于是只需证

$$(b-c)^2(1+bc)(3+ab+ac-7a^2) +$$
$$(c-a)^2(1+ca)(3+bc+ba-7b^2) \geqslant 0$$

因为

$$3+ab+ac-7b^2 = 3(a^2-b^2)+3c^2+b(a-b)+bc \geqslant 0$$

和 $1+ac \geqslant 1+bc$,于是只需证明

$$(b-c)^2(3+ab+ac-7a^2)+(c-a)^2(3+bc+ba-7b^2) \geqslant 0$$

从 $b(a-c) \geqslant a(b-c)$,我们得到 $b^2(a-c)^2 \geqslant a^2(b-c)^2$,因此

$$b(a-c)^2 \geqslant a(b-c)^2$$

因此,只需证

$$b(3+ab+ac-7a^2)+a(3+bc+ab-7b^2) \geqslant 0$$

这是真的,如果

$$b(3+ab-7a^2)+a(3+ab-7b^2) \geqslant 0$$

事实上

$$b(3 + ab - 7a^2) + a(3 + ab - 7b^2) = 3(a+b)(1-2ab) \geqslant 0$$

因为

$$1 - 2ab = (a-b)^2 + c^2 \geqslant 0$$

等号适用于 $a = b = c$. 等式也适用于 $a = b, c = 0$(或其任意循环排列).

证明 2 不失一般性,不妨设 $a^2 + b^2 + c^2 = 1, a \leqslant b \leqslant c$. 并设

$$p = a + b + c, q = ab + bc + ca, r = abc$$

不等式变成

$$\sum \frac{5q - 11bc}{1 + bc} \leqslant 3$$

$$3\prod(1 + bc) + \sum(11bc - 5q)(1 + ca)(1 + ab) \geqslant 0$$

$$3(1 + q + pr + r^2) + 11(q + 2pr + 3r^2) - 5q(3 + 2q + pr) \geqslant 0$$

$$36r^2 + 5(5 - q)pr + 3 - q - 10q^2 \geqslant 0$$

根据第 1 卷问题 3.57(1),对于固定的 p 和 q,当 $b = c$ 或 $a = 0$ 时,乘积 $r = abc$ 最小. 因此,从 $5 - q > 4 > 0$,我们只需证明当 $a = 0$,和 $b = c = 1$ 时原始齐次不等式成立即可. 当 $a = 0$ 时,原始不等式变成

$$\frac{-6bc}{b^2 + c^2 + bc} + \frac{10bc}{b^2 + c^2} \leqslant 3$$

$$(b-c)^2(3b^2 + 5bc + 3b^2) \geqslant 0$$

当 $b = c = 1$ 时,原始不等式变成

$$\frac{10a - 6}{a^2 + 3} + 2\frac{5 - a}{a^2 + a + 1} < 3$$

等价于

$$a(3a + 1)(a - 1)^2 \geqslant 0$$

备注 类似地,我们可以证明下列更一般的结论.

设 a, b, c 是非负实数,不存在两个同时为零. 如果 $k > 0$,那么

$$\sum \frac{(2k+3)a(b+c) + (k+2)(k-3)bc}{a^2 + b^2 + c^2 + kbc} \leqslant 3k$$

等号适用于 $a = b = c$,也适用于 $a = 0$ 和 $b = c$(或其任意循环排列).

问题 1.130 设 a, b, c 是非负实数,不存在两个同时为零,并设

$$x = \frac{a^2 + b^2 + c^2}{ab + bc + ca}$$

求证:

(1) $\dfrac{a}{b+c} + \dfrac{b}{c+a} + \dfrac{c}{a+b} + \dfrac{1}{2} \geqslant x + \dfrac{1}{x}$;

(2) $\dfrac{a}{b+c} + \dfrac{b}{c+a} + \dfrac{c}{a+b} \geqslant \dfrac{1}{6}\left(5x + \dfrac{4}{x}\right)$;

(3) $\dfrac{a}{b+c}+\dfrac{b}{c+a}+\dfrac{c}{a+b}-\dfrac{3}{2}\geqslant\dfrac{1}{3}\left(x-\dfrac{1}{x}\right).$

(Vasile Cîrtoaje,2011)

证明　我们将证明更一般的不等式

$$\frac{2a}{b+c}+\frac{2b}{c+a}+\frac{2c}{a+b}+1-3k\geqslant(2-k)x+\frac{2(1-k)}{x}$$

其中

$$0\leqslant k\leqslant k_0,k_0=\frac{21+6\sqrt{6}}{25}\approx1.428$$

当 $k=0,k=\dfrac{1}{3}$ 和 $k=\dfrac{4}{3}$ 时,我们分别得到不等式(1),(2) 和(3). 设 $p=a+b+c,q=ab+bc+ca$,因为 $x=\dfrac{(p^2-2q)}{q}$,我们可将不等式写为

$$\frac{a}{b+c}+\frac{b}{c+a}+\frac{c}{a+b}\geqslant f(p,q)$$

$$\sum\left(\frac{a}{b+c}+1\right)\geqslant3+f(p,q)$$

$$\frac{p(p^2+q)}{pq-abc}\geqslant3+f(p,q)$$

根据第 1 卷问题 3.57(1),当固定 p 和 q,则当 $b=c$ 或 $a=0$ 时,乘积 $r=abc$ 最小. 因此,我们只需分别证明当 $a=0$ 和 $b=c=1$ 时不等式成立即可. 当 $a=0$ 时,利用代换 $y=\dfrac{b}{c}+\dfrac{c}{b}$,期望不等式变成

$$2y+1-3k\geqslant(2-k)y+\frac{2(1-k)}{y}$$

$$\frac{(y-2)[k(y-1)+1]}{y}\geqslant0$$

因为 $y\geqslant2$,这个不等式明显成立. 对于 $b=c=1$,期望不等式变成

$$a+\frac{4}{a+1}+1-3k\geqslant\frac{(2-k)(a^2+2)}{2a+1}+\frac{2(1-k)(2a+1)}{a^2+2}$$

这个不等式等价于

$$a(a-1)^2[ka^2+3(1-k)a+6-4k]\geqslant0$$

对于 $0\leqslant k\leqslant1$,这个不等式明显成立. 对于 $1<k\leqslant\dfrac{21+6\sqrt{6}}{25}$,我们有

$$ka^2+3(1-k)a+6-4k\geqslant\left[2\sqrt{k(6-4k)}+3(1-k)\right]a\geqslant0$$

等式适用于 $a=b=c$,也适用于 $a=0$ 和 $b=c$(或其任意循环排列).

问题 1.131　如果 a,b,c 是实数,那么

$$\frac{1}{a^2+7(b^2+c^2)}+\frac{1}{b^2+7(c^2+a^2)}+\frac{1}{c^2+7(a^2+b^2)}\leqslant\frac{9}{5(a+b+c)^2}$$

(Vasile Cîrtoaje,2008)

证明　设 $p=a+b+c,q=ab+bc+ca$,不等式可写为 $f_6(a,b,c)\geqslant 0$,
其中

$$f_6(a,b,c)=9\prod(a^2+7b^2+7c^2)-5p^2\sum(b^2+7c^2+7a^2)(c^2+7a^2+7b^2)$$

因为

$$\prod(c^2+7a^2+7b^2)=\prod[7(p^2-2q)-6a^2]$$

$f_6(a,b,c)$ 的最高系数

$$A=9(-6)^3<0$$

根据第1卷问题2.75,我们只需证明原始不等式当 $b=c=1$ 时成立即可.此时不
等式变为

$$\frac{1}{a^2+14}+\frac{2}{7a^2+8}\leqslant\frac{9}{5(a+2)^2}$$

$$(a-1)^2(a-4)^2\geqslant 0$$

这样,证明就完成了.等号适用于 $a=b=c$,以及 $\dfrac{a}{4}=b=c$(或任意循环排列).

问题 1.132　如果 a,b,c 是实数,那么

$$\frac{bc}{3a^2+b^2+c^2}+\frac{ca}{3a^2+3b^2+c^2}+\frac{ab}{a^2+b^2+3c^2}\leqslant\frac{3}{5}$$

(Vasile Cîrtoaje and Pham Kim Hung,2005)

证明　采用最高系数对消法.不等式可写为 $f_6(a,b,c)\geqslant 0$,其中

$$f_6(a,b,c)=3\prod(3a^2+b^2+c^2)-5\sum bc(a^2+3b^2+c^2)(a^2+b^2+3c^2)$$

设

$$p=a+b+c,q=ab+bc+ca$$

从

$$f_6(a,b,c)=3\prod(2a^2+p^2-2q)-5\sum bc(2b^2+p^2-2q)(2c^2+p^2-2q)$$

这说明 $f_6(a,b,c)$ 与下式有相同的最高系数 A

$$24a^2b^2c^2-20\sum b^3c^3$$

也就是

$$A=24-60<0$$

根据第1卷问题2.75,我们只需证明原始不等式当 $b=c=1$ 时成立即可.此时不
等式变为

$$\frac{1}{3a^2+2}+\frac{2a}{a^2+4}\leqslant\frac{3}{5}$$

$$(a-1)^2 (3a-2)^2 \geqslant 0$$

这样,证明就完成了.等式适用于 $a=b=c$,以及 $\dfrac{3a}{2}=b=c$(或任意循环排列).

备注 问题 1.132 中的不等式是以下更一般结果的一个特例 ($k=3$) (Vasile Cîrtoaje,2008):

设 a,b,c 是实数.如果 $k>1$,那么

$$\sum \frac{k(k-3)a^2+2(k-1)bc}{ka^2+b^2+c^2} \leqslant \frac{3(k+1)(k-2)}{k+2}$$

等号适用于 $a=b=c$,以及 $\dfrac{ka}{2}=b=c$(或任何循环排列).

问题 1.133 如果 a,b,c 是实数且满足 $a+b+c=3$,那么

$$\frac{1}{8+5(b^2+c^2)}+\frac{1}{8+5(c^2+a^2)}+\frac{1}{8+5(a^2+b^2)} \leqslant \frac{1}{6}$$

(Vasile Cîrtoaje,2005)

证明 采用最高系数对消法.记

$$p=a+b+c,\quad q=ab+bc+ca$$

将不等式写为齐次形式

$$\frac{1}{8p^2+45(b^2+c^2)}+\frac{1}{8p^2+45(c^2+a^2)}+\frac{1}{8p^2+45(a^2+b^2)} \leqslant \frac{1}{6p^2}$$

等价于 $f_6(a,b,c) \geqslant 0$,其中

$$f_6(a,b,c)=\prod(53p^2-90q-45a^2)-$$
$$6p^2 \sum(53p^2-90q-45b^2)(53p^2-90q-45c^2)$$

显然 $f_6(a,b,c)$ 的最高系数

$$A=(-45)^3<0$$

根据第 1 卷问题 2.75,我们只需证明原始不等式当 $b=c=1$ 时成立即可.此时不等式变为

$$\frac{1}{8(a+2)^2+90}+\frac{2}{6(a+2)^2+45(1+a^2)} \leqslant \frac{1}{6(a+2)^2}$$

作代换 $a+2=3x$,不等式变成

$$\frac{1}{72x^2+90}+\frac{2}{72x^2+45+45(3x-2)^2} \leqslant \frac{1}{54x^2}$$

$$\frac{1}{8x^2+10}+\frac{2}{53x^2-60x+25} \leqslant \frac{1}{6x^2}$$

$$x^4-12x^3+46x^2-60x+25 \geqslant 0$$

$$(x-1)^2(x-5)^2 \geqslant 0$$

$$(a-1)^2(a-13)^2 \geqslant 0$$

等号适用于 $a=b=c=1$，以及 $a=\dfrac{13}{5}, b=c=\dfrac{1}{5}$（或任意循环排列）.

问题 1.134　如果 a,b,c 是实数，那么

$$\frac{(a+b)(a+c)}{a^2+4(b^2+c^2)}+\frac{(b+c)(b+a)}{b^2+4(c^2+a^2)}+\frac{(c+a)(c+b)}{c^2+4(a^2+b^2)}\leqslant\frac{4}{3}$$

（Vasile Cîrtoaje, 2008）

证明　采用最高系数对消法. 记

$$p=a+b+c, q=ab+bc+ca$$

将不等式写成 $f_6(a,b,c)\geqslant 0$，其中

$$f_6(a,b,c)=4\prod(a^2+4b^2+4c^2)-$$
$$3\sum(a+b)(a+c)(4a^2+b^2+4c^2)(4a^2+4b^2+c^2)$$
$$=4\prod(4p^2-8q-3a^2)-$$
$$3\sum(a^2+q)(4p^2-8q-3b^2)(4p^2-8q-3c^2)$$

因此 $f_6(a,b,c)$ 的最高系数

$$A=4(-3)^3-3^4<0$$

根据第 1 卷问题 2.75，我们只需证明原始不等式当 $b=c=1$ 时成立即可. 此时不等式变为

$$\frac{(a+1)^2}{a^2+8}+\frac{4(a+1)}{4a^2+5}\leqslant\frac{4}{3}$$
$$(a-1)^2(2a-7)^2\geqslant 0$$

等号适用于 $a=b=c=1$，以及 $\dfrac{2a}{7}=b=c$（或任意循环排列）.

问题 1.135　设 a,b,c 是非负实数，不存在两个同时为零. 求证

$$\sum\frac{1}{(b+c)(7a+b+c)}\leqslant\frac{1}{2(ab+bc+ca)}$$

（Vasile Cîrtoaje, 2009）

证明 1　不等式可写为

$$\sum\left[1-\frac{4(ab+bc+ca)}{(b+c)(7a+b+c)}\right]\geqslant 1$$
$$\sum\frac{(b-c)^2+3a(b+c)}{(b+c)(7a+b+c)}\geqslant 1$$

根据柯西 — 施瓦兹不等式，我们有

$$\sum\frac{(b-c)^2+3a(b+c)}{(b+c)(7a+b+c)}\geqslant\frac{4(a+b+c)^2}{\sum[(b-c)^2+3a(b+c)](b+c)(7a+b+c)}$$

因此，只需证

$$4(a+b+c)^4 \geqslant \sum [(b-c)^2 + 3a(b+c)](b+c)(7a+b+c)$$

$$\sum a^4 + abc \sum a - \sum ab(a^2+b^2) + 4\sum ab (a-b)^2 \geqslant 0$$

因为

$$\sum a^4 + abc \sum a - \sum ab(a^2+b^2) \geqslant 0$$

（根据舒尔不等式）. 结论成立. 等号适用于 $a=b=c$, 也适用于 $a=0$ 和 $b=c$（或其任意循环排列）.

证明 2 采用最高系数对消法. 我们需要证明 $f_6(a,b,c) \geqslant 0$, 其中

$$f_6(a,b,c) = \prod (b+c)(7a+b+c) -$$

$$2\sum ab \sum (a+b)(a+c)(7b+c+a)(7c+a+b)$$

设 $p=a+b+c$, 显然, $f_6(a,b,c)$ 与 $f(a,b,c)$ 的有相同的最高系数 A, 其中

$$f(a,b,c) = \prod (b+c)(7a+b+c) = \prod (p-a)(p+6a)$$

也就是

$$A = (-6)^3 < 0$$

因此, 由第 1 卷问题 3.76(1), 可以证明原始不等式当 $b=c=1$ 和 $a=0$ 时成立.
对于 $b=c=1$, 不等式化为

$$\frac{1}{2(7a+2)} + \frac{2}{(a+1)(a+8)} \leqslant \frac{1}{2(2a+1)}$$

$$a(a-1)^2 \geqslant 0$$

对于 $a=0$, 不等式可以写成

$$\frac{1}{(b+c)^2} + \frac{1}{c(7b+c)} + \frac{1}{b(7c+b)} \leqslant \frac{1}{2bc}$$

$$\frac{1}{(b+c)^2} + \frac{b^2+c^2+14bc}{bc[7(b^2+c^2)+50bc]} \leqslant \frac{1}{2bc}$$

$$\frac{1}{x+2} + \frac{x+14}{7x+50} \leqslant \frac{1}{2}$$

其中

$$x = \frac{c}{b} + \frac{b}{c}, x \geqslant 2$$

这化简为明显的不等式

$$(x-2)(5x+28) \geqslant 0$$

问题 1.136 设 a,b,c 是非负实数, 不存在两个同时为零. 求证

$$\sum \frac{1}{b^2+c^2+4a(b+c)} \leqslant \frac{9}{10(ab+bc+ca)}$$

（Vasile Cîrtoaje, 2009）

证明 采用最高系数对消法. 设

$$p = a+b+c, q = ab+bc+ca$$

我们需要证明 $f_6(a,b,c) \geqslant 0$,其中

$$f_6(a,b,c)$$

$$= 9\prod[b^2+c^2+4a(b+c)] -$$

$$10\sum ab\sum[a^2+b^2+4c(a+b)][c^2+a^2+4b(c+a)]$$

$$= 9\prod(p^2+2q-a^2-4bc) - 10q\sum(p^2+2q-b^2-4ca)(p^2+2q-c^2-4ab)$$

显然 $f_6(a,b,c)$ 与 $P_3(a,b,c)$ 有相同的最高系数 A,其中

$$P_3(a,b,c) = -9\prod(a^2+4bc)$$

根据第 1 卷问题 2.75 的证明的备注 2,我们有

$$A = P_3(1,1,1) = -9 \cdot 125 < 0$$

因此,根据第 1 卷问题 3.76(1),只需证明原不等式当 $b=c=1$ 和 $a=0$ 时成立即可.对于 $b=c=1$,不等式可以写为

$$\frac{1}{2(4a+1)} + \frac{2}{a^2+4a+5} \leqslant \frac{9}{10(2a+1)}$$

$$a(a-1)^2 \geqslant 0$$

对于 $a=0$,不等式可以写成

$$\frac{1}{b^2+c^2} + \frac{1}{b^2+4bc} + \frac{1}{c^2+4bc} \leqslant \frac{9}{10bc}$$

$$\frac{1}{b^2+c^2} + \frac{b^2+c^2+8bc}{4bc(b^2+c^2)+17b^2c^2} \leqslant \frac{9}{10bc}$$

$$\frac{1}{x} + \frac{x+8}{4x+17} \leqslant \frac{9}{10}$$

其中

$$x = \frac{c}{b} + \frac{b}{c}, x \geqslant 2$$

这就归结为不等式

$$(x-2)(26x+85) \geqslant 0$$

等号适用于 $a=b=c$,也适用于 $a=0$ 和 $b=c$(或其任意循环排列).

问题 1.137 设 a,b,c 是非负实数且满足 $a+b+c=3$,那么

$$\frac{1}{3-ab} + \frac{1}{3-bc} + \frac{1}{3-ca} \leqslant \frac{9}{2(ab+bc+ca)}$$

(Vasile Cîrtoaje,2011)

证明 1 我们应用 SOS 方法.将不等式写成

$$\sum\left(\frac{3}{2} - \frac{ab+bc+ca}{3-bc}\right) \geqslant 0$$

151

$$\sum \frac{9-2a(b+c)-5bc}{3-bc} \geqslant 0$$

$$\sum \frac{a^2+b^2+c^2-3bc}{3-bc} \geqslant 0$$

因为

$$2(a^2+b^2+c^2-3bc)$$

$$=2(a^2-bc)+2(b^2+c^2-ab-ac)+2(ab+ac-2bc)$$

$$=(a-b)(a+c)+(a-c)(a+b)+2b(b-a)+2c(c-a)+2b(a-c)+$$

$$2c(a-b)$$

$$=(a-b)(a-2b+3c)+(a-c)(a-2c+3b)$$

期望不等式等价于

$$\sum \frac{(a-b)(a-2b+3c)}{3-bc}+\sum \frac{(a-c)(a-2c+3b)}{3-bc} \geqslant 0$$

$$\sum \frac{(a-b)(a-2b+3c)}{3-bc}+\sum \frac{(b-a)(b-2a+3c)}{3-ca} \geqslant 0$$

$$\sum \frac{(a-b)^2[9-c(a+b+3c)]}{(3-bc)(3-ca)} \geqslant 0$$

$$\sum (3-ab)(3+c)(3-2c)(a-b)^2 \geqslant 0$$

不失一般性,不妨设 $a \geqslant b \geqslant c$. 那么只需证

$$(3-bc)(3+b)(3-2a)(b-c)^2+(3-ca)(3+b)(3-2b)(a-c)^2 \geqslant 0$$

等价于

$$(3-ca)(3+b)(3-2b)(a-c)^2 \geqslant (3-bc)(3+a)(2a-3)(b-c)^2$$

因为 $3-2b=a-b+c \geqslant 0$,我们可以通过乘以不等式得到这个不等式

$$b^2(a-c)^2 \geqslant a^2(b-c)^2$$

$$a(3-ac) \geqslant b(3-bc)$$

$$a(3+b)(3-2b) \geqslant b(a+3)(2a-3) \geqslant 0$$

我们有

$$a(3-ac)-b(3-bc)=(a-b)[3-c(a+b)]$$

$$=(a-b)(3-3c+c^2)$$

$$\geqslant 3(a-b)(1-c)$$

$$\geqslant 0$$

同样,因为 $a+b \leqslant a+b+c \leqslant 3$,我们有

$$a(3+b)(3-2b)-b(a+3)(2a-3)$$

$$=9(a+b)-6ab-2ab(a+b)$$

$$\geqslant 9(a+b)-12ab \geqslant 3(a+b)^2-12ab=3(a-b)^2$$

$$\geqslant 0$$

等号适用于 $a=b=c=1$,也适用于 $a=0$ 和 $b=c=\dfrac{3}{2}$(或其任意循环排列).

将不等式写为下列均匀的形式

$$\frac{1}{p^2-3ab}+\frac{1}{p^2-3bc}+\frac{1}{p^2-3ca}\leqslant\frac{3}{2q}$$

证明 2 设 $p=a+b+c,q=ab+bc+ca$,我们需要证明 $f_6(a,b,c)\geqslant0$,其中

$$f_6(a,b,c)=3\prod(p^2-3bc)-2q\sum(p^2-3ca)(p^2-3ab)$$

显然 $f_6(a,b,c)$ 最高系数为

$$A=3(-3)^3<0$$

因此,根据第 1 卷问题 3.76(1),我们只需证明原不等式当 $b=c$ 和 $a=0$ 时成立.

对于 $b=c$,不等式化为

$$\frac{2}{(a+2)^2-3a}+\frac{1}{(a+2)^2-3}\leqslant\frac{3}{2(2a+1)}$$

$$\frac{a^2+3a+2}{(a^2+a+4)(a^2+4a+1)}\leqslant\frac{3}{2(2a+1)}$$

$$a(a+3)(a-1)^2\geqslant0$$

对于 $a=0$,齐次不等式可以写成

$$\frac{2}{(b+c)^2}+\frac{1}{(b+c)^2-3bc}\leqslant\frac{3}{2bc}$$

$$\frac{(b-c)^2(b^2+c^2+bc)}{2bc(b+c)^2(b^2+c^2-bc)}\geqslant0$$

问题 1.138 如果 a,b,c 是非负实数且满足 $a+b+c=3$,那么

$$\frac{bc}{a^2+a+6}+\frac{ca}{b^2+b+6}+\frac{ab}{c^2+c+6}\leqslant\frac{3}{8}$$

(Vasile Cîrtoaje,2009)

证明 将不等式写成齐次形式

$$\sum\frac{bc}{3a^2+ap+2p^2}\leqslant\frac{1}{8}$$

设 $p=a+b+c,q=ab+bc+ca$,我们需要证明 $f_6(a,b,c)\geqslant0$,其中

$$f_6(a,b,c)=\prod(3a^2+ap+2p^2)-8\sum bc(3b^2+ap+2p^2)(3c^2+ap+2p^2)$$

显然 $f_6(a,b,c)$ 的最高系数

$$A=3^3-8\times3\times3^2=27-216<0$$

因此,根据第 1 卷问题 3.76(1),我们只需证明原不等式当 $b=c$ 和 $a=0$ 时成立.

当 $b=c$ 时,齐次不等式化为

$$\frac{1}{2(3a^2+5a+4)}+\frac{2a}{2a^2+9a+13}\leqslant\frac{1}{8}$$

$$6a^4 - 11a^3 + 4a^2 + a \geqslant 0$$
$$a(6a+1)(a-1)^2 \geqslant 0$$

当 $a=0$ 时,齐次不等式变为

$$\frac{bc}{2(b+c)^2} \leqslant \frac{1}{8}$$
$$(b-c)^2 \geqslant 0$$

等号适用于 $a=b=c=1$,也适用于 $a=0$ 和 $b=c=\dfrac{3}{2}$(或其任意循环排列).

问题 1.139 如果 a,b,c 是非负实数且满足 $ab+bc+ca=3$,那么

$$\frac{1}{8a^2-2bc+21} + \frac{1}{8b^2-2ca+21} + \frac{1}{8c^2-2ab+21} \geqslant \frac{1}{9}$$

(Vasile Cîrtoaje,2013)

证明 将不等式写成齐次形式

$$\sum \frac{1}{8a^2-2bc+7q} \geqslant \frac{1}{3q}, q=ab+bc+ca$$

我们需要证明 $f_6(a,b,c) \geqslant 0$,其中

$$f_6(a,b,c) = 3q\sum(8b^2-2ca+7q)(8c^2-2ab+7q) - \prod(8a^2-2bc+7q)$$

显然 $f_6(a,b,c)$ 与 $P_2(a,b,c)$ 有最高系数,其中

$$P_2(a,b,c) = -\prod(8a^2-2bc)$$

根据第 1 卷问题 2.75 的证明的备注 2,我们有

$$A = P_2(1,1,1) = -6^3 < 0$$

根据第 1 卷问题 3.76(1),我们只需证明原不等式当 $b=c=1$ 和 $a=0$ 时成立.

当 $b=c=1$ 时,齐次不等式化为

$$\frac{1}{8a^2+14a+5} + \frac{2}{12a+15} \geqslant \frac{1}{3(2a+1)}$$
$$\frac{1}{(4a+5)(2a+1)} + \frac{2}{3(4a+5)} \geqslant \frac{1}{3(2a+1)}$$

这是一个恒等式.

当 $a=0$ 时,齐次不等式可写为

$$\frac{1}{b(8b+7c)} + \frac{1}{c(8c+7b)} \geqslant \frac{2}{15bc}$$
$$\frac{c}{8b+7c} + \frac{b}{8c+7b} \geqslant \frac{2}{15}$$
$$(b-c)^2 \geqslant 0$$

当 a,b,c 中有两个相等时等式成立.

备注 下列恒等式当 $ab+bc+ca=3$ 时成立

$$\sum \frac{9}{8a^2 - 2bc + 21} - 1 = \frac{8 \prod (a-b)^2}{\prod (a^2 - 2bc + 21)}$$

问题 1.140 如果 a, b, c 是非负实数,不存在两个同时为零.求证:

(1) $\dfrac{a^2 + bc}{b^2 + c^2} + \dfrac{b^2 + ca}{c^2 + a^2} + \dfrac{c^2 + ab}{a^2 + b^2} \geqslant \dfrac{(a+b+c)^2}{a^2 + b^2 + c^2}$;

(2) $\dfrac{a^2 + 3bc}{b^2 + c^2} + \dfrac{b^2 + 3ca}{c^2 + a^2} + \dfrac{c^2 + 3ab}{a^2 + b^2} \geqslant \dfrac{6(ab + bc + ca)}{a^2 + b^2 + c^2}$.

(Vasile Cîrtoaje, 2014)

证明 (1) 利用熟知不等式

$$\sum \frac{a^2}{b^2 + c^2} \geqslant \frac{3}{2}$$

和柯西－施瓦兹不等式得到

$$\sum \frac{a^2 + bc}{b^2 + c^2} = \sum \frac{a^2}{b^2 + c^2} + \sum \frac{bc}{b^2 + c^2}$$

$$\geqslant \sum \left(\frac{1}{2} + \frac{bc}{b^2 + c^2} \right)$$

$$= \sum \frac{(b+c)^2}{2(b^2 + c^2)}$$

$$\geqslant \frac{\left[\sum (b+c) \right]^2}{2 \sum (b^2 + c^2)}$$

$$= \frac{(a+b+c)^2}{a^2 + b^2 + c^2}$$

等式适用于 $a = b = c$.

(2) 我们有

$$\sum \frac{a^2 + 3bc}{b^2 + c^2} = \sum \frac{a^2}{b^2 + c^2} + \sum \frac{3bc}{b^2 + c^2}$$

$$\geqslant \frac{3}{2} + 3 \sum \frac{3bc}{b^2 + c^2}$$

$$= -3 + 3 \sum \left(\frac{1}{2} + \frac{bc}{b^2 + c^2} \right)$$

$$= -3 + 3 \sum \frac{(b+c)^2}{2(b^2 + c^2)}$$

$$\geqslant -3 + \frac{3 \left[\sum (b+c) \right]^2}{\sum 2(b^2 + c^2)}$$

$$= -3 + 3 \frac{\left(\sum a \right)^2}{\sum a^2} = \frac{6(ab + bc + ca)}{a^2 + b^2 + c^2}$$

等号适用于 $a=b=c$.

问题 1.141　如果 a,b,c 是实数且满足 $ab+bc+ca\geqslant 0$,不存在两个同时为零.求证

$$\frac{a(b+c)}{b^2+c^2}+\frac{b(c+a)}{c^2+a^2}+\frac{c(a+b)}{a^2+b^2}\geqslant\frac{3}{10}$$

(Vasile Cîrtoaje,2014)

证明　因为用 $-a,-b,-c$ 代替 a,b,c 不等式保持不变,因此只需考虑两种情况:$a,b,c\geqslant 0$ 和 $a<0,b,c\geqslant 0$.

情形 1　$a,b,c\geqslant 0$.我们有

$$\sum\frac{a(b+c)}{b^2+c^2}\geqslant\sum\frac{a(b+c)}{(b+c)^2}=\sum\frac{a}{b+c}\geqslant\frac{3}{2}>\frac{3}{10}$$

情形 2　$a<0,b,c\geqslant 0$,用 $-a$ 代替 a,我们只需证

$$\frac{b(c-a)}{c^2+a^2}+\frac{c(b-a)}{a^2+b^2}-\frac{a(b+c)}{b^2+c^2}\geqslant\frac{3}{10}$$

其中

$$a\geqslant 0,b\geqslant 0,c\geqslant 0,a\leqslant\frac{bc}{b+c}$$

我们首先证明

$$\frac{b(c-a)}{a^2+c^2}\geqslant\frac{b(c-x)}{x^2+c^2}$$

其中 $x=\dfrac{bc}{b+c}$,$x\geqslant a$,这个不等式等价于

$$b(x-a)[(c-a)x+ac+c^2]\geqslant 0$$

这是成立的,因为

$$(c-a)x+ac+c^2=\frac{c^2(a+2b+c)}{b+c}\geqslant 0$$

类似地,我们可证明

$$\frac{c(b-a)}{a^2+b^2}\geqslant\frac{c(b-x)}{x^2+b^2}$$

此外,

$$\frac{a(b+c)}{b^2+c^2}\leqslant\frac{x(b+c)}{b^2+c^2}$$

因此,只需证明

$$\frac{b(c-x)}{x^2+c^2}+\frac{c(b-x)}{x^2+b^2}-\frac{x(b+c)}{b^2+c^2}\geqslant\frac{3}{10}$$

记

$$p=\frac{b}{b+c},q=\frac{c}{b+c},p+q=1$$

因为

$$\frac{b(c-x)}{x^2+c^2}=\frac{p}{1+p^2},\frac{c(b-x)}{x^2+b^2}=\frac{q}{1+q^2}$$

$$\frac{x(b+c)}{b^2+c^2}=\frac{bc}{b^2+c^2}=\frac{pq}{1-2pq}$$

我们需要证明

$$\frac{p}{1+p^2}+\frac{q}{1+q^2}-\frac{pq}{1-2pq}\geqslant\frac{3}{10}$$

这个不等式等价于

$$\frac{1+pq}{2-2pq+p^2q^2}-\frac{pq}{1-2pq}\geqslant\frac{3}{10}$$

$$(pq+2)^2(1-4pq)\geqslant0$$

这是真的，因为

$$1-4pq=(p+q)^2-4pq=(p-q)^2\geqslant0$$

证明完成. 等式适用于 $-2a=b=c$（或其任意循环排列）.

问题 1. 142　如果 a,b,c 是正实数且满足 $abc>1$，那么

$$\frac{1}{a+b+c-3}+\frac{1}{abc-1}\geqslant\frac{4}{ab+bc+ca-3}$$

（Vasile Cîrtoaje，2011）

证明（Vo Quoc Ba Can）. 根据 AM−GM 不等式，我们有

$$a+b+c\geqslant3\sqrt[3]{abc}>3$$

$$ab+bc+ca\geqslant\sqrt[3]{(abc)^2}>3$$

不失一般性，假设 $a=\min\{a,b,c\}$，根据柯西−施瓦兹不等式，我们有

$$\left(\frac{1}{a+b+c-3}+\frac{1}{abc-1}\right)\left[a(a+b+c-3)+\frac{abc-1}{a}\right]\geqslant\left(\sqrt{a}+\frac{1}{\sqrt{a}}\right)^2$$

因此，只需证

$$\frac{(a+1)^2}{4a}\geqslant\frac{a(a+b+c-3)+\frac{abc-1}{a}}{ab+bc+ca-3}$$

因为

$$a(a+b+c-3)+\frac{abc-1}{a}=ab+bc+ac-3+\frac{(a-1)^3}{a}$$

不等式可以写为

$$\frac{(a+1)^2}{4a}-1\geqslant\frac{(a-1)^3}{a(ab+bc+ca-3)}$$

$$\frac{(a-1)^2}{4a}\geqslant\frac{(a-1)^3}{a(ab+bc+ca-3)}$$

$$(a-1)^2(ab+bc+ca+1-4a) \geqslant 0$$

这是成立的,因为

$$bc \geqslant \sqrt[3]{(abc)^2} > 1$$

因此

$$ab+bc+ca+1-4a > a^2+1+a^2+1-4a = 2(a-1)^2 \geqslant 0$$

等号适用于 $c > 1$ 和 $a = b = 1$(或其任意循环排列).

备注　应用这个不等式,我们可以证明第 1 卷问题 3.84,即

$$(a+b+c-3)\left(\frac{1}{a}+\frac{1}{b}+\frac{1}{c}-3\right)+abc+\frac{1}{abc} \geqslant 2$$

对于任何正数 a,b,c,当 $abc=1$ 时,这个不等式是显然成立的.此外,分别用 $\frac{1}{a}$,$\frac{1}{b}$,$\frac{1}{c}$ 代替 a,b,c 不等式保持不变.因此,考虑 $abc > 1$ 的情况就足够了.因为 $a+b+c \geqslant 3\sqrt[3]{abc} > 3$,我们可以将期望不等式写成 $E \geqslant 0$,其中

$$E = ab+bc+ca-3abc+\frac{(abc-1)^2}{a+b+c-3}$$

根据问题 1.142 中的不等式,我们有

$$E \geqslant ab+bc+ca-3abc+(abc-1)^2\left(\frac{4}{ab+bc+ca-3}-\frac{1}{abc-1}\right)$$

$$= (ab+bc+ca-3)+\frac{4(abc-1)^2}{ab+bc+ca-3}-4(abc-1)$$

$$\geqslant 2\sqrt{(ab+bc+ca-3)\cdot\frac{4(abc-1)^2}{ab+bc+ca-3}}-4(abc-1)$$

$$= 0$$

问题 1.143　设 a,b,c 是正实数,不存在两个同时为零.求证

$$\sum \frac{(4b^2-ac)(4c^2-ab)}{b+c} \leqslant \frac{27}{2}abc$$

(Vasile Cîrtoaje,2011)

证明　因为

$$\sum \frac{(4b^2-ac)(4c^2-ab)}{b+c} = \sum \frac{bc(16bc+a^2)}{b+c}-4\sum \frac{a(b^3+c^3)}{b+c}$$

$$= \sum \frac{bc(16bc+a^2)}{b+c}-4\sum a(b^2+c^2)+12abc$$

$$= \sum bc\left[\frac{a^2}{b+c}+\frac{16bc}{b+c}-4(b+c)\right]+12abc$$

$$= \sum bc\left[\frac{a^2}{b+c}-4\frac{(b-c)^2}{b+c}\right]+12abc$$

于是只需证

$$\sum bc\left[\frac{a}{2}-\frac{a^2}{b+c}+4\frac{(b-c)^2}{b+c}\right]\geqslant 0$$

$$8\sum \frac{bc\,(b-c)^2}{b+c}\geqslant abc\sum \frac{2a-b-c}{b+c}$$

此外，由于

$$\sum \frac{2a-b-c}{b+c}=\sum \frac{a-b}{b+c}+\sum \frac{a-c}{b+c}=\sum \frac{a-b}{b+c}+\sum \frac{b-a}{c+a}$$

$$=\sum \frac{(a-b)^2}{(c+a)(b+c)}=\sum \frac{(b-c)^2}{(c+a)(a+b)}$$

不等式可以重新表述为

$$8\sum \frac{bc\,(b-c)^2}{b+c}\geqslant abc\sum \frac{(b-c)^2}{(c+a)(a+b)}$$

$$\sum \frac{bc\,(b-c)^2(8a^2+8bc+7ab+7ac)}{(a+b)(b+c)(c+a)}\geqslant 0$$

因为最后一个不等式是显然的，这就完成了证明. 等号适用于 $a=b=c$，也适用于 $a=0$ 和 $b=c$（或其任意循环排列）.

问题 1.144 设 a,b,c 是非负实数，不存在两个同时为零，且满足

$$a+b+c=3$$

求证

$$\frac{a}{3a+bc}+\frac{b}{3b+ca}+\frac{c}{3c+ab}\geqslant \frac{2}{3}$$

证明 因为

$$3a+bc=a(a+b+c)+bc=(a+b)(a+c)$$

我们可将不等式写为

$$a(b+c)+b(c+a)+c(a+b)\geqslant \frac{2}{3}(a+b)(b+c)(c+a)$$

$$6(ab+bc+ca)\geqslant 2\big[(a+b+c)(ab+bc+ca)-abc\big]$$

$$2abc\geqslant 0$$

等式适用于 $a=0$，或 $b=0$，或 $c=0$.

问题 1.145 设 a,b,c 是正实数且满足

$$(a+b+c)\left(\frac{1}{a}+\frac{1}{b}+\frac{1}{c}\right)=10$$

求证

$$\frac{19}{12}\leqslant \frac{a}{b+c}+\frac{b}{c+a}+\frac{c}{a+b}\leqslant \frac{5}{3}$$

（Vasile Cîrtoaje，2012）

证明 1 将假设条件

$$(a+b+c)\left(\frac{1}{a}+\frac{1}{b}+\frac{1}{c}\right)=10$$

写为

$$\frac{b+c}{a}+\frac{c+a}{b}+\frac{a+b}{c}=7$$

和

$$(a+b)(b+c)(c+a)=9abc$$

应用代换

$$x=\frac{b+c}{a},y=\frac{c+a}{b},z=\frac{a+b}{c}$$

我们需要证明 $x+y+z=7$ 或 $xyz=9$ 时意味着

$$\frac{19}{12}\leqslant\frac{1}{x}+\frac{1}{y}+\frac{1}{z}\leqslant\frac{5}{3}$$

或等价于

$$\frac{19}{12}\leqslant\frac{1}{x}+\frac{x(7-x)}{9}\leqslant\frac{5}{3}$$

显然 $x,y,z\in(0,7)$,左边不等式等价于

$$(x-4)(2x-3)^2\leqslant 0$$

右边不等式等价于

$$(x-1)(x-3)^2\geqslant 0$$

如果 $1\leqslant x\leqslant 4$ 时,这些不等式是真的.为了证明 $1\leqslant x\leqslant 4$,从 $(y+z)^2\geqslant 4yz$,我们得到

$$(7-x)^2\geqslant\frac{36}{x}\Leftrightarrow(x-1)(x-4)(x-9)\geqslant 0\Rightarrow 1\leqslant x\leqslant 4$$

这样,证明就完成了.左边的不等式当 $2a=b=c$(或任意循环排列)时取等号,右边的不等式当 $\frac{a}{2}=b=c$(或任意循环排列)时等式成立.

证明 2 由于齐次性,假设 $b+c=2$,则 $bc\leqslant 1$.由假设

$$(a+b+c)\left(\frac{1}{a}+\frac{1}{b}+\frac{1}{c}\right)=10$$

我们得到

$$bc=\frac{2a(a+2)}{9a-2}$$

因为

$$bc-1=\frac{(a-2)(2a-1)}{9a-2}$$

从条件 $bc\leqslant 1$,我们得到

$$\frac{1}{2} \leqslant a \leqslant 2$$

我们有

$$\frac{b}{c+a}+\frac{c}{a+b}=\frac{a(b+c)+b^2+c^2}{a^2+(b+c)a+bc}$$

$$=\frac{2a+4-2bc}{a^2+2a+bc}$$

$$=\frac{2(7a^2+12a-4)}{9a^2(a+2)}$$

$$=\frac{2(7a-2)}{9a^2}$$

因此

$$\frac{a}{b+c}+\frac{b}{c+a}+\frac{c}{a+b}=\frac{a}{2}+\frac{2(7a-2)}{9a^2}=\frac{9a^3+28a-8}{18a^2}$$

因此,只需证明

$$\frac{19}{12} \leqslant \frac{9a^3+28a-8}{18a^2} \leqslant \frac{5}{3}$$

这些不等式都是真的,因为左边不等式等价于

$$(2a-1)(3a-4)^2 \geqslant 0$$

而右边不等式等价于

$$(a-2)(3a-2)^2 \leqslant 0$$

备注 类似地,我们可证明下列一般结论.

设 a,b,c 是正实数且满足

$$(a+b+c)\left(\frac{1}{a}+\frac{1}{b}+\frac{1}{c}\right)=9+\frac{8k^2}{1-k^2}$$

其中 $k\in(0,1)$,那么

$$\frac{k^2}{1+k} \leqslant \frac{a}{b+c}+\frac{b}{c+a}+\frac{c}{a+b}-\frac{3}{2} \leqslant \frac{k^2}{1-k}$$

问题 1.146 设 a,b,c 是非负实数,不存在两个同时为零且满足 $a+b+c=3$.求证

$$\frac{9}{10} < \frac{a}{2a+bc}+\frac{b}{2b+ca}+\frac{c}{2c+ab} \leqslant 1$$

(Vasile Cîrtoaje,2012)

证明 (1)因为

$$\frac{a}{2a+bc}-\frac{1}{2}=-\frac{bc}{2(2a+bc)}$$

右边不等式写为

$$\sum \frac{bc}{2a+bc} \geqslant 1$$

根据柯西－施瓦兹不等式，我们有

$$\sum \frac{bc}{2a+bc} \geqslant \frac{\left(\sum bc\right)^2}{\sum bc(2a+bc)} = \frac{\sum b^2c^2 + 2abc\sum a}{6abc + \sum b^2c^2} = 1$$

等式适用于 $a=b=c=1$，也适用于 $a=0$ 或 $b=0$ 或 $c=0$.

（2）方法 1　对于非平凡情况 $a,b,c>0$，我们将左边不等式写为

$$\sum \frac{1}{2+\dfrac{bc}{a}} > \frac{9}{10}$$

作代换，令 $x=\sqrt{\dfrac{bc}{a}}$，$y=\sqrt{\dfrac{ca}{b}}$，$z=\sqrt{\dfrac{ab}{c}}$，我们需要证明

$$\sum \frac{1}{2+x^2} > \frac{9}{10}$$

对于所有满足 $xy+yz+zx=3$ 的正实数 x,y,z，展开后，不等式为

$$4\sum x^2 + 48 > 9x^2y^2z^2 + 8\sum x^2y^2$$

因为

$$\sum x^2y^2 = \left(\sum xy\right)^2 - 2xyz\sum x = 9 - 2xyz\sum x$$

我们可将期望不等式写为

$$4\sum x^2 + 16xyz\sum x > 9x^2y^2z^2 + 24$$

这个不等式等价于

$$4(p^2-12) + 16xyzp > 9x^2y^2z^2$$

其中 $p=x+y+z$，应用舒尔不等式

$$p^3 + 9xyz \geqslant 4p(xy+yz+zx)$$

这等价于

$$p(p^2-12) \geqslant -9xyz$$

于是只需证

$$-\frac{36xyz}{p} + 16xyzp > 9x^2y^2z^2$$

不等式成立. 如果

$$-\frac{36}{p} + 16p > 9xyz$$

因为

$$x+y+z \geqslant \sqrt{3(xy+yz+zx)} = 3$$

和

$$1 = \frac{xy + yz + zx}{3} \geqslant \sqrt[3]{(xyz)^2}$$

我们有

$$-\frac{36}{p} + 16p - 9xyz \geqslant -\frac{36}{3} + 48 - 9 > 0$$

证明 2 正如在第一个证明中所显示的那样,只需证明

$$\sum \frac{1}{2 + x^2} > \frac{9}{10}$$

其中 x, y, z 为正数,且 $xy + yz + zx = 3$,重写不等式为

$$\sum \frac{x^2}{2 + x^2} < \frac{6}{5}$$

设 p, q 是两个正数且满足 $p + q = \sqrt{3}$,根据柯西－施瓦兹不等式,我们有

$$\frac{x^2}{2 + x^2} = \frac{3x^2}{2(xy + yz + zx) + 3x^2} = \frac{(px + qx)^2}{2x(x + y + z) + (x^2 + 2yz)}$$

$$\leqslant \frac{p^2 x}{2(x + y + z)} + \frac{q^2 x^2}{x^2 + 2yz}$$

因此

$$\sum \frac{x^2}{2 + x^2} \leqslant \sum \frac{p^2 x}{2(x + y + z)} + \sum \frac{q^2 x^2}{x^2 + 2yz}$$

$$= \frac{p^2}{2} + q^2 \sum \frac{x^2}{x^2 + 2yz}$$

于是只需证

$$\frac{p^2}{2} + q^2 \sum \frac{x^2}{x^2 + 2yz} < \frac{6}{5}$$

我们断言

$$\sum \frac{x^2}{x^2 + 2yz} < 2$$

在这个假设下,我们只需证明

$$\frac{p^2}{2} + 2q^2 \leqslant \frac{6}{5}$$

的确,我们选择 $p = \frac{4\sqrt{3}}{5}, q = \frac{\sqrt{3}}{5}$,我们有 $p + q = \sqrt{3}$ 和 $\frac{p^2}{2} + 2q^2 = \frac{6}{5}$. 为了完成

证明,我们还需证明 $\sum \frac{x^2}{x^2 + 2yz} < 2$,这个不等式等价于

$$\sum \frac{yz}{x^2 + 2yz} > \frac{1}{2}$$

根据柯西－施瓦兹不等式,我们得到

$$\sum \frac{yz}{x^2 + 2yz} \geqslant \frac{\left(\sum yz\right)^2}{\sum yz(x^2 + 2yz)}$$

$$= \frac{\sum y^2 z^2 + 2xyz \sum x}{xyz \sum x + 2 \sum y^2 z^2} > \frac{1}{2}$$

问题 1. 147　设 a,b,c 是非负实数,不存在两个同时为零. 求证

$$\frac{a^3}{2a^2+bc} + \frac{b^3}{2b^2+ca} + \frac{c^3}{2c^2+ab} \leqslant \frac{a^3+b^3+c^3}{a^2+b^2+c^2}$$

(Vasile Cîrtoaje,2011)

证明　采用 SOS 方法. 将不等式写为

$$\sum \left(\frac{a^3}{a^2+b^2+c^2} - \frac{a^3}{2a^2+bc} \right) \geqslant 0$$

$$\sum \frac{a^3(a^2+bc-b^2-c^2)}{2a^2+bc} \geqslant 0$$

$$\sum \frac{a^3 \left[a^2(b+c) - b^3 - c^3 \right]}{(2a^2+bc)(b+c)} \geqslant 0$$

$$\sum \frac{a^3 b(a^2-b^2) + a^3 c(a^2-c^2)}{(2a^2+bc)(b+c)} \geqslant 0$$

$$\sum \frac{a^3 b(a^2-b^2)}{(2a^2+bc)(b+c)} + \sum \frac{a^3 c(a^2-c^2)}{(2a^2+bc)(b+c)} \geqslant 0$$

$$\sum \frac{a^3 b(a^2-b^2)}{(2a^2+bc)(b+c)} + \sum \frac{b^3 a(b^2-a^2)}{(2b^2+ca)(c+a)} \geqslant 0$$

$$\sum \frac{ab(a+b)(a-b)^2 \left[2a^2 b^2 + c(a^3+a^2 b+ab^2+b^3) + c^2(a^2+ab+b^2) \right]}{(b+c)(c+a)(2a^2+bc)(2b^2+ca)} \geqslant 0$$

等号适用于 $a=b=c$,也适用于 $a=0$ 和 $b=c$(或其任意循环排列).

问题 1. 148　设 a,b,c 是非负实数,不存在两个同时为零. 求证

$$\frac{a^3}{4a^2+bc} + \frac{b^3}{4b^2+ca} + \frac{c^3}{4c^2+ab} \geqslant \frac{a+b+c}{5}$$

(Vasile Cîrtoaje,2011)

证明　采用 SOS 方法. 将不等式写为

$$\sum \left(\frac{a^3}{4a^2+bc} - \frac{a}{5} \right) \geqslant 0$$

$$\sum \frac{a(a^2-bc)}{4a^2+bc} \geqslant 0$$

$$\sum \frac{a \left[(a-b)(a+c) + (a-c)(a+b) \right]}{4a^2+bc} \geqslant 0$$

$$\sum \frac{a(a-b)(a+c)}{4a^2+bc} + \sum \frac{b(b-a)(b+c)}{4b^2+ca} \geqslant 0$$

$$\sum \frac{c(a-b)^2 \left[(a-b)^2 + bc + ca - ab \right]}{(4a^2+bc)(4b^2+ca)} \geqslant 0$$

由上述不等式可得,只需证

$$\sum \frac{c(a-b)^2(bc+ca-ab)}{(4a^2+bc)(4b^2+ca)} \geqslant 0$$

即可写为

$$\sum (4c^3+abc)(bc+ca-ab)(a-b)^2 \geqslant 0$$

假设 $a \geqslant b \geqslant c$. 因为 $ca+ab-bc>0$,于是只需证

$$(4b^3+abc)(ab+bc-ca)(c-a)^2+(4c^3+abc)(bc+ca-ab)(a-b)^2 \geqslant 0$$

这个不等式是成立的,因为 $ab+bc-ca>0$ 和

$$(c-a)^2 \geqslant (a-b)^2, 4b^3+abc \geqslant 4c^3+abc, ab+bc-ca \geqslant ab-bc-ca$$

等号适用于 $a=b=c$.

问题 1.149 设 a,b,c 是正实数,那么

$$\frac{1}{(2+a)^2}+\frac{1}{(2+b)^2}+\frac{1}{(2+c)^2} \geqslant \frac{3}{6+ab+bc+ca}$$

(Vasile Cîrtoaje,2013)

证明 根据柯西 — 施瓦兹不等式,我们有

$$\sum \frac{1}{(2+a)^2} \geqslant \frac{4(a+b+c)^2}{\sum (2+a)^2(b+c)^2}$$

于是只需证

$$4(a+b+c)^2(6+ab+bc+ca) \geqslant 3\sum (2+a)^2(b+c)^2$$

这个不等式等价于

$$2p^2q-3q^2+3pr+12q \geqslant 6(pq+3r)$$

其中

$$p=a+b+c, q=ab+bc+ca, r=abc$$

根据 AM — GM 不等式

$$(2p^2q-3q^2+3pr)+12q \geqslant 2\sqrt{12q(2p^2q-3q^2+3pr)}$$

因此,只需证

$$4q(2p^2q-3q^2+3pr) \geqslant 3(pq+3r)^2$$

可写为

$$5p^2q^2 \geqslant 12q^3+6pqr+27r^2$$

因为 $pq \geqslant 9r$,我们有

$$3(5p^2q^2-12q^3-6pqr-27r^2) \geqslant 15p^2q^2-36q^3-2p^2q^2-p^2q^2$$
$$=12q^2(p^2-3q)$$
$$\geqslant 0$$

等号适用于 $a=b=c=1$.

问题 1.150 设 a,b,c 是正实数,那么

165

$$\frac{1}{1+3a}+\frac{1}{1+3b}+\frac{1}{1+3c}\geqslant\frac{3}{3+abc}$$

(Vasile Cîrtoaje,2013)

证明 设

$$p=a+b+c,q=ab+bc+ca,r=\sqrt[3]{abc}$$

将不等式写为

$$(3+r^3)\sum(1+3b)(1+3c)\geqslant 3(1+3a)(1+3b)(1+3c)$$

$$(3+r^3)(3+6p+9q)\geqslant 3(1+3p+9q+27r^3)$$

$$r^3(2p+3q)+2+3p\geqslant 26r^3$$

根据 AM−GM 不等式,我们有

$$p\geqslant 3r,q\geqslant 3r^2$$

因此,只需证明

$$r^3(6r+9r^2)+2+9r\geqslant 26r^3$$

这个不等式等价于一个明显的不等式

$$(r-1)^2(9r^3+24r^2+13r+2)\geqslant 0$$

等号适用于 $a=b=c=1$.

问题 1.151 设 a,b,c 是实数,不存在两个同时为零. 如果 $1<k\leqslant 3$,那么

$$\left(k+\frac{2ab}{a^2+b^2}\right)\left(k+\frac{2bc}{b^2+c^2}\right)\left(k+\frac{2ca}{c^2+a^2}\right)\geqslant(k-1)(k^2-1)$$

(Vasile Cîrtoaje and Vo Quoc Ba Can,2011)

证明 如果 a,b,c 有相同的符号,那么

$$\left(k+\frac{2ab}{a^2+b^2}\right)\left(k+\frac{2bc}{b^2+c^2}\right)\left(k+\frac{2ca}{c^2+a^2}\right)>k^3>(k-1)(k^2-1)$$

因为用 $-a,-b,-c$ 代替 a,b,c 不等式保持不变,于是只需考虑 $a\leqslant 0,b\geqslant 0$,$c\geqslant 0$.用 $-a$ 代换 a,我们只需证

$$\left(k-\frac{2ab}{a^2+b^2}\right)\left(k+\frac{2bc}{b^2+c^2}\right)\left(k-\frac{2ca}{c^2+a^2}\right)\geqslant(k-1)(k^2-1)$$

其中 $a,b,c\geqslant 0$. 因为

$$\left(k-\frac{2ab}{a^2+b^2}\right)\left(k-\frac{2ca}{c^2+a^2}\right)=\left[k-1+\frac{(a-b)^2}{a^2+b^2}\right]\left[k-1+\frac{(c-a)^2}{c^2+a^2}\right]$$

$$\geqslant(k-1)^2+(k-1)\left[\frac{(a-b)^2}{a^2+b^2}+\frac{(c-a)^2}{c^2+a^2}\right]$$

于是只需证

$$\left[k-1+\frac{(a-b)^2}{a^2+b^2}+\frac{(c-a)^2}{c^2+a^2}\right]\left(k+\frac{2bc}{b^2+c^2}\right)\geqslant k^2-1$$

根据问题引理,我们有

$$\frac{(a-b)^2}{a^2+b^2}+\frac{(c-a)^2}{c^2+a^2}\geqslant\frac{(b-c)^2}{(b+c)^2}$$

从而只需证

$$\left[k-1+\frac{(b-c)^2}{(b+c)^2}\right]\left(k+\frac{2bc}{b^2+c^2}\right)\geqslant k^2-1$$

这等价于明显的不等式

$$(b-c)^4+2(3-k)bc\,(b-c)^2\geqslant 0$$

等号适用于 $a=b=c$.

引理 如果 $a,b,c\geqslant 0$,不存在两个同时为零,那么

$$\frac{(a-b)^2}{a^2+b^2}+\frac{(a-c)^2}{a^2+c^2}\geqslant\frac{(b-c)^2}{(b+c)^2}$$

证明 考虑两种情况:$a^2\leqslant bc$ 和 $a^2>bc$.

情形 1 $a^2\leqslant bc$ 根据柯西-施瓦兹不等式,我们有

$$\frac{(a-b)^2}{a^2+b^2}+\frac{(a-c)^2}{a^2+c^2}\geqslant\frac{[(b-a)+(a-c)]^2}{a^2+b^2+a^2+c^2}=\frac{(b-c)^2}{2a^2+b^2+c^2}$$

因此,只需证明

$$\frac{1}{2a^2+b^2+c^2}\geqslant\frac{1}{(b+c)^2}$$

等价于 $a^2\leqslant bc$.

情形 2 $a^2>bc$,根据柯西-施瓦兹不等式,我们有

$$\frac{(a-b)^2}{a^2+b^2}+\frac{(a-c)^2}{a^2+c^2}\geqslant\frac{[c(b-a)+b(a-c)]^2}{c^2(a^2+b^2)+b^2(a^2+c^2)}$$

$$=\frac{a^2\,(b-c)^2}{a^2(b^2+c^2)+2b^2c^2}$$

因此,只需证

$$\frac{a^2}{a^2(b^2+c^2)+2b^2c^2}\geqslant\frac{1}{(b+c)^2}$$

化简得 $bc(a^2-bc)\geqslant 0$.

问题 1.152 如果 a,b,c 非零且互不相同,那么

$$\frac{1}{a^2}+\frac{1}{b^2}+\frac{1}{c^2}+3\left[\frac{1}{(a-b)^2}+\frac{1}{(b-c)^2}+\frac{1}{(c-a)^2}\right]\geqslant 4\left(\frac{1}{ab}+\frac{1}{bc}+\frac{1}{ca}\right)$$

证明 将不等式写为

$$\left(\sum\frac{1}{a^2}-\sum\frac{1}{bc}\right)+3\sum\frac{1}{(b-c)^2}\geqslant 3\sum\frac{1}{bc}$$

借助 AM-GM 不等式,只需证

$$2\sqrt{3\left(\sum\frac{1}{a^2}-\sum\frac{1}{bc}\right)\left[\sum\frac{1}{(b-c)^2}\right]}\geqslant 3\sum\frac{1}{bc}$$

这是成立的,如果

$$4\left(\sum\frac{1}{a^2}-\sum\frac{1}{bc}\right)\left[\sum\frac{1}{(b-c)^2}\right]\geqslant 3\left(\sum\frac{1}{bc}\right)^2$$

因为

$$\sum\frac{1}{(b-c)^2}=\left(\sum\frac{1}{b-c}\right)^2$$

$$=\frac{\left(\sum a^2-\sum ab\right)^2}{(a-b)^2(b-c)^2(c-a)^2}$$

我们能将不等式写成

$$4\left(\sum a^2b^2-abc\sum a\right)\left(\sum a^2-\sum ab\right)^2$$
$$\geqslant 3(a+b+c)^2(a-b)^2(b-c)^2(c-a)^2$$

使用符号

$$p=a+b+c,q=ab+bc+ca,r=abc$$

和恒等式

$$(a-b)^2(b-c)^2(c-a)^2=-27r^2-2(2p^2-9q)pr+p^2q^2-4q^3$$

不等式可以写为

$$4(q^2-3pr)(p^2-3q)^2\geqslant 3p^2[-27r^2-2(2p^2-9q)pr+p^2q^2-4q^3]$$

等价于

$$(9pr+p^2q-6q^2)^2\geqslant 0$$

问题 1.153 设 a,b,c 是正数,并设

$$A=\frac{a}{b}+\frac{b}{a}+k,B=\frac{b}{c}+\frac{c}{b}+k,C=\frac{c}{a}+\frac{a}{c}+k$$

其中 $-2<k\leqslant 4$. 求证

$$\frac{1}{A}+\frac{1}{B}+\frac{1}{C}\leqslant\frac{1}{k+2}+\frac{4}{A+B+C-k-2}$$

(Vasile Cîrtoaje,2009)

证明 记 $x=\frac{a}{b},y=\frac{b}{c},z=\frac{c}{a}$,我们需要证明

$$\sum\frac{x}{x^2+kx+1}\leqslant\frac{1}{k+2}+\frac{4}{\sum x+\sum xy+2k-2}$$

其中 $x,y,z>0$ 且满足 $xyz=1$. 将不等式写成

$$\sum\left(\frac{1}{k+2}-\frac{x}{x^2+kx+1}\right)\geqslant\frac{2}{k+2}-\frac{4}{\sum x+\sum xy+2k-2}$$

$$\sum\frac{(x-1)^2}{x^2+kx+1}\geqslant\frac{2\sum yz(x-1)^2}{\sum x+\sum xy+2k-2}$$

$$\sum\frac{(x-1)^2[-x+y+z+x(y+z)-yz-2]}{x^2+kx+1}\geqslant 0$$

因为

$$-x+y+z+x(y+z)-yz-2=(x+1)(y+z)-(x+yz+2)$$
$$=(x+1)(y+z)-(x+1)(yz+1)$$
$$=-(x+1)(y-1)(z-1)$$

不等式等价于

$$-(x-1)(y-1)(z-1)\sum \frac{x^2-1}{x^2+kx+1} \geqslant 0$$

或 $E \geqslant 0$,其中

$$E=-(x-1)(y-1)(z-1)\sum (x^2-1)(y^2+ky+1)(z^2+kz+1)$$

我们有

$$\sum (x^2-1)(y^2+ky+1)(z^2+kz+1)$$
$$=k(2-k)\left(\sum xy-\sum x\right)+\left(\sum x^2y^2-\sum x^2\right)$$
$$=-k(2-k)(x-1)(y-1)(z-1)-(x^2-1)(y^2-1)(z^2-1)$$
$$=-(x-1)(y-1)(z-1)\left[(x+1)(y+1)(z+1)+k(2-k)\right]$$

因此

$$E=(x-1)^2(y-1)^2(z-1)^2\left[(x+1)(y+1)(z+1)+k(2-k)\right]$$

因为

$$(x+1)(y+1)(z+1)+k(2-k)\geqslant (2\sqrt{x})(2\sqrt{y})(2\sqrt{z})+k(2-k)$$
$$=(2+k)(⬚4-k)\geqslant 0$$

这说明 $E \geqslant 0$,等号适用于 $a=b$,或 $b=c$,或 $c=a$.

问题 1.154 如果 a,b,c 是非负实数,不存在两个同时为零,那么

$$\frac{1}{b^2+bc+c^2}+\frac{1}{c^2+ca+a^2}+\frac{1}{a^2+ab+b^2} \geqslant \frac{1}{2a^2+bc}+\frac{1}{2b^2+ca}+\frac{1}{2c^2+ab}$$

$$(\text{Vasile Cîrtoaje},2014)$$

证明 将不等式写成如上形式

$$\sum \left(\frac{1}{b^2+bc+c^2}-\frac{1}{2a^2+bc}\right) \geqslant 0$$

$$\sum \frac{(a^2-b^2)+(a^2-c^2)}{(b^2+bc+c^2)(2a^2+bc)} \geqslant 0$$

$$\sum \frac{a^2-b^2}{(b^2+bc+c^2)(2a^2+bc)}-\sum \frac{b^2-a^2}{(c^2+ca+a^2)(2b^2+ca)} \geqslant 0$$

$$\left(\sum a^2-\sum ab\right)\sum \frac{c(a^2-b^2)(a-b)}{(b^2+bc+c^2)(c^2+ca+a^2)(2a^2+bc)(2b^2+ca)} \geqslant 0$$

显然,最后的不等式成立. 等号适用于 $a=b=c$.

问题 1.155 如果 a,b,c 是非负实数且满足 $a+b+c \leqslant 3$,那么

(1) $\dfrac{1}{2a+1}+\dfrac{1}{2b+1}+\dfrac{1}{2c+1}\geqslant\dfrac{1}{a+2}+\dfrac{1}{b+2}+\dfrac{1}{c+2}$;

(2) $\dfrac{1}{2ab+1}+\dfrac{1}{2bc+1}+\dfrac{1}{2ca+1}\geqslant\dfrac{1}{a^2+2}+\dfrac{1}{b^2+2}+\dfrac{1}{c^2+2}.$

(Vasile Cîrtoaje,2014)

证明 记

$$p=a+b+c,\sqrt{3q}\leqslant p\leqslant 3$$
$$q=ab+bc+ca,0\leqslant q\leqslant 3$$

(1) 采用 SOS 方法. 将不等式写为

$$\sum\left(\frac{1}{2a+1}-\frac{1}{a+2}\right)\geqslant 0$$

$$\sum\frac{1-a}{(2a+1)(a+2)}\geqslant 0$$

$$\sum\frac{(a+b+c)-3a}{(2a+1)(a+2)}\geqslant 0$$

$$\sum\frac{(b-a)+(c-a)}{(2a+1)(a+2)}\geqslant 0$$

$$\sum\frac{b-a}{(2a+1)(a+2)}+\sum\frac{a-b}{(2b+1)(b+2)}\geqslant 0$$

$$\sum(a-b)\left[\frac{1}{(2b+1)(b+2)}-\frac{1}{(2a+1)(a+2)}\right]$$

$$\sum(a-b)^2(2a+2b+5)(2c+1)(c+2)\geqslant 0$$

等号适用于 $a=b=c=1$.

(2) 不等式可写为

$$\sum\frac{1}{2ab+1}\geqslant\sum\left(\frac{1}{a^2+2}-\frac{1}{2}\right)+\frac{3}{2}$$

$$\sum\frac{2}{2ab+1}+\sum\frac{a^2}{a^2+2}\geqslant 3$$

根据柯西－施瓦兹不等式,我们有

$$\sum\frac{1}{2ab+1}\geqslant\frac{9}{\sum(2ab+1)}=\frac{9}{2q+3}$$

和

$$\sum\frac{a^2}{a^2+2}\geqslant\frac{\left(\sum a\right)^2}{\sum(a^2+2)}=\frac{p^2}{p^2-2q+6}$$

$$=1-\frac{2(3-q)}{p^2-2q+6}$$

$$\geqslant 1-\frac{2(3-q)}{q+6}$$

$$= \frac{3q}{q+6}$$

因此,只需证

$$\frac{18}{2q+3} + \frac{3q}{q+6} \geqslant 3$$

为真,其中它等价于不等式 $q \leqslant 3$. 等号适用于 $a=b=c=1$.

问题 1.156 如果 a,b,c 是非负实数且满足 $a+b+c=4$,那么

$$\frac{1}{ab+2} + \frac{1}{bc+2} + \frac{1}{ca+2} \geqslant \frac{1}{a^2+2} + \frac{1}{b^2+2} + \frac{1}{c^2+2}$$

(Vasile Cîrtoaje,2014)

证明 1(Nguyen Van Quy). 采用 SOS 方法,不等式可写为

$$\sum \left(\frac{2}{ab+2} - \frac{1}{a^2+2} - \frac{1}{b^2+2} \right) \geqslant 0$$

$$\sum \left[\frac{a(a-b)}{(ab+2)(a^2+2)} + \frac{b(b-a)}{(ab+2)(b^2+2)} \right] \geqslant 0$$

$$\sum \frac{(2-ab)(a-b)^2(c^2+2)}{ab+2} \geqslant 0$$

不失一般性,假设 $a \geqslant b \geqslant c \geqslant 0$,那么

$$bc \leqslant ac \leqslant \frac{a(b+c)}{2} \leqslant \frac{(a+b+c)^2}{8} = 2$$

和

$$\sum \frac{(2-ab)(a-b)^2(c^2+2)}{ab+2}$$

$$\geqslant \frac{(2-ab)(a-b)^2(c^2+2)}{ab+2} + \frac{(2-ac)(c-a)^2(b^2+2)}{ac+2}$$

$$\geqslant \frac{(2-ab)(a-b)^2(c^2+2)}{ab+2} + \frac{(2-ac)(a-b)^2(c^2+2)}{ab+2}$$

$$= \frac{(4-ab-ac)(a-b)^2(c^2+2)}{ab+2}$$

$$= \frac{(a-b-c)^2(a-b)^2(c^2-1)}{4(ab+2)}$$

等号适用于 $a=b=c=\frac{4}{3}$,也适用于 $a=2$ 和 $b=c=1$(或其任意循环排列).

证明 2 将不等式写为

$$\sum \frac{1}{bc+2} - \frac{3}{2} \geqslant \sum \left(\frac{1}{a^2+2} - \frac{1}{2} \right)$$

$$\sum \frac{1}{bc+2} + \sum \frac{a^2}{2(a^2+2)} \geqslant \frac{3}{2}$$

假设 $a \geqslant b \geqslant c$ 并记

$$s = \frac{b+c}{2}, p = bc, 0 \leqslant s \leqslant \frac{4}{3}, 0 \leqslant p \leqslant s^2$$

根据柯西－施瓦兹不等式,我们有

$$\frac{b^2}{2(b^2+2)} + \frac{c^2}{2(c^2+2)} \geqslant \frac{(b+c)^2}{2(b^2+2)+2(c^2+2)+4} = \frac{s^2}{2s^2-p+2}$$

此外

$$\frac{1}{ca+2} + \frac{1}{ab+2} = \frac{a(b+c)+4}{(ca+2)(ab+2)} = \frac{2as+4}{a^2p+4as+4}$$

因此,只需证 $E(a,b,c) \geqslant 0$,其中

$$E(a,b,c) = \frac{1}{p+2} + \frac{2as+4}{a^2p+4as+4} + \frac{a^2}{2(a^2+2)} + \frac{s^2}{2s^2-p+2} - \frac{3}{2}$$

采用整合变量,我们将证明

$$E(a,b,c) \geqslant E(a,s,s) \geqslant 0$$

我们有

$$E(a,b,c) - E(a,s,s)$$

$$= \left(\frac{1}{p+2} - \frac{1}{s^2+2} \right) + s^2 \left(\frac{1}{2s^2-p+2} - \frac{1}{s^2+2} \right) +$$

$$2(as+2) \left(\frac{1}{a^2p+4as+4} - \frac{1}{a^2s^2+4as+4} \right)$$

$$= \frac{s^2-p}{(p+2)(s^2+2)} - \frac{s^2(s^2-p)}{(s^2+2)(2s^2-p+2)} + \frac{2a^2(s^2-p)}{(a^2p+4as+4)(as+2)}$$

因为 $s^2 - p \geqslant 0$,需要证明

$$\frac{1}{(p+2)(s^2+2)} + \frac{2a^2}{(a^2p+4as+4)(as+2)} \geqslant \frac{s^2}{(s^2+2)(2s^2-p+2)}$$

这等价于

$$\frac{2a^2}{(a^2p+4as+4)(as+2)} \geqslant \frac{p(s^2+1)-2}{(s^2+2)(〗p+2)(2s^2-p+2)}$$

因为

$$a^2p+4as+4 \leqslant a^2s^2+4as+4 = (as+2)^2$$

和

$$2s^2-p+2 \geqslant s^2+2$$

因此,只需证

$$\frac{2a^2}{(as+2)^3} \geqslant \frac{p(s^2+1)-2}{(p+2)(s^2+2)^2}$$

此外,因为

$$as+2 = (4-2s)s+2 \leqslant 4$$

和

$$\frac{p(s^2+1)-2}{p+2}=s^2+1-\frac{2(s^2+2)}{p+2}\leqslant s^2+1-\frac{2(s^2+2)}{s^2+2}=s^2-1$$

于是只需证

$$\frac{a^2}{32}\geqslant\frac{s^2-1}{(s^2+2)^2}$$

等价于

$$(2-s)^2(2+s^2)^2\geqslant 8(s^2-1)$$

的确,对于非平凡情况 $1<s\leqslant\frac{4}{3}$,我们有

$$(2-s)^2(2+s^2)^2-8(s^2-1)\geqslant\left(2-\frac{4}{3}\right)^2(2+s^2)^2-8(s^2-1)$$

$$=\frac{4}{9}(s^4-14s^2+22)$$

$$=\frac{4}{9}\left[(7-s^2)^2-27\right]$$

$$\geqslant\frac{4}{9}\left[\left(7-\frac{16}{9}\right)^2-27\right]$$

$$=\frac{88}{729}$$

$$>0$$

为了结束证明,我们需要证明 $E(a,s,s)\geqslant 0$. 我们有

$$E(a,s,s)=\frac{1}{s^2+2}+\frac{2}{as+2}+\frac{a^2}{2(a^2+2)}+\frac{s^2}{s^2+2}-\frac{3}{2}$$

$$=\frac{(s-1)^2(3s-4)^2}{2(s^2+2)(1+2s-s^2)(2s^2-8s+9)}$$

$$\geqslant 0$$

问题 1.157 如果 a,b,c 是非负实数,不存在两个同时为零,那么:

(1) $\frac{ab+bc+ca}{a^2+b^2+c^2}+\frac{(a-b)^2(b-c)^2(c-a)^2}{(a^2+b^2)(b^2+c^2)(c^2+a^2)}\leqslant 1$;

(2) $\frac{ab+bc+ca}{a^2+b^2+c^2}+\frac{(a-b)^2(b-c)^2(c-a)^2}{(a^2-ab+b^2)(b^2-bc+c^2)(c^2-ca+a^2)}\leqslant 1$.

(Vasile Cîrtoaje,2014)

证明 **(1) 方法 1** 考虑非平凡情况 a,b,c 互不相等,并将不等式写成

$$\frac{(a-b)^2(b-c)^2(c-a)^2}{(a^2+b^2)(b^2+c^2)(c^2+a^2)}\leqslant\frac{(a-b)^2+(b-c)^2+(c-a)^2}{2(a^2+b^2+c^2)}$$

$$\frac{(a^2+b^2)+(b^2+c^2)+(c^2+a^2)}{(a^2+b^2)(b^2+c^2)(c^2+a^2)}\leqslant\frac{(a-b)^2+(b-c)^2+(c-a)^2}{(a-b)^2(b-c)^2(c-a)^2}$$

$$\sum\frac{1}{(b^2+c^2)(c^2+a^2)}\leqslant\sum\frac{1}{(b-c)^2(c-a)^2}$$

因为
$$a^2 + b^2 \geqslant (a-b)^2, b^2 + c^2 \geqslant (b-c)^2, c^2 + a^2 \geqslant (c-a)^2$$
故结论成立. 等号适用于 $a = b = c$.

方法 2 假设 $a \geqslant b \geqslant c$. 我们有

$$\frac{ab + bc + ca}{a^2 + b^2 + c^2} + \frac{(a-b)^2 (b-c)^2 (c-a)^2}{(a^2 + b^2)(b^2 + c^2)(c^2 + a^2)}$$

$$\leqslant \frac{ab + bc + ca}{a^2 + b^2 + c^2} + \frac{(a-b)^2 (c-a)^2}{(a^2 + b^2)(c^2 + a^2)}$$

$$\leqslant \frac{2ab + c^2}{a^2 + b^2 + c^2} + \frac{(a-b)^2 a^2}{a^2 (a^2 + b^2 + c^2)}$$

$$= \frac{2ab + c^2 + (a-b)^2}{a^2 + b^2 + c^2} = 1$$

（2）考虑非平凡情况, a, b, c 互不相等. 将不等式写成

$$\frac{(a-b)^2 (b-c)^2 (c-a)^2}{(a^2 - ab + b^2)(b^2 - bc + c^2)(c^2 - ca + a^2)} \leqslant \frac{(a-b)^2 + (b-c)^2 + (c-a)^2}{2(a^2 + b^2 + c^2)}$$

$$\frac{2(a^2 + b^2 + c^2)}{(a^2 - ab + b^2)(b^2 - bc + c^2)(c^2 - ca + a^2)} \leqslant \frac{(a-b)^2 + (b-c)^2 + (c-a)^2}{(a-b)^2 (b-c)^2 (c-a)^2}$$

$$\sum \frac{1}{(b-a)^2 (c-a)^2} \geqslant \frac{2(a^2 + b^2 + c^2)}{(a^2 - ab + b^2)(b^2 - bc + c^2)(c^2 - ca + a^2)}$$

假设 $a = \min\{a, b, c\}$, 并作代换

$$b = a + x, c = a + y, x, y \geqslant 0$$

不等式可写为

$$\frac{1}{x^2 y^2} + \frac{1}{x^2 (x-y)^2} + \frac{1}{y^2 (x-y)^2} \geqslant 2f(a)$$

其中

$$f(a) = \frac{3a^2 + 2(x+y)a + x^2 + y^2}{(a^2 + xa + x^2)(a^2 + ya + y^2)[a^2 + (x+y)a + x^2 - xy + y^2]}$$

我们将证明

$$\frac{1}{x^2 y^2} + \frac{1}{x^2 (x-y)^2} + \frac{1}{y^2 (x-y)^2} \geqslant 2f(0) \geqslant 2f(a)$$

左边不等式等价于

$$\frac{x^2 + y^2 - xy}{x^2 y^2 (x-y)^2} \geqslant \frac{x^2 + y^2}{x^2 y^2 (x^2 - xy + y^2)}$$

事实上

$$\frac{x^2 + y^2 - xy}{x^2 y^2 (x-y)^2} - \frac{x^2 + y^2}{x^2 y^2 (x^2 - xy + y^2)} = \frac{1}{(x-y)^2 (x^2 - xy + y^2)} \geqslant 0$$

同样, 因为

$$(a^2 + xa + x^2)(a^2 + ya + y^2) \geqslant (x^2 + y^2)a^2 + xy(x+y)a + x^2 y^2$$

和

$$a^2 + (x+y)a + x^2 - xy + y^2 \geqslant x^2 - xy + y^2$$

我们得到 $f(a) \leqslant g(a)$，其中

$$g(a) = \frac{3a^2 + 2(x+y)a + x^2 + y^2}{\left[(x^2+y^2)a^2 + xy(x+y)a + x^2y^2\right](x^2 - xy + y^2)}$$

因此

$$f(0) - f(a) \geqslant \frac{x^2 + y^2}{x^2 y^2 (x^2 - xy + y^2)} - g(a)$$

$$= \frac{(x^4 - x^2y^2 + y^4)a^2 + xy(x+y)(x-y)^2 a}{x^2 y^2 (x^2 - xy + y^2)\left[(x^2+y^2)a^2 + xy(x+y)a + x^2y^2\right]}$$

$$\geqslant 0$$

这样,证明就完成了. 等号适用于 $a = b = c$.

问题 1.158   如果 a,b,c 是非负实数,不存在两个同时为零,那么

$$\frac{a^2 + b^2 + c^2}{ab + bc + ca} \geqslant 1 + \frac{9 (a-b)^2 (b-c)^2 (c-a)^2}{(a+b)^2 (b+c)^2 (c+a)^2}$$

(Vasile Cîrtoaje,2014)

证明   考虑非平凡情况 a,b,c 互不相等,其中

$$0 \leqslant a < b < c$$

将不等式写成

$$\frac{(a-b)^2 + (b-c)^2 + (c-a)^2}{2(ab+bc+ca)} \geqslant \frac{9 (a-b)^2 (b-c)^2 (c-a)^2}{(a+b)^2 (b+c)^2 (c+a)^2}$$

$$\frac{(a-b)^2 + (b-c)^2 + (c-a)^2}{(a-b)^2 (b-c)^2 (c-a)^2} \geqslant \frac{18(ab+bc+ca)}{(a+b)^2 (b+c)^2 (c+a)^2}$$

$$\sum \frac{1}{(b-a)^2 (c-a)^2} \geqslant \frac{18(ab+bc+ca)}{(a+b)^2 (b+c)^2 (c+a)^2}$$

因为

$$\sum \frac{1}{(b-a)^2 (c-a)^2} \geqslant \frac{1}{b^2 c^2} + \frac{1}{b^2 (b-c)^2} + \frac{1}{c^2 (b-c)^2}$$

$$= \frac{2(b^2 + c^2 - bc)}{b^2 c^2 (b-c)^2}$$

和

$$\frac{ab + bc + ca}{(a+b)^2 (b+c)^2 (c+a)^2} \leqslant \frac{ab + bc + ca}{(ab+bc+ca)^2 (b+c)^2}$$

$$\leqslant \frac{1}{bc (b+c)^2}$$

于是只需证

$$\frac{(b+c)^2 - 3bc}{bc} \geqslant \frac{9 (b+c)^2 - 36bc}{(b+c)^2}$$

175

$$\frac{(b+c)^2}{bc} + \frac{36bc}{(b+c)^2} \geqslant 12$$

$$(b+c)^4 - 12bc(b+c)^2 + 36b^2c^2 \geqslant 0$$

$$\left[(b+c)^2 - 6bc\right]^2 \geqslant 0$$

因此证明完成. 等号适用于 $a=b=c$, 也适用于 $a=0$ 和 $\dfrac{b}{c}+\dfrac{c}{b}=4$ (或任意循环排列).

问题 1.159 如果 a,b,c 是非负实数, 不存在两个同时为零, 那么

$$\frac{a^2+b^2+c^2}{ab+bc+ca} \geqslant 1 + (1+\sqrt{2})^2 \frac{(a-b)^2(b-c)^2(c-a)^2}{(a+b)^2(b+c)^2(c+a)^2}$$

(Vasile Cîrtoaje, 2014)

证明 考虑非平凡情况 a,b,c 互不相等并记 $k=1+\sqrt{2}$, 将不等式写为

$$\frac{(a-b)^2+(b-c)^2+(c-a)^2}{2(ab+bc+ca)} \geqslant \frac{k^2(a-b)^2(b-c)^2(c-a)^2}{(a+b)^2(b+c)^2(c+a)^2}$$

$$\frac{(a-b)^2+(b-c)^2+(c-a)^2}{(a-b)^2(b-c)^2(c-a)^2} \geqslant \frac{2k^2(ab+bc+ca)}{(a+b)^2(b+c)^2(c+a)^2}$$

$$\sum \frac{1}{(b-c)^2(c-a)^2} \geqslant \frac{2k^2(ab+bc+ca)}{(a+b)^2(b+c)^2(c+a)^2}$$

假设 $a=\min\{a,b,c\}$, 并应用代换

$$b=a+x, c=a+y, x,y \geqslant 0$$

不等式变成

$$\frac{1}{x^2y^2} + \frac{1}{x^2(x-y)^2} + \frac{1}{y^2(x-y)^2} \geqslant 2k^2 f(a)$$

其中

$$f(a) = \frac{3a^2+2(x+y)a+xy}{(2a^2+2xa+x^2)(2a^2+2ya+y^2)\left[2a^2+2(x+y)a+x^2+y^2\right]}$$

我们将证明

$$\frac{1}{x^2y^2} + \frac{1}{x^2(x-y)^2} + \frac{1}{y^2(x-y)^2} \geqslant 2k^2 f(0) \geqslant 2k^2 f(a)$$

我们有

$$\frac{1}{x^2y^2} + \frac{1}{x^2(x-y)^2} + \frac{1}{y^2(x-y)^2} - 2k^2 f(0)$$

$$= \frac{2(x^2+y^2-xy)}{x^2y^2(x-y)^2} - \frac{2k^2xy}{x^2y^2(x^2+y^2)}$$

$$= \frac{2\left[x^2+y^2-(2+\sqrt{2})xy\right]^2}{x^2y^2(x-y)^2(x+y)^2}$$

$$\geqslant 0$$

同样, 因为

$$(2a^2 + 2xa + x^2)(2a^2 + 2ya + y^2) \geqslant 2a^2(x^2 + y^2) + 2xy(x^2 + y^2)a + x^2y^2$$

和

$$2a^2 + 2(x+y)a + x^2 + y^2 \geqslant x^2 + y^2$$

我们得到 $f(a) \leqslant g(a)$，其中

$$g(a) = \frac{3a^2 + 2(x+y)a + xy}{[2a^2(x^2+y^2) + 2xy(x^2+y^2)a + x^2y^2](x^2+y^2)}$$

因此

$$f(0) - f(a) \geqslant \frac{1}{xy(x^2+y^2)} - g(a)$$

$$= \frac{(2x^2 + 2y^2 - 3xy)a^2}{xy[2a^2(x^2+y^2) + 2xy(x+y)a + x^2y^2](x^2+y^2)}$$

$$\geqslant 0$$

这样，证明就完成了. 这个等式适用于 $a = b = c$，也适用于 $a = 0$ 和 $\frac{b}{c} + \frac{c}{b} = 2 + \sqrt{2}$（或任意循环排列）.

问题 1.160　如果 a, b, c 是非负实数，不存在两个同时为零，那么

$$\frac{2}{a+b} + \frac{2}{b+c} + \frac{2}{c+a} \geqslant \frac{5}{3a+b+c} + \frac{5}{a+3b+c} + \frac{5}{a+b+3c}$$

证明　采用 SOS 方法. 将不等式写成

$$\sum \left(\frac{2}{b+c} - \frac{5}{3a+b+c} \right) \geqslant 0$$

$$\sum \frac{2a-b-c}{(b+c)(3a+b+c)} \geqslant 0$$

$$\sum \frac{a-b}{(b+c)(3a+b+c)} + \sum \frac{a-c}{(b+c)(3a+b+c)} \geqslant 0$$

$$\sum \frac{a-b}{(b+c)(3a+b+c)} + \sum \frac{b-a}{(c+a)(3b+c+a)} \geqslant 0$$

$$\sum \frac{(a-b)^2(a+b-c)}{(b+c)(c+a)(3a+b+c)(3b+c+a)} \geqslant 0$$

$$\sum (b-c)^2 S_a \geqslant 0$$

其中

$$S_a = (b+c)(b+c-a)(3a+c+b)$$

$$S_b = (c+a)(c+a-b)(3b+c+a)$$

$$S_c = (a+b)(a+b-c)(3c+a+b)$$

不妨设 $a \geqslant b \geqslant c$，因为 $S_b > 0, S_c > 0$，于是只需证

$$(b-c)^2 S_a + (c-a)^2 S_b \geqslant 0$$

因为 $a - c \geqslant b - c, S_b > 0$，于是只需证 $S_a + S_b \geqslant 0$，这等价于

177

$$(c+a)(c+a-b)(3b+c+a) \geqslant (b+c)(b+c-a)(3a+c+b)$$

只需考虑非平凡情况,$a-b-c>0$,显然 $c+a-b \geqslant a-b-c$,于是只需证

$$(c+a)(3b+c+a) \geqslant (b+c)(3a+c+b)$$

因为

$$(c+a)(3b+c+a) - (b+c)(3a+c+b) = (a-b)(a+b-c) \geqslant 0$$

这样,证明就完成了. 等号适用于 $a=b=c$,也适用于 $a=0$ 和 $b=c$(或任意循环排列).

问题 1.161   如果 a,b,c 是实数,不存在两个同时为零,那么:

(1) $\dfrac{8a^2+3bc}{b^2+bc+c^2} + \dfrac{8b^2+3ca}{c^2+ca+a^2} + \dfrac{8c^2+3ab}{a^2+ab+b^2} \geqslant 11$;

(2) $\dfrac{8a^2-5bc}{b^2-bc+c^2} + \dfrac{8b^2-5ca}{c^2-ca+a^2} + \dfrac{8c^2-5ab}{a^2-ab+b^2} \geqslant 9$.

(Vasile Cîrtoaje,2011)

证明   考虑更一般的不等式

$$\frac{a^2+mbc}{b^2+kbc+c^2} + \frac{b^2+mca}{c^2+kca+a^2} + \frac{c^2+mab}{a^2+kab+b^2} \geqslant \frac{3(m+1)}{k+2}$$

将不等式写为 $f_6(a,b,c) \geqslant 0$,其中

$$f_6(a,b,c) = (k+2)\sum (a^2+mbc)(c^2+kca+a^2)(a^2+kab+b^2) -$$
$$3(m+1)\prod (b^2+kbc+c^2)$$

设

$$p=a+b+c, q=ab+bc+ca$$

由于

$$f_6(a,b,c) = (k+2)\sum (a^2+mbc)(p^2-2q+kac-b^2)(p^2-2q+kab-c^2) -$$
$$3(m+1)\prod (p^2-2q+kbc-a^2)$$

因此 $f_6(a,b,c)$ 与下式有相同的最高系数 A

$$(k+2)P_2(a,b,c) - 3(m+1)P_3(a,b,c)$$

其中

$$P_2(a,b,c) = \sum (a^2+mbc)(kba-c^2)(kac-b^2)$$

$$P_3(a,b,c) = \prod (kbc-a^2)$$

根据第 1 卷问题 2.75 的备注 2

$$A = (k+2)P_2(1,1,1) - 3(m+1)P_3(1,1,1)$$
$$= 3(k+2)(m+1)(k-1)^2 - 3(m+1)(k-1)^3$$
$$= 9(m+1)(k-1)^2$$

而且,我们有

$$f_6(a,1,1)=(k+2)(a^2+ka+1)(a-1)^2[a^2+(k+2)a+1+2k-2m]$$

（1）对于特殊值 $m=\dfrac{3}{8}$，$k=1$，我们有 $A=0$，因此第 1 卷根据问题 2.75，只需证明对于所有的实数 a 有 $f_6(a,1,1)\geqslant 0$. 的确

$$f_6(a,1,1)=3(a^2+a+1)(a-1)^2\left(a+\dfrac{3}{2}\right)^2\geqslant 0$$

这样，证明就完成了. 这个等号适用于 $a=b=c$，也适用于 $-\dfrac{2a}{3}=b=c$（或任意循环排列）.

（2）对于 $m=-\dfrac{5}{8}$，$k=-1$，我们有 $A=\dfrac{27}{2}$ 和

$$f_6(a,1,1)=\dfrac{1}{4}(a^2-a+1)(a-1)^2(2a+1)^2$$

因为 $A>0$，我们使用最高系数对消法. 定义齐次多项式

$$P(a,b,c)=r+Bp^3+Cpq$$

其中 B,C 是实数. 因为期望不等式等号适用于 $a=b=c=1$ 和 $a=-1,b=c=2$，由此确定 B,C 使得 $P(1,1,1)=p(-1,2,2)=0$，我们发现

$$B=\dfrac{4}{27},C=-\dfrac{5}{9}$$

此时

$$P(a,1,1)=\dfrac{2}{27}(a-1)^2(2a+1)$$

我们将证明

$$f_6(a,b,c)\geqslant\dfrac{27}{2}P^2(a,b,c)$$

让我们记

$$g_6(a,b,c)=f_6(a,b,c)-\dfrac{27}{2}p^2(a,b,c)$$

因为 $g_6(a,b,c)$ 的系数为 $A=0$，于是只需证对于所有实数 a 有 $g_6(a,1,1)\geqslant 0$（参见第 1 卷问题 2.75）. 的确

$$g_6(a,1,1)=f_6(a,1,1)-\dfrac{27}{2}P^2(a,1,1)$$
$$=\dfrac{1}{108}(a-1)^2(2a+1)^2(19a^2-11a+19)$$
$$\geqslant 0$$

证明就完成了. 这个等号适用于 $a=b=c$，也适用于 $-2a=b=c$（或任意循环排列）.

问题 1.162 如果 a,b,c 是实数，不存在两个同时为零，那么

179

$$\frac{4a^2+bc}{4b^2+7bc+4c^2}+\frac{4b^2+ca}{4c^2+7ca+4a^2}+\frac{4c^2+ab}{4a^2+7ab+4b^2}\geqslant 1$$

(Vasile Cîrtoaje,2011)

证明 将不等式写为

$$f_6(a,b,c)=\sum(4a^2+bc)(4c^2+7ca+4a^2)(4a^2+7ab+4b^2)-$$
$$\prod(4b^2+7bc+4c^2)$$

设 $p=a+b+c,q=ab+bc+ca,r=abc$,由于

$$f_6(a,b,c)=\sum(4a^2+bc)(4p^2-8q+7ca-4b^2)(4p^2-8q+7ab-4c^2)-$$
$$\prod(4p^2-2q+7bc-4a^2)$$

由此可知 $f_6(a,b,c)$ 与下式有相同的最高系数 A

$$P_2(a,b,c)-P_3(a,b,c)$$

其中

$$P_2(a,b,c)=\sum(4a^2+bc)(7ca-4b^2)(7ab-4c^2)$$

$$P_3(a,b,c)=\prod(7bc-4a^2)$$

根据第 1 卷问题 2.75 的备注 2,我们有

$$A=P_2(1,1,1)-P_3(1,1,1)=135-27=108$$

因为 $A>0$,我们将使用最高系数对消法.定义齐次多项式

$$P(a,b,c)=abc+Bp^3+Cpq$$

其中 B,C 为实常数,我们将证明存在两个实数 B 和 C,使得下列尖锐不等式成立

$$f_6(a,b,c)\geqslant 108P^2(a,b,c)$$

我们记 $g_6(a,b,c)=f_6(a,b,c)-108P^2(a,b,c)$,易知 $g_6(a,b,c)$ 的最高系数为零,因此根据第 1 卷问题 2.75,只要证明对于所有实数 a 不等式 $g_6(a,1,1)\geqslant 0$ 即可.

我们有

$$g_6(a,1,1)=f_6(a,1,1)-108P^2(a,1,1)$$

其中

$$f_6(a,1,1)=4(4a^2+7a+4)(a-1)^2(4a^2+15a+16)$$
$$P(a,1,1)=a+B(a+2)^3+C(a+2)(2a+1)$$

记 $g(a)=g_6(a,1,1)$,因为

$$g(-2)=0$$

条件

$$g'(-2)=0$$

这意味着 $C=-\dfrac{5}{9}$,如果必要的话,在 $a=-2$ 的附近有 $g(a)\geqslant0$. 另一方面,由 $g(1)=0$,我们得到 $B=\dfrac{4}{27}$,利用 B,C 的这些值,我们得到

$$P(a,1,1)=\frac{2\,(a-1)^2(2a+1)}{27}$$

$$g_6(a,1,1)=\frac{4}{27}\,(a-1)^2\,(a+2)^2\,(416a^2+728a+431)\geqslant0$$

证明就完成了. 这个等号适用于 $a=b=c$,也适用于 $a=0$ 和 $b+c=0$(或任意循环排列).

问题 1.163 如果 a,b,c 是实数,且任何两个都不相等,那么

$$\frac{1}{(a-b)^2}+\frac{1}{(b-c)^2}+\frac{1}{(c-a)^2}\geqslant\frac{27}{4(a^2+b^2+c^2-ab-bc-ca)}$$

证明 1 将不等式写为

$$\left[(a-b)^2+(b-c)^2+(c-a)^2\right]\left[\frac{1}{(a-b)^2}+\frac{1}{(b-c)^2}+\frac{1}{(c-a)^2}\right]\geqslant\frac{27}{2}$$

$$\left[\frac{(a-b)^2}{(a-c)^2}+\frac{(b-c)^2}{(a-c)^2}+1\right]\left[\frac{(a-c)^2}{(a-b)^2}+\frac{(a-c)^2}{(b-c)^2}+1\right]\geqslant\frac{27}{2}$$

$$(x^2+y^2+1)\left(\frac{1}{x^2}+\frac{1}{y^2}+1\right)\geqslant\frac{27}{2}$$

其中

$$x=\frac{a-b}{a-c},y=\frac{b-c}{a-c},x+y=1$$

我们有

$$(x^2+y^2+1)\left(\frac{1}{x^2}+\frac{1}{y^2}+1\right)-\frac{27}{2}=\frac{(x+1)^2\,(x-2)^2\,(2x-1)^2}{2x^2\,(1-x)^2}\geqslant0$$

证明完成. 等号适用于 $2a=b+c$(或任意循环排列).

证明 2 假设 $a>b>c$. 我们有

$$\frac{1}{(a-b)^2}+\frac{1}{(b-c)^2}\geqslant\frac{2}{(a-b)(b-c)}\geqslant\frac{8}{\left[(a-b)+(b-c)\right]^2}=\frac{8}{(a-c)^2}$$

因此,只需证

$$\frac{9}{(c-a)^2}\geqslant\frac{27}{4(a^2+b^2+c^2-ab-bc-ca)}$$

这个不等式等价于

$$(a-2b+c)^2\geqslant0$$

证明 3 将不等式写为 $f_6(a,b,c)\geqslant0$,其中

$$f_6(a,b,c)=4\left(\sum a^2-\sum ab\right)\sum(a-b)^2\,(a-c)^2-$$
$$27\,(a-b)^2\,(b-c)^2\,(c-a)^2$$

显然 $f_6(a,b,c)$ 与下式有相同的最高系数

$$-27(a-b)^2(b-c)^2(c-a)^2$$

也就是说

$$A = -27 \times (-27) = 729$$

因为 $A > 0$,我们将使用最高系数对消法.定义齐次多项式

$$P(a,b,c) = abc + B(a+b+c)^3 - \left(3B + \frac{1}{9}\right)(a+b+c)(ab+bc+ca)$$

满足 $P(1,1,1) = 0$ 的性质.我们将证明存在一个真实的 B 值,使得下列更强的不等式成立

$$f_6(a,b,c) \geqslant 729P^2(a,b,c)$$

让我们记

$$g_6(a,b,c) = f_6(a,b,c) - 729P^2(a,b,c)$$

显然 $g_6(a,b,c)$ 的最高系数为零,那么根据第1卷问题2.75,只需证明对于所有的实数 a,不等式 $g_6(a,1,1) \geqslant 0$.

我们有

$$f_6(a,1,1) = 4(a-1)^6$$

$$P(a,1,1) = \frac{1}{9}(a-1)^2[9B(a+2)+2]$$

因此

$$g_6(a,1,1) = f_6(a,1,1) - 729P^2(a,1,1)$$

$$= (27B+2)(a-1)^4(a+2)[(2-27B)a - 54B - 8]$$

选择 $B = -\dfrac{2}{27}$,我们得到对于所有的 a,$g_6(a,1,1) = 0$.

备注 这个不等式等价于

$$(a-2b+c)^2(b-2c+a)^2(c-2a+b)^2 \geqslant 0$$

问题 1.164 如果 a,b,c 是实数,不存在两个同时为零,那么

$$\frac{1}{a^2-ab+b^2} + \frac{1}{b^2-bc+c^2} + \frac{1}{c^2-ca+a^2} \geqslant \frac{14}{3(a^2+b^2+c^2)}$$

(Vasile Cîrtoaje and BJSL,2014)

证明 将不等式写为 $f_6(a,b,c) \geqslant 0$,其中

$$f_6(a,b,c) = 3\sum a^2 \sum (b^2-ab+a^2)(c^2-ca+a^2) - 14\prod(a^2-ab+b^2)$$

显然 $f_6(a,b,c)$ 与下式有相同的最高系数

$$-14(a^2-ab+b^2)(b^2-bc+c^2)(c^2-ca+a^2)$$

也就是,根据第1卷问题2.75的备注2知

$$A = -14(-2)^3 = 112$$

因为 $A > 0$,我们将使用最高系数对消法.定义齐次多项式

$$P(a,b,c) = abc + B(a+b+c)^3 + C(a+b+c)(ab+bc+ca)$$

我们将证明存在两个实数 B,C 使得下列更强不等式成立

$$f_6(a,b,c) \geqslant 112P^2(a,b,c)$$

记

$$g_6(a,b,c) = f_6(a,b,c) - 112P^2(a,b,c)$$

易知 $g_6(a,b,c)$ 的最高系数为零,根据第1卷问题2.75,我们只需证明对于所有实数 a,不等式 $g_6(a,1,1) \geqslant 0$.

我们有

$$g_6(a,1,1) = f_6(a,1,1) - 112P^2(a,1,1)$$

其中

$$f_6(a,1,1) = (a^2 - a + 1)(3a^4 - 3a^3 + a^2 + 8a + 4)$$

$$P(a,1,1) = a + B(a+2)^3 + C(a+2)(2a+1)$$

记 $g(a) = g_6(a,1,1)$,因为

$$g_6(-2) = 0$$

在 $a = -2$ 的附近有 $g(a) \geqslant 0$ 的必要条件是 $g'(-2) = 0$,由此得 $C = -\dfrac{4}{7}$,此外取 $B = \dfrac{9}{56}$,我们得到

$$P(a,1,1) = \frac{1}{56}(9a^3 - 19a^2 + 4a + 8)$$

$$g_6(a,1,1) = \frac{3}{28}(a^6 + 4a^5 + 8a^4 + 16a^3 + 20a^2 + 16a + 16)$$

$$= \frac{3(a+2)^2(a^2+2)^2}{28}$$

$$\geqslant 0$$

证明就完成了.这个等号适用于 $a = 0$ 和 $b + c = 0$(或任意循环排列).

问题 1.165　如果 a,b,c 是实数,那么

$$\frac{a^2 + bc}{2a^2 + b^2 + c^2} + \frac{b^2 + ca}{a^2 + 2b^2 + c^2} + \frac{c^2 + ab}{a^2 + b^2 + 2c^2} \geqslant \frac{1}{6}$$

证明　将不等式写成 $f_6(a,b,c) \geqslant 0$,其中

$$f_6(a,b,c) = 6\sum(a^2 + bc)(a^2 + 2b^2 + c^2)(a^2 + b^2 + 2c^2) - \prod(2a^2 + b^2 + c^2)$$

显然 $f_6(a,b,c)$ 与 $f(a,b,c)$ 有相同的最高系数 A,其中

$$f(a,b,c) = 6\sum(a^2 + bc)b^2c^2 - a^2b^2c^2 = 17a^2b^2c^2 + 6(a^3b^3 + b^3c^3 + c^3a^3)$$

也就是

$$A = 17 + 6 \times 3 = 35$$

因为 $A > 0$,我们应用最高系数对消法.考虑齐次多项式

$$P(a,b,c) = abc + B(a+b+c)^3 + C(a+b+c)(ab+bc+ca)$$

并证明存在两个实数 B 和 C 使下列更强的不等式成立

$$f_6(a,b,c) \geqslant 35P^2(a,b,c)$$

记

$$g_6(a,b,c) = f_6(a,b,c) - 35P^2(a,b,c)$$

显然 $g_6(a,b,c)$ 的最高系数为零. 根据第 1 卷问题 2.75, 只需证明对于所有实数 a 不等式 $g_6(a,1,1) \geqslant 0$. 我们有

$$g_6(a,1,1) = f_6(a,1,1) - 35P^2(a,1,1)$$

其中

$$f_6(a,1,1) = 4(a^2+1)(a^2+3)(a+3)^2$$

$$P(a,1,1) = a + B(a+2)^2 + C(a+2)(2a+1)$$

设

$$g(a) = g_6(a,1,1)$$

因为 $g(-2)=0$, 仅当 $g'(-2)=0$, 在 $a=-2$ 的附近, 我们有 $g(a) \geqslant 0$, 这意味着 $C = \dfrac{19}{35}$. 因为 $f_6(-3,1,1)=0$, 我们令 $P(-3,1,1)=0$, 这意味着 $B = -\dfrac{2}{7}$, 因此

$$P(a,1,1) = a - \frac{2}{7}(a+1)^3 + \frac{19}{35}(a+2)(2a+1)$$

$$= -\frac{2(a+3)(5a^2-4a+7)}{35}$$

和

$$g_6(a,1,1) = 4(a^2+1)(a^2+3)(a+3)^2 - \frac{4}{35}(a+3)^2(5a^2-4a+7)^2$$

$$= \frac{8}{35}(a+3)^2(a+2)^2(5a^2+7)$$

$$\geqslant 0$$

证明完毕. 等号适用于 $a=0$ 和 $b+c=0$(或其任意循环排列), 也适用于 $-\dfrac{a}{3} = b = c$(或其任意循环排列).

问题 1.166 如果 a,b,c 是实数, 那么

$$\frac{2b^2+2c^2+3bc}{(a+3b+3c)^2} + \frac{2c^2+2a^2+3ca}{(b+3c+3a)^2} + \frac{2a^2+2b^2+3ab}{(c+3a+3b)^2} \geqslant \frac{3}{7}$$

(Vasile Cîrtoaje, 2010)

证明 将不等式写为 $f_6(a,b,c) \geqslant 0$, 其中

$$f_6(a,b,c) = 7 \sum (2b^2+2c^2+3bc)(b+3c+3a)^2(c+3a+3b)^2 -$$

$$3\prod (a+3b+3c)^2$$

我们有

$$f_6(a,1,1)=(a-1)^2 (a-8)^2 (3a+4)^2$$

设

$$p=a+b+c,q=ab+bc+ca,r=abc$$

从

$$f_6(a,b,c)=7\sum (2p^2-4q+3bc-2a^2) (3p-2b)^2(3p-2c)^2-3\prod (3p-a)^2$$

知 $f_6(a,b,c)$ 与 $g(a,b,c)$ 有相同的系数 A,其中

$$g(a,b,c)=7\sum (3bc-2a)^2 (-2b)^2 (-2c)^2-3\prod (-2a)^2$$
$$=48(7\sum b^3c^3-18a^2b^2c^2)$$

也就是

$$A=48(21-18)=144$$

因为最高系数是正的,我们将用最高系数对消法.有两种情况要考虑: $p^2+q\geqslant 0$ 和 $p^2+q<0$.

情形 1 $p^2+q\geqslant 0$.因为

$$f_6(1,1,1)=f_6(8,1,1)=0$$

定义齐次函数满足 $P(1,1,1)=P(8,1,1)=0$,也就是

$$P(a,b,c)=r+\frac{1}{45}p^3-\frac{8}{45}pq$$

由此得到

$$P(a,1,1)=\frac{45a+(a+2)^3-8(a+2)(2a+1)}{45}$$
$$=\frac{(a-1)^2(a-8)}{45}$$

对于 $p^2+q\geqslant 0$,我们将证明下面的不等式成立

$$f_6(a,b,c)\geqslant 144P^2(a,b,c)$$

我们记

$$g_6(a,b,c)=f_6(a,b,c)-144P^2(a,b,c)$$

因为 $g_6(a,b,c)$ 的最高系数为零,于是只需证明所有满足 $(a+2)^2+2a+1\geqslant 0$ 的实数 a 使得 $g_a(a,1,1)\geqslant 0$ 成立,也就是

$$a\in (-\infty,-5]\cup[-1,+\infty)$$

(见第 1 卷问题 2.75 证明的备注 3),我们有

$$g_6(a,1,1)=f_6(a,1,1)-144P^2(a,1,1)$$
$$=\frac{1}{225}(a-1)^2 (a-8)^2[225 (3a+4)^2-16 (a-1)^2]$$

185

$$= \frac{7}{225}(a-1)^2(a-8)^2(41a+64)(7a+8)$$

$$\geqslant 0$$

情形 2 $p^2+q<0$. 因为

$$f_6(a,1,1)=f_6\left(-\frac{4}{3},1,1\right)=0$$

定义齐次函数

$$P(a,b,c)=r+Bp^3+Cpq$$

满足 $P(1,1,1)=P\left(-\dfrac{4}{3},1,1\right)=0$,也就是

$$P(a,b,c)=r+\frac{1}{3}p^3-\frac{10}{9}pq$$

由此可得

$$P(a,1,1)=\frac{9a+3(a+2)^3-10(a+2)(2a+1)}{9}$$

$$=\frac{(a-1)^2(3a+4)}{9}$$

对于 $p^2+q<0$,我们将证明更强的不等式成立

$$f_6(a,b,c)\geqslant 144P^2(a,b,c)$$

我们记

$$g_6(a,b,c)=f_6(a,b,c)-144P^2(a,b,c)$$

因为它的最高系数为零,于是只需证明所有满足 $(a+2)^2+2a=1\geqslant 0$ 的实数 a 使得 $g_a(a,1,1)\geqslant 0$ 成立,也就是

$$a\in(-5,-1)$$

(见第 1 卷问题 2.75 证明的备注 3),我们有

$$g_6(a,1,1)=f_6(a,1,1)-144P^2(a,1,1)$$

$$=\frac{1}{9}(a-1)^2(3a+4)^2\left[9(a-8)^2-16(a-1)^2\right]$$

$$=\frac{7}{9}(a-1)^2(3a+4)^2(20+a)(4-a)$$

$$\geqslant 0$$

证毕. 等号适用于 $a=b=c$, $\dfrac{a}{8}=b=c$(或任意循环排列),也适用于 $-\dfrac{3}{4}a=b=c$(或任意循环排列).

问题 1.167   如果 a,b,c 是非负实数,那么

$$\frac{6b^2+6c^2+13bc}{(a+2b+2c)^2}+\frac{6c^2+6a^2+13ca}{(b+2c+2a)^2}+\frac{6a^2+6b^2+13ab}{(c+2a+2b)^2}\leqslant 3$$

(Vasile Cîrtoaje,2010)

证明　将不等式写为 $f_6(a,b,c) \geqslant 0$,其中

$$f_6(a,b,c) = 3\prod(a+2b+2c)^2 -$$
$$\sum(6b^2+6c^2+13bc)(b+2c+2a)^2(c+2a+2b)^2$$

设

$$p = a+b+c, q = ab+bc+ca$$

从

$$f_6(a,b,c) = 3\prod(2p-a)^2 - \sum(6p^2-12q+13bc-6a^2)(2p-b)^2(2p-c)^2$$

知 $f_6(a,b,c)$ 与 $g(a,b,c)$ 有相同的系数 A,其中

$$g(a,b,c) = 3\prod(-a)^2 - \sum(13bc-6a)^2(-b)^2(-c)^2$$
$$= 21a^2b^2c^2 - 13\sum b^3c^3$$

也就是

$$A = 21 - 39 = -18$$

因为最高系数是负的,因此只需证明原始不等式分别对于 $b=c=1$ 和 $a=0$ 时成立即可(参见第 1 卷问题 3.76(1)).

对于 $b=c=1$,不等式变成

$$\frac{25}{(a+4)^2} + \frac{2(6a^2+13a+6)}{(2a+3)^2} \leqslant 3$$

$$\frac{2(6a^2+13a+6)}{(2a+3)^2} \leqslant \frac{3a^2+24a+23}{(a+4)^2}$$

$$\frac{5(2a+3)(a-1)^2}{(2a+3)^2(a+4)^2} \geqslant 0$$

对于 $a=0$,不等式转化为

$$\frac{6b^2+6c^2+13bc}{4(b+c)^2} + \frac{6c^2}{(b+2c)^2} + \frac{6b^2}{(2b+c)^2} \leqslant 3$$

$$\frac{6b^2+6c^2+13bc}{4(b+c)^2} + \frac{6[(b^2+c^2)^2+4bc(b^2+c^2)+6b^2c^2]}{(2b^2+2c^2+5bc)^2} \leqslant 3$$

如果 $bc=0$,那么不等式是一个恒等式.当 $bc \neq 0$ 时,我们可以考虑 $bc=1$(由于齐次性).记

$$x = b^2+c^2, x \geqslant 2$$

不等式变成

$$\frac{6x+13}{4(x+2)} + \frac{6(x^2+4x+6)}{(2x+5)^2} \leqslant 3$$

这可化简为明显成立的不等式

$$20x^2+34x-13 \geqslant 0$$

等号适用于 $a=b=c$,也适用于 $a=b=0$(或其任意循环排列).

问题 1.168 如果 a,b,c 是非负实数且满足 $a=b+c=3$. 求证

$$\frac{3a^2+8bc}{9+b^2+c^2}+\frac{3b^2+8ca}{9+c^2+a^2}+\frac{3c^2+8ab}{9+a^2+b^2}\leqslant 3$$

(Vasile Cîrtoaje,2010)

证明 设

$$p=a+b+c, q=ab+bc+ca$$

将不等式写成齐次式

$$\frac{3a^2+8bc}{p^2+b^2+c^2}+\frac{3b^2+8ca}{p^2+c^2+a^2}+\frac{3c^2+8ab}{p^2+a^2+b^2}\leqslant 3$$

等价于 $f_6(a,b,c)\geqslant 0$,其中

$$f_6(a,b,c)=3\prod(p^2+b^2+c^2)-\sum(3a^2+8bc)(p^2+c^2+a^2)(p^2+a^2+b^2)$$

由于

$$f_6(a,b,c)=3\prod(2p^2-2q-a^2)-$$
$$\sum(3a^2+8bc)(2p^2-2q-b^2)(2p^2-2q-c^2)$$

这说明 $f_6(a,b,c)$ 与 $g(a,b,c)$ 有相同的最高系数 A,其中

$$g(a,b,c)=3\prod(-a)^2-\sum(3a^2+8bc)(-b^2)(-c^2)$$
$$=-12a^2b^2c^2-8\sum b^3c^3$$

也就是

$$A=-12-24=-36$$

因为最高系数 A 是负的,于是只需证齐次不等式当 $b=c=1$ 和 $a=0$ 时成立(参见第 1 卷问题 3.76(1)).

当 $b=c=1$ 时,我们需要证明

$$\frac{3a^2+8}{(a+2)^2+2}+\frac{2(3+8a)}{(a+2)^2+a^2+1}\leqslant 3$$

这等价于

$$\frac{3a^2+8}{a^2+4a+6}+\frac{2(8a+3)}{2a^2+4a+5}\leqslant 3$$

$$\frac{8a+3}{2a^2+4a+5}\leqslant\frac{6a+5}{a^2+4a+6}$$

$$4a^3-a^2-10a+7\geqslant 0$$

$$(a-1)^2(4a+7)\geqslant 0$$

当 $a=0$ 时,我们需要证明

$$\frac{8bc}{(b+c)^2+b^2+c^2}+\frac{3b^2}{(b+c)^2+c^2}+\frac{3c^2}{(b+c)^2+b^2}\leqslant 3$$

显然,只需证明

$$\frac{8bc}{(b+c)^2+b^2+c^2}+\frac{3(b^2+c^2)}{(b+c)^2}\leqslant 3$$

这等价于

$$\frac{4bc}{b^2+c^2+bc}\leqslant \frac{6bc}{(b+c)^2},$$

$$bc\ (b-c)^2\geqslant 0$$

等号适用于 $a=b=c=1$,也适用于 $a=b=0$ 和 $c=3$(或其任意循环排列).

问题 1.169 如果 a,b,c 是非负实数且满足 $a+b+c=3$. 求证

$$\frac{5a^2+6bc}{9+b^2+c^2}+\frac{5b^2+6ca}{9+c^2+a^2}+\frac{5c^2+6ab}{9+a^2+b^2}\leqslant 3$$

(Vasile Cîrtoaje,2010)

证明 我们使用最高系数方法. 设

$$p=a+b+c,q=ab+bc+ca$$

将不等式写成齐次式

$$f_6(a,b,c)\geqslant 0$$

其中

$$f_6(a,b,c)=\sum (5a^2+6bc)(p^2+c^2+a^2)(p^2+a^2+b^2)-3\prod (p^2+b^2+c^2)$$

从

$$f_6(a,b,c)=\sum (5a^2+6bc)(2p^2-2q-b^2)(2p^2-2q-c^2)-$$
$$3\prod (2p^2-2q-a^2)$$

这说明 $f_6(a,b,c)$ 与 $f(a,b,c)$ 有相同的最高系数 A,其中

$$f(a,b,c)=\sum (5a^2+6bc)(-b^2)(-c^2)-3\ (-a)^2\ (-b)^2\ (-c)^2$$
$$=18a^2b^2c^2+6\sum b^3c^3$$

因此

$$A=18+18=36$$

另一方面

$$f_6(a,1,1)=4a(2a^2+4a+5)(a+1)\ (a-1)^2\geqslant 0$$

和

$$f_6(0,b,c)=6bcBC+5b^2AB+5c^2AC-3ABC$$
$$=-3(A-2bc)BC+5A(b^2B+c^2C)$$

其中

$$A=(b+c)^2+b^2+c^2,B=(b+c)^2+b^2,C=(b+c)^2+c^2$$

作代换

$$(b+c)^2=4x,bc=y,x\geqslant y$$

我们有
$$A = 2(4x - y), B = 4x + b^2, C = 4x + c^2, A - 2bc = 4(2x - y)$$
$$BC = 16x^2 + 4x(b^2 + c^2) + b^2 c^2 = 16x^2 + 4x(4x - 2y) + y^2 = 32x^2 - 8xy + y^2$$
$$b^2 B + c^2 C = 4x(b^2 + c^2) + b^4 + c^4 = 2(16x^2 - 12xy + y^2)$$

因此
$$f_6(0, b, c) = -12(2x - y)(32x^2 - 8xy + y^2) + 20(4x - y)(6x^2 - 12xy + y^2)$$
$$= 8(64x^3 - 88x^2 y + 25xy^2 - y^3)$$
$$= 8(x - y)(64x^2 - 24xy + y^2)$$

因为
$$f_6(1, 1, 1) = f_6(0, 1, 1) = 0$$

定义齐次函数
$$P(a, b, c) = abc + B(a + b + c)^3 + C(a + b + c)(ab + bc + ca)$$

满足 $P(1, 1, 1) = P(0, 1, 1) = 0$,也就是
$$P(a, b, c) = abc + \frac{1}{9}(a + b + c)^3 - \frac{4}{9}(a + b + c)(ab + bc + ca)$$

我们有
$$P(a, 1, 1) = \frac{a(a - 1)^2}{9}, P^2(a, 1, 1) = \frac{a^2(a - 1)^4}{81}$$
$$P(0, b, c) = \frac{(b + c)(b - c)^2}{9}, P^2(a, b, c) = \frac{64x(x - y)^2}{81}$$

我们将证明更强的不等式 $g_6(a, b, c) \geqslant 0$,其中
$$g_6(a, b, c) = f_6(a, b, c) - 36P^2(a, b, c)$$

显然 $g_6(a, b, c)$ 的最高系数 $A = 0$,那么根据第 1 卷问题 3.76(1),只需证明当 a, $b, c \geqslant 0$ 时,$g_6(a, 1, 1) \geqslant 0$ 和 $g_6(0, b, c) \geqslant 0$. 我们有
$$g_6(a, 1, 1) = f_6(a, 1, 1) - 36P^2(a, 1, 1) = \frac{4a(a - 1)^2 h(a)}{9}$$

其中
$$h(a) = 9(2a^2 + 4a + 5)(a + 1) - a(a - 1)^2$$
$$> (a - 1)^2(a + 1) - a(a - 1)^2$$
$$= (a - 1)^2$$
$$\geqslant 0$$

同样,我们也有
$$g_6(0, b, c) = f_6(0, b, c) - 36P^2(0, b, c) = \frac{8(x - y)g(x, y)}{9}$$

我们有
$$g(x, y) = 9(64x^2 - 24xy + y^2) - 32x(x - y)$$

$$> (64x^2 - 24xy + y^2) - 32x(x - y)$$
$$= 32x^2 + 8xy + y^2$$
$$> 0$$

等号适用于 $a=b=c=1$,也适用于 $a=0$ 和 $b=c=\dfrac{3}{2}$(或其任意循环排列).

问题 1.170　如果 a,b,c 是非负实数且满足 $a+b+c=3$,那么

$$\frac{1}{a^2+bc+12}+\frac{1}{b^2+ca+12}+\frac{1}{c^2+ab+12}\leqslant\frac{3}{14}$$

(Vasile Cîrtoaje,2010)

证明　将不等式写成齐次形式

$$\sum\frac{1}{3(a^2+bc)+4p^2}\leqslant\frac{9}{14p^2}$$

其中

$$p=a+b+c$$

不等式等价于 $f_6(a,b,c)\geqslant 0$,其中

$$f_6(a,b,c)=9\prod(3a^2+3bc+4p^2)-$$
$$14p^2\sum(3b^2+3ca+4p^2)(3c^2+3ab+4p^2)$$

显然 $f_6(a,b,c)$ 与 $g(a,b,c)$ 有最高系数 A,其中

$$g(a,b,c)=243\prod(a^2+bc)$$

根据第 1 卷问题 2.75 证明中的备注 2,我们有

$$A=g(1,1,1)=243\cdot 8=1\,944$$

因为最高系数 A 是正的,我们将利用最高系数对消法. 我们有

$$f_6(a,1,1)=9[3a^2+3+4(a+2)^2][3a+3+4(a+2)^2]-$$
$$14(a+2)^2[3a+3+4(a+2)^2]-$$
$$28(a+2)^2[3a+3+4(a+2)^2][3a^2+3+4(a+2)^2]$$
$$=9(7a^2+16a+19)(4a^2+19a+19)^2-$$
$$14(a+2)^2(4a^2+19a+19)^2-$$
$$28(a+2)^2(4a^2+19a+19)(7a^2+16a+19)$$
$$=3(4a^2+19a+19)f(a)$$

其中

$$f(a)=3(7a^2+16a+19)(4a^2+19a+19)-14(a+2)^2(6a^2+17a+19)$$
$$=17a^3-15a^2-21a+19=(a-1)^2(17a+19)$$

因此

$$f_6(a,1,1)=3(4a^2+19a+19)(a-1)^2(17a+19)$$

因为

$$f_6(1,1,1) = f_6(1,0,0) = 0$$

定义齐次函数

$$P(a,b,c) = abc + B(a+b+c)^3 + C(a+b+c)(ab+bc+ca)$$

满足 $P(1,1,1) = P(1,0,0) = 0$，也就是

$$P(a,b,c) = abc - \frac{1}{9}(a+b+c)(ab+bc+ca)$$

我们将证明更强的不等式 $g_6(a,b,c) \geqslant 0$，其中

$$g_6(a,b,c) = f_6(a,b,c) - 1\,944 P^2(a,b,c)$$

显然 $g_6(a,b,c)$ 的最高系数 $A=0$，那么，我们只需证明当 $a,b,c \geqslant 0$ 时，$g_6(a,1,1) \geqslant 0$ 和 $g_6(0,b,c) \geqslant 0$（参见第 1 卷问题 3.76(1)）.

为了证明 $g_6(a,1,1) \geqslant 0$，将不等式写为

$$f_6(a,1,1) - 1\,944 P^2(a,1,1) \geqslant 0$$

我们发现

$$P(a,1,1) = a - \frac{(a+2)(2a+1)}{9} = -\frac{2(a-1)^2}{9}$$

$$P^2(a,1,1) = \frac{4(a-1)^4}{81}$$

因此

$$g_6(a,1,1) = 3(4a^2 + 19a + 19)(a-1)^2(17a+19) - 96(a-1)^4$$
$$= 3(a-1)^2 h(a)$$

其中

$$h(a) = (4a^2 + 19a + 19)(17a + 19) - 32(a-1)^2$$

我们需要证明当 $a \geqslant 0$ 时 $h(a) \geqslant 0$，事实上

$$(4a^2 + 19a + 19)(17a + 19) > (19a + 19)(17a + 17) > 32(a+1)^2$$

我们得到

$$h(a) > 32[(a+1)^2 - (a-1)^2] = 128a \geqslant 0$$

为了证明 $g_6(0,b,c) \geqslant 0$，记

$$x = (b+c)^2, y = bc$$

我们有

$$f_6(0,b,c) = 9ABC - 14x[BC + A(B+C)] = (9A - 14x)BC - 14xA(B+C)$$

其中

$$A = 4x + 3y, B = 4x + 3b^2, C = 4x + 3c^2$$

因为

$$9A - 14x = 22x + 27y, B + C = 8x + 3(x - 2y) = 11x - 6y$$
$$BC = 16x^2 + 12x(x - 2y) + 9y^2 = 28x^2 - 24xy + 9y^2$$

我们得到

$$f_6(0,b,c)=(22x+27y)(28x^2-24xy+9y^2)-14x(4x+3y)(11x-6y)$$
$$=3y(34x^2-66xy+81y^2)$$

同样

$$P(0,b,c)=-\frac{bc(b+c)}{9},P^2(0,b,c)=\frac{xy^2}{81}$$

因此

$$g_6(0,b,c)=f_6(0,b,c)-1\,944P^2(0,b,c)=3y(34x^2-74xy+81y^2)$$
$$\geqslant 3y(25x^2-90xy+81y^2)$$
$$=3y(5x-9y)^2$$
$$\geqslant 0$$

等号适用于 $a=b=c$,也适用于 $a=b=0$(或其任意循环排列).

问题 1.171 如果 a,b,c 是非负实数,不存在两个同时为零,那么

$$\frac{1}{a^2+b^2}+\frac{1}{b^2+c^2}+\frac{1}{c^2+a^2}\geqslant\frac{45}{8(a^2+b^2+c^2)+2(ab+bc+ca)}$$

(Vasile Cîrtoaje,2014)

证明 1(Nguyen Van Quy) 不等式两边乘以 $a^2+b^2+c^2$,不等式变成

$$\sum\frac{a^2}{b^2+c^2}+3\geqslant\frac{45(a^2+b^2+c^2)}{8(a^2+b^2+c^2)+2(ab+bc+ca)}$$

应用柯西－施瓦兹不等式,我们得到

$$\sum\frac{a^2}{b^2+c^2}\geqslant\frac{\left(\sum a^2\right)^2}{\sum a^2(b^2+c^2)}$$
$$=\frac{(a^2+b^2+c^2)^2}{2(a^2b^2+b^2c^2+c^2a^2)}$$

因此,只需证

$$\frac{(a^2+b^2+c^2)^2}{2(a^2b^2+b^2c^2+c^2a^2)}+3\geqslant\frac{45(a^2+b^2+c^2)}{8(a^2+b^2+c^2)+2(ab+bc+ca)}$$

这等价于

$$\frac{(a^2+b^2+c^2)^2}{a^2b^2+b^2c^2+c^2a^2}-3\geqslant\frac{45(a^2+b^2+c^2)}{4(a^2+b^2+c^2)+ab+bc+ca}-9$$
$$\frac{a^4+b^4+c^4-a^2b^2-b^2c^2-c^2a^2}{a^2b^2+b^2c^2+c^2a^2}\geqslant\frac{9(a^2+b^2+c^2-ab-bc-ca)}{4(a^2+b^2+c^2)+ab+bc+ca}$$

根据四次舒尔不等式,我们有

$$a^4+b^4+c^4-a^2b^2-b^2c^2-c^2a^2$$
$$\geqslant(a^2+b^2+c^2-ab-bc-ca)(ab+bc+ca)$$
$$\geqslant 0$$

因此,只需证

$$[4(a^2+b^2+c^2)+ab+bc+ca](ab+bc+ca) \geqslant 9(a^2b^2+b^2c^2+c^2a^2)$$

因为

$$(ab+bc+ca)^2 \geqslant a^2b^2+b^2c^2+c^2a^2$$

当

$$4(a^2+b^2+c^2)(ab+bc+ca) \geqslant 8(a^2b^2+b^2c^2+c^2a^2)$$

时,这个不等式成立,这等价于明显的不等式

$$\sum ab\,(a-b)^2 + abc\sum a \geqslant 0$$

等号适用于 $a=b=c$,也适用于 $a=0$ 和 $b=c$(或其任意循环排列).

证明 2 将不等式写成 $f_6(a,b,c) \geqslant 0$,其中

$$f_6(a,b,c) = \left(8\sum a^2 + 2\sum ab\right)\sum (a^2+b^2)(a^2+c^2) - 45\prod (b^2+c^2)$$

显然 $f_6(a,b,c)$ 与 $f(a,b,c)$ 有相同的最高系数 A,其中

$$f(a,b,c) = -45\prod (b^2+c^2) = -45\prod (p^2-2q-a^2)$$

其中 $p=a+b+c$,$q=ab+bc+ca$,也就是

$$A=45$$

因为 $A>0$,我们使用最高系数对消法.我们有

$$f_6(a,1,1) = 4a(2a+5)(a^2+1)(a-1)^2$$

$$f_6(0,b,c) = (b-c)^2[8(b^4+c^4)+18bc(b^2+c^2)+15b^2c^2]$$

因为

$$f_6(1,1,1) = f_6(0,1,1) = 0$$

定义齐次函数

$$P(a,b,c) = abc + B(a+b+c)^3 + C(a+b+c)(ab+bc+ca)$$

且满足 $P(1,1,1)=P(0,1,1)=0$,也就是

$$P(a,b,c) = abc + \frac{1}{9}(a+b+c)^3 - \frac{4}{9}(a+b+c)(ab+bc+ca)$$

我们将证明更强的不等式成立

$$f_6(a,b,c) \geqslant 45P^2(a,b,c)$$

让我们记

$$g_6(a,b,c) = f_6(a,b,c) - 45P^2(a,b,c)$$

显而易见 $g_6(a,b,c)$ 的最高系数为零,根据第 1 卷问题 3.76(1),只需证明对于 $a,b,c \geqslant 0$,不等式 $g_6(a,1,1) \geqslant 0$ 和 $g_6(0,b,c) \geqslant 0$.我们有

$$P(a,1,1) = \frac{a(a-1)^2}{9}$$

因此

$$g_6(a,1,1) = f_6(a,1,1) - 45P^2(a,1,1)$$

$$= \frac{a\,(a-1)^2(67a^3+190a^2+67a+180)}{9}$$

$$\geqslant 0$$

同样，我们有

$$P(0,b,c) = \frac{(b+c)\,(b-c)^2}{9}$$

因此

$$g_6(0,b,c) = f_6(0,b,c) - 45P^2(0,b,c)$$

$$= \frac{(b-c)^2\left[67(b^4+c^4)+162bc(b^2+c^2)+145b^2c^2\right]}{9}$$

$$\geqslant 0$$

问题 1.172　如果 a,b,c 是实数，不存在两个同时为零，那么

$$\frac{a^2-7bc}{b^2+c^2}+\frac{b^2-7ca}{c^2+a^2}+\frac{c^2-7ab}{a^2+b^2}+\frac{9(ab+bc+ca)}{a^2+b^2+c^2}\geqslant 0$$

$$(\text{Vasile Cîrtoaje,2014})$$

证明　设

$$p = a+b+c, q = ab+bc+ca, r = abc$$

将不等式写成 $f_8(a,b,c)\geqslant 0$，其中

$$f_8(a,b,c)=\sum a^2\sum(a^2-7bc)(c^2+a^2)(a^2+b^2)+9\sum ab\prod(a^2+b^2)$$

是一个对称齐次 8 次多项式，通常 $f_8(a,b,c)$ 能写成

$$f_8(a,b,c)=A(p,q)r^2+B(p,q)r+C(p,q)$$

其中最高多项式

$$A(p,q)=\alpha p^2+\beta q$$

因为

$$f_8(a,b,c)=(p^2-2q)\sum(a^2-7bc)(p^2-2q-c^2)(p^2-2q-b^2)+$$

$$9q\prod(p^2-2q-a^2)$$

$f_8(a,b,c)$ 与 $g_8(a,b,c)$ 有相同的最高多项式，其中

$$g_8(a,b,c)=(p^2-2q)\sum(a^2-7bc)b^2c^2+9q(-a^2b^2c^2)$$

$$=(p^2-2q)(3r^2-7\sum b^3c^3)-9qr^2$$

也就是

$$A(p,q)=(p^2-2q)(3-21)-9q=-9(p^2-3q)$$

因为对于所有实数 $a,b,c,A(p,q)\leqslant 0$，由下面的引理，我们只需证明原始不等式当 $b=c=1$ 时，$f_8(a,1,1)\geqslant 0$ 成立（参见下面的引理）．我们需要证明

$$\frac{a^2-7}{2}-\frac{2(7a-1)}{a^2+1}+\frac{9(2a+1)}{a^2+2}\geqslant 0$$

等价于

$$(a-1)^2 (a+2)^2 (a^2-2a+3) \geqslant 0$$

等号适用于 $a=b=c$,也适用于 $-\dfrac{a}{2}=b=c$(或其任意循环排列).

引理 设

$$p=a+b+c, q=ab+bc+ca, r=abc$$

和设 $f_8(a,b,c)$ 是 8 次对称齐次多项式,其中

$$f_8(a,b,c)=A(p,q)r^2+B(p,q)r+C(p,q)$$

其中对于所有实数 $a,b,c,A(p,q) \leqslant 0$. 不等式 $f_8(a,b,c) \geqslant 0$ 对于所有实数成立的充分必要条件是对于所有实数 $a,f_8(a,1,1) \geqslant 0$.

证明 对于固定的 p 和 q

$$h_8(r)=A(p,q)r^2+B(p,q)r+C(p,q)$$

是一个凹二次函数,因此当 r 最小或最大时,$h_8(r)$ 达到最小值. 也就是,根据第 1 卷问题 2.53,此时 a,b,c 中有两个相等. 因此,对于所有实数 a,b,c,不等式 $f_8(a,b,c) \geqslant 0$ 成立当且仅当对于所有实数 a,不等式 $f_8(a,1,1) \geqslant 0$ 和 $f_8(a,0,0) \geqslant 0$ 成立. 注意到条件"对于所有实数 $a,f(a,0,0) \geqslant 0$"是不必要的,因为它可由条件"对于所有实数 $a,f(a,1,1) \geqslant 0$"导出

$$f_8(a,0,0)=\lim_{t \to 0} f_8(a,t,t)=\lim_{t \to 0} t^8 f_8\left(\frac{a}{t},1,1\right) \geqslant 0$$

注意 $A(p,q)$ 称为 $f_8(a,b,c)$ 的最高多项式.

备注 这个引理可以扩展到对于所有实数 a,b,c,最高多项式 $A(p,q)$ 不是非负的情况.

前面的引理中的不等式 $f_8(a,b,c) \geqslant 0$ 适用于所有实数满足

$$A(p,q) \leqslant 0$$

成立的充分必要条件是对于所有满足 $A(a+2,2a+1) \leqslant 0$ 的实数 a 不等式 $f_8(a,1,1) \geqslant 0$ 成立.

问题 1.173 如果 a,b,c 是非负实数,不存在两个同时为零,那么

$$\frac{a^2-4bc}{b^2+c^2}+\frac{b^2-4ca}{c^2+a^2}+\frac{c^2-4ab}{a^2+b^2}+\frac{9(ab+bc+ca)}{a^2+b^2+c^2} \geqslant \frac{9}{2}$$

(Vasile Cîrtoaje,2014)

证明 设

$$p=a+b+c, q=ab+bc+ca, r=abc$$

将不等式写成 $f_8(a,b,c) \geqslant 0$,其中

$$f_8(a,b,c)=2(a^2+b^2+c^2)\sum(a^2-4bc)(a^2+b^2)(a^2+c^2)+$$
$$9\left(2\sum ab - \sum a^2\right)\prod(b^2+c^2)$$

是一个对称 8 次齐次多项式，任意对称 8 次齐次多项式 $f_8(a,b,c)$ 能写成

$$f_8(a,b,c)=A(p,q)r^2+B(p,q)r+C(p,q)$$

其中 $A(p,q)=\alpha p^2+\beta q$ 为 $f_8(a,b,c)$ 的最高多项式，从

$$f_8(a,b,c)=2(p^2-2q)\sum(a^2-4bc)(p^2-2q-c^2)(p^2-2q-b^2)+$$
$$9(4q-p^2)\prod(p^2-2q-a^2)$$

这说明 $f_8(a,b,c)$ 与 $g_8(a,b,c)$ 有相同的最高多项式，其中

$$g_8(a,b,c)=2(p^2-2q)\sum(a^2-4bc)b^2c^2+9(4q-p^2)(-a^2b^2c^2)$$
$$=2(p^2-2q)(3r^2-4\sum b^3c^3)-9(4q-p^2)r^2$$

也就是

$$A(p,q)=2(p^2-2q)(3-12)-9(4q-p^2)=-9p^2$$

因为对于所有 $a,b,c\geqslant 0$ 都有 $A(p,q)\leqslant 0$，根据下面的引理，只需分别证明当 $b=c=1$ 和 $a=0$ 原始不等式成立即可.

当 $b=c=1$ 时，原始不等式变成

$$\frac{a^2-4}{2}-\frac{2(4a-1)}{a^2+1}+\frac{9(2a+1)}{a^2+2}\geqslant\frac{9}{2}$$

这等价于

$$a(a+4)(a-1)^4\geqslant 0$$

当 $a=0$ 时，原始不等式转化成

$$\frac{b^2}{c^2}+\frac{c^2}{b^2}+\frac{5bc}{b^2+c^2}\geqslant\frac{9}{2}$$

设

$$x=\frac{b}{c}+\frac{c}{b},x\geqslant 2$$

不等式变成

$$(x^2-2)+\frac{5}{x}\geqslant\frac{9}{2}$$
$$(x-2)(2x^2+4x-5)\geqslant 0$$

证毕.等号适用于 $a=b=c$，也适用于 $a=0$ 和 $b=c$(或任意循环排列)

引理 设

$$p=a+b+c,q=ab+bc+ca,r=abc$$

并设 $f_8(a,b,c)$ 是一个 8 次齐次对称多项式，不等式写成

$$f_8(a,b,c)=A(p,q)r^2+B(p,q)r+C(p,q)$$

其中 $A(p,q)\leqslant 0(a,b,c\geqslant 0)$，对于所有非负实数 a,b,c，不等式 $f_8(a,b,c)\geqslant 0$ 成立的充分必要条件是对于所有 $a,b,c\geqslant 0$ 不等式 $f_8(a,1,1)\geqslant 0$ 和 $f_8(0,b,c)\geqslant 0$ 都成立.

证明 对于固定的 p 和 q

$$h_8(r) = A(p,q)r^2 + B(p,q)r + C(p,q)$$

是一个关于 r 的凹二次函数,因此当 r 最小或最大时,$h_8(r)$ 达到最小值.也就是,根据第 1 卷问题 3.57,当 $b=c$ 或 $a=0$ 时,因此结论成立.注意 $A(p,q)$ 为 $f_8(a,b,c)$ 的最高多项式.

备注 这个引理可以扩展.对于所有满足 $A(p,q) \leqslant 0$ 的非负实数 a,b,c,不等式 $f_8(a,b,c) \geqslant 0$ 成立的充分必要条件是对于所有满足 $A(a+2,2a+1) \leqslant 0$ 和 $A(b+c,bc) \leqslant 0$ 的非负实数 a,b,c 不等式 $f_8(a,1,1) \geqslant 0$ 和 $f_8(0,b,c) \geqslant 0$ 都成立.

问题 1.174 如果 a,b,c 是实数且满足 $abc \neq 0$,那么

$$\frac{(b+c)^2}{a^2} + \frac{(c+a)^2}{b^2} + \frac{(a+b)^2}{c^2} \geqslant 2 + \frac{10(a+b+c)^2}{3(a^2+b^2+c^2)}$$

(Vasile Cîrtoaje, and Michael Rozen berg,2014)

证明 设

$$p = a+b+c, q = ab+bc+ca, r = abc$$

根据柯西—施瓦兹不等式,我们有

$$\sum \frac{(b+c)^2}{a^2} \geqslant \frac{\left[\sum (b+c)^2\right]^2}{\sum a^2(b+c)^2}$$

$$= \frac{2\left(\sum a^2 + \sum ab\right)^2}{\sum a^2 b^2 + abc \sum a}$$

$$= \frac{2(p^2-q)^2}{q^2 - pr}$$

因此只需证

$$\frac{2(p^2-q)^2}{q^2 - pr} \geqslant \frac{8p^2 - 6q}{p^2 - 2q}$$

应用舒尔不等式

$$p^3 + 9r \geqslant 4pq$$

我们得到

$$q^2 - pr \leqslant q^2 - p \cdot \frac{4pq - p^3}{9} = \frac{p^4 - 4p^2 q + 9q^2}{9}$$

因此,只需证

$$\frac{27(p^2-q)^2}{p^4 - 4p^2 q + 9q^2} \geqslant \frac{8p^2 - 6q}{p^2 - 2q}$$

这等价于

$$p^2(p^2 - 3q)(19p^2 - 13q) \geqslant 0$$

等号适用于 $a=b=c$.

问题 1.175   设 a,b,c 是实数且满足 $ab+bc+ca \geqslant 0$,不存在两个同时为零.求证:

(1) $\dfrac{a}{b+c}+\dfrac{b}{c+a}+\dfrac{c}{a+b} \geqslant \dfrac{3}{2}$;

(2) 如果 $ab \leqslant 0$,那么 $\dfrac{a}{b+c}+\dfrac{b}{c+a}+\dfrac{c}{a+b} \geqslant 2$.

(Vasile Cîrtoaje,2014)

证明   首先说明 $a+b \neq 0,b+c \neq 0$ 和 $c+a \neq 0$.事实上,如果 $b+c=0$,那么由 $ab+bc+ca \geqslant 0$,得到 $bc \geqslant 0$,因此 $b=c=0$,这是不可能的(因为根据假设,a,b,c 中至多有一个为零).

(1) 采用 SOS 方法.将不等式写为

$$\sum \left(\frac{a}{b+c}+1 \right) \geqslant \frac{9}{2}$$

$$\left[\sum (b+c) \right] \sum \frac{1}{b+c} \geqslant 9$$

$$\sum \left(\frac{a+b}{c+a}+\frac{c+a}{a+b}-2 \right) \geqslant 0$$

$$\sum \frac{(b-c)^2}{(c+a)(a+b)} \geqslant 0$$

$$\sum \frac{(b-c)^2}{a^2+(ab+bc+ca)} \geqslant 0$$

显然,最后一个不等式是正确的.等号适用于 $a=b=c \neq 0$.

(2) 从 $ab+bc+ca \geqslant 0$,可以推出如果 a,b,c 中的一个是 0,那么其他两个符号相同.在这种情况下,期望的不等式是成立的.由于对称性和齐次性,可以考虑

$$a<0<b \leqslant c$$

方法 1   我们将证明

$$F(a,b,c) \geqslant F(0,b,c) \geqslant 2$$

其中

$$F(a,b,c)=\frac{a}{b+c}+\frac{b}{c+a}+\frac{c}{a+b}$$

右边不等式是正确的,因为

$$F(0,b,c)=\frac{b}{c}+\frac{c}{b} \geqslant 2$$

因为

$$F(a,b,c)-F(0,b,c)=a \left[\frac{1}{b+c}-\frac{b}{c(c+a)}-\frac{c}{b(a+b)} \right]$$

这不等式是成立的,如果

$$\frac{b}{c(c+a)}+\frac{c}{b(a+b)}>\frac{1}{b+c}$$

由 $ab+bc+ca\geqslant 0$,我们得到

$$c+a\geqslant-\frac{ca}{b}>0,a+b\geqslant-\frac{ab}{c}>0$$

因此

$$\frac{b}{c(c+a)}>\frac{b}{c^2},\frac{c}{b(a+b)}>\frac{c}{b^2}$$

因此,只需证明

$$\frac{b}{c^2}+\frac{c}{b^2}\geqslant\frac{1}{b+c}$$

事实上,借助 AM $-$ GM 不等式,我们有

$$\frac{b}{c^2}+\frac{c}{b^2}-\frac{1}{b+c}\geqslant\frac{2}{\sqrt{bc}}-\frac{1}{2\sqrt{bc}}>0$$

这就完成了证明.等号适用于 $a=0$ 和 $b=c$,或 $b=0$ 和 $a=c$.

方法 2　因为 $b+c>0$ 和

$$(b+c)(c+a)=c^2+(ab+bc+ca)>0$$
$$(b+c)(a+b)=b^2+(ab+bc+ca)>0$$

我们得到

$$a+b>0 \text{ 和 } c+a>0$$

根据柯西 $-$ 施瓦兹不等式和 AM $-$ GM 不等式,我们有

$$
\begin{aligned}
\frac{a}{b+c}+\frac{b}{c+a}+\frac{c}{a+b} &\geqslant\frac{a}{b+c}+\frac{(b+c)^2}{b(c+a)+c(a+b)}\\
&=\frac{a}{b+c}+\frac{(b+c)^2}{2bc+c(a+b)}\\
&>\frac{a}{2a+b+c}+\frac{(b+c)^2}{a(b+c)+\frac{(b+c)^2}{2}}\\
&>\frac{4a}{2a+b+c}+\frac{2(b+c)}{2a+b+c}\\
&=2
\end{aligned}
$$

问题 1.176　如果 a,b,c 是非负实数,那么

$$\frac{a}{7a+b+c}+\frac{b}{a+7b+c}+\frac{c}{a+b+7c}\geqslant\frac{ab+bc+ca}{(a+b+c)^2}$$

(Vasile Cîrtoaje,2014)

证明 1　应用 SOS 方法.将不等式写为

$$\sum\left[\frac{2a}{7a+b+c}-\frac{a(b+c)}{(a+b+c)^2}\right]\geqslant 0$$

$$\sum \frac{a[(a-b)+(a-c)](a-b-c)}{7a+b+c} \geqslant 0$$

$$\sum \frac{a(a-b)(a-b-c)}{7a+b+c} + \sum \frac{a(a-c)(a-b-c)}{7a+b+c} \geqslant 0$$

$$\sum \frac{a(a-b)(a-b-c)}{7a+b+c} + \sum \frac{b(b-a)(b-c-a)}{7b+c+a} \geqslant 0$$

$$\sum (a-b)\left[\frac{a(a-b-c)}{7a+b+c} - \frac{b(b-c-a)}{7b+c+a}\right] \geqslant 0$$

$$\sum (a-b)^2(a^2+b^2-c^2+14ab)(a+b+7c) \geqslant 0$$

因为

$$a^2+b^2-c^2+14ab \geqslant (a+b)^2-c^2 = (a+b+c)(a+b-c)$$

于是只需证

$$\sum (a-b)^2(a+b-c)(a+b+7c) \geqslant 0$$

假设 $a \geqslant b \geqslant c$,于是只需证

$$(a-c)^2(a+c-b)(c+a+7b) + (b-c)^2(b+c-a)(b+c+7a) \geqslant 0$$

对于非平凡情况 $b > 0$,我们有

$$(a-c)^2 \geqslant \frac{a^2}{b^2}(b-c)^2 \geqslant \frac{a}{b}(b-c)^2$$

因此,只需证

$$a(a+c-b)(c+a+7b) + b(b+c-a)(b+c+7a) \geqslant 0$$

因为

$$a(c+a+7b) \geqslant b(b+c+7a)$$

我们有

$$a(a+c-b)(c+a+7b) + b(b+c-a)(b+c+7a)$$
$$\geqslant b(a+c-b)(b+c+7a) + b(b+c-a)(b+c+7a)$$
$$= 2bc(b+c+7a)$$
$$\geqslant 0$$

这就完成了证明. 等号适用于 $a=b=c$,也适用于 $a=0$ 和 $b=c$(或任意循环排列).

证明 2　假设

$$a \leqslant b \leqslant c, a+b+c=3$$

并应用代换

$$x = \frac{2a+1}{3}, y = \frac{2b+1}{3}, z = \frac{2c+1}{3}$$

我们有 $b+c \geqslant 2$ 和

$$\frac{1}{3} \leqslant x \leqslant y \leqslant z, x+y+z=3, y+z \geqslant 2, x \leqslant 1$$

不等式变成

$$\frac{a}{2a+1}+\frac{b}{2b+1}+\frac{c}{2c+1}\geqslant\frac{9-a^2-b^2-c^2}{6}$$

$$\frac{a^2+b^2+c^2}{3}\geqslant\frac{1}{2a+1}+\frac{1}{2b+1}+\frac{1}{2c+1}$$

$$\frac{(2a+1)^2+(2b+1)^2+(2c+1)^2-15}{12}\geqslant\frac{1}{2a+1}+\frac{1}{2b+1}+\frac{1}{2c+1}$$

$$9(x^2+y^2+z^2)\geqslant 4\left(\frac{1}{x}+\frac{1}{y}+\frac{1}{z}\right)+15$$

我们将采用整合变量方法. 更准确地说, 我们将证明

$$E(x,y,z)\geqslant E(x,t,t)\geqslant 0$$

其中

$$t=\frac{y+z}{2}=\frac{3-x}{2}$$

$$E(x,y,z)=9(x^2+y^2+z^2)-4\left(\frac{1}{x}+\frac{1}{y}+\frac{1}{z}\right)-15$$

我们有

$$E(x,y,z)-E(x,t,t)=9(z^2+y^2-2t^2)-4\left(\frac{1}{x}+\frac{1}{y}-\frac{2}{t}\right)$$

$$=\frac{(y-z)^2[9yz(y+z)-8]}{2yz(y+z)}$$

$$\geqslant 0$$

因为

$$9yz=(2b+1)(2c+1)\geqslant 2(b+c)+1\geqslant 5,y+z\geqslant 2$$

同样, 也有

$$E(x,t,t)=9x^2+2t^2-15-\frac{4}{x}-\frac{8}{t}=\frac{(x-1)^2(3x-1)(8-3x)}{2x(3-x)}\geqslant 0$$

证明 3　将不等式写成 $f_5(a,b,c)\geqslant 0$, 其中 $f_5(a,b,c)$ 是一个对称的五次齐次不等式. 根据第 1 卷问题 3.68(1), 只需证明 $a=0$ 和 $b=c=1$ 时原不等式成立. 此时不等式等价于

$$(b-c)^2(b^2+c^2+11bc)\geqslant 0$$

和

$$a(a-1)^2(a+14)\geqslant 0$$

问题 1.177　设 $f(x)$ 是定义在区间 I 的实函数, 并设 $x,y,s\in I$ 满足 $x+my=(1+m)s$, 其中 $m>0$. 求证不等式

$$f(x)+mf(y)\geqslant(1+m)f(s)$$

成立的充分必要条件是

$$h(x,y) \geqslant 0$$

其中

$$h(x,y) = \frac{g(x) - g(y)}{x - y}, g(u) = \frac{f(u) - f(s)}{u - s}$$

(Vasile Cîrtoaje, 2006)

证明 从

$$
\begin{aligned}
f(x) + mf(y) - (1+m)f(s) &= [f(x) - f(s)] + m[f(y) - f(s)] \\
&= (x - s)g(x) + m(y - s)g(y) \\
&= \frac{m}{1 + m}(x - y)[g(x) - g(y)] \\
&= \frac{m}{1 + m}(x - y)^2 h(x,y)
\end{aligned}
$$

故结论成立.

备注 由上面的证明,说明问题 1.177 对于定义在 $\mathbb{I} \setminus \{u_0\}$ 和 $x, y, s \neq u_0$ 上的函数 f 也有效.

问题 1.178 设 $a, b, c \leqslant 8$ 是实数且满足 $a + b + c = 3$. 求证

$$\frac{13a - 1}{a^2 + 23} + \frac{13b - 1}{b^2 + 23} + \frac{13c - 1}{c^2 + 23} \leqslant \frac{3}{2}$$

(Vasile Cîrtoaje, 2008)

证明 将不等式定为

$$f(a) + f(b) + f(c) \geqslant -\frac{3}{2}$$

其中

$$f(u) = \frac{1 - 13u}{u^2 + 23}$$

假设 $a \leqslant b \leqslant c$,并记

$$s = \frac{b + c}{2}$$

我们有

$$s = \frac{3 - a}{2}, 1 \leqslant s \leqslant 8$$

我们断言

$$f(b) + f(c) \geqslant 2f(s)$$

为说明这不等式,根据问题 1.177,只需证明

$$h(b,c) \geqslant 0$$

其中

$$h(b,c) = \frac{g(b) - g(c)}{b - c}, g(u) = \frac{f(u) - f(s)}{u - s}$$

我们有

$$g(u) = \frac{(13s-1)u - s - 299}{(s^2 + 23)([]u^2 + 23)}$$

$$h(b,c) = \frac{(1-13s)bc + (s+299)(x+y) + 23(13s-1)}{(s^2+23)(x^2+23)(y^2+23)}$$

因为 $1-13s < 0$ 和 $bc \leqslant s^2$,我们得到

$$h(b,c) \geqslant \frac{(1-13s)s^2 + 2s(s+299) + 23(13s-1)}{(s^2+23)(x^2+23)(y^2+23)}$$

$$= \frac{-13s^2 + 3s^2 + 897s - 23}{(4s-3)^2(4b-3)^2(4c-3)^2}$$

$$> \frac{-13s^2 + 3s^2 + 897s - 712}{(4s-3)^2(4b-3)^2(4c-3)^2}$$

$$= \frac{(8-s)(13s^2 + 101s - 89)}{(4s-3)^2(4b-3)^2(4c-3)^2}$$

$$\geqslant 0$$

因此

$$f(a) + f(b) + f(c) + \frac{3}{2} \geqslant f(a) + 2f(s) + \frac{3}{2}$$

$$= f(a) + 2f\left(\frac{3-a}{2}\right) + \frac{3}{2}$$

$$= \frac{1-13a}{a^2+23} + \frac{4(13a-37)}{a^2-6a+101} + \frac{3}{2}$$

$$= \frac{3(a-1)^2(a+11)^2}{2(a^2+23)(a^2-6a+101)}$$

$$\geqslant 0$$

等号适用于 $a=b=c=1$,也适用于 $a=-11$ 和 $b=c=7$(或任意循环排列).

问题 1.179 设 $a,b,c \neq \frac{3}{4}$ 是非负实数且满足 $a+b+c=3$,求证

$$\frac{1-a}{(4a-3)^2} + \frac{1-b}{(4b-3)^2} + \frac{1-c}{(4c-3)^2} \geqslant 0$$

(Vasile Cîrtoaje,2006)

证明 将不等式写为

$$f(a) + f(b) + f(c) \geqslant 0$$

其中

$$f(u) = \frac{1-u}{(4u-3)^2}$$

假设 $a \leqslant b \leqslant c$,并记

$$s = \frac{b+c}{2}$$

我们有

$$s=\frac{3-a}{2},1\leqslant s\leqslant 8$$

我们断定

$$f(b)+f(c)\geqslant 2f(s)$$

根据问题 1.177 的备注,于是只需证明

$$h(b,c)\geqslant 0$$

其中

$$h(b,c)=\frac{g(b)-g(c)}{b-c},g(u)=\frac{f(u)-f(s)}{u-s}$$

我们有

$$g(u)=\frac{16(s-1)u-16s+15}{(4s-3)^2(4u-3)^2}$$

$$\frac{1}{8}h(b,c)=\frac{-32(s-1)bc+64s^2-90s+27}{(4s-3)^2(4b-3)^2(4c-3)^2}$$

因为 $s-1\geqslant 0$ 和 $bc\leqslant s^2$,我们得到

$$\frac{1}{8}h(b,c)=\frac{-32(s-1)s^2+64s^2-90s+27}{(4s-3)^2(4b-3)^2(4c-3)^2}$$

$$=\frac{-32s^3+96s^2-90s+27}{(4s-3)^2(4b-3)^2(4c-3)^2}$$

$$=\frac{(3-2s)(3-4s)^2}{(4s-3)^2(4b-3)^2(4c-3)^2}$$

$$\geqslant 0$$

因此

$$f(a)+f(b)+f(c)\geqslant f(a)+2f(s)$$

$$=f(a)+2f\left(\frac{3-a}{2}\right)$$

$$=\frac{1-a}{(4a-3)^2}+\frac{a-1}{(3-2a)^2}$$

$$=\frac{12a(a-1)^2}{(4a-3)^2(3-2a)^2}$$

$$\geqslant 0$$

等号适用于 $a=b=c=1$,也适用于 $a=0$ 和 $b=c=\frac{3}{2}$(或其任意循环排列).

问题 1.180　如果 a,b,c 分别是三角形的边,那么

$$\frac{a^2}{4a^2+5bc}+\frac{b^2}{4b^2+5ca}+\frac{c^2}{4c^2+5ab}\geqslant\frac{1}{3}$$

(Vasile Cîrtoaje,2009)

证明 采用最高系数对消法. 将不等式写成 $f_6(a,b,c) \geqslant 0$, 其中

$$f_6(a,b,c) = 3\sum a^2(4b^2+5ca)(4c^2+5ab) - \prod(4a^2+5bc)$$

$$= -45a^2b^2c^2 - 25abc\sum a^3 + 40\sum a^3b^3$$

因为 $f_6(a,b,c)$ 的最高系数

$$A = -45 - 75 + 120 = 0$$

根据第 1 卷问题 3.76(2), 只需证明原始不等式对于 $b=c=1(0 \leqslant a \leqslant 2)$ 和 $a=b+c$ 时分别成立即可.

情形 1 $b=c=1, 0 \leqslant a \leqslant 2$, 原始不等式变成

$$\frac{a^2}{4a^2+5} + \frac{2}{5a+4} \geqslant \frac{1}{3}$$

$$(2-a)(a-1)^2 \geqslant 0$$

情形 2 $a=b+c$. 应用柯西 — 施瓦兹不等式

$$\frac{b^2}{4b^2+5ca} + \frac{c^2}{4c^2+5ab} \geqslant \frac{(b+c)^2}{4(b^2+c^2)+5a(b+c)}$$

于是只需证

$$\frac{a^2}{4a^2+5bc} + \frac{(b+c)^2}{4(b^2+c^2)+5a(b+c)} \geqslant \frac{1}{3}$$

这个不等式等价于

$$\frac{1}{4(b^2+c^2)+13bc} + \frac{1}{9(b^2+c^2)+10bc} \geqslant \frac{1}{3(b^2+c^2+2bc)}$$

应用代换

$$x = \frac{c}{b} + \frac{b}{c}, x \geqslant 2$$

不等式变成

$$\frac{1}{4x+13} + \frac{1}{9x+10} \geqslant \frac{1}{3(x+2)}$$

$$(x+2)(3x-4) \geqslant 0$$

这个等号适用于等边三角形, 也适用于 $\frac{a}{2}=b=c$(或任意循环排列)的退化三角形.

问题 1.181 如果 a,b,c 分别是三角形的边, 那么

$$\frac{1}{7a^2+b^2+c^2} + \frac{1}{a^2+7b^2+c^2} + \frac{1}{a^2+b^2+7c^2} \geqslant \frac{3}{(a+b+c)^2}$$

(Vasile Cîrtoaje, 2010)

证明 采用最高系数对消法. 记

$$p = a+b+c, q = ab+bc+ca$$

将不等式写成 $f_6(a,b,c) \geqslant 0$，其中

$$f_6(a,b,c) = p^2 \sum (a^2 + 7b^2 + c^2)(a^2 + b^2 + 7c^2) - 3\prod(7a^2 + b^2 + c^2)$$

$$= p^2 \sum (p^2 - 2q + 6b^2)(p^2 - 2q + 6c^2) - 3\prod(p^2 - 2q + 6a^2)$$

因为 $f_6(a,b,c)$ 有最高系数

$$A = -3 \times 6^3 < 0$$

根据第 1 卷问题 3.76(2)，于是只需证明原始不等式对于 $b = c = 1(0 \leqslant a \leqslant 2)$ 和 $a = b + c$ 都成立.

情形 1 $b = c = 1, 0 \leqslant a \leqslant 2$，原始不等式变成

$$\frac{1}{7a^2 + 2} + \frac{2}{a^2 + 8} \geqslant \frac{3}{(a+2)^2}$$

$$a(8-a)(a-1)^2 \geqslant 0$$

情形 2 $a = b + c$. 将不等式写成

$$\frac{1}{4(b^2 + c^2) + 7bc} + \frac{1}{4b^2 + c^2 + bc} + \frac{1}{b^2 + 4c^2 + bc} \geqslant \frac{3}{2(b+c)^2}$$

因为

$$\frac{3}{2(b+c)^2} - \frac{1}{4(b^2 + c^2) + 7bc} \leqslant \frac{3}{2(b+c)^2} - \frac{1}{4(b^2 + c^2) + 8bc}$$

$$= \frac{5}{4(b+c)^2}$$

于是只需证

$$\frac{1}{4b^2 + c^2 + bc} + \frac{1}{b^2 + 4c^2 + bc} \geqslant \frac{5}{4(b+c)^2}$$

等价于

$$4[5(b^2 + c^2) + 2bc][(b^2 + c^2) + 2bc] \geqslant 5(4b^2 + c^2 + bc)(4c^2 + b^2 + bc)$$

$$4[5(b^2 + c^2)^2 + 12bc(b^2 + c^2) + 4b^2c^2] \geqslant 5[4(b^2 + c^2)^2 + 5bc(b^2 + c^2) + 10b^2c^2]$$

$$bc[23(b-c)^2 + 12bc] \geqslant 0$$

等号适用于等边三角形，也适用于 $a = 0$ 和 $b = c$（或任意循环排列）的退化三角形.

问题 1.182 如果 a, b, c 分别是三角形的边. 如果 $k > -2$，那么

$$\sum \frac{a(b+c) + (k+1)bc}{b^2 + kbc + c^2} \leqslant \frac{3(k+3)}{k+2}$$

（Vasile Cîrtoaje，2009）

证明 应用最高系数对消法. 记

$$p = a + b + c, q = ab + bc + ca$$

将不等式写成 $f_6(a,b,c) \geqslant 0$，其中

$$f_6(a,b,c) = 3(k+3)\prod(b^2 + kbc + c^2) -$$

$$(k+2)\sum[a(b+c)+(k+1)bc](c^2+kca+a^2)(a^2+kab+b^2)$$

由于

$$f_6(a,b,c)=3(k+3)\prod(-a^2+kbc+p^2-2q)-$$

$$(k+2)\sum(q+kbc)(p^2-2q-b^2+kca)(p^2-2q-c^2+kab)$$

于是 $f_6(a,b,c)$ 与 $f(a,b,c)$ 有最高系数 A,其中

$$f(a,b,c)=3(k+3)P_3(a,b,c)-k(k+2)P_2(a,b,c)$$

其中

$$P_3(a,b,c)=\prod(kbc-a^2)$$

$$P_2(a,b,c)=\sum bc(kca-b^2)(kab-c^2)$$

根据第 1 卷问题 2.75 证明的备注 2,我们有

$$A=3(k+3)P_3(1,1,1)-k(k+2)P_2(1,1,1)$$

$$=3(k+3)(k-1)^3-3(k+2)k(k-1)^2=-9(k-1)^2$$

$$\leqslant 0$$

考虑到第 1 卷问题 2.76(2),于是只需证明原始不等式当 $b=c=1(0\leqslant a\leqslant 2)$
和 $a=b+c$ 时成立即可.

情形 1 $b=c=1,0\leqslant a\leqslant 2$,原始不等式变成

$$\frac{2a+k+1}{k+2}+\frac{2(k+2)a+2}{a^2+ka+1}\leqslant\frac{3(k+3)}{k+2}$$

$$\frac{a-k-4}{k+2}+\frac{(k+2)a+1}{a^2+ka+1}\leqslant 0$$

$$(2-a)(a-1)^2\geqslant 0$$

情形 2 $a=b+c$.将不等式写成

$$\sum\left[\frac{a(b+c)+(k+1)bc}{b^2+kbc+c^2}-1\right]\leqslant\frac{3}{k+2}$$

$$\sum\frac{ab+bc+ca-b^2-c^2}{b^2+kbc+c^2}\leqslant\frac{3}{k+2}$$

$$\frac{3bc}{b^2+kbc+c^2}+\frac{bc-c^2}{b^2+(k+2)(bc+c^2)}+\frac{bc-b^2}{c^2+(k+2)(bc+b^2)}\leqslant\frac{3}{k+2}$$

因为

$$\frac{3bc}{b^2+kbc+c^2}\leqslant\frac{3}{k+2}$$

于是只需证

$$\frac{bc-c^2}{b^2+(k+2)(bc+c^2)}+\frac{bc-b^2}{c^2+(k+2)(bc+b^2)}\leqslant 0$$

这归结为明显的不等式

$$(b-c)^2(b^2+bc+c^2)\geqslant 0$$

这个等号适用于等边三角形,也适用于 $\dfrac{a}{2}=b=c$(或任意循环排列)的退化三角形.

问题 1.183 如果 a,b,c 分别是三角形的边. 如果 $k>-2$,那么

$$\sum \frac{2a^2+(4k+9)bc}{b^2+kbc+c^2}\leqslant \frac{3(4k+11)}{k+2}$$

(Vasile Cîrtoaje,2009)

证明 采用最高系数对消法. 记

$$p=a+b+c,q=ab+bc+ca$$

将不等式写成 $f_6(a,b,c)\geqslant 0$,其中

$$f_6(a,b,c)=3(4k+11)\prod(b^2+kbc+c^2)-$$

$$(k+2)\sum[2a^2+(4k+9)bc](c^2+kca+a^2)(a^2+kab+b^2)$$

由于

$$f_6(a,b,c)$$

$$=3(4k+11)\prod(-a^2+kbc+p^2-2q)-$$

$$(k+2)\sum[2a^2+(4k+9)bc](p^2-2q-b^2+kca)(p^2-2q-c^2+kab)$$

于是 $f_6(a,b,c)$ 与 $f(a,b,c)$ 有相同的最高系数,其中

$$f(a,b,c)=3(4k+11)P_3(a,b,c)-(k+2)P_2(a,b,c)$$

其中

$$P_3(a,b,c)=\prod(kbc-a^2)$$

$$P_2(a,b,c)=\sum[2a^2+(4k+9)bc](kca-b^2)(kab-c^2)$$

根据第 1 卷问题 2.75 证明的备注 2,我们有

$$A=3(4k+11)P_3(1,1,1)-(k+2)P_2(1,1,1)$$

$$=3(4k+11)(k-1)^3-3(k+2)(4k+11)(k-1)^2$$

$$=-9(4k+11)(k-1)^2$$

$$\leqslant 0$$

考虑到第 1 卷问题 2.76(2),于是只需证明原始不等式当 $b=c=1(0\leqslant a\leqslant 2)$ 和 $a=b+c$ 时成立即可.

情形 1 $b=c=1,0\leqslant a\leqslant 2$,原始不等式变成

$$\frac{2a^2+4k+9}{k+2}+\frac{2(4k+9)a+4}{a^2+ka+1}\leqslant \frac{3(4k+11)}{k+2}$$

$$\frac{a^2-4k-12}{k+2}+\frac{(4k+9)a+2}{a^2+ka+1}\leqslant 0$$

$$(2-a)(a-1)^2 \geqslant 0$$

情形 2 $a = b + c$. 将不等式写成

$$\sum \left[\frac{2a^2 + (4k+9)bc}{b^2 + kbc + c^2} - 4 \right] \leqslant \frac{9}{k+2}$$

$$\sum \frac{2a^2 - 4b^2 - 4c^2 + 9bc}{b^2 + kbc + c^2} \leqslant \frac{9}{k+2}$$

$$\frac{13bc - 2b^2 - 2c^2}{b^2 + kbc + c^2} + \frac{bc - 2b^2 + c^2}{b^2 + (k+2)(bc+c^2)} + \frac{bc - 2c^2 + b^2}{c^2 + (k+2)(bc+b^2)} \leqslant \frac{9}{k+2}$$

因为

$$\frac{9}{k+2} - \frac{13bc - 2b^2 - 2c^2}{b^2 + kbc + c^2} = \frac{(2k+13)(b-c)^2}{(k+2)(b^2 + kbc + c^2)}$$

和

$$\frac{bc - 2b^2 + c^2}{b^2 + (k+2)(bc+c^2)} + \frac{bc - 2c^2 + b^2}{c^2 + (k+2)(bc+b^2)}$$
$$= \frac{(b-c)^2(b^2 + c^2 + 3bc) - 2(k+2)(b^2 - c^2)^2}{[b^2 + (k+2)(bc+c^2)][c^2 + (k+2)(bc+b^2)]}$$

我们仅需证明

$$\frac{2k+13}{(k+2)(b^2 + kbc + c^2)} + \frac{2(k+2)(b+c)^2 - (b^2 + c^2 + 3bc)}{[b^2 + (k+2)(bc+c^2)][c^2 + (k+2)(bc+b^2)]}$$
$$\geqslant 0$$

作代换 $x = \dfrac{b}{c} + \dfrac{c}{b}, x \geqslant 2$,这个不等式可写为

$$\frac{2k+13}{(x+k)(k+2)} + \frac{(2k+3)x + 4k+5}{(k+2)x^2 + (k+2)(k+3)x + 2k^2 + 6k + 5} \geqslant 0$$

等价于

$$4(k+2)(k+4)x^2 + 2(k+2)Bx + C \geqslant 0$$

其中

$$B = 2k^2 + 13k + 22, \quad C = 8k^3 + 51k^2 + 98k + 65$$

因为

$$B = 2(k+2)^2 + 5(k+2) + 4 > 0$$
$$C = 8(k+2)^3 + 2k^2 + (k+1)^2 > 0$$

因此结论成立. 等号适用于等边三角形,也适用于 $\dfrac{a}{2} = b = c$(或任何循环排列)的退化三角形.

问题 1.184 如果 $a \geqslant b \geqslant c \geqslant d$ 且满足 $abcd = 1$,那么

$$\frac{1}{1+a} + \frac{1}{1+b} + \frac{1}{1+c} \geqslant \frac{3}{1 + \sqrt[3]{abc}}$$

(Vasile Cîrtoaje,2008)

证明 我们可通过不等式相加得到期望不等式

$$\frac{1}{1+a}+\frac{1}{1+b}\geqslant\frac{2}{1+\sqrt{ab}}$$

$$\frac{2}{1+\sqrt{ab}}+\frac{1}{1+c}\geqslant\frac{3}{1+\sqrt[3]{abc}}$$

第一个不等式是成立的,因为

$$\frac{1}{1+a}+\frac{1}{1+b}-\frac{2}{1+\sqrt{ab}}=\left(\frac{1}{1+a}-\frac{1}{1+\sqrt{ab}}\right)+\left(\frac{1}{1+b}-\frac{1}{1+\sqrt{ab}}\right)$$

$$=\frac{(\sqrt{a}-\sqrt{b})^2(\sqrt{ab}-1)}{(1+a)(1+b)(1+\sqrt{ab})}$$

和

$$ab\geqslant\sqrt{abcd}=1$$

为了证明第二个不等式,我们记

$$x=\sqrt{ab},y=\sqrt[3]{abc},x\geqslant y\geqslant 1$$

由此得 $c=\dfrac{y^3}{x^2}$. 由 $abc^2\geqslant abcd=1$,我们得到 $abc\geqslant\sqrt{ab}$,也就是 $y^3\geqslant x$. 因为

$$\frac{1}{1+c}+\frac{2}{1+\sqrt{ab}}-\frac{3}{1+\sqrt[3]{abc}}=\frac{x^2}{x^2+y^3}+\frac{2}{1+x}-\frac{3}{1+y}$$

$$=\left(\frac{x^2}{x^2+y^3}-\frac{1}{1+y}\right)+2\left(\frac{1}{1+x}-\frac{1}{1+y}\right)$$

$$=\frac{(x-y)^2\left[(y-2)x+2y^2-y\right]}{(1+x)(1+y)(x^2+y^3)}$$

我们还需证明

$$(y-2)x+2y^2-y\geqslant 0$$

如果 $y\geqslant 2$,这显然是正确的,若 $1\leqslant y<2$,我们有

$$(y-2)x+2y^2-y\geqslant(y-2)y^3+2y^2-y=y(y-1)(y^2-y+1)\geqslant 0$$

等号适用于 $a=b=c$.

问题 1.185 设 a,b,c,d 是正实数且满足 $abcd=1$. 求证

$$\sum\frac{1}{1+ab+bc+ca}\leqslant 1$$

证明 由

$$\frac{1}{a}+\frac{1}{b}+\frac{1}{c}\geqslant\frac{1}{\sqrt{bc}}+\frac{1}{\sqrt{ca}}+\frac{1}{\sqrt{ab}}=\frac{\sqrt{a}+\sqrt{b}+\sqrt{c}}{\sqrt{abc}}$$

我们得到

$$bc+ac+ab\geqslant\sqrt{abc}(\sqrt{a}+\sqrt{b}+\sqrt{c})=\frac{\sqrt{a}+\sqrt{b}+\sqrt{c}}{\sqrt{d}},$$

因此

$$\sum \frac{1}{1+ab+bc+ca} \leqslant \sum \frac{\sqrt{d}}{\sqrt{a}+\sqrt{b}+\sqrt{c}+\sqrt{d}} = 1$$

于是得到所证的不等式. 当 $a=b=c=d=1$ 时, 等式成立.

问题 1.186 设 a,b,c,d 是正实数且满足 $abcd=1$. 求证

$$\frac{1}{(1+a)^2} + \frac{1}{(1+b)^2} + \frac{1}{(1+c)^2} + \frac{1}{(1+d)^2} \geqslant 1$$

(Vasile Cîrtoaje,1995)

证明 1 期望不等式可由下列不等式的和得到 (见问题 1.1)

$$\frac{1}{(1+a)^2} + \frac{1}{(1+b)^2} \geqslant \frac{1}{1+ab}$$

$$\frac{1}{(1+c)^2} + \frac{1}{(1+d)^2} \geqslant \frac{1}{1+cd} = \frac{ab}{1+ab}$$

当 $a=b=c=d=1$ 时, 等号成立.

证明 2 作代换

$$a = \frac{1}{x^4}, b = \frac{1}{y^4}, c = \frac{1}{z^4}, d = \frac{1}{t^4}$$

其中 x,y,z,t 为正实数且满足 $xyzt=1$. 不等式变为

$$\frac{x^6}{\left(x^3+\frac{1}{x}\right)^2} + \frac{y^6}{\left(y^3+\frac{1}{y}\right)^2} + \frac{z^6}{\left(z^3+\frac{1}{z}\right)^2} + \frac{t^6}{\left(t^3+\frac{1}{t}\right)^2} \geqslant 1$$

由柯西－施瓦兹不等式, 我们得到

$$\sum \frac{x^6}{\left(x^3+\frac{1}{x}\right)^2} \geqslant \frac{\left(\sum x^3\right)^2}{\sum \left(x^3+\frac{1}{x}\right)^2} = \frac{\left(\sum x^3\right)^2}{\sum x^6 + 2\sum x^2 + \sum x^2 y^2 z^2}$$

因此, 只需证明齐次不等式

$$2(x^3 y^3 + x^3 z^3 + x^3 t^3 + y^3 z^3 + y^3 t^3 + z^3 t^3) \geqslant 2xyzt \sum x^2 + \sum x^2 y^2 z^2$$

可由下列两式和得到

$$4(x^3 y^3 + x^3 z^3 + x^3 t^3 + y^3 z^3 + y^3 t^3 + z^3 t^3) \geqslant 6xyzt \sum x^2$$

和

$$2(x^3 y^3 + x^3 z^3 + x^3 t^3 + y^3 z^3 + y^3 t^3 + z^3 t^3) \geqslant 3\sum x^2 y^2 z^2$$

将这些不等式依次写成

$$\sum x^3 (y^3 + z^3 + t^3 - 3yzt) \geqslant 0$$

和

$$\sum (x^3 y^3 + y^3 z^3 + z^3 t^3 - 3x^2 y^2 z^2) \geqslant 0$$

根据 AM — GM 不等式, 我们有

$$y^3 + z^3 + t^3 \geqslant 3yzt, x^3 y^3 + y^3 z^3 + z^3 t^3 \geqslant 3x^2 y^2 z^2$$

因此结论成立.

证明 3 应用代换

$$a = \frac{yz}{x^2}, b = \frac{zt}{y^2}, c = \frac{tx}{z^2}, d = \frac{xy}{t^2}$$

其中 x, y, z, t 为正实数. 不等式变为

$$\frac{x^4}{(x^2 + yz)^2} + \frac{y^4}{(y^2 + zt)^2} + \frac{z^4}{(z^2 + tx)^2} + \frac{t^4}{(t^2 + xy)^2} \geqslant 1$$

我们两次利用柯西 — 施瓦兹不等式归纳为

$$\frac{x^4}{(x^2 + yz)^2} + \frac{z^4}{(z^2 + tx)^2} \geqslant \frac{x^4}{(x^2 + y^2)(x^2 + z^2)} + \frac{z^4}{(z^2 + t^2)(z^2 + x^2)}$$

$$= \frac{1}{x^2 + z^2}\left(\frac{x^4}{x^2 + y^2} + \frac{z^4}{z^2 + t^2}\right)$$

$$\geqslant \frac{x^2 + z^2}{x^2 + y^2 + z^2 + t^2}$$

因此

$$\frac{x^4}{(x^2 + yz)^2} + \frac{z^4}{(z^2 + tx)^2} \geqslant \frac{x^2 + z^2}{x^2 + y^2 + z^2 + t^2}$$

把这个加到类似的不等式中

$$\frac{y^4}{(y^2 + zt)^2} + \frac{t^4}{(t^2 + xy)^2} \geqslant \frac{y^2 + t^2}{x^2 + y^2 + z^2 + t^2}$$

我们得到了所需的不等式.

证明 4 应用代换

$$a = \frac{x}{y}, b = \frac{y}{z}, c = \frac{z}{t}, d = \frac{t}{x}$$

其中 x, y, z, t 为正实数. 不等式可写为

$$\frac{y^2}{(x + y)^2} + \frac{z^2}{(y + z)^2} + \frac{t^2}{(z + t)^2} + \frac{x^2}{(t + x)^2} \geqslant 1$$

通过柯西 — 施瓦兹不等式和 AM — GM 不等式, 我们得到

$$\sum \frac{y^2}{(x + y)^2} \geqslant \frac{\left[\sum y(y + z)\right]^2}{\sum (x + y)^2 (y + z)^2}$$

$$= \frac{\left[(x + y)^2 + (z + t)^2 + (y + z)^2 + (t + x)^2\right]^2}{4\left[(x + y)^2 + (z + t)^2\right]\left[(y + z)^2 + (t + x)^2\right]}$$

$$\geqslant 1$$

备注 以下的推广是正确的 (Vasile Cîrtoaje, 2005):

设 $a_1, a_2, \cdots, a_n$ 是正实数且满足 $a_1 a_2 \cdots a_n = 1$. 如果 $k \geqslant \sqrt{n} - 1$, 那么

$$\frac{1}{(1+ka_1)^2}+\frac{1}{(1+ka_2)^2}+\cdots \frac{1}{(1+ka_n)^2}\geqslant \frac{n}{(1+k)^2}$$

问题 1.187　设 $a,b,c,d\neq \dfrac{1}{3}$ 是正实数且满足 $abcd=1$. 求证

$$\frac{1}{(3a-1)^2}+\frac{1}{(3b-1)^2}+\frac{1}{(3c-1)^2}+\frac{1}{(3d-1)^2}\geqslant 1$$

(Vasile Cîrtoaje,2006)

证明 1　我们只需证

$$\frac{1}{(3a-1)^2}\geqslant \frac{a^{-3}}{a^{-3}+b^{-3}+c^{-3}+d^{-3}}$$

等价于

$$6a^{-2}+b^{-3}+c^{-3}+d^{-3}\geqslant 9a^{-1}$$

从 AM-GM 不等式可以得出

$$6a^{-2}+b^{-3}+c^{-3}+d^{-3}\geqslant 9\sqrt[9]{(a^{-2})^6 b^{-3}c^{-3}d^{-3}}=9a^{-1}$$

当 $a=b=c=d=1$ 时等号成立.

证明 2　设 $a\leqslant b\leqslant c\leqslant d$, 如果 $a<\dfrac{2}{3}$, 那么

$$\frac{1}{(3a-1)^2}\geqslant 1$$

期望不等式显然是正确的. 否则, 如果 $\dfrac{2}{3}<a\leqslant b\leqslant c\leqslant d$, 我们有

$$4a^3-(3a-1)^2=(a-1)^2(4a-1)\geqslant 0$$

因此, 利用这一结果和 AM-GM 不等式, 我们得到

$$\sum \frac{1}{(3a-1)^2}\geqslant \frac{1}{4}\sum \frac{1}{a^3}\geqslant \sqrt[4]{\frac{1}{(abcd)^3}}=1$$

证明 3　我们有

$$\frac{1}{(3a-1)^2}-\frac{1}{(a^3+1)^2}=\frac{a(a-1)^2(a+2)(a^2+3)}{(3a-1)^2(a^3+1)^2}\geqslant 0$$

因此

$$\sum \frac{1}{(3a-1)^2}\geqslant \sum \frac{1}{(a^3+1)^2}$$

于是只需证

$$\sum \frac{1}{(a^3+1)^2}\geqslant 1$$

这个不等式是问题 1.186 中不等式的直接结果.

问题 1.188　设 a,b,c,d 是正实数且满足 $abcd=1$. 求证

$$\frac{1}{1+a+a^2+a^3}+\frac{1}{1+b+b^2+b^3}+\frac{1}{1+c+c^2+c^3}+\frac{1}{1+d+d^2+d^3}\geqslant 1$$

(Vasile Cîrtoaje,1999)

证明 1 我们通过对不等式求和得到期望不等式

$$\frac{1}{1+a+a^2+a^3}+\frac{1}{1+b+b^2+b^3}\geqslant\frac{1}{1+(ab)^{\frac{3}{2}}}$$

$$\frac{1}{1+c+c^2+c^3}+\frac{1}{1+d+d^2+d^3}\geqslant\frac{1}{1+(cd)^{\frac{3}{2}}}$$

因此,只要证明这一点就足够了

$$\frac{1}{1+x^2+x^4+x^6}+\frac{1}{1+y^2+y^4+y^6}\geqslant\frac{1}{1+x^3y^3}$$

其中 x,y 是正实数.设 $p=xy,s=x^2+xy+y^2$,这个不等式变成

$p^3(x^6+y^6)+p^2(p-1)(x^4+y^4)-p^2(p^2-p+1)(x^2+y^2)-$
$p^6-p^4+2p^3-p^2+1\geqslant 0$
$p^3(x^3-y^3)^2+p^2(p-1)(x^2-y^2)^2-$
$p^2(p^2-p+1)(x-y)^2+p^6-p^4-p^2+1\geqslant 0$
$p^3s^2(x-y)^2+p^2(p-1)(s+p)^2(x-y)^2-$
$p^2(p^2-p+1)(x-y)^2+p^6-p^4-p^2+1\geqslant 0$
$p^2(s+1)(ps-1)(x-y)^2+(p^2-1)(p^4-1)\geqslant 0$

如果 $ps-1\geqslant 0$,那么这个不等式显然是成立的.进一步考虑 $ps<1$.从 $ps<1$

和 $s\geqslant 3p$,我们得到 $p^2<\dfrac{1}{3}$,把需要证明的不等式写成如下形式

$$p^2(s+1)(1-ps)(x-y)^2\leqslant(1-p^2)(1-p^4)$$

因为

$$p(x-y)^2=p(s-3p)<1-3p^2<1-p^2$$

于是只需证

$$p(s+1)(1-ps)\leqslant 1-p^4$$

事实上

$$4p(s+1)(1-ps)\leqslant[p(s+1)+(1-ps)]^2$$
$$=(1+p)^2<2(1+p^2)<4(1-p^4)$$

当 $a=b=c=d=1$ 时等号成立.

证明 2 不妨设 $a\geqslant b\geqslant c\geqslant d$,将不等式写为

$$\sum\frac{1}{(1+a)(1+a^2)}\geqslant 1$$

因为

$$\frac{1}{1+a}\leqslant\frac{1}{1+b}\leqslant\frac{1}{1+c},\frac{1}{1+a^2}\leqslant\frac{1}{1+b^2}\leqslant\frac{1}{1+c^2}$$

根据切比雪夫不等式,只需证明

$$\frac{1}{3}\left(\frac{1}{1+a}+\frac{1}{1+b}+\frac{1}{1+c}\right)\left(\frac{1}{1+a^2}+\frac{1}{1+b^2}+\frac{1}{1+c^2}\right)+\frac{1}{(1+d)(1+d^2)}\geqslant 1$$

另一方面,根据问题 1.184,我们有

$$\frac{1}{1+a}+\frac{1}{1+b}+\frac{1}{1+c}\geqslant\frac{3}{1+\sqrt[3]{abc}}=\frac{3\sqrt[3]{d}}{1+\sqrt[3]{d}}$$

$$\frac{1}{1+a^2}+\frac{1}{1+b^2}+\frac{1}{1+c^2}\geqslant\frac{3}{1+\sqrt[3]{(abc)^2}}=\frac{3\sqrt[3]{d^2}}{1+\sqrt[3]{d^2}}$$

因此,只需证

$$\frac{3d}{\left(1+\sqrt[3]{d}\right)\left(1+\sqrt[3]{d^2}\right)}+\frac{1}{(1+d)(1+d^2)}\geqslant 1$$

指定 $x=\sqrt[3]{d}$,这个不等式变成

$$\frac{3x^3}{(1+x)(1+x^2)}+\frac{1}{(1+x^3)(1+x^6)}\geqslant 1$$

$$3x^3(1-x+x^2)(1-x^2+x^4)+1\geqslant(1+x^3)(1+x^6)$$

$$x^3(2-3x+2x^3-3x^5+2x^6)\geqslant 0$$

$$x^3(1-x)^2(2+x+x^3+2x^4)\geqslant 0$$

备注　下列一般结论成立(Vasile Cîrtoaje,2004):

设 $a_1,a_2,\cdots,a_n$ 是正实数且满足 $a_1a_2\cdots a_n=1$. 如果 $k\geqslant\sqrt{n}-1$,那么

$$\sum_{i=1}^{n}\frac{1}{1+a_i+a_i^2+\cdots+a_i^{n-1}}\geqslant 1$$

问题 1.189　设 a,b,c,d 是正实数且满足 $abcd=1$. 求证

$$\frac{1}{1+a+2a^2}+\frac{1}{1+b+2b^2}+\frac{1}{1+c+2c^2}+\frac{1}{1+d+2d^2}\geqslant 1$$

(Vasile Cîrtoaje,2006)

证明　我们将证明

$$\frac{1}{1+a+2a^2}\geqslant\frac{1}{1+a^k+a^{2k}+a^{3k}}$$

其中 $k=\dfrac{5}{6}$,那么,只需证明

$$\sum\frac{1}{1+a^k+a^{2k}+a^{3k}}\geqslant 1$$

这与问题 1.188 中的不等式是一致的. 设 $a=x^6,x>0$,欲证的不等式可以写成

$$\frac{1}{1+x^6+2x^{12}}\geqslant\frac{1}{1+x^5+x^{10}+x^{15}}$$

这等价于

$$x^{10} + x^5 + 1 \geqslant 2x^7 + x$$

我们可以通过对 AM $-$ GM 不等式求和来证明它

$$x^5 + 4 \geqslant 5x$$

$$5x^{10} + 4x^5 + 1 \geqslant 10x^7$$

这就完成了证明. 当 $a = b = c = d = 1$ 时,等式成立

备注 问题 1.186,问题 1.188 和问题 1.189 中的不等式是下列更普遍的不等式的特殊情况(Vasile Cîrtoaje,2009):

设 $a_1, a_2, \cdots, a_n (n \geqslant 4)$ 正实数且满足 $a_1 a_2 \cdots a_n = 1$. 如果 p, q, r 是非负实数且满足 $p + q + r = n - 1$,那么

$$\sum_{i=1}^{n} \frac{1}{1 + pa_i + qa_i^2 + ra_i^3} \geqslant 1$$

问题 1.190 设 a, b, c, d 是正实数且满足 $abcd = 1$. 求证

$$\frac{1}{a} + \frac{1}{b} + \frac{1}{c} + \frac{1}{d} + \frac{9}{a + b + c + d} \geqslant \frac{25}{4}$$

证明(Vo Quoc Ba Can) 分别用 a^4, b^4, c^4, d^4 代替 a, b, c, d,不等式变成

$$\frac{1}{a^4} + \frac{1}{b^4} + \frac{1}{c^4} + \frac{1}{d^4} + \frac{9}{a^4 + b^4 + c^4 + d^4} \geqslant \frac{25}{4abcd}$$

$$\frac{1}{a^4} + \frac{1}{b^4} + \frac{1}{c^4} + \frac{1}{d^4} - \frac{4}{abcd} \geqslant \frac{9}{4abcd} - \frac{9}{a^4 + b^4 + c^4 + d^4}$$

$$\frac{1}{a^4} + \frac{1}{b^4} + \frac{1}{c^4} + \frac{1}{d^4} - \frac{4}{abcd} \geqslant \frac{9(a^4 + b^4 + c^4 + d^4 - 4abcd)}{4abcd(a^4 + b^4 + c^4 + d^4)}$$

应用恒等式

$$a^4 + b^4 + c^4 + d^4 - 4abcd = (a^2 - b^2)^2 + (c^2 - d^2)^2 + 2(ab - cd)^2$$

$$\frac{1}{a^4} + \frac{1}{b^4} + \frac{1}{c^4} + \frac{1}{d^4} - \frac{4}{abcd} = \frac{(a^2 - b^2)^2}{a^4 b^4} + \frac{(c^2 - d^2)^2}{c^4 d^4} + \frac{2(ab - cd)^2}{a^2 b^2 c^2 d^2}$$

待证不等式可写为

$$\frac{(a^2 - b^2)^2}{a^4 b^4} + \frac{(c^2 - d^2)^2}{c^4 d^4} + \frac{2(ab - cd)^2}{a^2 b^2 c^2 d^2}$$

$$\geqslant \frac{9 [(a^2 - b^2)^2 + (c^2 - d^2)^2 + 2(ab - cd)^2]}{4abcd(a^4 + b^4 + c^4 + d^4)}$$

$$(a^2 - b^2)^2 \left[\frac{4cd(a^4 + b^4 + c^4 + d^4)}{a^3 b^3} - 9 \right] +$$

$$(c^2 - d^2)^2 \left[\frac{4ab(a^4 + b^4 + c^4 + d^4)}{c^3 d^3} - 9 \right] +$$

$$2(ab - cd)^2 \left[\frac{4(a^4 + b^4 + c^4 + d^4)}{abcd} - 9 \right]$$

$$\geqslant 0$$

根据 AM $-$ GM 不等式,我们有

$$a^4 + b^4 + c^4 + d^4 \geqslant 4abcd$$

因此,只需证

$$(a^2 - b^2)^2 \left[\frac{4cd(a^4 + b^4 + c^4 + d^4)}{a^3 b^3} - 9 \right] +$$

$$(c^2 - d^2)^2 \left[\frac{4ab(a^4 + b^4 + c^4 + d^4)}{c^3 d^3} - 9 \right] \geqslant 0$$

不失一般性,假设 $a \geqslant c \geqslant d \geqslant b$,因为

$$(a^2 - b^2)^2 \geqslant (c^2 - d^2)^2$$

和

$$\frac{4cd(a^4 + b^4 + c^4 + d^4)}{a^3 b^3} \geqslant \frac{4(a^4 + b^4 + c^4 + d^4)}{a^3 b} \geqslant \frac{4(a^4 + 3b^4)}{a^3 b} > 9$$

于是,只需证

$$\left[\frac{4cd(a^4 + b^4 + c^4 + d^4)}{a^3 b^3} - 9 \right] + \left[\frac{4ab(a^4 + b^4 + c^4 + d^4)}{c^3 d^3} - 9 \right] \geqslant 0$$

$$2(a^4 + b^4 + c^4 + d^4)\left(\frac{cd}{a^3 b^3} + \frac{ab}{c^3 d^3} \right) \geqslant 9$$

这等价于

$$2(a^4 + b^4 + c^4 + d^4)\left(\frac{cd}{a^3 b^3} + \frac{ab}{c^3 d^3} \right) \geqslant 9$$

事实上,根据 $\mathrm{AM - GM}$ 不等式

$$2(a^4 + b^4 + c^4 + d^4)\left(\frac{cd}{a^3 b^3} + \frac{ab}{c^3 d^3} \right) \geqslant 8abcd\left(\frac{2}{abcd} \right) = 16 > 9$$

当 $a = b = c = d = 1$ 时,等号成立.

问题 1.191 如果 a, b, c, d 是实数且满足 $a + b + c + d = 0$,那么

$$\frac{(a-1)^2}{3a^2 + 1} + \frac{(b-1)^2}{3b^2 + 1} + \frac{(c-1)^2}{3c^2 + 1} + \frac{(d-1)^2}{3d^2 + 1} \leqslant 4$$

证明 因为

$$4 - \frac{3(a-1)^2}{3a^2 + 1} = \frac{(3a+1)^2}{3a^2 + 1}$$

不等式变为

$$\sum \frac{(3a+1)^2}{3a^2 + 1} \geqslant 4$$

另一方面,因为

$$4a^2 = 3a^2 + (b+c+d)^2 \leqslant 3a^2 + 3(b^2 + c^2 + d^2) = 3(a^2 + b^2 + c^2 + d^2)$$

$$3a^2 + 1 \leqslant \frac{9(a^2 + b^2 + c^2 + d^2) + 4}{4} \leqslant \frac{9}{4}(a^2 + b^2 + c^2 + d^2) + 1$$

我们有

$$\sum \frac{(3a+1)^2}{3a^2+1} \geqslant \frac{4\sum (3a+1)^2}{9(a^2+b^2+c^2+d^2)+4} = 4$$

等号适用于 $a=b=c=d=0$，也适用于 $a=1$ 和 $b=c=d=-\frac{1}{3}$（或任意循环排列）.

备注 下面的一般结论也是正确的.

如果 $a_1, a_2, \cdots, a_n$ 是实数且满足 $a_1 + a_2 + \cdots + a_n = 0$，那么

$$\frac{(a_1-1)^2}{(n-1)a_1^2+1} + \frac{(a_2-1)^2}{(n-1)a_2^2+1} + \cdots + \frac{(a_n-1)^2}{(n-1)a_n^2+1} \leqslant n$$

等式适用于 $a_1 = a_2 = \cdots = a_n = 0$，也适用于 $a_1 = 1$ 和 $a_2 = \cdots = a_n = -\frac{1}{n-1}$（或其任意循环排列）.

问题 1.192 如果 $a,b,c,d \geqslant -5$ 且满足 $a+b+c+d=4$，那么

$$\frac{1-a}{(1+a)^2} + \frac{1-b}{(1+b)^2} + \frac{1-c}{(1+c)^2} + \frac{1-d}{(1+d)^2} \geqslant 0$$

证明 假设 $a \leqslant b \leqslant c \leqslant d$，我们首先将证明当 $x \in \mathbf{R} \backslash \{-1\}$ 时

$$\frac{1-x}{(1+x)^2} \geqslant -\frac{1}{8}$$

当 $x \in \left[-5, \frac{1}{3}\right) \backslash \{-1\}$ 时

$$\frac{1-x}{(1+x)^2} \geqslant \frac{3}{8}$$

事实上,我们有

$$\frac{1-x}{(1+x)^2} + \frac{1}{8} = \frac{(x-3)^2}{8(x+1)^2} \geqslant 0$$

和

$$\frac{1-x}{(1+x)^2} - \frac{3}{8} = \frac{(5+x)(1-3x)}{8(1+x)^2} \geqslant 0$$

因此,如果 $a \leqslant \frac{1}{3}$,那么

$$\frac{1-a}{(1+a)^2} + \frac{1-b}{(1+b)^2} + \frac{1-c}{(1+c)^2} + \frac{1-d}{(1+d)^2} \geqslant \frac{3}{8} - \frac{1}{8} - \frac{1}{8} - \frac{1}{8} = 0$$

假设 $\frac{1}{3} \leqslant a \leqslant b \leqslant c \leqslant d$,因为

$$1-a \geqslant 1-b \geqslant 1-c \geqslant 1-d$$

和

$$\frac{1}{(1+a)^2} \geqslant \frac{1}{(1+b)^2} \geqslant \frac{1}{(1+c)^2} \geqslant \frac{1}{(1+d)^2}$$

根据切比雪夫不等式,我们有

$$\frac{1-a}{(1+a)^2}+\frac{1-b}{(1+b)^2}+\frac{1-c}{(1+c)^2}+\frac{1-d}{(1+d)^2}$$

$$\geqslant \frac{1}{4}\left[\sum(1-a)\right]\left[\sum\frac{1}{(1+a)^2}\right]=0$$

等号适用于 $a=b=c=d=1$,也适用于 $a=-5$ 和 $b=c=d=3$(或任意循环排列).

问题 1.193 如果 $a_1,a_2,\cdots,a_n$ 是正实数且满足 $a_1+a_2+\cdots+a_n=n$,那么

$$\sum\frac{1}{(n+1)a_1^2+a_2^2+\cdots+a_n^2}\leqslant\frac{1}{2}$$

(Vasile Cîrtoaje,2008)

证明 1 根据柯西－施瓦兹不等式,我们有

$$\sum\frac{n^2}{(n+1)a_1^2+a_2^2+\cdots+a_n^2}=\sum\frac{(a_1+a_2+\cdots+a_n)^2}{2a_1^2+(a_1^2+a_2^2)+\cdots+(a_1^2+a_n^2)}$$

$$\leqslant\sum\left(\frac{1}{2}+\frac{a_2^2}{a_1^2+a_2^2}+\cdots+\frac{a_n^2}{a_1^2+a_n^2}\right)$$

$$=\frac{n}{2}+\frac{n(n-1)}{2}=\frac{n^2}{2}$$

由此得出结论. 等式适用于 $a_1=a_2=\cdots=a_n=1$.

证明 2 将不等式写为

$$\sum\frac{a_1^2+a_2^2+\cdots+a_n^2}{(n+1)a_1^2+a_2^2+\cdots+a_n^2}\leqslant\frac{a_1^2+a_2^2+\cdots+a_n^2}{2}$$

因为

$$\frac{a_1^2+a_2^2+\cdots+a_n^2}{(n+1)a_1^2+a_2^2+\cdots+a_n^2}=1-\frac{na_1^2}{(n+1)a_1^2+a_2^2+\cdots+a_n^2}$$

于是只需证

$$\sum\frac{a_1^2}{(n+1)a_1^2+a_2^2+\cdots+a_n^2}+\frac{a_1^2+a_2^2+\cdots+a_n^2}{2n}\geqslant1$$

根据柯西－施瓦兹不等式,我们有

$$\sum\frac{a_1^2}{(n+1)a_1^2+a_2^2+\cdots+a_n^2}\geqslant\frac{(a_1+a_2+\cdots+a_n)^2}{\sum\left[(n+1)a_1^2+a_2^2+\cdots+a_n^2\right]}$$

$$=\frac{n}{2(a_1^2+a_2^2+\cdots+a_n^2)}$$

从而,只需证

$$\frac{n}{a_1^2+a_2^2+\cdots+a_n^2}+\frac{a_1^2+a_2^2+\cdots+a_n^2}{n}\geqslant2$$

这可由 AM − GM 的不等式直接导出.

问题 1.194 如果 $a_1, a_2, \cdots, a_n$ 是正实数且满足 $a_1 + a_2 + \cdots + a_n = 0$,那么

$$\frac{(a_1+1)^2}{a_1^2+n-1} + \frac{(a_2+1)^2}{a_2^2+n-1} + \cdots + \frac{(a_n+1)^2}{a_n^2+n-1} \geqslant \frac{n}{n-1}$$

(Vasile Cîrtoaje,2010)

证明 不失一般性,假设 $a_n^2 = \max\{a_1^2, a_2^2, \cdots, a_n^2\}$,因为

$$\frac{(a_n+1)^2}{a_n^2+n-1} = \frac{n}{n-1} - \frac{(n-1-a_n)^2}{(n-1)(a_n^2+n-1)}$$

我们将不等式写为

$$\sum_{i=1}^{n-1} \frac{(a_i+1)^2}{a_i^2+n-1} \geqslant \frac{(n-1-a_n)^2}{(n-1)(a_n^2+n-1)}$$

由柯西 − 施瓦兹不等式,我们有

$$\sum_{i=1}^{n-1} \frac{(a_i+1)^2}{a_i^2+n-1} \geqslant \frac{(n-1-a_n)^2}{\sum_{i=1}^{n-1} a_i^2 + (n-1)^2}$$

$$\sum_{i=1}^{n-1} a_i^2 + (n-1)^2 \leqslant (n-1)(a_n^2+n-1)$$

这显然是真的. 证明已经完成. 等号适用于 $-\dfrac{a_1}{n-1} = a_2 = \cdots = a_n$(或其任意循环排列).

问题 1.195 如果 $a_1, a_2, \cdots, a_n$ 是正实数且满足 $a_1 a_2 \cdots a_n = 1$,求证:

(1) $\dfrac{1}{1+(n-1)a_1} + \dfrac{1}{1+(n-1)a_2} + \cdots + \dfrac{1}{1+(n-1)a_n} \geqslant 1$;

(2) $\dfrac{1}{a_1+n-1} + \dfrac{1}{a_2+n-1} + \cdots + \dfrac{1}{a_n+n-1} \leqslant 1$.

(Vasile Cîrtoaje,1991)

证明 **(1)方法1** 设 $k = \dfrac{n-1}{n}$. 对下列 $i = 1, 2, \cdots, n$ 的不等式求和,即可得到所需不等式

$$\frac{1}{1+(n-1)a_i} \geqslant \frac{a_i^{-k}}{a_1^{-k} + a_2^{-k} + \cdots + a_n^{-k}}$$

等价于

$$a_1^{-k} + \cdots + a_{i-1}^{-k} + a_{i+1}^{-k} + \cdots + a_n^{-k} \geqslant (n-1)a_i^{1-k}$$

这可从 AM − GM 不等式得出结论. 等号适用于 $a_1 = a_2 = \cdots = a_n = 1$.

方法2 应用代换,对于所有的 i,用 $\dfrac{1}{a_i}$ 代替 a_i,不等式变为

$$\frac{a_1}{a_1+n-1}+\frac{a_2}{a_2+n-1}+\cdots+\frac{a_n}{a_n+n-1}\geqslant 1$$

其中 $a_1,a_2,\cdots,a_n$ 是正实数且满足 $a_1a_2\cdots a_n=1$. 根据柯西－施瓦兹不等式,我们有

$$\sum\frac{a_i}{a_i+n-1}\geqslant\frac{\left(\sum\sqrt{a_1}\right)^2}{\sum(a_1+n-1)}$$

于是,只需证

$$\left(\sum\sqrt{a_1}\right)^2\geqslant\sum a_1+n(n-1)$$

化简得

$$\sum_{1\leqslant i<j\leqslant n}2\sqrt{a_ia_j}\geqslant n(n-1)$$

因为 $a_1a_2\cdots a_n=1$,这个不等式源于 AM－GM 不等式.

方法 3 利用反证法,假设

$$\frac{1}{1+(n-1)a_1}+\frac{1}{1+(n-1)a_2}+\cdots+\frac{1}{1+(n-1)a_n}<1$$

我们将证明 $a_1a_2\cdots a_n>1$ 这与假设条件 $a_1a_2\cdots a_n=1$ 矛盾.

设

$$x_i=\frac{1}{1+(n-1)a_i},0<x_i<1,i=1,2,\cdots,n$$

因为

$$a_i=\frac{1-x_i}{(n-1)x_i},i=1,2,\cdots,n$$

我们需要证明在条件 $x_1+x_2+\cdots+x_n<1$ 下,等式

$$(1-x_1)(1-x_2)\cdots(1-x_n)>(n-1)^nx_1x_2\cdots x_n$$

成立. 应用 AM－GM 不等式,我们有

$$1-x_i>\sum_{k\neq i}x_k\geqslant(n-1)\sqrt[n-1]{\prod_{k\neq i}x_k},i=1,2,\cdots,n$$

把这些不等式相乘即得所需结论.

(2) 这个不等式可由不等式(1)得到,即用 $\frac{1}{a_i}$ 代替 $a_i(i=1,2,\cdots,n)$,等式适用于 $a_1=a_2=\cdots=a_n=1$.

　　备注 问题 1.195 中的不等式是如下更一般结果的特例(Vasile Cîrtoaje, 2005)

　　设 $a_1,a_2,\cdots,a_n$ 是正实数且满足 $a_1a_2\cdots a_n=1$,如果

$$0<k\leqslant n-1 \text{ 和 } p\geqslant n^{\frac{1}{k}}-1$$

那么

$$\frac{1}{(1+pa_1)^k}+\frac{1}{(1+pa_2)^k}+\cdots+\frac{1}{(1+pa_n)^k}\geqslant\frac{n}{(1+p)^k}$$

设 $a_1,a_2,\cdots,a_n$ 是正实数且满足 $a_1a_2\cdots a_n=1$,如果

$$k\geqslant\frac{1}{n-1},0<p\leqslant\left(\frac{n}{n-1}\right)^{\frac{1}{k}}-1$$

那么

$$\frac{1}{(1+pa_1)^k}+\frac{1}{(1+pa_2)^k}+\cdots+\frac{1}{(1+pa_n)^k}\leqslant\frac{n}{(1+p)^k}$$

问题 1.196 如果 $a_1,a_2,\cdots,a_n$ 是正实数且满足 $a_1a_2\cdots a_n=1$.求证

$$\frac{1}{1-a_1+na_1^2}+\frac{1}{1-a_2+na_2^2}+\cdots+\frac{1}{1-a_n+na_n^2}\geqslant1$$

(Vasile Cîrtoaje,2009)

证明 首先将证明

$$\frac{1}{1-x+nx^2}\geqslant\frac{1}{1+(n-1)x^k}$$

其中 $x>0,k=2+\frac{1}{n-1}$,不等式可写为

$$(n-1)x^k+x\geqslant nx^2$$

应用 AM $-$ GM 不等式,我们可以得到这个不等式

$$(n-1)x^k+x\geqslant n\sqrt[n]{x^{(n-1)k}x}=nx^2$$

因此,只需证

$$\frac{1}{1+(n-1)a_1^k}+\frac{1}{1+(n-1)a_2^k}+\cdots+\frac{1}{1+(n-1)a_n^k}\geqslant1$$

与前面的问题 1.195 的不等式是一致的.等号适用于 $a_1=a_2=\cdots=a_n=1$.

备注 1 同理,我们可以证明如下更一般的表述.

设 $a_1,a_2,\cdots,a_n$ 是正实数且满足 $a_1a_2\cdots a_n=1$.如果 p 和 q 是实数且满足 $p+q=n-1$ 和 $n-1\leqslant q\leqslant(\sqrt{n}+1)^2$,那么

$$\frac{1}{1+pa_1+qa_1^2}+\frac{1}{1+pa_2+qa_2^2}+\cdots+\frac{1}{1+pa_n+qa_n^2}\geqslant1$$

备注 2 我们可将备注 1 推广如下(Vasile Cîrtoaje,2009)

设 $a_1,a_2,\cdots,a_n$ 是正实数且满足 $a_1a_2\cdots a_n=1$.如果 p 和 q 是实数且满足 $p+q=n-1$ 和 $0\leqslant q\leqslant(\sqrt{n}+1)^2$,那么

$$\frac{1}{1+pa_1+qa_1^2}+\frac{1}{1+pa_2+qa_2^2}+\cdots+\frac{1}{1+pa_n+qa_n^2}\geqslant1$$

问题 1.197 设 $a_1,a_2,\cdots,a_n$ 是正实数且满足

$$a_1,a_2,\cdots,a_n\geqslant\frac{k(n-k-1)}{kn-k-1},k>1$$

和
$$a_1 a_2 \cdots a_n = 1$$

求证
$$\frac{1}{a_1+k} + \frac{1}{a_2+k} + \cdots + \frac{1}{a_n+k} \leqslant \frac{n}{1+k}$$

(Vasile Cîrtoaje,2005)

证明　我们使用数学归纳法.设

$$E_n(a_1,a_2,\cdots,a_n) = \frac{1}{a_1+k} + \frac{1}{a_2+k} + \cdots + \frac{1}{a_n+k} - \frac{n}{1+k}$$

当 $n=2$ 时,我们有

$$E_2(a_1,a_2) = \frac{(1-k)\left(\sqrt{a_1} - \sqrt{a_2}\right)^2}{(1+k)(a_1+k)(a_2+k)} \leqslant 0$$

假设不等式对 $n-1(n \geqslant 3)$ 个数为真,我们将证明 $E_n(a_1,a_2,\cdots,a_n) \geqslant 0$,对于 $a_1 a_2 \cdots a_n = 1$,和 $a_1,a_2,\cdots,a_n \geqslant p_n$,其中

$$p_n = \frac{k(n-k-1)}{kn-k-1}$$

由于对称性,我们可以假设 $a_1 \geqslant 1, a_2 \leqslant 1$,分两种情况讨论.

情形 1　$a_1 a_2 < k^2$.因为 $a_1 a_2 \geqslant a_2$ 和 $p_{n-1} < p_n$,由于 $a_1,a_2,\cdots,a_n \geqslant p_n$,这说明

$$a_1 a_2, a_3, \cdots, a_n > p_{n-1}$$

然后利用归纳假设,我们有 $E_{n-1}(a_1 a_2, a_2, \cdots, a_n) \leqslant 0$,于是只需证

$$E_n(a_1,a_2,\cdots,a_n) \leqslant E_{n-1}(a_1 a_2, a_2, \cdots, a_n)$$

这等价于

$$\frac{1}{a_1+k} + \frac{1}{a_2+k} - \frac{1}{a_1 a_2+k} - \frac{1}{1+k} \leqslant 0$$

这可以归结为明显的不等式

$$(a_1 - 1)(1 - a_2)(a_1 a_2 - k^2) \leqslant 0$$

情形 2　$a_1 a_2 \geqslant k^2$.因为

$$\frac{1}{a_1+k} + \frac{1}{a_2+k} = \frac{a_1+a_2+2k}{a_1 a_2+k(a_1+a_2)+k^2} \leqslant \frac{a_1+a_2+2k}{k^2+k(a_1+a_2)+k^2} = \frac{1}{k}$$

和

$$\frac{1}{a_3+k} + \cdots + \frac{1}{a_n+k} \leqslant \frac{n-2}{p_n+k} = \frac{kn-k-1}{k(k+1)}$$

我们有

$$E_n(a_1,a_2,\cdots,a_n) \leqslant \frac{1}{k} + \frac{kn-k-1}{k(k+1)} - \frac{n}{1+k} = 0$$

这样,证明就完成了.等号适用于 $a_1 = a_2 = \cdots = a_n = 1$.

备注 对于 $k=n-1$,我们得到问题 1.195 的不等式.

问题 1.198 如果 $a_1,a_2,\cdots,a_n \geqslant 0$,那么

$$\frac{1}{1+na_1}+\frac{1}{1+na_2}+\cdots+\frac{1}{1+na_n} \geqslant \frac{n}{n+a_1a_2\cdots a_n}$$

(Vasile Cîrtoaje,2013)

证明 如果 $a_1,a_2,\cdots,a_n$ 中有一个为零,不等式显然成立,进一步考虑 a_1,$a_2,\cdots,a_n > 0$ 的情况,并设

$$r=\sqrt[n]{a_1a_2\cdots a_n}$$

根据柯西 — 施瓦兹不等式,我们有

$$\sum \frac{1}{1+na_1} \geqslant \frac{\left(\sum \sqrt{a_2a_3\cdots a_n}\right)^2}{\sum (1+na_1)a_2a_3\cdots a_n}=\frac{\left(\sum \sqrt{a_2a_3\cdots a_n}\right)^2}{\sum a_2a_3\cdots a_n+n^2r^n}$$

因此,只需证

$$(n+r^n)\left(\sum \sqrt{a_2a_3\cdots a_n}\right)^2 \geqslant n\sum a_2a_3\cdots a_n+n^3r^2$$

根据 AM — GM 不等式,我们有

$$\left(\sum \sqrt{a_2a_3\cdots a_n}\right)^2 \geqslant \sum a_2a_3\cdots a_n+n(n-1)r^{n-1}$$

因此,只需证

$$(n+r^n)\left[\sum a_2a_3\cdots a_n+n(n-1)r^{n-1}\right] \geqslant n\sum a_2a_3\cdots a_n+n^3r^n$$

这等价于

$$r^n\sum a_2\cdots a_n+n(n-1)r^{2n-1}+n^2(n-1)r^{n-1} \geqslant n^3r^n$$

再次由 AM — GM 不等式

$$\sum a_2a_3\cdots a_n \geqslant nr^{n-1}$$

于是只需证

$$nr^{2n-1}+n(n-1)r^{2n-1}+n^2(n-1)r^{n-1} \geqslant n^3r^n$$

化简得

$$n^2r^{n-1}(r^n-nr+n-1) \geqslant 0$$

事实上,由 AM — GM 不等式,我们得到

$$r^n+n-1=r^n+1+1+\cdots+1-nr \geqslant n\sqrt[n]{r^n \cdot 1 \cdot 1\cdots 1}=nr$$

等号适用于 $a_1=a_2=\cdots=a_n=1$.

225

对称无理不等式

2.1 应 用

2.1 如果 a,b,c 是实数,那么

$$\sum \sqrt{a^2-ab+b^2} \leqslant \sqrt{6(a^2+b^2+c^2)-3(ab+bc+ca)}$$

2.2 如果 a,b,c 是正实数,那么

$$a\sqrt{b+c}+b\sqrt{c+a}+c\sqrt{a+b} \geqslant \frac{2bc}{\sqrt{b+c}}+\frac{2ca}{\sqrt{c+a}}+\frac{2ab}{\sqrt{a+b}}$$

2.3 如果 a,b,c 是非负实数,那么

$$\sqrt{a^2-ab+b^2}+\sqrt{b^2-bc+c^2}+\sqrt{c^2-ca+a^2}$$

$$\leqslant 3\sqrt{\frac{a^2+b^2+c^2}{2}}$$

2.4 如果 a,b,c 是非负实数,那么

$$\sqrt{a^2+b^2-\frac{2}{3}ab}+\sqrt{b^2+c^2-\frac{2}{3}bc}+\sqrt{c^2+a^2-\frac{2}{3}ca}$$

$$\geqslant 2\sqrt{a^2+b^2+c^2}$$

2.5 如果 a,b,c 是非负实数,那么

$$\sum \sqrt{a^2+ab+b^2} \geqslant \sqrt{4(a^2+b^2+c^2)+5(ab+bc+ca)}$$

2.6 如果 a,b,c 是正实数,那么

$$\sum \sqrt{a^2+ab+b^2} \leqslant \sqrt{5(a^2+b^2+c^2)+4(ab+bc+ca)}$$

2.7　如果 a,b,c 是非负实数，那么

$$\sum \sqrt{a^2 + ab + b^2} \leqslant 2\sqrt{a^2 + b^2 + c^2} + \sqrt{ab + bc + ca}$$

2.8　如果 a,b,c 是非负实数，那么

$$\sqrt{a^2 + 2bc} + \sqrt{b^2 + 2ca} + \sqrt{c^2 + 2ab} \leqslant \sqrt{a^2 + b^2 + c^2} + 2\sqrt{ab + bc + ca}$$

2.9　如果 a,b,c 是非负实数，那么

$$\frac{1}{\sqrt{a^2 + 2bc}} + \frac{1}{\sqrt{b^2 + 2ca}} + \frac{1}{\sqrt{c^2 + 2ab}} \geqslant \frac{1}{\sqrt{a^2 + b^2 + c^2}} + \frac{2}{\sqrt{ab + bc + ca}}$$

2.10　如果 a,b,c 是正实数，那么

$$\sqrt{2a^2 + bc} + \sqrt{2b^2 + ca} + \sqrt{2c^2 + ab} \leqslant 2\sqrt{a^2 + b^2 + c^2} + \sqrt{ab + bc + ca}$$

2.11　如果 a,b,c 是非负实数且满足 $a + b + c = 3$. 如果 $k = \sqrt{3} - 1$，那么

$$\sum \sqrt{a(a + kb)(a + kc)} \leqslant 3\sqrt{3}$$

2.12　如果 a,b,c 是非负实数且满足 $a + b + c = 3$，那么

$$\sum \sqrt{a(2a + b)(2a + c)} \geqslant 9$$

2.13 如果 a,b,c 是非负实数且满足 $a + b + c = 3$. 求证

$$\sqrt{b^2 + c^2 + a(b + c)} + \sqrt{c^2 + a^2 + b(c + a)} + \sqrt{a^2 + b^2 + c(a + b)} \geqslant 6$$

2.14　如果 a,b,c 是非负实数且满足 $a + b + c = 3$. 求证：

(1) $\sqrt{a(3a^2 + abc)} + \sqrt{b(3b^2 + abc)} + \sqrt{c(3c^2 + abc)} \geqslant 6$；

(2) $\sqrt{3a^2 + abc} + \sqrt{3b^2 + abc} + \sqrt{3c^2 + abc} \geqslant 3\sqrt{3 + abc}$.

2.15　设 a,b,c 是正实数且满足 $ab + bc + ca = 3$. 求证

$$a\sqrt{(a + 2b)(a + 2c)} + b\sqrt{(b + 2c)(b + 2a)} + c\sqrt{(c + 2a)(c + 2b)} \geqslant 9$$

2.16　设 a,b,c 是非负实数且满足 $a + b + c = 1$. 求证

$$\sqrt{a + (b - c)^2} + \sqrt{b + (c - a)^2} + \sqrt{c + (a - b)^2} \geqslant \sqrt{3}$$

2.17　设 a,b,c 是非负实数，不存在两个同时为零. 求证

$$\sqrt{\frac{a(b + c)}{a^2 + bc}} + \sqrt{\frac{b(c + a)}{b^2 + ca}} + \sqrt{\frac{c(a + b)}{c^2 + ab}} \geqslant 2$$

2.18　设 a,b,c 是正实数且满足 $abc = 1$. 求证

$$\frac{1}{\sqrt[3]{a^2 + 25a + 1}} + \frac{1}{\sqrt[3]{b^2 + 25b + 1}} + \frac{1}{\sqrt[3]{c^2 + 25c + 1}} \geqslant 1$$

2.19　如果 a,b,c 是非负实数，那么

$$\sqrt{a^2 + bc} + \sqrt{b^2 + ca} + \sqrt{c^2 + ab} \leqslant \frac{3}{2}(a + b + c)$$

2.20　如果 a,b,c 是非负实数，那么

$$\sqrt{a^2 + 9bc} + \sqrt{b^2 + 9ca} + \sqrt{c^2 + 9ab} \geqslant 5\sqrt{ab + bc + ca}$$

2.21 如果 a,b,c 是非负实数,那么

$$\sum \sqrt{(a^2+4bc)(b^2+4ca)} \geqslant 5(ab+bc+ca)$$

2.22 如果 a,b,c 是非负实数,那么

$$\sum \sqrt{(a^2+9bc)(b^2+9ca)} \geqslant 7(ab+bc+ca)$$

2.23 如果 a,b,c 是非负实数,那么

$$\sum \sqrt{(a^2+b^2)(b^2+c^2)} \leqslant (a+b+c)^2$$

2.24 如果 a,b,c 是非负实数,那么

$$\sum \sqrt{(a^2+ab+b^2)(b^2+bc+c^2)} \geqslant (a+b+c)^2$$

2.25 如果 a,b,c 是非负实数,那么

$$\sum \sqrt{(a^2+7ab+b^2)(b^2+7bc+c^2)} \geqslant 7(ab+bc+ca)$$

2.26 如果 a,b,c 是非负实数,那么

$$\sum \sqrt{\left(a^2+\frac{7}{9}ab+b^2\right)\left(b^2+\frac{7}{9}bc+c^2\right)} \leqslant \frac{13}{12}(a+b+c)^2$$

2.27 如果 a,b,c 是非负实数,那么

$$\sum \sqrt{\left(a^2+\frac{1}{3}ab+b^2\right)\left(b^2+\frac{1}{3}bc+c^2\right)} \leqslant \frac{61}{60}(a+b+c)^2$$

2.28 如果 a,b,c 是非负实数,那么

$$\frac{a}{\sqrt{4b^2+bc+4c^2}}+\frac{b}{\sqrt{4c^2+ca+4a^2}}+\frac{c}{\sqrt{4a^2+ab+4b^2}} \geqslant 1$$

2.29 如果 a,b,c 是非负实数,那么

$$\frac{a}{\sqrt{b^2+bc+c^2}}+\frac{b}{\sqrt{c^2+ca+a^2}}+\frac{c}{\sqrt{a^2+ab+b^2}} \geqslant \frac{a+b+c}{\sqrt{ab+bc+ca}}$$

2.30 如果 a,b,c 是非负实数,那么

$$\frac{a}{\sqrt{a^2+2bc}}+\frac{b}{\sqrt{b^2+2ca}}+\frac{c}{\sqrt{c^2+2ab}} \leqslant \frac{a+b+c}{\sqrt{ab+bc+ca}}$$

2.31 如果 a,b,c 是非负实数,那么

$$a^3+b^3+c^3+3abc \geqslant a^2\sqrt{a^2+3bc}+b^2\sqrt{b^2+3ca}+c^2\sqrt{c^2+3ab}$$

2.32 设 a,b,c 是非负实数,且不存在两个同时为零.求证

$$\frac{a}{\sqrt{4a^2+5bc}}+\frac{b}{\sqrt{4b^2+5ca}}+\frac{c}{\sqrt{4c^2+5ab}} \leqslant 1$$

2.33 设 a,b,c 是非负实数.求证

$$a\sqrt{4a^2+5bc}+b\sqrt{4b^2+5ca}+c\sqrt{4c^2+5ab} \geqslant (a+b+c)^2$$

2.34 设 a,b,c 是非负实数.求证

$$a\sqrt{a^2+3bc}+b\sqrt{b^2+3ca}+c\sqrt{c^2+3ab}\geqslant 2(ab+bc+ca)$$

2.35 如果 a,b,c 是非负实数.求证

$$a\sqrt{a^2+8bc}+b\sqrt{b^2+8ca}+c\sqrt{c^2+8ab}\leqslant (a+b+c)^2$$

2.36 设 a,b,c 是非负实数且不存在两个同时为零.求证

$$\frac{a^2+2bc}{\sqrt{b^2+bc+c^2}}+\frac{b^2+2ca}{\sqrt{c^2+ca+a^2}}+\frac{c^2+2ab}{\sqrt{a^2+ab+a^2}}\geqslant 3\sqrt{ab+bc+ca}$$

2.37 设 a,b,c 是非负实数且不存在两个同时为零.如果 $k\geqslant 1$,求证

$$\frac{a^{k+1}}{2a^2+bc}+\frac{b^{k+1}}{2b^2+ca}+\frac{c^{k+1}}{2c^2+ab}\leqslant \frac{a^k+b^k+c^k}{a+b+c}$$

2.38 如果 a,b,c 是正数且不存在两个同时为零,那么:

(1) $\dfrac{a^2-bc}{\sqrt{3a^2+2bc}}+\dfrac{b^2-ca}{\sqrt{3b^2+2ca}}+\dfrac{c^2-ab}{\sqrt{3c^2+2ab}}\geqslant 0$;

(2) $\dfrac{a^2-bc}{\sqrt{8a^2+(b+c)^2}}+\dfrac{b^2-ca}{\sqrt{8b^2+(c+a)^2}}+\dfrac{c^2-ab}{\sqrt{8c^2+(a+b)^2}}\geqslant 0$

2.39 设 a,b,c 是正数且不存在两个同时为零.如果 $0\leqslant k\leqslant 1+2\sqrt{2}$,那么

$$\frac{a^2-bc}{\sqrt{ka^2+b^2+c^2}}+\frac{b^2-ca}{\sqrt{a^2+kb^2+c^2}}+\frac{c^2-ab}{\sqrt{a^2+b^2+kc^2}}\geqslant 0$$

2.40 如果 a,b,c 是非负实数,那么

$$(a^2-bc)\sqrt{b+c}+(b^2-ca)\sqrt{c+a}+(c^2-ab)\sqrt{a+b}\geqslant 0$$

2.41 如果 a,b,c 是非负实数,那么

$$(a^2-bc)\sqrt{a^2+4bc}+(b^2-ca)\sqrt{b^2+4ca}+(c^2-ab)\sqrt{c^2+4ab}\geqslant 0$$

2.42 设 a,b,c 是非负实数且不存在两个同时为零,那么

$$\sqrt{\frac{a^3}{a^3+(b+c)^3}}+\sqrt{\frac{b^3}{b^3+(c+a)^3}}+\sqrt{\frac{c^3}{c^3+(a+b)^3}}\geqslant 1$$

2.43 如果 a,b,c 是正实数,那么

$$\sqrt{(a+b+c)\left(\frac{1}{a}+\frac{1}{b}+\frac{1}{c}\right)}\geqslant 1+\sqrt{1+\sqrt{(a^2+b^2+c^2)\left(\frac{1}{a^2}+\frac{1}{b^2}+\frac{1}{c^2}\right)}}$$

2.44 如果 a,b,c 是正实数,那么

$$5+\sqrt{2(a^2+b^2+c^2)\left(\frac{1}{a^2}+\frac{1}{b^2}+\frac{1}{c^2}\right)-2}\geqslant (a+b+c)\left(\frac{1}{a}+\frac{1}{b}+\frac{1}{c}\right)$$

2.45 如果 a,b,c 是实数,那么

$$2(1+abc)+\sqrt{2(1+a^2)(1+b^2)(1+c^2)}\geqslant (1+a)(1+b)(1+c)$$

2.46 设 a,b,c 是非负实数且不存在两个同时为零.求证

$$\sqrt{\frac{a^2+bc}{b^2+c^2}}+\sqrt{\frac{b^2+ca}{c^2+a^2}}+\sqrt{\frac{c^2+ab}{a^2+b^2}}\geqslant 2+\frac{1}{\sqrt{2}}$$

2.47　如果 a,b,c 是非负实数,那么

$$\sqrt{a(2a+b+c)}+\sqrt{b(2b+c+a)}+\sqrt{c(2c+a+b)} \geqslant \sqrt{12(ab+bc+ca)}$$

2.48　如果 a,b,c 是非负实数且满足 $a+b+c=3$. 求证

$$a\sqrt{(4a+5b)(4a+5c)}+b\sqrt{(4b+5c)(4c+5a)}+c\sqrt{(4c+5a)(4c+5b)} \geqslant 27$$

2.49　设 a,b,c 是非负实数且满足 $ab+bc+ca=3$. 求证

$$a\sqrt{(a+3b)(a+3c)}+b\sqrt{(b+3c)(b+3a)}+c\sqrt{(c+3a)(c+3b)} \geqslant 12$$

2.50　设 a,b,c 是非负实数且满足 $a^2+b^2+c^2=3$. 求证

$$\sqrt{2+7ab}+\sqrt{2+7bc}+\sqrt{2+7ca} \geqslant 3\sqrt{3(ab+bc+ca)}$$

2.51　设 a,b,c 是非负实数且满足 $ab+bc+ca=3$. 求证:

(1) $\sum \sqrt{a(b+c)(a^2+bc)} \geqslant 6$;

(2) $\sum a(b+c)\sqrt{a^2+2bc} \geqslant 6\sqrt{3}$;

(3) $\sum a(b+c)\sqrt{(a+2b)(a+2c)} \geqslant 18$

2.52　设 a,b,c 是非负实数且满足 $ab+bc+ca=3$. 求证

$$a\sqrt{bc+3}+b\sqrt{ca+3}+c\sqrt{ab+3} \geqslant 6$$

2.53　设 a,b,c 是非负实数且满足 $a+b+c=3$. 求证:

(1) $\sum (b+c)\sqrt{b^2+c^2+7bc} \geqslant 18$;

(2) $\sum (b+c)\sqrt{b^2+c^2+10bc} \leqslant 12\sqrt{3}$

2.54　设 a,b,c 是非负实数且满足 $a+b+c=2$. 求证

$$\sqrt{a+4bc}+\sqrt{b+4ca}+\sqrt{c+4ab} \geqslant 4\sqrt{ab+bc+ca}$$

2.55　设 a,b,c 是非负实数,那么

$$\sqrt{a^2+b^2+7ab}+\sqrt{b^2+c^2+7bc}+\sqrt{c^2+a^2+7ca} \geqslant 5\sqrt{ab+bc+ca}$$

2.56　设 a,b,c 是非负实数,那么

$$\sqrt{a^2+b^2+5ab}+\sqrt{b^2+c^2+5bc}+\sqrt{c^2+a^2+5ca} \geqslant \sqrt{21(ab+bc+ca)}$$

2.57　设 a,b,c 是非负实数且满足 $ab+bc+ca=3$. 求证

$$a\sqrt{a^2+5}+b\sqrt{b^2+5}+c\sqrt{c^2+5} \geqslant \sqrt{\frac{2}{3}}(a+b+c)^2$$

2.58　设 a,b,c 是非负实数且满足 $a^2+b^2+c^2=1$. 求证

$$a\sqrt{2+3bc}+b\sqrt{2+3ca}+c\sqrt{2+3ab} \geqslant (a+b+c)^2$$

2.59　设 a,b,c 是非负实数且满足 $a+b+c=3$. 求证:

(1) $a\sqrt{\dfrac{2a+bc}{3}}+b\sqrt{\dfrac{2b+ca}{3}}+c\sqrt{\dfrac{2c+ab}{3}} \geqslant 3$;

(2) $a\sqrt{\dfrac{a(1+b+c)}{3}}+b\sqrt{\dfrac{b(1+c+a)}{3}}+c\sqrt{\dfrac{c(1+a+b)}{3}} \geqslant 3$

2.60 设 a,b,c 是非负实数且满足 $a+b+c=3$. 求证

$$\sqrt{8(a^2+bc)+9}+\sqrt{8(b^2+ca)+9}+\sqrt{8(c^2+ab)+9}\geqslant 15$$

2.61 设 a,b,c 是非负实数且满足 $a+b+c=3$. 如果 $k\geqslant\dfrac{9}{8}$,那么

$$\sqrt{a^2+bc+k}+\sqrt{b^2+ca+k}+\sqrt{c^2+ab+k}\geqslant 3\sqrt{2+k}$$

2.62 如果 a,b,c 是非负实数且满足 $a+b+c=3$,那么

$$\sqrt{a^3+2bc}+\sqrt{b^3+2ca}+\sqrt{c^3+2ab}\geqslant 3\sqrt{3}$$

2.63 如果 a,b,c 是正实数,那么

$$\frac{\sqrt{a^2+bc}}{b+c}+\frac{\sqrt{b^2+ca}}{c+a}+\frac{\sqrt{c^2+ab}}{a+b}\geqslant\frac{3\sqrt{2}}{2}$$

2.64 如果 a,b,c 是非负实数,不存在两个同时为零,那么

$$\frac{\sqrt{bc+4a(b+c)}}{b+c}+\frac{\sqrt{ca+4b(c+a)}}{c+a}+\frac{\sqrt{ab+4c(a+b)}}{a+b}\geqslant\frac{9}{2}$$

2.65 如果 a,b,c 是非负实数,不存在两个同时为零,那么

$$\frac{a\sqrt{a^2+3bc}}{b+c}+\frac{b\sqrt{b^2+3ca}}{c+a}+\frac{c\sqrt{c^2+3ab}}{a+b}\geqslant a+b+c$$

2.66 如果 a,b,c 是非负实数,不存在两个同时为零,那么

$$\sqrt{\frac{2a(b+c)}{(2b+c)(b+2c)}}+\sqrt{\frac{2b(c+a)}{(2c+a)(c+2a)}}+\sqrt{\frac{2c(a+b)}{(2a+b)(a+2b)}}\geqslant 2$$

2.67 如果 a,b,c 是非负实数,不存在两个同时为零且满足 $ab+bc+ca=3$,那么

$$\sqrt{\frac{bc}{3a^2+6}}+\sqrt{\frac{ca}{3b^2+6}}+\sqrt{\frac{ab}{3c^2+6}}\leqslant 1\leqslant\sqrt{\frac{bc}{3+6a^2}}+\sqrt{\frac{ca}{3+6b^2}}+\sqrt{\frac{ab}{3+6c^2}}$$

2.68 如果 a,b,c 是非负实数且满足 $ab+bc+ca=3$. 如果 $k>1$,那么

$$a^k(b+c)+b^k(c+a)+c^k(a+b)\geqslant 6$$

2.69 如果 a,b,c 是非负实数且满足 $a+b+c=2$. 如果

$$2\leqslant k\leqslant 3$$

那么

$$a^k(b+c)+b^k(c+a)+c^k(a+b)\leqslant 2$$

2.70 如果 a,b,c 是非负实数且不存在两个同时为零. 如果 $m>n\geqslant 0$,那么

$$\frac{b^m+c^m}{b^n+c^n}(b+c-2a)+\frac{c^m+a^m}{c^n+a^n}(c+a-2b)+\frac{a^m+b^m}{a^n+b^n}(a+b-2c)\geqslant 0$$

2.71 设 a,b,c 是正实数且满足 $abc=1$. 求证

$$\sqrt{a^2-a+1}+\sqrt{b^2-b+1}+\sqrt{c^2-c+1}\geqslant a+b+c$$

2.72 设 a,b,c 是正实数且满足 $abc=1$. 求证

$$\sqrt{16a^2+9} + \sqrt{16b^2+9} + \sqrt{16c^2+9} \geqslant 4(a+b+c)+3$$

2.73 设 a,b,c 是正实数且满足 $abc=1$. 求证

$$\sqrt{25a^2+144} + \sqrt{25b^2+144} + \sqrt{25c^2+144} \leqslant 5(a+b+c)+24$$

2.74 设 a,b,c 是正实数且满足 $ab+bc+ca=3$, 那么:

(1) $\sqrt{a^2+3} + \sqrt{b^2+3} + \sqrt{c^2+3} \geqslant a+b+c+3$;

(2) $\sqrt{a+b} + \sqrt{b+c} + \sqrt{c+a} \geqslant \sqrt{4(a+b+c)+6}$.

2.75 设 a,b,c 是正实数且满足 $a+b+c=3$, 那么

$$\sqrt{(5a^2+3)(5b^2+3)} + \sqrt{(5b^2+3)(5c^2+3)} + \sqrt{(5c^2+3)(5a^2+3)} \geqslant 24$$

2.76 设 a,b,c 是正实数且满足 $a+b+c=3$, 那么

$$\sqrt{a^2+1} + \sqrt{b^2+1} + \sqrt{c^2+1} \geqslant \sqrt{\frac{4(a^2+b^2+c^2)+42}{3}}$$

2.77 设 a,b,c 是正实数且满足 $a+b+c=3$, 那么:

(1) $\sqrt{a^2+3} + \sqrt{b^2+3} + \sqrt{c^2+3} \geqslant \sqrt{2(a^2+b^2+c^2)+30}$;

(2) $\sqrt{3a^2+1} + \sqrt{3b^2+1} + \sqrt{3c^2+1} \geqslant \sqrt{2(a^2+b^2+c^2)+30}$.

2.78 设 a,b,c 是正实数且满足 $a+b+c=3$, 那么

$$\sqrt{(32a^2+3)(32b^2+3)} + \sqrt{(32b^2+3)(32c^2+3)} +$$
$$\sqrt{(32c^2+3)(32a^2+3)} \leqslant 105$$

2.79 如果 a,b,c 是正实数, 那么

$$\left|\frac{b+c}{a}-3\right| + \left|\frac{c+a}{b}-3\right| + \left|\frac{a+b}{c}-3\right| \geqslant 2$$

2.80 如果 a,b,c 是实数且满足 $abc \neq 0$, 那么

$$\left|\frac{b+c}{a}\right| + \left|\frac{c+a}{b}\right| + \left|\frac{a+b}{c}\right| \geqslant 2$$

2.81 设 a,b,c 是非负实数且不存在两个同时为零, 并设

$$x=\frac{2a}{b+c}, y=\frac{2b}{c+a}, z=\frac{2c}{a+b}$$

求证:

(1) $\sqrt{xy} + \sqrt{yz} + \sqrt{zx} \geqslant xyz+2$;

(2) $x+y+z+\sqrt{xy}+\sqrt{yz}+\sqrt{zx} \geqslant 6$;

(3) $\sqrt{x}+\sqrt{y}+\sqrt{z} \geqslant \sqrt{8+xyz}$;

(4) $\frac{\sqrt{yz}}{x+2} + \frac{\sqrt{zx}}{y+2} + \frac{\sqrt{xy}}{z+2} \geqslant 1$.

2.82 设 a,b,c 是非负实数且不存在两个同时为零, 并设

$$x=\frac{2a}{b+c}, y=\frac{2b}{c+a}, z=\frac{2c}{a+b}$$

求证

$$\sqrt{1+24x}+\sqrt{1+24y}+\sqrt{1+24z}\geqslant 15$$

2.83 设 a,b,c 是正实数,那么

$$\sqrt{\frac{7a}{a+3b+3c}}+\sqrt{\frac{7b}{3a+b+3c}}+\sqrt{\frac{7c}{3a+3b+c}}\leqslant 3$$

2.84 如果 a,b,c 是正实数且满足 $a+b+c=3$,那么

$$\sqrt[3]{a^2(b^2+c^2)}+\sqrt[3]{b^2(c^2+a^2)}+\sqrt[3]{c^2(a^2+b^2)}\leqslant 3\sqrt[3]{2}$$

2.85 如果 a,b,c 是非负实数且不存在两个同时为零,那么

$$\frac{1}{a+b}+\frac{1}{b+c}+\frac{1}{c+a}\geqslant\frac{1}{a+b+c}+\frac{2}{\sqrt{ab+bc+ca}}$$

2.86 如果 $a,b\geqslant 1$,那么

$$\frac{1}{\sqrt{3ab+1}}+\frac{1}{2}\geqslant\frac{1}{\sqrt{3a+1}}+\frac{1}{\sqrt{3b+1}}$$

2.87 设 a,b,c 是正实数且满足 $a+b+c=3$. 如果 $k\geqslant\frac{1}{\sqrt{2}}$,那么

$$(abc)^k(a^2+b^2+c^2)\leqslant 3$$

2.88 设 p 和 q 都是非负实数且满足 $p^2\geqslant 3q$,并设

$$g(p,q)=\sqrt{\frac{2p-2w}{3}}+2\sqrt{\frac{2p+w}{3}}$$

$$h(p,q)=\begin{cases}\sqrt{\frac{2p+2w}{3}}+2\sqrt{\frac{2p-w}{3}}, & p^2\leqslant 4q\\ \sqrt{p}+\sqrt{p+\sqrt{q}}, & p^2\geqslant 4q\end{cases}$$

其中 $w=\sqrt{p^2-3q}$. 如果 a,b,c 是非负实数且满足

$$a+b+c=p,ab+bc+ca=q$$

那么:

(1) $\sqrt{a+b}+\sqrt{b+c}+\sqrt{c+a}\geqslant g(p,q)$;

等式适用于 $a=\frac{p+2w}{3}$ 和 $b=c=\frac{p-w}{3}$(或其任意循环排列)

(2) $\sqrt{a+b}+\sqrt{b+c}+\sqrt{c+a}\leqslant h(p,q)$

当 $p^2\leqslant 4q$ 时,等式适用于 $a=\frac{p-2w}{3}$ 和 $b+c=\frac{p-w}{3}$(或其任意循环排列);

当 $p^2\geqslant 4q$ 时,等式适用于 $a=0$,和 $b+c=p$,和 $bc=q$(或其任意循环排列)

2.89 设 a,b,c,d 是正实数且满足 $a^2+b^2+c^2+d^2=1$. 求证

$$\sqrt{1-a}+\sqrt{1-b}+\sqrt{1-c}+\sqrt{1-d}\geqslant\sqrt{a}+\sqrt{b}+\sqrt{c}+\sqrt{d}$$

2.90 设 a,b,c,d 是正实数. 求证

$$A + 2 \geqslant \sqrt{B+4}$$

其中

$$A = (a+b+c+d)\left(\frac{1}{a} + \frac{1}{b} + \frac{1}{c} + \frac{1}{d}\right) - 16$$

$$B = (a^2+b^2+c^2+d^2)\left(\frac{1}{a^2} + \frac{1}{b^2} + \frac{1}{c^2} + \frac{1}{d^2}\right) - 16$$

2.91 设 $a_1, a_2, \cdots, a_n$ 是非负实数且满足 $a_1 + a_2 + \cdots + a_n = 1$. 求证

$$\sqrt{3a_1+1} + \sqrt{3a_2+1} + \cdots + \sqrt{3a_n+1} \geqslant n+1$$

2.92 设 $0 \leqslant a < b$ 和 $a_1, a_2, \cdots, a_n \in [a,b]$. 求证

$$a_1 + a_2 + \cdots + a_n - n\sqrt[n]{a_1 a_2 \cdots a_n} \leqslant (n-1)\left(\sqrt{b} - \sqrt{a}\right)^2$$

2.93 设 $a_1, a_2, \cdots, a_n$ 是正实数且满足 $a_1 a_2 \cdots a_n = 1$, 求证

$$\frac{1}{\sqrt{1+(n^2-1)a_1}} + \frac{1}{\sqrt{1+(n^2-1)a_2}} + \cdots + \frac{1}{\sqrt{1+(n^2-1)a_n}} \geqslant 1$$

2.94 设 $a_1, a_2, \cdots, a_n$ 是正实数且满足 $a_1 a_2 \cdots a_n = 1$, 求证

$$\sum_{i=1}^{n} \frac{1}{1+\sqrt{1+4n(n-1)a_i}} \geqslant \frac{1}{2}$$

2.95 设 $a_1, a_2, \cdots, a_n$ 是正实数且满足 $a_1 a_2 \cdots a_n = 1$. 求证

$$a_1 + a_2 + \cdots + a_n \geqslant n - 1 + \sqrt{\frac{a_1^2 + a_2^2 + \cdots + a_n^2}{n}}$$

2.96 如果 $a_1, a_2, \cdots, a_n$ 是正实数且满足 $a_1 a_2 \cdots a_n = 1$, 那么

$$\sqrt{(n-1)(a_1^2 + a_2^2 + \cdots + a_n^2)} + n - \sqrt{n(n-1)} \geqslant a_1 + a_2 + \cdots + a_n$$

2.97 如果 $a_1, a_2, \cdots, a_n$ 是正实数且满足 $a_1 a_2 \cdots a_n \geqslant 1$. 如果 $k > 1$, 那么

$$\sum \frac{a_1^k}{a_1^k + a_2 + \cdots + a_n} \geqslant 1$$

2.98 如果 $a_1, a_2, \cdots, a_n$ 是正实数且满足 $a_1 a_2 \cdots a_n \geqslant 1$. 如果

$$-\frac{2}{n-2} \leqslant k < 1$$

那么

$$\sum \frac{a_1^k}{a_1^k + a_2 + \cdots + a_n} \leqslant 1$$

2.99 如果 $a_1, a_2, \cdots, a_n$ 是正实数且满足 $a_1 + a_2 + \cdots + a_n \geqslant n$. 如果 $1 < k \leqslant n+1$, 那么

$$\sum \frac{a_1}{a_1^k + a_2 + \cdots + a_n} \leqslant 1$$

2.100 如果 $a_1, a_2, \cdots, a_n$ 是正实数且满足 $a_1 a_2 \cdots a_n \geqslant 1$. 如果 $k > 1$, 那么

$$\sum \frac{a_1}{a_1^k + a_2 + \cdots + a_n} \leqslant 1$$

2.101 如果 $a_1, a_2, \cdots, a_n$ 是正实数且满足 $a_1 a_2 \cdots a_n \geqslant 1$. 如果

$$-1 - \frac{2}{n-2} \leqslant k < 1$$

那么

$$\sum \frac{a_1}{a_1^k + a_2 + \cdots + a_n} \geqslant 1$$

2.102 如果 $a_1, a_2, \cdots, a_n$ 是正实数且满足 $a_1 a_2 \cdots a_n = 1$. 如果 $k \geqslant 0$, 那么

$$\sum \frac{1}{a_1^k + a_2 + \cdots + a_n} \leqslant 1$$

2.103 设 $a_1, a_2, \cdots, a_n$ 是非负实数且满足 $a_1 + a_2 + \cdots + a_n \leqslant n$. 如果 $0 \leqslant k < 1$, 那么

$$\frac{1}{a_1^k + a_2 + \cdots + a_n} + \frac{1}{a_1 + a_2^k + \cdots + a_n} + \cdots + \frac{1}{a_1 + a_2 + \cdots + a^k} \geqslant 1$$

2.104 设 $a_1, a_2, \cdots, a_n$ 是正实数. 如果 $k > 1$, 那么

$$\sum \frac{a_2^k + a_3^k + \cdots + a_n^k}{a_2 + a_3 + \cdots + a_n} \leqslant \frac{n(a_1^k + a_2^k + \cdots + a_n^k)}{a_1 + a_2 + \cdots + a_n}$$

2.105 设 f 是闭区间 $[a,b]$ 上的凸函数, 并设 $a_1, a_2, \cdots, a_n \in [a,b]$ 满足

$$a_1 + a_2 + \cdots + a_n = pa + qb$$

其中 $p, q \geqslant 0$ 且满足 $p + q = n$. 求证

$$f(a_1) + f(a_1) + \cdots + f(a_1) \leqslant pf(a) + qf(b)$$

2.2 问题解决方案

问题 2.1 如果 a,b,c 是实数, 那么

$$\sum \sqrt{a^2 - ab + b^2} \leqslant \sqrt{6(a^2 + b^2 + c^2) - 3(ab + bc + ca)}$$

证明 平方得

$$2(ab + bc + ca) + 2\sum \sqrt{(a^2 - ab + b^2)(a^2 - ac + c^2)} \leqslant 4(a^2 + b^2 + c^2)$$

$$\sum \left(\sqrt{a^2 - ab + b^2} - \sqrt{a^2 - ac + c^2} \right)^2 \geqslant 0$$

等号适用于 $a = b = c$, 也适用于 $a = 0$ 和 $b = c$(或其任意循环排列).

问题 2.2 如果 a,b,c 是正实数, 那么

$$a\sqrt{b+c} + b\sqrt{c+a} + c\sqrt{a+b} \geqslant \frac{2bc}{\sqrt{b+c}} + \frac{2ca}{\sqrt{c+a}} + \frac{2ab}{\sqrt{a+b}}$$

(Lorian Saceanu, 2015)

235

证明　应用 SOS 方法. 将不等式写成

$$\sum a\sqrt{b+c} - \sum \frac{2bc}{\sqrt{b+c}} \geqslant 0$$

$$\sum \frac{a(b+c)-2bc}{\sqrt{b+c}} \geqslant 0$$

$$\sum \frac{b(a-c)}{\sqrt{b+c}} + \sum \frac{c(a-b)}{\sqrt{b+c}} \geqslant 0$$

$$\sum \frac{c(b-a)}{\sqrt{c+a}} + \sum \frac{c(a-b)}{\sqrt{b+c}} \geqslant 0$$

$$\sum c(a-b)\left(\frac{1}{\sqrt{b+c}} - \frac{1}{\sqrt{c+a}}\right) \geqslant 0$$

$$\sum \frac{c(a-b)^2}{\sqrt{(b+c)(c+a)}\,(\sqrt{b+c}+\sqrt{c+a})} \geqslant 0$$

等号适用于 $a=b=c$.

问题 2.3　如果 a,b,c 是非负实数, 那么

$$\sqrt{a^2-ab+b^2} + \sqrt{b^2-bc+c^2} + \sqrt{c^2-ca+a^2} \leqslant 3\sqrt{\frac{a^2+b^2+c^2}{2}}$$

证明(Nguyen Van Quy)　假设 $c=\min\{a,b,c\}$. 因为

$$b^2-bc+c^2 = b^2 + c(c-b) \leqslant b^2$$

和

$$a^2-ac+c^2 = a^2 + c(c-a) \leqslant a^2$$

于是只需证

$$\sqrt{a^2-ab+b^2} + b + a \leqslant 3\sqrt{\frac{a^2+b^2+c^2}{2}}$$

应用柯西 — 施瓦兹不等式, 我们有

$$a+b+\sqrt{a^2-ab+b^2} \leqslant \sqrt{\left[(a^2-ab+b^2)+\frac{(a+b)^2}{k}\right](1+k)}$$

$$= \sqrt{\frac{(k+1)\left[(1+k)(a^2+b^2)+(2-k)ab\right]}{k}}, k>0$$

令 $k=2$, 我们得到

$$a+b+\sqrt{a^2-ab+b^2} \leqslant 3\sqrt{\frac{a^2+b^2}{2}} \leqslant 3\sqrt{\frac{a^2+b^2+c^2}{2}} = 3$$

等号适用于 $a=b$ 和 $c=0$(或其任意循环排列).

问题 2.4　如果 a,b,c 是非负实数, 那么

$$\sqrt{a^2+b^2-\frac{2}{3}ab} + \sqrt{b^2+c^2-\frac{2}{3}bc} + \sqrt{c^2+a^2-\frac{2}{3}ca} \geqslant 2\sqrt{a^2+b^2+c^2}$$

(Vasile Cîrtoaje,2012)

证明 1 平方后不等式变为

$$2\sum\sqrt{(3a^2+3b^2-2ab)(3a^2+3c^2-2ac)}\geqslant6(a^2+b^2+c^2)+2(ab+bc+ca)$$

$$6(a^2+b^2+c^2-ab-bc-ac)\geqslant\sum\left(\sqrt{3a^2+3b^2-2ab}-\sqrt{3a^2+3c^2-2ac}\right)^2$$

$$3\sum(b-c)^2\geqslant\sum\frac{(b-c)^2(3b+3c-2a)^2}{\left(\sqrt{3a^2+3b^2-2ab}+\sqrt{3a^2+3c^2-2ac}\right)^2}$$

$$\sum(b-c)^2\left[1-\frac{(3b+3c-2a)^2}{\left(\sqrt{9a^2+9b^2-6ab}+\sqrt{9a^2+9c^2-6ac}\right)^2}\right]$$

因为

$$\sqrt{9a^2+9b^2-6ab}=\sqrt{(3b-a)^2+8a^2}\geqslant|3b-a|$$

$$\sqrt{9a^2+9c^2-6ac}=\sqrt{(3c-a)^2+8a^2}\geqslant|3c-a|$$

于是只需证

$$\sum(b-c)^2\left[1-\frac{(3b+3c-2a)^2}{(|3b-a|+|3c-a|)^2}\right]\geqslant0$$

这是正确的,因为

$$|3b+3c-2a|=|(3b-a)+(3c-a)|\leqslant|3b-a|+|3c-a|$$

等式适用于 $a=b=c$,也适用于 $b=c=0$(或其任意循环排列).

证明 2 设 $a\geqslant b\geqslant c$,将不等式写为

$$\sqrt{(a+b)^2+2(a-b)^2}+\sqrt{(b+c)^2+2(b-c)^2}+\sqrt{(c+a)^2+2(c-a)^2}$$

$$\geqslant2\sqrt{3(a^2+b^2+c^2)}$$

根据闵可夫斯基不等式(Minkowski's inequality),只需证

$$\sqrt{[(a+b)+(b+c)+(c+a)]^2+2[(a-b)+(b-c)+(c-a)]^2}$$

$$\geqslant2\sqrt{3(a^2+b^2+c^2)}$$

这等价于

$$\sqrt{(a+b+c)^2+2(a-c)^2}\geqslant\sqrt{3(a^2+b^2+c^2)}$$

平方后,不等式变成

$$(a-b)(b-c)\geqslant0$$

问题 2.5 如果 a,b,c 是非负实数,那么

$$\sum\sqrt{a^2+ab+b^2}\geqslant\sqrt{4(a^2+b^2+c^2)+5(ab+bc+ca)}$$

(Vasile Cîrtoaje,2009)

证明 1 平方后,不等式变为

$$\sum\sqrt{(a^2+ab+b^2)(a^2+ac+c^2)}\geqslant(a+b+c)^2$$

应用柯西 — 施瓦兹不等式,我们得到

$$\sum \sqrt{(a^2 + ab + b^2)(a^2 + ac + c^2)}$$

$$= \sum \sqrt{\left[\left(a + \frac{b}{2}\right)^2 + \frac{3b^2}{4}\right]\left[\left(a + \frac{c}{2}\right)^2 + \frac{3c^2}{4}\right]}$$

$$\geqslant \sum \left[\left(a + \frac{b}{2}\right)\left(a + \frac{c}{2}\right) + \frac{3bc}{4}\right] = (a + b + c)^2$$

等式适用于 $a = b = c$, 也适用于 $b = c = 0$(或其任意循环排列).

证明2　不妨设 $a \geqslant b \geqslant c$. 由闵可夫斯基不等式, 我们得到

$$2\sum \sqrt{a^2 + ab + b^2}$$

$$= \sum \sqrt{3(a + b)^2 + (a - b)^2}$$

$$\geqslant \sqrt{3\left[(a + b) + (b + c) + (c + a)\right]^2 + \left[(a - b) + (b - c) + (a - c)\right]^2}$$

$$= 2\sqrt{3(a + b + c)^2 + (a - c)^2}$$

于是只需证

$$3(a + b + c)^2 + (a - c)^2 \geqslant 4(a^2 + b^2 + c^2) + 5(ab + bc + ca)$$

这等价于明显的不等式

$$(a - b)(b - c) \geqslant 0$$

备注　类似地, 我们可以证明下列更一般地结论

设 a, b, c 是非负实数, 如果 $|k| \leqslant 2$, 那么

$$\sum \sqrt{a^2 + kab + b^2} \geqslant \sqrt{4(a^2 + b^2 + c^2) + (3k + 2)(ab + bc + ca)}$$

当 $k = -\dfrac{2}{3}$ 和 $k = 1$ 时, 我们分别得到问题 2.4 和问题 2.5 的不等式.

当 $k = -1$ 和 $k = 0$, 我们得到不等式

$$\sum \sqrt{a^2 - ab + b^2} \geqslant \sqrt{4(a^2 + b^2 + c^2) - ab - bc - ca}$$

$$\sum \sqrt{a^2 + b^2} \geqslant \sqrt{4(a^2 + b^2 + c^2) + 2(ab + bc + ca)}$$

问题 2.6　如果 a, b, c 是正实数, 那么

$$\sum \sqrt{a^2 + ab + b^2} \leqslant \sqrt{5(a^2 + b^2 + c^2) + 4(ab + bc + ca)}$$

(Michael Rozenberg, 2008)

证明1(Vo Quoc Ba Can)　利用柯西－施瓦兹不等式, 我们有

$$\left(\sum \sqrt{b^2 + bc + c^2}\right)^2 \leqslant \left[\sum (b + c)\right] \sum \frac{b^2 + bc + c^2}{b + c}$$

$$= 2(a + b + c)\left(\sum \frac{b^2 + bc + c^2}{b + c}\right)$$

$$= 2\sum \left(1 + \frac{a}{b + c}\right)(b^2 + bc + c^2)$$

$$= 4 \sum a^2 + 2 \sum ab + \sum \frac{2a(b^2 + bc + c^2)}{b+c}$$

$$= 4 \sum a^2 + 2 \sum ab + \sum 2a \left(b + c - \frac{bc}{b+c} \right)$$

$$= 4 \sum a^2 + 6 \sum ab - 2abc \sum \frac{1}{b+c}$$

因此,只需证

$$4 \sum a^2 + 6 \sum ab - 2abc \sum \frac{1}{b+c} \leqslant 5(a^2 + b^2 + c^2) + 4(ab + bc + ca)$$

这等价于舒尔不等式

$$2(ab + bc + ca) \leqslant a^2 + b^2 + c^2 + 2abc \sum \frac{1}{b+c}$$

我们可以这样来证明这个不等式

$$(a+b+c)^2 \leqslant 2 \sum a \left(a + \frac{bc}{b+c} \right)$$

$$(a+b+c)^2 \leqslant 2(ab + bc + ca) \sum \frac{a}{b+c}$$

$$(a+b+c)^2 \leqslant \sum a(b+c) \sum \frac{a}{b+c}$$

显然,最后一个不等式来自柯西－施瓦兹不等式. 等号适用于 $a = b = c$.

证明 2 采用 SOS 方法. 记

$$A = \sqrt{b^2 + bc + c^2}, B = \sqrt{c^2 + ca + a^2}, C = \sqrt{a^2 + ab + b^2}$$

不妨设 $a \geqslant b \geqslant c$. 两边平方后不等式变成

$$2 \sum BC \leqslant 3 \sum a^2 + 3 \sum ab$$

$$\sum a^2 - \sum ab \leqslant \sum (b-c)^2$$

$$\sum (b-c)^2 \leqslant 2(a+b+c)^2 \sum \frac{(b-c)^2}{(b+c)^2}$$

因为

$$(b+c)^2 \leqslant 2(b^2 + c^2) = 2(2a^2 + b^2 + c^2 + ab + ac)$$

于是只需证

$$\sum (b-c)^2 \leqslant (a+b+c)^2 \sum \frac{(b-c)^2}{2a^2 + b^2 + c^2 + ab + ac}$$

这等价于

$$\sum (b-c)^2 S_a \geqslant 0$$

其中

$$S_a = \frac{-a^2 + ab + 2bc + ca}{2a^2 + b^2 + c^2 + ab + ac}$$

$$S_b = \frac{-b^2 + ab + 2ca + bc}{a^2 + 2b^2 + c^2 + ab + bc} \geqslant 0$$

$$S_c = \frac{-c^2 + ca + 2ab + bc}{a^2 + b^2 + 2c^2 + cb + ac} \geqslant 0$$

因为

$$\sum (b-c)^2 S_a \geqslant (b-c)^2 S_a + (a-c)^2 S_b$$

$$\geqslant (b-c)^2 S_a + \frac{a^2}{b^2}(b-c)^2 S_b$$

$$\geqslant (b-c)^2 S_a + \frac{a}{b}(b-c)^2 S_b$$

$$= a(b-c)^2 \left(\frac{S_a}{a} + \frac{S_b}{b} \right)$$

于是,只需证

$$\frac{S_a}{a} + \frac{S_b}{b} \geqslant 0$$

这等价于

$$\frac{-b^2 + ab + 2ca + bc}{b(a^2 + 2b^2 + c^2 + ab + bc)} \geqslant \frac{a^2 - ab - 2bc - ca}{a(2a^2 + b^2 + c^2 + ab + ac)}$$

考虑非平凡情况 $a^2 - ab - 2bc - ca \geqslant 0$,因为

$$2a^2 + b^2 + c^2 + ab + ac - (a^2 + 2b^2 + c^2 + ab + bc) = (a-b)(a+b+c) \geqslant 0$$

于是只需证

$$\frac{-b^2 + ab + 2ca + bc}{b} \geqslant \frac{a^2 - ab - 2bc - ca}{a}$$

这是成立的,因为

$$a(-b^2 + ab + 2ca + bc) - b(a^2 - ab - 2bc - ca) = 2c(a^2 + ab + b^2) > 0$$

问题 2.7 如果 a,b,c 是非负实数,那么

$$\sum \sqrt{a^2 + ab + b^2} \leqslant 2\sqrt{a^2 + b^2 + c^2} + \sqrt{ab + bc + ca}$$

(Vasile Cîrtoaje,2010)

证明 1(Nguyen Van Quy) 假设 $a = \max\{a,b,c\}$. 因为

$$\sqrt{a^2 + ab + b^2} + \sqrt{a^2 + ac + c^2} \leqslant \sqrt{2\left[(a^2 + ab + b^2) + (a^2 + ac + c^2)\right]}$$

于是只需证

$$2\sqrt{A} + \sqrt{b^2 + bc + c^2} \leqslant 2\sqrt{X} + \sqrt{Y}$$

其中

$$A = a^2 + \frac{1}{2}(b^2 + c^2 + ab + ac), X = a^2 + b^2 + c^2, Y = ab + bc + ca$$

期望不等式可写成

$$2(\sqrt{A} - \sqrt{X}) \leqslant \sqrt{Y} - \sqrt{b^2 + bc + c^2}$$

$$\frac{2(A - X)}{\sqrt{A} + \sqrt{X}} \leqslant \frac{Y - (b^2 + bc + c^2)}{\sqrt{Y} + \sqrt{b^2 + bc + c^2}}$$

$$\frac{b(a - b) + c(a - c)}{\sqrt{A} + \sqrt{X}} \leqslant \frac{b(a - b) + c(a - c)}{\sqrt{Y} + \sqrt{b^2 + bc + c^2}}$$

因为 $b(a - b) + c(a - c) \geqslant 0$，因此，我们只需证明

$$\sqrt{A} + \sqrt{X} \geqslant \sqrt{Y} + \sqrt{b^2 + bc + c^2}$$

这是真的，因为 $X \geqslant Y$ 和

$$\sqrt{A} \geqslant \sqrt{b^2 + bc + c^2}$$

事实上

$$2(A - b^2 - bc - c^2) = 2a^2 + (b + c)a - (b + c)^2$$
$$= (2A - B - C)(a + b + c) \geqslant 0$$

等式适用于 $a = b = c$，也适用于 $b = c = 0$（或其任意循环排列）.

证明 2 在问题 2.6 的第一种证法中，我们已经得到

$$\left(\sum \sqrt{b^2 + bc + c^2} \right)^2 \leqslant 4 \sum a^2 + 6 \sum ab - 2abc \sum \frac{1}{b + c}$$

于是只需证

$$4(a^2 + b^2 + c^2) + 6 \sum ab - 2abc \sum \frac{1}{b + c} \leqslant \left(2\sqrt{a^2 + b^2 + c^2} + \sqrt{ab + bc + ca} \right)^2$$

这等价于

$$2abc \sum \frac{1}{b + c} + 4\sqrt{(a^2 + b^2 + c^2)(ab + bc + ca)} \geqslant 5(ab + bc + ca)$$

因为

$$\sum \frac{1}{b + c} \geqslant \frac{9}{\sum (b + c)} = \frac{9}{2(a + b + c)}$$

因此，只需证

$$\frac{9abc}{a + b + c} + 4\sqrt{(a^2 + b^2 + c^2)(ab + bc + ca)} \geqslant 5(ab + bc + ca)$$

不等式可以写成

$$\frac{9abc}{p} + 4\sqrt{q(p^2 - 2q)} \geqslant 5q$$

其中

$$p = a + b + c, q = ab + bc + ca$$

当 $p^2 \geqslant 4q$ 时，此不等式是真的，因为 $4\sqrt{q(p^2 - 2q)} \geqslant 5q$，进一步考虑 $3q \leqslant p^2 \leqslant 4q$，由三阶舒尔不等式

$$\frac{9abc}{p} \geqslant 4q - p^2$$

因此,只需证

$$(4q - p^2) + 4\sqrt{q(p^2 - 2q)} \geqslant 5q$$

即

$$4\sqrt{q(p^2 - 2q)} \geqslant q + p^2$$

事实上

$$16q(p^2 - 2q) - (q + p^2)^2 = (p^2 - 3q)(11q - p^2) \geqslant 0$$

证明 3 令

$$A = \sqrt{b^2 + bc + c^2}, B = \sqrt{c^2 + ca + a^2}, C = \sqrt{a^2 + ab + b^2}$$

$$X = \sqrt{a^2 + b^2 + c^2}, Y = \sqrt{ab + bc + ca}$$

平方,不等式变成

$$2\sum BC \leqslant 2\sum a^2 + 4XY$$

$$\sum (b - c)^2 \geqslant 2(x - y)^2$$

$$2(a + b + c)^2 \sum \frac{(b - c)^2}{(B + C)^2} \geqslant \frac{\left[\sum (b - c)^2\right]^2}{(X + Y)^2}$$

因为

$$B + C \leqslant (a + b) + (a + c) = 2a + b + c$$

因此,只需证

$$2(a + b + c)^2 \sum \frac{(b - c)^2}{(2a + b + c)^2} \geqslant \frac{\left[\sum (b - c)^2\right]^2}{(x + y)^2}$$

根据柯西 — 施瓦兹不等式,我们有

$$\sum \frac{(b - c)^2}{(2a + b + c)^2} \geqslant \frac{\left[\sum (b - c)^2\right]^2}{\sum (b - c)^2 (2a + b + c)^2}$$

于是只需证

$$\frac{2(a + b + c)^2}{\sum (b - c)^2 (2a + b + c)^2} \geqslant \frac{1}{(x + y)^2}$$

即

$$(a + b + c)^2 (x + y)^2 \geqslant \frac{1}{2} \sum (b - c)^2 (2a + b + c)^2$$

我们发现

$$(a + b + c)^2 (x + y)^2 \geqslant \left(\sum a^2 + 2\sum ab\right)\left(\sum a^2 + \sum ab\right)$$

$$= \left(\sum a^2\right)^2 + 3\sum ab \sum a^2 + 2\left(\sum ab\right)^2$$

$$\geqslant \sum a^4 + 4 \sum a^2 b^2 + 3 \sum ab(a^2 + b^2)$$

和

$$\sum (b-c)^2 (2a+b+c)^2$$
$$= \sum (b-c)^2 [4a^2 + 4a(b+c) + (b+c)^2]$$
$$= 4 \sum a^2 (b-c)^2 + 4 \sum a(b-c)(b^2-c^2) + \sum (b^2-c^2)^2$$
$$\leqslant 8 \sum a^2 b^2 + 4 \sum a(b^3 + c^3) + 2 \sum a^4$$

于是只需证

$$\sum a^4 + 3 \sum ab(a^2 + b^2) + 4 \sum a^2 b^2 \geqslant 4 \sum a^2 b^2 + 2 \sum a(b^3 + c^3) + \sum a^4$$

等价于

$$\sum ab(a^2 + b^2) \geqslant 0$$

问题 2.8　如果 a, b, c 是非负实数，那么

$$\sqrt{a^2 + 2bc} + \sqrt{b^2 + 2ca} + \sqrt{c^2 + 2ab} \leqslant \sqrt{a^2 + b^2 + c^2} + 2\sqrt{ab + bc + ca}$$

$$(\text{Vasile Cîrtoaje and Nguyen Van Quy}, 1989)$$

证明（Nguyen Van Quy）　设

$$X = \sqrt{a^2 + b^2 + c^2}, Y = \sqrt{ab + bc + ca}$$

考虑非平凡情况 a, b, c 中不存在两个同时为零. 将不等式可写成

$$\sum (X - \sqrt{a^2 + 2bc}) \geqslant 2(x - y)$$

$$\sum \frac{(b-c)^2}{X + \sqrt{a^2 + 2bc}} \geqslant \frac{\sum (b-c)^2}{X + Y}$$

由柯西－施瓦兹不等式得

$$\sum \frac{(b-c)^2}{X + \sqrt{a^2 + 2bc}} \geqslant \frac{\left[\sum (b-c)^2\right]^2}{\sum (b-c)^2 (X + \sqrt{a^2 + 2bc})}$$

于是只需证

$$\frac{\sum (b-c)^2}{\sum (b-c)^2 (X + \sqrt{a^2 + 2bc})} \geqslant \frac{1}{X + Y}$$

等价于

$$\sum (b-c)^2 (Y - \sqrt{a^2 + 2bc}) \geqslant 0$$

从

$$(Y - \sqrt{a^2 + 2bc})^2 \geqslant 0$$

我们得到

$$Y - \sqrt{a^2 + 2bc} \geqslant \frac{Y^2 - (a^2 + 2bc)}{2Y} = \frac{(a-b)(c-a)}{2Y}$$

因此

$$\sum (b-c)^2 (Y - \sqrt{a^2 + 2bc}) \geqslant \sum \frac{(b-c)^2 (a-b)(c-a)}{2Y}$$

$$= \frac{(a-b)(b-c)(c-a)}{2Y} \sum (b-c)$$

$$= 0$$

等号适用于 $a = b$ 或 $b = c$ 或 $c = a$.

问题 2.9 如果 a, b, c 是非负实数, 那么

$$\frac{1}{\sqrt{a^2 + 2bc}} + \frac{1}{\sqrt{b^2 + 2ca}} + \frac{1}{\sqrt{c^2 + 2ab}} \geqslant \frac{1}{\sqrt{a^2 + b^2 + c^2}} + \frac{2}{\sqrt{ab + bc + ca}}$$

(Vasile Cîrtoaje, 1989)

证明 设

$$X = \sqrt{a^2 + b^2 + c^2}, Y = \sqrt{ab + bc + ca}$$

考虑非平凡情况 $Y > 0$, 将不等式写为

$$\sum \left(\frac{1}{\sqrt{a^2 + 2bc}} - \frac{1}{X} \right) \geqslant 2 \left(\frac{1}{Y} - \frac{1}{X} \right)$$

$$\sum \frac{(b-c)^2}{\sqrt{a^2 + 2bc}(X + \sqrt{a^2 + 2bc})} \geqslant \sum \frac{(b-c)^2}{Y(x+y)}$$

根据柯西 — 施瓦兹不等式, 我们有

$$\sum \frac{(b-c)^2}{\sqrt{a^2 + 2bc}(X + \sqrt{a^2 + 2bc})} \geqslant \frac{\left[\sum (b-c)^2 \right]^2}{\sum (b-c)^2 \sqrt{a^2 + 2bc}(X + \sqrt{a^2 + 2bc})}$$

因此, 只需证

$$\frac{\sum (b-c)^2}{\sum (b-c)^2 \sqrt{a^2 + 2bc}(X + \sqrt{a^2 + 2bc})} \geqslant \frac{1}{Y(x+y)}$$

等价于

$$\sum (b-c)^2 \left[XY - X\sqrt{a^2 + 2bc} + (a-b)(c-a) \right] \geqslant 0$$

因为

$$\sum (b-c)^2 (a-b)(c-a) = (a-b)(b-c)(c-a) \sum (b-c) = 0$$

这不等式变成

$$\sum (b-c)^2 X(Y - \sqrt{a^2 + 2bc}) \geqslant 0$$

$$\sum (b-c)^2 (Y - \sqrt{a^2 + 2bc}) \geqslant 0$$

我们在前面问题 2.8 中已经证明了这个不等式. 等号适用于 $a=b$ 或 $b=c$ 或 $c=a$.

问题 2.10 如果 a,b,c 是正实数,那么

$$\sqrt{2a^2+bc}+\sqrt{2b^2+ca}+\sqrt{2c^2+ab}\leqslant 2\sqrt{a^2+b^2+c^2}+\sqrt{ab+bc+ca}$$

证明 我们将应用下面的引理.设

$$X=2a^2+bc,Y=2b^2+ca,Z=2c^2+ab$$

和

$$A=B=a^2+b^2+c^2,C=ab+bc+ca$$

我们有

$$X+Y+Z=A+B+C,A=B\geqslant C$$

不失一般性,设

$$a\geqslant b\geqslant c$$

由下方引理,我们只需证

$$\max\{x,y,z\}\geqslant A,\min\{x,y,z\}\leqslant C$$

事实上,我们有

$$\max\{x,y,z\}-A=X-A=(a^2-b^2)+c(b-c)\geqslant 0$$
$$\min\{x,y,z\}-C=Z-C=c(2c-a-b)\leqslant 0$$

等号适用于 $a=b=c$.

引理 如果 X,Y,Z 和 A,B,C 都是正实数且满足

$$X+Y+Z=A+B+C$$
$$\max\{x,y,z\}\geqslant \max\{A,B,C\},\min\{x,y,z\}\leqslant \min\{A,B,C\}$$

那么

$$\sqrt{X}+\sqrt{Y}+\sqrt{Z}\leqslant \sqrt{A}+\sqrt{B}+\sqrt{C}$$

证明 假设 $X\geqslant Y\geqslant Z$ 和 $A\geqslant B\geqslant C$,我们有

$$X\geqslant A,Z\leqslant C$$

因此

$$\sqrt{X}+\sqrt{Y}+\sqrt{Z}-\sqrt{A}-\sqrt{B}-\sqrt{C}$$
$$=(\sqrt{X}-\sqrt{A})+(\sqrt{Y}-\sqrt{B})+(\sqrt{Z}-\sqrt{C})$$
$$\leqslant \frac{X-A}{2\sqrt{A}}+\frac{Y-B}{2\sqrt{B}}+\frac{Z-C}{2\sqrt{C}}$$
$$\leqslant \frac{X-A}{2\sqrt{B}}+\frac{Y-B}{2\sqrt{B}}+\frac{Z-C}{2\sqrt{C}}$$
$$=\frac{X+Y-(a+b)}{2\sqrt{B}}+\frac{Z-C}{2\sqrt{C}}$$

$$= \frac{C - Z}{2\sqrt{B}} + \frac{Z - C}{2\sqrt{C}} = (C - Z)\left(\frac{1}{2\sqrt{B}} - \frac{1}{2\sqrt{C}}\right)$$
$$\leqslant 0$$

备注　这个引理是卡拉玛特不等式(Karamata's inequality)的一个特例.

问题 2.11　如果 a,b,c 是非负实数且满足 $a+b+c=3$. 如果 $k=\sqrt{3}-1$, 那么

$$\sum \sqrt{a(a+kb)(a+kc)} \leqslant 3\sqrt{3}$$

证明　根据柯西－施瓦兹不等式,我们有

$$\sum \sqrt{a(a+kb)(a+kc)} \leqslant \sqrt{\left(\sum a\right)\left[\sum (a+kb)(a+kc)\right]}$$

于是只需证

$$\sqrt{\sum (a+kb)(a+kc)} \leqslant a+b+c$$

这是一个恒等式. 等号适用于 $a=b=c=1$,也适用于 $a=3$ 和 $b=c=0$(或任意循环排列).

问题 2.12　如果 a,b,c 是非负实数且满足 $a+b+c=3$,那么

$$\sum \sqrt{a(2a+b)(2a+c)} \geqslant 9$$

证明　将不等式写为

$$\sum \left[\sqrt{a(2a+b)(2a+c)} - a\sqrt{3(a+b+c)}\right] \geqslant 0$$
$$\sum (a-b)(a-c)E_a \geqslant 0$$

其中

$$E_a = \frac{\sqrt{a}}{\sqrt{(2a+b)(2a+c)} + \sqrt{3a(a+b+c)}}$$

假设 $a \geqslant b \geqslant c$. 因为 $(c-a)(c-b)E_c \geqslant 0$,于是只需证

$$(a-c)E_a \geqslant (b-c)E_b$$

这等价于

$$(a-b)\sqrt{3ab(a+b+c)} + (a-c)\sqrt{a(2b+a)(2b+c)}$$
$$\geqslant (b-c)\sqrt{b(2a+b)(2a+c)}$$

为真,如果

$$(a-c)\sqrt{a(2b+a)(2b+c)} \geqslant (b-c)\sqrt{b(2a+b)(2a+c)}$$

对于非平凡情况 $b>c$,我们有

$$\frac{a-c}{b-c} \geqslant \frac{a}{b} \geqslant \frac{\sqrt{a}}{\sqrt{b}}$$

因此,只需证

数学不等式(第二卷)
对称有理不等式与对称无理不等式

$$a^2(2b+a)(2b+c) \geqslant b^2(2a+b)(2a+c)$$

可以写为

$$a^2(ac+2ab+2bc) \geqslant b^2(bc+2ab+2ac)$$

它是真的,如果

$$a(ac+2ab+2bc) \geqslant b(bc+2ab+2ac)$$

事实上

$$a(ac+2ab+2bc)-b(bc+2ab+2ac)=(a-b)(ac+bc+2ab) \geqslant 0$$

等号适用于 $a=b=c=1$,也适用于 $a=b=\dfrac{3}{2}$ 和 $c=0$(或其任意循环排列).

问题 2.13 如果 a,b,c 是非负实数且满足 $a+b+c=3$. 求证

$$\sqrt{b^2+c^2+a(b+c)}+\sqrt{c^2+a^2+b(c+a)}+\sqrt{a^2+b^2+c(a+b)} \geqslant 6$$

证明 设

$$A=b^2+c^2+a(b+c),B=c^2+a^2+b(c+a),C=a^2+b^2+c(a+b)$$

将不等式写成齐次形式

$$\sqrt{A}+\sqrt{B}+\sqrt{C} \geqslant 2(a+b+c)$$

进一步,我们采用 SOS 方法.

方法 1 平方后,不等式变成

$$2\sum\sqrt{BC} \geqslant 2\sum a^2 + 6\sum ab$$

$$\sum(b-c)^2 \geqslant \sum(\sqrt{B}-\sqrt{C})^2$$

$$\sum(b-c)^2 S_a \geqslant 0$$

其中

$$S_a = 1 - \frac{(c+b-a)^2}{(\sqrt{B}+\sqrt{C})^2}$$

因为

$$S_a = 1 - \frac{(c+b-a)^2}{(\sqrt{B}+\sqrt{C})^2}$$

$$\geqslant 1 - \frac{(c+b-a)^2}{B+C}$$

$$= \frac{a(a+3b+3c)}{B+C} \geqslant 0$$

$$S_b \geqslant 0, S_c \geqslant 0$$

结论成立. 等号适用于 $a=b=c=1$,也适用于 $a=3$ 和 $b=c=0$(或任意循环排列).

方法 2 把原来的不等式写成

$$\sum(\sqrt{A}-b-c) \geqslant 0$$

$$\sum \frac{c(a-b)+b(a-c)}{\sqrt{A}+b+c} \geqslant 0$$

$$\sum \frac{c(a-b)}{\sqrt{A}+b+c} + \sum \frac{c(b-a)}{\sqrt{B}+c+a} \geqslant 0$$

$$\sum \frac{c(a-b)\left[a-b-(\sqrt{A}-\sqrt{B})\right]}{(\sqrt{A}+b+c)(\sqrt{B}+c+a)} \geqslant 0$$

于是只需证

$$(a-b)\left[a-b-(\sqrt{A}-\sqrt{B})\right] \geqslant 0$$

事实上

$$(a-b)\left[a-b-(\sqrt{A}-\sqrt{B})\right] = (a-b)^2\left(1+\frac{a+b-c}{\sqrt{B}+\sqrt{A}}\right) \geqslant 0$$

因为对于非平凡情况 $a+b-c<0$,我们有

$$1+\frac{a+b-c}{\sqrt{B}+\sqrt{A}} > 1+\frac{a+b-c}{c+c} > 0$$

一般结论. 设 a,b,c 是非负实数. 如果 $0<k\leqslant\frac{16}{9}$,那么

$$\sum \sqrt{(b+c)^2+k(ab-2bc+ca)} \geqslant 2(a+b+c)$$

注意到,如果 $k=\frac{16}{9}$,那么等号适用于 $a=b=c=1$,也适用于 $a=0$ 和 $b=c$(或其任意循环排列),及 $b=c=0$(或其任意循环排列).

问题 2.14 如果 a,b,c 是非负实数且满足 $a+b+c=3$. 求证:

(1) $\sqrt{a(3a^2+abc)} + \sqrt{b(3b^2+abc)} + \sqrt{c(3c^2+abc)} \geqslant 6$;

(2) $\sqrt{3a^2+abc} + \sqrt{3b^2+abc} + \sqrt{3c^2+abc} \geqslant 3\sqrt{3+abc}$.

(Lorian Saceanu,2005)

证明 (1) 将不等式写成齐次形式

$$3\sum a\sqrt{(a+b)(a+c)} \geqslant 2(a+b+c)^2$$

方法 1 采用 SOS 方法. 将不等式写为

$$\sum a^2 - \sum ab \geqslant \frac{3}{2}\sum a\left[\sqrt{a+b}-\sqrt{a+c}\right]^2$$

$$\sum (b-c)^2 \geqslant 3\sum \frac{a(b-c)^2}{(\sqrt{a+b}+\sqrt{a+c})^2}$$

$$\sum (b-c)^2 S_a \geqslant 0$$

其中

$$S_a = 1 - \frac{3a}{(\sqrt{a+b}+\sqrt{a+c})^2}$$

因为

$$S_a = 1 - \frac{3a}{(\sqrt{a+b}+\sqrt{a+c})^2}$$

$$\geqslant 1 - \frac{3a}{(\sqrt{a}+\sqrt{a})^2} > 0,$$

$$S_b > 0, S_c > 0$$

等式适用于 $a=b=c=1$.

方法 2 根据赫尔德不等式(Hölder's iequality),我们有

$$\left[\sum a\sqrt{(a+b)(a+c)}\right]^2 \geqslant \frac{(\sum a)^3}{\sum \frac{a}{(a+b)(a+c)}} = \frac{27}{\sum \frac{a}{(a+b)(a+c)}}$$

因此,只需证

$$\sum \frac{a}{(a+b)(a+c)} \leqslant \frac{3}{4}$$

这个不等式有如下齐次形式

$$\sum \frac{a}{(a+b)(a+c)} \leqslant \frac{9}{4(a+b+c)}$$

等价于明显的不等式

$$\sum a(b-c)^2 \geqslant 0$$

(2)平方后不等式变为

$$3\sum a^2 + \sum \sqrt{(3a^2+abc)(3b^2+abc)} \geqslant 27 + 6abc$$

由柯西-施瓦兹不等式,我们有

$$\sqrt{(3b^2+abc)(3c^2+abc)} \geqslant 3ab + abc$$

于是,只需证

$$3\sum a^2 + 6\sum bc + 6abc \geqslant 27 + 6abc$$

这是恒等式.等号适用于 $a=b=c=1$,也适用于 $a=0$,或 $b=0$,或 $c=0$.

问题 2.15 设 a,b,c 是正实数且满足 $ab+bc+ca=3$.求证

$$a\sqrt{(a+2b)(a+2c)} + b\sqrt{(b+2c)(b+2a)} + c\sqrt{(c+2a)(c+2b)} \geqslant 9$$

证明 1 采用 SOS 方法.不等式可写为

$$\sum a\sqrt{(a+2b)(a+2c)} \geqslant 3(ab+bc+ca)$$

$$\sum a^2 - \sum ab \geqslant \frac{1}{2}\sum a(\sqrt{a+2b}-\sqrt{a+2c})^2$$

$$\sum (b-c)^2 \geqslant 4\sum \frac{a(b-c)^2}{(\sqrt{a+2b}+\sqrt{a+2c})^2}$$

$$\sum (b-c)^2 S_a \geqslant 0$$

其中

$$S_a = 1 - \frac{4a}{\left(\sqrt{a+2b} + \sqrt{a+2c}\right)^2}$$

因为

$$S_a = 1 - \frac{4a}{\left(\sqrt{a+2b} + \sqrt{a+2c}\right)^2}$$

$$> 1 - \frac{4a}{\left(\sqrt{a} + \sqrt{a}\right)^2}$$

$$= 0$$

$$S_b > 0, S_c > 0$$

这个不等式是正确的. 等号适用于 $a=b=c=1$.

证明 2   我们应用 AM $-$ GM 不等式得到

$$\sum a\sqrt{(a+2b)(a+2c)} = \sum \frac{2a(a+2b)(a+2c)}{2\sqrt{(a+2b)(a+2c)}}$$

$$\geqslant \sum \frac{2a(a+2b)(a+2c)}{(a+2b)+(a+2c)}$$

$$= \frac{1}{a+b+c}\sum a(a+2b)(a+2c)$$

于是,只需证

$$\sum a(a+2b)(a+2c) \geqslant 9(a+b+c)$$

将此不等式写成齐次不等式形式

$$\sum a(a+2b)(a+2c) \geqslant 3(a+b+c)(ab+bc+ca)$$

这等价于三阶舒尔不等式

$$a^3 + b^3 + c^3 + 3abc \geqslant ab(a+b) + bc(b+c) + ca(c+a)$$

问题 2.16   设 a,b,c 是非负实数且满足 $a+b+c=1$. 求证

$$\sqrt{a+(b-c)^2} + \sqrt{b+(c-a)^2} + \sqrt{c+(a-b)^2} \geqslant \sqrt{3}$$

(Phan Thanh Nam,2007)

证明   平方后不等式变为

$$\sum \sqrt{[a+(b-c)^2][b+(c-a)^2]} \geqslant 3(ab+bc+ca)$$

应用柯西 $-$ 施瓦兹不等式后,只需证

$$\sum \sqrt{ab} + \sum (b-c)(a-c) \geqslant 3(ab+bc+ca)$$

这个不等式等价于齐次不等式

$$\sum a\left(\sum \sqrt{ab}\right) + \sum a^2 \geqslant 4(ab+bc+ca)$$

作代换 $x=\sqrt{a}$，$y=\sqrt{b}$，$z=\sqrt{c}$，不等式变为

$$\left(\sum x^2\right)\left(\sum xy\right)+\sum x^4\geqslant 4\sum x^2 y^2$$

这等价于

$$\sum x^4+\sum xy(x^2+y^2)+xyz\sum x\geqslant 4\sum x^2 y^2$$

因为

$$4\sum x^2 y^2\leqslant 2\sum xy(x^2+y^2)$$

于是只需证

$$\sum x^4+xyz\sum x\geqslant\sum xy(x^2+y^2)$$

这就是四阶舒尔不等式. 这个等号适用于 $a=b=c=\dfrac{1}{3}$，以及 $a=0$ 和 $b=c=\dfrac{1}{2}$（或任意循环排列）.

问题 2.17　设 a,b,c 是非负实数,不存在两个同时为零. 求证

$$\sqrt{\frac{a(b+c)}{a^2+bc}}+\sqrt{\frac{b(c+a)}{b^2+ca}}+\sqrt{\frac{c(a+b)}{c^2+ab}}\geqslant 2$$

（Vasile Cîrtoaje,2006）

证明　应用 AM－GM 不等式得到

$$\sqrt{\frac{a(b+c)}{a^2+bc}}=\frac{a(b+c)}{\sqrt{(a^2+bc)(ab+ac)}}$$

$$\geqslant\frac{2a(b+c)}{(a^2+bc)+(ab+ac)}$$

$$=\frac{2a(b+c)}{(a+b)(a+c)}$$

因此,只需证

$$\frac{a(b+c)}{(a+b)(a+c)}+\frac{b(c+a)}{(b+a)(b+c)}+\frac{c(a+b)}{(c+a)(c+b)}\geqslant 1$$

这个不等式等价于

$$a(b+c)^2+b(c+a)^2+c(a+b)^2\geqslant(a+b)(b+c)(c+a)$$

$$4abc\geqslant 0$$

等号适用于 $a=0$ 和 $b=c$（或其任意循环排列）.

问题 2.18　设 a,b,c 是正实数且满足 $abc=1$. 求证

$$\frac{1}{\sqrt[3]{a^2+25a+1}}+\frac{1}{\sqrt[3]{b^2+25b+1}}+\frac{1}{\sqrt[3]{c^2+25c+1}}\geqslant 1$$

证明　用 a^3,b^3,c^3 分别代替 a,b,c，我们只需证明当 $abc=1$ 时,不等式

$$\frac{1}{\sqrt[3]{a^6+25a^3+1}}+\frac{1}{\sqrt[3]{b^6+25b^3+1}}+\frac{1}{\sqrt[3]{c^6+25c^3+1}}\geqslant 1$$

我们首先将证明

$$\frac{1}{\sqrt[3]{a^6+25a^3+1}} \geqslant \frac{1}{a^2+a+1}$$

等价于

$$(a^2+a+1)^3 \geqslant a^6+25a^3+1$$

这是成立的,因为

$$(a^2+a+1)^3 - (a^6+25a^3+1) = 3a(a-1)^2(a^2+4a+1) \geqslant 0$$

因此,只需证明

$$\frac{1}{a^2+a+1} + \frac{1}{b^2+b+1} + \frac{1}{c^2+c+1} \geqslant 1$$

作代换

$$a = \frac{yz}{x^2}, b = \frac{zx}{y^2}, c = \frac{xy}{z^2}$$

我们将证明

$$\sum \frac{x^4}{x^4+x^2yz+y^2z^2} \geqslant 1$$

事实上,根据柯西 — 施瓦兹不等式得出

$$\sum \frac{x^4}{x^4+x^2yz+y^2z^2} \geqslant \frac{\left(\sum x^2\right)^2}{\sum x^4 + \sum x^2yz + \sum y^2z^2}$$

$$= 1 + \frac{\sum x^2y^2 - xyz\sum x}{\sum x^4 + \sum x^2yz + \sum y^2z^2}$$

$$\geqslant 1$$

等号适用于 $a=b=c=1$.

问题 2.19 如果 a,b,c 是非负实数,那么

$$\sqrt{a^2+bc} + \sqrt{b^2+ca} + \sqrt{c^2+ab} \leqslant \frac{3}{2}(a+b+c)$$

(Pham Kim Hung,2005)

证明 不失一般性,设 $a \geqslant b \geqslant c$. 因为当 $a=b$ 和 $c=0$ 时等式成立,我们使用不等式

$$\sqrt{a^2+bc} \leqslant a+\frac{c}{2}$$

和

$$\sqrt{b^2+ca} + \sqrt{c^2+ab} \leqslant \sqrt{2(b^2+ca)+2(c^2+ab)}$$

因此,只需证

$$\sqrt{2(b^2+ca)+2(c^2+ab)} \leqslant \frac{a+3b+2c}{2}$$

平方后,不等式变成

$$a^2 + b^2 - 4c^2 - 2ab + 12bc - 4ca \geqslant 0$$

$$(a - b - 2c)^2 + 8c(b - c) \geqslant 0$$

等式适用于 $a = b$ 和 $c = 0$(或其任意循环排列).

问题 2.20 如果 a,b,c 是非负实数,那么

$$\sqrt{a^2 + 9bc} + \sqrt{b^2 + 9ca} + \sqrt{c^2 + 9ab} \geqslant 5\sqrt{ab + bc + ca}$$

(Vasile Cîrtoaje,2012)

证明 1(Nguyen Van Quy) 假设

$$c = \min\{a,,b,c\}$$

因为当 $a = b$ 和 $c = 0$ 时等式成立,我们应用不等式

$$\sqrt{c^2 + 9ab} \geqslant 3\sqrt{ab}$$

另一方面,根据闵可夫斯基不等式,我们有

$$\sqrt{a^2 + 9bc} + \sqrt{b^2 + 9ca} \geqslant \sqrt{(a + b)^2 + 9c(\sqrt{a} + \sqrt{b})^2}$$

因此,只需证

$$\sqrt{(a + b)^2 + 9c(\sqrt{a} + \sqrt{b})^2} \geqslant 5\sqrt{ab + bc + ca} - 3\sqrt{ab}$$

平方后,不等式变成

$$(a + b)^2 + 18c\sqrt{ab} + 30\sqrt{ab(ab + bc + ca)} \geqslant 34ab + 16c(a + b)$$

因为

$$ab(ab + bc + ca) - \left[ab + \frac{c(a + b)}{3}\right]^2 = \frac{c(a + b)(3ab - ac - bc)}{9} \geqslant 0$$

于是,只需证

$$(a + b)^2 + 18c\sqrt{ab} \geqslant 4ab + 6c(a + b)$$

$$(a + b)^2 - 4ab + 6c(3\sqrt{ab} - a - b) \geqslant 0$$

下证当 $0 \leqslant c \leqslant \sqrt{ab}$ 时 $f(c) \geqslant 0$,其中

$$f(c) = (a + b)^2 + 18c\sqrt{ab} + [30ab + 10c(a + b)] - 34ab - 16c(a + b)$$

$$= (a + b)^2 - 4ab + 6c(3\sqrt{ab} - a - b)$$

因为 $f(c)$ 是关于 c 的线性函数,又 $f(0) \geqslant 0$,于是只需证明 $f(\sqrt{ab}) \geqslant 0$,事实上

$$f(\sqrt{ab}) = (a + b)^2 + 14ab + 6\sqrt{ab}(a + b)$$

$$\geqslant (a + b)^2 - 6(a + b)\sqrt{ab} + 9ab$$

$$= (a + b - 3\sqrt{ab})^2$$

$$\geqslant 0$$

等号适用于 $a = b, c = 0$(或其任意循环排列).

证明 2 假设 $c = \min\{a, b, c\}$. 平方后不等式变成

$$\sum a^2 + 2\sum \sqrt{(a^2 + 9bc)(b^2 + 9ca)} \geqslant 16\sum ab$$

$$\sum a^2 + 2\sqrt{(a^2 + 9bc)(b^2 + 9ca)} + 2\sqrt{c^2 + 9ab}\left(\sqrt{b^2 + 9ca} + \sqrt{a^2 + 9bc}\right)$$

$$\geqslant 16\sum ab$$

由柯西 — 施瓦兹不等式得

$$\sqrt{(a^2 + 9bc)(b^2 + 9ca)} \geqslant ab + 9c\sqrt{ab}$$

此外,闵可夫斯基不等式给出了

$$\sqrt{b^2 + 9ca} + \sqrt{a^2 + 9bc} \geqslant \sqrt{(a+b)^2 + 9c\left(\sqrt{a} + \sqrt{b}\right)^2}$$

$$\geqslant a + b + 4c$$

因此

$$\sqrt{c^2 + 9ab}\left(\sqrt{b^2 + 9ca} + \sqrt{a^2 + 9bc}\right) \geqslant 3\sqrt{ab}(a + b + 4c)$$

因此,只需证明 $f(c) \geqslant 0$,其中

$$f(c) = a^2 + b^2 - 14ab + 6\sqrt{ab}(a + b) + (42\sqrt{ab} - 16a - 16b)c$$

因为 $f(c)$ 是关于 c 的线性函数,又

$$f(0) = a^2 + b^2 - 14ab + 6\sqrt{ab}(a + b)$$

$$= (a - b)^2 + 6\sqrt{ab}\left(\sqrt{a} - \sqrt{b}\right)^2$$

$$\geqslant 0$$

于是只需证明 $f(\sqrt{ab}) \geqslant 0$,事实上

$$f(\sqrt{ab}) = a^2 + b^2 - 14ab + 6\sqrt{ab}(a + b) + (42\sqrt{ab} - 16a - 16b)\sqrt{ab}$$

$$= a^2 + b^2 + 28ab - 10(a + b)\sqrt{ab}$$

$$\geqslant (a + b)^2 - 10(a + b)\sqrt{ab} + 25ab$$

$$= (a + b - 5\sqrt{ab})^2$$

$$\geqslant 0$$

问题 2.21 如果 a, b, c 是非负实数,那么

$$\sum \sqrt{(a^2 + 4bc)(b^2 + 4ca)} \geqslant 5(ab + bc + ca)$$

(Vasile Cîrtoaje, 2012)

证明 1 假设

$$a \geqslant b \geqslant c$$

对于 $b = c = 0$,不等式是平凡的. 进一步设 $b > 0$,将不等式写成

$$\sum \left[\sqrt{(b^2 + 4ca)(c^2 + 4ab)} - bc - 2a(b + c)\right] \geqslant 0$$

$$\sum \frac{(b^2 + 4ca)(c^2 + 4ab) - (bc + 2ab + 2ac)^2}{\sqrt{(b^2 + 4ca)(c^2 + 4ab)} + bc + 2a(b + c)} \geqslant 0$$

$$\sum (b-c)^2 S_a \geqslant 0$$

其中

$$S_a = \frac{a(b+c-a)}{A}, A = \sqrt{(b^2+4ca)(c^2+4ab)} + bc + 2a(b+c)$$

$$S_b = \frac{b(c+a-b)}{B}, B = \sqrt{(c^2+4ab)(a^2+4bc)} + ca + 2b(c+a)$$

$$S_c = \frac{c(a+b-c)}{C}, C = \sqrt{(a^2+4bc)(b^2+4ca)} + ab + 2c(a+b)$$

因为 $S_b \geqslant 0, S_c \geqslant 0$,我们有

$$\sum (b-c)^2 S_a \geqslant (b-c)^2 S_a + (a-c)^2 S_b$$

$$\geqslant (b-c)^2 S_a + \frac{a^2}{b^2}(b-c)^2 S_b$$

$$= \frac{a}{b}(b-c)^2 \left(\frac{b}{a} S_a + \frac{a}{b} S_b \right)$$

因此,只需证

$$\frac{b}{a} S_a + \frac{a}{b} S_b \geqslant 0$$

这等价于

$$\frac{b(b+c-a)}{A} + \frac{a(c+a-b)}{B} \geqslant 0$$

因为

$$\frac{b(b+c-a)}{A} + \frac{a(c+a-b)}{B} \geqslant \frac{b(b-a)}{A} + \frac{a(a-b)}{B}$$

$$= \frac{(a-b)(aA-bB)}{AB}$$

于是只需证

$$aA - bB \geqslant 0$$

事实上

$$aA - bB = \sqrt{c^2+4ab}\left(a\sqrt{b^2+4ca} - b\sqrt{a^2+4bc}\right) + 2(a-b)(ab+bc+ca)$$

$$= \frac{4c(a^3-b^3)\sqrt{c^2+4ab}}{a\sqrt{b^2+4ca} + b\sqrt{a^2+4bc}} + 2(a-b)(a+b+c)$$

$$\geqslant 0$$

等号适用于 $a=b=c$,也适用于 $a=b$ 和 $c=0$(或其任意循环排列).

证明 2(Nguyen Van Quy) 将不等式写成

$$\left(\sqrt{a^2+4bc} + \sqrt{b^2+4ca} + \sqrt{c^2+4ab}\right)^2 \geqslant a^2+b^2+c^2+14(ab+bc+ca)$$

$$\sqrt{a^2+4bc} + \sqrt{b^2+4ca} + \sqrt{c^2+4ab} \geqslant \sqrt{a^2+b^2+c^2+14(ab+bc+ca)}$$

255

假设 $c = \min\{a, b, c\}, t = 2c$,根据下面的引理中不等式(2),不等式变成

$$\sqrt{a^2 + 4bc} + \sqrt{b^2 + 4ca} \geqslant \sqrt{(a+b)^2 + 8(a+b)c}$$

因此,只需证

$$\sqrt{(a+b)^2 + 8(a+b)c} + \sqrt{c^2 + 4ab} \geqslant \sqrt{a^2 + b^2 + c^2 + 14(ab + bc + ca)}$$

平方后,不等式变成

$$\sqrt{[(a+b)^2 + 8(a+b)c](c^2 + 4ab)} \geqslant 4ab + 3(a+b)c$$

$$2(a+b)c^3 - 2(a+b)^2c^2 + 2ab(a+b)c + ab(a+b)^2 - 4a^2b^2 \geqslant 0$$

$$2(a+b)(a-c)(b-c)c + ab(a-b)^2 \geqslant 0$$

引理 设 a, b 和 t 是非负实数且满足

$$t \leqslant 2(a+b)$$

那么:

(1) $\sqrt{(a^2 + 2bt)(b^2 + 2at)} \geqslant ab + (a+b)t$;

(2) $\sqrt{a^2 + 2bt} + \sqrt{b^2 + 2at} \geqslant \sqrt{(a+b)^2 + 4(a+b)t}$.

证明 (1) 不等式平方后变成

$$(a-b)^2t[2(a+b) - t] \geqslant 0$$

(2) 平方后这个不等式就变成了不等式(1).

问题 2.22 如果 a, b, c 是非负实数,那么

$$\sum \sqrt{(a^2 + 9bc)(b^2 + 9ca)} \geqslant 7(ab + bc + ca)$$

(Vasile Cîrtoaje, 2012)

证明(Nguyen Van Quy) 我们发现当 $a = b$ 和 $c = 0$ 时,等式成立. 不失一般性,假设

$$c = \min\{a, b, c\}$$

对于 $t = 4c$,由前面问题 2.21 中的引理不等式(1),不等式变成

$$\sqrt{(a^2 + 8bc)(b^2 + 8ca)} \geqslant ab + 4(a+b)c$$

因此,我们有

$$\sqrt{(a^2 + 9bc)(b^2 + 9ca)} \geqslant ab + 4(a+b)c$$

和

$$\sqrt{c^2 + 9ab}(\sqrt{a^2 + 9bc} + \sqrt{b^2 + 9ca})$$

$$\geqslant 3\sqrt{ab} \cdot 2\sqrt[4]{(a^2 + 9bc)(b^2 + 9ca)}$$

$$\geqslant 6\sqrt{ab} \cdot \sqrt{ab + 4(a+b)c}$$

$$= 3\sqrt{4a^2b^2 + 16abc(a+b)}$$

$$\geqslant 3\sqrt{4a^2b^2 + 4abc(a+b) + c^2(a+b)^2}$$

$$= 3(2ab + bc + ca)$$

因此

$$\sum \sqrt{(a^2 + 9bc)(b^2 + 9ca)} \geqslant ab + 4bc + 4ca + 3(2ab + bc + ca)$$
$$= 7(ab + bc + ca)$$

等号适用于 $a = b$ 和 $c = 0$(或其任意循环排列).

问题 2.23 如果 a, b, c 是非负实数,那么

$$\sqrt{(a^2 + b^2)(b^2 + c^2)} + \sqrt{(b^2 + c^2)(c^2 + a^2)} + \sqrt{(c^2 + a^2)(a^2 + b^2)}$$
$$\leqslant (a + b + c)^2$$

(Vasile Cîrtoaje, 2007)

证明 不失一般性,设

$$a = \min\{a, b, c\}$$

记

$$y = \frac{a}{2} + b, z = \frac{a}{2} + c$$

因为

$$a^2 + b^2 \leqslant y^2, b^2 + c^2 \leqslant y^2 + z^2, c^2 + a^2 \leqslant z^2$$

只需证明

$$yz + (y + z)\sqrt{y^2 + z^2} \leqslant (y + z)^2$$

这是成立的,因为

$$y^2 + yz + z^2 - (y + z)\sqrt{y^2 + z^2} = \frac{y^2 z^2}{y^2 + yz + z^2 + (y + z)\sqrt{y^2 + z^2}} \geqslant 0$$

等号适用于 $a = b = 0$(或其任意循环排列).

问题 2.24 如果 a, b, c 是非负实数,那么

$$\sum \sqrt{(a^2 + ab + b^2)(b^2 + bc + c^2)} \geqslant (a + b + c)^2$$

证明 根据柯西 — 施瓦兹不等式,我们有

$$(a^2 + ab + b^2)(a^2 + ac + c^2) = \left[\left(a + \frac{b}{2}\right)^2 + \frac{3b^2}{4}\right]\left[\left(a + \frac{c}{2}\right)^2 + \frac{3c^2}{4}\right]$$
$$\geqslant \left(a + \frac{b}{2}\right)\left(a + \frac{c}{2}\right) + \frac{3bc}{4}$$
$$= a^2 + \frac{a(b + c)}{2} + bc$$

因此

$$\sum \sqrt{(a^2 + ab + b^2)(b^2 + bc + c^2)} \geqslant \sum \left[a^2 + \frac{a(b + c)}{2} + bc\right]$$
$$= (a + b + c)^2$$

等号适用于 $a = b = c$,也适用于 $b = c = 0$(或其任意循环排列).

问题 2.25　如果 a,b,c 是非负实数,那么

$$\sum \sqrt{(a^2 + 7ab + b^2)(b^2 + 7bc + c^2)} \geqslant 7(ab + bc + ca)$$

(Vasile Cîrtoaje,2012)

证明 1　不失一般性,设

$$c = \min\{a,b,c\}$$

我们发现当 $a = b$ 和 $c = 0$ 时,等式成立. 因为

$$\sqrt{(a^2 + 7ac + c^2)(b^2 + 7bc + c^2)} \geqslant (a + 2c)(b + 2c) \geqslant ab + 2c(a + b)$$

于是只需证

$$\sqrt{a^2 + 7ab + b^2}\left(\sqrt{a^2 + 7ac} + \sqrt{b^2 + 7bc}\right) \geqslant 6ab + 5bc + 5ca$$

可以证明

$$\sqrt{a^2 + 7ab + b^2}\left(\sqrt{b^2 + 7bc +} + \sqrt{a^2 + 7ca}\right) \geqslant 6ab + 5bc + 5ca$$

根据闵可夫斯基不等式,我们有

$$\sqrt{b^2 + 7bc} + \sqrt{a^2 + 7ca} \geqslant \sqrt{(a + b)^2 + 7c\left(\sqrt{a} + \sqrt{b}\right)^2}$$

$$\geqslant \sqrt{(a + b)^2 + 7c(a + b) + \frac{28abc}{a + b}}$$

从而只需证

$$(a^2 + 7ab + b^2)\left[(a + b)^2 + 7c(a + b) + \frac{28abc}{a + b}\right] \geqslant (6ab + 5bc + 5ca)^2$$

由于不等式的齐次性,可以假设 $a + b = 1$,并记 $d = ab, d \leqslant \dfrac{1}{4}$,因为

$$c \leqslant \frac{2ab}{a + b} = 2d$$

我们只需证明 $f(c) \geqslant 0, 0 \leqslant c \leqslant 2d \leqslant \dfrac{1}{2}$,其中

$$f(c) = (1 + 5d)(1 + 7c + 28dc) - (6d + 5c)^2$$

因为 $f(c)$ 是凹函数,于是只需证明 $f(0) \geqslant 0$ 和 $f(2d) \geqslant 0$. 事实上

$$f(0) = 1 + 5d - 36d^2 = (1 - 4d)(1 + 9d) \geqslant 0$$

和

$$f(2d) = (1 + 5d)(1 + 14d + 56d^2) - 25bd^2$$

$$\geqslant (1 + 4d)(1 + 14d + 56d^2) - 256d^2$$

$$= (1 - 4d)(1 + 22d - 56d^2)$$

$$\geqslant d(1 - 4d)(22 - 56d)$$

$$\geqslant 0$$

等号适用于 $a = b$,也适用于 $c = 0$(或其任意循环排列).

证明 2　我们应用不等式

$$\sqrt{x^2 + 7xy + y^2} \geqslant x + y + \frac{2xy}{x+y}, x, y \geqslant 0$$

平方化简得

$$xy(x-y)^2 \geqslant 0$$

我们有

$$\sum \sqrt{(a^2 + 7ab + b^2)(a^2 + 7ac + c^2)}$$

$$\geqslant \sum \left(a + b + \frac{2ab}{a+b}\right)\left(a + c + \frac{2ac}{a+c}\right)$$

$$\geqslant \sum a^2 + 3\sum ab + \sum \frac{2a^2 b}{a+b} + \sum \frac{2a^2 c}{a+c} + \sum \frac{2abc}{a+b}$$

因为

$$\sum \frac{2a^2 b}{a+b} + \sum \frac{2a^2 c}{a+c} = \sum \frac{2a^2 b}{a+b} + \sum \frac{2b^2 a}{b+a}$$

$$= 2\sum ab$$

$$\sum \frac{2abc}{a+b} \geqslant \frac{18abc}{\sum(a+b)} = \frac{9abc}{a+b+c}$$

于是只需证明

$$\sum a^2 + \frac{9abc}{a+b+c} \geqslant 2\sum ab$$

这就是三阶舒尔不等式.

问题 2.26 如果 a, b, c 是非负实数,那么

$$\sum \sqrt{\left(a^2 + \frac{7}{9}ab + b^2\right)\left(b^2 + \frac{7}{9}bc + c^2\right)} \leqslant \frac{13}{12}(a+b+c)^2$$

(Vasile Cîrtoaje,2012)

证明(Nguyen Van Quy) 不失一般性,设

$$c = \min\{a, b, c\}$$

很容易看出,对于 $a = b = 1$ 和 $c = 0$,等式成立.根据 AM−GM 不等式,以下不等式对任意 $k > 0$ 成立

$$12\sqrt{a^2 + \frac{7}{9}ab + b^2}\left(\sqrt{b^2 + \frac{7}{9}bc + c^2} + \sqrt{a^2 + \frac{7}{9}ac + c^2}\right)$$

$$\leqslant \frac{36}{k}\left(a^2 + \frac{7}{9}ab + b^2\right) + k\left(\sqrt{b^2 + \frac{7}{9}bc + c^2} + \sqrt{a^2 + \frac{7}{9}ac + c^2}\right)^2$$

我们可以用这个不等式来证明原不等式,仅当 $a = b = 1, c = 0$ 时等号成立

$$\frac{36}{k}\left(a^2 + \frac{7}{9}ab + b^2\right) = k\left(\sqrt{b^2 + \frac{7}{9}bc + c^2} + \sqrt{a^2 + \frac{7}{9}ac + c^2}\right)^2$$

如果 $k = 5$ 满足这个必要条件.因此,就只需证明

$$12\sqrt{\left(a^2+\frac{7}{9}ac+c^2\right)\left(b^2+\frac{7}{9}bc+c^2\right)}+\frac{36}{5}\left(a^2+\frac{7}{9}ab+b^2\right)+$$

$$5\left(\sqrt{a^2+\frac{7}{9}ac+c^2}+\sqrt{b^2+\frac{7}{9}bc+c^2}\right)^2$$

$$\leqslant 13\,(a+b+c)^2$$

等价于

$$22\sqrt{\left(a^2+\frac{7}{9}ac+c^2\right)\left(b^2+\frac{7}{9}bc+c^2\right)}$$

$$\leqslant\frac{4\,(a+b)^2+94ab}{5}+3c^2+\frac{199c(a+b)}{9}$$

因为

$$2\sqrt{\left(a^2+\frac{7}{9}ac+c^2\right)\left(b^2+\frac{7}{9}bc+c^2\right)}\leqslant 2\sqrt{\left(a^2+\frac{16}{9}ac\right)\left(b^2+\frac{16}{9}bc\right)}$$

$$=2\sqrt{a\left(b+\frac{16}{9}c\right)\cdot b\left(a+\frac{16}{9}c\right)}$$

$$\leqslant b\left(a+\frac{16}{9}c\right)+a\left(b+\frac{16}{9}c\right)$$

$$=2ab+\frac{16c(a+b)}{9}$$

我们只需证

$$22\left[ab+\frac{8c(a+b)}{9}\right]\leqslant\frac{4(a^2+b^2)+102ab}{5}+3c^2+\frac{199c(a+b)}{9}$$

化简成明显的不等式

$$\frac{4\,(a-b)^2}{5}+\frac{23c(a+b)}{9}+3c^2\geqslant 0$$

这样,证明就完成了. 等号适用于 $a=b$ 和 $c=0$(或任意循环排列).

问题 2.27　如果 a,b,c 是非负实数,那么

$$\sum\sqrt{\left(a^2+\frac{1}{3}ab+b^2\right)\left(b^2+\frac{1}{3}bc+c^2\right)}\leqslant\frac{61}{60}\,(a+b+c)^2$$

(Vasile Cîrtoaje,2012)

证明(Nguyen Van Quy)　不失一般性,设

$$c=\min\{a,b,c\}$$

很容易看出,等式适用于 $c=0$ 和 $11(a^2+b^2)=38ab$. 根据 AM−GM 不等式,以下不等式对任意 $k>0$ 成立

$$60\sqrt{a^2+\frac{1}{3}ab+b^2}\left(\sqrt{b^2+\frac{1}{3}bc+c^2}+\sqrt{a^2+\frac{1}{3}ac+c^2}\right)$$

$$\leqslant \frac{36}{k}\left(a^2 + \frac{1}{3}ab + b^2\right) + 25k\left(\sqrt{b^2 + \frac{1}{3}bc + c^2} + \sqrt{a^2 + \frac{1}{3}ac + c^2}\right)^2$$

我们可以用这个不等式来证明原不等式,仅当 $c = 0$ 和 $11(a^2 + b^2) = 38ab$ 时等号成立

$$\frac{36}{k}\left(a^2 + \frac{1}{3}ab + b^2\right) = 25k\left(\sqrt{b^2 + \frac{1}{3}bc + c^2} + \sqrt{a^2 + \frac{1}{3}ac + c^2}\right)^2$$

如果 $k = 1$ 满足这个必要条件. 因此,就只需证明

$$60\sqrt{\left(a^2 + \frac{1}{3}ac + c^2\right)\left(b^2 + \frac{1}{3}bc + c^2\right)} + 36\left(a^2 + \frac{1}{3}ab + b^2\right) +$$

$$25\left(\sqrt{a^2 + \frac{1}{3}ac + c^2} + \sqrt{b^2 + \frac{1}{3}bc + c^2}\right)^2$$

$$\leqslant 61(a + b + c)^2$$

等价于

$$10\sqrt{\left(a^2 + \frac{1}{3}ac + c^2\right)\left(b^2 + \frac{1}{3}bc + c^2\right)} \leqslant 10ab + c^2 + \frac{31c(a + b)}{3}$$

因为

$$2\sqrt{\left(a^2 + \frac{1}{3}ac + c^2\right)\left(b^2 + \frac{1}{3}bc + c^2\right)}$$

$$\leqslant 2\sqrt{\left(a^2 + \frac{4}{3}ac\right)\left(b^2 + \frac{4}{3}bc\right)}$$

$$= 2\sqrt{b\left(a + \frac{4}{3}c\right) \cdot a\left(b + \frac{4}{3}c\right)}$$

$$\leqslant b\left(a + \frac{4}{3}c\right) + a\left(b + \frac{4}{3}c\right)$$

$$= 2ab + \frac{4c(a + b)}{3}$$

我们只需证

$$10\left[ab + \frac{2c(a + b)}{3}\right] \leqslant 10ab + c^2 + \frac{31c(a + b)}{3}$$

化简成明显的不等式

$$11c(a + b) + 3c^2 \geqslant 0$$

这样,证明就完成了. 等号适用于 $11(a^2 + b^2) = 38ab$ 和 $c = 0$(或任意循环排列).

问题 2.28   如果 a, b, c 是非负实数,那么

$$\frac{a}{\sqrt{4b^2 + bc + 4c^2}} + \frac{b}{\sqrt{4c^2 + ca + 4a^2}} + \frac{c}{\sqrt{4a^2 + ab + 4b^2}} \geqslant 1$$

(Pham Kim Hung, 2006)

证明   根据赫尔德(Hölder's inequality)不等式,我们有

$$\left(\sum \frac{a}{\sqrt{4b^2+bc+4c^2}}\right)^2 \geqslant \frac{\left(\sum a\right)^3}{\sum a(4b^2+bc+4c^2)} = \frac{\sum a^3 + 3\sum ab(a+b) + 6abc}{4\sum ab(a+b) + 3abc}$$

因此,只需证

$$\sum a^3 + 3abc \geqslant \sum ab(a+b)$$

这就是三次舒尔不等式. 等号适用于 $a=b=c$, 也适用于 $a=0$ 和 $b=c$(或其任意循环排列).

问题 2.29 如果 a,b,c 是非负实数,那么

$$\frac{a}{\sqrt{b^2+bc+c^2}} + \frac{b}{\sqrt{c^2+ca+a^2}} + \frac{c}{\sqrt{a^2+ab+b^2}} \geqslant \frac{a+b+c}{\sqrt{ab+bc+ca}}$$

证明 根据赫尔德不等式,我们有

$$\left(\sum \frac{a}{\sqrt{b^2+bc+c^2}}\right)^2 \geqslant \frac{\left(\sum a\right)^3}{\sum a(b^2+bc+c^2)} = \frac{\left(\sum a\right)^2}{\sum ab}$$

等号适用于 $a=b=c$, 也适用于 $a=0$ 和 $b=c$(或其任意循环排列).

问题 2.30 如果 a,b,c 是非负实数,那么

$$\frac{a}{\sqrt{a^2+2bc}} + \frac{b}{\sqrt{b^2+2ca}} + \frac{c}{\sqrt{c^2+2ab}} \leqslant \frac{a+b+c}{\sqrt{ab+bc+ca}}$$

(Ho Phu Thai,2007)

证明 不失一般性,设

$$a \geqslant b \geqslant c$$

方法 1 因为

$$\frac{c}{\sqrt{c^2+2ab}} \leqslant \frac{c}{\sqrt{ab+bc+ca}}$$

于是只需证

$$\frac{a}{\sqrt{a^2+2bc}} + \frac{b}{\sqrt{b^2+2ca}} \leqslant \frac{a+b}{\sqrt{ab+bc+ca}}$$

这等价于

$$\frac{a\left(\sqrt{a^2+2bc}-\sqrt{ab+bc+ca}\right)}{\sqrt{a^2+2bc}} \geqslant \frac{b\left(\sqrt{ab+bc+ca}-\sqrt{b^2+2ca}\right)}{\sqrt{b^2+2ca}}$$

因为

$$\sqrt{a^2+2bc} - \sqrt{ab+bc+ca} \geqslant 0$$

和

$$\frac{a}{\sqrt{a^2+2bc}} \geqslant \frac{b}{\sqrt{b^2+2ca}}$$

因此,只需证

$$\sqrt{a^2+2bc}-\sqrt{ab+bc+ca} \geqslant \sqrt{ab+bc+ca}-\sqrt{b^2+2ca}$$

等价于

$$\sqrt{a^2+2bc}+\sqrt{b^2+2ca} \geqslant 2\sqrt{ab+bc+ca}$$

利用 AM－GM 不等式,就只需证明

$$(a^2+2bc)(b^2+2ca) \geqslant (ab+bc+ca)^2$$

这等价于明显的不等式

$$c(a-b)^2(2a+2b-c) \geqslant 0$$

等号适用于 $a=b=c$,也适用于 $a=b$ 和 $c=0$(或其任意循环排列).

方法 2　根据柯西－施瓦兹不等式,我们有

$$\left(\sum \frac{a}{\sqrt{a^2+2bc}}\right)^2 \leqslant \left(\sum a\right)\left(\sum \frac{a}{a^2+2bc}\right)$$

因此,只需证

$$\sum \frac{a}{a^2+2bc} \leqslant \frac{a+b+c}{ab+bc+ca}$$

等价于

$$\sum a\left(\frac{1}{ab+bc+ca}-\frac{1}{a^2+2bc}\right) \geqslant 0$$

$$\sum \frac{a(a-b)(a-c)}{a^2+bc} \geqslant 0$$

我们有

$$\sum \frac{a(a-b)(a-c)}{a^2+2bc} \geqslant \frac{a(a-b)(a-c)}{a^2+2bc}+\frac{b(b-a)(b-c)}{b^2+2ca}$$
$$=\frac{c(a-b)^2[2a(a-c)+2b(b-c)+3ab]}{(a^2+2bc)(b^2+2ca)}$$
$$\geqslant 0$$

问题 2.31　如果 a,b,c 是非负实数,那么

$$a^3+b^3+c^3+3abc \geqslant a^2\sqrt{a^2+3bc}+b^2\sqrt{b^2+3ca}+c^2\sqrt{c^2+3ab}$$

(Vo Quoc Ba Can,2008)

证明　当 $a=0$ 时,不等式为恒等式.进一步考虑 $a,b,c>0$,并将不等式写为

$$\sum a^2\left(\sqrt{a^2+3bc}-a\right) \leqslant 3abc$$

$$\sum \frac{3a^2bc}{\sqrt{a^2+3bc}+a} \leqslant 3abc$$

$$\sum \frac{a}{\sqrt{1+\frac{3bc}{a^2}}+1} \leqslant 1$$

记

$$x = \frac{1}{\sqrt{1 + \frac{3bc}{a^2}} + 1}, y = \frac{1}{\sqrt{1 + \frac{3ca}{b^2}} + 1}, z = \frac{1}{\sqrt{1 + \frac{3ab}{c^2}} + 1}$$

这意味着

$$\frac{bc}{a^2} = \frac{1-2x}{3x^2}, \frac{ca}{b^2} = \frac{1-2y}{3y^2}, \frac{ab}{c^2} = \frac{1-2z}{3z^2}, 0 < x, y, z < \frac{1}{2}$$

$$(1-2x)(1-2y)(1-2z) = 27x^2 y^2 z^2$$

我们只需证明

$$x + y + z \leqslant 1, 0 < x, y, z \leqslant \frac{1}{2}$$

且满足

$$(1-2x)(1-2y)(1-2z) = 27x^2 y^2 z^2$$

我们将应用矛盾方法. 假设

$$x + y + z > 1, 0 < x, y, z \leqslant \frac{1}{2}$$

将证明

$$(1-2x)(1-2y)(1-2z) < 27x^2 y^2 z^2$$

我们有

$$(1-2x)(1-2y)(1-2z)$$
$$< (x+y+z-2x)(x+y+z-2y)(x+y+z-2z)$$
$$< (y+z-x)(z+x-y)(x+y-z)(x+y+z)^3$$
$$\leqslant 3(y+z-x)(z+x-y)(x+y-z)(x+y+z)(x^2+y^2+z^2)$$
$$= 3(2x^2 y^2 + 2y^2 z^2 + 2z^2 x^2 - x^4 - y^4 - z^4)(x^2+y^2+z^2)$$

因此,只需证

$$(2x^2 y^2 + 2y^2 z^2 + 2z^2 x^2 - x^4 - y^4 - z^4)(x^2+y^2+z^2) \leqslant 9x^2 y^2 z^2$$

这等价于

$$x^6 + y^6 + z^6 + 3x^2 y^2 z^2 \geqslant \sum y^2 z^2 (y^2 + z^2)$$

显然,这只是应用于 x^2, y^2, z^2 的三阶舒尔不等式. 这样,证明就完成了. 等号适用于 $a = b = c$,也适用于 $a = 0$ 和 $b = c = 0$(或其任意循环排列).

问题 2.32 设 a, b, c 是非负实数,且不存在两个同时为零. 求证

$$\frac{a}{\sqrt{4a^2 + 5bc}} + \frac{b}{\sqrt{4b^2 + 5ca}} + \frac{c}{\sqrt{4c^2 + 5ab}} \leqslant 1$$

(Vasile Cîrtoaje, 2004)

证明 1(Vo Quoc Ba Can)   如果 a, b, c 中有一个为零,那么不等式就变成了一个等式. 接下来考虑 $a, b, c > 0$ 并记

$$x=\frac{a}{\sqrt{4a^2+5bc}},y=\frac{b}{\sqrt{4b^2+5ca}},z=\frac{c}{\sqrt{4c^2+5ab}},x,y,z\in\left(0,\frac{1}{2}\right)$$

我们有

$$\frac{bc}{a^2}=\frac{1-4x^2}{5x^2},\frac{ca}{b^2}=\frac{1-4y^2}{5y^2},\frac{ab}{c^2}=\frac{1-4z^2}{5z^2}$$

和

$$(1-4x^2)(1-4y^2)(1-4z^2)=125x^2y^2z^2$$

采用反证法.假设 $x+y+z>1$.利用 AM－GM 不等式和柯西－施瓦兹不等式,我们有

$$x^2y^2z^2=\frac{1}{125}\prod(1-4x^2)$$

$$<\frac{1}{125}\prod[(x+y+z)^2-4x^2]$$

$$=\frac{1}{125}\prod(3x+y+z)\cdot\prod(y+z-x)$$

$$\leqslant\left(\frac{x+y+z}{3}\right)^3\prod(y+z-x)$$

$$\leqslant\frac{1}{9}(x^2+y^2+z^2)(x+y+z)\prod(y+z-x)$$

$$=\frac{1}{9}(x^2+y^2+z^2)[2(x^2y^2+y^2z^2+z^2x^2)-x^4-y^4-z^4]$$

因此

$$9x^2y^2z^2<(x^2+y^2+z^2)[2(x^2y^2+y^2z^2+z^2x^2)-x^4-y^4-z^4]$$

$$x^6+y^6+z^6+3x^2y^2z^2<\sum x^2y^2(x^2+y^2)$$

最后一个不等式与舒尔不等式相矛盾

$$x^6+y^6+z^6+3x^2y^2z^2\geqslant\sum x^2y^2(x^2+y^2)$$

这样,证明就完成了.等号适用于 $a=b=c$,也适用于 $a=0$ 和 $b=c=0$(或其任意循环排列).

证明 2 应用整合变量方法.对于非平凡情况当 $a,b,c>0$ 时,设

$$x=\frac{bc}{a^2},y=\frac{ca}{b^2},z=\frac{ab}{c^2},xyz=1$$

期望不等式变成 $E(x,y,z)\leqslant1$,其中

$$E(x,y,z)=\frac{1}{\sqrt{4+5x}}+\frac{1}{\sqrt{4+5y}}+\frac{1}{\sqrt{4+5z}}$$

不失一般性,假设

$$x\geqslant y\geqslant z,x\geqslant1,yz\leqslant1$$

我们将证明

$$E(x,y,z) \leqslant E(x,\sqrt{yz},\sqrt{yz}) \leqslant 1$$

左边不等式可写成

$$\frac{1}{\sqrt{4+5y}} + \frac{1}{\sqrt{4+5z}} \leqslant \frac{2}{\sqrt{4+5\sqrt{yz}}}$$

对于非平凡情况 $y \neq z$, 考虑 $y > z$, 并记

$$s = \frac{y+z}{2}, p = \sqrt{yz}, q = \sqrt{(4+5y)(4+5z)}$$

我们有 $s > p, p \leqslant 1$ 和

$$q = \sqrt{16+40s+25p^2} > \sqrt{16+40p+25p^2} = 4+5p$$

通过平方, 期望的不等式依次变为下列形式

$$\frac{1}{4+5y} + \frac{1}{4+5z} + \frac{2}{q} \leqslant \frac{4}{4+5p}$$

$$\frac{1}{4+5y} + \frac{1}{4+5z} - \frac{2}{4+5p} \leqslant \frac{2}{4+5p} - \frac{2}{q}$$

$$\frac{8+10s}{q^2} - \frac{2}{4+5p} \leqslant \frac{2(q-4-5p)}{q(4+5p)}$$

$$\frac{(s-p)(5p-4)}{q^2(4+5p)} \leqslant \frac{8(s-p)}{q(4+5p)(q+4+5p)}$$

$$\frac{5p-4}{q} \leqslant \frac{8}{q+4+5p}$$

$$25p^2 - 16 \leqslant (12-5p)q$$

最后一个不等式为真, 因为

$$(12-5p)q - 25p^2 + 16 > (12-5p)(4+5p) - 25p^2 + 16$$
$$= 2(8-5p)(4+5p)$$
$$> 0$$

为了证明右边不等式

$$\frac{1}{\sqrt{4+5x}} + \frac{2}{\sqrt{4+5\sqrt{yz}}} \leqslant 1$$

记 $\sqrt{4+5\sqrt{yz}} = 3t, t \in \left(\frac{2}{3}, 1\right]$.

因为

$$x = \frac{1}{yz} = \frac{25}{(9t^2-4)^2}$$

不等式变成

$$\frac{9t^2-4}{3\sqrt{36t^4-32t^2+21}} + \frac{2}{3t} \leqslant 1$$

$$(2-3t)\left(\sqrt{36t^4-32t^2+21} - 3t^2 - 2t\right) \leqslant 0$$

因为 $2-3t<0$,我们还需证明

$$\sqrt{36t^4-32t^2+21}\geqslant 3t^2+2t$$

事实上

$$36t^4-32t^2+21-(3t^2+2t)^2=3\ (t-1)^2(9t^2+14t+7)\geqslant 0$$

问题 2.33 设 a,b,c 是非负实数.求证

$$a\sqrt{4a^2+5bc}+b\sqrt{4b^2+5ca}+c\sqrt{4c^2+5ab}\geqslant (a+b+c)^2$$

(Vasile Cîrtoaje,2004)

证明1 将不等式写成

$$\sum a(\sqrt{4a^2+5bc}-2a)\geqslant 2(ab+bc+ca)-(a^2-b^2-c^2)$$

$$5abc\sum\frac{1}{\sqrt{4a^2+5bc}+2a}\geqslant 2(ab+bc+ca)-(a^2-b^2-c^2)$$

将舒尔不等式

$$a^3+b^3+c^3+3abc\geqslant\sum ab(a^2+b^2)$$

写成

$$\frac{9abc}{a+b+c}\geqslant 2(ab+bc+ca)-a^2-b^2-c^2$$

因此,只需证

$$\sum\frac{1}{\sqrt{4a^2+5bc}+2a}\geqslant\frac{9}{a+b+c}$$

设 $p=a+b+c,q=ab+bc+ca$.根据 AM-GM 不等式,我们有

$$\sqrt{4a^2+5bc}=\frac{2\sqrt{(16a^2+20bc)(3b+3c)^2}}{12(b+c)}$$

$$\leqslant\frac{(16a^2+20bc)+(3b+3c)^2}{12(b+c)}$$

$$\leqslant\frac{16a^2+16bc+10(b+c)^2}{12(b+c)}$$

$$=\frac{8a^2+5b^2+5c^2+18bc}{6(b+c)}$$

因此

$$\sum\frac{5}{\sqrt{4a^2+5bc}+2a}\geqslant\sum\frac{5}{\frac{8a^2+5b^2+5c^2+18bc}{6(b+c)}+2a}$$

$$=\sum\frac{30(b+c)}{8a^2+5b^2+5c^2+12ab+18bc+12ac}$$

$$=\sum\frac{30(b+c)}{5p^2+3a^2+2q+6bc}$$

267

因此,只需证

$$\sum \frac{30(b+c)}{5p^2+3a^2+2q+6bc} \geqslant \frac{9}{p}$$

根据柯西－施瓦兹不等式,我们得到

$$\sum \frac{30(b+c)}{5p^2+3a^2+2q+6bc} \geqslant \frac{30\left[\sum(b+c)\right]^2}{\sum(b+c)(5p^2+3a^2+2q+6bc)}$$

$$= \frac{120p^2}{10p^3+4pq+9\sum bc(b+c)}$$

$$= \frac{120p^2}{10p^3+13pq-27abc}$$

因此,只需证

$$\frac{120p^2}{10p^3+13pq-27abc} \geqslant \frac{9}{p}$$

等价于

$$10p^3+81abc \geqslant 39pq$$

由舒尔不等式 $p^3+9bc \geqslant 4pq$ 和已知不等式 $pq \geqslant 9abc$,我们有

$$10p^3+81abc-39pq = 10(p^3+9abc-4pq)+(pq-9abc) \geqslant 0$$

这就完成了证明. 等号适用于 $a=b=c$,也适用于 $a=0$ 和 $b=c$(或其任意循环排列).

证明 2 根据柯西－施瓦兹不等式,我们有

$$\left(\sum a\sqrt{4a^2+5bc}\right)\left(\sum \frac{a}{\sqrt{4a^2+5bc}}\right) \geqslant (a+b+c)^2$$

由这个不等式和问题 2.32 中的不等式,即

$$\sum \frac{a}{\sqrt{4a^2+5bc}} \leqslant 1$$

因此期望不等式成立.

备注 使用与第二个证明相同的方法,我们可以证明以下不等式,其中 a, b, $c > 0$ 且满足 $abc=1$.

$$a\sqrt{4a^2+5}+b\sqrt{4b^2+5}+c\sqrt{4c^2+5} \geqslant (a+b+c)^2$$

$$\sqrt{4a^4+5}+\sqrt{4b^4+5}+\sqrt{4c^4+5} \geqslant (a+b+c)^2$$

第一个不等式由柯西－施瓦兹不等式推出

$$\left(\sum a\sqrt{4a^2+5}\right)\left(\sum \frac{a}{\sqrt{4a^2+5}}\right) \geqslant (a+b+c)^2$$

和

$$\sum \frac{a}{\sqrt{4a^2+5}} \leqslant 1, abc=1$$

作代换 $\frac{1}{a^2}=\frac{yz}{x^2},\frac{1}{b^2}=\frac{zx}{y^2},\frac{1}{c^2}=\frac{xy}{z^2}$,得出问题 2.32 中的不等式.

第二个不等式由柯西－施瓦兹不等式推出

$$\left(\sum\sqrt{4a^4+5}\right)\left(\sum\frac{a^2}{\sqrt{4a^4+5}}\right)\geqslant(a+b+c)^2$$

和不等式

$$\sum\frac{a^2}{\sqrt{4a^4+5}}\leqslant 1,abc=1$$

问题 2.34 设 a,b,c 是非负实数. 求证

$$a\sqrt{a^2+3bc}+b\sqrt{b^2+3ca}+c\sqrt{c^2+3ab}\geqslant 2(ab+bc+ca)$$

(Vasile Cîrtoaje,2005)

证明 1(Vo Quoc Ba Can) 利用 AM－GM 不等式可以得到

$$\sum a\sqrt{a^2+3bc}=\sum\frac{a(b+c)(a^2+3bc)}{\sqrt{(b+c)^2(a^2+3bc)}}$$

$$\geqslant\sum\frac{2a(b+c)(a^2+3bc)}{(b+c)^2+(a^2+3bc)}$$

因此,只需证明不等式

$$\sum\frac{2a(b+c)(a^2+3bc)}{a^2+b^2+c^2+5bc}\geqslant\sum a(b+c)$$

我们将采用 SOS 方法. 把不等式写成如下形式

$$\sum\frac{a(b+c)(a^2-b^2-c^2+bc)}{a^2+b^2+c^2+5bc}\geqslant 0$$

$$\sum\frac{a^3(b+c)-a(b^3+c^3)}{a^2+b^2+c^2+5bc}\geqslant 0$$

$$\sum\frac{ab(a^2-b^2)-ac(c^2-a^2)}{a^2+b^2+c^2+5bc}\geqslant 0$$

$$\sum\frac{ab(a^2-b^2)}{a^2+b^2+c^2+5bc}-\sum\frac{ba(b^2-a^2)}{a^2+b^2+c^2+5ca}\geqslant 0$$

$$\sum\frac{5abc(a-b)^2(a+b)}{(a^2+b^2+c^2+5bc)(a^2+b^2+c^2+5ca)}\geqslant 0$$

等号适用于 $a=b=c$,也适用于 $a=0$ 和 $b=c$(或其任意循环排列).

证明 2 将不等式写为

$$\sum(a\sqrt{a^2+3bc}-a^2)\geqslant 2(ab+bc+ca)-a^2-b^2-c^2$$

由于不等式的齐次性,我们可以假设 $a+b+c=3$. 根据 AM－GM 不等式得到

$$a\sqrt{a^2+3bc}-a^2=\frac{3abc}{\sqrt{a^2+3bc}+a}$$

$$= \frac{12abc}{2\sqrt{4(a^2 + 3bc)} + 4a}$$

$$\geqslant \frac{12abc}{4 + a^2 + 3bc + 4a}$$

因此,只需证明

$$12abc \sum \frac{1}{4 + a^2 + 3bc + 4a} \geqslant 2(ab + bc + ca) - a^2 - b^2 - c^2$$

另一方面,根据舒尔不等式,我们有

$$\frac{9abc}{a + b + c} \geqslant 2(ab + bc + ca) - a^2 - b^2 - c^2$$

因此,我们只需证

$$\sum \frac{1}{4 + a^2 + 3bc + 4a} \geqslant \frac{3}{4(a + b + c)}$$

根据柯西 — 施瓦兹不等式,我们有

$$\sum \frac{1}{4 + a^2 + 3bc + 4a} \geqslant \frac{9}{\sum(4 + a^2 + 3bc + 4a)}$$

$$= \frac{9}{24 + \sum a^2 + 3 \sum ab}$$

$$= \frac{27}{8\left(\sum a\right)^2 + 3 \sum a^2 + 9 \sum ab}$$

$$= \frac{9 \sum a}{11\left(\sum a\right)^2 + 3 \sum ab}$$

$$\geqslant \frac{3}{4 \sum a}$$

问题 2.35 如果 a, b, c 是非负实数. 求证

$$a\sqrt{a^2 + 8bc} + b\sqrt{b^2 + 8ca} + c\sqrt{c^2 + 8ab} \leqslant (a + b + c)^2$$

证明 乘以 $a + b + c$,不等式变成

$$\sum a\sqrt{(a + b + c)^2(a^2 + 8bc)} \leqslant (a + b + c)^3$$

根据不等式知

$$2\sqrt{(a + b + c)^2(a^2 + 8bc)} \leqslant (a + b + c)^2 + (a^2 + 8bc)$$

因此,只需证明

$$\sum a[(a + b + c)^2 + a^2 + 8bc] \leqslant 2(a + b + c)^3$$

可以写为

$$a^3 + b^3 + c^3 + 24abc \leqslant (a + b + c)^3$$

这等价于

$$a\,(b-c)^2+b\,(c-a)^2+c\,(a-b)^2\geqslant 0$$

等号适用于 $a=b=c$,也适用于 $a=0$ 和 $b=c$(或其任意循环排列).

问题 2.36 设 a,b,c 是非负实数且不存在两个同时为零. 求证

$$\frac{a^2+2bc}{\sqrt{b^2+bc+c^2}}+\frac{b^2+2ca}{\sqrt{c^2+ca+a^2}}+\frac{c^2+2ab}{\sqrt{a^2+ab+a^2}}\geqslant 3\sqrt{ab+bc+ca}$$

(Michael Rozenberg and Marius Stanean,2011)

证明 根据 AM$-$GM 不等式,我们有

$$\sum\frac{a^2+2bc}{\sqrt{b^2+bc+c^2}}=\sum\frac{2(a^2+2bc)\sqrt{ab+bc+ca}}{2\sqrt{(b^2+bc+c^2)(ab+bc+ca)}}$$

$$\geqslant\sqrt{ab+bc+ca}\sum\frac{2(a^2+2bc)}{(b^2+bc+c^2)+(ab+bc+ca)}$$

$$=\sqrt{ab+bc+ca}\sum\frac{2(a^2+2bc)}{(b+c)(a+b+c)}$$

因此,只需证

$$\frac{a^2+2bc}{b+c}+\frac{b^2+2ca}{c+a}+\frac{c^2+2ab}{a+b}\geqslant\frac{3}{2}(a+b+c)$$

这等价于

$$a^4+b^4+c^4+abc(a+b+c)\geqslant\frac{1}{2}\sum ab\,(a+b)^2$$

我们可以通过对四阶舒尔不等式求和来证明这个不等式

$$a^4+b^4+c^4+abc(a+b+c)\geqslant\sum ab(a^2+b^2)$$

和明显的不等式

$$\sum ab(a^2+b^2)\geqslant\frac{1}{2}\sum ab\,(a+b)^2$$

等号适用于 $a=b=c$.

问题 2.37 设 a,b,c 是非负实数且不存在两个同时为零. 如果 $k\geqslant 1$,求证

$$\frac{a^{k+1}}{2a^2+bc}+\frac{b^{k+1}}{2b^2+ca}+\frac{c^{k+1}}{2c^2+ab}\leqslant\frac{a^k+b^k+c^k}{a+b+c}$$

(Vasile Cîrtoaje and Vo Quoc Ba Can,2011)

证明 将不等式写为

$$\sum\left(\frac{a^k}{a+b+c}-\frac{a^{k+1}}{2a^2+bc}\right)\geqslant 0$$

$$\sum\frac{a^k(a-b)(a-c)}{2a^2+bc}\geqslant 0$$

假设 $a\geqslant b\geqslant c$,因为 $(c-a)(c-b)\geqslant 0$,于是只需证

271

$$\frac{a^k(a-b)(a-c)}{2a^2+bc}+\frac{b^k(b-a)(b-c)}{2b^2+ca}\geqslant 0$$

不等式成立,如果

$$\frac{a^k(a-c)}{2a^2+bc}\geqslant\frac{b^k(b-c)}{2b^2+ca}$$

这等价于

$$a^k(a-c)(2b^2+ca)\geqslant b^k(b-c)(2a^2+bc)$$

因为 $\dfrac{a^k}{b^k}\geqslant\dfrac{a}{b}$,还有待证明

$$a(a-c)(2b^2+ca)\geqslant b(b-c)(2a^2+bc)$$

这等价于明显的不等式

$$(a-b)c\left[a^2+3ab+b^2-c(a+b)\right]\geqslant 0$$

等号适用于 $a=b=c$,也适用于 $a=b$ 和 $c=0$(或其任意循环排列).

问题 2.38　如果 a,b,c 是正数且不存在两个同时为零,那么:

(1) $\dfrac{a^2-bc}{\sqrt{3a^2+2bc}}+\dfrac{b^2-ca}{\sqrt{3b^2+2ca}}+\dfrac{c^2-ab}{\sqrt{3c^2+2ab}}\geqslant 0$;

(2) $\dfrac{a^2-bc}{\sqrt{8a^2+(b+c)^2}}+\dfrac{b^2-ca}{\sqrt{8b^2+(c+a)^2}}+\dfrac{c^2-ab}{\sqrt{8c^2+(a+b)^2}}\geqslant 0.$

(Vasile Cîrtoaje,2006)

证明　(1) 设

$$A=\sqrt{3a^2+2bc}\,,B=\sqrt{3b^2+2ca}\,,C=\sqrt{3c^2+2ab}$$

我们有

$$2\sum\frac{a^2-bc}{A}=\sum\frac{(a-b)(a+c)+(a-c)(a+b)}{A}$$
$$=\sum\frac{(a-b)(a+c)}{A}+\sum\frac{(b-a)(b+c)}{B}$$
$$=\sum(a-b)\left(\frac{a+c}{A}-\frac{b+c}{B}\right)$$
$$=\sum\left[\frac{a-b}{AB}\cdot\frac{(a+c)^2B^2-(b+c)^2A^2}{(a+c)B+(b+c)A}\right]$$

等式适用于 $a=b=c$.

因此

$$2\sum\frac{a^2-bc}{A}=\sum\frac{c(a-b)^2}{AB}\cdot\frac{2(a-b)^2+c(a+b+2c)}{(a+c)B+(b+c)A}\geqslant 0$$

(2) 设

$$A=\sqrt{8a^2+(b+c)^2}\,,B=\sqrt{8b^2+(c+a)^2}\,,C=\sqrt{8c^2+(a+b)^2}$$

如前所述

$$2\sum\frac{a^2-bc}{A}=\sum\frac{a-b}{AB}\cdot\frac{(a+c)^2B^2-(b+c)^2A^2}{(a+c)B+(b+c)A}$$

$$2\sum\frac{a^2-bc}{A}=\sum\frac{(a-b)^2C_1}{AB\left[(a+c)B+(a+b)A\right]}\geqslant 0$$

因为

$$C_1=\left[(a+c)+(b+c)\right]\left[(a+c)^2+(b+c)^2\right]-8ac(b+c)-8bc(a+c)$$

$$\geqslant\left[(a+c)+(b+c)\right](4ac+4bc)-8ac(b+c)-8bc(a+c)$$

$$=4c(a-b)^2$$

$$\geqslant 0$$

等号适用于 $a=b=c$.

问题 2.39 设 a,b,c 是正数且不存在两个同时为零. 如果 $0\leqslant k\leqslant 1+2\sqrt{2}$,那么

$$\frac{a^2-bc}{\sqrt{ka^2+b^2+c^2}}+\frac{b^2-ca}{\sqrt{a^2+kb^2+c^2}}+\frac{c^2-ab}{\sqrt{a^2+b^2+kc^2}}\geqslant 0$$

证明 利用 SOS 方法. 令

$$A=\sqrt{ka^2+b^2+c^2},B=\sqrt{a^2+kb^2+c^2},C=\sqrt{a^2+b^2+kc^2}$$

正如我们在前面的问题中所展示的,

$$2\sum\frac{a^2-bc}{A}=\sum\left[\frac{a-b}{AB}\cdot\frac{(a+c)^2B^2-(a+b)^2A^2}{(a+c)B+(a+b)A}\right]$$

因此

$$2\sum\frac{a^2-bc}{A}=\sum\frac{(a-b)^2C_1}{AB\left[(a+c)B+(a+b)A\right]}\geqslant 0$$

于是只需证明 $C_1\geqslant 0$,指定 $a+b=2x$,我们有 $a^2+b^2\geqslant 2x^2$ 和 $ab\leqslant x^2$,因此

$$C_1=(a^2+b^2+c^2)(a+b+2c)-(k-1)c(2ab+bc+ca)$$

$$\geqslant(a^2+b^2+c^2)(a+b+2c)-2\sqrt{2}c(2ab+bc+ca)$$

$$\geqslant(2x^2+c^2)(2x+2c)-2\sqrt{2}c(2x^2+2cx)$$

$$=2(x+c)\left(\sqrt{2}x-c\right)^2$$

$$\geqslant 0$$

等号适用于 $a=b=c$.

问题 2.40 如果 a,b,c 是非负实数,那么

$$(a^2-bc)\sqrt{b+c}+(b^2-ca)\sqrt{c+a}+(c^2-ab)\sqrt{a+b}\geqslant 0$$

证明 1 记

$$x=\sqrt{\frac{b+c}{2}},y=\sqrt{\frac{c+a}{2}},z=\sqrt{\frac{a+b}{2}}$$

因此

$$a = y^2 + z^2 - x^2, b = z^2 + x^2 - y^2, c = x^2 + y^2 - z^2$$

这个不等式变成

$$\sum xy(x^3 + y^3) \geqslant \sum x^2 y^2 (x + y)$$

这等价于明显的不等式

$$\sum xy(x + y)(x - y)^2 \geqslant 0$$

等号适用于 $a = b = c$, 也适用于 $b = c = 0$(或其任意循环排列).

证明 2 利用 SOS 方法, 将不等式写为

$$A(a^2 - bc) + B(b^2 - ca) + C(c^2 - ab) \geqslant 0$$

其中

$$A = \sqrt{b + c}, B = \sqrt{c + a}, C = \sqrt{a + b}$$

我们有

$$\begin{aligned}
2\sum A(a^2 - bc) &= \sum A[(a - b)(a + c) + (a - c)(a + b)] \\
&= \sum A(a - b)(a + c) + \sum B(b - a)(b + c) \\
&= \sum (a - b)[A(a + c) - B(b + c)] \\
&= \sum (a - b) \cdot \frac{A^2 (a + c)^2 - B^2 (b + c)^2}{A(a + c) + B(b + c)} \\
&= \sum \frac{(a - b)^2 (a + c)(b + c)}{A(a + c) + B(b + c)} \\
&\geqslant 0
\end{aligned}$$

问题 2.41 如果 a, b, c 是非负实数, 那么

$$(a^2 - bc)\sqrt{a^2 + 4bc} + (b^2 - ca)\sqrt{b^2 + 4ca} + (c^2 - ab)\sqrt{c^2 + 4ab} \geqslant 0$$

(Vasile Cîrtoaje, 2005)

证明 如果 a, b, c 中有两个为零, 那么不等式显然成立. 否则将不等式写为

$$AX + BY + CZ \geqslant 0$$

其中

$$A = \frac{\sqrt{a^2 + 4bc}}{b + c}, B = \frac{\sqrt{b^2 + 4ca}}{c + a}, C = \frac{\sqrt{c^2 + 4ab}}{a + b}$$

$$X = (a^2 - bc)(b + c), Y = (b^2 - ca)(c + a), Z = (c^2 - ab)(a + b)$$

不失一般性, 假设 $a \geqslant b \geqslant c$, 我们有 $X \geqslant 0, Z \leqslant 0$ 和

$$X + Y + Z = 0$$

因此

$$X - Y = ab(a - b) + 2(a^2 - b^2)c + (a - b)c^2 \geqslant 0$$

$$A^2 - B^2 = \frac{a^4 - b^4 + 2(a^3 - c^3)c + (a^2 - c^2)c^2 + 4abc(a-b) - 4(a-b)c^3}{(b+c)^2 (c+a)^2}$$

$$\geqslant \frac{4abc(a-b) - 4(a-b)c^3}{(b+c)^2 (c+a)^2} = \frac{4c(a-b)(ab-c^2)}{(b+c)^2 (c+a)^2}$$

$$\geqslant 0$$

因为

$$2(AX + BY + CZ) = (a-b)(x-y) - (A+B-2C)Z$$

于是只需证

$$A + B - 2C \geqslant 0$$

这是真的，如果 $AB \geqslant C^2$，利用柯西－施瓦兹不等式给出

$$AB \geqslant \frac{ab + 4c\sqrt{ab}}{(a+c)(b+c)}$$

$$\geqslant \frac{ab + 2c\sqrt{ab} + 2c^2}{(a+c)(b+c)}$$

我们只需要证明

$$(ab + 2c\sqrt{ab} + 2c^2)(a+b)^2 \geqslant (a+b)(b+c)(c^2 + 4ab)$$

这个不等式可写为

$$ab(a-b)^2 + 2c\sqrt{ab}(a+b)(\sqrt{a} - \sqrt{b})^2 +$$

$$c^2 [2(a+b)^2 - 5ab - c(a+b) - c^2] \geqslant 0$$

这是成立的，因为

$$2(a+b)^2 - 5ab - c(a+b) - c^2 = a(2A - B - C) + b(b-c) + b^2 - c^2 \geqslant 0$$

等号适用于 $a=b=c$，也适用于 $a=b$ 和 $c=0$（或其任意循环排列）。

问题 2.42　设 a,b,c 是非负实数且不存在两个同时为零，那么

$$\sqrt{\frac{a^3}{a^3 + (b+c)^3}} + \sqrt{\frac{b^3}{b^3 + (c+a)^3}} + \sqrt{\frac{c^3}{c^3 + (a+b)^3}} \geqslant 1$$

证明　当 $a=0$ 时，这个不等式变成一个明显的不等式

$$\sqrt{b^3} + \sqrt{c^3} \geqslant \sqrt{b^3 + c^3}$$

当 $a,b,c > 0$ 时，不等式写为

$$\sum \sqrt{\frac{1}{1 + \left(\frac{b+c}{a}\right)^3}} \geqslant 1$$

对于任何 $x \geqslant 0$，我们有

$$\sqrt{1 + x^3} = \sqrt{(1+x)(1-x+x^2)} \leqslant \frac{(1+x) + (1-x+x^2)}{2} = 1 + \frac{1}{2}x^2$$

因此，我们得到

$$\sum \sqrt{\frac{1}{1 + \left(\frac{b+c}{a}\right)^3}} \geqslant \sum \frac{1}{1 + \frac{1}{2}\left(\frac{b+c}{a}\right)^2}$$

$$\geqslant \sum \frac{1}{1 + \dfrac{b^2 + c^2}{a^2}}$$

$$= \sum \frac{a^2}{a^2 + b^2 + c^2}$$

$$= 1$$

等号适用于 $a = b = c$，也适用于 $b = c = 0$（或其任意循环排列）.

问题 2.43 如果 a, b, c 是正实数，那么

$$\sqrt{(a + b + c)\left(\frac{1}{a} + \frac{1}{b} + \frac{1}{c}\right)} \geqslant 1 + \sqrt{1 + \sqrt{(a^2 + b^2 + c^2)\left(\frac{1}{a^2} + \frac{1}{b^2} + \frac{1}{c^2}\right)}}$$

（Vasile Cîrtoaje, 2002）

证明 利用柯西－施瓦兹不等式，我们有

$$\left(\sum a\right)\left(\sum \frac{1}{a}\right) = \sqrt{\left(\sum a^2 + 2\sum bc\right)\left(\sum \frac{1}{a^2} + 2\sum \frac{1}{bc}\right)}$$

$$\geqslant \sqrt{\left(\sum a^2\right)\left(\sum \frac{1}{a^2}\right)} + 2\sqrt{\left(\sum bc\right)\left(\sum \frac{1}{bc}\right)}$$

$$= \sqrt{\left(\sum a^2\right)\left(\sum \frac{1}{a^2}\right)} + 2\sqrt{\left(\sum a\right)\left(\sum \frac{1}{a}\right)}$$

因此

$$\left(\sqrt{\left(\sum a\right)\left(\sum \frac{1}{a}\right)} - 1\right)^2 \geqslant 1 + \sqrt{\left(\sum a^2\right)\left(\sum \frac{1}{a^2}\right)}$$

$$\sqrt{\left(\sum a\right)\left(\sum \frac{1}{a}\right)} - 1 \geqslant \sqrt{1 + \sqrt{\left(\sum a^2\right)\left(\sum \frac{1}{a^2}\right)}}$$

此不等式等号成立当且仅当

$$\left(\sum a^2\right)\left(\sum \frac{1}{bc}\right) = \left(\sum \frac{1}{a^2}\right)\left(\sum bc\right)$$

等价于

$$(a^2 - bc)(b^2 - ca)(c^2 - ab) = 0$$

问题 2.44 如果 a, b, c 是正实数，那么

$$5 + \sqrt{2(a^2 + b^2 + c^2)\left(\frac{1}{a^2} + \frac{1}{b^2} + \frac{1}{c^2}\right) - 2} \geqslant (a + b + c)\left(\frac{1}{a} + \frac{1}{b} + \frac{1}{c}\right)$$

（Vasile Cîrtoaje, 2004）

证明 记

$$x = \frac{a}{b} + \frac{b}{c} + \frac{c}{a}, \quad y = \frac{b}{a} + \frac{c}{b} + \frac{a}{c}$$

由

$$(a + b + c)\left(\frac{1}{a} + \frac{1}{b} + \frac{1}{c}\right) = x + y + 3$$

和

$$2(a^2+b^2+c^2)\left(\frac{1}{a^2}+\frac{1}{b^2}+\frac{1}{c^2}\right)-2$$

$$=2\left(\frac{a^2}{b^2}+\frac{b^2}{c^2}+\frac{c^2}{a^2}\right)+2\left(\frac{b^2}{a^2}+\frac{c^2}{b^2}+\frac{a^2}{c^2}\right)+4$$

$$=2(x^2-2y)+2(y^2-2x)+4$$

$$=(x+y-2)^2+(x-y)^2$$

$$\geqslant(x+y-2)^2$$

我们得到

$$\sqrt{2(a^2+b^2+c^2)\left(\frac{1}{a^2}+\frac{1}{b^2}+\frac{1}{c^2}\right)-2}$$

$$\geqslant x+y-2$$

$$=(a+b+c)\left(\frac{1}{a}+\frac{1}{b}+\frac{1}{c}\right)-5$$

等号适用于 $a=b$ 或 $b=c$ 或 $c=a$.

问题 2.45 如果 a,b,c 是实数,那么

$$2(1+abc)+\sqrt{2(1+a^2)(1+b^2)(1+c^2)}\geqslant(1+a)(1+b)(1+c)$$

(Wolfgang Berndt,2006)

证明 1 记

$$p=a+b+c,q=ab+bc+ca,r=abc$$

不等式变成

$$\sqrt{2(p^2+q^2+r^2-2pr-2q+1)}\geqslant p+q-r-1$$

只需证

$$2(p^2+q^2+r^2-2pr-2q+1)\geqslant(p+q-r-1)^2$$

等价于

$$p^2+q^2+r^2-2pq+2qr-2pr+2p-2q-2r+1\geqslant0$$

$$(p-q-r+1)^2\geqslant0$$

等式适用于 $p+1=q+r$ 和 $q\geqslant1$. 最后一个条件由 $p+q-r-1\geqslant0$ 推出.

证明 2 因为

$$2(1+a^2)=(1+a)^2+(1-a)^2$$

和

$$(1+b^2)(1+c^2)=(b+c)^2+(bc-1)^2$$

根据柯西一施瓦兹不等式,我们得到

$$\sqrt{2(1+a^2)(1+b^2)(1+c^2)}$$

$$\geqslant(1+a)(b+c)+(1-a)(bc-1)$$

$$=(1+a)(1+b)(1+c)-2(1+abc)$$

问题 2.46 设 a,b,c 是非负实数且不存在两个同时为零. 求证

$$\sqrt{\frac{a^2+bc}{b^2+c^2}}+\sqrt{\frac{b^2+ca}{c^2+a^2}}+\sqrt{\frac{c^2+ab}{a^2+b^2}}\geqslant 2+\frac{1}{\sqrt{2}}$$

(Vo Quoc Ba Can,2006)

证明 可以假设

$$a\geqslant b\geqslant c$$

然后, 只需证明

$$\sqrt{\frac{a^2+c^2}{b^2+c^2}}+\sqrt{\frac{b^2+c^2}{c^2+a^2}}+\sqrt{\frac{ab}{a^2+b^2}}\geqslant 2+\frac{1}{\sqrt{2}}$$

记

$$x=\sqrt{\frac{a^2+c^2}{b^2+c^2}},y=\sqrt{\frac{a}{b}}$$

由

$$\begin{aligned}x^2-y^2&=\frac{a^2+c^2}{b^2+c^2}-\frac{a^2}{b^2}\\&=\frac{(a-b)(ab-c^2)}{b(b^2+c^2)}\\&\geqslant 0\end{aligned}$$

可知

$$x\geqslant y\geqslant 1$$

同样, 从

$$x+\frac{1}{x}-\left(y+\frac{1}{y}\right)=\frac{(x-y)(xy-1)}{xy}\geqslant 0$$

我们有

$$\sqrt{\frac{a^2+c^2}{b^2+c^2}}+\sqrt{\frac{b^2+c^2}{c^2+a^2}}\geqslant\sqrt{\frac{a}{b}}+\sqrt{\frac{b}{a}}$$

于是只需证

$$\sqrt{\frac{a}{b}}+\sqrt{\frac{b}{a}}+\sqrt{\frac{ab}{a^2+b^2}}\geqslant 2+\frac{1}{\sqrt{2}}$$

等价于

$$\sqrt{\frac{a}{b}}+\sqrt{\frac{b}{a}}-2\geqslant\frac{1}{\sqrt{2}}-\sqrt{\frac{ab}{a^2+b^2}}$$

$$\frac{(\sqrt{a}-\sqrt{b})^2}{\sqrt{ab}}\geqslant\frac{(a-b)^2}{\sqrt{2(a^2+b^2)}(\sqrt{a^2+b^2}+\sqrt{2ab})}$$

因为 $2\sqrt{ab}\leqslant\sqrt{2(a^2+b^2)}$, 于是只需证

$$2 \geqslant \frac{\left(\sqrt{a}+\sqrt{b}\right)^{2}}{\sqrt{a^{2}+b^{2}}+\sqrt{2ab}}$$

事实上

$$2\left(\sqrt{a^{2}+b^{2}}+\sqrt{2ab}\right)>\sqrt{2(a^{2}+b^{2})}+2\sqrt{ab} \geqslant a+b+2\sqrt{ab}$$
$$=\left(\sqrt{a}+\sqrt{b}\right)^{2}$$

等号适用于 $a=b$ 和 $c=0$(或其任意循环排列).

问题 2.47 如果 a,b,c 是非负实数,那么

$$\sqrt{a(2a+b+c)}+\sqrt{b(2b+c+a)}+\sqrt{c(2c+a+b)} \geqslant \sqrt{12(ab+bc+ca)}$$

(Vasile Cîrtoaje,2012)

证明 两边平方得

$$(a^{2}+b^{2}+c^{2})+\sum \sqrt{ab(2a+b+c)(2b+c+a)} \geqslant 5(ab+bc+ca)$$

根据柯西－施瓦兹不等式得到

$$\sum \sqrt{bc(2c+a+b)(2b+c+a)}=\sum \sqrt{(2c^{2}+bc+ac)(2b^{2}+bc+ab)}$$
$$\geqslant \sum \left(2bc+bc+a\sqrt{bc}\right)$$
$$=3(ab+bc+ca)+\sum a\sqrt{bc}$$

因此,只需证

$$\sum a^{2}+\sum a\sqrt{bc} \geqslant 2\sum ab$$

我们可以通过对舒尔不等式

$$a^{2}+b^{2}+c^{2}+\sum a\sqrt{bc}=\sum \left(\sqrt{a}\right)^{4}+\sqrt{abc}\sum \sqrt{a}$$
$$\geqslant \sum \sqrt{ab}(a+b)$$

和

$$\sum \sqrt{ab}(a+b) \geqslant 2\sum ab$$

求和得到.最后一个不等式等价于明显的不等式

$$\sum \sqrt{ab}\left(\sqrt{a}-\sqrt{b}\right)^{2} \geqslant 0$$

等号适用于 $a=b=c$,也适用于 $a=0$ 和 $b=c$(或其任意循环排列).

问题 2.48 如果 a,b,c 是非负实数且满足 $a+b+c=3$.求证

$$a\sqrt{(4a+5b)(4a+5c)}+b\sqrt{(4b+5c)(4b+5a)}+$$
$$c\sqrt{(4c+5a)(4a+5b)} \geqslant 27$$

(Vasile Cîrtoaje,2010)

证明 采用 SOS 方法.假设

$$a \geqslant b \geqslant c$$

考虑非平凡情况 $b>0$,并将不等式写成下列齐次形式

$$\sum a\sqrt{(4a+5b)(4a+5c)} \geqslant 3(a+b+c)^2$$

$$2\left(\sum a^2 - \sum ab\right) \geqslant \sum a\left(\sqrt{4a+5b}-\sqrt{4a+5c}\right)^2$$

$$\sum (b-c)^2 \geqslant \sum \frac{25a(b-c)^2}{\left(\sqrt{4a+5b}+\sqrt{4a+5c}\right)^2}$$

$$\sum (b-c)^2 S_a \geqslant 0$$

其中

$$S_a = 1 - \frac{25a}{\left(\sqrt{4a+5b}+\sqrt{4a+5c}\right)^2}$$

因为

$$S_b = 1 - \frac{25b}{\left(\sqrt{4b+5c}+\sqrt{4b+5a}\right)^2} \geqslant 1 - \frac{25b}{\left(\sqrt{4b}+\sqrt{9b}\right)^2} = 0$$

$$S_c = 1 - \frac{25c}{\left(\sqrt{4c+5a}+\sqrt{4c+5b}\right)^2} \geqslant 1 - \frac{25c}{\left(\sqrt{9c}+\sqrt{4c}\right)^2} = 1 - \frac{25}{36} > 0$$

我们有

$$\sum (b-c)^2 S_a \geqslant (b-c)^2 S_a + (a-c)^2 S_b$$

$$\geqslant (b-c)^2 S_a + \frac{a^2}{b^2}(b-c)^2 S_b$$

$$= \frac{a}{b}\left(\frac{b}{a}S_a + \frac{a}{b}S_b\right)(b-c)^2$$

因此,只需证

$$\frac{b}{a}S_a + \frac{a}{b}S_b \geqslant 0$$

因为

$$S_a \geqslant 1 - \frac{25a}{\left(\sqrt{4a+5b}+\sqrt{4a}\right)^2} = 1 - \frac{a\left(\sqrt{4a+5b}-\sqrt{4a}\right)^2}{b^2}$$

$$S_b \geqslant 1 - \frac{25b}{\left(\sqrt{4b}+\sqrt{4b+5a}\right)^2} = 1 - \frac{b\left(\sqrt{4b+5a}-\sqrt{4b}\right)^2}{a^2}$$

我们有

$$\frac{b}{a}S_a + \frac{a}{b}S_b \geqslant \frac{b}{a} - \frac{\left(\sqrt{4a+5b}-\sqrt{4a}\right)^2}{b} + \frac{a}{b} - \frac{\left(\sqrt{4b+5a}-\sqrt{4b}\right)^2}{a}$$

$$= 4\left(\sqrt{\frac{4a^2}{b^2}+\frac{5a}{b}} + \sqrt{\frac{4b^2}{a^2}+\frac{5b}{a}}\right) - 7\left(\frac{a}{b}+\frac{a}{b}\right) - 10$$

$$= 4\sqrt{4x^2+5x-8+2\sqrt{20x+41}} - 7x - 10$$

其中

$$x = \frac{a}{b} + \frac{a}{b} \geqslant 2$$

为了结束证明,我们只需要证明 $x \geqslant 2$ 时

$$4\sqrt{4x^2 + 5x - 8 + 2\sqrt{20x + 41}} \geqslant 7x + 10$$

平方后不等式变成

$$15x^2 - 60x - 228 + 32\sqrt{20x + 41} \geqslant 0$$

事实上

$$15x^2 - 60x - 228 + 32\sqrt{20x + 41} \geqslant 15x^2 - 60x - 228 + 32\sqrt{81}$$
$$= 15(x - 2)^2 \geqslant 0$$

等式适用于 $a = b = c = 1$,也适用于 $c = 0$ 和 $a = b = \frac{3}{2}$(或其任意循环排列).

问题 2.49 设 a, b, c 是非负实数且满足 $ab + bc + ca = 3$. 求证

$$a\sqrt{(a + 3b)(a + 3c)} + b\sqrt{(b + 3c)(b + 3a)} + c\sqrt{(c + 3a)(c + 3b)} \geqslant 12$$

(Vasile Cîrtoaje,2010)

证明 采用 SOS 方法. 假设 $a \geqslant b \geqslant c(b > 0)$,不等式可写为

$$\sum a\sqrt{(a + 3b)(a + 3c)} \geqslant 4\sum ab$$
$$2\left(\sum a^2 - \sum ab\right) \geqslant \sum a\left(\sqrt{a + 3b} - \sqrt{a + 3c}\right)^2$$
$$\sum (b - c)^2 \geqslant \sum \frac{9a(b - c)^2}{\left(\sqrt{a + 3b} + \sqrt{a + 3c}\right)^2}$$
$$\sum (b - c)^2 S_a \geqslant 0$$

其中

$$S_a = 1 - \frac{9a}{\left(\sqrt{a + 3b} + \sqrt{a + 3c}\right)^2}$$

因为

$$S_b = 1 - \frac{9b}{\left(\sqrt{b + 3c} + \sqrt{b + 3a}\right)^2} \geqslant 1 - \frac{9b}{\left(\sqrt{b} + \sqrt{4b}\right)^2} = 0$$

$$S_c = 1 - \frac{9c}{\left(\sqrt{c + 3a} + \sqrt{c + 3b}\right)^2} \geqslant 1 - \frac{9c}{\left(\sqrt{4c} + \sqrt{4c}\right)^2} = 1 - \frac{9}{16} > 0$$

我们有

$$\sum (b - c)^2 S_a \geqslant (b - c)^2 S_a + (a - c)^2 S_b$$
$$\geqslant (b - c)^2 S_a + \frac{a^2}{b^2}(b - c)^2 S_b$$
$$= \frac{a}{b}(b - c)^2\left(\frac{b}{a}S_a + \frac{a}{b}S_b\right)$$

281

因此,只需证 $\dfrac{b}{a}S_a+\dfrac{a}{b}S_b\geqslant 0$. 因为

$$S_a=1-\frac{9a}{(\sqrt{a+3b}+\sqrt{a+3c}\,)^2}$$

$$\geqslant 1-\frac{9a}{(\sqrt{a+3b}+\sqrt{a}\,)^2}$$

$$=1-\frac{a\,(\sqrt{a+3b}-\sqrt{a}\,)^2}{b^2}$$

$$S_b=1-\frac{9b}{(\sqrt{b+3c}+\sqrt{b+3a}\,)^2}$$

$$\geqslant 1-\frac{9b}{(\sqrt{b}+\sqrt{b+3a}\,)^2}$$

$$=1-\frac{b\,(\sqrt{b+3a}-\sqrt{b}\,)^2}{a^2}$$

因此

$$\frac{b}{a}S_a+\frac{a}{b}S_b\geqslant \frac{b}{a}-\frac{(\sqrt{a+3b}-\sqrt{a}\,)^2}{b}+\frac{a}{b}-\frac{(\sqrt{b+3a}-\sqrt{b}\,)^2}{a}$$

$$=2\left(\sqrt{\frac{a^2}{b^2}+\frac{3a}{b}}+\sqrt{\frac{b^2}{a^2}+\frac{3b}{a}}\right)-\left(\frac{b}{a}+\frac{a}{b}\right)-6$$

$$=\sqrt{x^2+3x-2+2\sqrt{3x+10}}-x-6$$

其中 $x=\dfrac{a}{b}+\dfrac{b}{a}\geqslant 2$,为了完成证明,还有待证明

$$\sqrt{x^2+3x-2+2\sqrt{3x+10}}\geqslant x+6$$

对于 $x\geqslant 2$,不等式平方后变为

$$3x^2-44+8\sqrt{3x+10}\geqslant 0$$

事实上

$$3x^2-44+8\sqrt{3x+10}\geqslant 12-44+8\sqrt{16}=0$$

等号适用于 $a=b=c=1$,也适用于 $c=0$ 和 $a=b=\sqrt{3}$(或其任意循环排列).

问题 2.50 设 a,b,c 是非负实数且满足 $a^2+b^2+c^2=3$. 求证

$$\sqrt{2+7ab}+\sqrt{2+7bc}+\sqrt{2+7ca}\geqslant 3\sqrt{3(ab+bc+ca)}$$

(Vasile Cîrtoaje,2010)

证明 利用 SOS 方法. 假设 $a\geqslant b\geqslant c$. 因为当 $b=c=0$ 时不等式是平凡的. 我们可以假设 $b>0$,两边平方,不等式变成

$$6+2\sum \sqrt{(2+7ab)(2+7bc)}\geqslant 20(ab+bc+ca)$$

$$6\left(\sum a^2 - \sum ab\right) \geqslant \sum \left(\sqrt{2+7ab} - \sqrt{2+7ac}\right)^2$$

$$3\sum (b-c)^2 \geqslant \sum \frac{49a^2\,(b-c)^2}{\left(\sqrt{2+7ab}+\sqrt{2+7ac}\right)^2}$$

$$\sum (b-c)^2 S_a \geqslant 0$$

其中

$$S_a = 1 - \frac{49a^2}{\left(\sqrt{6+21ab}+\sqrt{6+21ac}\right)^2}$$

$$S_b = 1 - \frac{49b^2}{\left(\sqrt{6+21ab}+\sqrt{6+21bc}\right)^2}$$

$$S_c = 1 - \frac{49c^2}{\left(\sqrt{6+21ca}+\sqrt{6+21cb}\right)^2}$$

因为 $4ab \leqslant 2(a^2+b^2) \leqslant 26$，我们有

$$S_a = 1 - \frac{49a^2}{\left(\sqrt{4ab+21ab}+\sqrt{b}\right)^2}$$

$$\geqslant 1 - \frac{49a^2}{\left(5\sqrt{ab}+2\sqrt{ab}\right)^2}$$

$$= 1 - \frac{a}{b}$$

$$S_b = 1 - \frac{49b^2}{\left(\sqrt{4ab+21ab}+\sqrt{6}\right)^2}$$

$$\geqslant 1 - \frac{49b^2}{\left(5\sqrt{ab}+2\sqrt{ab}\right)}$$

$$= 1 - \frac{b}{a}$$

$$S_c \geqslant 1 - \frac{49c^2}{\left(\sqrt{4ab+21ca}+\sqrt{4ab+21cb}\right)^2}$$

$$\geqslant 1 - \frac{49c^2}{(5c+5c)^2} = 1 - \frac{49}{100}$$

$$> 0$$

因此

$$\sum (b-c)^2 S_a \geqslant (b-c)^2 S_a + (a-c)^2 S_b$$

$$\geqslant (b-c)^2 \left(1-\frac{a}{b}\right) + (a-c)^2\left(1-\frac{b}{a}\right)$$

$$= \frac{(a-b)^2\,(ab-c^2)}{ab}$$

$$\geqslant 0$$

283

等号适用于 $a=b=c=1$,也适用于 $c=0$ 和 $a=b=\sqrt{3}$(或其任意循环排列).

问题 2.51 设 a,b,c 是非负实数且满足 $ab+bc+ca=3$.求证:

(1) $\sum \sqrt{a(b+c)(a^2+bc)} \geqslant 6$;

(2) $\sum a(b+c)\sqrt{a^2+2bc} \geqslant 6\sqrt{3}$;

(3) $\sum a(b+c)\sqrt{(a+2b)(a+2c)} \geqslant 18$.

(Vasile Cîrtoaje,2010)

证明 假设 $a \geqslant b \geqslant c (b>0)$.

(1) 把不等式写成齐次形式
$$\sum \sqrt{a(b+c)(a^2+bc)} \geqslant 2(ab+bc+ca)$$

方法 1 齐次不等式写成
$$\sum \sqrt{a(b+c)}\left[\sqrt{a^2+bc}-\sqrt{a(b+c)}\right] \geqslant 0$$

$$\sum \frac{(a-b)(a-c)\sqrt{a(b+c)}}{\sqrt{a^2+bc}+\sqrt{a(b+c)}} \geqslant 0$$

因为 $(c-a)(c-b) \geqslant 0$,于是只需证

$$\frac{(a-b)(a-c)\sqrt{a(b+c)}}{\sqrt{a^2+bc}+\sqrt{a(b+c)}} + \frac{(b-c)(b-a)\sqrt{b(c+a)}}{\sqrt{b^2+ca}+\sqrt{b(c+a)}} \geqslant 0$$

这是成立的,因为

$$\frac{(a-c)\sqrt{a(b+c)}}{\sqrt{a^2+bc}+\sqrt{a(b+c)}} \geqslant \frac{(b-c)\sqrt{b(c+a)}}{\sqrt{b^2+ca}+\sqrt{b(c+a)}}$$

因为 $\sqrt{a(b+c)} \geqslant \sqrt{b(c+a)}$.于是只需证明

$$\frac{a-c}{\sqrt{a^2+bc}+\sqrt{a(b+c)}} \geqslant \frac{b-c}{\sqrt{b^2+ca}+\sqrt{b(c+a)}}$$

此外,因为

$$\sqrt{a^2+bc} \geqslant \sqrt{a(b+c)} , \sqrt{b^2+ca} \leqslant \sqrt{b(c+a)}$$

$$\frac{a-c}{\sqrt{a^2+bc}} \geqslant \frac{b-c}{\sqrt{b^2+ca}}$$

事实上,我们有

$$(a-c)^2(b^2+ca)-(b-c)^2(a^2+bc)$$
$$=(a-b)(a^2+b^2+c^2+3ab-3bc-3ca)$$
$$\geqslant 0$$

因为

$$a^2+b^2+c^2+3ab-3bc-3ca=(a^2-bc)+(b-c)^2+3a(b-c) \geqslant 0$$

等号适用于 $a=b=c=1$,也适用于 $c=0$ 和 $a=b=\sqrt{3}$(或其任意循环排列).

方法 2 将不等式两边平方后,齐次不等式变为

$$\sum a(b+c)(a^2+bc)+2\sum \sqrt{bc(a+b)(a+c)(b^2+ca)(c^2+ab)}$$
$$\geqslant 4(ab+bc+ca)^2$$

因为

$$(b^2+ca)(c^2+ab)-bc(a+b)(a+c)=a(b+c)(b-c)^2 \geqslant 0$$

于是只需证

$$\sum a(b+c)(a^2+bc)+2\sum bc(a+b)(a+c) \geqslant 4(ab+bc+ca)^2$$

这等价于

$$\sum bc(b-c)^2 \geqslant 0$$

(2) 不等式可写为

$$\sum a(b+c)\sqrt{a^2+2bc} \geqslant 2(ab+bc+ca)\sqrt{ab+bc+ca}$$

$$\sum a(b+c)\left[\sqrt{a^2+2bc}-\sqrt{ab+bc+ca}\right] \geqslant 0$$

$$\sum \frac{a(b+c)(a-b)(a-c)}{\sqrt{a^2+2bc}+\sqrt{ab+bc+ca}} \geqslant 0$$

因为 $(c-a)(c-b) \geqslant 0$,于是只需证

$$\frac{a(b+c)(a-b)(a-c)}{\sqrt{a^2+2bc}+\sqrt{ab+bc+ca}}+\frac{b(c+a)(b-a)(b-c)}{\sqrt{b^2+2ca}+\sqrt{ab+bc+ca}} \geqslant 0$$

这是成立的,如果

$$\frac{a(b+c)(a-c)}{\sqrt{a^2+2bc}+\sqrt{ab+bc+ca}} \geqslant \frac{b(c+a)(b-c)}{\sqrt{b^2+2ca}+\sqrt{ab+bc+ca}}$$

因为 $(b+c)(a-c) \geqslant (c+a)(b-c)$,还有待证明

$$\frac{a}{\sqrt{a^2+2bc}+\sqrt{ab+bc+ca}} \geqslant \frac{b}{\sqrt{b^2+2ca}+\sqrt{ab+bc+ca}}$$

此外,因为

$$\sqrt{a^2+2bc} \geqslant \sqrt{ab+bc+ca} , \sqrt{b^2+2ca} \leqslant \sqrt{ab+bc+ca}$$

因此,只需证

$$\frac{a}{\sqrt{a^2+2bc}} \geqslant \frac{b}{\sqrt{b^2+2ca}}$$

的确,我们有

$$a^2(b^2+2ca)-b^2(a^2+2bc)=2c(a^3-b^3) \geqslant 0$$

等号适用于 $a=b=c=1$,也适用于 $c=0$ 和 $a=b=\sqrt{3}$(或其任意循环排列).

(3) 将不等式写成

$$\sum a(b+c)\sqrt{(a+2b)(a+2c)} \geqslant 2(ab+bc+ca)\sqrt{3(ab+bc+ca)}$$

$$\sum a(b+c)\left[\sqrt{(a+2b)(a+2c)}-\sqrt{3(ab+bc+ca)}\right] \geqslant 0$$

$$\sum \frac{a(b+c)(a-b)(a-c)}{\sqrt{(a+2b)(a+2c)}+\sqrt{3(ab+bc+ca)}} \geqslant 0$$

因为 $(c-a)(c-b) \geqslant 0$,于是只需证

$$\frac{a(b+c)(a-b)(a-c)}{\sqrt{(a+2b)(a+2c)}+\sqrt{3(ab+bc+ca)}}+$$

$$\frac{b(c+a)(b-a)(b-c)}{\sqrt{(b+2c)(b+2a)}+\sqrt{3(ab+bc+ca)}}$$

$$\geqslant 0$$

$$\frac{a(b+c)(a-c)}{\sqrt{(a+2b)(a+2c)}+\sqrt{3(ab+bc+ca)}}$$

$$\geqslant \frac{b(c+a)(b-c)}{\sqrt{(b+2c)(b+2a)}+\sqrt{3(ab+bc+ca)}}$$

因为 $(b+c)(a-c) \geqslant (c+a)(b-c)$,还有待证明

$$\frac{a}{\sqrt{(a+2b)(a+2c)}+\sqrt{3(ab+bc+ca)}}$$

$$\geqslant \frac{b}{\sqrt{(b+2c)(b+2a)}+\sqrt{3(ab+bc+ca)}}$$

此外,因为

$$\sqrt{(a+2b)(a+2c)} \geqslant \sqrt{3(ab+bc+ca)}$$

$$\sqrt{(b+2c)(b+2a)} \leqslant \sqrt{3(ab+bc+ca)}$$

只需证

$$\frac{a}{\sqrt{(a+2b)(a+2c)}} \geqslant \frac{b}{\sqrt{(b+2c)(b+2a)}}$$

这是真的,如果

$$\frac{\sqrt{a}}{\sqrt{(a+2b)(a+2c)}} \geqslant \frac{\sqrt{b}}{\sqrt{(b+2c)(b+2a)}}$$

事实上,我们有

$$a(b+2c)(b+2a)-b(a+2b)(a+2c)=(a-b)(ab+4bc+4ac) \geqslant 0$$

等号适用于 $a=b=c=1$,也适用于 $c=0$ 和 $a=b=\sqrt{3}$(或其任意循环排列).

问题 2.52 设 a,b,c 是非负实数且满足 $ab+bc+ca=3$.求证

$$a\sqrt{bc+3}+b\sqrt{ca+3}+c\sqrt{ab+3} \geqslant 6$$

(Vasile Cîrtoaje,2010)

证明 采用 SOS 方法.记

$$A=\sqrt{ab+2bc+ca},B=\sqrt{ab+bc+2ca},C=\sqrt{2ab+bc+ca}$$

将不等式写成

$$\sum aA \geqslant 2(ab + bc + ca)$$

$$\sum a(a - b - c) \geqslant 0$$

$$\sum \frac{a(ab + ca - b^2 - c^2)}{A + b + c} \geqslant 0$$

$$\sum \frac{ab(a - b) + ac(a - c)}{A + b + c} \geqslant 0$$

$$\sum \frac{ab(a - b)}{A + b + c} + \sum \frac{ac(a - c)}{A + b + c} \geqslant 0$$

$$\sum \frac{ab(a - b)}{A + b + c} + \sum \frac{ba(b - a)}{B + c + a} \geqslant 0$$

$$\sum ab(a - b)\left(\frac{1}{A + b + c} - \frac{1}{B + c + a}\right) \geqslant 0$$

$$\sum ab(a + b + c)(a - b)(a - b + B - A) \geqslant 0$$

$$\sum ab(a + b + c)(a - b)^2 \left(1 + \frac{c}{A + B}\right) \geqslant 0$$

等号适用于 $a = b = c = 1$，也适用于 $a = 0$ 和 $b = c = \sqrt{3}$（或其任意循环排列）.

问题 2.53　设 a, b, c 是非负实数且满足 $a + b + c = 3$. 求证：

(1) $\displaystyle\sum (b + c)\sqrt{b^2 + c^2 + 7bc} \geqslant 18$；

(2) $\displaystyle\sum (b + c)\sqrt{b^2 + c^2 + 10bc} \leqslant 12\sqrt{3}$.

（Vasile Cîrtoaje, 2010）

证明　（1）采用 SOS 方法. 将不等式写成齐次式

$$\sum (b + c)\sqrt{b^2 + c^2 + 7bc} \geqslant 2(a + b + c)^2$$

$$\sum \left[(b + c)\sqrt{b^2 + c^2 + 7bc} - b^2 - c^2 - 4bc\right] \geqslant 0$$

$$\sum \frac{(b + c)^2(b^2 + c^2 + 7bc) - (b^2 + c^2 + 4bc)^2}{(b + c)\sqrt{b^2 + c^2 + 7bc} + b^2 + c^2 + 4bc} \geqslant 0$$

$$\sum \frac{bc(b - c)^2}{(b + c)\sqrt{b^2 + c^2 + 7bc} + b^2 + c^2 + 4bc} \geqslant 0$$

等号适用于 $a = b = c = 1$，和 $a = 0$ 和 $b = c = \dfrac{3}{2}$（或其任意循环排列），和 $a = 3$，$b = c = 0$（或其任意循环排列）.

（2）将不等式写成

$$\sum (b + c)\sqrt{3(b^2 + c^2 + 10bc)} \leqslant 4(a + b + c)^2$$

$$\sum \left[2b^2 + 2c^2 + 8bc - (b + c)\sqrt{3(b^2 + c^2 + 10bc)}\right] \geqslant 0$$

$$\sum \frac{4\,(b^2+c^2-4bc)^2-3\,(b+c)^2\,(b^2+c^2+10bc)}{2b^2+2c^2-8bc+(b+c)\,\sqrt{3\,(b^2+c^2+10bc)}} \geqslant 0$$

$$\sum \frac{(b-c)^4}{2b^2+2c^2-8bc+(b+c)\,\sqrt{3\,(b^2+c^2+10bc)}} \geqslant 0$$

等号适用于 $a=b=c=1$.

问题 2.54 设 a,b,c 是非负实数且满足 $a+b+c=2$. 求证

$$\sqrt{a+4bc}+\sqrt{b+4ca}+\sqrt{c+4ab} \geqslant 4\sqrt{ab+bc+ca}$$

（Vasile Cîrtoaje,2012）

证明 不失一般性,假设

$$c=\min\{a,b,c\}$$

由闵可夫斯基不等式得出

$$\sqrt{a+4bc}+\sqrt{b+4ca} \geqslant \sqrt{(\sqrt{a}+\sqrt{b})^2+4c\,(\sqrt{a}+\sqrt{b})^2}$$

$$=(\sqrt{a}+\sqrt{b})\sqrt{1+4c}$$

因此,只需证

$$(\sqrt{a}+\sqrt{b})\sqrt{1+4c} \geqslant 4\sqrt{ab+bc+ca}-\sqrt{c+4ab}$$

平方后不等式变为

$$(a+b+2\sqrt{ab})\,(1+4c)+8\sqrt{(ab+bc+ca)(c+4ab)}$$

$$\geqslant 16\sum ab+c+4ab$$

根据下面的引理,只需证

$$(a+b+2\sqrt{ab})\,(1+4c)+8(2ab+bc+ca) \geqslant 16\sum ab+c+4ab$$

等价于

$$a+b-c+2\sqrt{ab}+8c\sqrt{ab} \geqslant 4(ab+bc+ca)$$

写成齐次形式为

$$(a+b+c)\,(a+b-c+2\sqrt{ab})+16c\sqrt{ab} \geqslant 8(ab+bc+ca)$$

由于齐次性,我们可以假设 $a+b=1$,并记

$$d=\sqrt{ab}\,,0\leqslant d\leqslant \frac{1}{2}$$

我们只需证当 $0\leqslant c\leqslant d$ 时,$f(c)\geqslant 0$,其中

$$f(c)=(1+c)(1-c+2d)+16cd-8d^2-8c$$

$$=(1-2d)(1+4d)+2(9d-4)c-c^2$$

由于 $f(c)$ 是凹二次函数,只需证明 $f(0)\geqslant 0$ 和 $f(d)\geqslant 0$,的确

$$f(0)=(1-2d)(1+4d) \geqslant 0$$

$$f(d)=(3d-1)^2 \geqslant 0$$

这样,证明就完成了.等号适用于 $c=0$ 和 $a=b=1$(或其任意循环排列).

引理(Nguyen Van Quy) 设 a,b,c 是非负实数且满足

$$c=\min\{a,b,c\},a+b+c=2$$

那么

$$\sqrt{(ab+bc+ca)(c+4ab)}\geqslant 2ab+bc+ca$$

证明 两边平方,不等式变成

$$c[ab+bc+ca-c(a+b)^2]\geqslant 0$$

只需证

$$(a+b+c)(ab+bc+ca)-2c(a+b)^2\geqslant 0$$

我们有

$$(a+b+c)(ab+bc+ca)-2c(a+b)^2$$
$$\geqslant(a+b)(b+c)(c+a)-2c(a+b)^2$$
$$=(a+b)(a-c)(b-c)$$
$$\geqslant 0$$

问题 2.55 设 a,b,c 是非负实数,那么

$$\sqrt{a^2+b^2+7ab}+\sqrt{b^2+c^2+7bc}+\sqrt{c^2+a^2+7ca}\geqslant 5\sqrt{ab+bc+ca}$$

(Vasile Cîrtoaje,2012)

证明(Nguyen Van Quy) 假设

$$c=\min\{a,b,c\}$$

使用闵可夫斯基不等式得到

$$\sqrt{b^2+c^2+7bc}+\sqrt{c^2+a^2+7ca}\geqslant\sqrt{(a+b)^2+4c^2+7c\left(\sqrt{a}+\sqrt{b}\right)^2}$$

于是只需证

$$\sqrt{(a+b)^2+4c^2+7c\left(\sqrt{a}+\sqrt{b}\right)^2}\geqslant 5\sqrt{ab+bc+ca}-\sqrt{a^2+b^2+7ab}$$

平方得

$$2c^2+7c\sqrt{ab}+5\sqrt{(ab+bc+ca)(a^2+b^2+7ab)}\geqslant 15ab+9c(a+b)$$

由于不等式的齐次性,假设 $a+b=1,c\leqslant\dfrac{1}{2}$.记 $x=ab$,我们需要证明对于 $c^2\leqslant x\leqslant\dfrac{1}{4},f(x)\geqslant 0$,其中

$$f(x)=2c^2+7c\sqrt{x}+5\sqrt{(x+c)(1+5x)}-15x-9c$$

因为

$$f''(x)=-\frac{7c}{4\sqrt{x^3}}-\frac{5(5c-1)^2}{4\sqrt{[5x^2+(5c+1)x+c]^3}}<0$$

因此,$f(x)$ 是凹函数,因此,只需证明 $f(c^2)\geqslant 0$ 和 $f\left(\dfrac{1}{4}\right)\geqslant 0$.

将不等式 $f(c^2) \geqslant 0$ 写成

$$5\sqrt{(1+5c^2)(c+c^2)} \geqslant 6c^2 + 9c$$

平方后为

$$c(89c^3 + 17c^2 - 56c + 25) \geqslant 0$$

这是成立的,因为

$$89c^3 + 17c^2 - 56c + 25 \geqslant 12c^2 - 56c + 25 = (1-2c)(25-6c) \geqslant 0$$

不等式 $f\left(\dfrac{1}{4}\right) \geqslant 0$ 写成

$$8c^2 - 22c + 15(\sqrt{4c+1} - 1) \geqslant 0$$

作代换 $t = \sqrt{4c+1}$, $t \geqslant 1$,不等式变成

$$(t-1)(t^3 + t^2 - 12t + 18) \geqslant 0$$

这是真的,因为

$$t^3 + t^2 - 12t + 18 \geqslant 2t^2 - 12t + 18 = 2(t-3)^2 \geqslant 0$$

这样,证明就完成了. 等号适用于 $c=0$ 和 $a=b$(或其任意循环排列).

问题 2.56 设 a,b,c 是非负实数,那么

$$\sqrt{a^2 + b^2 + 5ab} + \sqrt{b^2 + c^2 + 5bc} + \sqrt{c^2 + a^2 + 5ca} \geqslant \sqrt{21(ab + bc + ca)}$$

(Nguyen Van Quy,2012)

证明 不失一般性,设 $c = \min\{a,b,c\}$,使用闵可夫斯基的不等式得到

$$\sqrt{(a+c)^2 + 3ac} + \sqrt{(b+c)^2 + 3bc} \geqslant \sqrt{(a+b+2c)^2 + 3c(\sqrt{a} + \sqrt{b})^2}$$

因此,只需证

$$\sqrt{(a+b+2c)^2 + 3c(\sqrt{a} + \sqrt{b})^2} \geqslant \sqrt{21(ab+bc+ca)} - \sqrt{a^2 + b^2 + 5ab}$$

平方后,这个不等式变成

$$2c^2 + 3c\sqrt{ab} + \sqrt{21(ab+bc+ca)(a^2+b^2+5ab)} \geqslant 12ab + 7c(a+b)$$

由于不等式的齐次性,假设 $a+b=1$,记 $x=ab$,我们需要证明对于 $c^2 \leqslant x \leqslant \dfrac{1}{4}$,$f(x) \geqslant 0$,其中

$$f(x) = 2c^2 + 3c\sqrt{x} + \sqrt{21(x+c)(1+3x)} - 12x - 7c$$

因为

$$f''(x) = -\frac{3c}{4\sqrt{x^3}} - \frac{\sqrt{21}(3c-1)^2}{4\sqrt{[3x^2 + (3c+1)x + c]^3}} < 0$$

因此,$f(c)$ 是凹函数,因此,只需证明 $f(c^2) \geqslant 0$ 和 $f\left(\dfrac{1}{4}\right) \geqslant 0$.

不等式 $f(c^2) \geqslant 0$ 写成

$$\sqrt{21(1+3c^2)(c+c^2)} \geqslant 7c^2 + 7c$$

平方后为

$$c(c+1)(1-2c)(3-c) \geqslant 0$$

这显然是成立的.

不等式 $f\left(\dfrac{1}{4}\right) \geqslant 0$ 写成

$$8c^2 - 22c + 7\sqrt{3(4c+1)} - 12 \geqslant 0$$

作代换 $3t^2 = 4c+1, t \geqslant \dfrac{1}{\sqrt{3}}$,不等式变成

$$(t-1)^2(3t^2+6t-4) \geqslant 0$$

不等式成立,因为

$$3t^2 + 6t - 4 \geqslant 1 + 2\sqrt{3} - 4 > 0$$

这样,证明就完成了.等号适用于 $a=b=c$.

问题 2.57 设 a,b,c 是非负实数且满足 $ab+bc+ca=3$.求证

$$a\sqrt{a^2+5} + b\sqrt{b^2+5} + c\sqrt{c^2+5} \geqslant \sqrt{\dfrac{2}{3}}(a+b+c)^2$$

(Vasile Cîrtoaje,2010)

证明 将不等式写成齐次形式

$$\sum a\sqrt{3a^2+5(ab+bc+ca)} \geqslant \sqrt{2}(a+b+c)^2$$

由于齐次性,可以假设

$$ab+bc+ca=1$$

平方后不等式变成

$$\sum a^4 + 2\sum bc\sqrt{(3b^2+5)(3c^2+5)}$$
$$\geqslant 12\sum a^2b^2 + 19abc\sum a + 3\sum ab(a^2+b^2)$$

对于 $x=3b^2, y=3c^2$ 和 $d=5$ 应用下面的引理,我们有

$$2\sqrt{(3b^2+5)(3c^2+5)} \geqslant 3(b^2+c^2) + 10 - \dfrac{9}{20}(b^2-c^2)^2$$

因此

$$2bc\sqrt{(3b^2+5)(3c^2+5)}$$
$$\geqslant 3bc(b^2+c^2) + 10(bc)^2 - \dfrac{9}{20}bc(b^2-c^2)^2 \cdot$$

$$2\sum bc\sqrt{(3b^2+5)(3c^2+5)}$$
$$\geqslant 3\sum bc(b^2+c^2) + 10\sum(bc)^2 - \dfrac{9}{20}\sum bc(b^2-c^2)^2$$
$$= 10\sum a^2b^2 + 20abc\sum a + 3\sum ab(a^2+b^2) - \dfrac{9}{20}\sum bc(b^2-c^2)^2$$

291

因此,只需证

$$\sum a^4 + 10 \sum a^2 b^2 + 20abc \sum a + 3 \sum ab(a^2+b^2) - \frac{9}{20} \sum bc(b^2-c^2)^2$$

$$\geqslant 12 \sum a^2 b^2 + 19abc \sum a + 3 \sum ab(a^2+b^2)$$

等价于

$$\sum a^4 - 2 \sum a^2 b^2 + abc \sum a - \frac{9}{20} \sum bc(b^2-c^2)^2 \geqslant 0$$

因为

$$2\left(\sum a^4 - 2\sum a^2 b^2 + abc \sum a\right)$$

$$= 2\left(\sum a^4 - \sum a^2 b^2\right) - 2\left(\sum a^2 b^2 - abc \sum a\right)$$

$$= \sum (b^2-c^2)^2 - \sum a^2 (b-c)^2$$

我们将不等式写成 $\sum (b-c)^2 S_a \geqslant 0$,其中

$$S_a = (b+c)^2 - a^2 - \frac{9}{10} bc(b+c)^2$$

此外,因为

$$S_a \geqslant (b+c)^2 - a^2 - bc(b+c)^2 = (b+c)^2 - a^2 - \frac{bc(b+c)^2}{ab+bc+ca}$$

$$= \frac{a(b+c)^3 - a^2(ab+bc+ca)}{ab+bc+ca}$$

于是只需证 $\sum (b-c)^2 E_a \geqslant 0$,其中

$$E_a = a(b+c)^3 - a^2(ab+bc+ca)$$

假设 $a \geqslant b \geqslant c, b > 0$. 因为

$$E_b = b(c+a)^3 - b^2(ab+bc+ca) \geqslant b(c+a)^3 - b^2(c+a)(c+b)$$

$$\geqslant b(c+a)^3 - b^2(c+a)^2$$

$$= b(c+a)^2(c+a-b)$$

$$\geqslant 0$$

$$E_c = c(a+b)^3 - c^2(ab+bc+ca) \geqslant c(a+b)^3 - c^2(a+b)(b+c)$$

$$\geqslant c(a+b)^3 - c^2(a+b)^2 = c(a+b)^2(a+b-c)$$

$$\geqslant 0$$

和

$$\frac{E_a}{a^2} + \frac{E_b}{b^2} = \frac{(b+c)^3}{a} + \frac{(c+a)^3}{b} - 2(ab+bc+ca)$$

$$\geqslant \frac{b^3+2b^2c}{a} + \frac{a^3+2a^2c}{b} - 2(ab+bc+ca)$$

$$= \frac{(a^2 - b^2)^2 + 2c(a+b)(a-b)^2}{ab}$$

$$\geqslant 0$$

我们得到

$$\sum (b-c)^2 E_a \geqslant (b-c)^2 E_a + (a-c)^2 E_b$$

$$= a^2 \left(\frac{E_a}{a^2} + \frac{E_b}{b^2} \right) (b-c)^2$$

$$\geqslant 0$$

等号适用于 $a=b=c=1$，也适用于 $a=b=\sqrt{3}$ 和 $c=0$(或其任意循环排列).

引理 如果 $x \geqslant 0, y \geqslant 0$ 和 $d > 0$,那么

$$2\sqrt{(x+d)(y+d)} \geqslant x+y+2d - \frac{1}{4d}(x-y)^2$$

证明 我们有

$$2\sqrt{(x+d)(y+d)} - 2d = \frac{2(dx+dy+xy)}{\sqrt{(x+d)(y+d)}+d}$$

$$\geqslant \frac{2(dx+dy+xy)}{\dfrac{x+d+d+y}{2}+d}$$

$$= \frac{4(dx+dy+xy)}{4d+x+y}$$

$$= x+y - \frac{(x-y)^2}{x+y+4d}$$

$$\geqslant x+y - \frac{(x-y)^2}{4d}$$

问题 2.58 设 a,b,c 是非负实数且满足 $a^2+b^2+c^2=1$. 求证

$$a\sqrt{2+3bc} + b\sqrt{2+3ca} + c\sqrt{2+3ab} \geqslant (a+b+c)^2$$

(Vasile Cîrtoaje,2010)

证明 设 $q=ab+bc+ca$,不等式为

$$\sum a\sqrt{2+3bc} \geqslant 1+2q$$

平方后不等式为

$$1+3abc\sum a+2\sum bc\sqrt{(2+3ca)(2+3ab)} \geqslant 4q+4q^2$$

对于 $x=3ab, y=3ac$ 和 $d=2$ 应用问题 2.57 中的引理,我们有

$$2\sqrt{(3ab+2)(3ac+2)} \geqslant 3a(b+c)+4-\frac{9}{8}a^2(b-c)^2$$

因此

$$2\sum bc\sqrt{(2+3ca)(2+3ab)}$$

$$\geqslant 3abc\sum(b+c)+4\sum bc-\frac{9}{8}abc\sum a(b-c)^2$$

$$2\sum bc\sqrt{(2+3ca)(2+3ab)}$$

$$\geqslant 6abc\sum a+4q-\frac{9}{8}abc\sum a(b-c)^2$$

因此,只需证

$$1+3abc\sum a+6abc\sum a+4q-\frac{9}{8}abc\sum a(b-c)^2\geqslant 4q+4q^2$$

这等价于

$$1+9abc\sum a-4q^2\geqslant \frac{9}{8}abc\sum a(b-c)^2$$

因为

$$a^4+b^4+c^4=1-2(a^2b^2+b^2c^2+c^2a^2)=1-2q^2+4abc\sum a$$

由四次舒尔不等式

$$a^4+b^4+c^4+2abc\sum a\geqslant\left(\sum a^2\right)\left(\sum ab\right)$$

我们得到

$$2q^2+q-6abc\sum a+9abc\sum a-4q^2\geqslant \frac{9}{8}abc\sum a(b-c)^2$$

因此,只需证

$$8\left(q-2q^2+3abc\sum a\right)\geqslant 9abc\sum a(b-c)^2$$

因为

$$q-2q^2+3abc\sum a=\left(\sum a^2\right)\left(\sum ab\right)-2\left(\sum ab\right)^2+3abc\sum a$$

$$=\sum bc(b^2+c^2)-2\sum b^2c^2$$

$$=\sum bc(b-c)^2$$

我们只需证

$$\sum bc(8-9a^2)(b-c)^2\geqslant 0$$

而且,由于

$$8-9a^2=8(b^2+c^2)-a^2\geqslant b^2+c^2-a^2$$

于是,只需证

$$\sum bc(b^2+c^2-a^2)(b-c)^2\geqslant 0$$

假设 $a\geqslant b\geqslant c$,我们只需证

$$bc(b^2+c^2-a^2)(b-c)^2+ac(a^2+c^2-b^2)(a-c)^2\geqslant 0$$

这是真的,如果

$$a(a^2+c^2-b^2)(a-c)^2 \geqslant b(a^2-b^2-c^2)(b-c)^2$$

对于非平凡情况 $a^2-b^2-c^2 \geqslant 0$,这个不等式可从下列不等式得到

$$a \geqslant b, a^2+c^2-b^2 \geqslant a^2-b^2-c^2, (a-c)^2 \geqslant (b-c)^2$$

等式适用于 $a=b=c=\dfrac{1}{\sqrt{3}}$,也适用于 $a=0$ 和 $b=c=\dfrac{1}{\sqrt{2}}$(或其任意循环排列).

问题 2.59 设 a,b,c 是非负实数且满足 $a+b+c=3$.求证:

$(1)a\sqrt{\dfrac{2a+bc}{3}}+b\sqrt{\dfrac{2b+ca}{3}}+c\sqrt{\dfrac{2c+ab}{3}} \geqslant 3$;

$(2)a\sqrt{\dfrac{a(1+b+c)}{3}}+b\sqrt{\dfrac{b(1+c+a)}{3}}+c\sqrt{\dfrac{c(1+a+b)}{3}} \geqslant 3$.

(Vasile Cîrtoaje,2010)

证明 (1)如果 a,b,c 中有两个为零,不等式是平凡的,此外应用赫尔德不等式,我们有

$$\left(\sum a\sqrt{\dfrac{2a+bc}{3}}\right)^2 \geqslant \dfrac{\left(\sum a\right)^3}{\sum \dfrac{3a}{2a+bc}} = \dfrac{9}{\sum \dfrac{a}{2a+bc}}$$

于是只需证

$$\sum \dfrac{a}{2a+bc} \leqslant 1$$

因为

$$\dfrac{2a}{2a+bc} = 1 - \dfrac{bc}{2a+bc}$$

可将不等式写成

$$\sum \dfrac{bc}{2a+bc} \geqslant 1$$

根据柯西－施瓦兹不等式,我们有

$$\sum \dfrac{bc}{2a+bc} \geqslant \dfrac{\left(\sum bc\right)^2}{\sum bc(2a+bc)} = \dfrac{\left(\sum bc\right)^2}{2abc\sum a + \sum b^2c^2} = 1$$

等号适用于 $a=b=c=1$,也适用于 $a=0$ 和 $b=c=\dfrac{3}{2}$(或其任意循环排列).

(2)将不等式写成齐次不等式

$$\sum a\sqrt{a(a+4b+4c)} \geqslant (a+b+c)^2$$

平方后得

$$\sum bc\sqrt{bc(b+4c+4a)(c+4a+4b)} \geqslant 3\sum b^2c^2 + 6abc\sum a$$

应用柯西－施瓦兹不等式,我们得到

295

$$\sqrt{(b+4c+4a)(c+4a+4b)} = \sqrt{(4a+b+c+3c)(4a+b+c+3b)}$$
$$\geqslant 4a+b+c+3\sqrt{bc}$$

因此
$$bc\sqrt{bc(b+4c+4a)(c+4a+4b)} \geqslant (4a+b+c)bc\sqrt{bc}+3b^2c^2$$
$$\sum bc\sqrt{bc(b+4c+4a)(c+4a+4b)} \geqslant \sum (4a+b+c)bc\sqrt{bc}+3\sum b^2c^2$$

因此,只需证
$$\sum (4a+b+c)bc\sqrt{bc} \geqslant 6abc\sum a$$

用 a^2,b^2,c^2 分别代替 a,b,c,这个不等式变成
$$\sum (4a^2+b^2+c^2)b^3c^3 \geqslant 6a^2b^2c^2\sum a^2$$
$$\left(\sum a^2\right)\left(\sum b^3c^3\right)+3a^2b^2c^2\sum bc \geqslant 6a^2b^2c^2\sum a^2$$
$$\sum a^2\left(\sum b^3c^3-3a^2b^2c^2\right) \geqslant 3a^2b^2c^2\left(\sum a^2-\sum ab\right)$$

因为
$$\sum a^3b^3-3a^2b^2c^2=\left(\sum ab\right)\left(\sum a^2b^2-abc\sum a\right)=\frac{1}{2}\sum ab\sum a^2(b-c)^2$$
$$\sum a^2-\sum ab=\frac{1}{2}\sum (b-c)^2$$

将不等式写成
$$\sum (b-c)^2 S_a \geqslant 0$$

其中
$$S_a = a^2\left(\sum a^2\right)\left(\sum ab\right)-3a^2b^2c^2$$

假设 $a \geqslant b \geqslant c$. 因为 $S_a \geqslant S_b \geqslant 0$ 和
$$S_b+S_c = (b^2+c^2)\left(\sum a^2\right)\left(\sum ab\right)-6a^2b^2c^2$$
$$\geqslant 2bc\left(\sum a^2\right)\left(\sum ab\right)-6a^2b^2c^2$$
$$\geqslant 2bca^2\left(\sum ab\right)-6a^2b^2c^2$$
$$=2a^2bc(ab+ca-2bc)$$
$$\geqslant 0$$

我们得到
$$\sum (b-c)^2 S_a \geqslant (c-a)^2 S_b+(a-b)^2 S_c$$
$$\geqslant (a-b)^2(S_b+S_c)$$
$$\geqslant 0$$

等号适用于 $a=b=c=1$,也适用于 $a=3$ 和 $b=c=0$(或其任意循环排列).

问题 2.60 设 a,b,c 是非负实数且满足 $a+b+c=3$.求证

$$\sqrt{8(a^2+bc)+9}+\sqrt{8(b^2+ca)+9}+\sqrt{8(c^2+ab)+9}\geqslant 15$$

（Vasile Cîrtoaje,2013）

证明　采用 SOS 方法.设 $q=ab+bc+ca$ 和

$$A=(3a-b-c)^2+8q,B=(3b-c-a)^2+8q,C=(3c-a-b)^2+8q$$

因为

$$\begin{aligned}
8(a^2+bc)+9&=8(a^2+q)+9-8a(b+c)=8(a^2+q)+9-8a(3-a)\\
&=(4a-3)^2+8q\\
&=(3a-b-c)^2+8q\\
&=A
\end{aligned}$$

不等式写成

$$\sum\sqrt{A}\geqslant 15$$

$$\sum\left[\sqrt{A}-(3a+b+c)\right]\geqslant 0$$

$$\sum\frac{2bc-ca-ab}{\sqrt{A}+3a+b+c}\geqslant 0$$

$$\sum\left[\frac{b(c-a)}{\sqrt{A}+3a+b+c}+\frac{c(b-a)}{\sqrt{A}+3a+b+c}\right]\geqslant 0$$

$$\sum\left[\frac{c(a-b)}{\sqrt{B}+3b+c+a}+\frac{c(b-a)}{\sqrt{A}+3a+b+c}\right]\geqslant 0$$

$$\sum c(a-b)(\sqrt{C}+3c+a+b)\left[\sqrt{A}-\sqrt{B}+2(a-b)\right]\geqslant 0$$

$$\sum c(a-b)^2(\sqrt{C}+3c+a+b)\left[\frac{4(a+b-c)}{\sqrt{A}+\sqrt{B}}+1\right]\geqslant 0$$

不失一般性,假设 $a\geqslant b\geqslant c$.因为 $a+b-c>0$,于是只需证

$$b(c-a)^2(\sqrt{B}+3b+c+a)\left[\frac{4(c+a-b)}{\sqrt{A}+\sqrt{C}}+1\right]$$

$$\geqslant a(b-c)^2(\sqrt{A}+3a+b+c)\left[\frac{4(a-b-c)}{\sqrt{B}+\sqrt{C}}-1\right]$$

这个不等式可由下列不等式推出

$$b^2(a-c)^2\geqslant a^2(b-c)^2$$

$$a(\sqrt{B}+3b+c+a)\geqslant b(\sqrt{A}+3a+b+c)$$

$$\frac{4(c+a-b)}{\sqrt{A}+\sqrt{C}}+1\geqslant\frac{4(a-b-c)}{\sqrt{B}+\sqrt{C}}-1$$

将第二个不等式可写成

$$\frac{a^2B-b^2A}{a\sqrt{B}+b\sqrt{A}}+(a-b)(a+b-c)\geqslant 0$$

因为

$$a^2 B - b^2 A = (a-b)(a+b+c)(a^2+b^2-6ab+bc+ca) + 8q(a^2-b^2)$$
$$\geqslant (a-b)(a+b+c)(a^2+b^2-6ab)$$
$$\geqslant -4ab(a-b)(a+b+c)$$

于是只需证

$$\frac{-4ab}{a\sqrt{B}+b\sqrt{A}} + 1 \geqslant 0$$

事实上,由于 $\sqrt{A} > \sqrt{8q} \geqslant 2\sqrt{ab}$ 和 $\sqrt{B} \geqslant \sqrt{8q} \geqslant 2\sqrt{ab}$,我们得到

$$a\sqrt{B} + b\sqrt{A} - 4ab > 2(a+b)\sqrt{ab} - 4ab = 2\sqrt{ab}\,(a+b-2\sqrt{ab})^2 \geqslant 0$$

第三个不等式成立,如果

$$1 \geqslant \frac{2(a-b-c)}{\sqrt{B}+\sqrt{C}}$$

显然,只需证 $\sqrt{B} \geqslant a$ 和 $\sqrt{C} \geqslant a$,我们有

$$B - a^2 = 8q - 2a(3b-c) + (3c-b)^2 \geqslant 8ab - 2a(3b-c) = 2a(b+c) \geqslant 0$$

和

$$C - a^2 = 8q - 2a(3c-b) + (3c-b)^2$$
$$\geqslant 8ab - 2a(3c-b)$$
$$= 2a(5b-3c)$$
$$\geqslant 0$$

等号适用于 $a=b=c=1$,也适用于 $a=3$ 和 $b=c=0$(或其任意循环排列).

问题 2.61 设 a,b,c 是非负实数且满足 $a+b+c=3$. 如果 $k \geqslant \dfrac{9}{8}$,那么

$$\sqrt{a^2+bc+k} + \sqrt{b^2+ca+k} + \sqrt{c^2+ab+k} \geqslant 3\sqrt{2+k}$$

证明 我们将证明

$$\sum \sqrt{8(a^2+bc+k)} \geqslant \sum \sqrt{(3a+b+c)^2+8k-9} \geqslant 6\sqrt{2(k+2)}$$

右边不等式等价于

$$\sum \sqrt{(2a+3)^2+8k-9} \geqslant 6\sqrt{2(k+2)}$$

直接将琴生(Jensen)不等式应用到凸函数 $f:[0,+\infty) \to \mathbf{R}$,使

$$f(x) = \sqrt{(2x+3)^2+8k-9}$$

利用代换

$$A_1 = 8(a^2+bc+k), B_1 = 8(b^2+ca+k), C_1 = 8(c^2+ab+k)$$
$$A_2 = (3a+b+c)^2 + 8k - 9$$
$$B_2 = (3b+c+a)^2 + 8k - 9$$
$$C_2 = (3c+a+b)^2 + 8k - 9$$

左边不等式可写成

$$\frac{A_1 - A_2}{\sqrt{A_1} + \sqrt{A_2}} + \frac{B_1 - B_2}{\sqrt{B_1} + \sqrt{B_2}} + \frac{C_1 - C_2}{\sqrt{C_1} + \sqrt{C_2}} \geqslant 0$$

$$\frac{2bc - ca - ab}{\sqrt{A_1} + \sqrt{A_2}} + \frac{2ca - ab - bc}{\sqrt{B_1} + \sqrt{B_2}} + \frac{2ab - bc - ac}{\sqrt{C_1} + \sqrt{C_2}} \geqslant 0$$

$$\sum \left[\frac{b(c-a)}{\sqrt{A_1} + \sqrt{A_2}} + \frac{c(b-a)}{\sqrt{A_1} + \sqrt{A_2}} \right] \geqslant 0$$

$$\sum \frac{c(a-b)}{\sqrt{B_1} + \sqrt{B_2}} + \sum \frac{c(b-a)}{\sqrt{A_1} + \sqrt{A_2}} \geqslant 0$$

$$\sum c(a-b) \left(\frac{1}{\sqrt{B_1} + \sqrt{B_2}} - \frac{1}{\sqrt{A_1} + \sqrt{A_2}} \right) \geqslant 0$$

$$\sum c(a-b) \left(\sqrt{C_1} + \sqrt{C_2} \right) \left[\left(\sqrt{A_1} - \sqrt{B_1} \right) + \left(\sqrt{A_2} - \sqrt{B_2} \right) \right] \geqslant 0$$

$$\sum c (a-b)^2 \left(\sqrt{C_1} + \sqrt{C_2} \right) \left[\frac{2(a+b-c)}{\sqrt{A_1} + \sqrt{B_1}} + \frac{2a + 2b + c}{\sqrt{A_2} + \sqrt{B_2}} \right] \geqslant 0$$

不失一般性,假设 $a \geqslant b \geqslant c$. 显然,当 $b + c \geqslant a$ 时,所要证的不等式成立.进一步考虑 $b + c < a$ 的情况,因为 $a + b - c > 0$,于是只需证明

$$a(b-c)^2 \left(\sqrt{A_1} + \sqrt{A_2} \right) \left[\frac{2(b+c-a)}{\sqrt{B_1} + \sqrt{C_1}} + \frac{2b + 2c + a}{\sqrt{B_2} + \sqrt{C_2}} \right] +$$

$$b(a-c)^2 \left(\sqrt{B_1} + \sqrt{B_2} \right) \left[\frac{2(c+a-b)}{\sqrt{C_1} + \sqrt{A_1}} + \frac{2c + 2a + b}{\sqrt{C_2} + \sqrt{A_2}} \right] \geqslant 0$$

因为

$$b^2 (a-c)^2 \geqslant a^2 (b-c)^2$$

于是只需证明

$$b \left(\sqrt{A_1} + \sqrt{A_2} \right) \left[\frac{2(b+c-a)}{\sqrt{B_1} + \sqrt{C_1}} + \frac{2b + 2c + a}{\sqrt{B_2} + \sqrt{C_2}} \right] +$$

$$a \left(\sqrt{B_1} + \sqrt{B_2} \right) \left[\frac{2(c+a-b)}{\sqrt{C_1} + \sqrt{A_1}} + \frac{2c + 2a + b}{\sqrt{C_2} + \sqrt{A_2}} \right] \geqslant 0$$

从

$$a^2 B_1 - b^2 A_1 = 8c(a^3 - b^3) + 8k(a^2 - b^2) \geqslant 0$$

和

$$a^2 B_2 - b^2 A_2$$
$$= (a-b)(a+b+c)(a^2 + b^2 + 6ab + bc + ca) + (8k - 9)(a^2 - b^2)$$
$$\geqslant 0$$

我们得到了 $a\sqrt{B_1} \geqslant b\sqrt{A_1}$, $a\sqrt{B_2} \geqslant b\sqrt{A_2}$,因此

$$a \left(\sqrt{B_1} + \sqrt{B_2} \right) \geqslant b \left(\sqrt{A_1} + \sqrt{A_2} \right)$$

因此,只需证明

299

$$\frac{2(b+c-a)}{\sqrt{B_1}+\sqrt{C_1}}+\frac{2b+2c+a}{\sqrt{B_2}+\sqrt{C_2}}+\frac{2(c+a-b)}{\sqrt{C_1}+\sqrt{A_1}}+\frac{2c+2a+b}{\sqrt{C_2}+\sqrt{A_2}}\geqslant 0$$

这是真的,如果

$$\frac{2b}{\sqrt{B_1}+\sqrt{C_1}}+\frac{-2b}{\sqrt{C_1}+\sqrt{A_1}}\geqslant 0$$

和

$$\frac{-2a}{\sqrt{B_1}+\sqrt{C_1}}+\frac{2a}{\sqrt{C_1}+\sqrt{A_1}}+\frac{2a}{\sqrt{C_2}+\sqrt{A_2}}\geqslant 0$$

第一个不等式是真的,因为 $A_1-B_1=8(a-b)(a+b-c)\geqslant 0$. 第二个不等式可以写成

$$\frac{1}{\sqrt{C_1}+\sqrt{A_1}}+\frac{1}{\sqrt{C_2}+\sqrt{A_2}}\geqslant \frac{1}{\sqrt{B_1}+\sqrt{C_1}}$$

因为

$$\frac{1}{\sqrt{C_1}+\sqrt{A_1}}+\frac{1}{\sqrt{C_2}+\sqrt{A_2}}\geqslant \frac{4}{\sqrt{C_1}+\sqrt{A_1}+\sqrt{C_2}+\sqrt{A_2}}$$

于是只需证明

$$4\sqrt{B_1}+3\sqrt{C_1}\geqslant \sqrt{A_1}+\sqrt{A_2}+\sqrt{C_2}$$

考虑到

$$C_1-C_2=4(2ab-bc-ca)\geqslant 0$$
$$C_1-B_1=8(b-c)(a-b-c)\geqslant 0$$
$$A_2-A_1=4(ab-2bc+ca)\geqslant 0$$

我们有

$$4\sqrt{B_1}+3\sqrt{C_1}-\sqrt{A_1}-\sqrt{A_2}-\sqrt{C_2}$$
$$\geqslant 4\sqrt{B_1}+2\sqrt{C_1}-\sqrt{A_1}-\sqrt{A_2}$$
$$\geqslant 4\sqrt{B_1}+2\sqrt{B_1}-\sqrt{A_2}-\sqrt{A_2}$$
$$=2(3\sqrt{B_1}-\sqrt{A_2})$$

此外

$$9B_1-A_2=64k-8a^2+72b^2-4ab+68ac$$
$$\geqslant 72-8a^2+72b^2-4ab+68ac$$
$$=8(a+b+c)^2-8a^2+72b^2-4ab+68ac$$
$$=4(20b^2+2c^2+3ab+4bc+21ac)$$
$$\geqslant 0$$

这样,证明就完成了. 等号适用于 $a=b=c=1$. 如果 $k=\frac{9}{8}$,等号也适用于 $a=3$ 和 $b=c=0$(或其任意循环排列).

问题 2.62 如果 a,b,c 是非负实数且满足 $a+b+c=3$, 那么

$$\sqrt{a^3+2bc}+\sqrt{b^3+2ca}+\sqrt{c^3+2ab}\geqslant 3\sqrt{3}$$

(Nguyen Van Quy, 2013)

证明 因为

$$(a^3+2bc)(a+2bc)\geqslant(a^2+2bc)^2$$

于是只需证

$$\sum\frac{a^2+2bc}{\sqrt{a+2bc}}\geqslant 3\sqrt{3}$$

由赫尔德不等式, 我们有

$$\left(\sum\frac{a^2+2bc}{\sqrt{a+2bc}}\right)^2\sum(a^2+2bc)(a+2bc)$$

$$\geqslant\left[\sum(a^2+2bc)\right]^3$$

$$=(a+b+c)^6$$

因此, 只需证

$$(a+b+c)^4\geqslant 27\sum(a^2+2bc)(a+2bc)$$

这个不等式等价于

$$(a+b+c)^4\geqslant\sum(a^2+2bc)(a^2+ab+6bc+ca)$$

事实上

$$(a+b+c)^4-\sum(a^2+2bc)(a^2+ab+6bc+ca)$$

$$=3\sum ab(a-b)^2$$

$$\geqslant 0$$

等号适用于 $a=b=c=1$, 也适用于 $a=3$ 和 $b=c=0$ (或其任意循环排列).

问题 2.63 如果 a,b,c 是正实数, 那么

$$\frac{\sqrt{a^2+bc}}{b+c}+\frac{\sqrt{b^2+ca}}{c+a}+\frac{\sqrt{c^2+ab}}{a+b}\geqslant\frac{3\sqrt{2}}{2}$$

(Vasile Cîrtoaje, 2006)

证明 根据熟知不等式

$$(x+y+z)^2\geqslant 3(xy+yz+zx),x,y,z\geqslant 0$$

于是只需证

$$\sum\frac{\sqrt{(b^2+ca)(c^2+ab)}}{(c+a)(a+b)}\geqslant\frac{3}{2}$$

用 a^2,b^2,c^2 分别代替 a,b,c, 不等式变成

$$2\sum(b^2+c^2)\sqrt{(b^4+c^2a^2)(c^4+a^2b^2)}$$

301

$$\geqslant 3(a^2+b^2)(b^2+c^2)(c^2+a^2)$$

由柯西-施瓦兹不等式得

$$\sqrt{(b^2+c^2)(b^4+c^2a^2)} \geqslant b^3+ac^2$$

$$\sqrt{(b^2+c^2)(c^4+a^2b^2)} \geqslant c^3+ab^2$$

上述两式相乘,我们得到

$$(b^2+c^2)\sqrt{(b^4+c^2a^2)(c^4+a^2b^2)} \geqslant (b^3+ac^2)(c^3+ab^2)$$
$$=b^3c^3+a(b^5+c^5)+a^2b^2c^2$$

因此,只需证

$$2\sum b^3c^3+2\sum a(b^5+c^5)+6a^2b^2c^2 \geqslant 3(a^2+b^2)(b^2+c^2)(c^2+a^2)$$

等价于

$$2\sum b^3c^3+2\sum bc(b^4+c^4) \geqslant 3\sum b^2c^2(b^2+c^2)$$

$$\sum bc\left[2b^2c^2+2(b^4+c^4)-3bc(b^2+c^2)\right] \geqslant 0$$

$$\sum bc(b-c)^2(2b^2+bc+2c^2) \geqslant 0$$

等号适用于 $a=b=c$.

问题 2.64 如果 a,b,c 是非负实数,不存在两个同时为零,那么

$$\frac{\sqrt{bc+4a(b+c)}}{b+c}+\frac{\sqrt{ca+4b(c+a)}}{c+a}+\frac{\sqrt{ab+4c(a+b)}}{a+b} \geqslant \frac{9}{2}$$

(Vasile Cîrtoaje,2006)

证明 设

$$A=bc+4a(b+c), B=ca+4b(c+a), C=ab+4c(a+b)$$

平方后,不等式变成

$$\sum \frac{A}{(b+c)^2}+2\sum \frac{\sqrt{BC}}{(c+a)(a+b)} \geqslant \frac{81}{4}$$

根据熟知的 Iran-1996 不等式

$$\sum \frac{ab+bc+ca}{(b+c)^2} \geqslant \frac{9}{4}$$

(参见问题 1.72 证明中的备注),我们有

$$\sum \frac{A}{(b+c)^2}=\sum \frac{ab+bc+ca}{(b+c)^2}+3\sum \frac{a}{b+c} \geqslant \frac{9}{4}+3\sum \frac{a}{b+c}$$

于是只需证

$$3\sum \frac{a}{b+c}+2\sum \frac{\sqrt{BC}}{(c+a)(a+b)} \geqslant 18$$

另一方面,根据下面的引理,我们有

$$\sqrt{BC} \geqslant 2ab+4bc+2ca+\frac{2abc}{b+c}$$

$$= \frac{2a(b^2 + c^2) + 4bc(b + c) + 6abc}{b + c}$$

因此

$$2 \sum \frac{\sqrt{BC}}{(c + a)(a + b)} \geqslant \frac{4 \sum a(b^2 + c^2) + 8 \sum bc(b + c) + 36abc}{(a + b)(b + c)(c + a)}$$

$$\geqslant \frac{12 \sum bc(b + c) + 36abc}{(a + b)(b + c)(c + a)}$$

因此,只需证明

$$3 \sum \frac{a}{b + c} + \frac{12 \sum bc(b + c) + 36abc}{(a + b)(b + c)(c + a)} \geqslant 18$$

这等价于舒尔三次不等式

$$\sum a^3 + 3abc \geqslant \sum bc(b + c)$$

等号适用于 $a = b = c$,也适用于 $a = 0$ 和 $b = c$(或其任意循环排列).

引理 如果 a,b,c 是非负实数,不存在两个同时为零,那么

$$\sqrt{(4ab + 4bc + ca)(ab + 4bc + 4ca)} \geqslant 2ab + 4bc + 2ca + \frac{2abc}{b + c}$$

等式适用于 $b = c$,也适用于 $abc = 0$.

证明 我们按下面的方式应用 AM $-$ GM 不等式

$$\sqrt{(4ab + 4bc + ca)(ab + 4bc + 4ca)} - 2ab - 4bc - 2ca$$

$$= \frac{abc(9a + 4b + 4c)}{\sqrt{(4ab + 4bc + ca)(ab + 4bc + 4ca)} + 2ab + 4bc + 2ca}$$

$$\geqslant \frac{2abc(9a + 4b + 4c)}{(4ab + 4bc + ca) + (ab + 4bc + 4ca) + 4ab + 8bc + 4ca}$$

$$= \frac{2abc(9a + 4b + 4c)}{9ab + 16bc + 9ca}$$

于是只需证

$$\frac{9a + 4b + 4c}{9ab + 16bc + 9ca} \geqslant \frac{1}{b + c}$$

此外

$$(9a + 4b + 4c)(b + c) - (9ab + 16bc + 9ca) = 4(b - c)^2 \geqslant 0$$

问题 2.65 如果 a,b,c 是非负实数,不存在两个同时为零,那么

$$\frac{a\sqrt{a^2 + 3bc}}{b + c} + \frac{b\sqrt{b^2 + 3ca}}{c + a} + \frac{c\sqrt{c^2 + 3ab}}{a + b} \geqslant a + b + c$$

(Cesar Lupu,2006)

证明 利用 AM $-$ GM 不等式,我们有

$$\frac{a\sqrt{a^2+3bc}}{b+c}=\frac{2a(a^2+3bc)}{2\sqrt{(b+c)^2(a^2+3bc)}}$$

$$\geqslant\frac{2a(a^2+3bc)}{(b+c)^2+(a^2+3bc)}$$

$$=\frac{2a(a^2+3bc)}{S+5bc}$$

其中 $S=a^2+b^2+c^2$，因此，只需证

$$\sum\frac{2a^3+6abc}{S+5bc}\geqslant a+b+c$$

可写为

$$\sum a\left(\frac{2a^2+6bc}{S+5bc}-1\right)\geqslant 0$$

等价于

$$AX+BY+XZ\geqslant 0$$

其中

$$A=\frac{1}{S+5bc},B=\frac{1}{S+5ca},C=\frac{1}{S+5ab}$$

$$X=a^3+abc-a(b^2+c^2)$$
$$Y=b^3+abc-b(c^2+a^2)$$
$$Z=c^3+abc-c(a^2+b^2)$$

不失一般性，假设 $a\geqslant b\geqslant c$，我们有 $A\geqslant B\geqslant C$，易知 $X\geqslant 0,Z\leqslant 0$. 根据舒尔不等式

$$X+Y+Z=\sum a^3+3abc-\sum a(b^2+c^2)\geqslant 0$$

因此

$$AX+BY+CZ\geqslant BX+BY+BZ=B(x+y+z)\geqslant 0$$

等号适用于 $a=b=c$，也适用于 $a=0$ 和 $b=c$（或其任意循环排列）.

备注　我们也能按 SOS 程序证明 $AX+BY+CZ\geqslant 0$

$$\sum\frac{a^3+abc-ab^2-ac^2}{S+5bc}\geqslant 0$$

$$\sum\frac{a(a^2b+a^2c-b^3-c^3)}{(b+c)(S+5bc)}\geqslant 0$$

$$\sum\frac{ab(a^2-b^2)+ac(a^2-c^2)}{(b+c)(S+5bc)}\geqslant 0$$

$$\sum\frac{ab(a^2-b^2)}{(b+c)(S+5bc)}+\sum\frac{ba(b^2-a^2)}{(c+a)(S+5ca)}>0$$

$$\sum\frac{ab(a+b)(a-b)^2[S+5c(a+b+c)]}{(b+c)(c+a)(S+5bc)(S+5ca)}\geqslant 0$$

问题 2.66　如果 a,b,c 是非负实数, 不存在两个同时为零, 那么

$$\sqrt{\frac{2a(b+c)}{(2b+c)(b+2c)}} + \sqrt{\frac{2b(c+a)}{(2c+a)(c+2a)}} + \sqrt{\frac{2c(a+b)}{(2a+b)(a+2b)}} \geqslant 2$$

(Vasile Cîrtoaje, 2006)

证明　作代换 $x=\sqrt{a}, y=\sqrt{b}, z=\sqrt{c}$, 不等式变成

$$\sum x\sqrt{\frac{2(y^2+z^2)}{(2y^2+z^2)(y^2+2z^2)}} \geqslant 2$$

我们断定

$$\sqrt{\frac{2(y^2+z^2)}{(2y^2+z^2)(y^2+2z^2)}} \geqslant \frac{y+z}{y^2+yz+z^2}$$

事实上, 平方后直接计算, 化简得 $y^2z^2(y-z)^2 \geqslant 0$, 因此, 只需证明

$$\sum \frac{x(y+z)}{y^2+yz+z^2} \geqslant 2$$

这个不等式恰好就是问题 1.69. 等号适用于 $a=b=c$, 也适用于 $a=0$ 和 $b=c$(或其任意循环排列).

问题 2.67　如果 a,b,c 是非负实数, 不存在两个同时为零且满足 $ab+bc+ca=3$, 那么

$$\sqrt{\frac{bc}{3a^2+6}} + \sqrt{\frac{ca}{3b^2+6}} + \sqrt{\frac{ab}{3c^2+6}} \leqslant 1 \leqslant \sqrt{\frac{bc}{3+6a^2}} + \sqrt{\frac{ca}{3+6b^2}} + \sqrt{\frac{ab}{3+6c^2}}$$

(Vasile Cîrtoaje, 2011)

证明　根据柯西 — 施瓦兹不等式, 我们有

$$\left(\sum \sqrt{\frac{bc}{3a^2+6}}\right)^2 \leqslant \left(\sum \frac{1}{3a^2+6}\right)\left(\sum bc\right)$$

因此

$$\left(\sum \sqrt{\frac{bc}{3a^2+6}}\right)^2 \leqslant \sum \frac{1}{a^2+2}$$

因此, 要证明原左边不等式, 只需证明

$$\sum \frac{1}{a^2+2} \leqslant 1$$

这个不等式等价于

$$\sum \frac{a^2}{a^2+2} \geqslant 1$$

实际上, 根据柯西 — 施瓦兹不等式, 我们得到

$$\sum \frac{a^2}{a^2+2} \geqslant \frac{(a+b+c)^2}{\sum(a^2+2)} = \frac{(a+b+c)^2}{\sum a^2+6} = 1$$

当 $a=b=c=1$ 时等式成立. 根据赫尔德不等式, 我们有

$$\left(\sum \sqrt{\frac{bc}{3+6a^2}} \right)^2 \left[\sum b^2 c^2 (3+6a^2) \right] \geqslant \left(\sum bc \right)^3$$

要证明原始不等式,只要证明右边的不等式

$$(ab+bc+ca)^3 \geqslant \sum b^2 c^2 (6a^2+ab+bc+ca)$$

等价于

$$(ab+bc+ca) \left[(ab+bc+ca)^2 - \sum b^2 c^2 \right] \geqslant 18a^2 b^2 c^2$$

$$2abc(a+b+c)(ab+bc+ca) \geqslant 18a^2 b^2 c^2$$

$$2abc \sum a (b-c)^2 \geqslant 0$$

等式适用于 $a=b=c=1$,也适用于 $a=0$ 和 $bc=3$(或其任意循环排列).

问题 2.68 如果 a,b,c 是非负实数且满足 $ab+bc+ca=3$.如果 $k>1$,那么

$$a^k(b+c)+b^k(c+a)+c^k(a+b) \geqslant 6$$

证明 设

$$E=a^k(b+c)+b^k(c+a)+c^k(a+b)$$

我们将考虑两种情况.

情形 1 $k \geqslant 2$.对函数凸函数 $f(x)=x^{k-1}(x \geqslant 0)$ 应用琴生不等式,我们得到

$$E=(ab+ac)a^{k-1}+(bc+ba)b^{k-1}+(ca+cb)c^{k-1}$$

$$\geqslant 2(ab+bc+ca) \left[\frac{(ab+ac)a+(bc+ba)b+(ca+cb)c}{2(ab+bc+ca)} \right]^{k-1}$$

$$=6 \left[\frac{\sum a^2(b+c)}{6} \right]^{k-1}$$

因此,只需证

$$a^2(b+c)+b^2(c+a)+c^2(a+b) \geqslant 6$$

不等式可写为

$$(a+b+c)(ab+bc+ca)-3abc \geqslant 6$$

$$a+b+c \geqslant 2+abc$$

它是成立的,因为

$$a+b+c \geqslant \sqrt{3(ab+bc+ca)}=3$$

$$abc \leqslant \left(\frac{a+b+c}{3} \right)^3=1$$

情形 2 $1<k<2$.我们有

$$E=a^{k-1}(3-bc)+b^{k-1}(3-ca)+c^{k-1}(3-ab)$$

$$=3(a^{k-1}+b^{k-1}+c^{k-1})-a^{k-1}b^{k-1}c^{k-1} \left[(ab)^{2-k}+(bc)^{2-k}+(ca)^{2-k} \right]$$

因为 $0 < 2 - k < 1$, $f(x) = x^{2-k} (x \geqslant 0)$ 是凹函数. 因此由琴生不等式, 我们有

$$(ab)^{2-k} + (bc)^{2-k} + (ca)^{2-k} \leqslant 3 \left(\frac{ab + bc + ca}{3} \right)^{2-k} = 3$$

因此, 就只需证

$$a^{k-1} + b^{k-1} + c^{k-1} - 2 \geqslant a^{k-1} b^{k-1} c^{k-1}$$

由于对称性, 不妨设 $a \geqslant b \geqslant c$. 其中 $ab \geqslant \frac{1}{3}(ab + bc + ca) \geqslant 1$. 实际上, 可将不等式写为

$$x = \sqrt{a^{k-1} b^{k-1}}, x \geqslant 1$$

由

$$2 \geqslant 3 - ab = bc + ca \geqslant 2c \sqrt{ab}$$

我们得到 $c \leqslant \frac{1}{\sqrt{ab}}$. 因此 $c^{k-1} \leqslant \frac{1}{x}$, 因此不等式变为

$$a^{k-1} + b^{k-1} - 2 \geqslant (a^{k-1} b^{k-1}) c^{k-1}$$

因此, 只需证

$$a^{k-1} + b^{k-1} - 2 \geqslant \frac{a^{k-1} b^{k-1} - 1}{x}$$

因为 $a^{k-1} + b^{k-1} \geqslant 2 \sqrt{a^{k-1} b^{k-1}} = 2x$, 不等式变为

$$2x - 2 \geqslant \frac{x^2 - 1}{x}$$

其中

$$2x - 2 - \frac{x^2 - 1}{x} = \frac{(x-1)^2}{x} \geqslant 0$$

这样, 证明就完成了. 等号适用于 $a = b = c = 1$.

问题 2.69 如果 a, b, c 是非负实数且满足 $a + b + c = 2$. 如果

$$2 \leqslant k \leqslant 3$$

那么

$$a^k(b+c) + b^k(c+a) + c^k(a+b) \leqslant 2$$

证明 用 $E_k(a, b, c)$ 表示不等式的左边, 假设

$$a \leqslant b \leqslant c$$

我们将证明

$$E_k(a, b, c) \leqslant E_k(0, a+b, c) \leqslant 2$$

左边不等式等价于

$$\frac{ab}{c}(a^{k-1} + b^{k-1}) \leqslant (a+b)^k - a^k - b^k$$

显然只需考虑 $c = b$ 的情形, 此时不等式变为

$$2a^k + b^{k-1}(a+b) \leqslant (a+b)^k$$

因为 $2a^k \leqslant a^{k-1}(a+b)$，于是只需证明

$$a^{k-1} + b^{k-1} \leqslant (a+b)^{k-1}$$

这是真的，因为

$$\frac{a^{k-1}+b^{k-1}}{(a+b)^{k-1}} = \left(\frac{a}{a+b}\right)^{k-1} + \left(\frac{b}{a+b}\right)^{k-1} \leqslant \frac{a}{a+b} + \frac{b}{a+b} = 1$$

使用符号 $d = a+b$，右边不等式 $E_k(0, a+b, c) \leqslant 2$ 写为

$$cd(c^{k-1} + d^{k-1}) \leqslant 2$$

其中 $c + d = 2$. 根据幂平均不等式，我们有

$$\left(\frac{c^{k-1}+d^{k-1}}{2}\right)^{\frac{1}{k-1}} \leqslant \left(\frac{c^2+d^2}{2}\right)^{\frac{1}{2}}$$

$$c^{k-1} + d^{k-1} \leqslant 2\left(\frac{c^2+d^2}{2}\right)^{\frac{k-1}{2}}$$

因此，只需证

$$cd\left(\frac{c^2+d^2}{2}\right)^{\frac{k-1}{2}} \leqslant 1$$

等价于

$$cd(2-cd)^{\frac{k-1}{2}} \leqslant 1$$

因为 $2 - cd \geqslant 1$，我们有

$$cd(2-cd)^{\frac{k-1}{2}} \leqslant cd(2-cd) = 1 - (1-cd)^2 \leqslant 1$$

等号适用于 $a = 0$ 和 $b = c = 1$（或其任意循环排列）.

问题 2.70 如果 a, b, c 是非负实数且不存在两个同时为零. 如果

$$m > n \geqslant 0$$

那么

$$\frac{b^m+c^m}{b^n+c^n}(b+c-2a) + \frac{c^m+a^m}{c^n+a^n}(c+a-2b) + \frac{a^m+b^m}{a^n+b^n}(a+b-2c) \geqslant 0$$

(Vasile Cîrtoaje, 2006)

证明 不等式写为

$$AX + BY + CZ \geqslant 0$$

其中

$$A = \frac{b^m+c^m}{b^n+c^n}, B = \frac{c^m+a^m}{c^n+a^n}, C = \frac{a^m+b^m}{a^n+b^n}$$

$$X = b+c-2a, Y = c+a-2b, Z = a+b-2c, X+Y+Z = 0$$

不失一般性，设

$$a \leqslant b \leqslant c$$

这意味着 $X \geqslant Y \geqslant Z$ 和 $X \geqslant 0$. 因为

$$2(AX + BY + CZ) = (2A - B - C)X + (b + c)X + 2(BY + CZ)$$
$$= (2A - B - C)X - (b + c)(y + z) + 2(BY + CZ)$$
$$= (2A - B - C)X + (B - C)(y - z)$$

于是只需证明 $B \geqslant C$ 和 $2A - B - C \geqslant 0$. 不等式 $B \geqslant C$ 可写为

$$b^n c^n (c^{m-n} - b^{m-n}) + a^n (c^m - b^m) - a^m (c^n - b^n) \geqslant 0$$
$$b^n c^n (c^{m-n} - b^{m-n}) + a^n [(c^m - b^m) - a^{m-n}(c^n - b^n)] \geqslant 0$$

这是成立的,因为 $c^{m-n} \geqslant b^{m-n}$ 和

$$(c^m - b^m) - a^{m-n}(c^n - b^n) \geqslant c^m - b^m - b^{m-n}(c^n - b^n) = c^n(c^{m-n} - b^{m-n}) \geqslant 0$$

不等式 $2A - B - C \geqslant 0$ 可由下列不等式推出

$$2A \geqslant b^{m-n} + c^{m-n}, b^{m-n} \geqslant C, c^{m-n} \geqslant B$$

实际上,我们有

$$2A - b^{m-n} - c^{m-n} = \frac{(b^n - c^n)(b^{m-n} - c^{m-n})}{b^n + c^n} \geqslant 0$$

$$b^{m-n} - C = \frac{a^n(b^{m-n} - a^{m-n})}{a^n + b^n} \geqslant 0$$

$$c^{m-n} - B = \frac{a^n(c^{m-n} - a^{m-n})}{c^n + b^n} \geqslant 0$$

等号适用于 $a = b = c$,也适用于 $a = 0$ 和 $b = c$(或其任意循环排列).

问题 2.71 设 a, b, c 是正实数且满足 $abc = 1$. 求证

$$\sqrt{a^2 - a + 1} + \sqrt{b^2 - b + 1} + \sqrt{c^2 - c + 1} \geqslant a + b + c$$

(Vasile Cîrtoaje, 2012)

证明 1 因为在 $a - 1, b - 1$ 和 $c - 1$ 中一定存在两个符号相同的数,设 $(b - 1)(c - 1) \geqslant 0$,也就是

$$t \leqslant \frac{1}{a}, t = b + c - 1$$

根据闵可夫斯基不等式,我们有

$$\sqrt{b^2 - b + 1} + \sqrt{c^2 - c + 1} = \sqrt{\left(b - \frac{1}{2}\right)^2 + \frac{3}{4}} + \sqrt{\left(c - \frac{1}{2}\right)^2 + \frac{3}{4}}$$
$$\geqslant \sqrt{t^2 + 3}$$

因此,只需证明

$$\sqrt{a^2 - a + 1} + \sqrt{t^2 + 3} \geqslant a + b + c$$
$$\sqrt{a^2 - a + 1} + f(t) \geqslant a + 1$$

其中

$$f(t) = \sqrt{t^2 + 3} - t$$

显然 $f(t)$ 在 $(-\infty, 0]$ 上递减的,因为

309

$$f(t) = \frac{3}{\sqrt{t^2 + 3} + t}$$

同样，$f(t)$ 在 $[0, +\infty)$ 上是减函数，那么 $f(t) \geqslant f\left(\dfrac{1}{a}\right)$，因此，只需证明

$$\sqrt{a^2 - a + 1} + f\left(\frac{1}{a}\right) \geqslant a + 1$$

等价于

$$\sqrt{a^2 - a + 1} + \sqrt{\frac{1}{a^2} + 3} \geqslant a + \frac{1}{a} + 1$$

平方后变为

$$2\sqrt{(a^2 - a + 1)\left(\frac{1}{a^2} + 3\right)} \geqslant 3a + \frac{2}{a} - 1$$

实际上，根据柯西－施瓦兹不等式，我们得到了

$$2\sqrt{(a^2 - a + 1)\left(\frac{1}{a^2} + 3\right)} = \sqrt{\left[(2 - a)^2 + 3a^2\right]\left(\frac{1}{a^2} + 3\right)}$$

$$\geqslant \frac{2 - a}{a} + 3a = 3a + \frac{2}{a} - 1$$

等号适用于 $a = b = c$.

证明 2　如果对于所有 $x > 0$,不等式

$$\sqrt{x^2 - x + 1} - x \geqslant \frac{1}{2}\left(\frac{3}{x^2 + x + 1} - 1\right)$$

成立，那么只需证

$$\frac{1}{a^2 + a + 1} + \frac{1}{b^2 + b + 1} + \frac{1}{c^2 + c + 1} \geqslant 1$$

这个不等式恰好就是问题 1.45 中的不等式. 上面关于 x 的不等式等价于

$$\frac{1 - x}{\sqrt{x^2 - x + 1} + x} \geqslant \frac{(1 - x)(2 + x)}{2(x^2 + x + 1)}$$

$$(x - 1)\left[(x + 2)\sqrt{x^2 - x + 1} - x^2 - 2\right] \geqslant 0$$

$$\frac{3x^2(x - 1)^2}{(x + 2)\sqrt{x^2 - x + 1} + x^2 + 2} \geqslant 0$$

问题 2.72　设 a, b, c 是正实数且满足 $abc = 1$. 求证

$$\sqrt{16a^2 + 9} + \sqrt{16b^2 + 9} + \sqrt{16c^2 + 9} \geqslant 4(a + b + c) + 3$$

(MEMO, 2012)

证明 1(Vo Quoc Ba Can)　因为

$$\sqrt{16a^2 + 9} - 4a = \frac{9}{\sqrt{16a^2 + 9} + 4a}$$

于是只需证

$$\sum \frac{1}{\sqrt{16a^2+9}+4a} \geqslant \frac{1}{3}$$

根据 AM−GM 不等式,我们有

$$2\sqrt{16a^2+9} \leqslant \frac{16a^2+9}{2a+3}+2a+3$$

$$2(\sqrt{16a^2+9}+4a) \leqslant \frac{16a^2+9}{2a+3}+10a+3$$

$$= \frac{18(2a^2+2a+1)}{2a+3}$$

因此,只需证

$$\sum \frac{2a+3}{2a^2+2a+1} \geqslant 3$$

如果

$$\frac{2a+3}{2a^2+2a+1} \geqslant \frac{3}{a^{\frac{8}{5}}+a^{\frac{4}{5}}+1}, a>0$$

从问题 1.45 立刻得到这个不等式. 因此,利用变换 $x=a^{\frac{1}{5}}, x>0$,我们只需证

$$\frac{2x^5+3}{2x^{10}+2x^5+1} \geqslant \frac{3}{x^8+x^4+1}$$

等价于

$$2x^4(x^5-3x^2+x+1)+x^4-4x+3 \geqslant 0$$

由 AM−GM 不等式,我们有

$$x^5+x+1 \geqslant 3x^2, x^4+3=x^4+1+1+1 \geqslant 4x$$

等号适用于 $a=b=c=1$.

证明 2 作代换

$$x=\sqrt{16a^2+9}-4a, y=\sqrt{16b^2+9}-4b, z=\sqrt{16c^2+9}-4c$$

$$x,y,z>0$$

由此得

$$a=\frac{9-x^2}{8x}, b=\frac{9-y^2}{8y}, c=\frac{9-z^2}{8z}$$

我们需要证明在条件

$$(9-x^2)(9-y^2)(9-z^2)=512xyz$$

下,不等式 $x+y+z \geqslant 3$ 成立.

使用矛盾方法. 假设

$$x+y+z<3$$

并证明

$$(9-x^2)(9-y^2)(9-z^2)>512xyz$$

311

根据 AM－GM 不等式,我们得到
$$3+x \geqslant 4\sqrt[4]{x}, 3+y \geqslant 4\sqrt[4]{y}, 3+z \geqslant 4\sqrt[4]{z}$$
因此
$$(3+x)(3+y)(3+z) \geqslant 64\sqrt[4]{xyz}$$
于是只需证
$$(3-x)(3-y)(3-z) > 8(xyz)^{\frac{3}{4}}$$
由 AM－GM 不等式,我们有
$$1 > \left(\frac{x+y+z}{3}\right)^3 \geqslant xyz$$
我们有
$$\begin{aligned}
(3-x)(3-y)(3-z) &= 9(3-x-y-z)+3(xy+yz+zx)-xyz \\
&> 3(xy+yz+zx)-xyz \\
&\geqslant 9(xyz)^{\frac{2}{3}}-xyz \\
&> 8(xyz)^{\frac{2}{3}} \\
&\geqslant 8(xyz)^{\frac{3}{4}}
\end{aligned}$$

问题 2.73 设 a,b,c 是正实数且满足 $abc=1$. 求证
$$\sqrt{25a^2+144}+\sqrt{25b^2+144}+\sqrt{25c^2+144} \leqslant 5(a+b+c)+24$$
(Vasile Cîrtoaje,2012)

证明 1 因为
$$\sqrt{25a^2+144}-5a = \frac{144}{\sqrt{25a^2+144}+5a}$$
于是只需证
$$\sum \frac{1}{\sqrt{25a^2+144}+5a} \leqslant \frac{1}{6}$$
如果不等式
$$\frac{1}{\sqrt{25a^2+144}+5a} \leqslant \frac{1}{6\sqrt{5a^{\frac{18}{13}}+4}}$$
成立,就只需证
$$\sum \frac{1}{\sqrt{5a^{\frac{18}{13}}+4}} \leqslant 1$$
由问题 2.32 可立刻得出此结论. 应用代换 $x=a^{\frac{1}{18}}, x>0$,我们只需证明
$$\sqrt{25x^{26}+144}+5x^{13} \geqslant 6\sqrt{5x^{18}+4}$$
平方后,不等式变成
$$10x^{13}\left(\sqrt{25x^{26}+144}+5x^{13}-18x^5\right) \geqslant 0$$

这是真的,如果
$$25x^{26}+144\geqslant(18x^5-5x^{13})^2$$
等价于
$$5x^{18}+4\geqslant9x^{10}$$
由 AM-GM 不等式,我们有
$$5x^{18}+4=x^{18}+x^{18}+x^{18}+x^{18}+x^{18}+1+1+1+1$$
$$\geqslant9\sqrt[9]{x^{18}\cdot x^{18}\cdot x^{18}\cdot x^{18}\cdot x^{18}\cdot1\cdot1\cdot1\cdot1}$$
$$\geqslant9x^{10}$$
等式适用于 $a=b=c=1$.

证明 2 作代换
$$\sqrt{25a^2+144}-5a=8x,\sqrt{25b^2+144}-5b=8y,\sqrt{25c^2+144}-5c=8z$$
这意味着
$$a=\frac{9-4x^2}{5x},b=\frac{9-4y^2}{5y},a=\frac{9-4z^2}{5z},x,y,z\in\left(0,\frac{3}{2}\right)$$
我们只需证在条件 $(9-4x^2)(9-4y^2)(9-4z^2)=125xyz$ 下,$x+y+z\leqslant3$.
使用矛盾方法.假设
$$x+y+z>3$$
并证明
$$(9-4x^2)(9-4y^2)(9-4z^2)<125xyz$$
根据 AM-GM 不等式,因为
$$9-4x^2<3(x+y+z)-\frac{12x^2}{x+y+z}=\frac{3(y+z-x)(y+z+3x)}{x+y+z}$$
$$9-y^2<\frac{3(x+z-y)(x+z+3y)}{x+y+z}$$
$$9-z^2<\frac{3(x+y-z)(x+y+3z)}{x+y+z}$$
因此
$$\prod(9-x^2)<\frac{27\prod(x+y-z)\prod(x+y+3z)}{(x+y+z)^3}$$
于是只需证
$$\prod(x+y-z)\prod(x+y+3z)<\frac{125}{27}xyz(x+y+z)^3$$
考虑 $\prod(x+y-z)>0$ 的情况,由 AM-GM 不等式,我们有
$$\prod(x+y+3z)\leqslant\frac{125}{27}(x+y+z)^3$$
因此只需证明 $\prod(x+y-z)\leqslant xyz$,这就是熟知的舒尔三次不等式.

问题 2.74 设 a,b,c 是正实数且满足 $ab + bc + ca = 3$,那么:

(1) $\sqrt{a^2 + 3} + \sqrt{b^2 + 3} + \sqrt{c^2 + 3} \geqslant a + b + c + 3$;

(2) $\sqrt{a + b} + \sqrt{b + c} + \sqrt{c + a} \geqslant \sqrt{4(a + b + c) + 6}$.

(Vasile Cîrtoaje,2007)

证明 (1) **方法 1**(Pham Thanh Hung) 平方后不等式变成

$$\sum \sqrt{(b^2 + 3)(c^2 + 3)} \geqslant 3(1 + a + b + c)$$

因为

$$\begin{aligned}
(b^2 + 3)(c^2 + 3) &= (b + a)(b + a)(c + a)(c + b) \\
&= (b + c)^2 (a^2 + 3) \\
&\geqslant \frac{1}{4}(b + c)^2 (a + 3)^2
\end{aligned}$$

我们有

$$\begin{aligned}
\sum \sqrt{(b^2 + 3)(c^2 + 3)} &\geqslant \frac{1}{2} \sum (b + c)(a + 3) \\
&= \frac{1}{2}\left(2 \sum bc + 6 \sum a\right) \\
&= 3(1 + a + b + c)
\end{aligned}$$

等号适用于 $a = b = c = 1$.

方法 2 采用 SOS 方法. 将不等式写为

$$\sqrt{(a + b)(a + c)} + \sqrt{(b + c)(b + a)} + \sqrt{(c + a)(c + b)} \geqslant a + b + c + 3$$

$$2\left[a + b + c - \sqrt{3(ab + bc + ca)}\right] \geqslant \sum \left(\sqrt{a + b} - \sqrt{a + c}\right)^2$$

$$\frac{1}{a + b + c + \sqrt{3(ab + bc + ca)}} \sum (b - c)^2 \geqslant \sum \frac{(b - c)^2}{\left(\sqrt{a + b} + \sqrt{a + c}\right)^2}$$

$$\sum \frac{(b - c)^2 S_a}{\left(\sqrt{a + b} + \sqrt{a + c}\right)^2} \geqslant 0$$

其中

$$S_a = \left(\sqrt{a + b} + \sqrt{a + c}\right)^2 - a - b - c - \sqrt{3(ab + bc + ca)}$$

最后一个不等式是成立的. 因为

$$\begin{aligned}
S_a &= 3(a + b + c) + 2\sqrt{(a + b)(a + c)} - \sqrt{3(ab + bc + ca)} \\
&> 2\sqrt{a^2 + ab + bc + ca} - \sqrt{3(ab + bc + ca)} \\
&> 0
\end{aligned}$$

方法 3 应用代换

$$x = \sqrt{a^2 + 3} - a, y = \sqrt{b^2 + 3} - b, z = \sqrt{c^2 + 3} - c, x, y, z > 0$$

我们只需证明

$$x + y + z \geqslant 3$$

我们有

$$\sum yz = \sum \left[\sqrt{(b+a)(b+c)} - b\right]\left[\sqrt{(c+a)(c+b)} - c\right]$$

$$= \sum (b+c)\sqrt{(a+b)(a+c)} - \sum b\sqrt{(c+a)(c+b)} -$$

$$\sum c\sqrt{(b+a)(b+c)} + \sum bc$$

$$= \sum (b+c)\sqrt{(a+b)(a+c)} - \sum c\sqrt{(a+b)(a+c)} -$$

$$\sum b\sqrt{(a+c)(a+b)} + \sum bc$$

$$= \sum bc$$

$$= 3$$

因此,我们得到

$$x + y + z \geqslant \sqrt{3(xy + yz + zx)} = 3$$

（2）平方后,我们得到不等式(1).

此外作代换

$$x = \sqrt{b+c}, y = \sqrt{c+a}, z = \sqrt{a+b}$$

不等式变成

$$x + y + z \geqslant \sqrt{2\left(x^2 + y^2 + z^2 + \sqrt{3(2x^2y^2 + 2y^2z^2 + 2z^2x^2 - x^4 - y^4 - z^4)}\right)}$$

平方后,我们得到

$$2xy + 2yz + 2zx - x^2 - y^2 - z^2 \geqslant \sqrt{3(2x^2y^2 + 2y^2z^2 + 2z^2x^2 - x^4 - y^4 - z^4)}$$

$$\sum (x - y)^2 (x + y - z)^2 \geqslant 0$$

问题 2.75 a, b, c 是正实数且满足 $a + b + c = 3$,那么

$$\sqrt{(5a^2 + 3)(5b^2 + 3)} + \sqrt{(5b^2 + 3)(5c^2 + 3)} + \sqrt{(5c^2 + 3)(5a^2 + 3)} \geqslant 24$$

(Vasile Cîrtoaje,2012)

证明 不妨设 $a \geqslant b \geqslant c$,则 $1 \leqslant a \leqslant 3, b + c \leqslant 2$. 记

$$A = 5a^2 + 3, B = 5b^2 + 3, C = 5c^2 + 3$$

将不等式写为

$$\sqrt{A}(\sqrt{B} + \sqrt{C}) + \sqrt{BC} \geqslant 24$$

$$\sqrt{A(B + C + 2\sqrt{BC})} \geqslant 24 - \sqrt{BC}$$

考虑非平凡情况 $\sqrt{BC} < 24$. 不等式为真,如果

$$A(B + C + 2\sqrt{BC}) \geqslant (24 - \sqrt{BC})^2$$

对于 $k = \dfrac{5}{3}$ 和 $m = \dfrac{4}{15}$ 得到

315

$$5\sqrt{BC} \geqslant 4(b-c)^2 + 25bc + 15$$

因此,只需证明

$$25A(A+B+C+48) \geqslant [5A+120-4(b-c)^2-25bc-15]^2$$

等价于

$$25(5a^2+3)[5(a^2+b^2+c^2)+57] \geqslant [25a^2+120-4(b-c)^2-25bc]^2$$

因为

$$5(a^2+b^2+c^2)+57 = 5a^2+5(b+c)^2-10bc+57$$
$$= 2(5a^2-15a+51-5bc)$$

和

$$25a^2+120-4(b-c)^2-25bc = 25a^2+120-4(b+c)^2-9bc$$
$$= 3(7a^2+8a+28-3bc)$$

我们需要证明

$$50(5a^2+3)(5a^2-15a+51-5bc) \geqslant 9(7a^2+8a+28-3bc)^2$$

由于 $bc \leqslant \dfrac{(b+c)^2}{4}$ 和 $(a-b)(a-c) \geqslant 0$,我们得到

$$bc \leqslant \frac{(3-a)^2}{4}, bc \geqslant a(b+c)-a^2 = 3a-2a^2$$

考虑固定的 $a, a \geqslant 1$,并记 $x = bc$,所以,我们只需要证明 $f(x) \geqslant 0$,对于

$$3a-2a^2 \leqslant x \leqslant \frac{a^2-6a+9}{4}$$

其中

$$f(x) = 50(5a^2+3)(5a^2-15a+51-5x) - 9(7a^2+8a+28-3x)^2$$

因为 $f(x)$ 是凹函数,于是只需要证明 $f(3a-2a^2) \geqslant 0$ 和 $f\left(\dfrac{a^2-6a+9}{4}\right) \geqslant 0$.

事实上,我们有

$$f(3a-2a^2) = 3(743a^4-2\,422a^3+2\,813a^2-1\,332a+198)$$
$$= 3(a-1)^2[(a-1)(743a-193)+5]$$
$$\geqslant 0$$
$$f\left(\frac{a^2-6a+9}{4}\right) = \frac{375}{16}(25a^4-140a^3+286a^2-252a+81)$$
$$= \frac{375}{16}(a-1)^2(5a-9)^2$$
$$\geqslant 0$$

因此,证明完成. 等号适用于 $a=b=c=1$,也适用于 $a=\dfrac{9}{5}$ 和 $b=c=\dfrac{3}{5}$(或任意

循环排列).

引理 设 $b,c \geqslant 0$ 满足 $b+c \leqslant 2$,如果 $k>0$ 和 $0 \leqslant m \leqslant \dfrac{k}{2k+2}$,那么

$$\sqrt{(kb^2+1)(kc^2+1)} \geqslant m(b-c)^2 + kbc + 1$$

证明 将不等式的两边平方后,不等式变成

$$(b-c)^2 \left[k-2m-2kmbc-m^2(b-c)^2 \right] \geqslant 0$$

这是成立的,因为

$$k-2m-2kmbc-m^2(b-c)^2$$
$$=k-2m-2m(k-2m)bc-m^2(b+c)^2$$
$$\geqslant k-2m-\frac{m(k-2m)}{2}(b+c)^2-m^2(b+c)^2$$
$$=k-2m-\frac{km}{2}(b+c)^2$$
$$\geqslant k-2m-2km$$
$$\geqslant 0$$

问题 2.76 设 a,b,c 是正实数且满足 $a+b+c=3$,那么

$$\sqrt{a^2+1}+\sqrt{b^2+1}+\sqrt{c^2+1} \geqslant \sqrt{\frac{4(a^2+b^2+c^2)+42}{3}}$$

(Vasile Cîrtoaje,2014)

证明 不妨设

$$a \geqslant b \geqslant c, a \geqslant 1, b+c \leqslant 2$$

平方后不等式变为

$$\sqrt{A}(\sqrt{B}+\sqrt{C})+\sqrt{BC} \geqslant \frac{a^2+b^2+c^2+33}{6}$$

$$\sqrt{A(B+C+2\sqrt{BC})}+\sqrt{BC} \geqslant \frac{a^2+b^2+c^2+33}{6}$$

其中

$$A=a^2+1, B=b^2+1, C=c^2+1$$

对于 $k=1, m=\dfrac{1}{4}$,应用问题 2.75 中的引理,我们得到

$$\sqrt{BC} \geqslant bc+1+\frac{1}{4}(b-c)^2$$

因此,只需证明

$$\sqrt{A\left[B+C+\frac{1}{2}(b-c)^2+2bc+2 \right]}+\frac{1}{4}(b-c)^2+bc+1$$
$$\geqslant \frac{a^2+b^2+c^2+33}{6}$$

等价于

$$6\sqrt{2(a^2+1)\left[3(b+c)^2-4bc+8\right]}\geqslant 2a^2-(b+c)^2-4bc+54$$

$$6\sqrt{2(a^2+1)(3a^2-18a+35-4bc)}\geqslant a^2+6a+45-4bc$$

由于 $bc\leqslant\dfrac{(b+c)^2}{4}$ 和 $(a-b)(a-c)\geqslant 0$,我们得到

$$bc\leqslant\dfrac{(3-a)^2}{4},bc\geqslant a(b+c)-a^2=3a-2a^2$$

考虑固定的 a,令 $a\geqslant 1$,并记 $x=bc$,所以,我们只需要证明当

$$3a-2a^2\leqslant x\leqslant\dfrac{a^2-6a+9}{4}$$

时,$f(x)\geqslant 0$,其中

$$f(x)=72(a^2+1)(3a^2-18a+35-4x)-(a^2+6a+45-4x)^2$$

因为 $f(x)$ 是凹函数,于是只需要证明 $f(3a-2a^2)\geqslant 0$ 和 $f\left(\dfrac{a^2-6a+9}{4}\right)\geqslant 0$.

事实上

$$f(3a-2a^2)=9(79a^4-228a^3+274a^2-180a+55)$$
$$=9(a-1)^2(79a^2-70a+55)$$
$$\geqslant 0$$
$$f\left(\dfrac{a^2-6a+9}{4}\right)=144(a^4-6a^3+13a^2-12a+4)$$
$$=144(a-1)^2(a-2)^2$$
$$\geqslant 0$$

等号适用于 $a=b=c=1$,也适用于 $a=2$ 和 $b=c=\dfrac{1}{2}$(或任意循环排列).

问题 2.77　设 a,b,c 是正实数且满足 $a+b+c=3$,那么

(1) $\sqrt{a^2+3}+\sqrt{b^2+3}+\sqrt{c^2+3}\geqslant\sqrt{2(a^2+b^2+c^2)+30}$;

(2) $\sqrt{3a^2+1}+\sqrt{3b^2+1}+\sqrt{3c^2+1}\geqslant\sqrt{2(a^2+b^2+c^2)+30}$.

(Vasile Cîrtoaje,2014)

证明　假设

$$a\geqslant b\geqslant c,a\geqslant 1,b+c\leqslant 2$$

(1) 将不等式两端平方后,不等式变为

$$\sqrt{A}(\sqrt{B}+\sqrt{C})+\sqrt{BC}\geqslant\dfrac{a^2+b^2+c^2+21}{2}$$

$$\sqrt{A(B+C+2\sqrt{BC})}+\sqrt{BC}\geqslant\dfrac{a^2+b^2+c^2+21}{2}$$

其中

$$A=a^2+3,B=b^2+3,C=c^2+3$$

对于 $k=\dfrac{1}{3}$, $m=\dfrac{1}{9}$, 应用问题 2.75 中的引理, 我们得到

$$\sqrt{BC} \geqslant \frac{1}{3}(b-c)^2 + bc + 3$$

因此, 只需证明

$$\sqrt{A\left[B+C+2bc+6+\frac{2}{3}(b-c)^2\right]} + \frac{1}{3}(b-c)^2 + bc + 3$$

$$\geqslant \frac{a^2+b^2+c^2+21}{2}$$

等价于

$$2\sqrt{3(a^2+3)\left[5(b+c)^2+36-8bc\right]} \geqslant 3a^2+(b+c)^2+45-4bc$$

$$\sqrt{3(a^2+3)(5a^2-30a+81-8bc)} \geqslant 2a^2-3a+27-2bc$$

由于 $bc \leqslant \dfrac{(b+c)^2}{4}$ 和 $(a-b)(a-c) \geqslant 0$, 我们得到

$$bc \leqslant \frac{(3-a)^2}{4}, \quad bc \geqslant a(b+c)-a^2 = 3a-2a^2$$

考虑固定的 a, 令 $a \geqslant 1$, 并记 $x=bc$, 所以, 我们只需要证明当

$$3-2a^2 \leqslant x \leqslant \frac{a^2-6a+9}{4}$$

时, $f(x) \geqslant 0$, 其中

$$f(x) = 3(a^2+3)(5a^2-30a+81-8x) - (2a^2-3a+27-2x)^2$$

因为 $f(x)$ 是凹函数, 于是只需要证明 $f(3a-2a^2) \geqslant 0$ 和 $f\left(\dfrac{a^2-6a+9}{4}\right) \geqslant 0$.

事实上

$$f(3a-2a^2) = 27a^2(a-1)^2 \geqslant 0$$

$$f\left(\frac{a^2-6a+9}{4}\right) = \frac{27}{4}(a^4-8a^3+22a^2-24a+9)$$

$$= \frac{27}{4}(a-1)^2(a-3)^2$$

$$\geqslant 0$$

等号适用于 $a=b=c=1$, 也适用于 $a=3$ 和 $b=c=0$ (或任意循环排列).

(2) 平方后不等式变为

$$\sqrt{A}(\sqrt{B}+\sqrt{C}) + \sqrt{BC} \geqslant \frac{27-a^2-b^2-c^2}{2}$$

$$\sqrt{A(B+C+2\sqrt{BC})} + \sqrt{BC} \geqslant \frac{27-a^2-b^2-c^2}{2}$$

其中

$$A=3a^2+1, \quad B=3b^2+1, \quad C=3c^2+1$$

对于 $k=3, m=\frac{1}{3}$，应用问题 2.75 中的引理，我们得到

$$\sqrt{BC} \geqslant \frac{1}{3}(b-c)^2 + 3bc + 1$$

因此，只需证明

$$\sqrt{A\left[B+C+\frac{2}{3}(b-c)^2+6bc+2\right]} + \frac{1}{3}(b-c)^2+3bc+1$$

$$\geqslant \frac{27-a^2-b^2-c^2}{2}$$

等价于

$$2\sqrt{3(3a^2+1)\left[11(b+c)^2+12-8bc\right]} \geqslant 75-3a^2-5(b+c)^2-4bc$$

$$\sqrt{3(3a^2+1)(11a^2-66a+111-8bc)} \geqslant 15+15a-4a^2-2bc$$

由于 $bc \leqslant \frac{(b+c)^2}{4}$ 和 $(a-b)(a-c) \geqslant 0$，我们得到

$$bc \leqslant \frac{(3-a)^2}{4},\ bc \geqslant a(b+c)-a^2=3a-2a^2$$

考虑固定的 a，令 $a \geqslant 1$，并记 $x=bc$，所以我们只需要证明当

$$3a-2a^2 \leqslant x \leqslant \frac{a^2-6a+9}{4}$$

时，$f(x) \geqslant 0$，其中

$$f(x)=3(3a^2+1)(11a^2-66a+111-8x)-(15+15a-4a^2-2x)^2$$

因为 $f(x)$ 是凹函数，于是只需要证明 $f(3a-2a^2) \geqslant 0$ 和 $f\left(\frac{a^2-6a+9}{4}\right) \geqslant 0$.

事实上

$$f(3a-2a^2)=27(a-1)^2(3a-2)^2 \geqslant 0$$

$$f\left(\frac{a^2-6a+9}{4}\right)=\frac{27}{4}(9a^4-48a^3+94a^2-80a+25)$$

$$=\frac{27}{4}(a-1)^2(3a-5)^2$$

$$\geqslant 0$$

等号适用于 $a=b=c=1$，也适用于 $a=\frac{5}{3}$ 和 $b=c=\frac{2}{3}$（或其任意循环排列）.

备注 同样，我们可以证明下面的推广.

设 a,b,c 是非负实数且满足 $a+b+c=3$. 如果 $k>0$，那么

$$\sqrt{ka^2+1}+\sqrt{kb^2+1}+\sqrt{kc^2+1} \geqslant \sqrt{\frac{8k(a^2+b^2+c^2)+3(9k^2+10k+9)}{3(k+1)}}$$

等号适用于 $a=b=c=1$，也适用于 $a=\frac{3k+1}{2k}$ 和 $b=c=\frac{3k-1}{4k}$（或其任意循环

排列).

问题 2.78　设 a,b,c 是正实数且满足 $a+b+c=3$,那么

$$\sqrt{(32a^2+3)(32b^2+3)}+\sqrt{(32b^2+3)(32c^2+3)}+$$
$$\sqrt{(32c^2+3)(32a^2+3)}\leqslant 105$$

(Vasile Cîrtoaje,2014)

证明　不妨设

$$a\leqslant b\leqslant c,a\leqslant 1,b+c\geqslant 2$$

不等式写为

$$\sqrt{A}\,(\sqrt{B}+\sqrt{C})+\sqrt{BC}\leqslant 105$$
$$\sqrt{A}\,\sqrt{B+C+2\sqrt{BC}}\leqslant 105-\sqrt{BC}$$

其中

$$A=32a^2+3,B=32b^2+3,C=32c^2+3$$

应用下面的引理,我们有

$$\sqrt{BC}\leqslant 5\,(b+c)^2+12bc+3$$
$$\leqslant 8\,(b+c)^2+3$$
$$\leqslant 8\,(a+b+c)^2+3=75<105$$

因此,我们可以把期望的不等式写成

$$A(B+C+2\sqrt{BC})\leqslant (A+105-\sqrt{BC})^2$$

等价于

$$A(A+B+C+210)\leqslant (A+105-\sqrt{BC})^2$$

根据下面的引理,只需证明

$$A(A+B+C+210)\leqslant [A+105-5(b^2+c^2)-22bc-3]^2$$

等价于

$$[32a^2+105-5(b^2+c^2)-22bc]^2\geqslant (32a^2+3)\,[32(a^2+b^2+c^2)+219]$$

因为

$$32(a^2+b^2+c^2)+219=32a^2+32\,(b+c)^2-64bc+219$$
$$=64a^2-192a+507-64bc$$
$$32a^2+105-5(b^2+c^2)-22bc=32a^2+105-5\,(b+c)^2-12bc$$
$$=3(9a^2+10a+20-4bc)$$

我们只需证

$$9\,(9a^2+10a+20-4bc)^2\geqslant (32a^2+3)(64a^2-192a+507-64bc)$$

由于 $bc\leqslant\dfrac{(b+c)^2}{4}$,我们得到

$$bc\leqslant\frac{(3-a)^2}{4}$$

考虑固定的 a，$0 \leqslant a \leqslant 1$，并记 $x = bc$，所以，我们只需要证明当

$$0 \leqslant x \leqslant \frac{a^2 - 6a + 9}{4}$$

时，$f(x) \geqslant 0$，其中

$$f(x) = 9 (9a^2 + 10a + 20 - 4x)^2 - (32a^2 + 3)(64a^2 - 192a + 507 - 64x)$$

因为

$$\begin{aligned}
f'(x) &= 72(4x - 9a^2 - 10a - 20) + 64(32a^2 + 3) \\
&\leqslant 72 \left[(a^2 - 6a + 9) - 9a^2 - 10a - 20 \right] + 64(32a^2 + 3) \\
&= 8 \left[184(a - 1) + (44a - 75) \right] \\
&< 0
\end{aligned}$$

所以 $f(x)$ 是减函数，因此 $f(x) \geqslant f\left(\dfrac{a^2 - 6a + 9}{4}\right)$，因此只需证

$f\left(\dfrac{a^2 - 6a + 9}{4}\right) \geqslant 0$. 我们有

$$\begin{aligned}
f\left(\frac{a^2 - 6a + 9}{4}\right) &= 9 \left[9a^2 + 10a + 20 - (a^2 - 6a + 9) \right]^2 - \\
&\quad (32a^2 + 3) \left[64a^2 - 192a + 507 - 16(a^2 - 6a + 9) \right] \\
&= 9 (8a^2 + 16a + 11)^2 - (32a^2 + 3)(48a^2 - 96a + 363) \\
&= 192a (a - 1)^2 (18 - 5a) \\
&\geqslant 0
\end{aligned}$$

这样，证明就完成了. 等号适用于 $a = b = c = 1$，也适用于 $a = 0$ 和 $b = c = \dfrac{3}{2}$（或

其任意循环排列）.

引理 如果 $b, c \geqslant 0$ 且满足 $b + c \geqslant 2$，那么

$$\sqrt{(32b^2 + 3)(32c^2 + 3)} \leqslant 5(b^2 + c^2) + 22bc + 3$$

证明 平方后不等式变成

$$(5b^2 + 5c^2 + 22bc)^② - 32^2 b^2 c^2 \geqslant 96(b^2 + c^2) - 6(5b^2 + 5c^2 + 22bc)$$

$$5 (b - c)^2 (5b^2 + 5c^2 + 54bc) \geqslant 66 (b - c)^2$$

显然 $66 - 220bc \leqslant 100$，于是只需证

$$5(5b^2 + 5c^2 + 10bc) \geqslant 100$$

这等价于明显的不等式 $(b + c)^2 \geqslant 4$.

问题 2.79 如果 a, b, c 是正实数，那么

$$\left| \frac{b + c}{a} - 3 \right| + \left| \frac{c + a}{b} - 3 \right| + \left| \frac{a + b}{c} - 3 \right| \geqslant 2$$

(Vasile Cîrtoaje, 2012)

证明 不失一般性，不妨设 $a \geqslant b \geqslant c$.

情形 1 $a > b + c$. 我们有

322

$$\left|\frac{b+c}{a}-3\right|+\left|\frac{c+a}{b}-3\right|+\left|\frac{a+b}{c}-3\right| \geqslant \left|\frac{b+c}{a}-3\right|=3-\frac{b+c}{a}>2$$

情形 2 $a \leqslant b+c$. 我们有

$$\left|\frac{b+c}{a}-3\right|+\left|\frac{c+a}{b}-3\right|+\left|\frac{a+b}{c}-3\right|$$

$$\geqslant \left|\frac{b+c}{a}-3\right|+\left|\frac{c+a}{b}-3\right|$$

$$=\left(3-\frac{b+c}{a}\right)+\left(3-\frac{c+a}{b}\right)$$

$$\geqslant 6-\frac{2b}{a}-\frac{a+b}{b}$$

$$=2+\frac{(a-b)(2b-a)}{ab}$$

$$\geqslant 2$$

这样就得到了证明. 等式适用于 $\frac{a}{2}=b=c$(或其任意循环排列).

问题 2.80 如果 a,b,c 是实数且满足 $abc \neq 0$,那么

$$\left|\frac{b+c}{a}\right|+\left|\frac{c+a}{b}\right|+\left|\frac{a+b}{c}\right| \geqslant 2$$

证明 1 设

$$|a|=\max\{|a|,|b|,|c|\}$$

我们有

$$\left|\frac{b+c}{a}\right|+\left|\frac{c+a}{b}\right|+\left|\frac{a+b}{c}\right| \geqslant \left|\frac{b+c}{a}\right|+\left|\frac{c+a}{a}\right|+\left|\frac{a+b}{a}\right|$$

$$\geqslant \frac{|(-b-c)+(c+a)+(a+b)|}{|a|}$$

$$=2$$

等号适用于 $a=1,b=-1$ 和 $|c| \leqslant 1$(或其任意循环排列).

证明 2 如果用 $-a,-b,-c$ 代替 a,b,c,不等式保持不变,因此,我们只需考虑 $a,b,c>0$ 和 $a<0$ 和 $b,c>0$ 的情况.

情形 1 $a,b,c>0$. 我们有

$$\left|\frac{b+c}{a}\right|+\left|\frac{c+a}{b}\right|+\left|\frac{a+b}{c}\right|=\left(\frac{b}{a}+\frac{a}{b}\right)+\left(\frac{b}{c}+\frac{c}{b}\right)+\left(\frac{a}{c}+\frac{c}{a}\right) \geqslant 6$$

情形 2 $a<0,b,c>0$. 用 $-a$ 代替 a,我们只需证明

$$\frac{b+c}{a}+\frac{|a-c|}{b}+\frac{|a-b|}{c} \geqslant 2$$

其中 $a,b,c>0$. 不失一般性,假设 $b \geqslant c$. 分三种情况:$b \geqslant c \geqslant a$,$b \geqslant a \geqslant c$ 和 $a \geqslant b \geqslant c$.

当 $b \geqslant c \geqslant a$ 时,我们有

$$\frac{b+c}{a} + \frac{|a-c|}{b} + \frac{|a-b|}{c} \geqslant \frac{b+c}{a} \geqslant 2$$

当 $b \geqslant a \geqslant c$ 时,我们有

$$\frac{b+c}{a} + \frac{|a-c|}{b} + \frac{|a-b|}{c} - 2 \geqslant \frac{b+c}{a} + \frac{a-c}{b} - 2$$

$$= \frac{(a-b)^2 + c(b-a)}{ab}$$

$$\geqslant 0$$

当 $a \geqslant b \geqslant c$ 时,我们有

$$\frac{b+c}{a} + \frac{|a-c|}{b} + \frac{|a-b|}{c} - 2$$

$$= \frac{b+c}{a} + \frac{a-c}{b} + \frac{a-b}{c} - 2$$

$$= \left(\frac{b}{a} + \frac{a}{b} - 2 \right) + \left(\frac{c}{a} - \frac{c}{b} \right) + \frac{a-b}{c}$$

$$= \frac{(a-b)^2}{ab} + \frac{(ab-c^2)(a-b)}{abc}$$

$$\geqslant 0$$

证明 3　作代换

$$x = \frac{b+c}{a}, y = \frac{c+a}{b}, z = \frac{a+b}{c}$$

我们只需证明在 $x+y+z+2 = xyz, x,y,z \in \mathbf{R}$ 的条件下,不等式

$$|x| + |y| + |z| \geqslant 2$$

成立.

如果 $xyz < 0$,那么

$$-x - y - z = 2 - xyz \geqslant 2$$

因此

$$|x| + |y| + |z| \geqslant |x+y+z| = |-x-y-z| \geqslant -x-y-z \geqslant 2$$

如果 $xyz > 0$,那么 $x,y,z > 0$ 或 x,y,z 中仅一个为正数(例如 $x>0, y,z<0$)

　　情形 1　$x,y,z > 0$. 我们只需证明 $x+y+z > 2$. 我们有 $xyz = 2+x+y+z > 2$,由 AM $-$ GM 不等式,我们有

$$x + y + z \geqslant 3\sqrt[3]{xyz} > 3\sqrt[3]{2} > 2$$

　　情形 2　$x > 0$ 和 $y,z < 0$. 用 $-y, -z$ 代替 y,z,我们只需证明

$$x - y - z + 2 = xyz$$

包含

$$x + y + z \geqslant 2$$

其中 $x,y,z > 0$.

因为

$$x + y + z - 2 = x + y + z - (xyz - x + y + z) = x(2 - yz)$$

因此,只需证明 $yz \leqslant 2$.实际上,我们有

$$x + 2 = y + z + xyz \geqslant 2\sqrt{yz} + xyz$$

$$x(1 - yz) + 2(1 - \sqrt{yz}) \geqslant 0$$

$$(1 - \sqrt{yz})[x(1 + \sqrt{yz}) + 2] \geqslant 0$$

因此

$$yz \leqslant 1 < 2$$

问题 2.81 设 a,b,c 是非负实数且不存在两个同时为零,并设

$$x = \frac{2a}{b+c}, y = \frac{2b}{c+a}, z = \frac{2c}{a+b}$$

求证:

(1) $\sqrt{xy} + \sqrt{yz} + \sqrt{zx} \geqslant xyz + 2$;

(2) $x + y + z + \sqrt{xy} + \sqrt{yz} + \sqrt{zx} \geqslant 6$;

(3) $\sqrt{x} + \sqrt{y} + \sqrt{z} \geqslant \sqrt{8 + xyz}$;

(4) $\frac{\sqrt{yz}}{x+2} + \frac{\sqrt{zx}}{y+2} + \frac{\sqrt{xy}}{z+2} \geqslant 1$

证明 (1) **方法 1** 因为

$$\sqrt{yz} = \frac{2\sqrt{bc(a+b)(c+a)}}{(a+b)(c+a)}$$

$$\geqslant \frac{2\sqrt{bc}(a+\sqrt{bc})}{(a+b)(c+a)}$$

$$= \frac{2a(b+c)\sqrt{bc} + 2bc(b+c)}{(a+b)(b+c)(c+a)}$$

$$\geqslant \frac{4abc + 2bc(b+c)}{(a+b)(b+c)(c+a)}$$

我们有

$$\sum \sqrt{yz} \geqslant \frac{12abc + 2\sum bc(b+c)}{(a+b)(b+c)(c+a)}$$

$$= \frac{8abc}{(a+b)(b+c)(c+a)} + 2$$

$$= xyz + 2$$

等号适用于 $a = b = c$,也适用于 $a = 0$,或 $b = 0$,或 $c = 0$.

(2) **方法 1** 考虑到(1)中的不等式,于是只需证

$$x + y + z + xyz \geqslant 4$$

这等价于三次舒尔不等式

$$a^3 + b^3 + c^3 + 3abc \geqslant \sum ab(a+b)$$

等号适用于 $a=b=c$，也适用于 $a=0$ 和 $b=c$（或其任意循环排列）.

方法 2 采用 SOS 方法. 不等式可写为

$$4\sum (x-1) \geqslant \sum (\sqrt{y} - \sqrt{z})^2$$

因为

$$
\begin{aligned}
\sum (x-1) &= \sum \frac{(a-b)+(a-c)}{b+c} \\
&= \sum \frac{a-b}{b+c} + \sum \frac{b-a}{c+a} \\
&= \sum \frac{(a-b)^2}{(b+c)(c+a)} \\
&= \sum \frac{(b-c)^2}{(a+b)(c+a)}
\end{aligned}
$$

和

$$(\sqrt{y} - \sqrt{z})^2 = \frac{(y-z)^2}{(\sqrt{y}+\sqrt{z})^2} = \frac{2(b-c)^2(a+b+c)^2}{(a+b)(a+c)(\sqrt{b^2+ab}+\sqrt{c^2+ca})^2}$$

我们只需证

$$\sum (b-c)^2 S_a \geqslant 0$$

其中

$$S_a = (b+c)\left[2 - \frac{(a+b+c)^2}{(\sqrt{b^2+ab}+\sqrt{c^2+ac})^2}\right]$$

根据闵可夫斯基不等式，我们有

$$
\begin{aligned}
(\sqrt{b^2+ab}+\sqrt{c^2+ac})^2 &\geqslant (b+c)^2 + a(\sqrt{b}+\sqrt{c})^2 \\
&\geqslant (b+c)^2 + a(b+c) \\
&= (b+c)(a+b+c)
\end{aligned}
$$

因此

$$S_a \geqslant (b+c)\left(2 - \frac{a+b+c}{b+c}\right) = b+c-a$$

因此，只需证

$$\sum (b-c)^2(b+c-a) \geqslant 0$$

这恰好就是三阶舒尔不等式.

方法 3 利用柯西－施瓦兹不等式，我们有

$$\sum \frac{a}{b+c} \geqslant \frac{(a+b+c)^2}{2(ab+bc+ca)}$$

利用赫尔德不等式,我们得到

$$\left(\sqrt{\frac{a}{b+c}}+\sqrt{\frac{b}{c+a}}+\sqrt{\frac{c}{a+b}}\right)^2 \geqslant \frac{\left(\sum a\right)^3}{\sum a^2(b+c)}$$

$$=\frac{(a+b+c)^3}{a^2(b+c)+b^2(c+a)+c^2(a+b)}$$

于是只需证

$$\frac{(a+b+c)^2}{ab+bc+ca}+\frac{2(a+b+c)^3}{a^2(b+c)+b^2(c+a)+c^2(a+b)} \geqslant 12$$

由于齐次性,我们可设 $a+b+c=1$,作代换

$$q=ab+bc+ca,3q \leqslant (a+b+c)^2=1$$

不等式变成

$$\frac{1}{q}+\frac{2}{q-3abc} \geqslant 12$$

由四阶舒尔不等式

$$6abcp \geqslant (p^2-q)(4q-p^2),p=a+b+c$$

我们推断

$$6abc \geqslant (4q-1)(1-q)$$

因此

$$\frac{1}{q}+\frac{2}{q-3abc}-12 \geqslant \frac{1}{q}+\frac{4}{2q-(1-q)(4q-1)}-12$$

$$=\frac{1}{q}+\frac{4}{4q^2-3q+1}-12$$

$$=\frac{(1-3q)(1-4q)^2}{q(4q^2-3q+1)}$$

$$\geqslant 0$$

(3) 将不等式两边平方,不等式变为

$$x+y+z+2\left(\sqrt{xy}+\sqrt{yz}+\sqrt{zx}\right) \geqslant 8+xyz$$

基于(1)中的不等式,于是只需证

$$x+y+z+2(xyz+2) \geqslant 8+xyz$$

这等价于

$$x+y+z+xyz \geqslant 4$$

$$a^3+b^3+c^3+3abc \geqslant \sum ab(a+b)$$

最后一个不等式恰好是三阶舒尔不等式.等号适用于 $a=b=c$,也适用于 $a=0$ 和 $b=c$(或其任意循环排列).

(4) 将不等式写为

$$\sum (b+c)\sqrt{yz} \geqslant 2(a+b+c)$$

方法 1 因为

$$\sqrt{yz} = \frac{2\sqrt{bc(a+b)(c+a)}}{(a+b)(c+a)}$$

$$\geqslant \frac{2\sqrt{bc}\,(a+\sqrt{bc})}{(a+b)(c+a)}$$

$$= \frac{2a(b+c)\sqrt{bc}+2bc(b+c)}{(a+b)(b+c)(c+a)}$$

$$\geqslant \frac{4abc+2bc(b+c)}{(a+b)(b+c)(c+a)}$$

于是只需证

$$\sum(b+c)[2abc+bc(b+c)] \geqslant (a+b+c)(a+b)(b+c)(c+a)$$

这是一个恒等式. 等号适用于 $a=b=c$, 也适用于 $a=0$ 或 $b=0$ 或 $c=0$.

方法 2 设

$$q = ab+bc+ca$$

因为

$$\sqrt{yz} = \sqrt{\frac{2b}{a+b}\cdot\frac{2c}{c+a}}$$

$$\geqslant \frac{2\cdot\dfrac{2b}{a+b}\cdot\dfrac{2c}{c+a}}{\dfrac{2b}{a+b}+\dfrac{2c}{c+a}}$$

$$= \frac{4bc}{bc+q}$$

可将不等式写为

$$\sum\frac{2bc(b+c)}{bc+q} \geqslant a+b+c$$

$$\sum\left[\frac{2bc(b+c)}{bc+q}-a\right] \geqslant 0$$

$$\sum\frac{bc(b-a)+bc(c-a)+b(c^2-a^2)+c(b^2-a^2)}{bc+q} \geqslant 0$$

$$\sum\frac{c(b-a)(2b+a)+b(c-a)(2c+a)}{bc+q} \geqslant 0$$

$$\sum\frac{c(b-a)(2b+a)}{bc+q}+\sum\frac{c(a-b)(2a+b)}{ca+q} \geqslant 0$$

$$\sum c(a-b)\left[\frac{2a+b}{ca+q}-\frac{2b+a}{bc+q}\right] \geqslant 0$$

$$\sum\frac{c(a-b)[q(a-b)-c(a^2-b^2)]}{(ca+q)(bc+q)} \geqslant 0$$

$$abc \sum \frac{(a-b)^2}{(ca+q)(bc+q)} \geqslant 0$$

问题 2.82 设 a,b,c 是非负实数且不存在两个同时为零，并设

$$x = \frac{2a}{b+c}, y = \frac{2b}{c+a}, z = \frac{2c}{a+b}$$

求证

$$\sqrt{1+24x} + \sqrt{1+24y} + \sqrt{1+24z} \geqslant 15$$

(Vasile Cîrtoaje, 2005)

证明（Vo Quoc Ba Can） 不妨设 $c = \min\{a,b,c\}$，因此 $z \leqslant 1$. 根据赫尔德不等式

$$\left(\sqrt{\frac{a}{b+c}} + \sqrt{\frac{b}{c+a}} \right)^2 [a^2(b+c) + b^2(c+a)] \geqslant (a+b)^3$$

我们得到

$$
\begin{aligned}
(\sqrt{x} + \sqrt{y})^2 &\geqslant \frac{2(a+b)^3}{c(a^2+b^2) + ab(a+b)} \\
&= \frac{2(a+b)^3}{c(a+b)^2 + ab(a+b-2c)} \\
&\geqslant \frac{2(a+b)^3}{c(a+b)^2 + \frac{1}{4}(a+b)^2(a+b-2c)} \\
&= \frac{8(a+b)}{a+b+2c} \\
&= \frac{8}{1+z}
\end{aligned}
$$

利用此结论及闵可夫斯基不等式，我们有

$$\sqrt{1+24x} + \sqrt{1+24y} \geqslant \sqrt{(1+1)^2 + 24(\sqrt{x}+\sqrt{y})^2}$$

$$\geqslant 2\sqrt{1 + \frac{48}{1+z}}$$

因此，只需证

$$2\sqrt{1 + \frac{48}{1+z}} + \sqrt{1+24z} \geqslant 15$$

应用代换

$$\sqrt{1+24z} = 5t, \frac{1}{5} \leqslant t \leqslant 1$$

不等式变成

$$2\sqrt{\frac{t^2+47}{25t^2+23}} \geqslant 3 - t$$

329

平方后变成

$$25t^4 - 150t^3 + 244t^2 - 138t + 19 \leqslant 0$$

这等价于明显的不等式

$$(t-1)^2(5t-1)(5t-19) \leqslant 0$$

等号适用于 $a = b = c$,也适用于 $a = b$ 和 $c = 0$(或其任意循环排列).

问题 2.83 设 a, b, c 是正实数,那么

$$\sqrt{\frac{7a}{a+3b+3c}} + \sqrt{\frac{7b}{3a+b+3c}} + \sqrt{\frac{7c}{3a+3b+c}} \leqslant 3$$

(Vasile Cîrtoaje,2005)

证明 1 作变换

$$x = \sqrt{\frac{7a}{a+3b+3c}}, y = \sqrt{\frac{7b}{3a+b+3c}}, z = \sqrt{\frac{7c}{3a+3b+c}}$$

我们有

$$\begin{cases} (x^2-7)a + 3x^2b + 3x^2c = 0 \\ 3y^2a + (y^2-7)b + 3y^2c = 0 \\ 3z^2a + 3z^2b + (z^2-7)c = 0 \end{cases}$$

此线性方程组有非零解的充分必要条件是

$$\begin{vmatrix} x^2-7 & 3x^2 & 3x^2 \\ 3y^2 & y^2-7 & 3y^2 \\ 3z^2 & 3z^2 & z^2-7 \end{vmatrix} = 0$$

也就是 $F(x,y,z) = 0$,其中

$$F(x,y,z) = 4x^2y^2z^2 + 8\sum x^2y^2 + 7\sum x^2 - 49$$

我们只需证明 $F(x,y,z) = 0$ 包含 $x+y+z \leqslant 3$,其中 $x, y, z > 0$. 为了证明这一等式,我们采用反证法. 假设 $x+y+z > 3$ 时 $F(x,y,z) > 0$. 由于 $F(x,y,z)$ 对于它的每个参数都是递增的,因此只需证明 $x+y+z = 3$ 时包含 $F(x,y,z) \geqslant 0$. 假设 $x = \max\{x,y,z\}$ 并记 $t = \dfrac{y+z}{2}, 0 < t \leqslant 1 \leqslant x$,我们将证明

$$F(x,y,z) \geqslant F(x,t,t) \geqslant 0$$

我们有

$$F(x,y,z) - F(x,t,t) = (8x^2+7)(y^2+z^2-2t^2) - 4(x^2+2)(t^4 - y^2z^2)$$

$$= \frac{1}{2}(8x^2+7)(y-z)^2 - (x^2+2)(t^2+yz)(y-z)^2$$

$$\geqslant \frac{1}{2}(8x^2+7)(y-z)^2 - 2(x^2+2)t^2(y-z)^2$$

$$\geqslant \frac{1}{2}(4x^2-1)(y-z)^2$$

$$\geqslant 0$$

和

$$F(x,t,t)=F\left(x,\frac{3-x}{2},\frac{3-x}{2}\right)$$

$$=\frac{1}{4}(x-1)^2(x-2)^2(x^2-6x+23)$$

$$\geqslant 0$$

等号适用于 $a=b=c$,也适用于 $\frac{a}{8}=b=c$(或其任意循环排列).

证明2 由于不等式的齐次性,可假设 $a+b+c=3$,不等式变成

$$\sum\sqrt{\frac{7a}{9-2a}}\leqslant 3$$

应用代换

$$x=\sqrt{\frac{7a}{9-2a}},y=\sqrt{\frac{7b}{9-2b}},z=\sqrt{\frac{7c}{9-2c}}$$

我们需要证明如果 $x,y,z>0$ 且满足 $\sum\dfrac{1}{2x^2+7}=\dfrac{1}{3}$,那么 $x+y+z\leqslant 3$.应用反证法,假设 $x+y+z>3$,我们将证明 $F(x,y,z)>0$,其中

$$F(x,y,z)=\sum\frac{1}{2x^2+7}-\frac{1}{3}$$

因为 $F(x,y,z)$ 是关于每个变量的严格递增函数,因此,只需证明当 $x+y+z=3$ 时有 $F(x,y,z)\leqslant 0$,这个恰好就是问题 1.33 的不等式.

问题2.84 如果 a,b,c 是正实数且满足 $a+b+c=3$,那么

$$\sqrt[3]{a^2(b^2+c^2)}+\sqrt[3]{b^2(c^2+a^2)}+\sqrt[3]{c^2(a^2+b^2)}\leqslant 3\sqrt[3]{2}$$

(Michael Rozenberg,2013)

证明 由赫尔德不等式,我们有

$$\left[\sum\sqrt[3]{a^2(b^2+c^2)}\right]^3\leqslant\left[\sum a(b+c)\right]^2\sum\frac{b^2+c^2}{(b+c)^2}$$

因此,只需证

$$\left[\sum a(b+c)\right]^2\sum\frac{b^2+c^2}{(b+c)^2}\leqslant 54$$

$$\sum\frac{b^2+c^2}{(b+c)^2}\leqslant\frac{27}{2(ab+bc+ca)^2}$$

等价于齐次不等式

$$\sum\left(\frac{b^2+c^2}{(b+c)^2}-1\right)\leqslant\frac{p^4}{6q^2}-3$$

$$\sum\frac{2bc}{(b+c)^2}+\frac{p^4}{6q^2}\geqslant 3$$

其中

$$p = a+b+c, q = ab+bc+ca$$

根据问题 1.62，不列不等式成立

$$\sum \frac{2bc}{(b+c)^2} + \frac{p^2}{q} \geqslant \frac{9}{2}$$

因此，只需证

$$\frac{9}{2} - \frac{p^2}{q} + \frac{p^4}{6q^2} \geqslant 3$$

等价于

$$\left(\frac{p^2}{q} - 3\right)^2 \geqslant 0$$

等号适用于 $a=b=c=1$.

问题 2.85　如果 a,b,c 是非负实数且不存在两个同时为零，那么

$$\frac{1}{a+b} + \frac{1}{b+c} + \frac{1}{c+a} \geqslant \frac{1}{a+b+c} + \frac{2}{\sqrt{ab+bc+ca}}$$

（Vasile Cîrtoaje,2005）

证明　令

$$p = a+b+c, q = ab+bc+ca, r = abc$$

将不等式写为

$$\frac{p^2+q}{pq-r} \geqslant \frac{1}{p} + \frac{2}{\sqrt{q}}$$

根据第 1 卷问题 3.57(1)，对于固定的 p 和 q，当 a,b,c 有两个相等或有一个为零时，乘积 $r=abc$ 达到最小. 因此只需证明原始不等式对于 $b=c=1$ 和 $a=0$ 时不等式成立即可. 当 $a=0$ 时，不等式化简得

$$\frac{1}{b} + \frac{1}{c} \geqslant \frac{2}{\sqrt{bc}}$$

这一不等式明显成立. 当 $b=c=1$ 时，不等式变成

$$\frac{1}{2} + \frac{2}{a+1} \geqslant \frac{1}{a+2} + \frac{2}{\sqrt{2a+1}}$$

$$\frac{1}{2} - \frac{1}{a+2} \geqslant \frac{2}{\sqrt{2a+1}} - \frac{2}{a+1}$$

$$\frac{a}{2(a+2)} \geqslant \frac{2(a+1-\sqrt{2a+1})}{(a+1)\sqrt{2a+1}}$$

$$\frac{a}{2(a+2)} \geqslant \frac{2a^2}{(a+1)\sqrt{2a+1}(a+1+\sqrt{2a+1})}$$

所以，我们只需证

332

$$\frac{1}{2(a+2)} \geqslant \frac{2a}{(a+1)\sqrt{2a+1}(a+1+\sqrt{2a+1})}$$

考虑两种情况:$0 \leqslant a \leqslant 1$ 和 $a > 1$.

情形 1 $0 \leqslant a \leqslant 1$.我们有

$$\sqrt{2a+1}(a+1+\sqrt{2a+1}) \geqslant \sqrt{2a+1}(\sqrt{2a+1}+\sqrt{2a+1})=2(2a+1)$$

于是只需证

$$\frac{1}{2(a+2)} \geqslant \frac{a}{(a+1)(2a+1)}$$

等价于 $1-a \geqslant 0$

情形 2 $a > 1$.我们将证明

$$(a+1)\sqrt{2a+1} > 3a$$
$$a^3 + a(a-2)^2 + 1 > 0$$

因此,只需证明

$$\frac{1}{2(a+2)} \geqslant \frac{2a}{(a+1)[(a+1)\sqrt{2a+1}+2a+1]}$$

这等价于 $(a-1)^2 \geqslant 0$.证明完成.等号适用于 $a=0$ 和 $b=c$(或其任意循环排列).

问题 2.86 如果 $a,b \geqslant 1$,那么

$$\frac{1}{\sqrt{3ab+1}} + \frac{1}{2} \geqslant \frac{1}{\sqrt{3a+1}} + \frac{1}{\sqrt{3b+1}}.$$

证明 作代换

$$x = \frac{2}{\sqrt{3a+1}}, y = \frac{2}{\sqrt{3b+1}}, x,y \in (0,1]$$

期望不等式写成

$$xy\sqrt{\frac{3}{x^2y^2-x^2-y^2+4}} \geqslant x+y-1$$

考虑非平凡情况 $x+y-1 \geqslant 0$,并记

$$t = x+y-1, p = xy$$

我们有

$$1 \geqslant p \geqslant t \geqslant 0$$

因为

$$x^2+y^2 = (x+y)^2 - 2xy = (t+1)^2 - 2p$$

我们只需证明

$$p\sqrt{\frac{3}{p^2+2p-t^2-2t+3}} \geqslant t$$

平方得
$$(p-t)\left[(3-t^2)p+t(1-t)(3+t)\right]\geqslant 0$$
这显然成立. 等式适用于 $a=b=1$.

问题 2.87 设 a,b,c 是正实数且满足 $a+b+c=3$. 如果 $k\geqslant\dfrac{1}{\sqrt{2}}$,那么
$$(abc)^k(a^2+b^2+c^2)\leqslant 3$$

(Vasile Cîrtoaje,2006)

证明 因为
$$abc\leqslant\left(\frac{a+b+c}{3}\right)^3=1$$
只需证明当 $k=\dfrac{1}{\sqrt{2}}$ 时不等式成立即可. 将不等式写成齐次形式
$$(abc)^k(a^2+b^2+c^2)\leqslant 3\left(\frac{a+b+c}{3}\right)^{3k+2}$$

根据第 1 卷问题 3.57(1),对于固定的 $a+b+c$ 和 $ab+bc+ca$,当 a,b,c 中有两个相等时,乘积 abc 达到最大. 因此,只需证明齐次不等式当 $b=c=1$ 时成立即可,也就是 $f(a)\geqslant 0$,其中
$$f(a)=(3k+2)\ln(a+2)-(3k+1)\ln 3-k\ln a-\ln(a^2+2)$$
由于
$$\begin{aligned}f'(a)&=\frac{3k+2}{a+2}-\frac{k}{a}-\frac{2a}{a^2+2}\\&=\frac{2(a-1)(ka^2-2a+2k)}{a(a+2)(a^2+2)}\\&=\frac{\sqrt{2}(a-1)(a-\sqrt{2})^2}{a(a+2)(a^2+2)}\end{aligned}$$

这说明函数在 $(0,1]$ 上是递减的,在 $[1,+\infty)$ 上是递增的,因此 $f(a)\geqslant f(1)=0$. 这就完成了证明,等号适用于 $a=b=c$.

问题 2.88 设 p 和 q 都是非负实数且满足 $p^2\geqslant 3q$,并设
$$g(p,q)=\sqrt{\frac{2p-2w}{3}}+2\sqrt{\frac{2p+w}{3}}$$
$$h(p,q)=\begin{cases}\sqrt{\dfrac{2p+2w}{3}}+2\sqrt{\dfrac{2p-w}{3}}\,,p^2\leqslant 4q\\[2ex]\sqrt{p}+\sqrt{p+\sqrt{q}}\,,p^2\geqslant 4q\end{cases}$$

其中 $w=\sqrt{p^2-3q}$. 如果 a,b,c 是非负实数且满足
$$a+b+c=p,ab+bc+ca=q$$

那么:

(1) $\sqrt{a+b}+\sqrt{b+c}+\sqrt{c+a} \geqslant g(p,q)$；

等号适用于 $a=\dfrac{p+2w}{3}$ 和 $b=c=\dfrac{p+w}{3}$（或其任意循环排列）.

(2) $\sqrt{a+b}+\sqrt{b+c}+\sqrt{c+a} \leqslant h(p,q)$.

当 $p^2 \leqslant 4q$ 时,等号适用于 $a=\dfrac{p-2w}{3}$ 和 $b=c=\dfrac{p-w}{3}$（或其任意循环排列）；

当 $p^2 \geqslant 4q$ 时,等号适用于 $a=0$,和 $b=c=p$,和 $bc=q$（或其任意循环排列）.

（Vasile Cîrtoaje,2013）

证明   考虑非平凡情况 $p>0$. 因为
$$b+c=p-a$$
$$(a+b)(a+c)=a^2+q$$
和
$$\sqrt{a+b}+\sqrt{a+c}=\sqrt{a+p+2\sqrt{a^2+p}}$$
我们得到
$$\sqrt{a+b}+\sqrt{b+c}+\sqrt{c+a}=f(a)$$
其中
$$f(a)=\sqrt{p-a}+\sqrt{a+p+2\sqrt{a^2+q}}$$
从
$$f'(a)=-\frac{1}{2\sqrt{p-a}}+\frac{\sqrt{a^2+q}+2a}{2\sqrt{a^2+q}\sqrt{a+p+2\sqrt{a^2+q}}}$$
这说明 $f'(a)$ 与 $F(a)$ 有相同的符号,其中
$$F(a)=-\frac{1}{p-a}+\frac{(\sqrt{a^2+q}+2a)^2}{(a^2+q)(a+p+2\sqrt{a^2+q})}$$
$$=-\frac{2(3a^2-2pa+q)(a+\sqrt{a^2+q})}{(p-a)(a^2+q)(a+p+2\sqrt{a^2+q})}$$
因此 $f(a)$ 在 $[a_1,a_2]$ 递增,在 $[0,a_1]$ 和 $[a_2,p]$ 上递减,其中
$$a_1=\frac{p-\sqrt{p^2-3q}}{3}=\frac{p-w}{3},a_2=\frac{p+\sqrt{p^2-3q}}{3}=\frac{p+w}{3}$$

(1) 由于
$$0 \leqslant (b+c)^2-4bc=(p-a)^2-4(a^2-pa+q)=-(3a^2-2pa+4q-p^2)$$
我们得到
$$3a^2-2pa+4q-p^2 \leqslant 0 \Rightarrow 0 \leqslant a \leqslant \frac{p+2\sqrt{p^2-3q}}{3}=a_4$$
因为 $a_2 \leqslant a_4$,所以 $f(a)$ 在 $[a_1,a_2]$ 上递增,在 $[0,a_1] \bigcup [a_2,a_4]$ 上递减,因此

$$f(a) \geqslant \min\{f(a_1), f(a_4)\}$$

我们需要证明

$$\min\{f(a_1), f(a_4)\} = g(p, q)$$

事实上，由

$$\sqrt{a_1^2 + q} = \sqrt{2pa_1 - 2a_1^2} = \sqrt{2a_1(p - a_1)}$$

$$2\sqrt{a_4^2 + q} = \sqrt{4a_4^2 + 4q} = \sqrt{p^2 + 2pa_4 + a_4^2} = a_4 + p$$

我们得到

$$f(a_1) = \sqrt{p - a_1} + \sqrt{a_1 + p + 2\sqrt{2a_1(p - a_1)}}$$
$$= 2\sqrt{p - a_1} + \sqrt{2a_1}$$
$$= g(p, q)$$

$$f(a_4) = \sqrt{p - a_4} + \sqrt{a_4 + p + (a_4 + p)}$$
$$= g(p, q)$$

(2) 考虑 $3q \leqslant p^2 \leqslant 4q$ 和 $p^2 \geqslant 4q$.

情形 1 $3q \leqslant p^2 \leqslant 4q$. 从

$$0 \leqslant (b + c)^2 - 4bc = (p - a)^2 - 4(a^2 - pa + q) = -(3a^2 - 2pa + 4q - p^2)$$

我们得到 $a \in [a_3, a_4]$，其中

$$a_3 = \frac{p - 2\sqrt{p^2 - 3q}}{3} = \frac{p - 2w}{3}$$

$$a_4 = \frac{p + 2\sqrt{p^2 - 3q}}{3} = \frac{p + 2w}{3}$$

因为

$$0 \leqslant a_3 \leqslant a_1 \leqslant a_2 \leqslant a_4$$

这说明 $f(a)$ 在 $[a_1, a_2]$ 上递增，在 $[a_3, a_1] \bigcup [a_2, a_4]$ 是递减，因此

$$f(a) \leqslant \max\{f(a_2), f(a_3)\}$$

为了完成证明，我们只需要证明

$$\max\{f(a_3), f(a_2)\} = h(p, q)$$

事实上，因为

$$\sqrt{a_2^2 + q} = \sqrt{2a_2(p - a_2)}, 2\sqrt{a_3^2 + q} = a_3 + p$$

我们得到

$$f(a_2) = \sqrt{p - a_2} + \sqrt{a_2 + p + 2\sqrt{2a_2(p - a_1)}}$$
$$= 2\sqrt{p - a_2} + \sqrt{2a_2}$$
$$= h(p, q)$$

$$f(a_3) = \sqrt{p - a_3} + \sqrt{a_3 + p + (a_3 + p)} = h(p, q)$$

情形 2　$p^2 \geqslant 4q$. 假设 $a = \min\{a,b,c\}, a \leqslant \dfrac{p}{3}$. 由于

$$0 \leqslant bc = q - a(b+c) = q - a(p-a) = a^2 - pa + q$$

我们得到 $a \in [0, a_5] \bigcup [a_6, p]$，其中

$$a_5 = \frac{p - \sqrt{p^2 - 4q}}{2}, a_6 = \frac{p + \sqrt{p^2 - 4q}}{2}$$

因为 $a_6 > \dfrac{p}{3}$，这说明 $a \in [0, a_5]$. 因为 $a_1 \leqslant a_5 \leqslant a_2, f(a)$ 在 $[0, a_1]$ 是递减的，在 $[a_1, a_5]$ 是递增的，因此

$$f(a) \leqslant \max\{f(0), f(a_5)\}$$

余下的问题就是要证明

$$\max\{f(0), f(a_5)\} = h(p, q)$$

我们有

$$f(0) = \sqrt{p} + \sqrt{p + 2\sqrt{q}} = h(p, q)$$

同样，因为

$$\sqrt{a_5^2 + q} = \sqrt{pa_5}$$

我们有

$$\begin{aligned}
f(a_5) &= \sqrt{p - a_5} + \sqrt{a_5 + p + 2\sqrt{pa_5}} \\
&= \sqrt{p - a_5} + \sqrt{a_5} + \sqrt{p} \\
&= \sqrt{p + 2\sqrt{q}} + \sqrt{p} \\
&= h(p, q)
\end{aligned}$$

备注　下列具体案例很有趣.

（1）如果 a, b, c 是非负实数且满足

$$a + b + c = ab + bc + ca = 4$$

那么

$$\frac{2(1 + \sqrt{10})}{\sqrt{3}} \leqslant \sqrt{a+b} + \sqrt{b+c} + \sqrt{c+a} \leqslant 2(1 + \sqrt{2})$$

左边等号适用于 $a = \dfrac{8}{3}$ 和 $b = c = \dfrac{2}{3}$（或其任意循环排列）. 右边等号适用于 $a = 0$ 和 $b = c = 2$（或其任意循环排列）.

（2）如果 a, b, c 是非负实数且满足

$$a + b + c = 4, ab + bc + ca = 5$$

那么

$$\sqrt{2} + 2\sqrt{3} \leqslant \sqrt{a+b} + \sqrt{b+c} + \sqrt{c+a} \leqslant \frac{\sqrt{10} + 2\sqrt{7}}{\sqrt{3}}$$

左边等号适用于 $a=2$ 和 $b=c=1$ (或其任意循环排列). 右边等号适用于 $a=\dfrac{2}{3}$

和 $b=c=\dfrac{5}{3}$ (或其任意循环排列).

(3) 如果 a,b,c 是非负实数且满足
$$a+b+c=11, ab+bc+ca=7$$
那么
$$3\sqrt{6} \leqslant \sqrt{a+b}+\sqrt{b+c}+\sqrt{c+a} \leqslant \sqrt{11}+\sqrt{11+\sqrt{7}}$$
左边等号适用于 $a=\dfrac{31}{3}$ 和 $b=c=\dfrac{1}{3}$ (或其任意循环排列). 右边等号适用于 $a=0$ 和 $b+c=11, bc=7$ (或其任意循环排列).

问题 2.89 设 a,b,c 是正实数且满足 $a^2+b^2+c^2+d^2=1$. 求证
$$\sqrt{1-a}+\sqrt{1-b}+\sqrt{1-c}+\sqrt{1-d} \geqslant \sqrt{a}+\sqrt{b}+\sqrt{c}+\sqrt{d}$$

(Vasile Cîrtoaje, 2007)

证明 1 我们可以通过对不等式求和来得到想要的不等式
$$\sqrt{1-a}+\sqrt{1-b} \geqslant \sqrt{c}+\sqrt{d}$$
$$\sqrt{1-c}+\sqrt{1-d} \geqslant \sqrt{a}+\sqrt{b}$$
因为
$$\sqrt{1-a}+\sqrt{1-b} \geqslant 2\sqrt[4]{(1-a)(1-b)}$$
和
$$\sqrt{c}+\sqrt{d} \leqslant 2\sqrt{\frac{c+d}{2}} \leqslant 2\sqrt[4]{\frac{c^2+d^2}{2}}$$
前一个不等式成立, 如果
$$(1-a)(1-b) \geqslant \frac{c^2+d^2}{2}$$
事实上
$$2(1-a)(1-b)-c^2-d^2 = 2(1-a)(1-b)+a^2+b^2-1$$
$$= (a+b-1)^2$$
$$\geqslant 0$$
类似地, 可以证明第二个不等式. 等式适用于
$$a=b=c=d=\frac{1}{2}$$

证明 2 我们可以通过对不等式求和来得到想要的不等式
$$\sqrt{1-a}-\sqrt{a} \geqslant \frac{1}{2\sqrt{2}}(1-4a^2)$$

$$\sqrt{1-b}-\sqrt{b}\geqslant\frac{1}{2\sqrt{2}}(1-4b^2)$$

$$\sqrt{1-c}-\sqrt{c}\geqslant\frac{1}{2\sqrt{2}}(1-4c^2)$$

$$\sqrt{1-d}-\sqrt{d}\geqslant\frac{1}{2\sqrt{2}}(1-4d^2)$$

为证明第一个不等式，我们写为

$$\frac{1-2a}{\sqrt{1-a}+\sqrt{a}}\geqslant\frac{1}{2\sqrt{2}}(1+2a)(1-2a)$$

情形 1　$0<a\leqslant\frac{1}{2}$. 我们需要证明

$$2\sqrt{2}\geqslant(1+2a)(\sqrt{1-a}+\sqrt{a})$$

因为 $\sqrt{1-a}+\sqrt{a}\leqslant\sqrt{2[(1-a)+a]}=\sqrt{2}$，我们有

$$2\sqrt{2}-(1+2a)(\sqrt{1-a}+\sqrt{a})\geqslant\sqrt{2}(1-2a)\geqslant0$$

情形 2　$\frac{1}{2}\leqslant a<1$. 我们只需证明

$$2\sqrt{2}\leqslant(1+2a)(\sqrt{1-a}+\sqrt{a})$$

因为 $1+2a\geqslant2\sqrt{2a}$，于是只需证明

$$1\leqslant\sqrt{a}(\sqrt{1-a}+\sqrt{a})$$

事实上

$$1-a-\sqrt{a(1-a)}=\sqrt{1-a}(\sqrt{1-a}-\sqrt{a})$$
$$=\frac{\sqrt{1-a}(1-2a)}{\sqrt{1-a}+\sqrt{a}}$$
$$\leqslant0$$

问题 2.90　令 a,b,c,d 是正实数. 求证
$$A+2\geqslant\sqrt{B+4}$$

其中

$$A=(a+b+c+d)\left(\frac{1}{a}+\frac{1}{b}+\frac{1}{c}+\frac{1}{d}\right)-16$$

$$B=(a^2+b^2+c^2+d^2)\left(\frac{1}{a^2}+\frac{1}{b^2}+\frac{1}{c^2}+\frac{1}{d^2}\right)-16$$

（Vasile Cîrtoaje，2004）

证明　平方后不等式变为
$$A^2+4A\geqslant B$$

记

$$f(x,y,z) = \frac{x}{y} + \frac{y}{z} + \frac{z}{x} - 3$$

$$F(x,y,z) = \frac{x^2}{y^2} + \frac{y^2}{z^2} + \frac{z^2}{x^2} - 3$$

其中 $x,y,z > 0$. 由 AM－GM 不等式知

$$f(x,y,z) \geqslant 0$$

我们可以查验

$$A = f(a,b,c) + f(b,d,c) + f(c,d,a) + f(d,b,a)$$
$$= f(a,c,b) + f(b,c,d) + f(c,a,d) + f(d,a,b)$$

和

$$B = F(a,b,c) + F(b,d,c) + F(c,d,a) + F(d,b,a)$$

因为

$$F(x,y,z) = [f(x,y,z) + 3]^2 - 2[f(x,z,y) + 3] - 3$$
$$= f^2(x,y,z) + 6f(x,y,z) - 2f(x,z,y)$$

我们得到

$$B = f^2(a,b,c) + f^2(b,d,c) + f^2(c,d,a) + f^2(d,b,a) + 4A$$

$$4A - B = -f^2(a,b,c) - f^2(b,d,c) - f^2(c,d,a) - f^2(d,b,a)$$

因此

$$A^2 + 4A - B = [f(a,b,c) + f(b,d,c) + f(c,d,a) + f(d,b,a)]^2 -$$
$$f^2(a,b,c) - f^2(b,d,c) - f^2(c,d,a) - f^2(d,b,a)$$
$$\geqslant 0$$

等号适用于 $a = b = c = d$.

问题 2.91 设 $a_1, a_2, \cdots, a_n$ 是非负实数且满足 $a_1 + a_2 + \cdots + a_n = 1$. 求证

$$\sqrt{3a_1 + 1} + \sqrt{3a_2 + 1} + \cdots + \sqrt{3a_n + 1} \geqslant n + 1$$

证明 1 不失一般性，设 $a_1 = \max\{a_1, a_2, \cdots, a_n\}$，将不等式写为

$$(\sqrt{3a_1 + 1} - 2) + (\sqrt{3a_2 + 1} - 1) + \cdots + (\sqrt{3a_n + 1} - 1) \geqslant 0$$

$$\frac{a_1 - 1}{\sqrt{3a_1 + 1} + 2} + \frac{a_2}{\sqrt{3a_2 + 1} + 1} + \cdots + \frac{a_n}{\sqrt{3a_n + 1} + 1} \geqslant 0$$

$$\frac{a_2}{\sqrt{3a_2 + 1} + 1} + \cdots + \frac{a_n}{\sqrt{3a_n + 1} + 1} \geqslant \frac{a_2 + \cdots + a_n}{\sqrt{3a_1 + 1} + 2}$$

$$a_2\left(\frac{1}{\sqrt{3a_2 + 1} + 1} - \frac{1}{\sqrt{3a_1 + 1} + 2}\right) + \cdots +$$

$$a_n\left(\frac{1}{\sqrt{3a_n + 1} + 1} - \frac{1}{\sqrt{3a_1 + 1} + 2}\right) \geqslant 0$$

最后一个不等式是成立的. 等号适用于 $a_1 = 1$ 和 $a_2 = \cdots = a_n = 0$(或其任意循环排列).

证明 2　应用数学归纳法. 当 $n=1$ 时, 不等式为恒等式. 我们断定

$$\sqrt{3a_1+1} + \sqrt{3a_n^2+1} \geqslant \sqrt{3(a_1+a_n)+1} + 1$$

平方后, 变为

$$\sqrt{(3a_1+1)(3a_n+1)} \geqslant \sqrt{3(a_1+a_n)+1}$$

等价于 $a_1 a_n \geqslant 0$. 因此, 为了证明原不等式, 只要证明它就足够了

$$\sqrt{3(a_1+a_n)+1} + \sqrt{3a_2+1} + \cdots + \sqrt{3a_{n-1}+1} \geqslant n$$

使用变换 $b_1 = a_1+a_n$ 和 $b_2 = a_2, \cdots, b_{n-1} = a_{n-1}$, 这个不等式转化为

$$\sqrt{3b_1+1} + \sqrt{3b_2+1} + \cdots + \sqrt{3b_{n-1}+1} \geqslant n$$

对于 $b_1+b_2+\cdots+b_{n-1}=1$, 这就是归纳假设.

问题 2.92　设 $0 \leqslant a < b$ 和 $a_1, a_2, \cdots, a_n \in [a,b]$. 求证

$$a_1 + a_2 + \cdots + a_n - n\sqrt[n]{a_1 a_2 \cdots a_n} \leqslant (n-1)(\sqrt{b}-\sqrt{a})^2$$

$$\text{(Vasile Cîrtoaje, 2005)}$$

证明　基于下面的引理, 只需考虑

$$a_1 = \cdots = a_k = a, a_{k+1} = \cdots = a_n = b$$

其中 $k \in \{1, 2, \cdots, n-1\}$, 原始不等式变成

$$ka + (n-k)b - na^{\frac{k}{n}}b^{\frac{n-k}{n}} \leqslant (n-1)(\sqrt{b}-\sqrt{a})^2$$

$$(n-k-1)a + (k-1)b + na^{\frac{k}{n}}b^{\frac{n-k}{n}} \geqslant (2n-2)\sqrt{ab}$$

显然, 这个不等式是由加权的 AM−GM 不等式得到. 对于 $n \geqslant 3$, 当 $a=0$ 时, 等式适用于 $a_1, a_2, \cdots, a_n$ 中有一个为零, 其余的都等于 b.

引理(Vasile Cîrtoaje, 1990)　设 $0 \leqslant a < b, a_1, a_2, \cdots, a_n \in [a,b]$, 那么表达式

$$a_1 + a_2 + \cdots + a_n - n\sqrt[n]{a_1 a_2 \cdots a_n}$$

当 $a_1, a_2, \cdots, a_n \in \{a,b\}$ 时达到最大值.

证明　我们使用反证法. 考虑固定的 $a_2, \cdots, a_n$, 定义函数

$$f(a_1) = a_1 + a_2 + \cdots + a_n - n\sqrt[n]{a_1 a_2 \cdots a_n}$$

为了构造矛盾, 假设存在 $a_1 \in (a,b)$ 满足 $f(a_1) > f(a)$ 和 $f(a_1) > f(b)$. 记 $x_i = \sqrt[n]{a_i} (i=1,2,\cdots,n), c = \sqrt[n]{a}$ 和 $d = \sqrt[n]{b} (c < x_1 < d)$. 由于

$$0 < f(a_1) - f(a)$$

$$= x_1^n - c^n - n(x_1-c)x_2\cdots x_n$$

$$= (x_1-c)(x_1^{n-1} + x_1^{n-2}c + \cdots + c^{n-1} - nx_2\cdots x_n)$$

我们得到

$$x_1^{n-1} + x_1^{n-2}c + \cdots + c^{n-1} > nx_2 \cdots x_n \qquad (*)$$

341

类似地,从

$$0 < f(a_1) - f(b)$$
$$= x_1^n - d^n - n(x_1 - d)x_2\cdots x_n$$
$$= (x_1 - d)(x_1^{n-1} + x_1^{n-2}d + \cdots + d^{n-1} - nx_2\cdots x_n)$$

我们得到

$$nx_2\cdots x_n > x_1^{n-1} + x_1^{n-2}d + \cdots + d^{n-1} \qquad (**)$$

将式(*),式(* *)相加得到

$$x_1^{n-1} + x_1^{n-2}c + \cdots + c^{n-1} > x_1^{n-1} + x_1^{n-2}d + \cdots + d^{n-1}$$

因为 $c < d$,这显然是错误的.

问题 2.93 设 $a_1, a_2, \cdots, a_n$ 是正实数且满足 $a_1 a_2 \cdots a_n = 1$,求证

$$\frac{1}{\sqrt{1 + (n^2 - 1)a_1}} + \frac{1}{\sqrt{1 + (n^2 - 1)a_2}} + \cdots + \frac{1}{\sqrt{1 + (n^2 - 1)a_n}} \geqslant 1$$

证明 1 应用反证法,假设

$$\frac{1}{\sqrt{1 + (n^2 - 1)a_1}} + \frac{1}{\sqrt{1 + (n^2 - 1)a_2}} + \cdots + \frac{1}{\sqrt{1 + (n^2 - 1)a_n}} < 1$$

只需证 $a_1 a_2 \cdots a_n > 1$. 设

$$x_i = \frac{1}{\sqrt{1 + (n^2 - 1)a_i}}, 0 < x_i < 1, i = 1, 2, \cdots, n$$

因为 $a_i = \dfrac{1 - x_i^2}{(n^2 - 1)x_i^2}, i \in \{1, 2, \cdots, n\}$,我们只需证明:当

$$x_1 + x_2 + \cdots + x_n < 1$$

时,不等式

$$\prod_{i=1}^{n}(1 - x_i^2) > (n^2 - 1)^n x_1^2 x_2^2 \cdots x_n^2$$

成立. 利用 AM $-$ GM 不等式给出

$$\prod_{i=1}^{n}(1 - x_i^2) > \prod_{i=1}^{n}\left(\sum_{i=1}^{n} x_i - x_i^2\right)$$
$$= \prod(x_2 + \cdots + x_n)(2x_1 + x_2 + \cdots + x_n)$$
$$\geqslant (n^2 - 1)\prod\left(\sqrt[n-1]{x_2\cdots x_n}\ \sqrt[n+1]{x_1^2 x_2\cdots x_n}\right)$$
$$= (n^2 - 1)x_1^2 x_2^2 \cdots x_n^2$$

证明 2 我们将证明

$$\frac{1}{\sqrt{1 + (n^2 - 1)x}} \geqslant \frac{1}{1 + (n-1)x^k}$$

对于 $x > 0, k = \dfrac{n+1}{2n}$. 将不等式两边平方,不等式变成

$$(n-1)x^{2k-1}+2x^{k-1}\geqslant n+1$$

应用 AM−GM 不等式,我们得到

$$(n-1)x^{2k-1}+2x^{k-1}=\underbrace{x^{2k-1}+\cdots+x^{2k-1}}_{n-1}+x^{k-1}+x^{k-1}$$

$$\geqslant(n+1)\sqrt[n+1]{x^{(n-1)(2k-1)}\cdot x^{2(k-1)}}$$

$$=(n+1)$$

利用这个结论,于是有

$$\sum_{i=1}^{n}\frac{1}{1+(n-1)a_i^k}\geqslant1$$

因为 $a_1^k a_2^k \cdots a_n^k=1$,这个不等式可由问题 1.193(1) 得到.

问题 2.94 设 $a_1,a_2,\cdots,a_n$ 是正实数且满足 $a_1 a_2 \cdots a_n=1$,求证

$$\sum_{i=1}^{n}\frac{1}{1+\sqrt{1+4n(n-1)a_i}}\geqslant\frac{1}{2}$$

证明 1 将不等式写为

$$\sum_{i=1}^{n}\frac{\sqrt{1+4n(n-1)a_i}-1}{a_i}\geqslant2n(n-1)$$

$$\sum_{i=1}^{n}\sqrt{\frac{1}{a_i^2}+\frac{4n(n-1)}{a_i}}\geqslant2n(n-1)+\sum_{i=1}^{n}\frac{1}{a_i}$$

平方后不等式变为

$$\sum_{1\leqslant i<j\leqslant n}\sqrt{\left[\frac{1}{a_i^2}+\frac{4n(n-1)}{a_i}\right]\left[\sqrt{\frac{1}{a_j^2}+\frac{4n(n-1)}{a_j}}\right]}\geqslant2n^2(n-1)^2+\sum_{1\leqslant i<j\leqslant n}\frac{1}{a_i a_j}$$

由柯西−施瓦兹不等式得

$$\sqrt{\left[\frac{1}{a_i^2}+\frac{4n(n-1)}{a_i}\right]\left[\sqrt{\frac{1}{a_j^2}+\frac{4n(n-1)}{a_j}}\right]}\geqslant\frac{1}{a_i a_j}+\frac{4n(n-1)}{\sqrt{a_i a_j}}$$

因此,只需证

$$\sum_{1\leqslant i<j\leqslant n}\frac{1}{\sqrt{a_i a_j}}\geqslant\frac{n(n-1)}{2}$$

这直接由 AM−GM 的不等式导出. 等号适用于 $a_1=a_2=\cdots=a_n=1$.

证明 2 为了应用反证法,假设

$$\sum_{i=1}^{n}\frac{1}{1+\sqrt{1+4n(n-1)a_i}}<\frac{1}{2}$$

于是只需证 $a_1 a_2 \cdots a_n>1$. 作代换

$$\frac{x_i}{2n}=\frac{1}{1+\sqrt{1+4n(n-1)a_i}},i=1,2,\cdots,n$$

得到

$$a_i = \frac{n - x_i}{(n-1)x_i^2}, 0 < x_i < n, i = 1, 2, \cdots, n$$

我们只需证明:当 $x_1 + x_2 + \cdots + x_n < n$ 时,不等式

$$(n - x_1)(n - x_2) \cdots (n - x_n) \geqslant (n-1)^n x_1^2 x_2^2 \cdots x_n^2$$

成立.根据 AM $-$ GM 不等式

$$x_1 x_2 \cdots x_n \leqslant \left(\frac{x_1 + x_2 + \cdots + x_n}{n} \right)^n < 1$$

和

$$n - x_i > (x_1 + x_2 + \cdots + x_n) - x_i \geqslant (n-1)\sqrt[n-1]{\frac{x_1 x_2 \cdots x_n}{x_i}}, i = 1, 2, \cdots, n$$

因此,我们得到

$$(n - x_1)(n - x_2) \cdots (n - x_n) \geqslant (n-1)^n x_1 x_2 \cdots x_n > (n-1)^n x_1^2 x_2^2 \cdots x_n^2$$

问题 2.95 设 $a_1, a_2, \cdots, a_n$ 是正实数且满足 $a_1 a_2 \cdots a_n = 1$.求证

$$a_1 + a_2 + \cdots + a_n \geqslant n - 1 + \sqrt{\frac{a_1^2 + a_2^2 + \cdots + a_n^2}{n}}$$

证明 记

$$a = \frac{a_1 + a_2 + \cdots + a_n}{n}, b = \sqrt{\frac{2\sum\limits_{1 \leqslant i < j \leqslant n} a_i a_j}{n(n-1)}}$$

其中 $a \geqslant 1$ 和 $b \geqslant 1$(由 AM $-$ GM 不等式),我们需要证明

$$na - n + 1 \geqslant \sqrt{\frac{n^2 a^2 - n(n-1)b^2}{n}}$$

不等式两边平方,这个不等式变成

$$(n-1)[n(a-1)^2 + b^2 - 1] \geqslant 0$$

这是显然成立的.等号适用于 $a_1 = a_2 = \cdots = a_n = 1$.

问题 2.96 如果 $a_1, a_2, \cdots, a_n$ 是正实数且满足 $a_1 a_2 \cdots a_n = 1$,那么

$$\sqrt{(n-1)(a_1^2 + a_2^2 + \cdots + a_n^2)} + n - \sqrt{n(n-1)} \geqslant a_1 + a_2 + \cdots + a_n$$

$$\text{(Vasile Cîrtoaje, 2006)}$$

证明 我们应用归纳法.当 $n = 2$ 时,不等式等价于明显的不等式

$$a_1 + \frac{1}{a_1} \geqslant 2$$

现在假设不等式对 $n-1$ 个数成立,$n \geqslant 3$,证明不等式对 n 成立. 设 $a_1 = \min\{a_1, a_2, \cdots, a_n\}$,并记

$$x = \frac{a_2 + \cdots + a_n}{n-1}, y = \sqrt[n-1]{a_2 \cdots a_n}$$

$$f(a_1, a_2, \cdots, a_n) = \sqrt{(n-1)(a_1^2 + a_2^2 + \cdots + a_n^2)} + n - \sqrt{n(n-1)} -$$

$$(a_1 + a_2 + \cdots + a_n)$$

根据 AM $-$ GM 不等式知 $x \geqslant y$,我们将证明

$$f(a_1, a_2, \cdots, a_n) \geqslant f(a_1, y, \cdots, y) \geqslant 0 \qquad (*)$$

左边不等式可写成

$$\sqrt{a_1^2 + a_2^2 + \cdots + a_n^2} - \sqrt{a_1^2 + (n-1)y^2} \geqslant \sqrt{n-1}(x-y)$$

为了证明这个不等式,我们利用归纳假设,写成齐次形式

$$\sqrt{(n-2)(a_2^2 + \cdots + a_n^2)} + \left[n - 1 - \sqrt{(n-1)(n-2)}\,\right] y \geqslant (n-1)x$$

等价于

$$a_2^2 + \cdots + a_n^2 \geqslant (n-1)A^2$$

其中

$$A = kx - (k-1)y, k = \sqrt{\frac{n-1}{n-2}}$$

因此,只需证明

$$\sqrt{a_1^2 + (n-1)A^2} - \sqrt{a_1^2 + (n-1)y^2} \geqslant \sqrt{n-1}(x-y)$$

写为

$$\frac{A^2 - y^2}{\sqrt{a_1^2 + (n-1)A^2} + \sqrt{a_1^2 + (n-1)y^2}} \geqslant \frac{x-y}{\sqrt{n-1}}$$

因为 $x \geqslant y$ 和

$$A^2 - y^2 = k(x-y)[kx - (k-2)y] = k(x-y)(A+y)$$

我们只需证

$$\frac{k(A+y)}{\sqrt{a_1^2 + (n-1)A^2} + \sqrt{a_1^2 + (n-1)y^2}} \geqslant \frac{1}{\sqrt{n-1}}$$

此外,因为 $a_1 \leqslant y$,于是只需证

$$\frac{k(A+y)}{\sqrt{y^2 + (n-1)A^2} + \sqrt{n}\,y} \geqslant \frac{1}{\sqrt{n-1}}$$

从

$$kA - y = k^2 x - (k^2 - k + 1)y \geqslant k^2 y - (k^2 - k + 1)y = (k-1)y > 0$$

由此可见

$$y^2 + (n-1)A^2 < k^2 A^2 + (n-1)^2 = (n-1)k^2 A^2$$

因此,足以证明

$$\frac{k(A+y)}{\sqrt{n-1}\,kA + \sqrt{n}\,y} \geqslant \frac{1}{\sqrt{n-1}}$$

这等价于

$$(k\sqrt{n-1} - \sqrt{n})y \geqslant 0$$

这一不等式成立,因为

$$k\sqrt{n-1}-\sqrt{n}=\frac{n-1}{\sqrt{n-2}}-\sqrt{n}$$

$$=\frac{1}{n-1+\sqrt{n(n-2)}}$$

$$>0$$

证明完成. 等号适用于 $a_1=a_2=\cdots=a_n=1$.

问题 2.97 如果 $a_1,a_2,\cdots,a_n$ 是正实数且满足 $a_1a_2\cdots a_n\geqslant1$. 如果 $k>1$,那么

$$\sum\frac{a_1^k}{a_1^k+a_2+\cdots+a_n}\geqslant1$$

(Vasile Cîrtoaje,2006)

证明 1 记 $r=\sqrt[n]{a_1a_2\cdots a_n}$,$b_i=\dfrac{a_i}{r}$,$i=1,2,\cdots,n$,注意到 $r\geqslant1$,$b_1b_2\cdots b_n=1$. 不等式变为

$$\sum\frac{b_1^k}{\dfrac{b_1^k+(b_2+\cdots+b_n)}{r^{k-1}}}\geqslant1$$

因为

$$\sum\frac{b_1^k}{\dfrac{b_1^k+(b_2+\cdots+b_n)}{r^{k-1}}}\geqslant\sum\frac{b_1^k}{b_1^k+b_2+\cdots+b_n}$$

我们发现只需证明 $r=1$ 时不等式成立即可,也就是说 $a_1a_2\cdots a_n=1$. 在这个假设下,我们将证明存在正实数 $p(1<p<k)$ 满足

$$\frac{a_1^k}{a_1^k+a_2+\cdots+a_n}\geqslant\frac{a_1^p}{a_1^p+a_2^p+\cdots+a_n^p}$$

如果这是真的,通过添加这个不等式和关于 $a_2,\cdots,a_n$ 的类似不等式,我们得到了期望的不等式. 把断言的不等式写成

$$a_2^p+\cdots+a_n^p\geqslant a_1^{p-k}(a_2+\cdots+a_n)=(a_2\cdots a_n)^{k-p}(a_2+\cdots+a_n)$$

基于 AM − GM 不等式

$$a_2\cdots a_n\leqslant\left(\frac{a_2+\cdots+a_n}{n-1}\right)^{n-1}$$

于是只需证

$$a_2^p+\cdots+a_n^p\geqslant(n-1)\left(\frac{a_2+\cdots+a_n}{n-1}\right)^{(n-1)(k-p)+1}$$

选择

$$p=\frac{(n-1)k+1}{n},1<p<k$$

不等式变成

数学不等式(第二卷)
对称有理不等式与对称无理不等式

$$a_2^p + \cdots + a_n^p \geqslant (n-1)\left(\frac{a_2 + \cdots + a_n}{n-1}\right)^p$$

这恰好就是凹函数 $f(x) = x^p$ 应用的琴生不等式. 当 $a_1 = a_2 = \cdots = a_n = 1$ 时等号成立.

证明 2   根据柯西 — 施瓦兹不等式,我们有

$$\sum \frac{a_1^k}{a_1^k + a_2 + \cdots + a_n} \geqslant \frac{\left(\sum a_1^{\frac{k+1}{2}}\right)^2}{\sum a_1(a_1^k + a_2 + \cdots + a_n)}$$

$$= \frac{\sum a_1^{k+1} + 2\sum_{1 \leqslant i < j \leqslant n}(a_i a_j)^{\frac{k+1}{2}}}{\sum a_1^{k+1} + 2\sum_{1 \leqslant i < j \leqslant n} a_i a_j}$$

因此,只需证明

$$\sum_{1 \leqslant i < j \leqslant n}(a_i a_j)^{\frac{k+1}{2}} \geqslant \sum_{1 \leqslant i < j \leqslant n} a_i a_j$$

凸函数 $f(x) = x^{\frac{k+1}{2}}$ 应用的琴生不等式给出

$$\sum_{1 \leqslant i < j \leqslant n}(a_i a_j)^{\frac{k+1}{2}} \geqslant \frac{n(n-1)}{2}\left[\frac{2\sum_{1 \leqslant i < j \leqslant n} a_i a_j}{n(n-1)}\right]^{\frac{k+1}{2}}$$

另一方面,根据 AM — GM 不等式

$$\frac{2}{n(n-1)}\sum_{1 \leqslant i < j \leqslant n} a_i a_j \geqslant (a_1 a_2 \cdots a_n)^{\frac{2}{n}} = 1$$

因此

$$\left[\frac{2\sum_{1 \leqslant i < j \leqslant n} a_i a_j}{n(n-1)}\right]^{\frac{k+1}{2}} \geqslant \left[\frac{2\sum_{1 \leqslant i < j \leqslant n} a_i a_j}{n(n-1)}\right]$$

所以

$$\sum_{1 \leqslant i < j \leqslant n}(a_i a_j)^{\frac{k+1}{2}} \geqslant \frac{n(n-1)}{2}\left[\frac{2\sum_{1 \leqslant i < j \leqslant n} a_i a_j}{n(n-1)}\right]$$

$$= \sum_{1 \leqslant i < j \leqslant n} a_i a_j$$

问题 2.98(Vasile Cîrtoaje,2006)   如果 $a_1, a_2, \cdots, a_n$ 是正实数且满足 $a_1 a_2 \cdots a_n \geqslant 1$. 如果

$$-\frac{2}{n-2} \leqslant k < 1$$

那么

$$\sum \frac{a_1^k}{a_1^k + a_2 + \cdots + a_n} \leqslant 1$$

证明   记 $r = \sqrt[n]{a_1 a_2 \cdots a_n}, b_i = \frac{a_i}{r}, i = 1, 2, \cdots, n$,注意到 $r \geqslant 1, b_1 b_2 \cdots b_n =$

1.不等式变为

$$\sum \frac{b_1^k}{b_1^k + (b_2 + \cdots + b_n)} \leqslant 1$$

因此,只需证明 $r=1$ 时不等式成立即可,也就是说 $a_1 a_2 \cdots a_n = 1$. 在这个假设下,我们将证明存在正实数 p 满足

$$\frac{a_1^k}{a_1^k + a_2 + \cdots + a_n} \leqslant \frac{a_1^p}{a_1^p + a_2^p + \cdots + a_n^p}$$

如果不等式为真,通过添加这个不等式和关于 $a_2, \cdots, a_n$ 的类似不等式,我们得到了期望的不等式. 把断言的不等式写成

$$a_2 + \cdots + a_n \geqslant (a_2^p + \cdots + a_n^p) a_1^{k-p}$$

$$a_2 + \cdots + a_n \geqslant (a_2^p + \cdots + a_n^p)(a_2 \cdots a_n)^{p-k}$$

当 $1 = p + (n-1)(p-k)$ 时,这个不等式是齐次的. 也就是对于

$$p = \frac{(n-1)k+1}{n}, \; -\frac{1}{n-2} \leqslant p < 1$$

这个不等式变为齐次不等式

$$ma_2 + a_3 + \cdots + a_n \geqslant (m+n-2) a_2^{\frac{m-1}{m+n-2}} (a_2 \cdots a_n)^{\frac{1}{m+n-2}}$$

选择 m 满足 $\frac{m-1}{m+n-2} = p$,也就是

$$m = \frac{1 + (n-2)p}{1-p} \geqslant 0$$

我们得到

$$\frac{1+(n-2)p}{1-p} a_2 + a_3 + \cdots + a_n \geqslant \frac{n-1}{1-p} a_2^p (a_2 a_3 \cdots a_n)^{\frac{1-p}{n-1}}$$

相加这些类似的不等式,这样,证明就完成了. 等号适用于 $a_1 = a_2 = \cdots = a_n = 1$.

问题 2.99 $a_1, a_2, \cdots, a_n$ 是正实数且满足 $a_1 + a_2 + \cdots + a_n \geqslant n$. 如果 $1 < k \leqslant n+1$,那么

$$\sum \frac{a_1}{a_1^k + a_2 + \cdots + a_n} \leqslant 1$$

(Vasile Cîrtoaje,2006)

证明 作变换

$$s = \frac{a_1 + a_2 + \cdots + a_n}{n}$$

和

$$x_1 = \frac{a_1}{s}, x_2 = \frac{a_2}{s}, \cdots, x_n = \frac{a_n}{s}$$

期望不等式变成

$$\frac{x_1}{s^{k-1}x_1^k+x_2+\cdots+x_n}+\cdots+\frac{x_n}{x_1+x_2+\cdots+s^{k-1}x_n^k}\leqslant 1$$

其中 $s\geqslant 1$ 和 $x_1+x_2+\cdots+x_n=n$,显然,如果这个不等式对 $s=1$ 成立,那么对任何 $s\geqslant 1$ 不等式成立.因此,我们只需考虑 $s=1$ 的情形,此时 $a_1+a_2+\cdots+a_n=n$,期望不等式等价于

$$\frac{a_1}{a_1^k-a_1+n}+\frac{a_2}{a_2^k-a_2+n}+\cdots+\frac{a_n}{a_n^k-a_n+n}\leqslant 1$$

根据伯努利不等式,我们有

$$a_1^k-a_1+n\geqslant 1+k(a_1-1)-a_1+n=n-k+1+(k-1)a_1\geqslant 0$$

因此,只需证

$$\sum_{i=1}^n\frac{a_i}{n-k+1+(k-1)a_i}\leqslant 1$$

当 $k=n+1$ 时,这个不等式就是一个恒等式.另外,对于 $1<k<n+1$,将不等式写为

$$\sum_{i=1}^n\frac{1}{n-k+1+(k-1)a_i}\geqslant 1$$

按如下方式应用 AM－HM 不等式

$$\sum_{i=1}^n\frac{1}{n-k+1+(k-1)a_i}\geqslant\frac{n^2}{\sum_{i=1}^n[n-k+1+(k-1)a_i]}=1$$

等号适用于 $a_1=a_2=\cdots=a_n=1$.

问题 2.100 如果 $a_1,a_2,\cdots,a_n$ 是正实数且满足 $a_1a_2\cdots a_n\geqslant 1$.如果 $k>1$,那么

$$\sum\frac{a_1}{a_1^k+a_2+\cdots+a_n}\leqslant 1$$

(Vasile Cîrtoaje,2006)

证明 考虑两种情况:$1<k\leqslant n+1$ 和 $k\geqslant n-\dfrac{1}{n-1}$.

情形 1 $1<k\leqslant n+1$.根据 AM－GM 不等式,我们有

$$a_1+a_2+\cdots+a_n\geqslant n\sqrt[n]{a_1a_2\cdots a_n}=n$$

因此,期望不等式变成前面问题 2.99.

情形 2 $k\geqslant n-\dfrac{1}{n-1}$.设 $r=\sqrt[n]{a_1a_2\cdots a_n}$,$b_i=\dfrac{a_i}{r}$,$i=1,2,\cdots,n$,注意到 $r\geqslant 1$,$b_1b_2\cdots b_n=1$.期望不等式变为

$$\sum\frac{b_1}{b_1^kr^{k-1}+b_2+\cdots+b_n}\leqslant 1$$

显然,只需证明 $r=1$ 时不等式成立即可,也就是

$$a_1 a_2 \cdots a_n = 1$$

在这个假设下,我们将证明存在一个实数 p 满足

$$\frac{(n-1)a_1}{a_1^k + a_2 + \cdots + a_n} + \frac{a_1^p}{a_1^p + a_2^p + \cdots + a_n^p} \leqslant 1$$

然后添加这个不等式和类似的关于 $a_2, \cdots, a_n$ 的不等式就得到了想要的不等式. 记 $t = \sqrt[n-1]{a_2 \cdots a_n}$,根据 AM $-$ GM 不等式,我们有

$$a_2 + \cdots + a_n \geqslant (n-1)t, a_2^p + \cdots + a_n^p \geqslant (n-1)t^p$$

因此,只需证

$$\frac{(n-1)a_1}{a_1^k + (n-1)t} + \frac{a_1^p}{a_1^p + (n-1)t^p} \leqslant 1$$

因为 $a_1 = \dfrac{1}{t^{n-1}}$,这个不等式变成

$$(n-1)t^8 (t^n - 1) - (t^{q-np} - 1) \geqslant 0$$

其中 $q = (n-1)(k-1)$,选择 $p = \dfrac{(n-1)(k-n-1)}{n}$,不等式就变成

$$(n-1)t^{n+q} - (n-1)t^q - t^{n(n-1)} + 1 \geqslant 0$$

$$(n-1)t^q (t^n - 1) - (t^n - 1)(t^{n^2-2n} + t^{n^2-3n} + \cdots + 1) \geqslant 0$$

$$(t^n - 1)\left[(t^q - t^{n^2-2n}) + (t^q - t^{n^2-3n}) + \cdots + (t^q - 1)\right] \geqslant 0$$

当 $q \geqslant n^2 - 2n$ 最后一个不等式是显然成立的,也就是 $k \geqslant n - \dfrac{1}{n-1}$. 这样,证明就完成了. 等号适用于 $a_1 = a_2 = \cdots = a_n = 1$.

问题 2.101 如果 $a_1, a_2, \cdots, a_n$ 是正实数且满足 $a_1 a_2 \cdots a_n \geqslant 1$. 那么

$$-1 - \frac{2}{n-2} \leqslant k < 1$$

且

$$\sum \frac{a_1}{a_1^k + a_2 + \cdots + a_n} \geqslant 1$$

(Vasile Cîrtoaje,2006)

证明 记 $r = \sqrt[n]{a_1 a_2 \cdots a_n}$,$b_i = \dfrac{a_i}{r}$,$i = 1, 2, \cdots, n$,注意到 $r \geqslant 1$,$b_1 b_2 \cdots b_n = 1$. 期望不等式变为

$$\sum \frac{b_1}{\dfrac{b_1^k}{r^{rk}} + b_2 + \cdots + b_n} \geqslant 1$$

因此,只需证明 $r = 1$ 时不等式成立即可,也就是说

$$a_1 a_2 \cdots a_n = 1$$

在这个假设下,根据柯西 $-$ 施瓦兹不等式,我们有

350

$$\sum \frac{a_1}{a_1^k + a_2 + \cdots + a_n} \geqslant \frac{\left(\sum a_1\right)^2}{\sum a_1 (a_1^k + a_2 + \cdots + a_n)}$$

$$= \frac{\left(\sum a_1\right)^2}{\sum a_1^{1+k} + \left(\sum a_1\right)^2 - \sum a_1^2}$$

因此,只需证明

$$\sum a_1^2 \geqslant \sum a_1^{1+k}$$

情形 1 当 $-1 \leqslant k < 1$ 时,利用切比雪夫不等式和 AM $-$ GM 不等式得到

$$\sum a_1^2 \geqslant \frac{1}{n} \left(\sum a_1^{1-k}\right) \left(\sum a_1^{1+k}\right)$$

$$\geqslant (a_1 a_2 \cdots a_n)^{\frac{1-k}{n}} \sum a_1^{1+k}$$

$$= \sum a_1^{1+k}$$

情形 2 $-1 - \dfrac{2}{n-1} \leqslant k < -1$,方便起见,分别用 $a_1^{\frac{n-1}{2}}, a_2^{\frac{n-1}{2}}, \cdots, a_n^{\frac{n-1}{2}}$ 替换 $a_1, a_2, \cdots, a_n$,我们只需证明当 $a_1 a_2 \cdots a_n = 1$ 时,不等式

$$\sum a_1^{n-1} \geqslant \sum a_1^q$$

成立,其中

$$q = \frac{(n-1)(1+k)}{2}, \quad -1 \leqslant q < 0$$

根据 AM $-$ GM 不等式,我们得到

$$\sum a_1^{n-1} = \frac{1}{n-1} \sum (a_2^{n-1} + \cdots + a_n^{n-1}) \geqslant \sum a_2 \cdots a_n = \sum \frac{1}{a_1}$$

因此,只需证

$$\sum \frac{1}{a_1} \geqslant \sum a_1^q$$

根据切比雪夫不等式和 AM $-$ GM 不等式,我们有

$$\sum \frac{1}{a_1} \geqslant \frac{1}{n} \sum a_1^{-1-q} \sum a_1^q$$

$$\geqslant (a_1 a_2 \cdots a_n)^{-\frac{1+q}{n}} \sum a_1^q$$

$$= \sum a_1^q$$

这样,证明就完成了. 等式适用于 $a_1 = a_2 = \cdots = a_n = 1$.

问题 2.102 如果 $a_1, a_2, \cdots, a_n$ 是正实数且满足 $a_1 a_2 \cdots a_n = 1$. 如果 $k \geqslant 0$,那么

$$\sum \frac{1}{a_1^k + a_2 + \cdots + a_n} \leqslant 1$$

（Vasile Cîrtoaje，2006）

证明　考虑两种情况：$0 \leqslant k \leqslant 1$ 和 $k \geqslant 1$.

情形 1　$0 \leqslant k \leqslant 1$. 通过柯西－施瓦兹不等式和 AM－GM 不等式，我们得到了

$$\frac{1}{a_1^k + a_2 + \cdots + a_n} \leqslant \frac{a_1^{1-k} + 1 + \cdots + 1}{(\sqrt{a_1} + \sqrt{a_2} + \cdots + \sqrt{a_n})^2}$$

$$= \frac{a_1^{1-k} + n - 1}{\sum a_1 + 2\sum_{1 \leqslant i < j \leqslant n} \sqrt{a_i a_j}}$$

$$\leqslant \frac{a_1^{1-k} + n - 1}{\sum a_1 + n(n-1)}$$

因此

$$\sum \frac{1}{a_1^k + a_2 + \cdots + a_n} \leqslant \frac{\sum a_1^{1-k} + n(n-1)}{\sum a_1 + n(n-1)}$$

因此，只需证

$$\sum a_1^{1-k} \leqslant \sum a_1$$

事实上，根据切比雪夫不等式和 AM－GM 不等式，我们有

$$\sum a_1 = \sum a_1^k a_1^{1-k} \geqslant \frac{1}{n}\left(\sum a_1^k\right)\left(\sum a_1^{1-k}\right) \geqslant (a_1 a_2 \cdots a_n)^{\frac{k}{n}} \sum a_1^{1-k} = \sum a_1^{1-k}$$

情形 2　$k > 1$. 将不等式写成

$$\sum \left(\frac{n-1}{a_1^k + a_2 + \cdots + a_n} + \frac{a_1^p}{a_1^p + a_2^p + \cdots + a_n^p} - 1\right) \leqslant 0$$

其中 $p = \dfrac{(n-1)(k-1)}{n} \geqslant 0$. 为了完成证明只需证明

$$\frac{n-1}{a_1^k + a_2 + \cdots + a_n} \leqslant 1 - \frac{a_1^p}{a_1^p + a_2^p + \cdots + a_n^p}$$

设

$$x = \sqrt[n-1]{a_1} , x > 0$$

根据 AM－GM 不等式，我们有

$$a_2 + \cdots + a_n \geqslant (n-1)\sqrt[n-1]{a_2 \cdots a_n} = \frac{n-1}{\sqrt[n-1]{a_1}} = \frac{n-1}{x}$$

和

$$a_2^p + \cdots + a_n^p \geqslant \sqrt[n-1]{(a_2 \cdots a_n)^p} = \frac{n-1}{\sqrt[n-1]{a_1^p}} = \frac{n-1}{x^p}$$

352

因此，只需证

$$\frac{n-1}{x^{k(n-1)}+\dfrac{n-1}{x}} + \frac{x^{p(n-1)}}{x^{p(n-1)}+\dfrac{n-1}{x^p}} \leqslant 1$$

等价于

$$\frac{x}{x^{k(n-1)+1}+n-1} \leqslant \frac{1}{x^{np}+n-1}$$

$$x^{(n-1)k+1}-x^{np+1}-(n-1)(x-1) \geqslant 0$$

$$x^{np+1}\left(x^{(n-1)k-np}-1\right)-(n-1)(x-1) \geqslant 0$$

选择 p 满足 $(n-1)k-np=n-1$，即

$$p=\frac{(k-1)(n-1)}{n} > 0$$

不等式变为

$$x^{np+1}\left(x^{n-1}-1\right)-(n-1)(x-1) \geqslant 0$$

$$(x-1)\left[(x^{np+n-1}-1)+(x^{np+n-2}-1)+\cdots+(x^{np+1}-1)\right] \geqslant 0$$

因为最后一个不等式明显成立，证明完成. 等式适用于 $a_1=a_2=\cdots=a_n=1$.

问题 2. 103 设 $a_1,a_2,\cdots,a_n$ 是非负实数且满足 $a_1+a_2+\cdots+a_n \leqslant n$. 如果 $0 \leqslant k < 1$，那么

$$\frac{1}{a_1^k+a_2+\cdots+a_n}+\frac{1}{a_1+a_2^k+\cdots+a_n}+\cdots+\frac{1}{a_1+a_2+\cdots+a_n^k} \geqslant 1$$

证明 根据 AM－HM 不等式

$$\frac{1}{a_1^k+a_2+\cdots+a_n}+\frac{1}{a_1+a_2^k+\cdots+a_n}+\cdots+\frac{1}{a_1+a_2+\cdots+a_n^k}$$

$$\geqslant \frac{n^2}{\sum(a_1^k+a_2+\cdots+a_n)}$$

$$=\frac{n^2}{\sum a_1^k+(n-1)\sum a_1}$$

和琴生不等式

$$\sum a_1^k \leqslant n\left(\frac{1}{n}\sum a_1\right)^k$$

我们得到

$$\sum\frac{1}{a_1^k+a_2+\cdots+a_n} \geqslant \frac{n^2}{n\left(\dfrac{1}{n}\sum a_1\right)^k+(n-1)\sum a_1} \geqslant 1$$

等式适用于 $a_1=a_2=\cdots=a_n=1$.

问题 2. 104 设 $a_1,a_2,\cdots,a_n$ 是正实数. 如果 $k > 1$，那么

$$\sum \frac{a_2^k + a_3^k + \cdots + a_n^k}{a_2 + a_3 + \cdots + a_n} \leqslant \frac{n(a_1^k + a_2^k + \cdots + a_n^k)}{a_1 + a_2 + \cdots + a_n}$$

（Wolfgang Berndt，Vasile Cîrtoaje，2006）

证明　由于不等式的齐次性，假设 $a_1 + a_2 + \cdots + a_n = 1$，将不等式写为

$$\sum \left(1 + \frac{a_1}{a_2 + \cdots + a_n}\right)(a_2^k + a_3^k + \cdots + a_n^k) \leqslant n(a_1^k + a_2^k + \cdots + a_n^k)$$

$$\sum \frac{a_1(a_2^k + a_3^k + \cdots + a_n^k)}{a_2 + a_3 + \cdots + a_n} \leqslant a_1^k + a_2^k + \cdots + a_n^k$$

$$\sum \left[\frac{a_1(a_2^k + a_3^k + \cdots + a_n^k)}{a_2 + a_3 + \cdots + a_n} - a_1^k\right] \leqslant 0$$

$$\sum a_1 \left[a_1^{k-1} - \frac{a_2^k + a_3^k + \cdots + a_n^k}{a_2 + a_3 + \cdots + a_n}\right] \geqslant 0$$

$$\sum \frac{a_1 a_2(a_1^{k-1} - a_2^{k-1}) a_1 a_3(a_1^{k-1} - a_3^{k-1}) + \cdots + a_1 a_n(a_1^{k-1} - a_n^{k-1})}{a_2 + a_3 + \cdots + a_n} \geqslant 0$$

$$\sum_{1 \leqslant i < j \leqslant n} a_i a_j \left(\frac{a_i^{k-1} - a_j^{k-1}}{1 - a_i} + \frac{a_j^{k-1} - a_i^{k-1}}{1 - a_j}\right) \geqslant 0$$

$$\sum_{1 \leqslant i < j \leqslant n} \frac{a_i a_j(a_i^{k-1} - a_j^{k-1})(a_i - a_j)}{(1 - a_i)(1 - a_j)} \geqslant 0$$

当 $k > 1$ 时，最后一个不等式是成立的，这就完成了证明．等式适用于 $a_1 = a_2 = \cdots = a_n = 1$．

问题 2.105　设 f 是闭区间 $[a,b]$ 上的凸函数，并设 $a_1, a_2, \cdots, a_n \in [a,b]$ 满足

$$a_1 + a_2 + \cdots + a_n = pa + qb$$

其中 $p, q \geqslant 0$ 且满足 $p + q = n$．求证

$$f(a_1) + f(a_2) + \cdots + f(a_n) \leqslant pf(a) + qf(b)$$

（Vasile Cîrtoaje，2009）

证明　考虑非平凡情况 $a < b$，因为 $a_1, a_2, \cdots, a_n \in [a,b]$，存在 $\lambda_1, \lambda_2, \cdots, \lambda_n \in [0,1]$ 满足

$$a_i = \lambda_i a + (1 - \lambda_i)b, i = 1, 2, \cdots, n$$

从

$$\lambda_i = \frac{a_i - b}{a - b}, i = 1, 2, \cdots, n$$

我们有

$$\sum_{i=1}^{n} \lambda_i = \frac{1}{a - b}\left(\sum_{i=1}^{n} a_i - nb\right) = \frac{(pa + qb) - (p + q)b}{a - b} = p$$

因为 f 在 $[a,b]$ 上是凸函数，我们得到

$$\sum_{i=1}^{n} f(a_i) \leqslant \sum_{i=1}^{n} [\lambda_i f(a) + (1 - \lambda_i) f(b)]$$

$$= [f(a) - f(b)] \left(\sum_{i=1}^{n} \lambda_i \right) + n f(b)$$

$$= p[f(a) - f(b)] + (p + q) f(b)$$

$$= p f(a) + q f(b)$$

对称幂指不等式

3.1 应 用

3.1 如果 a,b 是正实数且满足 $a+b=a^4+b^4$,那么
$$a^a b^b \leqslant 1 \leqslant a^{a^3} b^{b^3}$$

3.2 如果 a,b 是正实数,那么
$$a^{2a}+b^{2b} \geqslant a^{a+b}+b^{a+b}$$

3.3 如果 a,b 是正实数,那么
$$a^a+b^b \geqslant a^b+b^a$$

3.4 如果 a,b 是正实数,那么
$$a^{2a}+b^{2b} \geqslant a^{2b}+b^{2a}$$

3.5 如果 a,b 是非负实数且满足 $a+b=2$,那么:

(1)$a^b+b^a \leqslant 1+ab$;

(2)$a^{2b}+b^{2a} \leqslant 1+ab$.

3.6 如果 a,b 是非负实数且满足 $\dfrac{2}{3} \leqslant a+b \leqslant 2$,那么
$$a^{2b}+b^{2a} \leqslant 1+ab$$

3.7 如果 a,b 是非负实数且满足 $a^2+b^2=2$,那么
$$a^{2b}+b^{2a} \leqslant 1+ab$$

3.8 如果 a,b 是非负实数且满足 $a^2+b^2=\dfrac{1}{4}$,那么
$$a^{2b}+b^{2a} \leqslant 1+ab$$

3.9　如果 a,b 是正实数,那么
$$a^a b^b \leqslant (a^2 - ab + b^2)^{\frac{a+b}{2}}$$

3.10　如果 $a,b \in (0,1]$,那么
$$a^a b^b \leqslant 1 - ab + a^2 b^2$$

3.11　如果 a,b 是正实数且满足 $a+b \leqslant 2$,那么
$$\left(\frac{a}{b}\right)^b + \left(\frac{b}{a}\right)^a \leqslant 2$$

3.12　如果 a,b 是正实数且满足 $a+b=2$,那么
$$2a^a b^b \geqslant a^{2b} + b^{2a} + \frac{3}{4}(a-b)^2$$

3.13　如果 $a,b \in (0,1]$ 或 $a,b \in [1,+\infty)$,那么
$$2a^a b^b \geqslant a^2 + b^2$$

3.14　如果 a,b 是正实数,那么
$$2a^a b^b \geqslant a^2 + b^2$$

3.15　如果 $a \geqslant 1 \geqslant b > 0$ 是正实数,那么
$$2a^a b^b \geqslant a^{2b} + b^{2a}$$

3.16　如果 $a \geqslant e \geqslant b > 0$ 是正实数,那么
$$2a^a b^b \geqslant a^{2b} + b^{2a}$$

3.17　如果 a,b 是正实数,那么
$$a^a b^b \geqslant \left(\frac{a^2 + b^2}{2}\right)^{\frac{a+b}{2}}$$

3.18　如果 a,b 是正实数且满足 $a^2 + b^2 = 2$,那么
$$2a^a b^b \geqslant a^{2b} + b^{2a} + \frac{1}{2}(a-b)^2$$

3.19　如果 $a,b \in (0,1]$,那么
$$(a^2 + b^2)\left(\frac{1}{a^{2a}} + \frac{1}{b^{2b}}\right) \leqslant 4$$

3.20　如果 $a+b=2$,那么
$$a^b b^a + 2 \geqslant 3ab$$

3.21　如果 a,b 是正实数且满足 $a+b=2$,且 $k \geqslant \frac{1}{2}$,那么
$$a^{a^{2k}} b^{b^{2k}} \geqslant 1$$

3.22　如果 a,b 是正实数且满足 $a+b=2$,那么
$$a^{\sqrt{a}} b^{\sqrt{b}} \geqslant 1$$

3.23　如果 a,b 是正实数且满足 $a+b=2$,那么
$$a^{a+1} b^{b+1} \leqslant 1 - \frac{1}{48}(a-b)^4$$

3.24　如果 a,b 是正实数且满足 $a+b=2$,那么
$$a^{-a} + b^{-b} \leqslant 2$$

3.25 如果 $a,b \in [0,1]$，那么
$$a^{b-a} + b^{a-b} + (a-b)^2 \leqslant 2$$

3.26 如果 a,b 为非负实数且满足 $a+b \leqslant 2$，那么
$$a^{b-a} + b^{a-b} + \frac{7}{16}(a-b)^2 \leqslant 2$$

3.27 如果 a,b 为非负实数且满足 $a+b \leqslant 4$，那么
$$a^{b-a} + b^{a-b} \leqslant 2$$

3.28 如果 a,b 是正实数且满足 $a+b=2$，那么
$$a^{2b} + b^{2a} \geqslant a^b + b^a \geqslant a^2 b^2 + 1$$

3.29 如果 a,b 是正实数且满足 $a+b=2$，那么
$$a^{3b} + b^{3a} \leqslant 2$$

3.30 如果 a,b 是正实数且满足 $a+b=2$，那么
$$a^{3b} + b^{3a} + \left(\frac{a-b}{2}\right)^4 \leqslant 2$$

3.31 如果 a,b 是正实数且满足 $a+b=2$，那么
$$a^{\frac{2}{a}} + b^{\frac{2}{b}} \leqslant 2$$

3.32 如果 a,b 是正实数且满足 $a+b=2$，那么
$$a^{\frac{3}{a}} + b^{\frac{3}{b}} \geqslant 2$$

3.33 如果 a,b 是正实数且满足 $a+b=2$，那么
$$a^{5b^2} + b^{5a^2} \leqslant 2$$

3.34 如果 a,b 是正实数且满足 $a+b=2$，那么
$$a^{2/b} + b^{2/a} \leqslant 2$$

3.35 如果 a,b 是非负实数且满足 $a+b=2$，那么
$$\frac{ab(1-ab)^2}{2} \leqslant a^{b+1} + b^{a+1} - 2 \leqslant \frac{ab(1-ab)^2}{3}$$

3.36 如果 a,b 是非负实数且满足 $a+b=1$，那么
$$a^{2b} + b^{2a} \leqslant 1$$

3.37 如果 a,b 是正实数且满足 $a+b=1$，那么
$$2a^a b^b \geqslant a^{2b} + b^{2a}$$

3.38 如果 a,b 是正实数且满足 $a+b=1$，那么 $a^{-2a} + b^{-2b} \leqslant 4$.

3.39 如果 $a_1, a_2, \cdots, a_n$ 是正实数且满足 $a_1 a_2 \cdots a_n = 1$，那么
$$\left(1-\frac{1}{n}\right)^{a_1} + \left(1-\frac{1}{n}\right)^{a_2} + \cdots + \left(1-\frac{1}{n}\right)^{a_n} \leqslant n-1$$

3.2 问题解决方案

问题 3.1 如果 a,b 是正实数且满足 $a+b=a^4+b^4$，那么

$$a^a b^b \leqslant 1 \leqslant a^{a^3} b^{b^3}$$

(Vasile Cîrtoaje, 2008)

证明 我们应用不等式

$$\ln x \leqslant x - 1, x > 0$$

为了证明这个不等式,记

$$f(x) = x - 1 - \ln x, x > 0$$

由于

$$f'(x) = 1 - \frac{1}{x} = \frac{x-1}{x}$$

这说明 $f(x)$ 在 $(0,1]$ 上递减,在 $[1, +\infty)$ 上递增. 因此 $f(x) \geqslant f(1) = 0$,应用这个不等式,我们有

$$\ln a^a b^b = a\ln a + b\ln b \leqslant a(a-1) + b(b-1) = a^2 + b^2 - (a+b)$$

因此左边不等式等价于

$$a^2 + b^2 \leqslant a + b$$

将此不等式写为齐次不等式

$$(a^2 + b^2)^3 \leqslant (a+b)^2(a^4 + b^4)$$

这等价于

$$ab(a-b)(a^3 - b^3) \geqslant 0$$

取 $x = \dfrac{1}{a}$,不等式 $\ln x \leqslant x - 1$ 变为

$$a\ln a \geqslant a - 1$$

类似地

$$b\ln b \geqslant b - 1$$

因此

$$\begin{aligned}
\ln a^{a^3} b^{b^3} &= a^3 \ln a + b^3 \ln b \\
&\geqslant a^2(a-1) + b^2(b-1) \\
&= a^3 + b^3 - (a^2 + b^2)
\end{aligned}$$

因此证明右边不等式 $a^{a^3} b^{b^3} \geqslant 1$ 成立,只需证明 $a^3 + b^3 \geqslant a^2 + b^2$. 等价于齐次不等式

$$(a+b)(a^3 + b^3)^3 \geqslant (a^2 + b^2)^3(a^4 + b^4)$$

我们将其写为 $A - 3B \geqslant 0$,其中

$$A = (a+b)(a^9 + b^9) - (a^4 + b^4)(a^6 + b^6)$$
$$B = a^2 b^2 (a^2 + b^2)(a^4 + b^4) - a^3 b^3 (a+b)(a^3 + b^3)$$

因为

$$A = ab(a^3 - b^3)(a^5 - b^5), B = a^2 b^2 (a-b)(a^5 - b^5)$$

我们得到

$$A - 3B = ab(a-b)^3(a^5 - b^5) \geqslant 0$$

当 $a = b = 1$ 时两个不等式都变成等式.

问题 3.2 如果 a,b 是正实数,那么
$$a^{2a} + b^{2b} \geqslant a^{a+b} + b^{a+b}$$

(Vasile Cîrtoaje,2010)

证明 假设 $a \geqslant b$,考虑下列两种情况.

情形 1 $a \geqslant 1$. 将不等式写为
$$a^{a+b}(a^{a-b} - 1) \geqslant b^{2b}(b^{a-b} - 1)$$

当 $b \leqslant 1$ 时,我们有
$$a^{a+b}(a^{a-b} - 1) \geqslant 0 \geqslant b^{2b}(b^{a-b} - 1)$$

当 $b \geqslant 1$ 时,这不等式也是真的,因为
$$a^{a+b} \geqslant a^{2b} \geqslant b^{2b}, a^{a-b} - 1 \geqslant b^{a-b} - 1 \geqslant 0$$

情形 2 $a \leqslant 1$. 因为
$$a^{2a} + b^{2b} \geqslant 2a^a b^b$$

于是只需证明
$$2a^a b^b \geqslant a^{a+b} + b^{a+b}$$

这个不等式等价于
$$\left(\frac{a}{b}\right)^b + \left(\frac{b}{a}\right)^a \leqslant 2$$

由伯努利不等式,我们有
$$\left(\frac{a}{b}\right)^b + \left(\frac{b}{a}\right)^a$$
$$= \left(1 + \frac{a-b}{b}\right)^b + \left(1 + \frac{b-a}{a}\right)^a$$
$$\leqslant 1 + \frac{b(a-b)}{b} + 1 + \frac{a(b-a)}{a}$$
$$= 2$$

等号适用于 $a = b$.

猜想 1 如果 a,b 是正实数,那么
$$a^{4a} + b^{4b} \geqslant a^{2a+2b} + b^{2a+2b}$$

猜想 2 如果 a,b,c 是正实数,那么
$$a^{3a} + b^{3b} + c^{3c} \geqslant a^{a+b+c} + b^{a+b+c} + c^{a+b+c}$$

猜想 3 如果 a,b,c,d 是正实数,那么
$$a^{4a} + b^{4b} + c^{4c} + d^{4d} \geqslant a^{a+b+c+d} + b^{a+b+c+d} + c^{a+b+c+d} + d^{a+b+c+d}$$

问题 3.3 如果 a,b 是正实数,那么
$$a^a + b^b \geqslant a^b + b^a$$

(M. Laub,Israel,1985,AMM)

证明 假设 $a \geqslant b$. 我们将证明当 $a \geqslant 1$ 时不等式成立. 从
$$a^{a-b} \geqslant b^{a-b}$$

360

我们得到

$$b^b \geqslant \frac{b^a a^b}{a^a}$$

因此

$$a^a + b^b - a^b - b^a \geqslant a^a + \frac{a^b b^a}{a^a} - a^b - b^a$$

$$= \frac{(a^a - a^b)(a^a - b^a)}{a^a}$$

$$\geqslant 0$$

进一步考虑 $0 < b \leqslant a < 1$.

方法1 记

$$c = a^b, d = b^b, k = \frac{a}{b}$$

其中 $c \geqslant d, k \geqslant 1$,期望不等式变成

$$c^k - d^k \geqslant c - d$$

因为 $f(x) = x^k (x \geqslant 0)$ 是凸函数,由熟知不等式

$$f(c) - f(d) \geqslant f'(d)(c - d)$$

我们得到

$$c^k - d^k \geqslant k d^{k-1}(c - d)$$

因此,只需证

$$k d^{k-1} \geqslant 1$$

等价于

$$b^{1-a+b} \leqslant a$$

事实上,因为 $0 < 1 - a + b \leqslant 1$,由伯努利不等式,我们得到

$$b^{1-a+b} = [1 + (b-1)]^{1-a+b}$$

$$\leqslant 1 + (1 - a + b)(b - 1)$$

$$= a - b(a - b)$$

$$\leqslant a$$

等号适用于 $a = b$.

方法2 记

$$c = \frac{b^a}{a^b + b^a}, d = \frac{a^b}{a^b + b^a}, k = \frac{a}{b}$$

其中 $c + d = 1$ 和 $k \geqslant 1$,不等式变成

$$c k^a + d k^{-b} \geqslant 1$$

由加权均值不等式,我们有

$$c k^a + d k^{-b} \geqslant k^{ac} \cdot k^{-db} = k^{ac - db}$$

因此,只需证 $ac \geqslant bd$,也就是

$$a^{1-b} \geqslant b^{1-a} \Leftrightarrow \frac{\ln a}{1-a} \geqslant \frac{\ln b}{1-b}$$

这等价于 $f(a) \geqslant f(b)$. 其中

$$f(x) = \frac{\ln x}{1-x}, 0 < x < 1$$

从而只需证明 $f(x)$ 是递增的. 因为

$$f'(x) = \frac{g(x)}{(1-x)^2}$$

$$g(x) = \frac{1}{x} - 1 + \ln x$$

于是只需证 $g(x) \geqslant 0, x \in (0,1)$,事实上,当 $x \in (0,1)$ 时

$$g'(x) = \frac{x-1}{x^2} < 0$$

这说明 $g(x)$ 在 $(0,1)$ 上递减,所以 $g(x) > g(1) = 0$.

问题 3.4 如果 a,b 是正实数,那么

$$a^{2a} + b^{2b} \geqslant a^{2b} + b^{2a}$$

证明 不妨设 $a > b$,有两种情况要考虑:$a \geqslant 1$ 和 $0 < b < a < 1$.

情形 1 $a \geqslant 1$. 从

$$a^{2(a-b)} \geqslant b^{2(a-b)}$$

我们得到

$$b^{2b} \geqslant \frac{a^{2b} b^{2a}}{a^{2a}}$$

因此

$$a^{2a} + b^{2b} - a^{2b} - b^{2a} \geqslant a^{2a} + \frac{a^{2b} b^{2a}}{a^{2a}} - a^{2b} - b^{2a}$$

$$= \frac{(a^{2a} - a^{2b})(a^{2a} - b^{2a})}{a^{2a}}$$

$$\geqslant 0$$

因为 $a^{2a} \geqslant a^{2b}$ 和 $a^{2a} \geqslant b^{2a}$.

情形 2 $0 < b < a < 1$. 记

$$c = a^b, d = b^b, k = \frac{a}{b}$$

其中 $c > d$ 和 $k > 1$. 于是不等式变成

$$c^{2k} - d^{2k} \geqslant c^2 - d^2$$

我们将证明

$$c^{2k} - d^{2k} > k (cd)^{k-1} (c^2 - d^2) > c^2 - d^2$$

对 $x=\left(\dfrac{c}{d}\right)^2$ 应用下面的引理可得到左边的不等式,右边的不等式等价于

$$k\,(cd)^{k-1}>1$$

$$(ab)^{a-b}>\frac{b}{a}$$

$$\frac{1+a-b}{1-a+b}\ln a>\ln b$$

固定 a,记

$$f(b)=\frac{1+a-b}{1-a+b}\ln a-\ln b$$

如果 $f'(b)<0$,那么 $f(b)$ 是严格递减的,因此就会有 $f(b)>f(a)=0$. 因为

$$f'(b)=-\frac{2}{(1-a+b)^2}\ln a-\frac{1}{b}$$

我们需要证明 $g(a)>0$,其中

$$g(a)=2\ln a+\frac{(1-a+b)^2}{b}$$

由于

$$g'(a)=\frac{2}{a}-\frac{2(1-a+b)}{b}$$

$$=\frac{2(a-b)(a-1)}{ab}$$

$$<0$$

这说明 $g(a)$ 在 $(b,1)$ 上是严格递减的,所以 $g(a)>g(1)=b>0$. 这就完成了证明. 等号适用于 $a=b$.

引理 设 k 和 x 是正实数. 如果 $k>1$ 和 $x\geqslant 1$,或者 $0<k<1$ 和 $0<x\leqslant 1$,那么

$$x^k-1\geqslant kx^{\frac{k-1}{2}}(x-1)$$

证明 我们需要证明 $f(x)\geqslant 0$,其中

$$f(x)=x^k-1-kx^{\frac{k-1}{2}}(x-1)$$

我们有

$$f'(x)=\frac{1}{2}kx^{\frac{k-1}{2}}g(x)$$

$$g(x)=2x^{\frac{k+1}{2}}-(k+1)x+k-1$$

因为

$$g'(x)=(k+1)(x^{\frac{k-1}{2}}-1)\geqslant 0$$

$g(x)$ 是递增的. 如果 $x\geqslant 1$,那么 $g(x)\geqslant g(1)=0$. $f(x)$ 是递增的,$f(x)\geqslant f(1)=0$. 如果 $0<x\leqslant 1$,那么 $g(x)\leqslant g(1)=0$,$f(x)$ 在 $(0,1)$ 上递减的,因

此 $f(x) \geqslant f(1) = 0$. 当 $x = 1$ 时等式成立.

备注   下列更一般的结论成立(Vasile Cîrtoaje,2006):

设 $0 < k \leqslant \mathrm{e}$.

(1) 如果 $a,b > 0$, 那么
$$a^{ka} + b^{kb} \geqslant a^{kb} + b^{ka}$$

(2) 如果 $a,b \in (0,1]$, 那么
$$2\sqrt{a^{ka}b^{kb}} \geqslant a^{kb} + b^{ka}$$

注意这些不等式被称为 VASC 第一指数和第二指数不等式.

猜想 1   如果 $0 < k \leqslant \mathrm{e}$ 和 $a,b \in (0,4]$ 或 $0 < a \leqslant 1 \leqslant b$, 那么
$$2\sqrt{a^{ka}b^{kb}} \geqslant a^{kb} + b^{ka}$$

猜想 2   如果 $0 < a \leqslant 1 \leqslant b$, 那
$$2\sqrt{a^{3a}b^{3b}} \geqslant a^{3b} + b^{3a}$$

猜想 3   如果 $a,b \in (0,5]$, 那么
$$2a^{a}b^{b} \geqslant a^{2b} + b^{2a}$$

猜想 4   如果 $a,b \in [0,5]$, 那么
$$\left(\frac{a^2 + b^2}{2}\right)^{\frac{a+b}{2}} \geqslant a^{2b} + b^{2a}$$

问题 3.5   如果 a,b 是非负实数且满足 $a+b=2$, 那么:

(1) $a^b + b^a \leqslant 1 + ab$;

(2) $a^{2b} + b^{2a} \leqslant 1 + ab$.

(Vasile Cîrtoaje,2007)

证明   不失一般性, 设 $a \geqslant b$. 因为
$$0 < b \leqslant 1, 0 \leqslant a - 1 \leqslant 1$$

应用伯努利不等式, 我们有
$$a^b \leqslant 1 + b(a-1) = 1 + b - b^2$$

和
$$b^a = b \cdot b^{a-1} \leqslant b[1 + (a-1)(b-1)] = b^2(2-b)$$

(1) 我们有
$$a^b + b^a - 1 - ab \leqslant (1 + b - b^2) + b^2(2-b) - 1 - (2-b)b$$
$$= -b(b-1)^2$$
$$\leqslant 0$$

等式适用于 $a=b=1$, 也适用于 $a=2$ 和 $b=0$, 或 $a=0$ 和 $b=2$.

(2) 我们有
$$a^{2b} + b^{2a} - 1 - ab = (1 + b - b^2)^2 + b^4(2-b)^2 - 1 - (2-b)b$$
$$= b^3(b-1)^2(b-2)$$

364

$$= -ab^3 (b-1)^2$$
$$\leqslant 0$$

等号适用于 $a=b=1$,也适用于 $a=2$ 和 $b=0$,或 $a=0$ 和 $b=2$.

问题 3.6 如果 a,b 是非负实数且满足 $\dfrac{2}{3} \leqslant a+b \leqslant 2$,那么

$$a^{2b} + b^{2a} \leqslant 1+ab$$

(Vasile Cîrtoaje,2007)

证明 假设

$$a \geqslant b$$

由于 $2\sqrt{ab} \leqslant a+b \leqslant 2$,我们得到

$$ab \leqslant 1$$

有两种情况要讨论:$a+b \leqslant 1$ 和 $a+b \geqslant 1$.

情形 1 $\dfrac{2}{3} \leqslant a+b \leqslant 1$. 因为 $2b \leqslant 1$,由伯努利不等式,我们有

$$a^{2b} \leqslant 1+2b(a-1) = 1+2ab-2b$$

因此,只需证明

$$(1+2ab-2b) + b^{2a} \leqslant 1+ab$$

这等价于

$$ab+b^{2a} \leqslant 2b$$

当 $2a \geqslant 1$,不等式为真,因为

$$ab \leqslant b, b^{2a} \leqslant b$$

当 $2a \leqslant 1$,应用贝努利不等式,我们有

$$b^{2a} \leqslant 1+2a(b-1) = 1+2ab-2a$$

因此,只需证明

$$(1+2ab-2b) + (1+2ab-2a) \leqslant 1+ab$$

这等价于

$$1+3ab \leqslant 2(a+b)$$

事实上,我们有

$$4+12ab-8(a+b) \leqslant 4+3(a+b)^2 - 8(a+b)$$
$$= (a+b-2)[3(a+b)-2]$$
$$\leqslant 0$$

情形 2 $1 \leqslant a+b \leqslant 2$. 当 $a,b \leqslant 1$ 时,由伯努利不等式,我们有

$$a^{2b} = (a^2)^b \leqslant 1+b(a^2-1) = 1-b+a^2 b$$
$$b^{2a} = (b^2)^a \leqslant 1+a(b^2-1) = 1-a+b^2 a$$

因此

$$a^{2b} + b^{2a} - 1 - ab \leqslant (1 - b + a^2b) + (1 - a + b^2a) - 1 - ab$$
$$= (1 - ab)(1 - a - b)$$
$$\leqslant 0$$

当 $a \geqslant 1 \geqslant b$. 由伯努利不等式,我们有

$$a^b \leqslant 1 + b(a - 1) = ab + 1 - b$$
$$b^{2a} = b^{a-1} \cdot b^{a+1} \leqslant b^{a+1}$$
$$= b^2 \cdot b^{a-1} \leqslant b^2 [1 + (a - 1)(b - 1)]$$
$$= b^2(ab + 2 - a - b)$$

因此,只需证明

$$(ab + 1 - b)^2 + b^2(ab + 2 - a - b) \leqslant 1 + ab$$

将它写为

$$1 + ab - (ab + 1 - b)^2 \geqslant b^2(ab + 2 - a - b)$$

因为

$$1 + ab - (ab + 1 - b)^2 = bB$$

其中

$$B = (2 - a - b) + 2ab - a^2b \geqslant 2ab - a^2b = ab(2 - a)$$

因此证明

$$ab^2(2 - a) \geqslant b^2(ab + 2 - a - b)$$

就足够了. 这等价于不等式

$$b^2(a - 1)(2 - a - b) \geqslant 0$$

等式适用于 $a = 0$ 或 $b = 0$,如果 $a + b = 2$,那么等式也适用于 $a = b = 1$.

    备注   事实上,下列不等式也是有效的:

如果 a, b 是非负实数且满足

$$\frac{1}{2} \leqslant a + b \leqslant 2$$

那么

$$a^{2b} + b^{2a} \leqslant 1 + ab$$

    问题 3.7   如果 a, b 是非负实数且满足 $a^2 + b^2 = 2$,那么

$$a^{2b} + b^{2a} \leqslant 1 + ab$$

(Vasile Cîrtoaje, 2007)

    证明   不失一般性,假设 $a \geqslant 1 \geqslant b$,应用伯努利不等式给出

$$a^b \leqslant 1 + b(a - 1)$$

因此

$$a^{2b} \leqslant (1 + ab - b)^2$$

而且,因为 $0 \leqslant b \leqslant 1$ 和 $2a \geqslant 2$,我们有

366

$$b^{2a} \leqslant b^2$$

因此,只需证明

$$(1 + ab - b)^2 + b^2 \leqslant 1 + ab$$

写为

$$b(2 + 2ab - a - 2b - a^2 b) \geqslant 0$$

因此,只需证明

$$2 + 2ab - a - 2b - a^2 b \geqslant 0$$

等价于

$$4(1-a)(1-b) + a(2 - 2ab) \geqslant 0$$
$$4(1-a)(1-b) + a(a-b)^2 \geqslant 0$$

因为 $a \geqslant 1$,于是只需证

$$4(1-a)(1-b) + (a-b)^2 \geqslant 0$$

实际上

$$
\begin{aligned}
&4(1-a)(1-b) + (a-b)^2 \\
&= -4(a-1)(1-b) + [(a-1) + (1-b)]^2 \\
&= [(a-1) - (1-b)]^2 \\
&= (a+b-2)^2 \\
&\geqslant 0
\end{aligned}
$$

等号适用于 $a = b = 1$,或 $a = \sqrt{2}$ 和 $b = 0$,或 $a = 0$ 和 $b = \sqrt{2}$.

问题 3.8 如果 a,b 是非负实数且满足 $a^2 + b^2 = \dfrac{1}{4}$,那么

$$a^{2b} + b^{2a} \leqslant 1 + ab$$

(Vasile Cîrtoaje,2007)

证明 由于 $a^2 + b^2 = \dfrac{1}{4}$,这说明

$$a,b \leqslant \frac{1}{2}$$

$$ab = \frac{1}{2}(a+b)^2 - \frac{1}{8}$$

$$a + b \geqslant \sqrt{a^2 + b^2} = \frac{1}{2}$$

$$a + b \leqslant \sqrt{2(a^2 + b^2)}$$

$$= \frac{1}{\sqrt{2}}$$

应用伯努利不等式得到

$$a^{2b} \leqslant 1 + 2b(a-1) = 1 - 2b + 2ab$$

$$b^{2a} \leqslant 1 + 2a(b-1) = 1 - 2a + 2ab$$

因此只需证明

$$(1 - 2b + 2ab) + (1 - 2a + 2ab) \leqslant 1 + ab$$

$$1 + 3ab \leqslant 2(a+b)$$

$$1 + \frac{3}{2}(a+b)^2 - \frac{3}{8} \leqslant 2(a+b)$$

$$\left(a + b - \frac{1}{2}\right)\left(a + b - \frac{5}{6}\right) \leqslant 0$$

最后一个不等式成立. 等号适用于 $a = 0$ 和 $b = \frac{1}{2}$, 或 $a = \frac{1}{2}$ 和 $b = 0$.

备注 事实上, 下面的扩展结果是有效的:

如果 a, b 是非负实数且满足

$$\frac{1}{4} \leqslant a^2 + b^2 \leqslant 2$$

那么

$$a^{2b} + b^{2a} \leqslant 1 + ab$$

这个不等式是问题 3.6 备注的结果(因为 $\frac{1}{4} \leqslant a^2 + b^2 \leqslant 2$ 意味着 $\frac{1}{2} \leqslant a + b \leqslant 2$)

问题 3.9 如果 a, b 是正实数, 那么

$$a^a b^b \leqslant (a^2 - ab + b^2)^{\frac{a+b}{2}}$$

证明 根据 AM − GM 的加权不等式, 我们有

$$a \cdot a + b \cdot b \geqslant (a+b)a^{\frac{a}{a+b}} b^{\frac{b}{a+b}}$$

$$\left(\frac{a^2 + b^2}{a + b}\right)^{a+b} \geqslant a^a b^b$$

因此, 只需证

$$a^2 - ab + b^2 \geqslant \left(\frac{a^2 + b^2}{a + b}\right)^2$$

这等价于

$$(a+b)(a^3 + b^3) \geqslant (a^2 + b^2)^2$$

$$ab(a-b)^2 \geqslant 0$$

等号适用于 $a = b$.

问题 3.10 如果 $a, b \in (0, 1]$, 那么

$$a^a b^b \leqslant 1 - ab + a^2 b^2$$

(Vasile Cîrtoaje, 2010)

证明 我们可以说明, 当 $x \in (0, 1]$ 时

$$x^x \leqslant 1 - x + x^2$$

如果不等式为真,那么

$$1 - ab + a^2b^2 - a^ab^b \geqslant 1 - ab + a^2b^2 - (1 - a + a^2)(1 - b + b^2)$$
$$= (a+b)(1-a)(1-b)$$
$$\geqslant 0$$

为了证明 $x^x \leqslant 1 - x + x^2$,我们将证明 $f(x) \leqslant 0$,其中

$$f(x) = x \ln x - \ln(x^2 - x + 1), x \in (0,1]$$

我们有

$$f'(x) = \ln x + 1 - \frac{2x-1}{x^2 - x + 1}$$

$$f''(x) = \frac{(1-x)(1 - 2x - x^2 - x^4)}{x(x^2 - x + 1)^2}$$

设 $x_1 \in (0,1)$ 是方程 $x^4 + x^2 + 2x = 1$ 的根,那么 $x \in (0, x_1)$ 时 $f''(x) > 0$,当 $x \in (x_1, 1)$ 时,$f''(x) < 0$. 因此,当 $x \in (0, x_1)$ 时 $f'(x)$ 递增,当 $x \in (x_1, 1)$ 时,$f'(x)$ 递减,因为 $\lim\limits_{x \to 0^{+0}} f'(x) = -\infty$ 和 $f'(1) = 0$,所以存在 $x_2 \in (0, x_1)$,使得 $f'(x_2) = 0$,当 $x \in (0, x_2)$ 时,$f'(x) < 0$,当 $x \in (x_2, 1)$ 时,$f'(x) > 0$,因此 $f(x)$ 在 $(0, x_2)$ 是递减的,在 $(x_2, 1)$ 上递增. 因为 $\lim\limits_{x \to 0} f(x) = 0, f(1) = 0$,这说明,当 $x \in (0,1]$ 时 $f(x) \leqslant 0$. 证明完成. 等号适用于 $a = b = 1$.

问题 3.11 如果 a, b 是正实数且满足 $a + b \leqslant 2$,那么

$$\left(\frac{a}{b}\right)^b + \left(\frac{b}{a}\right)^a \leqslant 2$$

(Vasile Cîrtoaje, 2010)

证明 应用代换 $a = tc, b = td$,其中 c, d, t 为正实数且满足 $c + d = 2, t \leqslant 1$. 我们将证明

$$\left(\frac{c}{d}\right)^{td} + \left(\frac{d}{c}\right)^{tc} \leqslant 2$$

将不等式写成 $f(t) \leqslant 2$,其中

$$f(t) = A^t + B^t, A = \left(\frac{c}{d}\right)^d, B = \left(\frac{d}{c}\right)^c$$

因为 $f(t)$ 是凸函数,我们有

$$f(t) \leqslant \max\{f(0), f(1)\} = \max\{2, f(1)\}$$

因此,只需证明 $f(1) \leqslant 2$,也就是

$$2c^cd^d \geqslant c^2 + d^2$$

设 $c = 1 + x, d = 1 - x$,其中 $0 \leqslant x < 1$,不等式变成

$$(1+x)^{1+x}(1-x)^{1-x} \geqslant 1 + x^2$$

等价于 $f(x) \geqslant 0$,其中

$$f(x) = (1+x)\ln(1+x) + (1-x)\ln(1-x) - \ln(1+x^2)$$

我们有

$$f'(x) = \ln(1+x) - \ln(1-x) - \frac{2x}{1+x^2}$$

$$f''(x) = \frac{1}{1+x} + \frac{1}{1-x} - \frac{2(1-x^2)}{(1+x^2)^2}$$

$$= \frac{8x^2}{(1-x^2)(1+x^2)^2}$$

因为当 $x \in [0,1)$ 时，$f''(x) \geqslant 0$，这说明 $f'(x)$ 在 $[0,1)$ 上递增，$f'(x) \geqslant f'(0) = 0$，所以 $f(x)$ 在 $[0,1)$ 上递增，因此 $f(x) \geqslant f(0) = 0$，证明完成. 等号适用于 $a = b$.

问题 3.12 如果 a, b 是正实数且满足 $a + b = 2$，那么

$$2a^a b^b \geqslant a^{2b} + b^{2a} + \frac{3}{4}(a-b)^2$$

(Vasile Cîrtoaje, 2010)

证明 根据问题 3.5(2) 和问题 3.11，我们有

$$a^{2b} + b^{2a} \leqslant 1 + ab$$

和

$$2a^a b^b \geqslant a^2 + b^2$$

因此只需证

$$a^2 + b^2 \geqslant 1 + ab + \frac{3}{4}(a-b)^2$$

这是一个恒等式. 等号适用于 $a = b = 1$.

问题 3.13 如果 $a, b \in (0,1]$ 或 $a, b \in [1, +\infty)$，那么

$$2a^a b^b \geqslant a^2 + b^2$$

证明 当 $a = x$ 和 $b = 1$ 时，不等式变为

$$2x^x \geqslant x^2 + 1, \quad x > 0$$

如果这个不等式成立，那么

$$4a^a b^b - 2(a^2 + b^2) \geqslant (a^2 + 1)(b^2 + 1) - 2(a^2 + b^2)$$

$$= (a^2 - 1)(b^2 - 1)$$

$$\geqslant 0$$

为了证明 $2x^x \geqslant x^2 + 1, x > 0$，我们将证明 $f(x) \geqslant 0$，其中

$$f(x) = \ln 2 + x\ln x - \ln(x^2 + 1)$$

我们有

$$f'(x) = \ln x + 1 - \frac{2x}{x^2 + 1}$$

$$f''(x) = \frac{x^2 (x+1)^2 + (x-1)^2}{x (x^2+1)^2} > 0$$

所以 $f'(x)$ 是严格递增的,又因为 $f'(1)=0$,这说明当 $x \in (0,1)$ 时 $f'(x) < 0$,即 $f(x)$ 递减,当 $x \in (1,+\infty)$ 时,$f'(x) > 0$,即 $f(x)$ 递增,因此 $f(x) \geqslant f(1)=0$. 这就完成了证明. 等号适用于 $a=b=1$.

问题 3.14　如果 a,b 是正实数,那么

$$2a^a b^b \geqslant a^2 + b^2$$

(Vasile Cîrtoaje,2014)

证明　根据上面的引理,我们只需证明

$$(a^4 - 2a^3 + 4a^2 - 2a + 3)(b^4 - 2b^3 + 4b^2 - 2b + 3) \geqslant 8(a^2 + b^2) \quad (*)$$

这等价于 $A \geqslant 0$,其中

$$\begin{aligned}
A = {} & a^4 b^4 - 2a^3 b^3 (a+b) + 4a^2 b^2 (a^2 + b^2 + ab) - \\
& [2ab(a^3 + b^3) + 8a^2 b^2 (a+b)] + \\
& 3[(a^4 + b^4) + 4ab(a^2 + b^2) + 16a^2 b^2] - \\
& [6(a^3 + b^3) + 8ab(a+b)] + \\
& 4(a^2 + b^2 + ab) - 6(a+b) + 9
\end{aligned}$$

我们检验得

$$A = [a^2 b^2 - ab(a+b) + a^2 + b^2 - 1]^2 + B$$

其中

$$\begin{aligned}
B = {} & a^2 b^2 (a+b)^2 - 6a^2 b^2 (a+b) + [2(a^4 + b^4) + 4ab(a^2 + b^2) + 16a^2 b^2] - \\
& [6(a^3 + b^3) + 10ab(a+b)] + [6(a^2 + b^2) + 4ab] - 6(a+b) + 8
\end{aligned}$$

同样,我们也有

$$B = [ab(a+b) - 3ab + 1]^2 + C$$

其中

$$\begin{aligned}
C = {} & [2(a^4 + b^4) + 4ab(a^2 + b^2) + 7a^2 b^2] - [6(a^3 + b^3) + 12ab(a+b)] + \\
& [6(a^2 + b^2) + 10ab] - 6(a+b) + 7
\end{aligned}$$

和

$$C = (ab - 1)^2 + 2D$$

其中

$$\begin{aligned}
D = {} & [a^4 + b^4 + 2ab(a^2 + b^2) + 3a^2 b^2] - [3(a^3 + b^3) + 6ab(a+b)] + \\
& 3(a+b)^2 - 3(a+b) + 3
\end{aligned}$$

于是只需证明 $D \geqslant 0$,事实上

$$\begin{aligned}
D = {} & [(a+b)^4 - 2ab(a+b)^2 + a^2 b^2] - 3[(a+b)^3 - ab(a+b)] + \\
& 3(a+b)^2 - 3(a+b) + 3 \\
= {} & [(a+b)^2 - ab]^2 - 3(a+b)[(a+b)^2 - ab] + 3(a+b)^2 - 3(a+b) + 3
\end{aligned}$$

$$= \left[(a+b)^2 - ab - \frac{3}{2}(a+b) \right]^2 + 3 \left(\frac{a+b}{2} - 1 \right)^2$$
$$\geqslant 0$$

（译者）上面的方法较烦琐，现提供一种稍微简单的方法：

对式（＊）作差得

$Lhs - Rhs$

$= \left[(a^2+1)(a-1)^2 + 2(a^2+1) \right] \left[(b^2+1)(b-1)^2 + 2(b^2+1) \right] - 8(a^2+b^2)$

$= (a^2+1)(b^2+1)(a-1)^2(b-1)^2 +$

$\quad 2(a^2+1)(b^2+1) \left[(a-1)^2 + (b-1)^2 \right] + 4(a+1)(b+1)(a-1)(b-1)$

当 $(a-1)(b-1) \geqslant 0$ 时，等式显然成立.

当 $(a-1)(b-1) < 0$ 时，不妨设 $a > 1 > b$，记 $x \geqslant 0, y \geqslant 0$，据此令 $a = 1+x$，$b = 1-y$，则

$f(a,b) = \left[(x+1)^2 + 1 \right](x^2+2)(y^2+2) \left[(y-1)^2 + 1 \right]$

$\quad = 2 \left[2(x-y) + x^2 - xy + y^2 \right]^2 + \left[x^2 - xy + y^2 - 2xy(x-y)^2 \right]^2 +$

$\quad\quad (x^2 - xy + y^2 - x^2 y^2)^2 + 2x^2 y^2 (2 + xy + y^2 + xy^2) + 2x^4 y^2 (1-y)$

$\quad \geqslant 0$

这就完成了证明. 等号适用于 $a = b = 1$.

引理 如果 $x > 0$，那么

$$x^x \geqslant x + \frac{1}{4}(x-1)^2(x^2+3)$$

证明 我们将证明 $f(x) \geqslant 0, x > 0$，其中

$$f(x) = \ln 4 + x \ln x - \ln g(x), g(x) = x^4 - 2x^3 + 4x^2 - 2x + 3$$

我们有

$$f'(x) = 1 + \ln x - \frac{2(2x^3 - 3x^2 + 4x - 1)}{g(x)}$$

$$f''(x) = \frac{x^8 + 6x^4 - 32x^3 + 48x^2 - 32x + 9}{g^2(x)}$$

$$= \frac{(x-1)^2 h(x)}{g^2(x)}$$

其中

$$h(x) = x^6 + 2x^5 + 3x^4 + 4x^3 + 11x^2 - 14x + 9$$

因为

$$h(x) > 7x^2 - 14x + 7 = 7(x-1)^2 \geqslant 0$$

所以 $f''(x) \geqslant 0$，即 $f'(x)$ 在 $(0, +\infty)$ 上递增，因为 $f'(1) = 0$，这说明 $x \in (0,1)$ 时，$f'(x) < 0$，当 $x \in (1, +\infty)$ 时，$f(x) \geqslant f(1) = 0$.

问题 3. 15　如果 $a \geqslant 1 \geqslant b > 0$,那么
$$2a^a b^b \geqslant a^{2b} + b^{2a}$$

证明　考虑前面问题 3. 14 中的不等式 $2a^a b^b \geqslant a^2 + b^2$,于是只需证
$$a^2 + b^2 \geqslant a^{2b} + b^{2a}$$

这个不等式可由 $a^2 \geqslant a^{2b}$,$b^2 \geqslant b^{2a}$ 相加得到. 等号适用于 $a = b = 1$.

问题 3. 16　如果 $a \geqslant e \geqslant b > 0$,那么
$$2a^a b^b \geqslant a^{2b} + b^{2a}$$

证明　只需证 $a^a b^b \geqslant a^{2b}$ 和 $a^a b^b \geqslant b^{2a}$. 将第一个不等式写为
$$a^{a-b} \geqslant \left(\frac{a}{b}\right)^b$$

$$a^{x-1} \geqslant x, x = \frac{a}{b} \geqslant 1$$

因为 $a^{x-1} \geqslant e^{x-1}$,于是只需证
$$e^{x-1} \geqslant x$$

这等价于 $f(x) \geqslant 0 (x \geqslant 1)$,其中
$$f(x) = x - 1 - \ln x$$

由 $f'(x) = 1 - \frac{1}{x} \geqslant 0$ 知 $f(x)$ 在 $[1, +\infty)$ 上是递增的,因此 $f(x) \geqslant f(1) = 0$.

将第二个不等式写为
$$\left(\frac{b}{a}\right)^a b^{a-b} \leqslant 1$$

$$x b^{1-x} \leqslant 1, x = \frac{b}{a} \leqslant 1$$

因为 $b^{1-x} \leqslant e^{1-x}$,我们只需证
$$x e^{1-x} \leqslant 1$$

这等价于 $f(x) \leqslant 0 (x \leqslant 1)$,其中
$$\ln x + 1 - x \leqslant 0$$

令 $f(x) = \ln x + 1 - x, (0 < x \leqslant 1)$. 由于
$$f'(x) = \frac{1}{x} - 1 \geqslant 0$$

所以 $f(x)$ 在 $(0, 1]$ 上单调递增,所以
$$f(x) \leqslant f(1) = 0$$

等号适用于 $a = b = e$.

问题 3. 17　如果 a, b 是正实数,那么
$$a^a b^b \geqslant \left(\frac{a^2 + b^2}{2}\right)^{\frac{a+b}{2}}$$

证明 1 应用代换 $a = bx$，$x > 0$，不等式变成

$$(bx)^{bx}b^b \geq \left(\frac{b^2x^2 + b^2}{2}\right)^{\frac{bx+b}{2}}$$

$$(bx)^x b \geq \left(\frac{b^2x^2 + b^2}{2}\right)^{\frac{x+1}{2}}$$

$$b^{x+1}x^x \geq b^{x+1}\left(\frac{x^2+1}{2}\right)^{\frac{x+1}{2}}$$

$$x^x \geq \left(\frac{x^2+1}{2}\right)^{\frac{x+1}{2}}$$

当 $f(x) \geq 0$，$x > 0$ 时，不等式成立，其中

$$f(x) = \frac{x}{x+1}\ln x - \frac{1}{2}\ln\frac{x^2+1}{2}$$

我们有

$$f'(x) = \frac{1}{(x+1)^2}\ln x + \frac{1}{x+1} - \frac{x}{x^2+1}$$

$$= \frac{g(x)}{(x+1)^2}$$

其中

$$g(x) = \ln x - \frac{x^2-1}{x^2+1}$$

因为

$$g'(x) = \frac{(x^2-1)^2}{x(x^2+1)^2} \geq 0$$

$g(x)$ 是严格递增的，因为 $g(1) = 0$，所以 $x \in (0,1)$ 时 $f'(x) < 0$，即 $f(x)$ 单调递减；当 $x \in [1, +\infty)$ 时，$f'(x) > 0$，即 $f(x)$ 递增. 所以 $f(x) \geq f(1) = 0$. 这就完成了证明. 等号适用于 $a = b$.

证明 2 将不等式写成

$$a\ln a + b\ln b \geq \frac{a+b}{2}\ln\frac{a^2+b^2}{2}$$

不失一般性，考虑 $a + b = 2k$，$k > 0$，并记

$$a = k + x, b = k - x, 0 \leq x < k$$

我们将证明 $f(x) \geq 0$，其中

$$f(x) = (k+x)\ln(k+x) + (k-x)\ln(k-x) - k\ln(x^2 + k^2)$$

我们有

$$f'(x) = \ln(k+x) - \ln(k-x) - \frac{2kx}{x^2+k^2}$$

$$f''(x) = \frac{1}{k+x} + \frac{1}{k-x} + \frac{2k(x^2-k^2)}{(x^2+k^2)^2}$$

$$= \frac{8k^2 x^2}{(k^2 - x^2)(k^2 + x^2)^2}$$

由于 $f''(x) \geqslant 0(x \geqslant 0)$，$f'(x)$ 是递增的，因此 $f'(x) \geqslant f'(0) = 0$，所以 $f(x)$ 在 $[0,k)$ 上是递增的，因此 $f(x) \geqslant f(0) = 0$.

备注 如果 $a+b=2$，这个不等式可写为

$$2a^a b^b \geqslant a^2 + b^2$$

$$2 \geqslant \left(\frac{a}{b}\right)^b + \left(\frac{b}{a}\right)^a$$

同样，如果 $a+b=1$，这个不等式可写为

$$2a^{2a} b^{2b} \geqslant a^2 + b^2$$

$$2 \geqslant \left(\frac{a}{b}\right)^{2b} + \left(\frac{b}{a}\right)^{2a}$$

问题 3.18 如果 a,b 是正实数且满足 $a^2 + b^2 = 2$，那么

$$2a^a b^b \geqslant a^{2a} + b^{2b} + \frac{1}{2}(a-b)^2$$

(Vasile Cîrtoaje,2010)

证明 根据问题 3.7 和问题 3.17，我们有

$$a^{2a} + b^{2b} \leqslant 1 + ab$$

和

$$a^a b^b \geqslant 1$$

因此，只需证

$$2 \geqslant 1 + ab + \frac{1}{2}(a-b)^2$$

这是一个恒等式. 等号适用于 $a=b=1$.

问题 3.19 如果 $a,b \in (0,1]$，那么

$$(a^2 + b^2)\left(\frac{1}{a^{2a}} + \frac{1}{b^{2b}}\right) \leqslant 4$$

(Vasile Cîrtoaje,2014)

证明 当 $a=x$ 和 $b=1$ 时，不等式变成

$$x^{2x} \geqslant \frac{x^2 + 1}{3 - x^2}, x \in (0,1]$$

如果这个不等式成立，我们将证明

$$(a^2 + b^2)\left(\frac{3 - a^2}{1 + a^2} + \frac{3 - b^2}{1 + b^2}\right) \leqslant 4$$

等价于

$$a^2 b^2 (2 + a^2 + b^2) + 2 - (a^2 + b^2) - (a^2 + b^2)^2 \geqslant 0$$

$$(2 + a^2 + b^2)(1 - a^2)(1 - b^2) \geqslant 0$$

为了证明 $x^{2x} \geqslant \dfrac{x^2+1}{3-x^2}, x \in (0,1]$,我们将证明 $f(x) \geqslant 0$,其中

$$f(x) = x\ln x + \frac{1}{2}\ln(3-x^2) - \frac{1}{2}\ln(1+x^2) , x \in (0,1]$$

我们有

$$f'(x) = 1 + \ln x - \frac{x}{3-x^2} - \frac{x}{1+x^2}$$

$$f''(x) = \frac{1}{x} - \frac{3+x^2}{(3-x^2)^2} - \frac{1-x^2}{(1+x^2)^2}$$

$$= \frac{(1-x)(9+6x-x^3)}{x(3-x)^2} - \frac{1-x^2}{(1+x^2)^2}$$

我们将证明当 $0 < x < 1$ 时,$f''(x) \geqslant 0$ 成立,如果

$$\frac{9+6x-x^3}{x(3-x)^2} - \frac{1+x}{(1+x^2)^2} > 0$$

实际上

$$\frac{9+6x-x^3}{x(3-x)^2} - \frac{1-x^2}{(1+x^2)^2} > \frac{9}{9x} - \frac{1+x}{x(1+x^2)^2}$$

$$= \frac{1}{1+x}$$

$$> 0$$

因为 $f''(x) > 0, f'(x)$ 在 $(0,1]$ 递增,所以 $f'(x) \leqslant f'(1) = 0$,从而 $f(x)$ 在 $(0,1]$ 上递减,因此 $f(x) \geqslant f(1) = 0$. 这就完成了证明. 等号适用于 $a = b = 1$.

问题 3.20 如果 $a+b=2$,那么

$$a^b b^a + 2 \geqslant 3ab$$

(Vasile Cîrtoaje,2010)

证明 设

$$a = 1+x, b = 1-x, 0 \leqslant x < 1$$

不等式等价于

$$(1+x)^{1-x}(1-x)^{1+x} \geqslant 1-3x^2$$

进一步考虑非平凡情况 $0 \leqslant x < \dfrac{1}{\sqrt{3}}$,将期望不等式写成 $f(x) \geqslant 0$,其中

$$f(x) = (1-x)\ln(1+x) + (1+x)\ln(1-x) - \ln(1-3x^2)$$

我们有

$$f'(x) = -\ln(1+x) + \ln(1-x) + \frac{1-x}{1+x} - \frac{1+x}{1-x} + \frac{6x}{1-3x^2}$$

$$\frac{1}{2}f''(x) = -\frac{1}{1-x^2} - \frac{2(x^2+1)}{(1-x^2)^2} + \frac{3(3x^2+1)}{(1-3x^2)^2}$$

作代换

$$t = x^2, 0 \leqslant t < \frac{1}{3}$$

我们得到

$$\frac{1}{2} f''(x) = \frac{3(3t+1)}{(3t-1)^2} - \frac{t+3}{(t-1)^2}$$

$$= \frac{4t(5-9t)}{(t-1)^2 (3t-1)^2}$$

$$> 0$$

因为 $f''(x) > 0, f'(x)$ 在 $\left[0, \frac{1}{\sqrt{3}}\right)$ 递增，所以 $f'(x) \geqslant f'(0) = 0$，从而 $f(x)$ 在

$\left[0, \frac{1}{\sqrt{3}}\right)$ 上递增，因此 $f(x) \geqslant f(0) = 0$．这就完成了证明．等号适用于 $a = b = 1$．

问题 3.21   如果 a, b 为正实数且满足 $a + b = 2$．如果 $k \geqslant \frac{1}{2}$，那么

$$a^{a^{kb}} b^{b^{ka}} \geqslant 1$$

（Vasile Cîrtoaje，2010）

证明   设

$$a = 1 + x, b = 1 - x, 0 \leqslant x < 1$$

不等式等价于

$$(1+x)^{k(1-x)} \ln(1+x) + (1-x)^{k(1+x)} \ln(1-x) \geqslant 0$$

考虑非平凡情况 $0 < x < 1$，并将期望不等式写成 $f(x) \geqslant 0$，其中

$$f(x) = k(1-x) \ln(1+x) - k(1+x) \ln(1-x) + $$
$$\ln[\ln(1+x)] - \ln[-\ln(1-x)]$$

我们将证明 $f'(x) > 0$．事实上，如果不等式成立，那么 $f(x)$ 是严格递增的．因此

$$f(x) > \lim_{x \to 0} f(x) = 0$$

$$f'(x) = \frac{2k(1+x^2)}{1-x^2} - k\ln(1-x^2) + \frac{1}{(1+x)\ln(1+x)} + \frac{1}{(1-x)\ln(1-x)}$$

$$> \frac{2k}{1-x^2} + \frac{1}{(1+x)\ln(1+x)} + \frac{1}{(1-x)\ln(1-x)}$$

$$\geqslant \frac{1}{1-x^2} + \frac{1}{(1+x)\ln(1+x)} + \frac{1}{(1-x)\ln(1-x)}$$

$$= \frac{g(x)}{(1-x^2)\ln(1+x)\ln(1-x)}$$

其中

$$g(x) = \ln(1+x)\ln(1-x) + (1+x)\ln(1+x) + (1-x)\ln(1-x)$$

只需证明 $g(x) < 0$，我们有

$$g'(x) = -\frac{x}{1-x^2}h(x)$$

其中

$$h(x) = (1+x)\ln(1+x) + (1-x)\ln(1-x)$$

因为

$$h'(x) = \ln\frac{1+x}{1-x} > 0$$

$h(x)$ 是严格递增的,$h(x) > h(0) = 0$,$g'(x) < 0$,$g(x)$ 是严格递减的,因此 $g(x) < g(0) = 0$. 这就完成了证明. 等号适用于 $a = b = 1$.

问题 3.22 如果 a, b 是正实数且满足 $a + b = 2$,那么

$$a^{\sqrt{a}}b^{\sqrt{b}} \geqslant 1$$

(Vasile Cîrtoaje,2010)

证明 当 $a = b = 1$ 时不等式为等式. 在下文中,我们假设 $a > 1 > b$,两边取对数,不等式依次变为

$$\sqrt{a}\ln a + \sqrt{b}\ln b \geqslant 0$$

$$\sqrt{a}\ln a \geqslant \sqrt{b}(-\ln b)$$

$$\frac{1}{2}\ln a + \ln\ln a \geqslant \frac{1}{2}\ln b + \ln(-\ln b)$$

设

$$a = 1 + x, b = 1 - x, 0 < x < 1$$

我们只需证明 $f(x) \geqslant 0$,其中

$$f(x) = \frac{1}{2}\ln(1+x) - \frac{1}{2}\ln(1-x) + \ln[\ln(1+x)] - \ln[-\ln(1-x)]$$

我们有

$$f'(x) = \frac{1}{1-x^2} + \frac{1}{(1+x)\ln(1+x)} + \frac{1}{(1-x)\ln(1-x)}$$

如上述问题 3.21 的证明所示,我们有 $f'(x) > 0$,因此 $f(x)$ 是严格递增的,所以

$$f(x) > \lim_{x \to 0} f(x) = 0$$

等号适用于 $a = b = 1$.

问题 3.23 如果 a, b 是正实数且满足 $a + b = 2$,那么

$$a^{a+1}b^{b+1} \leqslant 1 - \frac{1}{48}(a-b)^4$$

(Vasile Girtoaje,2010)

证明 设

$$a = 1 + x, b = 1 - x, 0 \leqslant x < 1$$

不等式变成

$$(1+x)^{2+x}(1-x)^{2-x} \leqslant 1-\frac{1}{3}x^4$$

将这个不等式写为 $f(x) \leqslant 0$,其中

$$f(x)=(2+x)\ln(1+x)+(2-x)\ln(1-x)-\ln\left(1-\frac{4}{3}x^4\right)$$

我们有

$$f'(x)=\ln(1+x)-\ln(1-x)-\frac{2x}{1-x^2}+\frac{4x^3}{3-x^4}$$

$$\begin{aligned}
f''(x)&=\frac{2}{1-x^2}-\frac{2(1+x^2)}{(1-x^2)^2}+\frac{4x^2(x^4+9)}{(3-x^4)^2}\\
&=\frac{-4x^2}{(1-x^2)^2}+\frac{4x^2(x^4+9)}{(3-x^4)^2}\\
&=\frac{-8x^4\left[x^4+1+8(1-x^2)\right]}{(1-x^2)^2(3-x^4)^2}\\
&<0
\end{aligned}$$

因此 $f'(x)$ 是递减的,$f'(x) \leqslant f'(0)=0$,$f(x)$ 递减,$f(x) \leqslant f(0)=0$. 当 $a=b=1$ 时等号成立.

问题 3.24 如果 a,b 是正实数且满足 $a+b=2$,那么

$$a^{-a}+b^{-b} \leqslant 2$$

(Vasile Cîrtoaje,2010)

证明 考虑 $a \geqslant b$. 此时我们有

$$0<b \leqslant 1 \leqslant a<2$$

将不等式写为

$$\frac{a^a-1}{a^a}+\frac{b^b-1}{b^b} \geqslant 0$$

根据问题 3.4 证明中的引理,我们有

$$a^a-1 \geqslant a^{\frac{a+1}{2}}(a-1),b^b-1 \geqslant b^{\frac{b+1}{2}}(b-1)$$

因此,只需证

$$a^{\frac{1-a}{2}}(a-1)+b^{\frac{1-b}{2}}(b-1) \geqslant 0$$

等价于

$$a^{\frac{1-a}{2}} \geqslant b^{\frac{1-b}{2}}$$

$$(ab)^{\frac{1-b}{2}} \leqslant 1$$

$$(a-b)^2 \geqslant 0,ab \leqslant 1$$

当 $a=b=1$ 时,等号成立.

问题 3.25 如果 $a,b \in [0,1]$,那么

$$a^{b-a} + b^{a-b} + (a-b)^2 \leqslant 2$$

(Vasile Cîrtoaje,2010)

证明(Vo Quoc Ba Can)   不失一般性,设 $a \geqslant b$,作代换

$$c = a - b$$

我们只需证明

$$(b+c)^{-c} + b^c + c^2 \leqslant 2$$

其中

$$0 \leqslant b \leqslant 1-c, 0 \leqslant c \leqslant 1$$

如果 $c=1$,那么 $b=0$. 不等式就变为一个恒等式. 同样当 $c=0$ 时,不等式也为一个恒等式. 进一步考虑

$$0 < c < 1$$

我们需要证明 $f(x) \leqslant 0$,其中

$$f(x) = (x+c)^{-c} + x^c + c^2 - 2, x \in [0, 1-c]$$

对于 $x > 0$,我们断定 $f'(x) > 0$,那么 $f(x)$ 在 $[0, 1-c]$ 上是严格递增函数,因此

$$f(x) \leqslant f(1-c) = (1-c)^c - (1-c^2)$$

事实上,由伯努利不等式

$$f(x) \leqslant 1 + c(-c) - (1-c^2) = 0$$

因为

$$f'(x) = \frac{c[(x+c)^{1+c} - x^{1-c}]}{(x+c)^{1+c} x^{1-c}}$$

当 $x > 0$ 时,$f'(x) > 0$ 当且仅当

$$x + c > x^{\frac{1-c}{1+c}}$$

对于任意 $d > 0$,应用 AM $-$ GM 加权不等式得到

$$x + c = x + d \cdot \frac{c}{d} \geqslant (1+d) x^{\frac{1}{1+d}} \left(\frac{c}{d}\right)^{\frac{d}{1+d}}$$

选择

$$d = \frac{2c}{1-c}$$

我们得到

$$x + c \geqslant (1+d) x^{\frac{1}{1+d}} \left(\frac{c}{d}\right)^{\frac{d}{1+d}}$$

$$= \frac{1+c}{1-c} x^{\frac{1-c}{1+c}} \left(\frac{1-c}{2}\right)^{\frac{2c}{1+c}}$$

$$= \frac{1+c}{2} \left(\frac{1-c}{2}\right)^{\frac{c-1}{c+1}} x^{\frac{1-c}{1+c}}$$

380

因此,只需证

$$\frac{1+c}{2}\left(\frac{1-c}{2}\right)^{\frac{c-1}{c+1}}x^{\frac{1-c}{1+c}}\geqslant x^{\frac{1-c}{1+c}}$$

$$\frac{1+c}{2}\geqslant\left(\frac{1-c}{2}\right)^{\frac{1-c}{c+1}}$$

事实上,应用伯努利不等式,我们得到

$$\left(\frac{1-c}{2}\right)^{\frac{1-c}{1+c}}=\left(1-\frac{1+c}{2}\right)^{\frac{1-c}{1+c}}$$

$$\leqslant1-\frac{1-c}{1+c}\cdot\frac{1+c}{2}$$

$$=\frac{1+c}{2}$$

等号适用于 $a=b$,也适用于 $a=1$ 和 $b=0$,或 $a=0$ 和 $b=1$.

问题 3.26 如果 a,b 为非负实数且满足 $a+b\leqslant2$,那么

$$a^{b-a}+b^{a-b}+\frac{7}{16}(a-b)^2\leqslant2$$

（Vasile Cîrtoaje,2010）

证明 不失一般性,设 $a\geqslant b$.作代换

$$c=a-b$$

我们只需证明

$$a^{-c}+(a-c)^c+\frac{7}{16}c^2\leqslant2$$

其中

$$0\leqslant c\leqslant2,c\leqslant a\leqslant1+\frac{c}{2}$$

否则由 $a>1+\frac{c}{2}$,那么 $b=a-c>1-\frac{c}{2}$,从而 $a+b>2$ 与已知矛盾.

当 $c=0$ 和 $c=2$（包含 $a=2$）时,不等式为一个等式.因此,我们只需证明当 $0<c<2$ 时,$f(x)\leqslant0$ 成立,其中

$$f(x)=x^{-c}+(x-c)^c+\frac{7}{16}c^2-2,x\in\left[c,1+\frac{c}{2}\right]$$

当 $c=1$ 时,我们需要证明当 $x\in\left[1,\frac{3}{2}\right]$ 时,$f(x)\leqslant0$;事实上,我们有

$$f(x)=\frac{1}{x}+x-\frac{41}{16}\leqslant\frac{2}{3}+\frac{3}{2}-\frac{41}{16}=-\frac{19}{48}<0$$

下一步考虑

$$c\in(0,1)\bigcup(1,2)$$

导数

$$f'(x) = \frac{c\left[x^{1+c} - (x-c)^{1-c}\right]}{x^{1+c}(x-c)^{1-c}}$$

与 $g(x)$ 有相同的符号,其中

$$g(x) = (1+c)\ln x - (1-c)\ln(x-c)$$

我们有

$$g'(x) = \frac{1+c}{x} - \frac{1-c}{x-c} = \frac{c(2x-1-c)}{x(x-c)}$$

情形 1 $0 < c < 1$. 我们断定当 $x \in \left(c, 1+\frac{c}{2}\right] \leqslant 1+\frac{c}{2}$ 时,$g(x) > 0$,在

这个假设下,$f(x)$ 在 $\left[c, 1+\frac{c}{2}\right]$ 上是严格递增的,因此

$$f(x) \leqslant f\left(1+\frac{c}{2}\right)$$

因此,我们只需证明 $f\left(1+\frac{c}{2}\right) \leqslant 0$,这恰好是下面引理 4 中的不等式.

从 $g'(x)$ 的表达式,说明 $g(x)$ 在 $\left(c, \frac{1+c}{2}\right]$ 递减,在 $\left[\frac{1+c}{2}, 1+\frac{c}{2}\right]$ 上递增. 因

此,为了说明当 $x \in \left(c, 1+\frac{c}{2}\right]$ 时,$g(x) > 0$,只需证明

$$g\left(\frac{1+c}{2}\right) > 0$$

这等价于

$$\left(\frac{1+c}{2}\right)^{1+c} > \left(\frac{1-c}{2}\right)^{1-c}$$

这个不等式来自伯努利不等式,如下

$$\left(\frac{1+c}{2}\right)^{1+c} = \left(1 - \frac{1-c}{2}\right)^{1+c}$$
$$> 1 - \frac{(1+c)(1-c)}{2} = \frac{1+c^2}{2}$$

和

$$\left(\frac{1-c}{2}\right)^{1-c} = \left(1 - \frac{1+c}{2}\right)^{1-c}$$
$$< 1 - \frac{(1-c)(1+c)}{2} = \frac{1+c^2}{2}$$

情形 2 $1 < c < 2$. 因为

$$2x - 1 - c \geqslant 2c - 1 - c = c - 1 > 0$$

这说明 $g'(x) > 0$,因此 $g(x)$ 是严格递增的. 当 $x \to c$ 时,我们有 $g(x) \to -\infty$.

如果 $g\left(1+\frac{c}{2}\right) < 0$,那么 $g(x) \leqslant 0$,因此 $f(x)$ 是递减的. 如果 $g\left(1+\frac{c}{2}\right) > 0$,

那么存在 $x_1 \in \left(c, 1 + \dfrac{c}{2}\right)$ 满足 $g(x_1) = 0$,当 $x \in [c, x_1]$ 时,$g(x) < 0$ 和 $x \in \left(x_1, 1 + \dfrac{c}{2}\right]$,$g(x) > 0$,因此 f 在 $[c, x_1]$ 上单调递减,在 $\left[x_1, 1 + \dfrac{c}{2}\right]$ 上单调递增. 因此,只需证明 $f(c) \leqslant 0$ 和 $f\left(1 + \dfrac{c}{2}\right) \leqslant 0$. 这些不等式分别来自下面的引理 1 和引理 4.

证明完成. 等号适用于 $a = b$,或 $a = 2$ 和 $b = 0$,以及 $a = 0$ 和 $b = 2$.

引理 1　如果 $1 \leqslant c \leqslant 2$,那么

$$c^{-c} + \frac{7}{16}c^2 \leqslant 2$$

当 $c = 2$ 时等号成立.

证明　期望不等式等价于 $h(c) \geqslant 0$,其中

$$h(c) = c\ln c - \ln\left(2 - \frac{7}{16}c^2\right), c \in [1, 2]$$

我们有

$$h'(c) = 1 + \ln c - \frac{14c}{32 - 7c^2}$$

$$h''(c) = \frac{1}{c} - \frac{14(32 + 7c^2)}{(32 - 7c^2)^2}$$

$h''(c)$ 是严格递减的,$h''(1) = \dfrac{79}{625}$,$h''(2) = -52$,因此存在 $c_1 \in (1, 2)$ 使 $h''(c_1) = 0$ 且当 $c \in [1, c_1]$ 时,$h''(c) > 0$,当 $c \in (c_1, 2]$ 时,$h''(c) < 0$. 因此 h' 在 $[1, c_1]$ 严格递增,在 $[c_1, 2]$ 严格递减. 因为 $h'(1) = \dfrac{11}{25}$,$h'(2) = \ln 2 - 6 < 0$,存在 $c_2 \in (1, 2)$,使 $h'(c_2) = 0$ 且满足当 $c \in [1, c_2)$,$h'(c) > 0$,$c \in (c_2, 2]$,$h'(c) < 0$,因此 $h(c)$ 在 $[1, c_2]$ 严格递增,在 $[c_2, 2]$ 严格递减. 因此,只需证明 $h(1) \geqslant 0$ 和 $h(2) \geqslant 0$,事实上,$h(1) = \ln 25 - \ln 16 > 0$,$h(2) = 0$.

引理 2　如果 $0 \leqslant x \leqslant 2$,那么

$$\left(1 + \frac{x}{2}\right)^{-x} + \frac{3}{16}x^2 \leqslant 1$$

当 $x = 0$ 和 $x = 2$ 时等号成立.

证明　我们只需证明 $f(x) \leqslant 0$,其中

$$f(x) = -x\ln\left(1 + \frac{x}{2}\right) - \ln\left(1 - \frac{3}{16}x^2\right), x \in [0, 2]$$

我们有

$$f'(x) = -\ln\left(1 + \frac{x}{2}\right) + \frac{x(3x^2 + 6x - 4)}{(2 + x)(16 - 3x^2)}$$

383

$$f''(x) = \frac{g(x)}{(2+x)^2 (16-3x^2)^2}$$

其中

$$g(x) = -9x^5 - 18x^4 + 168x^3 + 552x^2 + 128x - 640$$

因为 $g(x_1) = 0 \Rightarrow x_1 \approx 0.88067$,当 $x \in [0, x_1)$ 时,$g(x) < 0$,当 $x \in (x_1, 2)$ 时,$g(x) > 0$,$f'(x)$ 在 $[0, x_1]$ 上是严格递减的,在 $[x_1, 2]$ 上严格递增的. 因为 $f'(0) = 0$,$f'(2) = -\ln 2 + \dfrac{5}{2} > 0$,所以存在 $x_2 \in (x_1, 2)$ 满足 $f'(x_2) = 0$,对于 $x \in (0, x_2)$ 时,$f'(x) < 0$,当 $x \in (x_2, 2]$ 时,$f'(x) > 0$. 因此,$f(x)$ 在 $[0, x_2]$ 递减,在 $[x_2, 2]$ 上递增,因为 $f(0) = f(2) = 0$,这说明,当 $x \in [0, 2]$ 时,$f(x) \leqslant 0$.

引理 3 如果 $0 \leqslant x \leqslant 2$,那么

$$\left(1 - \frac{x}{2}\right)^x + \frac{1}{4}x^2 \leqslant 1$$

当 $x = 0$ 和 $x = 2$ 时等式成立.

证明 我们只需证明 $f(x) \leqslant 0$,其中

$$f(x) = x\ln\left(1 - \frac{x}{2}\right) - \ln\left(1 - \frac{1}{4}x^2\right), x \in [0, 2)$$

我们有

$$f'(x) = \ln\left(1 - \frac{x}{2}\right) - \frac{x^2}{4 - x^2}$$

$$f''(x) = -\frac{1}{2-x} - \frac{8x}{(4-x^2)^2}$$

因为当 $x \in (0, 2)$ 时,$f''(x) < 0$,$f'(x)$ 是递减的,因此 $f'(x) \leqslant f'(0) = 0$,从而 $f(x)$ 是严格递减的,因此,当 $x \in [0, 2]$ 时,$f(x) \leqslant f(0) = 0$.

引理 4 如果 $0 \leqslant x \leqslant 2$,那么

$$\left(1 + \frac{x}{2}\right)^{-x} + \left(1 - \frac{x}{2}\right)^x + \frac{7}{16}x^2 \leqslant 2$$

当 $x = 0$ 和 $x = 2$ 时等式成立.

证明 根据引理 2 和引理 3,我们有

$$\left(1 + \frac{x}{2}\right)^{-x} + \frac{3}{16}x^2 \leqslant 1$$

$$\left(1 - \frac{x}{2}\right)^x + \frac{1}{4}x^2 \leqslant 1$$

相加即得期望不等式.

猜想 如果 a, b 是非负实数且满足 $a + b = \dfrac{1}{4}$,那么

$$a^{2(b-a)} + b^{2(a-b)} \leqslant 2$$

问题 3.27 如果 a,b 为非负实数且满足 $a+b \leqslant 4$,那么
$$a^{b-a} + b^{a-b} \leqslant 2$$

(Vasile Cîrtoaje,2010)

证明 不失一般性,假设 $a \geqslant b$,首先考虑 $a-b \geqslant 2$,我们有
$$a \geqslant a-b \geqslant 2$$

从 $4 \geqslant a+b=(a-b)+2b \geqslant 2+2b$,我们得到 $b \leqslant 1$,期望不等式显然成立,因为

$$a^{b-a} < 1, b^{a-b} \leqslant 1$$

因为 $a-b=0$ 是平凡情况.进一步考虑 $0 < a-b < 2$ 并应用代换
$$c=a-b$$

所以只需证明
$$a^{-c} + (a-c)^c \leqslant 2$$

其中
$$0 < c < 2, c \leqslant a \leqslant 2+\frac{c}{2}$$

相当于我们只需证 $f(x) \leqslant 0, 0 < c < 2$,其中
$$f(x) = x^{-c} + (x-c)^x - 2, x \in \left[c, 2+\frac{c}{2}\right]$$

求导得
$$f'(x) = \frac{c\left[x^{1+c} - (x-c)^{1-c}\right]}{x^{1+c}(x-c)^{1-c}}$$

其与 $g(x)$ 有相同的符号,其中
$$g(x) = (1+c)\ln x - (1-c)\ln(x-c)$$

我们有
$$g'(x) = \frac{c(2x-1-c)}{x(x-c)}$$

情形 1 $c=1$.我们只需证 $x^2 - 3x + 1 \leqslant 0, x \in \left[1, \frac{5}{2}\right]$,事实上,我们有
$$2(x^2 - 3x + 1) = (x-1)(2x-5) + (x-3) < 0$$

情形 2 $0 < c < 1$.我们将证明当 $x \in \left(c, 2+\frac{c}{2}\right]$ 时,$g(x) > 0$.

由

$$g'(x) = \frac{c(2x-1-c)}{x(x-c)}$$

这说明 $g(x)$ 在 $\left(c, \frac{1+c}{2}\right]$ 上是递减的,在 $\left[\frac{1+c}{2}, 2+\frac{c}{2}\right]$ 上是递增的.因此要

证明当 $x \in \left(c, 2+\frac{c}{2}\right]$ 时,$g(x) > 0$,就只需证明

$$g\left(\frac{1+c}{2}\right) > 0$$

这等价于

$$\left(\frac{1+c}{2}\right)^{1+c} > \left(\frac{1-c}{2}\right)^{1-c}$$

这个不等式来自伯努利不等式,如下

$$\left(\frac{1+c}{2}\right)^{1+c} = \left(1 - \frac{1-c}{2}\right)^{1+c} > 1 - \frac{(1+c)(1-c)}{2} = \frac{1+c^2}{2}$$

和

$$\left(\frac{1-c}{2}\right)^{1-c} = \left(1 - \frac{1+c}{2}\right)^{1-c} < 1 - \frac{(1-c)(1+c)}{2}$$
$$= \frac{1+c^2}{2}$$

因为 $g(x) > 0$ 意味着 $f'(x) > 0$,这说明 $f(x)$ 在 $\left[c, 2+\frac{c}{2}\right]$ 上是严格递增的,因此

$$f(x) \leqslant f\left(2 + \frac{c}{2}\right)$$

因此,我们只需证明当 $0 < c < 1$ 时,$f\left(2 + \frac{c}{2}\right) \leqslant 0$,这可由下面的引理 3 立即得到.

情形 3 $1 < c < 2$. 因为

$$2x - 1 - c \geqslant 2c - 1 - c > 0$$

我们有 $g'(x) > 0$,因此 $g(x)$ 是严格递增的,当 $x \to c, g(x) \to -\infty$. 和

$$g\left(2 + \frac{c}{2}\right) = (1+c)\ln\left(2 + \frac{c}{2}\right) + (c-1)\ln\left(2 - \frac{c}{2}\right)$$
$$> (c-1)\ln\left(2 - \frac{c}{2}\right)$$
$$> 0$$

故存在 $x_1 \in \left(c, 2 + \frac{c}{2}\right)$,使 $g(x_1) = 0$,当 $x \in (c, x_1)$ 时,$g(x) < 0$;当 $x \in \left(x_1, 2 + \frac{c}{2}\right)$ 时,$g(x) > 0$. 因此 $f(x)$ 在区间 (c, x_1) 递减,在区间 $\left(x_1, 2 + \frac{c}{2}\right)$ 上递增. 因此,只需证明 $f(c) \leqslant 0$ 和 $f\left(2 + \frac{c}{2}\right) \leqslant 0$,我们有

$$f(c) = c^{-c} - 2 < 1 - 2 < 0$$

同样,第二个不等式由下面的引理 3 立即得到. 这就完成了证明. 等号适用于 $a = b$ 的情况.

386

引理 1　如果 $x < 4$,那么

$$xh(x) \leqslant 0$$

其中

$$h(x) = \ln\left(2 - \frac{x}{2}\right) - \left(\ln 2 - \frac{x}{4} - \frac{1}{32}x^2\right)$$

证明　由

$$h'(x) = -\frac{x^2}{16(4-x)} \leqslant 0$$

这说明 $h(x)$ 是递减的. 因为 $h(0) = 0$,我们有 $x \leqslant 0, h(x) \geqslant 0$ 和 $x \in [0,4)$,$h(x) \leqslant 0$,也就是,当 $x < 4$ 时,$xh(x) \leqslant 0$.

引理 2　如果 $-2 \leqslant x \leqslant 2$,那么

$$\left(2 - \frac{x}{2}\right)^x \leqslant 1 + x\ln 2 - \frac{x^3}{9}$$

证明　我们有

$$\ln 2 \approx 0.693 < \frac{7}{9}$$

如果 $x \in [0,2]$,那么

$$1 + x\ln 2 - \frac{x^3}{9} \geqslant 1 - \frac{x^3}{9} \geqslant 1 - \frac{8}{9} > 0$$

如果 $x \in [-2,0]$,那么

$$1 + x\ln 2 - \frac{x^3}{9} \geqslant 1 + \frac{7}{9}x - \frac{x^3}{9} > \frac{8 + 7x - x^3}{9}$$

$$= \frac{2(x+2)^2 + (-x)(x+1)^2}{9}$$

$$> 0$$

我们将期望不等式写成 $f(x) \geqslant 0$,其中

$$f(x) = \ln\left(1 + dx - \frac{x^3}{9}\right) - x\ln\left(2 - \frac{x}{2}\right), d = \ln 2$$

我们有

$$f'(x) = \frac{9d - 3x^2}{9 + 9dx - x^3} + \frac{x}{4-x} - \ln\left(2 - \frac{x}{2}\right)$$

因为 $f(0) = 0$,因此,只需证明当 $x \in [-2,0]$ 时,$f'(x) \leqslant 0$,当 $x \in [0,2]$ 时,$f'(x) \geqslant 0$,也就是说 $x \in [-2,2]$ 时,$xf'(x) \geqslant 0$. 我们有

$$f'(x) = g(x) - h(x)$$

其中

$$g(x) = \frac{9d - 3x^2}{9 + 9dx - x^3} + \frac{x}{4-x} - \left(d - \frac{x}{4} - \frac{1}{32}x^2\right)$$

387

$$h(x) = \ln\left(2 - \frac{x}{2}\right) - \left(d - \frac{x}{4} - \frac{1}{32}x^2\right)$$

根据引理 1

$$xf'(x) = xg(x) - xh(x) \geqslant xg(x)$$

因此,为了证明 $xf'(x) \geqslant 0$,就只需证明 $xg(x) \geqslant 0$. 我们有

$$g(x) = \left(\frac{9d - 3x^2}{9 + 9dx - x^3} - d\right) + \left(\frac{x}{4-x} + \frac{x}{4} + \frac{1}{32}x^2\right)$$

$$= x\left[\frac{dx^2 - 3x - 9d^2}{9 + 9dx - x^3} + \frac{64 - 4x - x^2}{32(4-x)}\right]$$

因此

$$xg(x) = \frac{x^2 g_1(x)}{32(4-x)(9 + 9dx - x^3)}$$

其中

$$g_1(x) = 32(4-x)(dx^2 - 3x - 9d^2) + (64 - 4x - x^2)(9 + 9dx - x^3)$$
$$= x^5 + 4x^4 - (64 + 41d)x^3 + (87 + 92d)x^2 +$$
$$12(24d^2 + 48d - 35)x + 576(1 - 2d^2)$$

因为当 $x \in [a_1, b_1]$ 时,$g_1(x) \geqslant 0$,其中 $a_1 \approx -12.384, b_1 \approx 2.652$,我们有 $x \in [-2, 2]$ 时,$g_1(x) \geqslant 0$.

引理 3　如果 $0 \leqslant c \leqslant 2$,那么

$$\left(2 + \frac{c}{2}\right)^{-c} + \left(2 - \frac{c}{2}\right)^c \leqslant 2$$

证明　根据引理 2,对于 $c \in [0, 2]$,下列不等式成立

$$\left(2 + \frac{c}{2}\right)^{-c} \leqslant 1 - c\ln 2 + \frac{c^3}{9}$$

$$\left(2 - \frac{c}{2}\right)^c \leqslant 1 + c\ln 2 - \frac{c^3}{9}$$

将这些不等式相加,期望不等式得证.

问题 3.28　如果 a, b 是非负实数且满足 $a + b = 2$,那么
$$a^{2b} + b^{2a} \geqslant a^b + b^a \geqslant a^2 b^2 + 1$$

(Vasile Cîrtoaje, 2010)

证明　因为 $a, b \in [0, 2]$ 和

$$(1-a)(1-b) = -(1-a)^2 \leqslant 0$$

由下面的引理,我们有

$$a^b - 1 \geqslant \frac{b(ab + 3 - a - b)}{2} = \frac{b(ab+1)(a-1)}{2}$$

和

$$b^a - 1 \geqslant \frac{a(ab+1)(b-1)}{2}$$

基于这些不等式,我们得到

$$a^b + b^a - a^2 b^2 - 1 = (a^b - 1) + (b^a - 1) + 1 - a^2 b^2$$
$$\geqslant \frac{b(ab+1)(a-1)}{2} + \frac{a(ab+1)(b-1)}{2} + 1 - a^2 b^2$$
$$= (ab+1)(ab-1) + 1 - a^2 b^2$$
$$= 0$$

和

$$a^{2b} + b^{2a} - a^b - b^a = a^b(a^b - 1) + b^a(b^a - 1)$$
$$\geqslant \frac{a^b b(ab+1)(a-1)}{2} + \frac{b^a a(ab+1)(b-1)}{2}$$
$$= \frac{ab(ab+1)(a-b)(a^{b-1} - b^{a-1})}{4}$$

在假设 $a \geqslant b$ 的条件下,我们只需要证明 $a^{b-1} \geqslant b^{a-1}$,这等价于

$$a^{\frac{b-a}{2}} \geqslant b^{\frac{a-b}{2}}, 1 \geqslant (ab)^{\frac{a-b}{2}}, 1 \geqslant ab, (a-b)^2 \geqslant 0$$

对于这两个不等式,当 $a=b=1, a=0$ 和 $b=2, a=2$ 和 $b=0$ 时,等号成立.

引理   如果 $x, y \in [0,2]$ 且满足 $(1-x)(1-y) \leqslant 0$,那么

$$x^y - 1 \geqslant \frac{y(xy + 3 - x - y)(x-1)}{2}$$

等式适用于 $x=1$,也适用于 $y=0, y=1$ 和 $y=2$.

证明   当 $y=0, y=1$ 和 $y=2$ 时,不等式变为一个等式. 对于固定的

$$y \in (0,1) \bigcup (1,2)$$

定义

$$f(x) = x^y - 1 - \frac{y(xy + 3 - x - y)(x-1)}{2}$$

我们有

$$f'(x) = y\left[x^{y-1} - \frac{xy + 3 - x - y}{2} - \frac{(x-1)(y-1)}{2}\right]$$
$$f''(x) = y(y-1)(x^{y-2} - 1)$$

因为 $x^{y-2} - 1$ 与 $1-x$ 有相同的符号,这说明当 $x \in (0,2)$ 时,$f''(x) \geqslant 0$,因此 $f'(x)$ 是递增的,分两种情况讨论.

情形 1 $x \geqslant 1 > y$,我们有 $f'(x) \geqslant f'(1) = 0, f(x)$ 是递增的,因此
$$f(x) \geqslant f(1) = 0$$

情形 2 $y > 1 \geqslant x$,我们有 $f'(x) \leqslant f'(1) = 0, f(x)$ 是递减的,因此
$$f(x) \geqslant f(1) = 0$$

问题 3.29   如果 a, b 是正实数且满足 $a+b=2$,那么
$$a^{3b} + b^{3a} \leqslant 2$$

(Vasile Cîrtoaje,2007)

证明 不失一般性,假设 $a \geqslant b$,作代换

$$a = 1+x, b = 1-x, 0 \leqslant x < 1$$

将不等式写为

$$e^{3(1-x)\ln(1+x)} + e^{3(1+x)\ln(1-x)} \leqslant 2$$

应用下面的引理,我们只需证 $f(x) \leqslant 2$,其中

$$f(x) = e^{3(1-x)\left(x - \frac{x^2}{2} + \frac{x^3}{3}\right)} + e^{-3(1+x)\left(x + \frac{x^2}{2} + \frac{x^3}{3}\right)}$$

因为 $f(0) = 2$,于是只需证明对于 $x \in [0, 1]$ 时,$f'(x) \leqslant 0$. 由于

$$f'(x) = \left(3 - 9x + \frac{15}{2}x^2 - 4x^3\right) e^{3x - \frac{9}{2}x^2 + \frac{15}{2}x^3 - x^4} -$$

$$\left(3 + 9x + \frac{15}{2}x^2 + 4x^3\right) e^{-3x - \frac{9}{2}x^2 - \frac{5}{2}x^3 - x^4}$$

它说明不等式 $f'(x) \leqslant 0$ 等价于

$$e^{-6x - 5x^3} \geqslant \frac{6 - 18x + 15x^2 - 8x^3}{6 + 18x + 15x^2 + 8x^3}$$

对于非平凡情况 $6 - 18x + 15x^2 - 8x^3 > 0$,我们将不等式写为 $g(x) \geqslant 0$,其中

$$g(x) = -6x - 5x^3 - \ln(6 - 18x + 15x^2 - 8x^3) + \ln(6 + 18x + 15x^2 + 8x^3)$$

因为 $g(0) = 0$,于是只需证对于 $x \in [0, 1)$,$g'(x) \geqslant 0$. 由于

$$\frac{1}{3}g'(x) = -2 - 5x^2 + \frac{(6 + 8x^2) - 10x}{6 - 18x + 15x^2 - 8x^3} + \frac{(6 + 8x^2) + 10x}{6 + 18x + 15x^2 + 8x^3}$$

不等式 $g'(x) \geqslant 0$ 等价于

$$2(6 + 8x^2)(6 + 15x^2) - 20x(18x + 8x^3)$$
$$\geqslant (2 + 5x^2)\left[(6 + 15x^2)^2 - (18x + 8x^3)^2\right]$$

因为

$$(6 + 15x^2)^2 - (18x + 8x^3)^2$$
$$\leqslant (6 + 15x^2)^2 - 324x^2 - 288x^4 \leqslant 4(9 - 36x^2)$$

只需证

$$(3 + 4x^2)(6 + 15x^2) - 5x(18x + 8x^3) \geqslant (2 + 5x^2)(9 - 36x^2)$$

化简得 $6x^2 + 200x^4 \geqslant 0$,不等式显然成立. 等式适用于 $a = b = 1$.

引理 如果 $t > -1$,那么

$$\ln(1+t) \leqslant t - \frac{t^2}{2} + \frac{t^3}{3}$$

证明 我们只需证 $f(t) \geqslant 0$,其中

$$f(t) = t - \frac{t^2}{2} + \frac{t^3}{3} - \ln(1+t)$$

我们有

$$f'(t) = \frac{t^3}{t+1}$$

数学不等式(第二卷)
对称有理不等式与对称无理不等式

由此可知 $f(t)$ 在 $(-1,0]$ 是递减的,在 $[0,+\infty)$ 是递增的,因此 $f(t) \geqslant f(0) = 0$.

问题 3.30 如果 a,b 是非负实数且满足 $a+b=2$,那么

$$a^{3b} + b^{3a} + \left(\frac{a-b}{2}\right)^4 \leqslant 2$$

(Vasile Cîrtoaje,2007)

证明(M. Miyagi,Y. Nishizawa) 可以假设

$$a=1+x, b=1-x, 0 \leqslant x \leqslant 1$$

期望不等式等价于

$$(1+x)^{3(1-x)} + (1-x)^{3(1+x)} + x^4 \leqslant 2$$

根据下面的引理,我们有

$$(1+x)^{1-x} \leqslant \frac{1}{4}(1+x)^2(2-x^2)(2-2x+x^2)$$

$$(1-x)^{1+x} \leqslant \frac{1}{4}(1-x)^2(2-x^2)(2+2x+x^2)$$

因此,只需证

$(1+x)^6(2-x^2)^3(2-2x+x^2)^3 + (1-x)^6(2-x^2)^3(2+2x+x^2)^3 + 64x^4 \leqslant 128$

这等价于

$$x^4(1-x^2)[x^6(x^6-8x^4+31x^2-34) - 2(17x^6-38x^4+16x^2+8)] \leqslant 0$$

因此,我们只需证

$$t^3-8t^2+31t-34 \leqslant 0, 17t^3-38t^2+16t+8 \geqslant 0$$

对于所有的 $t \in [0,1]$. 事实上,我们有

$$t^3-8t^2+31t-34 < t^3-8t^2+31t-24 = (t-1)(t^2-7t+24) \leqslant 0$$

$$17t^3-38t^2+16t+8 = 17t(t-1)^2 + (-4t^2-t+8) > 0$$

引理 如果 $-1 \leqslant t \leqslant 1$,那么

$$(1+t)^{1-t} \leqslant \frac{1}{4}(1+t)^2(2-t^2)(2-2t+t^2)$$

当 $t=-1, t=0$ 和 $t=1$ 时,等式成立.

证明 我们只需考虑

$$-1 < t \leqslant 1$$

将不等式重写为

$$(1+t)^{1+t}(2-t^2)(2-2t+t^2) \geqslant 4$$

这等价于 $f(t) \geqslant 0$,其中

$$f(t) = (1+t)\ln(1+t) + \ln(2-t^2) + \ln(2-2t+t^2) - \ln 4$$

我们有

$$f'(t) = 1 + \ln(1+t) - \frac{2t}{2-t^2} + \frac{2(t-1)}{2-2t+t^2}$$

$$f''(t) = \frac{t^2 g(t)}{(1+t)(2-t^2)^2(2-2t+t^2)^2}$$

其中

$$g(t) = t^6 - 8t^5 + 12t^4 + 8t^3 - 20t^2 - 16t + 16$$

情形 1 $0 \leqslant t \leqslant 1$. 由于

$$\begin{aligned}
g'(t) &= 6t^5 - 40t^4 + 48t^3 + 24t^2 - 40t - 16 \\
&= 6t^5 - 8t - 16 - 8t(5t^3 - 6t^2 - 3t + 4) \\
&= 6t^5 - 8t - 16 - 8t(t-1)^2(5t+4) \\
&< 0
\end{aligned}$$

这说明 $g(t)$ 是严格递减的,因为 $g(0) = 16, g(1) = -7$,因此存在 $c \in (0,1)$ 满足 $g(c) = 0$,当 $t \in (0,c)$ 时,$g(t) > 0$,当 $t \in (c,1)$ 时,$g(t) < 0$,即 $t \in (0,c)$ 时 $f'(t)$ 递增,$t \in (c,1)$ 时,$f'(t)$ 递减. $f'(0) = 0, f'(1) = \ln 2 - 1 < 0$,故存在 $d \in (c,1)$ 使得 $f'(d) = 0$,当 $t \in (0,d)$ 时,$f'(t) > 0$,当 $t \in (d,1)$ 时,$f'(t) < 0$,所以 $f(t)$ 在 $(0,d)$ 上递增,在 $(d,1)$ 上递减. 由于 $f(0) = f(1) = 0$,所以当 $t \in [0,1]$ 时,$f(t) \geqslant 0$.

情形 2 $-1 \leqslant t \leqslant 0$. 由于

$$g(t) = t^4(t-2)(t-6) + 4(t+1)(2t^2 - 7t + 3) + 4 > 0$$

这说明 $f'(t)$ 在 $(-1,0]$ 上是严格递增的,因为 $f'(0) = 0$,我们有 $f'(t) \leqslant 0$,所以 $f(t)$ 在 $[-1,0]$ 上递减,由于 $f(0) = 0$,因此当 $t \in (-1,0]$ 时,$f(t) \geqslant 0$.

猜想 如果 a,b 是非负实数且满足 $a+b=2$,那么

$$a^{3b} + b^{3a} + \left(\frac{a-b}{2}\right)^2 \geqslant 2$$

问题 3.31 如果 a,b 是正实数且满足 $a+b=2$,那么

$$a^{\frac{2}{a}} + b^{\frac{2}{b}} \leqslant 2$$

(Vasile Cîrtoaje,2008)

证明 不失一般性,设

$$0 < a \leqslant 1 \leqslant b < 2$$

将不等式写为

$$\frac{1}{\left(\frac{1}{a^2}\right)^{\frac{1}{a}}} + \frac{1}{\left(\frac{1}{b}\right)^{\frac{2}{b}}} \leqslant 2$$

由伯努利不等式,我们有

$$\left(\frac{1}{a^2}\right)^{\frac{1}{a}} \geqslant 1 + \frac{1}{a}\left(\frac{1}{a^2} - 1\right)$$

$$= \frac{a^3 - a^2 + 1}{a^3}$$

$$\left(\frac{1}{b}\right)^{\frac{2}{b}} \geqslant 1 + \frac{2}{b}\left(\frac{1}{b} - 1\right)$$

$$= \frac{b^2 - 2b + 2}{b^2}$$

因此,只需证明

$$\frac{a^3}{a^3 - a^2 + 1} + \frac{b^2}{b^2 - 2b + 2} \leqslant 2$$

等价于

$$\frac{a^3}{a^3 - a^2 + 1} \leqslant \frac{(2-b)^2}{b^2 - 2b + 2}$$

$$\frac{a^3}{a^3 - a^2 + 1} \leqslant \frac{a^2}{a^2 - 2a + 2}$$

$$a^2 (a-1)^2 \geqslant 0$$

等号适用于 $a = b = 1$.

问题 3.32 如果 a,b 是正实数且满足 $a + b = 2$,那么

$$a^{\frac{3}{a}} + b^{\frac{3}{b}} \geqslant 2$$

(Vasile Cîrtoaje,2008)

证明 假设 $a \leqslant b$,这就是

$$0 < a \leqslant 1 \leqslant b < 2$$

分两种情况讨论:$0 < a \leqslant \frac{3}{5}$ 和 $\frac{3}{5} \leqslant a \leqslant 1$.

情形 1 $0 < a \leqslant \frac{3}{5}$. 由 $a + b = 2$,我们得到 $\frac{7}{5} \leqslant b < 2$,设

$$f(x) = x^{\frac{3}{x}}, 0 < x < 2$$

因为

$$f'(x) = 3x^{\frac{3}{x} - 2}(1 - \ln x)$$
$$> 0$$

所以 $f(x)$ 在 $(0,2)$ 上递增,$f(b) \geqslant f\left(\frac{7}{5}\right)$,也就是

$$b^{\frac{3}{b}} \geqslant \left(\frac{7}{5}\right)^{\frac{15}{7}}$$

应用伯努利不等式得到

$$\left(\frac{7}{5}\right)^{\frac{15}{7}} = \frac{7}{5}\left(1 + \frac{2}{5}\right)^{\frac{8}{7}}$$

393

$$> \frac{7}{5}\left(1+\frac{16}{35}\right)$$

$$=\frac{51}{25}$$

$$>2$$

因此

$$a^{\frac{3}{a}}+b^{\frac{3}{b}}>2$$

情形 2 $\frac{3}{5}\leqslant a\leqslant 1$. 由于 $a+b=2$, 我们得到 $1\leqslant b\leqslant\frac{7}{5}$. 根据下面的引理, 我们有

$$2a^{\frac{3}{a}}\geqslant 3-15a+21a^2-7a^3$$

$$2b^{\frac{3}{b}}\geqslant 3-15b+21b^2-7b^3$$

相加这些不等式得到

$$2(a^{\frac{3}{a}}+b^{\frac{3}{b}})\geqslant 6-15(a+b)+21(a^2+b^2)-7(a^3+b^3)$$

$$=6-15(+b)+21\,(a+b)^2-7\,(a+b)^3$$

$$=4$$

这就完成了证明. 等号适用于 $a=b=1$.

引理 如果 $\frac{3}{5}\leqslant x\leqslant 2$, 那么

$$2x^{\frac{3}{x}}\geqslant 3-15x+21x^2-7x^3$$

当 $x=1$ 时, 等式成立.

证明 我们首先将证明 $h(x)>0$, 其中

$$h(x)=3-15x+21x^2-7x^3$$

从

$$h'(x)=3(-5+14x-7x^2)$$

这说明 $h(x)$ 在 $\left[1-\sqrt{\frac{2}{7}},1+\sqrt{\frac{2}{7}}\right]$ 上递增, 在 $\left[1+\sqrt{\frac{2}{7}},+\infty\right)$ 上递减, 因此, 只需证明 $f\left(\frac{3}{5}\right)\geqslant 0$ 和 $f(2)\geqslant 0$, 事实上

$$f\left(\frac{3}{5}\right)=\frac{6}{125}, f(2)=1$$

将期望不等式写为 $f(x)\geqslant 0$, 其中

$$f(x)=\ln 2+\frac{3}{x}\ln x-\ln(3-15x+21x^2-7x^3)\,,\frac{3}{5}\leqslant x\leqslant 2$$

我们有

$$\frac{x^2}{3}f'(x)=g(x)\,,g(x)=1-\ln x+\frac{x^2(7x^2-14x+5)}{3-15x+21x^2-7x^3}$$

$$g'(x) = \frac{g_1(x)}{x(3 - 15x + 21x^2 - 7x^3)^2}$$

其中

$$g_1(x) = -49x^7 + 245x^6 - 280x^5 - 147x^4 + 471x^3 - 321x^2 + 90x - 9$$

此外

$$g_1(x) = (x-1)^2 g_2(x)$$

$$g_2(x) = -49x^5 + 147x^4 + 63x^3 - 168x^2 + 72x - 9$$

$$g_2(x) = 11x^5 + 3g_3(x)$$

$$g_3(x) = -20x^5 + 49x^4 + 21x^3 - 56x^2 + 24x - 3$$

$$g_3(x) = (4x-1)g_4(x)$$

$$g_4(x) = -5x^4 + 11x^3 + 8x^2 - 12x + 3$$

$$g_4(x) = x^5 + g_5(x)$$

$$g_5(x) = -6x^4 + 11x^3 + 8x^2 - 12x + 3$$

$$g_5(x) = (2x-1)g_6(x)$$

$$g_6(x) = -3x^3 + 4x^2 + 6x - 3$$

$$g_6(x) = 1 + (2-x)(3x^2 + 2x - 2)$$

因此,我们依次得到 $g_6(x) > 0, g_5(x) > 0, g_4(x) > 0, g_3(x) > 0, g_2(x) > 0,$ $g_1(x) \geqslant 0, g'(x) \geqslant 0, g(x)$ 是递增的,因为 $g(1) = 0$,我们得到在区间 $\left[\dfrac{3}{5}, 1\right)$ 上, $g(x) < 0$ 和在区间 $(1,2]$ 上 $g(x) > 0$. 因此 $f(x)$ 在 $\left[\dfrac{3}{5}, 1\right]$ 上递减, 在 $[1,2]$ 上递增,因此 $f(x) \geqslant f(1) = 0$.

问题 3.33 如果 a, b 是正实数且满足 $a + b = 2$,那么
$$a^{5b^2} + b^{5a^2} \leqslant 2$$

(Vasile Cîrtoaje,2010)

证明 假设 $a \geqslant b$,当 $a = 2$ 和 $b = 0$ 时,不等式是明显的. 此外应用代换 $a = 1 + x, b = 1 - x, 0 \leqslant x < 1$,将期望不等式写成
$$e^{5(1-x)^2 \ln(1+x)} + e^{5(1+x)^2 \ln(1-x)} \leqslant 2$$

根据下面的引理,我们只需证 $f(x) \leqslant 2$,其中
$$f(x) = e^{5(u-v)} + e^{-5(u+v)}$$

$$u = x + \frac{7}{3}x^3 + \frac{31}{30}x^5, \quad v = \frac{5}{2}x^2 + \frac{17}{12}x^4 + \frac{9}{20}x^6$$

如果 $f'(x) \leqslant 0$,那么 $f(x)$ 是递减的,因此
$$f(x) \leqslant f(0) = 2$$

因为

$$f'(x) = 5(u' - v')e^{5(u-v)} - 5(u' + v')e^{-5(u+v)}$$

$$u' = 1 + 7x^2 + \frac{31}{6}x^4, v' = 5x + \frac{17}{3}x^3 + \frac{27}{10}x^5$$

不等式 $f'(x) \leqslant 0$ 就变成

$$e^{-10u}(u' + v') \geqslant u' - v'$$

对于非平凡情况 $u' - v' > 0$,我们将不等式写为 $g(x) \geqslant 0$,其中

$$g(x) = -10u + \ln(u' + v') - \ln(u' - v')$$

如果 $g'(x) \geqslant 0$,那么 $g(x)$ 是递增的,因此就有

$$g(x) \geqslant g(0) = 0$$

我们有

$$g'(x) = -10u' + \frac{u'' + v''}{u' + v'} - \frac{u'' - v''}{u' - v'}$$

其中

$$u'' = 14x + \frac{62}{3}x^3, v'' = 5 + 17x^2 + \frac{27}{2}x^4$$

将 $g'(x) \geqslant 0$ 写为

$$u'v'' - u''v' \geqslant 5u'(u' + v')(u' - v')$$

$$a_1 t + a_2 t^2 + a_3 t^3 + a_4 t^4 + a_5 t^5 + a_6 t^6 + a_7 t^7 \geqslant 0$$

其中 $t = x^2, 0 \leqslant t < 1$,和

$$a_1 = 2, a_2 = 321.5, a_3 \approx 152.1, a_4 \approx -498.2$$
$$a_5 \approx -168.5, a_6 \approx 356.0, a_7 \approx 188.3$$

这个不等式是成立的,如果

$$300t^2 + 150t^3 - 500t^4 - 200t^5 + 250t^6 \geqslant 0$$

因为最后一个不等式等价于明显的不等式

$$50t^2(1 - t)(6 + 9t - t^2 - 5t^3) \geqslant 0$$

证明完成了. 等式适用于 $a = b = 1$.

引理　如果 $-1 < t < 1$,那么

$$(1 - t)^2 \ln(1 + t) \leqslant t - \frac{5}{2}t^2 + \frac{7}{3}t^3 - \frac{17}{12}t^4 + \frac{31}{30}t^5 - \frac{9}{20}t^6$$

证明　我们将证明

$$(1 - t)^2 \ln(1 + t) \leqslant (1 - t)^2 \left(t - \frac{1}{2}t^2 + \frac{1}{3}t^3 - \frac{1}{4}t^4 + \frac{1}{5}t^5 \right)$$

$$\leqslant t - \frac{5}{2}t^2 + \frac{7}{3}t^3 - \frac{17}{12}t^4 + \frac{31}{30}t^5 - \frac{9}{20}t^6$$

左边不等式等价于 $f(t) \geqslant 0$,其中

$$f(t) = t - \frac{1}{2}t^2 + \frac{1}{3}t^3 - \frac{1}{4}t^4 + \frac{1}{5}t^5 - \ln(1 + t)$$

因为

$$f'(t) = \frac{t^5}{1+t}$$

所以 $f(t)$ 在 $(-1,0]$ 上递减,在 $[0,1)$ 上递增,因此 $f(t) \geqslant f(0) = 0$. 右边不等式等价于 $t^6(t-1) \leqslant 0$,这明显是正确的.

问题 3.34　如果 a,b 是正实数且满足 $a+b=2$,那么
$$a^{2\sqrt{b}} + b^{2\sqrt{a}} \leqslant 2$$

(Vasile Cîrtoaje,2010)

证明　假设 $a \geqslant b$,当 $a=2$ 和 $b=0$ 时,不等式是明显的.此外应用代换 $a=1+x, b=1-x, 0 \leqslant x < 1$,将期望不等式写成 $f(x) \leqslant 2$,其中
$$f(x) = (1+x)^{2\sqrt{1-x}} + (1-x)^{2\sqrt{1+x}}$$
$$= e^{2\sqrt{1-x}\ln(1+x)} + e^{2\sqrt{1+x}\ln(1-x)}$$

分两种情况.

情形 1　$\dfrac{13}{20} \leqslant x < 1$. 如果 $f'(x) \leqslant 0$,那么 $f(x)$ 是递减的,因此
$$f(x) \leqslant f\left(\frac{13}{20}\right) = \left(\frac{13}{20}\right)^{\sqrt{\frac{7}{5}}} + \left(\frac{7}{20}\right)^{\sqrt{\frac{33}{5}}} < \left(\frac{5}{3}\right)^{\frac{5}{4}} + \left(\frac{1}{4}\right)^2 < 2$$

因为 $(1-x)^{2\sqrt{1+x}}$ 是递减的,于是只需证 $g(x) = (1+x)^{2\sqrt{1-x}}$ 是递减的.这是成立的,如果对于 $x \in \left[\dfrac{13}{20}, 1\right)$,$g'(x) \leqslant 0$,这等价于 $h(x) \leqslant 0$,其中
$$h(x) = \frac{2(1-x)}{1+x} - \ln(1+x)$$

显然 h 是递减的,因此
$$h(x) \leqslant h\left(\frac{13}{20}\right) = \frac{14}{33} - \ln\frac{33}{20} < 0$$

情形 2　$0 \leqslant x \leqslant \dfrac{13}{20}$. 根据下面的引理,只需证 $g(x) \leqslant 2$,其中
$$g(x) = e^{2x-2x^2+\frac{11}{12}x^3-\frac{1}{2}x^4} + e^{-\left(2x+2x^2+\frac{11}{12}x^3+\frac{1}{2}x^4\right)}$$

如果 $g'(x) \leqslant 0$,那么 $g(x)$ 是递减的,因此 $g(x) \leqslant g(0) = 2$. 因为
$$g'(x) = \left(2 - 4x + \frac{11}{4}x^2 - 2x^3\right)e^{2x-2x^2+\frac{11}{12}x^3-\frac{1}{2}x^4} -$$
$$\left(2 + 4x + \frac{11}{4}x^2 + 2x^3\right)e^{-\left(2x+2x^2+\frac{11}{12}x^3+\frac{1}{2}x^4\right)}$$

不等式 $g'(x) \leqslant 0$ 等价于
$$e^{-4x-\frac{11}{6}x^3} \geqslant \frac{8 - 16x + 11x^2 - 8x^3}{8 + 16x + 11x^2 + 8x^3}$$

对于非平凡情况 $8 - 16x + 11x^2 - 8x^3 > 0$,将不等式写为 $h(x) \geqslant 0$,其中
$$h(x) = -4x - \frac{11}{6}x^3 - \ln(8 - 16x + 11x^2 - 8x^3) +$$

$$\ln(8 + 16x + 11x^2 + 8x^3)$$

如果 $h'(x) \geqslant 0$,那么 $h(x)$ 是递增的,因此 $h(x) \geqslant h(0) = 0$. 由于

$$h'(x) = -4 - \frac{11}{2}x^2 + \frac{(16 + 24x^2) - 22x}{8 + 11x^2 - (16x + 8x^3)} + \frac{(16 + 24x^2) + 22x}{8 + 11x^2 + (16x + 8x^3)}$$

这说明 $h'(x) \geqslant 0$ 等价于

$$(16 + 24x^2)(8 + 11x^2) - 22x(16x + 8x^3)$$

$$\geqslant \frac{1}{4}(8 + 11x^2)\left[(8 + 11x^2)^2 - (16x + 8x^3)^2\right]$$

因为

$$(8 + 11x^2)^2 - (16x + 8x^3)^2$$

$$\leqslant (8 + 11x^2)^2 - 256x^2 - 256x^4$$

$$\leqslant 16(4 - 5x^2)$$

于是只需证

$$(4 + 6x^2)(8 + 11x^2) - 11x(8x + 4x^3) \geqslant (8 + 11x^2)(4 - 5x^2)$$

化简得 $77x^4 \geqslant 0$. 证明完成. 等式适用于 $a = b = 1$.

引理 如果 $-1 < t \leqslant \frac{13}{20}$,那么

$$\sqrt{1-t}\ln(1+t) \leqslant t - t^2 - \frac{11}{24}t^3 - \frac{1}{4}t^4$$

证明 分两种情况讨论.

情形 1 $0 \leqslant t \leqslant \frac{13}{20}$. 我们可以证明期望不等式是由下面不等式相乘的结果

$$\sqrt{1-t} \leqslant 1 - \frac{1}{2}t - \frac{1}{8}t^2 - \frac{1}{16}t^3$$

$$\ln(1+t) \leqslant t - \frac{1}{2}t^2 + \frac{1}{3}t^3 - \frac{1}{4}t^4 + \frac{1}{5}t^5$$

$$\left(1 - \frac{1}{2}t - \frac{1}{8}t^2 - \frac{1}{16}t^3\right)\left(t - \frac{1}{2}t^2 + \frac{1}{3}t^3 - \frac{1}{4}t^4 + \frac{1}{5}t^5\right) \leqslant t - t^2 + \frac{11}{24}t^3 - \frac{1}{4}t^4$$

第一个不等式等价于 $f(t) \geqslant 0$,其中

$$f(t) = \ln\left(1 - \frac{1}{2}t - \frac{1}{8}t^2 - \frac{1}{16}t^3\right) - \frac{1}{2}\ln(1-t)$$

因为

$$f'(t) = \frac{1}{2(1-t)} - \frac{8 + 4t + 3t^2}{16 - 8t - 2t^2 - t^3}$$

$$= \frac{5t^3}{2(1-t)(16 - 8t - 2t^2 - t^3)}$$

$$\geqslant 0$$

$f(t)$ 是递增的,因此 $f(t) \geqslant f(0) = 0$.

第二个不等式等价于 $f(t) \geqslant 0$,其中

$$f(t) = t - \frac{1}{2}t^2 + \frac{1}{3}t^3 - \frac{1}{4}t^4 + \frac{1}{5}t^5 - \ln(1+t)$$

因为 $f'(t) = 1 - t + t^2 - t^3 + t^4 - \dfrac{1}{1+t} = \dfrac{t^5}{1+t} \geqslant 0$,所以 $f(t)$ 是递增的,因此

$f(t) \geqslant f(0) = 0$.

第三个不等式等价于

$$t^4(160 - 302t + 86t^2 + 9t^3 + 12t^4) \geqslant 0$$

这是真的,因为

$$160 - 302t + 86t^2 + 9t^3 + 12t^4 \geqslant 2(80 - 151t + 43t^2) > 0$$

情形 2 $-1 < t \leqslant 0$,将期望不等式写为

$$-\sqrt{1-t}\ln(1+t) \geqslant -t + t^2 - \frac{11}{24}t^3 + \frac{1}{4}t^4$$

这是真的,如果

$$\sqrt{1-t} \geqslant 1 - \frac{1}{2}t - \frac{1}{8}t^2$$

$$-\ln(1+t) \geqslant -t + t^2 - \frac{1}{3}t^2 + \frac{1}{4}t^4$$

$$\left(1 - \frac{1}{2}t - \frac{1}{8}t^2\right)\left(-t + t^2 - \frac{1}{3}t^2 + \frac{1}{4}t^4\right) \geqslant -t + t^2 - \frac{11}{24}t^3 + \frac{1}{4}t^4$$

第一个不等式等价于 $f(t) \geqslant 0$,其中

$$f(t) = \frac{1}{2}\ln(1-t) - \ln\left(1 - \frac{1}{2}t - \frac{1}{8}t^2\right)$$

因为

$$f'(t) = -\frac{1}{2(1-t)} + \frac{2(2+t)}{8 - 4t - t^2}$$

$$= \frac{-3t^2}{2(1-t)(8 - 4t - t^2)}$$

$$\leqslant 0$$

$f(t)$ 单调递减,因此 $f(t) \geqslant f(0) = 0$.

第二个不等式等价于 $f(t) \geqslant 0$,其中

$$f(t) = t - \frac{1}{2}t^2 + \frac{1}{3}t^3 - \frac{1}{4}t^4 - \ln(1+t)$$

因为

$$f'(t) = 1 - t + t^2 - t^3 - \frac{1}{1+t} = -\frac{t^4}{1+t} \leqslant 0$$

$f(t)$ 是递减的,因此 $f(t) \geqslant f(0) = 0$.

第三个不等式可以化简为一个明显的不等式 $t^4(10-8t-3t^2)\geqslant 0$.

问题 3.35 如果 a,b 是非负实数且满足 $a+b=2$,那么

$$\frac{ab\ (1-ab)^2}{2}\leqslant a^{b+1}+b^{a+1}-2\leqslant \frac{ab\ (1-ab)^2}{3}$$

(Vasile Cîrtoaje,2010)

证明 假设 $a\geqslant b$,意味着 $1\leqslant a\leqslant 2$ 和 $0\leqslant b\leqslant 1$.

(1) 为了证明左边不等式,我们对于 $x=a$ 和 $k=b$ 应用下面的引理,我们有

$$a^{b+1}\geqslant 1+(1+b)(a-1)+\frac{b(1+b)}{2}(a-1)^2-\frac{b(1+b)(1-b)}{6}(a-1)^3$$

$$a^{b+1}\geqslant a-b+ab+\frac{b(1+b)}{2}(a-1)^2-\frac{b(1+b)}{6}(a-1)^4 \qquad (*)$$

同样,对于 $x=b$ 和 $k=a-1$,我们有

$$b^a\geqslant 1+a(b-1)+\frac{a(a-1)}{2}(b-1)^2-\frac{a(a-1)(2-a)}{6}(b-1)^3$$

$$b^a\geqslant b-ab+ab^2+\frac{ab}{2}(a-1)^2+\frac{ab^2}{6}(a-1)^4 \qquad (**)$$

式($*$)和式($**$)相加后得到

$$a^{b+1}+b^{a+1}-2\geqslant -b(a-1)^2+\frac{b(3-ab)}{2}(a-1)^2-\frac{b(1+b-ab)}{6}(a-1)^4$$

$$=\frac{b}{2}(a-1)^4-\frac{b(1+b-ab)}{6}(a-1)^4$$

$$=\frac{ab(1+b)}{6}(a-1)^4$$

$$\geqslant \frac{ab}{6}(a-1)^4=\frac{ab\ (1-ab)^2}{6}$$

等号适用于 $a=b=1$,或 $a=2$ 和 $b=0$,或 $a=0$ 和 $b=2$.

(2) 为了证明右边不等式,我们对于 $x=a$ 和 $k=b$ 应用下面的引理 2,我们有

$$a^{b+1}\leqslant 1+(1+b)(a-1)+\frac{b(1+b)}{2}(a-1)^2+\frac{b(1+b)(b-1)}{6}(a-1)^3+$$

$$\frac{(1+b)(b-1)(b-2)}{24}(a-1)^4$$

$$a^{b+1}\leqslant 1+(1+b)(a-1)+\frac{b(1+b)}{2}(a-1)^2-$$

$$\frac{b(b+1)}{6}(a-1)^4+\frac{ab(b+1)}{24}(a-1)^5$$

同样,对于 $x=b,k=a$,我们有

$$b^{a+1}\leqslant 1+(1+a)(b-1)+\frac{a(1+a)}{2}(b-1)^2-$$

400

$$\frac{a(a+1)}{6}(b-1)^4+\frac{ab(a+1)}{24}(b-1)^5$$

相加这些不等式并考虑过程 $(b+1)(a-1)^5+(a+1)(b-1)^5=-2(a-1)^5\leqslant 0$ 给出

$$a^{b+1}+b^{a+1}-2$$

$$\leqslant-2\ (a-1)^2+\frac{a^2+b^2+2}{2}(a-1)^2-\frac{a^2+b^2+2}{6}(a-1)^4$$

$$\leqslant\frac{a^2+b^2+2}{2}(a-1)^2-\frac{a^2+b^2+2}{6}(a-1)^4$$

$$=(a-1)^4-\frac{a^2+b^2+2}{6}(a-1)^4$$

$$=\frac{ab}{3}(a-1)^4=\frac{ab\ (1-ab)^2}{3}$$

等号适用于 $a=b=1$，或 $a=2$ 和 $b=0$，或 $a=0$ 和 $b=2$.

引理 1   如果 $x\geqslant 0$ 和 $0\leqslant k\leqslant 1$，那么

$$x^{k+1}\geqslant 1+(1+k)(x-1)+\frac{k(1+k)}{2}(x-1)^2-\frac{k(1+k)k(1-k)}{6}(x-1)^3$$

当 $x=1,k=0$ 和 $k=1$ 时等式成立.

证明   对于 $k=0$ 和 $k=1$，不等式为一个恒等式. 对于固定的 $k,0<k<1$，记

$$f(x)=x^{k+1}-1-(1+k)(x-1)-\frac{k(1+k)}{2}(x-1)^2+$$

$$\frac{k(1+k)k(1-k)}{6}(x-1)^3$$

我们需要证明 $f(x)\geqslant 0$，我们有

$$\frac{1}{1+k}f'(x)=x^k-1-k(x-1)+\frac{k(1-k)}{2}(x-1)^2$$

$$\frac{1}{k(1+k)}f''(x)=x^{k-1}-1+(1-k)(x-1)$$

$$\frac{1}{k(1+k)(1-k)}f'''(x)=-x^{k-2}+1$$

情形 1   当 $0\leqslant x\leqslant 1$ 时. 因为 $f'''(x)\leqslant 0,f''$ 是递减的，$f''(x)\geqslant f''(1)=0,f'(x)$ 是递增的，$f'(x)\leqslant f'(1)=0,f(x)$ 是递减的，$f(x)\geqslant f(1)=0$.

情形 2   当 $x\geqslant 1$ 时. 因为 $f'''(x)\geqslant 0,f''$ 是递增的，$f''\geqslant f''(1)=0,f'$ 是递增的，$f'(x)\geqslant f'(1)=0,f(x)$ 是递增的，所以 $f(x)\geqslant f(1)=0$.

引理 2   如果 $x\geqslant 1$ 和 $0\leqslant k\leqslant 1$，或者 $0\leqslant x\leqslant 1$ 和 $1\leqslant k\leqslant 2$，那么

$$x^{k+1}\leqslant 1+(k+1)(x-1)+\frac{k(k+1)}{2}(x-1)^2+\frac{(k+1)k(k-1)}{6}(x-1)^3+$$

$$\frac{(k+1)k(k-1)(k-2)}{24}(x-1)^4$$

当 $x=1,k=0,k=1$, 和 $k=2$ 时等式成立.

证明　当 $k=0,k=1$ 和 $k=2$ 时, 不等式变为一个恒等式. 对于固定的 k,
$k\in(0,1)\bigcup(1,2)$, 记

$$f(x)=x^{k+1}-1-(k+1)(x-1)-\frac{k(k+1)}{2}(x-1)^2-$$

$$\frac{k(k+1)(k-1)}{6}(x-1)^3-\frac{k(k+1)(k-1)(k-2)}{24}(x-1)^4$$

我们需要证明 $f(x)\leqslant0$, 我们有

$$\frac{1}{1+k}f'(x)=x^k-1-k(x-1)-\frac{k(k-1)}{2}(x-1)^2-$$

$$\frac{k(k-1)(k-2)}{6}(x-1)^3$$

$$\frac{1}{k(k+1)}f''(x)=x^{k-1}-1-(k-1)(x-1)-\frac{(k-1)(k-2)}{2}(x-1)^2$$

$$\frac{1}{k(1+k)(k-1)}f'''(x)=x^{k-2}-1-(k-2)(x-1)$$

$$\frac{1}{k(k+1)(k-1)(k-2)}f^{(4)}(x)=x^{k-3}-1$$

情形 1　当 $x>1,0<k<1$ 时. 因为 $f^{(4)}(x)\leqslant0,f'''$ 是递减的,
$f'''(x)\geqslant f'''(1)=0,f''$ 是递增的, $f''(x)\leqslant f''(1)=0,f'$ 是递减的, $f'(x)\geqslant$
$f'(1)=0,f$ 是递增的, $f(x)\leqslant f(1)=0$.

情形 2　$0\leqslant x\leqslant1,0<k<1$. 因为 $f^{(4)}(x)\leqslant0,f'''$ 是递减的, $f'''\leqslant f'''(1)$
$=0,f''$ 是递减的, $f''(x)\leqslant f''(1)=0,f'$ 是递减的, $f'(x)\leqslant f'(1)=0,f$ 是递减
的, 所以 $f(x)\leqslant f(1)=0$.

问题 3.36　如果 a,b 是非负实数且满足 $a+b=1$, 那么
$$a^{2b}+b^{2a}\leqslant1$$

(Vasile Cîrtoaje, 2007)

证明　不失一般性, 假设

$$0\leqslant b\leqslant\frac{1}{2}\leqslant a\leqslant1$$

对 $c=2b,0\leqslant c\leqslant1$ 应用下面的引理, 我们得到
$$a^{2b}\leqslant(1-2b)^2+4ab(1-b)-2ab(1-2b)\ln a$$

等价于

$$a^{2b}\leqslant1-4ab^2-2ab(a-b)\ln a$$

类似地, 对于 $d=2a-1,d\geqslant0$, 应用引理 2, 我们得到

$$b^{2a-1} \leqslant 4a(1-a) + 2a(2a-1)\ln(2a+b-1)$$

这等价于

$$b^{2a} \leqslant 4ab^2 + 2ab(a-b)\ln a$$

把这两个不等式相加即得期望不等式. 等号适用于 $a=b=\dfrac{1}{2}$, 也适用于 $a=0$ 和 $b=1$, 或 $a=1$ 和 $b=0$.

引理 1　如果 $0 < a \leqslant 1$ 和 $c \geqslant 0$, 那么

$$a^c \leqslant (1-c)^2 + ac(2-c) - ac(1-c)\ln a$$

当 $a=1, c=0$ 和 $c=1$ 时等式成立.

证明　作代换

$$a = \mathrm{e}^{-x}, x \geqslant 0$$

我们需要证明 $f(x) \geqslant 0$, 其中

$$f(x) = (1-c)^2 \mathrm{e}^x + c(2-c) + c(1-c)x - \mathrm{e}^{x(1-c)}$$

$$f'(x) = (1-c)\left[(1-c)\mathrm{e}^x + c - \mathrm{e}^{(1-c)x}\right]$$

如果在 $[0, +\infty)$ 中, $f'(x) \geqslant 0$, 那么 $f(x)$ 是递增的, 因此 $f(x) \geqslant f(0) = 0$. 为了证明 $f'(x) \geqslant 0$, 我们需要考虑两种情况.

情形 1　$0 \leqslant c \leqslant 1$. 应用加权 AM $-$ GM 不等式, 我们有

$$(1-c)\mathrm{e}^x + c \geqslant \mathrm{e}^{(1-c)x}$$

因此 $f'(x) \geqslant 0$.

情形 2　$c \geqslant 1$. 由加权 AM $-$ GM 不等式, 我们有

$$(c-1)\mathrm{e}^x + \mathrm{e}^{(1-c)x} \geqslant c$$

由此得

$$f'(x) = (c-1)\left[(c-1)\mathrm{e}^x + \mathrm{e}^{(1-c)x} - c\right] \geqslant 0$$

引理 2　如果 $0 \leqslant b \leqslant 1$ 和 $d \geqslant 0$, 那么

$$b^d \leqslant 1 - d^2 + d(1+d)\ln(b+d)$$

当 $d=0$, 或 $b=0$ 时等式成立.

证明　考虑 $0 < b \leqslant 1$ 和 $d > 0$, 将不等式写为

$$(1+d)\left[1 - d + d\ln(b+d)\right] \geqslant b^d$$

因为

$$1 - d + d\ln(b+d) > 1 - d + d\ln d \geqslant 0$$

我们将不等式写为

$$\ln(1+d) + \ln\left[1 - d + d\ln(b+d)\right] \geqslant d\ln b$$

应用代换

$$b = \mathrm{e}^{-x} - d, -\ln(1+d) \leqslant x \leqslant -\ln d$$

我们需要证明 $f(x) \geqslant 0$, 其中

$$f(x) = \ln(1+d) + \ln(1-d-dx) + dx - d\ln(1-de^x)$$

因为

$$f'(x) = \frac{d^2(e^x - 1 - x)}{(1-d-dx)(1-de^x)} \geqslant 0$$

$f(x)$ 是递增的,因此

$$f(x) \geqslant f(-\ln(1+d))$$
$$= \ln[1 - d^2 + d(1+d)\ln(1+d)]$$

为了完成证明,我们只需证明 $-d^2 + d(1+d)\ln(1+d) \geqslant 0$,也就是

$$(1+d)\ln(1+d) \geqslant d$$

这个不等式等价于 $e^x \geqslant 1 + x$,其中 $x = -\dfrac{d}{1+d}$.

猜想　如果 a, b 是非负实数且满足 $1 \leqslant a + b \leqslant 15$,那么

$$a^{2b} + b^{2a} \leqslant a^{a+b} + b^{a+b}$$

问题 3.37　如果 a, b 是正实数且满足 $a + b = 1$,那么

$$2a^a b^b \geqslant a^{2b} + b^{2a}$$

证明　考虑到问题 3.36,不等式 $a^{2b} + b^{2a} \leqslant 1$,于是只需证明

$$2a^a b^b \geqslant 1$$

不等式可写为

$$2a^a b^b \geqslant a^{a+b} + b^{a+b}$$
$$2 \geqslant \left(\frac{a}{b}\right)^b + \left(\frac{b}{a}\right)^a$$

因为 $a < 1, b < 1$,应用伯努利不等式,我们有

$$\left(\frac{a}{b}\right)^b + \left(\frac{b}{a}\right)^a \leqslant 1 + b\left(\frac{a}{b} - 1\right) + 1 + a\left(\frac{b}{a} - 1\right) = 2$$

因此,证明完成了. 等式适用于 $a = b = \dfrac{1}{2}$.

问题 3.38　如果 a, b 是正实数且满足 $a + b = 1$,那么

$$a^{-2a} + b^{-2b} \leqslant 4$$

证明　应用下面的引理,我们有

$$a^{-2a} \leqslant 4 - 2\ln 2 - 4(1 - \ln 2)a$$
$$a^{-2b} \leqslant 4 - 2\ln 2 - 4(1 - \ln 2)b$$

相加这些不等式即得期望不等式. 等式适用于 $a = b = \dfrac{1}{2}$.

引理　如果 $x \in (0, 1]$,那么

$$x^{-2x} \leqslant 4 - 2\ln 2 - 4(1 - \ln 2)x$$

当 $x = \dfrac{1}{2}$ 时等式成立.

证明　将不等式写为

$$\frac{1}{4}x^{-2x} \leqslant 1-c-(1-2c)x , c=\frac{1}{2}\ln 2 \approx 0.346$$

这是真的,如果 $f(x) \leqslant 0$,其中

$$f(x) = -2\ln 2 - 2x\ln x - \ln[1-c-(1-2c)x]$$

我们有

$$f'(x) = -2 - 2\ln x + \frac{1-2c}{1-c-(1-2c)x}$$

$$f''(x) = -\frac{2}{x} + \frac{(1-2c)^2}{[1-c-(1-2c)x]^2}$$

$$= \frac{g(x)}{x[1-c-(1-2c)x]^2}$$

其中

$$g(x) = 2(1-2c)^2 x^2 - (1-2c)(5-6c)x + 2(1-c)^2$$

因为

$$g'(x) = (1-2c)[4(1-2c)x - 5 + 6c]$$
$$\leqslant (1-2c)[4(1-2c) - 5 + 6c]$$
$$= (1-2c)(-1-2c)$$
$$< 0$$

所以 $g(x)$ 在 $(0,1]$ 上递减,因此 $g(x) \geqslant g(1) = -2c^2+4c-1>0$,即 $f''(x)>0$. 由此知 $f'(x)$ 是递增的,$f'\left(\frac{1}{2}\right)=0$,我们有,当 $x \in \left(0,\frac{1}{2}\right)$, $f'(x)<0, x \in \left[\frac{1}{2},1\right]$ 时 $f'(x) \geqslant 0$,因此 $f(x)$ 在 $\left(0,\frac{1}{2}\right)$ 上递减,在 $\left[\frac{1}{2},1\right]$ 上递增. 所以 $f(x) \geqslant f\left(\frac{1}{2}\right)=0$.

　　备注　根据问题 3.36 和问题 3.38,下列不等式对满足 $a+b=1$ 的正实数 a,b 成立

$$(a^{2b}+b^{2a})\left(\frac{1}{a^{2a}}+\frac{1}{b^{2b}}\right) \leqslant 4$$

实际上,这个不等式对所有的 $a,b \in (0,1]$ 都成立. 在这种情况下,它比问题 3.19 中的不等式更强烈.

　　问题 3.39　如果 $a_1,a_2,\cdots,a_n$ 是正实数且满足 $a_1 a_2 \cdots a_n = 1$,那么

$$\left(1-\frac{1}{n}\right)^{a_1} + \left(1-\frac{1}{n}\right)^{a_2} + \cdots + \left(1-\frac{1}{n}\right)^{a_n} \leqslant n-1$$

$$\text{(Vasile Cîrtoaje,2004)}$$

　　证明　我们将证明更一般的不等式

$$\left(1-\frac{1}{n}\right)^{a_1}+\left(1-\frac{1}{n}\right)^{a_2}+\cdots+\left(1-\frac{1}{n}\right)^{a_n}\leqslant n\left(1-\frac{1}{n}\right)^{a} \quad (*)$$

其中 $a=\sqrt[n]{a_1 a_2\cdots a_n}\leqslant 1$. 应用代换

$$x_i=a_i\ln\frac{n}{n-1},i=1,2,\cdots,n$$

不等式变为

$$e^{-x_1}+e^{-x_2}+\cdots+e^{-x_n}\leqslant ne^{-r} \quad (**)$$

其中

$$r=\sqrt[n]{x_1 x_2\cdots x_n}\leqslant\ln\frac{n}{n-1}$$

为了证明这个不等式,我们应用归纳法. 当 $n=1$ 时,式($**$)是一个等式. 考虑式($**$)对 $n-1$ 个数成立. 当 $n\geqslant 2$ 时,我们将证明对 n 个数也成立. 假设

$$x_1\leqslant x_2\leqslant\cdots\leqslant x_n$$

并记

$$x=\sqrt[n-1]{x_1 x_2\cdots x_{n-1}}$$

因为

$$x\leqslant r\leqslant\ln\frac{n}{n-1}<\ln\frac{n-1}{(n-1)-1}$$

由归纳假设得到

$$e^{-x_1}+e^{-x_2}+\cdots+e^{-x_{n-1}}\leqslant(n-1)e^{-x}$$

因此,我们需要证明

$$e^{-x_n}+(n-1)e^{-x}\leqslant ne^{-r}$$

这等价于

$$f(x)\leqslant ne^{-r},0<x\leqslant r\leqslant\ln\frac{n}{n-1}<1$$

其中

$$f(x)=e^{-\frac{r^n}{x^{n-1}}}+(n-1)e^{-x}$$

我们有

$$\frac{x^n e^{\frac{r^n}{x^{n-1}}}}{n-1}f'(x)=g(x),g(x)=r^n-x^n e^{\frac{r^n}{x^{n-1}}-x}$$

$$e^{x-\frac{r^n}{x^{n-1}}}g'(x)=h(x),h(x)=x^n-nx^{n-1}+(n-1)r^n$$

$$h'(x)=nx^{n-2}(x-n+1)$$

因为 $h'(x)<0,h(x)$ 是严格递减函数,由

$$h(0)=(n-1)r^n>0,h(r)=nr^{n-1}(r-1)<0$$

这说明存在 $x_1\in(0,r)$ 满足 $h(x_1)=0$,当 $x\in(0,x_1)$ 时,$h(x)>0$,当 $x\in$

$(x_1,r]$ 时, $h(x) < 0$. 因此, $g(x)$ 在 $(0,x_1]$ 是递增的, 在 $[x_1,r]$ 上是递减的. 因为 $g(0_+) = -\infty$ 和 $g(r) = 0$. 因此存在 $x_2 \in (0,x_1)$ 满足 $g(x_2) = 0$ 且当 $x \in (0,x_2)$ 时, $g(x) < 0$, 当 $x \in (x_2,r]$ 时, $g(x) > 0$. 因此 $f(x)$ 在 $(0,x_2]$ 上递减, 在 $[x_2,r]$ 上递增. 因此

$$f(x) \leqslant \max\{f(0_+),f(r)\} = \max\{n-1,ne^{-r}\} = ne^{-r}$$

因此, 证明完成. 当 $x_1 = x_2 = \cdots = x_n \leqslant \ln\dfrac{n}{n-1}$ 时, 不等式 ($*$ $*$) 中等号成立. 当 $a_1 = a_2 = \cdots = a_n \leqslant 1$ 时, 不等式 ($*$) 中的等号成立. 当

$$a_1 = a_2 = \cdots = a_n = 1$$

时原始不等式的等号成立.

407

不等式术语

1. AM－GM(算术平均－几何平均) 不等式

如果 $a_1, a_2, \cdots, a_n$ 为非负实数,那么

$$a_1 + a_2 + \cdots + a_n \geqslant n\sqrt[n]{a_1 a_2 \cdots a_n}$$

当且仅当 $a_1 = a_2 = \cdots = a_n$ 时等号成立.

2. 加权 AM－GM 不等式

设 $p_1, p_2, \cdots, p_n$ 是正实数且满足

$$p_1 + p_2 + \cdots + p_n = 1$$

如果 $a_1, a_2, \cdots, a_n$ 是非负实数,那么

$$p_1 a_1 + p_2 a_2 + \cdots + p_n a_n \geqslant a_1^{p_1} a_2^{p_2} \cdots a_n^{p_n}$$

等号成立当且仅当 $a_1 = a_2 = \cdots = a_n$.

3. AM－HM(算术平均－调和平均)

如果 $a_1, a_2, \cdots, a_n$ 为非负实数,那么

$$(a_1 + a_2 + \cdots + a_n)\left(\frac{1}{a_1} + \frac{1}{a_2} + \cdots + \frac{1}{a_n}\right) \geqslant n^2$$

当且仅当 $a_1 = a_2 = \cdots = a_n$ 时等号成立.

4. 幂平均不等式

正实数 $a_1, a_2, \cdots, a_n$ 的 k 次幂的平均值,即

$$M_k = \begin{cases} \left(\dfrac{a_1^k + a_2^k + \cdots + a_n^k}{n}\right)^{\frac{1}{k}}, & k \neq 0 \\ \sqrt[n]{a_1 a_2 \cdots a_n}, & k = 0 \end{cases}$$

是关于 $k \in \mathbf{R}$ 的递增函数,例如 $M_2 \geqslant M_1 \geqslant M_0 \geqslant M_{-1}$,等价于

$$\sqrt{\frac{a_1^2 + a_2^2 + \cdots + a_n^2}{n}} \geqslant \frac{a_1 + a_2 + \cdots + a_n}{n}$$

$$\geqslant \sqrt[n]{a_1 a_2 \cdots a_n}$$

$$\geqslant \frac{n}{\dfrac{1}{a_1} + \dfrac{1}{a_2} + \cdots + \dfrac{1}{a_n}}$$

5. 伯努利不等式

对于任意实数 $x \geqslant -1$,我们有:

(1) $(1+x)^r \geqslant 1 + rx$,其中 $r \geqslant 1$ 或 $r \leqslant 0$;

(2) $(1+x)^r \leqslant 1 + rx$,其中 $0 \leqslant r \leqslant 1$.

如果 $a_1, a_2, \cdots, a_n$ 是实数且满足 $a_1, a_2, \cdots, a_n \geqslant 0$ 或

$$-1 \leqslant a_1, a_2, \cdots, a_n \leqslant 0$$

那么

$$(1+a_1)(1+a_2) \cdots (1+a_n) \geqslant 1 + a_1 + a_2 + \cdots + a_n$$

6. 舒尔不等式

对于任意非负 a, b, c 和任意正实数 k,不等式成立

$$a^k(a-b)(a-c) + b^k(b-a)(b-c) + c^k(c-a)(c-b) \geqslant 0$$

等号成立的条件是 $a = b = c$ 或 $a = 0, b = c$(或其任意循环排列).

当 $k = 1$ 时,我们得到三次舒尔不等式,它可以修改为

$$a^3 + b^3 + c^3 + 3abc \geqslant ab(a+b) + bc(b+c) + ca(c+a)$$

$$(a+b+c)^3 + 9abc \geqslant 4(a+b+c)(ab+bc+ca)$$

$$a^2 + b^2 + c^2 + \frac{9abc}{a+b+c} \geqslant 2(ab+bc+ca)$$

$$(b-c)^2(b+c-a) + (c-a)^2(c+a-b) + (a-b)^2(a+b-c) \geqslant 0$$

当 $k = 2$ 时,我们得到四阶舒尔不等式,它适用于任何实数 a, b, c,可以修改为

$$a^4 + b^4 + c^4 + abc(a+b+c) \geqslant ab(a^2+b^2) + bc(b^2+c^2) + ca(c^2+a^2)$$

$$a^4 + b^4 + c^4 - a^2b^2 - b^2c^2 - c^2a^2 \geqslant (ab+bc+ca)(a^2+b^2+c^2-ab-bc-ca)$$

$$(b-c)^2(b+c-a)^2 + (c-a)^2(c+a-b)^2 + (a-b)^2(a+b-c)^2 \geqslant 0$$

$$6abcp \geqslant (p^2-q)(4q-p^2),\ p = a+b+c,\ q = ab+bc+ca$$

对于任何实数 a, b, c 和任何实数 m 都成立的四阶舒尔不等式推广为(Vasile Cirtoaje, 2004)

$$\sum (a-mb)(a-mc)(a-b)(a-c) \geqslant 0$$

等号成立仅当 $a = b = c$,和 $\dfrac{a}{m} = b = c$(及其循环排列),这个不等式等价于

$$\sum a^4 + m(m+2) \sum a^2b^2 + (1-m^2) abc \sum a \geqslant (m+1) \sum ab(a^2+b^2)$$

$$\sum (b-c)^2 (b-c-a-ma)^2 \geqslant 0$$

下面的定理给出了一个更一般的结果(Vasile Cîrtoaje,2008):

定理 设

$$f_4(a,b,c) = \sum a^4 + \alpha \sum a^2 b^2 + \beta abc \sum a - \gamma \sum ab(a^2 + b^2)$$

其中 α,β,γ 是实常数且满足 $1+\alpha+\beta=2\gamma$. 那么:

(1) 对所有 $a,b,c \in \mathbf{R}, f_4(a,b,c) \geqslant 0$ 当且仅当

$$1+\alpha \geqslant \gamma^2$$

(2) 对所有 $a,b,c \geqslant 0, f_4(a,b,c) \geqslant 0$ 当且仅当

$$\alpha \geqslant (\gamma-1) \max\{2,\gamma+1\}$$

7.柯西－施瓦兹不等式

如果 $a_1,a_2,\cdots,a_n$ 和 $b_1,b_2,\cdots,b_n$ 是实数,那么

$$(a_1^2 + a_2^2 + \cdots + a_n^2)(b_1^2 + b_2^2 + \cdots + b_n^2) \geqslant (a_1 b_1 + a_2 b_2 + \cdots + a_n b_n)^2$$

当

$$\frac{a_1}{b_1} = \frac{a_2}{b_2} = \cdots = \frac{a_n}{b_n}$$

时等式成立. 注意到当 $a_i = b_i = 0 (1 \leqslant i \leqslant n)$ 时,等式也是成立的.

8.赫尔德不等式

如果 $x_{ij}(i=1,2,\cdots,m;j=1,2,\cdots,n)$ 是非负实数,那么

$$\prod_{i=1}^{m} \left(\sum_{j=1}^{n} x_{ij}\right) \geqslant \left(\sum_{j=1}^{n} \sqrt[m]{\prod_{i=1}^{m} x_{ij}}\right)^m$$

9.切比雪夫不等式

设 $a_1 \geqslant a_2 \geqslant \cdots \geqslant a_n$ 是实数序列:

(1) 如果 $b_1 \geqslant b_2 \geqslant \cdots \geqslant b_n$,那么

$$n \sum_{i=1}^{n} a_i b_i \geqslant \left(\sum_{i=1}^{n} a_i\right) \left(\sum_{i=1}^{n} b_i\right)$$

(2) 如果 $b_1 \leqslant b_2 \leqslant \cdots \leqslant b_n$,那么

$$n \sum_{i=1}^{n} a_i b_i \leqslant \left(\sum_{i=1}^{n} a_i\right) \left(\sum_{i=1}^{n} b_i\right)$$

10.凸函数

如果对于所有的 $x,y \in I,\alpha,\beta \geqslant 0$ 且满足 $\alpha+\beta=1$,如果不等式

$$f(\alpha x + \beta y) \leqslant \alpha f(x) + \beta f(y)$$

成立.那么定义在实区间 I 上的函数 f 称为凸函数.如果不等式是相反的,那么 $f(x)$ 称为凹函数.

如果 f 在区间 I 上可微的,那么 f 是(严格)凸函数当且仅当导数 $f'(x)$ 是(严格)递增的.如果在区间 I 上,$f''(x) \geqslant 0$,那么 f 在区间 I 上是凸函数.

琴生不等式 设 $p_1,p_2,\cdots,p_n$ 是正实数.如果 f 在实数区间 I 上是凸函数,那么对于任意 $a_1,a_2,\cdots,a_n \in I$,下列不等式成立

$$\frac{p_1 f(a_1)+p_2 f(a_2)+\cdots+p_n f(a_n)}{p_1+p_2+\cdots+p_n}$$

$$\geq f\left(\frac{p_1 a_1+p_2 a_2+\cdots+p_n a_n}{p_1+p_2+\cdots+p_n}\right)$$

若 $p_1=p_2=\cdots=p_n$,琴生不等式变为

$$f(a_1)+f(a_2)+\cdots+f(a_n) \geq nf\left(\frac{a_1+a_2+\cdots+a_n}{n}\right)$$

11. 卡拉马塔(Karamata)优化不等式

设 f 在实数区间 I 上是凸函数.如果存在一个递减有序序列

$$A=(a_1,a_2,\cdots,a_n),a_i \in I$$

优于一个递减有序序列

$$B=(b_1,b_2,\cdots,b_n),b_i \in I$$

那么

$$f(a_1)+f(a_2)+\cdots+f(a_n) \geq f(b_1)+f(b_2)+\cdots+f(b_n)$$

我们说序列 $A=(a_1,a_2,\cdots,a_n)(a_1 \geq a_2 \geq \cdots \geq a_n)$ 优于序列 $B=(b_1,b_2,\cdots,b_n)(b_1 \geq b_2 \geq \cdots \geq b_n)$,并写为

$$A \succ B$$

如果

$$a_1 \geq b_1$$
$$a_1+a_2 \geq b_1+b_2$$
$$\vdots$$
$$a_1+a_2+\cdots+a_{n-1} \geq b_1+b_2+\cdots+b_{n-1}$$
$$a_1+a_2+\cdots+a_n = b_1+b_2+\cdots+b_n$$

12. 三次、四次和五次对称不等式

定理(Vasile Cîrtoaje,2010) 设 $f_n(a,b,c)$ 是一个 n 次对称齐次多项式:

(1) 对于任意 a,b,c 不等式 $f_4(a,b,c) \geq 0$ 成立当且仅当对于任意实数 a,不等式 $f_4(a,1,1) \geq 0$ 成立.

(2) 对于 $n \in \{3,4,5\}$ 对于所有 $a,b,c \geq 0$,不等式 $f_n(a,b,c) \geq 0$ 成立当且仅当对于任意非负实数 a,b,c,不等式 $f_n(a,1,1) \geq 0$ 和 $f_n(0,b,c) \geq 0$ 成立.

13. 六次对称齐次不等式

任意六次对称齐次多项式 $f_6(a,b,c)$ 都能写为

$$f_6(a,b,c)=Ar^2+B(p,q)r+C(p,q)$$

其中 A 是 f_6 的最高系数,其中

$$p=a+b+c,q=ab+bc+ca,r=abc$$

定理（Vasile Cîrtoaje,2010） 设 $f_6(a,b,c)$ 是一个六次对称齐次多项式,其最高系数 $A \leqslant 0$:

(1) 对于任意 a,b,c,不等式 $f_6(a,b,c) \geqslant 0$ 成立当且仅当对于任意实数 a,不等式 $f_6(a,1,1) \geqslant 0$ 成立;

(2) 对于任何非负实数 a,b,c,不等式 $f_6(a,b,c) \geqslant 0$ 成立当且仅当对于任意非负实数 a,b,c,不等式 $f_6(a,1,1) \geqslant 0$ 和 $f_6(0,b,c) \geqslant 0$ 成立.

这个定理对于 $B(p,q)$ 和 $C(p,q)$ 都是齐次有理函数也是有效的.

对于 $A > 0$,我们可以使用最高系数对消法. 这种方法包括找到一些合适的实数 B,C 和 D,使下列更强的不等式成立

$$f_6(a,b,c) \geqslant A \left(r + Bp^3 + Cpq + D \frac{q^2}{p} \right)^2$$

因为函数 g_6 可以定义为

$$g_6(a,b,c) = f_6(a,b,c) - A \left(r + Bp^3 + Cpq + D \frac{q^2}{p} \right)^2$$

的最高系数 $A_1 = 0$,我们可以利用上面的定理证明不等式 $g_6(a,b,c) \geqslant 0$.

注意到有时将问题分成两部分是有用的,$p^2 \leqslant \xi q$ 和 $p^2 > \xi q$,这里 ξ 是一个合适的实数.

一个六次对称齐次不等式可以用三个变量表示为

$$f_6(a,b,c) = A_1 \sum a^6 + A_2 \sum ab(a^4 + b^4) + A_3 \sum a^2 b^2 (a^2 + b^2) +$$

$$A_4 \sum a^3 b^3 + A_5 abc \sum a^3 + A_6 abc \sum ab(a+b) + 3A_7 a^2 b^2 c^2$$

其中 $A_1,\cdots,A_7$ 为实常数,为了把它写成关于 p,q 和 r 的多项式,下列关系式是有用的

$$\sum a^3 = 3r + p^3 - 3pq$$

$$\sum ab(a+b) = -3r + pq$$

$$\sum a^3 b^3 = 3r^2 - 3pqr + q^3$$

$$\sum a^2 b^2 (a^2 + b^2) = -3r^2 - 2(p^3 - 2pq)r + p^2 q^2 - 2q^3$$

$$\sum ab(a^4 + b^4) = -3r^2 - 2(p^3 - 7pq)r + p^4 q - 4p^2 q^2 + 2q^3$$

$$\sum a^6 = 3r^2 + 6(p^3 - 2pq)r + p^6 - 6p^4 q + 9p^2 q^2 - 2q^3$$

$$(a-b)^2 (b-c)^2 (c-a)^2 = -27r^2 + 2(9pq - 2p^3)r + p^2 q^2 - 4q^3$$

根据这些关系式,多项式 $f_6(a,b,c)$ 的最高系数 A 为

$$A = 3(A_1 - A_2 - A_3 + A_4 + A_5 - A_6 + A_7)$$

多项式

$$P_1(a,b,c) = \sum (A_1 a^2 + A_2 bc)(B_1 a^2 + B_2 bc)(C_1 a^2 + C_2 bc)$$

$$P_2(a,b,c) = \sum (A_1a^2 + A_2bc)(B_1b^2 + B_2ca)(C_1c^2 + C_2ab)$$

和

$$P_3(a,b,c) = (A_1a^2 + A_2bc)(A_1b^2 + A_2ca)(A_1c^2 + A_2ab)$$

有最高系数分别为

$$P_1(1,1,1), P_2(1,1,1), P_3(1,1,1)$$

多项式

$$P_4(a,b,c) = (a^2 + mab + b^2)(b^2 + mbc + c^2)(c^2 + mca + a^2)$$

有最高系数

$$A = (m-1)^3$$

14. VASC 幂指不等式

定理　设 $0 < k \leqslant e$:

(1) 如果 $a,b > 0$,那么(Vasile Cîrtoaje,2006)

$$a^{ka} + b^{kb} \geqslant a^{kb} + b^{ka}$$

(2) 如果 $a,b \in (0,1]$,那么(Vasile Cîrtoaje,2010)

$$2\sqrt{a^{ka}b^{kb}} \geqslant a^{kb} + b^{ka}$$

刘培杰数学工作室
已出版(即将出版)图书目录——初等数学

书　　名	出版时间	定　价	编号
新编中学数学解题方法全书(高中版)上卷(第2版)	2018—08	58.00	951
新编中学数学解题方法全书(高中版)中卷(第2版)	2018—08	68.00	952
新编中学数学解题方法全书(高中版)下卷(一)(第2版)	2018—08	58.00	953
新编中学数学解题方法全书(高中版)下卷(二)(第2版)	2018—08	58.00	954
新编中学数学解题方法全书(高中版)下卷(三)(第2版)	2018—08	68.00	955
新编中学数学解题方法全书(初中版)上卷	2008—01	28.00	29
新编中学数学解题方法全书(初中版)中卷	2010—07	38.00	75
新编中学数学解题方法全书(高考复习卷)	2010—01	48.00	67
新编中学数学解题方法全书(高考真题卷)	2010—01	38.00	62
新编中学数学解题方法全书(高考精华卷)	2011—03	68.00	118
新编平面解析几何解题方法全书(专题讲座卷)	2010—01	18.00	61
新编中学数学解题方法全书(自主招生卷)	2013—08	88.00	261
数学奥林匹克与数学文化(第一辑)	2006—05	48.00	4
数学奥林匹克与数学文化(第二辑)(竞赛卷)	2008—01	48.00	19
数学奥林匹克与数学文化(第二辑)(文化卷)	2008—07	58.00	36'
数学奥林匹克与数学文化(第三辑)(竞赛卷)	2010—01	48.00	59
数学奥林匹克与数学文化(第四辑)(竞赛卷)	2011—08	58.00	87
数学奥林匹克与数学文化(第五辑)	2015—06	98.00	370
世界著名平面几何经典著作钩沉——几何作图专题卷(共3卷)	2022—01	198.00	1460
世界著名平面几何经典著作钩沉(民国平面几何老课本)	2011—03	38.00	113
世界著名平面几何经典著作钩沉(建国初期平面三角老课本)	2015—08	38.00	507
世界著名解析几何经典著作钩沉——平面解析几何卷	2014—01	38.00	264
世界著名数论经典著作钩沉(算术卷)	2012—01	28.00	125
世界著名数学经典著作钩沉——立体几何卷	2011—02	28.00	88
世界著名三角学经典著作钩沉(平面三角卷Ⅰ)	2010—06	28.00	69
世界著名三角学经典著作钩沉(平面三角卷Ⅱ)	2011—01	38.00	78
世界著名初等数论经典著作钩沉(理论和实用算术卷)	2011—07	38.00	126
发展你的空间想象力(第3版)	2021—01	98.00	1464
空间想象力进阶	2019—05	68.00	1062
走向国际数学奥林匹克的平面几何试题诠释.第1卷	2019—07	88.00	1043
走向国际数学奥林匹克的平面几何试题诠释.第2卷	2019—09	78.00	1044
走向国际数学奥林匹克的平面几何试题诠释.第3卷	2019—03	78.00	1045
走向国际数学奥林匹克的平面几何试题诠释.第4卷	2019—09	98.00	1046
平面几何证明方法全书	2007—08	35.00	1
平面几何证明方法全书习题解答(第2版)	2006—12	18.00	10
平面几何天天练上卷·基础篇(直线型)	2013—01	58.00	208
平面几何天天练中卷·基础篇(涉及圆)	2013—01	28.00	234
平面几何天天练下卷·提高篇	2013—01	58.00	237
平面几何专题研究	2013—07	98.00	258
几何学习题集	2020—10	48.00	1217
通过解题学习代数几何	2021—04	88.00	1301

刘培杰数学工作室
已出版(即将出版)图书目录——初等数学

书　名	出版时间	定　价	编号
最新世界各国数学奥林匹克中的平面几何试题	2007—09	38.00	14
数学竞赛平面几何典型题及新颖解	2010—07	48.00	74
初等数学复习及研究(平面几何)	2008—09	68.00	38
初等数学复习及研究(立体几何)	2010—06	38.00	71
初等数学复习及研究(平面几何)习题解答	2009—01	58.00	42
几何学教程(平面几何卷)	2011—03	68.00	90
几何学教程(立体几何卷)	2011—07	68.00	130
几何变换与几何证题	2010—06	88.00	70
计算方法与几何证题	2011—06	28.00	129
立体几何技巧与方法	2014—04	88.00	293
几何瑰宝——平面几何 500 名题暨 1500 条定理(上、下)	2021—07	168.00	1358
三角形的解法与应用	2012—07	18.00	183
近代的三角形几何学	2012—07	48.00	184
一般折线几何学	2015—08	48.00	503
三角形的五心	2009—06	28.00	51
三角形的六心及其应用	2015—10	68.00	542
三角形趣谈	2012—08	28.00	212
解三角形	2014—01	28.00	265
探秘三角形:一次数学旅行	2021—10	68.00	1387
三角学专门教程	2014—09	28.00	387
图天下几何新题试卷.初中(第 2 版)	2017—11	58.00	855
圆锥曲线习题集(上册)	2013—06	68.00	255
圆锥曲线习题集(中册)	2015—01	78.00	434
圆锥曲线习题集(下册·第 1 卷)	2016—10	78.00	683
圆锥曲线习题集(下册·第 2 卷)	2018—01	98.00	853
圆锥曲线习题集(下册·第 3 卷)	2019—10	128.00	1113
圆锥曲线的思想方法	2021—08	48.00	1379
圆锥曲线的八个主要问题	2021—10	48.00	1415
论九点圆	2015—05	88.00	645
近代欧氏几何学	2012—03	48.00	162
罗巴切夫斯基几何学及几何基础概要	2012—07	28.00	188
罗巴切夫斯基几何学初步	2015—06	28.00	474
用三角、解析几何、复数、向量计算解数学竞赛几何题	2015—03	48.00	455
美国中学几何教程	2015—04	88.00	458
三线坐标与三角形特征点	2015—04	98.00	460
坐标几何学基础.第 1 卷,笛卡儿坐标	2021—08	48.00	1398
坐标几何学基础.第 2 卷,三线坐标	2021—09	28.00	1399
平面解析几何方法与研究(第 1 卷)	2015—05	18.00	471
平面解析几何方法与研究(第 2 卷)	2015—06	18.00	472
平面解析几何方法与研究(第 3 卷)	2015—07	18.00	473
解析几何研究	2015—01	38.00	425
解析几何学教程.上	2016—01	38.00	574
解析几何学教程.下	2016—01	38.00	575
几何学基础	2016—01	58.00	581
初等几何研究	2015—02	58.00	444
十九和二十世纪欧氏几何学中的片段	2017—01	58.00	696
平面几何中考.高考.奥数一本通	2017—07	28.00	820
几何学简史	2017—08	28.00	833
四面体	2018—01	48.00	880
平面几何证明方法思路	2018—12	68.00	913

刘培杰数学工作室
已出版(即将出版)图书目录——初等数学

书　名	出版时间	定　价	编号
平面几何图形特性新析.上篇	2019—01	68.00	911
平面几何图形特性新析.下篇	2018—06	88.00	912
平面几何范例多解探究.上篇	2018—04	48.00	910
平面几何范例多解探究.下篇	2018—12	68.00	914
从分析解题过程学解题:竞赛中的几何问题研究	2018—07	68.00	946
从分析解题过程学解题:竞赛中的向量几何与不等式研究(全2册)	2019—06	138.00	1090
从分析解题过程学解题:竞赛中的不等式问题	2021—01	48.00	1249
二维、三维欧氏几何的对偶原理	2018—12	38.00	990
星形大观及闭折线论	2019—03	68.00	1020
立体几何的问题和方法	2019—11	58.00	1127
三角代换论	2021—05	58.00	1313
俄罗斯平面几何问题集	2009—08	88.00	55
俄罗斯立体几何问题集	2014—03	58.00	283
俄罗斯几何大师——沙雷金论数学及其他	2014—01	48.00	271
来自俄罗斯的5000道几何习题及解答	2011—03	58.00	89
俄罗斯初等数学问题集	2012—05	38.00	177
俄罗斯函数问题集	2011—03	38.00	103
俄罗斯组合分析问题集	2011—01	48.00	79
俄罗斯初等数学万题选——三角卷	2012—11	38.00	222
俄罗斯初等数学万题选——代数卷	2013—08	68.00	225
俄罗斯初等数学万题选——几何卷	2014—01	68.00	226
俄罗斯《量子》杂志数学征解问题100题选	2018—08	48.00	969
俄罗斯《量子》杂志数学征解问题又100题选	2018—08	48.00	970
俄罗斯《量子》杂志数学征解问题	2020—05	48.00	1138
463个俄罗斯几何老问题	2012—01	28.00	152
《量子》数学短文精粹	2018—09	38.00	972
用三角、解析几何等计算解来自俄罗斯的几何题	2019—11	88.00	1119
基谢廖夫平面几何	2022—01	48.00	1461
数学:代数、数学分析和几何(10—11年级)	2021—01	48.00	1250
立体几何.10—11年级	2022—01	58.00	1472

谈谈素数	2011—03	18.00	91
平方和	2011—03	18.00	92
整数论	2011—05	38.00	120
从整数谈起	2015—10	28.00	538
数与多项式	2016—01	38.00	558
谈谈不定方程	2011—05	28.00	119

解析不等式新论	2009—06	68.00	48
建立不等式的方法	2011—03	98.00	104
数学奥林匹克不等式研究(第2版)	2020—07	68.00	1181
不等式研究(第二辑)	2012—02	68.00	153
不等式的秘密(第一卷)(第2版)	2014—02	38.00	286
不等式的秘密(第二卷)	2014—01	38.00	268
初等不等式的证明方法	2010—06	38.00	123
初等不等式的证明方法(第二版)	2014—11	38.00	407
不等式·理论·方法(基础卷)	2015—07	38.00	496
不等式·理论·方法(经典不等式卷)	2015—07	38.00	497
不等式·理论·方法(特殊类型不等式卷)	2015—07	48.00	498
不等式探究	2016—03	38.00	582
不等式探秘	2017—01	88.00	689
四面体不等式	2017—01	68.00	715
数学奥林匹克中常见重要不等式	2017—09	38.00	845

书　名	出版时间	定　价	编号
三正弦不等式	2018—09	98.00	974
函数方程与不等式:解法与稳定性结果	2019—04	68.00	1058
数学不等式.第1卷,对称多项式不等式	2022—05	78.00	1455
数学不等式.第2卷,对称有理不等式与对称无理不等式	2022—05	88.00	1456
数学不等式.第3卷,循环不等式与非循环不等式	2022—05	88.00	1457
数学不等式.第4卷,Jensen不等式的扩展与加细	2022—05	88.00	1458
数学不等式.第5卷,创建不等式与解不等式的其他方法	2022—05	88.00	1459
同余理论	2012—05	38.00	163
[x]与{x}	2015—04	48.00	476
极值与最值.上卷	2015—06	28.00	486
极值与最值.中卷	2015—06	38.00	487
极值与最值.下卷	2015—06	28.00	488
整数的性质	2012—11	38.00	192
完全平方数及其应用	2015—08	78.00	506
多项式理论	2015—10	88.00	541
奇数、偶数、奇偶分析法	2018—01	98.00	876
不定方程及其应用.上	2018—12	58.00	992
不定方程及其应用.中	2019—01	78.00	993
不定方程及其应用.下	2019—02	98.00	994

书　名	出版时间	定　价	编号
历届美国中学生数学竞赛试题及解答(第一卷)1950—1954	2014—07	18.00	277
历届美国中学生数学竞赛试题及解答(第二卷)1955—1959	2014—04	18.00	278
历届美国中学生数学竞赛试题及解答(第三卷)1960—1964	2014—06	18.00	279
历届美国中学生数学竞赛试题及解答(第四卷)1965—1969	2014—04	28.00	280
历届美国中学生数学竞赛试题及解答(第五卷)1970—1972	2014—06	18.00	281
历届美国中学生数学竞赛试题及解答(第六卷)1973—1980	2017—07	18.00	768
历届美国中学生数学竞赛试题及解答(第七卷)1981—1986	2015—01	18.00	424
历届美国中学生数学竞赛试题及解答(第八卷)1987—1990	2017—05	18.00	769

书　名	出版时间	定　价	编号
历届中国数学奥林匹克试题集(第3版)	2021—10	58.00	1440
历届加拿大数学奥林匹克试题集	2012—08	38.00	215
历届美国数学奥林匹克试题集:1972～2019	2020—04	88.00	1135
历届波兰数学竞赛试题集.第1卷,1949～1963	2015—03	18.00	453
历届波兰数学竞赛试题集.第2卷,1964～1976	2015—03	18.00	454
历届巴尔干数学奥林匹克试题集	2015—03	38.00	466
保加利亚数学奥林匹克	2014—10	38.00	393
圣彼得堡数学奥林匹克试题集	2015—01	38.00	429
匈牙利奥林匹克数学竞赛题解.第1卷	2016—05	28.00	593
匈牙利奥林匹克数学竞赛题解.第2卷	2016—05	28.00	594
历届美国数学邀请赛试题集(第2版)	2017—10	78.00	851
普林斯顿大学数学竞赛	2016—06	38.00	669
亚太地区数学奥林匹克竞赛题	2015—07	18.00	492
日本历届(初级)广中杯数学竞赛试题及解答.第1卷(2000～2007)	2016—05	28.00	641
日本历届(初级)广中杯数学竞赛试题及解答.第2卷(2008～2015)	2016—05	38.00	642
越南数学奥林匹克题选:1962—2009	2021—07	48.00	1370
360个数学竞赛问题	2016—08	58.00	677
奥数最佳实战题.上卷	2017—06	38.00	760
奥数最佳实战题.下卷	2017—05	58.00	761
哈尔滨市早期中学数学竞赛试题汇编	2016—07	28.00	672
全国高中数学联赛试题及解答:1981—2019(第4版)	2020—07	138.00	1176
2021年全国高中数学联合竞赛模拟题集	2021—04	30.00	1302
20世纪50年代全国部分城市数学竞赛试题汇编	2017—07	28.00	797

刘培杰数学工作室
已出版(即将出版)图书目录——初等数学

书　名	出 版 时 间	定　价	编号
国内外数学竞赛题及精解:2018~2019	2020—08	45.00	1192
国内外数学竞赛题及精解:2019~2020	2021—11	58.00	1439
许康华竞赛优学精选集.第一辑	2018—08	68.00	949
天问叶班数学问题征解 100 题.Ⅰ,2016—2018	2019—05	88.00	1075
天问叶班数学问题征解 100 题.Ⅱ,2017—2019	2020—07	98.00	1177
美国初中数学竞赛:AMC8 准备(共 6 卷)	2019—07	138.00	1089
美国高中数学竞赛:AMC10 准备(共 6 卷)	2019—08	158.00	1105
王连笑教你怎样学数学:高考选择题解题策略与客观题实用训练	2014—01	48.00	262
王连笑教你怎样学数学:高考数学高层次讲座	2015—02	48.00	432
高考数学的理论与实践	2009—08	38.00	53
高考数学核心题型解题方法与技巧	2010—01	28.00	86
高考思维新平台	2014—03	38.00	259
高考数学压轴题解题诀窍(上)(第 2 版)	2018—01	58.00	874
高考数学压轴题解题诀窍(下)(第 2 版)	2018—01	48.00	875
北京市五区文科数学三年高考模拟题详解:2013~2015	2015—08	48.00	500
北京市五区理科数学三年高考模拟题详解:2013~2015	2015—09	68.00	505
向量法巧解数学高考题	2009—08	28.00	54
高中数学课堂教学的实践与反思	2021—11	48.00	791
数学高考参考	2016—01	78.00	589
新课程标准高考数学解答题各种题型解法指导	2020—08	78.00	1196
全国及各省市高考数学试题审题要津与解法研究	2015—02	48.00	450
高中数学章节起始课的教学研究与案例设计	2019—05	28.00	1064
新课标高考数学——五年试题分章详解(2007~2011)(上、下)	2011—10	78.00	140,141
全国中考数学压轴题审题要津与解法研究	2013—04	78.00	248
新编全国及各省市中考数学压轴题审题要津与解法研究	2014—05	58.00	342
全国及各省市 5 年中考数学压轴题审题要津与解法研究(2015 版)	2015—04	58.00	462
中考数学专题总复习	2007—04	28.00	6
中考数学较难题常考题型解题方法与技巧	2016—09	48.00	681
中考数学难题常考题型解题方法与技巧	2016—09	48.00	682
中考数学中档题常考题型解题方法与技巧	2017—08	68.00	835
中考数学选择填空压轴好题妙解 365	2017—05	38.00	759
中考数学:三类重点考题的解法例析与习题	2020—04	48.00	1140
中小学数学的历史文化	2019—11	48.00	1124
初中平面几何百题多思创新解	2020—01	58.00	1125
初中数学中考备考	2020—01	58.00	1126
高考数学之九章演义	2019—08	68.00	1044
化学可以这样学:高中化学知识方法智慧感悟疑难辨析	2019—07	58.00	1103
如何成为学习高手	2019—09	58.00	1107
高考数学:经典真题分类解析	2020—04	78.00	1134
高考数学解答题破解策略	2020—11	58.00	1221
从分析解题过程学解题:高考压轴题与竞赛题之关系探究	2020—08	88.00	1179
教学新思考:单元整体视角下的初中数学教学设计	2021—03	58.00	1278
思维再拓展:2020 年经典几何题的多解探究与思考	即将出版		1279
中考数学小压轴汇编初讲	2017—07	48.00	788
中考数学大压轴专题微言	2017—09	48.00	846
怎么解中考平面几何探索题	2019—06	48.00	1093
北京中考数学压轴题解题方法突破(第 7 版)	2021—11	58.00	1442
助你高考成功的数学解题智慧:知识是智慧的基础	2016—01	58.00	596
助你高考成功的数学解题智慧:错误是智慧的试金石	2016—04	58.00	643
助你高考成功的数学解题智慧:方法是智慧的推手	2016—04	68.00	657
高考数学奇思妙解	2016—04	38.00	610
高考数学解题策略	2016—05	48.00	670
数学解题泄天机(第 2 版)	2017—10	48.00	850

刘培杰数学工作室
已出版(即将出版)图书目录——初等数学

书　名	出版时间	定　价	编号
高考物理压轴题全解	2017—04	58.00	746
高中物理经典问题25讲	2017—05	28.00	764
高中物理教学讲义	2018—01	48.00	871
高中物理答疑解惑65篇	2021—11	48.00	1462
中学物理基础问题解析	2020—08	48.00	1183
2016年高考文科数学真题研究	2017—04	58.00	754
2016年高考理科数学真题研究	2017—04	78.00	755
2017年高考理科数学真题研究	2018—01	58.00	867
2017年高考文科数学真题研究	2018—01	48.00	868
初中数学、高中数学脱节知识补缺教材	2017—06	48.00	766
高考数学小题抢分必练	2017—10	48.00	834
高考数学核心素养解读	2017—09	38.00	839
高考数学客观题解题方法和技巧	2017—10	38.00	847
十年高考数学精品试题审题要津与解法研究	2021—10	98.00	1427
中国历届高考数学试题及解答.1949—1979	2018—01	38.00	877
历届中国高考数学试题及解答.第二卷,1980—1989	2018—10	28.00	975
历届中国高考数学试题及解答.第三卷,1990—1999	2018—10	48.00	976
数学文化与高考研究	2018—03	48.00	882
跟我学解高中数学题	2018—07	58.00	926
中学数学研究的方法及案例	2018—05	58.00	869
高考数学抢分技能	2018—07	68.00	934
高一新生常用数学方法和重要数学思想提升教材	2018—06	38.00	921
2018年高考数学真题研究	2019—01	68.00	1000
2019年高考数学真题研究	2020—05	88.00	1137
高考数学全国卷六道解答题常考题型解题诀窍:理科(全2册)	2019—07	78.00	1101
高考数学全国卷16道选择、填空题常考题型解题诀窍.理科	2018—09	88.00	971
高考数学全国卷16道选择、填空题常考题型解题诀窍.文科	2020—01	88.00	1123
新课程标准高中数学各种题型解法大全.必修一分册	2021—06	58.00	1315
高中数学一题多解	2019—06	58.00	1087
历届中国高考数学试题及解答:1917—1999	2021—08	98.00	1371
突破高原:高中数学解题思维探究	2021—08	48.00	1375
高考数学中的"取值范围"	2021—10	48.00	1429
新课程标准高中数学各种题型解法大全.必修二分册	2022—01	68.00	1471
新编640个世界著名数学智力趣题	2014—01	88.00	242
500个最新世界著名数学智力趣题	2008—06	48.00	3
400个最新世界著名数学最值问题	2008—09	48.00	36
500个世界著名数学征解问题	2009—06	48.00	52
400个中国最佳初等数学征解老问题	2010—01	48.00	60
500个俄罗斯数学经典老题	2011—01	28.00	81
1000个国外中学物理好题	2012—04	48.00	174
300个日本高考数学题	2012—05	38.00	142
700个早期日本高考数学试题	2017—02	88.00	752
500个前苏联早期高考数学试题及解答	2012—05	28.00	185
546个早期俄罗斯大学生数学竞赛题	2014—03	38.00	285
548个来自美苏的数学好问题	2014—11	28.00	396
20所苏联著名大学早期入学试题	2015—02	18.00	452
161道德国工科大学生必做的微分方程习题	2015—05	28.00	469
500个德国工科大学生必做的高数习题	2015—06	28.00	478
360个数学竞赛问题	2016—08	58.00	677
200个趣味数学故事	2018—02	48.00	857
470个数学奥林匹克中的最值问题	2018—10	88.00	985
德国讲义日本考题.微积分卷	2015—04	48.00	456
德国讲义日本考题.微分方程卷	2015—04	38.00	457
二十世纪中叶中、英、美、日、法、俄高考数学试题精选	2017—06	38.00	783

刘培杰数学工作室
已出版(即将出版)图书目录——初等数学

书　　名	出版时间	定　价	编号
中国初等数学研究　2009 卷(第 1 辑)	2009—05	20.00	45
中国初等数学研究　2010 卷(第 2 辑)	2010—05	30.00	68
中国初等数学研究　2011 卷(第 3 辑)	2011—07	60.00	127
中国初等数学研究　2012 卷(第 4 辑)	2012—07	48.00	190
中国初等数学研究　2014 卷(第 5 辑)	2014—02	48.00	288
中国初等数学研究　2015 卷(第 6 辑)	2015—06	68.00	493
中国初等数学研究　2016 卷(第 7 辑)	2016—04	68.00	609
中国初等数学研究　2017 卷(第 8 辑)	2017—01	98.00	712
初等数学研究在中国.第 1 辑	2019—03	158.00	1024
初等数学研究在中国.第 2 辑	2019—10	158.00	1116
初等数学研究在中国.第 3 辑	2021—05	158.00	1306
几何变换(Ⅰ)	2014—07	28.00	353
几何变换(Ⅱ)	2015—06	28.00	354
几何变换(Ⅲ)	2015—01	38.00	355
几何变换(Ⅳ)	2015—12	38.00	356
初等数论难题集(第一卷)	2009—05	68.00	44
初等数论难题集(第二卷)(上、下)	2011—02	128.00	82,83
数论概貌	2011—03	18.00	93
代数数论(第二版)	2013—08	58.00	94
代数多项式	2014—06	38.00	289
初等数论的知识与问题	2011—02	28.00	95
超越数论基础	2011—03	28.00	96
数论初等教程	2011—03	28.00	97
数论基础	2011—03	18.00	98
数论基础与维诺格拉多夫	2014—03	18.00	292
解析数论基础	2012—08	28.00	216
解析数论基础(第二版)	2014—01	48.00	287
解析数论问题集(第二版)(原版引进)	2014—05	88.00	343
解析数论问题集(第二版)(中译本)	2016—04	88.00	607
解析数论基础(潘承洞,潘承彪著)	2016—07	98.00	673
解析数论导引	2016—07	58.00	674
数论入门	2011—03	38.00	99
代数数论入门	2015—03	38.00	448
数论开篇	2012—07	28.00	194
解析数论引论	2011—03	48.00	100
Barban Davenport Halberstam 均值和	2009—01	40.00	33
基础数论	2011—03	28.00	101
初等数论 100 例	2011—05	18.00	122
初等数论经典例题	2012—07	18.00	204
最新世界各国数学奥林匹克中的初等数论试题(上、下)	2012—01	138.00	144,145
初等数论(Ⅰ)	2012—01	18.00	156
初等数论(Ⅱ)	2012—01	18.00	157
初等数论(Ⅲ)	2012—01	28.00	158

刘培杰数学工作室
已出版(即将出版)图书目录——初等数学

书　名	出版时间	定　价	编号
平面几何与数论中未解决的新老问题	2013-01	68.00	229
代数数论简史	2014-11	28.00	408
代数数论	2015-09	88.00	532
代数、数论及分析习题集	2016-11	98.00	695
数论导引提要及习题解答	2016-01	48.00	559
素数定理的初等证明.第2版	2016-09	48.00	686
数论中的模函数与狄利克雷级数(第二版)	2017-11	78.00	837
数论:数学导引	2018-01	68.00	849
范氏大代数	2019-02	98.00	1016
解析数学讲义.第一卷,导来式及微分、积分、级数	2019-04	88.00	1021
解析数学讲义.第二卷,关于几何的应用	2019-04	68.00	1022
解析数学讲义.第三卷,解析函数论	2019-04	78.00	1023
分析·组合·数论纵横谈	2019-04	58.00	1039
Hall代数:民国时期的中学数学课本:英文	2019-08	88.00	1106
数学精神巡礼	2019-01	58.00	731
数学眼光透视(第2版)	2017-06	78.00	732
数学思想领悟(第2版)	2018-01	68.00	733
数学方法溯源(第2版)	2018-08	68.00	734
数学解题引论	2017-05	58.00	735
数学史话览胜(第2版)	2017-01	48.00	736
数学应用展观(第2版)	2017-08	68.00	737
数学建模尝试	2018-04	48.00	738
数学竞赛采风	2018-01	68.00	739
数学测评探营	2019-05	58.00	740
数学技能操握	2018-03	48.00	741
数学欣赏拾趣	2018-02	48.00	742
从毕达哥拉斯到怀尔斯	2007-10	48.00	9
从迪利克雷到维斯卡尔迪	2008-01	48.00	21
从哥德巴赫到陈景润	2008-05	98.00	35
从庞加莱到佩雷尔曼	2011-08	138.00	136
博弈论精粹	2008-03	58.00	30
博弈论精粹.第二版(精装)	2015-01	88.00	461
数学 我爱你	2008-01	28.00	20
精神的圣徒　别样的人生——60位中国数学家成长的历程	2008-09	48.00	39
数学史概论	2009-06	78.00	50
数学史概论(精装)	2013-03	158.00	272
数学史选讲	2016-01	48.00	544
斐波那契数列	2010-02	28.00	65
数学拼盘和斐波那契魔方	2010-07	38.00	72
斐波那契数列欣赏(第2版)	2018-08	58.00	948
Fibonacci数列中的明珠	2018-06	58.00	928
数学的创造	2011-02	48.00	85
数学美与创造力	2016-01	48.00	595
数海拾贝	2016-01	48.00	590
数学中的美(第2版)	2019-04	68.00	1057
数论中的美学	2014-12	38.00	351

刘培杰数学工作室
已出版(即将出版)图书目录——初等数学

书 名	出版时间	定价	编号
数学王者 科学巨人——高斯	2015－01	28.00	428
振兴祖国数学的圆梦之旅:中国初等数学研究史话	2015－06	98.00	490
二十世纪中国数学史料研究	2015－10	48.00	536
数字谜、数阵图与棋盘覆盖	2016－01	58.00	298
时间的形状	2016－01	38.00	556
数学发现的艺术:数学探索中的合情推理	2016－07	58.00	671
活跃在数学中的参数	2016－07	48.00	675
数海趣史	2021－05	98.00	1314
数学解题——靠数学思想给力(上)	2011－07	38.00	131
数学解题——靠数学思想给力(中)	2011－07	48.00	132
数学解题——靠数学思想给力(下)	2011－07	38.00	133
我怎样解题	2013－01	48.00	227
数学解题中的物理方法	2011－06	28.00	114
数学解题的特殊方法	2011－06	48.00	115
中学数学计算技巧(第2版)	2020－10	48.00	1220
中学数学证明方法	2012－01	58.00	117
数学趣题巧解	2012－03	28.00	128
高中数学教学通鉴	2015－05	58.00	479
和高中生漫谈:数学与哲学的故事	2014－08	28.00	369
算术问题集	2017－03	38.00	789
张教授讲数学	2018－07	38.00	933
陈永明实话实说数学教学	2020－04	68.00	1132
中学数学学科知识与教学能力	2020－06	58.00	1155
怎样把课讲好:大罕数学教学随笔	2022－03	58.00	1484
中国高考评价体系下高考数学探秘	2022－03	48.00	1487
自主招生考试中的参数方程问题	2015－01	28.00	435
自主招生考试中的极坐标问题	2015－04	28.00	463
近年全国重点大学自主招生数学试题全解及研究.华约卷	2015－02	38.00	441
近年全国重点大学自主招生数学试题全解及研究.北约卷	2016－05	38.00	619
自主招生数学解证宝典	2015－09	48.00	535
中国科学技术大学创新班数学真题解析	2022－03	48.00	1488
中国科学技术大学创新班物理真题解析	2022－03	58.00	1489
格点和面积	2012－07	18.00	191
射影几何趣谈	2012－04	28.00	175
斯潘纳尔引理——从一道加拿大数学奥林匹克试题谈起	2014－01	28.00	228
李普希兹条件——从几道近年高考数学试题谈起	2012－10	18.00	221
拉格朗日中值定理——从一道北京高考试题的解法谈起	2015－10	18.00	197
闵科夫斯基定理——从一道清华大学自主招生试题谈起	2014－01	28.00	198
哈尔测度——从一道冬令营试题的背景谈起	2012－08	28.00	202
切比雪夫逼近问题——从一道中国台北数学奥林匹克试题谈起	2013－04	38.00	238
伯恩斯坦多项式与贝齐尔曲面——从一道全国高中数学联赛试题谈起	2013－03	38.00	236
卡塔兰猜想——从一道普特南竞赛试题谈起	2013－06	18.00	256
麦卡锡函数和阿克曼函数——从一道前南斯拉夫数学奥林匹克试题谈起	2012－08	18.00	201
贝蒂定理与拉姆贝克莫斯尔定理——从一个拣石子游戏谈起	2012－08	18.00	217
皮亚诺曲线和豪斯道夫分球定理——从无限集谈起	2012－08	18.00	211
平面凸图形与凸多面体	2012－10	28.00	218
斯坦因豪斯问题——从一道二十五省市自治区中学数学竞赛试题谈起	2012－07	18.00	196

刘培杰数学工作室

已出版(即将出版)图书目录——初等数学

书　名	出版时间	定　价	编号
纽结理论中的亚历山大多项式与琼斯多项式——从一道北京市高一数学竞赛试题谈起	2012—07	28.00	195
原则与策略——从波利亚"解题表"谈起	2013—04	38.00	244
转化与化归——从三大尺规作图不能问题谈起	2012—08	28.00	214
代数几何中的贝祖定理(第一版)——从一道 IMO 试题的解法谈起	2013—08	18.00	193
成功连贯理论与约当块理论——从一道比利时数学竞赛试题谈起	2012—04	18.00	180
素数判定与大数分解	2014—08	18.00	199
置换多项式及其应用	2012—10	18.00	220
椭圆函数与模函数——从一道美国加州大学洛杉矶分校(UCLA)博士资格考题谈起	2012—10	28.00	219
差分方程的拉格朗日方法——从一道 2011 年全国高考理科试题的解法谈起	2012—08	28.00	200
力学在几何中的一些应用	2013—01	38.00	240
从根式解到伽罗华理论	2020—01	48.00	1121
康托洛维奇不等式——从一道全国高中联赛试题谈起	2013—03	28.00	337
西格尔引理——从一道第 18 届 IMO 试题的解法谈起	即将出版		
罗斯定理——从一道前苏联数学竞赛试题谈起	即将出版		
拉克斯定理和阿廷定理——从一道 IMO 试题的解法谈起	2014—01	58.00	246
毕卡大定理——从一道美国大学数学竞赛试题谈起	2014—07	18.00	350
贝齐尔曲线——从一道全国高中联赛试题谈起	即将出版		
拉格朗日乘子定理——从一道 2005 年全国高中联赛试题的高等数学解法谈起	2015—05	28.00	480
雅可比定理——从一道日本数学奥林匹克试题谈起	2013—04	48.00	249
李天岩-约克定理——从一道波兰数学竞赛试题谈起	2014—06	28.00	349
整系数多项式因式分解的一般方法——从克朗耐克算法谈起	即将出版		
布劳维不动点定理——从一道前苏联数学奥林匹克试题谈起	2014—01	38.00	273
伯恩赛德定理——从一道英国数学奥林匹克试题谈起	即将出版		
布查特-莫斯特定理——从一道上海市初中竞赛试题谈起	即将出版		
数论中的同余数问题——从一道普特南竞赛试题谈起	即将出版		
范·德蒙行列式——从一道美国数学奥林匹克试题谈起	即将出版		
中国剩余定理:总数法构建中国历史年表	2015—01	28.00	430
牛顿程序与方程求根——从一道全国高考试题解法谈起	即将出版		
库默尔定理——从一道 IMO 预选试题谈起	即将出版		
卢丁定理——从一道冬令营试题的解法谈起	即将出版		
沃斯滕霍姆定理——从一道 IMO 预选试题谈起	即将出版		
卡尔松不等式——从一道莫斯科数学奥林匹克试题谈起	即将出版		
信息论中的香农熵——从一道近年高考压轴题谈起	即将出版		
约当不等式——从一道希望杯竞赛试题谈起	即将出版		
拉比诺维奇定理	即将出版		
刘维尔定理——从一道《美国数学月刊》征解问题的解法谈起	即将出版		
卡塔兰恒等式与级数求和——从一道 IMO 试题的解法谈起	即将出版		
勒让德猜想与素数分布——从一道爱尔兰竞赛试题谈起	即将出版		
天平称重与信息论——从一道基辅市数学奥林匹克试题谈起	即将出版		
哈密尔顿-凯莱定理:从一道高中数学联赛试题的解法谈起	2014—09	18.00	376
艾思特曼定理——从一道 CMO 试题的解法谈起	即将出版		

刘培杰数学工作室
已出版(即将出版)图书目录——初等数学

书　名	出版时间	定　价	编号
阿贝尔恒等式与经典不等式及应用	2018-06	98.00	923
迪利克雷除数问题	2018-07	48.00	930
幻方、幻立方与拉丁方	2019-08	48.00	1092
帕斯卡三角形	2014-03	18.00	294
蒲丰投针问题——从2009年清华大学的一道自主招生试题谈起	2014-01	38.00	295
斯图姆定理——从一道"华约"自主招生试题的解法谈起	2014-01	18.00	296
许瓦兹引理——从一道加利福尼亚大学伯克利分校数学系博士生试题谈起	2014-08	18.00	297
拉姆塞定理——从王诗宬院士的一个问题谈起	2016-04	48.00	299
坐标法	2013-12	28.00	332
数论三角形	2014-04	38.00	341
毕克定理	2014-07	18.00	352
数林掠影	2014-09	48.00	389
我们周围的概率	2014-10	38.00	390
凸函数最值定理:从一道华约自主招生题的解法谈起	2014-10	28.00	391
易学与数学奥林匹克	2014-10	38.00	392
生物数学趣谈	2015-01	18.00	409
反演	2015-01	28.00	420
因式分解与圆锥曲线	2015-01	18.00	426
轨迹	2015-01	28.00	427
面积原理:从常庚哲命的一道CMO试题的积分解法谈起	2015-01	48.00	431
形形色色的不动点定理:从一道28届IMO试题谈起	2015-01	38.00	439
柯西函数方程:从一道上海交大自主招生的试题谈起	2015-02	28.00	440
三角恒等式	2015-02	28.00	442
无理性判定:从一道2014年"北约"自主招生试题谈起	2015-02	38.00	443
数学归纳法	2015-03	18.00	451
极端原理与解题	2015-04	28.00	464
法雷级数	2014-08	18.00	367
摆线族	2015-01	38.00	438
函数方程及其解法	2015-05	38.00	470
含参数的方程和不等式	2012-09	28.00	213
希尔伯特第十问题	2016-01	38.00	543
无穷小量的求和	2016-01	28.00	545
切比雪夫多项式:从一道清华大学金秋营试题谈起	2016-01	38.00	583
泽肯多夫定理	2016-03	38.00	599
代数等式证题法	2016-01	28.00	600
三角等式证题法	2016-01	28.00	601
吴大任教授藏书中的一个因式分解公式:从一道美国数学邀请赛试题的解法谈起	2016-06	28.00	656
易卦——类万物的数学模型	2017-08	68.00	838
"不可思议"的数与数系可持续发展	2018-01	38.00	878
最短线	2018-01	38.00	879
幻方和魔方(第一卷)	2012-05	68.00	173
尘封的经典——初等数学经典文献选读(第一卷)	2012-07	48.00	205
尘封的经典——初等数学经典文献选读(第二卷)	2012-07	38.00	206
初级方程式论	2011-03	28.00	106
初等数学研究(Ⅰ)	2008-09	68.00	37
初等数学研究(Ⅱ)(上、下)	2009-05	118.00	46,47

刘培杰数学工作室
已出版（即将出版）图书目录——初等数学

书　名	出版时间	定　价	编号
趣味初等方程妙题集锦	2014—09	48.00	388
趣味初等数论选美与欣赏	2015—02	48.00	445
耕读笔记(上卷)：一位农民数学爱好者的初数探索	2015—04	28.00	459
耕读笔记(中卷)：一位农民数学爱好者的初数探索	2015—05	28.00	483
耕读笔记(下卷)：一位农民数学爱好者的初数探索	2015—05	28.00	484
几何不等式研究与欣赏.上卷	2016—01	88.00	547
几何不等式研究与欣赏.下卷	2016—01	48.00	552
初等数列研究与欣赏·上	2016—01	48.00	570
初等数列研究与欣赏·下	2016—01	48.00	571
趣味初等函数研究与欣赏.上	2016—09	48.00	684
趣味初等函数研究与欣赏.下	2018—09	48.00	685
三角不等式研究与欣赏	2020—10	68.00	1197
新编平面解析几何解题方法研究与欣赏	2021—10	78.00	1426
火柴游戏	2016—05	38.00	612
智力解谜.第1卷	2017—07	38.00	613
智力解谜.第2卷	2017—07	38.00	614
故事智力	2016—07	48.00	615
名人们喜欢的智力问题	2020—01	48.00	616
数学大师的发现、创造与失误	2018—01	48.00	617
异曲同工	2018—09	48.00	618
数学的味道	2018—01	58.00	798
数学千字文	2018—10	68.00	977
数贝偶拾——高考数学题研究	2014—04	28.00	274
数贝偶拾——初等数学研究	2014—04	38.00	275
数贝偶拾——奥数题研究	2014—04	48.00	276
钱昌本教你快乐学数学(上)	2011—12	48.00	155
钱昌本教你快乐学数学(下)	2012—03	58.00	171
集合、函数与方程	2014—01	28.00	300
数列与不等式	2014—01	38.00	301
三角与平面向量	2014—01	28.00	302
平面解析几何	2014—01	38.00	303
立体几何与组合	2014—01	28.00	304
极限与导数、数学归纳法	2014—01	38.00	305
趣味数学	2014—03	28.00	306
教材教法	2014—04	68.00	307
自主招生	2014—05	58.00	308
高考压轴题(上)	2015—01	48.00	309
高考压轴题(下)	2014—10	68.00	310
从费马到怀尔斯——费马大定理的历史	2013—10	198.00	I
从庞加莱到佩雷尔曼——庞加莱猜想的历史	2013—10	298.00	II
从切比雪夫到爱尔特希(上)——素数定理的初等证明	2013—07	48.00	III
从切比雪夫到爱尔特希(下)——素数定理100年	2012—12	98.00	III
从高斯到盖尔方特——二次域的高斯猜想	2013—10	198.00	IV
从库默尔到朗兰兹——朗兰兹猜想的历史	2014—01	98.00	V
从比勃巴赫到德布朗斯——比勃巴赫猜想的历史	2014—02	298.00	VI
从麦比乌斯到陈省身——麦比乌斯变换与麦比乌斯带	2014—02	298.00	VII
从布尔到豪斯道夫——布尔方程与格论漫谈	2013—10	198.00	VIII
从开普勒到阿诺德——三体问题的历史	2014—05	298.00	IX
从华林到华罗庚——华林问题的历史	2013—10	298.00	X

刘培杰数学工作室
已出版（即将出版）图书目录——初等数学

书　名	出版时间	定　价	编号
美国高中数学竞赛五十讲.第1卷(英文)	2014—08	28.00	357
美国高中数学竞赛五十讲.第2卷(英文)	2014—08	28.00	358
美国高中数学竞赛五十讲.第3卷(英文)	2014—09	28.00	359
美国高中数学竞赛五十讲.第4卷(英文)	2014—09	28.00	360
美国高中数学竞赛五十讲.第5卷(英文)	2014—10	28.00	361
美国高中数学竞赛五十讲.第6卷(英文)	2014—11	28.00	362
美国高中数学竞赛五十讲.第7卷(英文)	2014—12	28.00	363
美国高中数学竞赛五十讲.第8卷(英文)	2015—01	28.00	364
美国高中数学竞赛五十讲.第9卷(英文)	2015—01	28.00	365
美国高中数学竞赛五十讲.第10卷(英文)	2015—02	38.00	366
三角函数(第2版)	2017—04	38.00	626
不等式	2014—01	38.00	312
数列	2014—01	38.00	313
方程(第2版)	2017—04	38.00	624
排列和组合	2014—01	28.00	315
极限与导数(第2版)	2016—04	38.00	635
向量(第2版)	2018—08	58.00	627
复数及其应用	2014—08	28.00	318
函数	2014—01	38.00	319
集合	2020—01	48.00	320
直线与平面	2014—01	28.00	321
立体几何(第2版)	2016—04	38.00	629
解三角形	即将出版		323
直线与圆(第2版)	2016—11	38.00	631
圆锥曲线(第2版)	2016—09	48.00	632
解题通法(一)	2014—07	38.00	326
解题通法(二)	2014—07	38.00	327
解题通法(三)	2014—05	38.00	328
概率与统计	2014—01	28.00	329
信息迁移与算法	即将出版		330
IMO 50年.第1卷(1959—1963)	2014—11	28.00	377
IMO 50年.第2卷(1964—1968)	2014—11	28.00	378
IMO 50年.第3卷(1969—1973)	2014—09	28.00	379
IMO 50年.第4卷(1974—1978)	2016—04	38.00	380
IMO 50年.第5卷(1979—1984)	2015—04	38.00	381
IMO 50年.第6卷(1985—1989)	2015—04	58.00	382
IMO 50年.第7卷(1990—1994)	2016—01	48.00	383
IMO 50年.第8卷(1995—1999)	2016—06	38.00	384
IMO 50年.第9卷(2000—2004)	2015—04	58.00	385
IMO 50年.第10卷(2005—2009)	2016—01	48.00	386
IMO 50年.第11卷(2010—2015)	2017—03	48.00	646

刘培杰数学工作室
已出版(即将出版)图书目录——初等数学

书 名	出版时间	定 价	编号
数学反思(2006—2007)	2020—09	88.00	915
数学反思(2008—2009)	2019—01	68.00	917
数学反思(2010—2011)	2018—05	58.00	916
数学反思(2012—2013)	2019—01	58.00	918
数学反思(2014—2015)	2019—03	78.00	919
数学反思(2016—2017)	2021—03	58.00	1286
历届美国大学生数学竞赛试题集.第一卷(1938—1949)	2015—01	28.00	397
历届美国大学生数学竞赛试题集.第二卷(1950—1959)	2015—01	28.00	398
历届美国大学生数学竞赛试题集.第三卷(1960—1969)	2015—01	28.00	399
历届美国大学生数学竞赛试题集.第四卷(1970—1979)	2015—01	18.00	400
历届美国大学生数学竞赛试题集.第五卷(1980—1989)	2015—01	28.00	401
历届美国大学生数学竞赛试题集.第六卷(1990—1999)	2015—01	28.00	402
历届美国大学生数学竞赛试题集.第七卷(2000—2009)	2015—08	18.00	403
历届美国大学生数学竞赛试题集.第八卷(2010—2012)	2015—01	18.00	404
新课标高考数学创新题解题诀窍:总论	2014—09	28.00	372
新课标高考数学创新题解题诀窍:必修1~5分册	2014—08	38.00	373
新课标高考数学创新题解题诀窍:选修2-1,2-2,1-1,1-2分册	2014—09	38.00	374
新课标高考数学创新题解题诀窍:选修2-3,4-4,4-5分册	2014—09	18.00	375
全国重点大学自主招生英文数学试题全攻略:词汇卷	2015—07	48.00	410
全国重点大学自主招生英文数学试题全攻略:概念卷	2015—01	28.00	411
全国重点大学自主招生英文数学试题全攻略:文章选读卷(上)	2016—09	38.00	412
全国重点大学自主招生英文数学试题全攻略:文章选读卷(下)	2017—01	58.00	413
全国重点大学自主招生英文数学试题全攻略:试题卷	2015—07	38.00	414
全国重点大学自主招生英文数学试题全攻略:名著欣赏卷	2017—03	48.00	415
劳埃德数学趣题大全.题目卷.1:英文	2016—01	18.00	516
劳埃德数学趣题大全.题目卷.2:英文	2016—01	18.00	517
劳埃德数学趣题大全.题目卷.3:英文	2016—01	18.00	518
劳埃德数学趣题大全.题目卷.4:英文	2016—01	18.00	519
劳埃德数学趣题大全.题目卷.5:英文	2016—01	18.00	520
劳埃德数学趣题大全.答案卷:英文	2016—01	18.00	521
李成章教练奥数笔记.第1卷	2016—01	48.00	522
李成章教练奥数笔记.第2卷	2016—01	48.00	523
李成章教练奥数笔记.第3卷	2016—01	38.00	524
李成章教练奥数笔记.第4卷	2016—01	38.00	525
李成章教练奥数笔记.第5卷	2016—01	38.00	526
李成章教练奥数笔记.第6卷	2016—01	38.00	527
李成章教练奥数笔记.第7卷	2016—01	38.00	528
李成章教练奥数笔记.第8卷	2016—01	48.00	529
李成章教练奥数笔记.第9卷	2016—01	28.00	530

刘培杰数学工作室
已出版(即将出版)图书目录——初等数学

书　　名	出版时间	定　价	编号
第19~23届"希望杯"全国数学邀请赛试题审题要津详细评注(初一版)	2014-03	28.00	333
第19~23届"希望杯"全国数学邀请赛试题审题要津详细评注(初二、初三版)	2014-03	38.00	334
第19~23届"希望杯"全国数学邀请赛试题审题要津详细评注(高一版)	2014-03	28.00	335
第19~23届"希望杯"全国数学邀请赛试题审题要津详细评注(高二版)	2014-03	38.00	336
第19~25届"希望杯"全国数学邀请赛试题审题要津详细评注(初一版)	2015-01	38.00	416
第19~25届"希望杯"全国数学邀请赛试题审题要津详细评注(初二、初三版)	2015-01	58.00	417
第19~25届"希望杯"全国数学邀请赛试题审题要津详细评注(高一版)	2015-01	48.00	418
第19~25届"希望杯"全国数学邀请赛试题审题要津详细评注(高二版)	2015-01	48.00	419
物理奥林匹克竞赛大题典——力学卷	2014-11	48.00	405
物理奥林匹克竞赛大题典——热学卷	2014-04	28.00	339
物理奥林匹克竞赛大题典——电磁学卷	2015-07	48.00	406
物理奥林匹克竞赛大题典——光学与近代物理卷	2014-06	28.00	345
历届中国东南地区数学奥林匹克试题集(2004~2012)	2014-06	18.00	346
历届中国西部地区数学奥林匹克试题集(2001~2012)	2014-07	18.00	347
历届中国女子数学奥林匹克试题集(2002~2012)	2014-08	18.00	348
数学奥林匹克在中国	2014-06	98.00	344
数学奥林匹克问题集	2014-01	38.00	267
数学奥林匹克不等式散论	2010-06	38.00	124
数学奥林匹克不等式欣赏	2011-09	38.00	138
数学奥林匹克超级题库(初中卷上)	2010-01	58.00	66
数学奥林匹克不等式证明方法和技巧(上、下)	2011-08	158.00	134,135
他们学什么:原民主德国中学数学课本	2016-09	38.00	658
他们学什么:英国中学数学课本	2016-09	38.00	659
他们学什么:法国中学数学课本.1	2016-09	38.00	660
他们学什么:法国中学数学课本.2	2016-09	28.00	661
他们学什么:法国中学数学课本.3	2016-09	38.00	662
他们学什么:苏联中学数学课本	2016-09	28.00	679
高中数学题典——集合与简易逻辑·函数	2016-07	48.00	647
高中数学题典——导数	2016-07	48.00	648
高中数学题典——三角函数·平面向量	2016-07	48.00	649
高中数学题典——数列	2016-07	58.00	650
高中数学题典——不等式·推理与证明	2016-07	38.00	651
高中数学题典——立体几何	2016-07	48.00	652
高中数学题典——平面解析几何	2016-07	78.00	653
高中数学题典——计数原理·统计·概率·复数	2016-07	48.00	654
高中数学题典——算法·平面几何·初等数论·组合数学·其他	2016-07	68.00	655

刘培杰数学工作室
已出版(即将出版)图书目录——初等数学

书　　名	出版时间	定　价	编号
台湾地区奥林匹克数学竞赛试题.小学一年级	2017—03	38.00	722
台湾地区奥林匹克数学竞赛试题.小学二年级	2017—03	38.00	723
台湾地区奥林匹克数学竞赛试题.小学三年级	2017—03	38.00	724
台湾地区奥林匹克数学竞赛试题.小学四年级	2017—03	38.00	725
台湾地区奥林匹克数学竞赛试题.小学五年级	2017—03	38.00	726
台湾地区奥林匹克数学竞赛试题.小学六年级	2017—03	38.00	727
台湾地区奥林匹克数学竞赛试题.初中一年级	2017—03	38.00	728
台湾地区奥林匹克数学竞赛试题.初中二年级	2017—03	38.00	729
台湾地区奥林匹克数学竞赛试题.初中三年级	2017—03	28.00	730
不等式证题法	2017—04	28.00	747
平面几何培优教程	2019—08	88.00	748
奥数鼎级培优教程.高一分册	2018—09	88.00	749
奥数鼎级培优教程.高二分册.上	2018—04	68.00	750
奥数鼎级培优教程.高二分册.下	2018—04	68.00	751
高中数学竞赛冲刺宝典	2019—04	68.00	883
初中尖子生数学超级题典.实数	2017—07	58.00	792
初中尖子生数学超级题典.式、方程与不等式	2017—08	58.00	793
初中尖子生数学超级题典.圆、面积	2017—08	38.00	794
初中尖子生数学超级题典.函数、逻辑推理	2017—08	48.00	795
初中尖子生数学超级题典.角、线段、三角形与多边形	2017—07	58.00	796
数学王子——高斯	2018—01	48.00	858
坎坷奇星——阿贝尔	2018—01	48.00	859
闪烁奇星——伽罗瓦	2018—01	58.00	860
无穷统帅——康托尔	2018—01	48.00	861
科学公主——柯瓦列夫斯卡娅	2018—01	48.00	862
抽象代数之母——埃米·诺特	2018—01	48.00	863
电脑先驱——图灵	2018—01	58.00	864
昔日神童——维纳	2018—01	48.00	865
数坛怪侠——爱尔特希	2018—01	68.00	866
传奇数学家徐利治	2019—09	88.00	1110
当代世界中的数学.数学思想与数学基础	2019—01	38.00	892
当代世界中的数学.数学问题	2019—01	38.00	893
当代世界中的数学.应用数学与数学应用	2019—01	38.00	894
当代世界中的数学.数学王国的新疆域(一)	2019—01	38.00	895
当代世界中的数学.数学王国的新疆域(二)	2019—01	38.00	896
当代世界中的数学.数林撷英(一)	2019—01	38.00	897
当代世界中的数学.数林撷英(二)	2019—01	48.00	898
当代世界中的数学.数学之路	2019—01	38.00	899

刘培杰数学工作室
已出版(即将出版)图书目录——初等数学

书　名	出版时间	定　价	编号
105 个代数问题:来自 AwesomeMath 夏季课程	2019—02	58.00	956
106 个几何问题:来自 AwesomeMath 夏季课程	2020—07	58.00	957
107 个几何问题:来自 AwesomeMath 全年课程	2020—07	58.00	958
108 个代数问题:来自 AwesomeMath 全年课程	2019—01	68.00	959
109 个不等式:来自 AwesomeMath 夏季课程	2019—04	58.00	960
国际数学奥林匹克中的110 个几何问题	即将出版		961
111 个代数和数论问题	2019—05	58.00	962
112 个组合问题:来自 AwesomeMath 夏季课程	2019—05	58.00	963
113 个几何不等式:来自 AwesomeMath 夏季课程	2020—08	58.00	964
114 个指数和对数问题:来自 AwesomeMath 夏季课程	2019—09	48.00	965
115 个三角问题:来自 AwesomeMath 夏季课程	2019—09	58.00	966
116 个代数不等式:来自 AwesomeMath 全年课程	2019—04	58.00	967
117 个多项式问题:来自 AwesomeMath 夏季课程	2021—09	58.00	1409
紫色彗星国际数学竞赛试题	2019—02	58.00	999
数学竞赛中的数学:为数学爱好者、父母、教师和教练准备的丰富资源.第一部	2020—04	58.00	1141
数学竞赛中的数学:为数学爱好者、父母、教师和教练准备的丰富资源.第二部	2020—07	48.00	1142
和与积	2020—10	38.00	1219
数论:概念和问题	2020—12	68.00	1257
初等数学问题研究	2021—03	48.00	1270
数学奥林匹克中的欧几里得几何	2021—10	68.00	1413
数学奥林匹克题解新编	2022—01	58.00	1430
澳大利亚中学数学竞赛试题及解答(初级卷)1978～1984	2019—02	28.00	1002
澳大利亚中学数学竞赛试题及解答(初级卷)1985～1991	2019—02	28.00	1003
澳大利亚中学数学竞赛试题及解答(初级卷)1992～1998	2019—02	28.00	1004
澳大利亚中学数学竞赛试题及解答(初级卷)1999～2005	2019—02	28.00	1005
澳大利亚中学数学竞赛试题及解答(中级卷)1978～1984	2019—03	28.00	1006
澳大利亚中学数学竞赛试题及解答(中级卷)1985～1991	2019—03	28.00	1007
澳大利亚中学数学竞赛试题及解答(中级卷)1992～1998	2019—03	28.00	1008
澳大利亚中学数学竞赛试题及解答(中级卷)1999～2005	2019—03	28.00	1009
澳大利亚中学数学竞赛试题及解答(高级卷)1978～1984	2019—05	28.00	1010
澳大利亚中学数学竞赛试题及解答(高级卷)1985～1991	2019—05	28.00	1011
澳大利亚中学数学竞赛试题及解答(高级卷)1992～1998	2019—05	28.00	1012
澳大利亚中学数学竞赛试题及解答(高级卷)1999～2005	2019—05	28.00	1013
天才中小学生智力测验题.第一卷	2019—03	38.00	1026
天才中小学生智力测验题.第二卷	2019—03	38.00	1027
天才中小学生智力测验题.第三卷	2019—03	38.00	1028
天才中小学生智力测验题.第四卷	2019—03	38.00	1029
天才中小学生智力测验题.第五卷	2019—03	38.00	1030
天才中小学生智力测验题.第六卷	2019—03	38.00	1031
天才中小学生智力测验题.第七卷	2019—03	38.00	1032
天才中小学生智力测验题.第八卷	2019—03	38.00	1033
天才中小学生智力测验题.第九卷	2019—03	38.00	1034
天才中小学生智力测验题.第十卷	2019—03	38.00	1035
天才中小学生智力测验题.第十一卷	2019—03	38.00	1036
天才中小学生智力测验题.第十二卷	2019—03	38.00	1037
天才中小学生智力测验题.第十三卷	2019—03	38.00	1038

刘培杰数学工作室
已出版(即将出版)图书目录——初等数学

书　　名	出版时间	定　价	编号
重点大学自主招生数学备考全书:函数	2020-05	48.00	1047
重点大学自主招生数学备考全书:导数	2020-08	48.00	1048
重点大学自主招生数学备考全书:数列与不等式	2019-10	78.00	1049
重点大学自主招生数学备考全书:三角函数与平面向量	2020-08	68.00	1050
重点大学自主招生数学备考全书:平面解析几何	2020-07	58.00	1051
重点大学自主招生数学备考全书:立体几何与平面几何	2019-08	48.00	1052
重点大学自主招生数学备考全书:排列组合·概率统计·复数	2019-09	48.00	1053
重点大学自主招生数学备考全书:初等数论与组合数学	2019-08	48.00	1054
重点大学自主招生数学备考全书:重点大学自主招生真题.上	2019-04	68.00	1055
重点大学自主招生数学备考全书:重点大学自主招生真题.下	2019-04	58.00	1056
高中数学竞赛培训教程:平面几何问题的求解方法与策略.上	2018-05	68.00	906
高中数学竞赛培训教程:平面几何问题的求解方法与策略.下	2018-06	78.00	907
高中数学竞赛培训教程:整除与同余以及不定方程	2018-01	88.00	908
高中数学竞赛培训教程:组合计数与组合极值	2018-04	48.00	909
高中数学竞赛培训教程:初等代数	2019-04	78.00	1042
高中数学讲座:数学竞赛基础教程(第一册)	2019-06	48.00	1094
高中数学讲座:数学竞赛基础教程(第二册)	即将出版		1095
高中数学讲座:数学竞赛基础教程(第三册)	即将出版		1096
高中数学讲座:数学竞赛基础教程(第四册)	即将出版		1097
新编中学数学解题方法1000招丛书.实数(初中版)	即将出版		1291
新编中学数学解题方法1000招丛书.式(初中版)	即将出版		1292
新编中学数学解题方法1000招丛书.方程与不等式(初中版)	2021-04	58.00	1293
新编中学数学解题方法1000招丛书.函数(初中版)	即将出版		1294
新编中学数学解题方法1000招丛书.角(初中版)	即将出版		1295
新编中学数学解题方法1000招丛书.线段(初中版)	即将出版		1296
新编中学数学解题方法1000招丛书.三角形与多边形(初中版)	2021-04	48.00	1297
新编中学数学解题方法1000招丛书.圆(初中版)	即将出版		1298
新编中学数学解题方法1000招丛书.面积(初中版)	2021-07	28.00	1299
高中数学题典精编.第一辑.函数	2022-01	58.00	1444
高中数学题典精编.第一辑.导数	2022-01	68.00	1445
高中数学题典精编.第一辑.三角函数·平面向量	2022-01	68.00	1446
高中数学题典精编.第一辑.数列	2022-01	58.00	1447
高中数学题典精编.第一辑.不等式·推理与证明	2022-01	58.00	1448
高中数学题典精编.第一辑.立体几何	2022-01	58.00	1449
高中数学题典精编.第一辑.平面解析几何	2022-01	68.00	1450
高中数学题典精编.第一辑.统计·概率·平面几何	2022-01	58.00	1451
高中数学题典精编.第一辑.初等数论·组合数学·数学文化·解题方法	2022-01	58.00	1452

联系地址:哈尔滨市南岗区复华四道街10号　哈尔滨工业大学出版社刘培杰数学工作室
网　　址:http://lpj.hit.edu.cn/
邮　　编:150006
联系电话:0451-86281378　　13904613167
E-mail:lpj1378@163.com